Wolfgang Stoffels
Lokomotivbau und Dampftechnik

Wolfgang Stoffels

Lokomotivbau und Dampftechnik

Versuche und Resultate mit Hochdruckdampflokomotiven, Dampfmotorlokomotiven, Dampfturbinenlokomotiven

Lizenzausgabe 1991 für
Manfred Pawlak Verlagsgesellschaft mbH,
Herrsching
© 1976 der Originalausgabe: Birkhäuser Verlag, Basel
Umschlaggestaltung: Bine Cordes, Weyarn
Printed in Italy
ISBN 3-88199-848-9

Vorwort

Geschichte und Technik der Dampflokomotive sind durch zahlreiche Publikationen in eindrucksvoller Weise dokumentiert. In Abschnitt 2 des beigefügten Literaturverzeichnisses ist eine kleine Auswahl darüber zu finden. In der vorliegenden Arbeit ist der Versuch unternommen worden, dieses Thema zu ergänzen. Die Dampflokomotive hat in ihrer langen und erfolgreichen Geschichte entscheidend mitgeholfen, das Fundament unserer heutigen Welt der Technik zu bauen. Unsere Tage sind die Zeit ihres Abschieds. Dies dürfte ein Anlaß sein, in der Rückschau die Bemühungen um eine Weiterentwicklung der Dampflokomotiven auf unkonventionellen Wegen nachzuzeichnen und dabei auch die Gründe darzulegen, warum diese Maschine in die Neuzeit der Eisenbahn keinen Eingang finden konnte.

Die Beschaffung der erforderlichen Informationen und Unterlagen war nicht immer einfach und gelang auch nicht in allen Fällen vollständig, so daß leider noch die eine oder andere Lücke verbleiben mußte. Für Ergänzungen bin ich stets dankbar. Es konnte jedoch, wie ich hoffe, ein relativ geschlossenes Bild dieses hochinteressanten Teils der Lokomotivgeschichte gewonnen werden. Dazu war ich nur in der Lage durch die großzügige Unterstützung der betreffenden Eisenbahnen und Firmen, denen ich auch an dieser Stelle bestens danken möchte. Mein besonderer Dank gilt auch einem Altmeister des Dampflokomotivbaus in Deutschland, Herrn Prof. Dr.-Ing. Richard Roosen in Kassel, der mir seine außerordentlich wertvolle Hilfe in freundlicher Weise gewährt hat. Als leitender Entwicklungsingenieur der Firma Henschel hat er seinerzeit die Fahrzeugdampftechnik mitgestaltet. Dazu sei an Kondenslokomotiven, Hochdruckdampfantriebe und Henschel-Dampfmotoren erinnert.

Dem Birkhäuser Verlag Basel danke ich sehr für die Herausgabe dieses Werkes. Die bereitwillige Unterstützung durch Verlagsleitung und Mitarbeiter des Hauses Birkhäuser hat zum Gelingen entscheidend beigetragen. Insbesondere Herr Dr. Buchmann verdient für seine Mühe der eingehenden Durchsicht und manch fachkundigen Rat meine besondere Anerkennung und meinen Dank.

Wolfgang Stoffels

Verzeichnis der Tabellen

Verzeichnis der Falttafeln

7

Inhaltsverzeichnis

1   Einleitung

Über einen Zeitraum von 150 Jahren erstreckte sich der Bau von Dampflokomotiven. Im Jahre 1804 stellte Richard Trevithick die erste Lokomotive der Welt vor; 1957 wurde der letzte praktische Versuch zu ihrer technischen Weiterentwicklung unternommen.

Der technische Werdegang der Dampflok ist offenbar damit abgeschlossen worden, weil es nicht gelang, eine mit den neueren Traktionsformen wettbewerbsfähige Bauart zu schaffen. Während der vergangenen Jahrzehnte wurde große Mühe darauf verwendet, auch die Dampflok unter Nutzung aller verfügbaren Erkenntnisse weiter fortzubilden. Rückschauend lassen sich die ausgeführten Dampfloks in folgende vier große Hauptgruppen einteilen:

1. Klassische Bauarten Stephensonscher Grundform als Loks mit besonderem Tender oder Tenderloks.
2. Klassische Bauarten mit besonderen technischen Einrichtungen zur Weiterbildung der Grundform wie: Rauchgas-Speisewasservorwärmer, Verbrennungsluftvorwärmer, Saugzuganlagen nach Kylälä, Chapelon, Giesl u.a.
    Feuerungen für Torf, Kohlenstaub, Ölhaupt- und -zusatzbetrieb,
    Stephenson-Kessel mit mehr als 21 atü Betriebsdruck,
    Stephenson-Kessel mit ankerlosen Feuerbüchsen (Flammrohre, Wasserrohre).
3. Spezielle Bauarten für die Anpassung an bestimmte Betriebsanforderungen wie:
    Gelenkloks,
    Kondensations-Kolbenloks,
    Zahnrad-, Speicher- und Kranloks.
4. Spezielle Bauarten als Versuchsausführungen zur technischen Weiterentwicklung unter teilweiser oder vollständiger Aufgabe der Stephensonschen Grundform in bezug auf
    Dampferzeugung mit anderen Kesselbauarten,
    Dampfkraftmaschinen und geschlossener Kreislauf (Kondensation), Fahrzeugaufbau.

Die Fortschritte in Maschinenbau, Dampftechnik und Wärmewirtschaft ließen den Wunsch erwachen, diese auch für die Dampflok nutzbar zu machen. In der Praxis fanden solche Bestrebungen besonders in den oben unter 2 und 4 genannten Loks ihren Ausdruck.

In vorliegender Arbeit ist der Versuch unternommen, die technischen Entwicklungsbemühungen um die Dampflok unter Verwendung neuer Ideen in ihrer Gestaltung nachzuzeichnen, welche durch die letztgenannte der vier Hauptgruppen vertreten war.

Im klassischen Geschichtswerk der Schweizer Dampftraktion, dem «Moserbuch», 4. Auflage [2-4][1], ist in der Einleitung die Frage gestellt:

[1]   Die Zahlen in eckigen Klammern sind Hinweise auf die Literaturangaben in Abschnitt 5, wobei die Zahlen vor dem Strich die Kapitelnumerierung und nach dem Strich die betreffenden Referenznummern bedeuten.

Warum hat die Dampflokomotive in die Neuzeit der Eisenbahn keinen Eingang gefunden?

Die vorliegende Darstellung versucht nun darauf eine Antwort zu geben. Gedankengänge dieser Art sind nicht nur historisch-technisch interessant, denn sie vermitteln Einsichten in Werden und Vergehen technischer Konstruktionen.

Mit Rücksicht auf einen vertretbaren Umfang dieser Darstellung war es nicht möglich, alle behandelten Vorgänge und Konstruktionseinzelheiten von Grund auf ausführlich zu beschreiben. Es ist vielmehr vorausgesetzt, daß der Leser den prinzipiellen Aufbau der normalen Dampflok und deren wichtigste Hauptteile kennt und mit den Grundbegriffen der Mechanik und Wärmelehre etwas vertraut ist. Wer hierüber sich noch näher informieren möchte, dem seien die im Literaturverzeichnis unter [2-78] oder [2-79] genannten grundlegenden Werke empfohlen; ein tieferes Eindringen in die Materie gestatten die Bücher nach [2-67–71].

2 Die Entwicklung der Lokomotive im Rahmen der Dampftechnik

2.1 Kurzer Rückblick auf die Geschichte der Dampftechnik

Die in vorindustrieller Zeit verfügbaren Energien aus Wasser und Wind konnten den mit Beginn des Industriezeitalters ansteigenden Bedarf nicht mehr allein decken. Es wurde eine überall anwendbare und von den Wetterverhältnissen unabhängige Kraftmaschine benötigt, die mit den auf der Erde vorgefundenen Brennstoffen betrieben werden konnte.

In den Wärmekraftmaschinen wurde dieses Poblem gelöst. Die erste bekannte Maschine dieser Art war der Heron-Ball, eine kleine Dampfturbine des griechischen Physikers Heron von Alexandrien aus der Zeit um 60 v. Chr. Wie Abb. 205 zeigt, wurde Wasserdampf einem Reaktionsläufer zugeführt. Der durch die hohle Welle der Läuferkugel zuströmende Dampf gelangte in 2 radial nach außen führende, an ihren Enden um 90° gebogene Rohre. Somit blies der Dampf tangential und an 2 entgegengesetzt gerichteten Öffnungen aus. Die Reaktion des austretenden Dampfes hatte eine Schubkraft in Umfangsrichtung zur Folge, welche die Drehung des Läufers bewirkte. Heron von Alexandrien hatte damit recht früh den Grundstein zur Dampftechnik gelegt, die Jahrhunderte später den gewaltigen Aufschwung von Industrie und Verkehr auslöste.

Weitere Arbeiten zur Nutzbarmachung der Dampfkraft setzten intensiver erst gegen Ende des 17. Jahrhunderts ein, als die Erforschung der Naturgesetze, besonders der Physik, auf breiter Basis begann. Im Jahre 1690 konstruierte Denis Papin (1647–1712) in Marburg die erste Kolbendampfmaschine. Es war dies eine einfach wirkende atmosphärische Maschine. Der Kolben in einem auf einer Seite offenen Zylinder wurde dabei durch den äußeren Luftdruck (die «Atmosphäre») bewegt, nachdem auf der anderen Kolbenseite zunächst Dampf in den geschlossenen Teil des Zylinders eingeströmt war. Durch Einspritzen von kaltem Wasser in den Dampf kondensierte dieser, und es entstand ein Vakuum. Weil der Luftdruck nun den Kolben gegen das Vakuum bewegte, nannte man diese Maschine «atmosphärische Dampfmaschine». Der Engländer Thomas Savery (1650–1715) wandte dieses Arbeitsprinzip erstmals in der Praxis an und schuf 1698 eine funktionstüchtige Dampfpumpe, bei der der Dampf unmittelbar auf das Wasser wirkte [1-1, 10]. Diese Dampfpumpen wurden in England zur Wasserhaltung in Bergwerken eingesetzt. Thomas Newcomen (1663–1729), ebenfalls ein Engländer, baute 1712 die erste Grubenentwässerungsanlage mit einer atmosphärischen Dampfmaschine, bei der Pumpe und Antrieb je eine eigene Einheit darstellten. Newcomen hatte einen vom Zylinder getrennten Kessel und einen großen Balancier (Doppelhebel). An einem Ende des

Balanciers war die Kolbenstange des Dampfzylinders, am anderen die des Pumpenzylinders angelenkt. Die abwärts gerichtete Bewegungskraft erfolgte durch den von oben in den dort offenen Zylinder eintretenden Luftdruck, nachdem infolge Kondensation des auf der unteren Kolbenseite befindlichen Dampfes mittels Einspritzen kalten Wassers unter den Kolben ein Vakuum hergestellt war. Die Aufwärtsbewegung des Kolbens besorgte der unter diesen eintretende Kesseldampf zusammen mit dem Gewicht des Pumpengestänges am anderen Hebelarm des Balanciers. Somit handelte es sich um eine doppeltwirkende Maschine, wobei von einer Seite der Dampfdruck und von der anderen Seite der Luftdruck wirksam war. Diese Maschinenbauart war in England zahlreich im Einsatz, und es wurden von dort auch eine Anzahl auf den europäischen Kontinent geliefert [1-1–4, 10] (Abb. 206).

Im Jahre 1769 erhielt der Engländer James Watt (1736 bis 1819) das britische Patent Nr. 913 für seine berühmte ND-Dampfmaschine. Watt hatte die Kondensation aus dem Arbeitszylinder der Maschine in einen besonderen Raum verlegt, in welchen der Dampf nach seiner Entspannung aus dem Zylinder eintrat. Somit konnte der Dampfdruck direkt auf den Arbeitskolben wirken. Watt

gab dem Dampfmaschinenbau hiermit seinen entscheidenden Entwicklungsimpuls, der den Weg zu höheren Leistungen bei geringerem spezifischem Brennstoffverbrauch gegenüber der atmosphärischen Maschine freimachte. Aus Vorsicht nutzte Watt selbst noch nicht die Möglichkeiten seiner Maschine zur Steigerung der Dampfdrücke; er blieb im Niederdruckbereich von 0,5 bis 1 atü. 1782 baute Watt die erste doppeltwirkende Maschine dieser Art und führte die Expansionssteuerung ein, um die Ausdehnung des Dampfes zu nutzen (Abb. 207).

Weitere Stationen in der Geschichte der Dampfmaschine waren die Einführung der Flachschiebersteuerung, des Wattschen Fliehkraft-Muffenreglers, die von Corliß 1849 eingeführte Ventilsteuerung mit Präzisionsregelung. 1881 entstand die Verbundmaschine mit zweifacher, 1884 mit dreifacher Expansion. Ab 1890 führte Wilhelm Schmidt (1858–1924) den Heißdampf ein und gab den Anstoß zur weiteren Erhöhung der Dampfdrücke nach der Jahrhundertwende über zirka 12 atü hinaus. Im Jahre 1909 verfeinerte Johannes Stumpf (1862–1936) das Gleichstromarbeitsverfahren für Dampfmaschinen von T. J. Todd [1.2-1]. Ab 1930 wurde die bis dahin meist langsamlaufende Kolbendampfmaschine zum

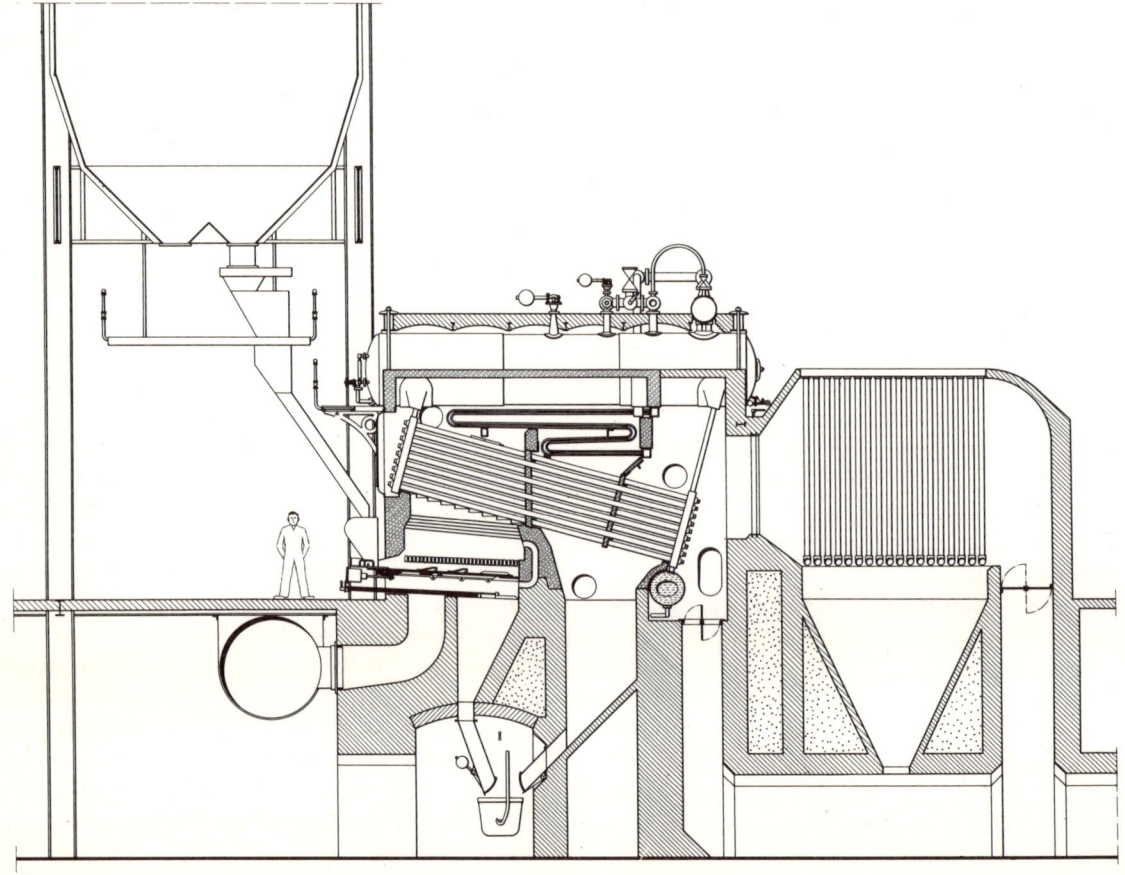

1

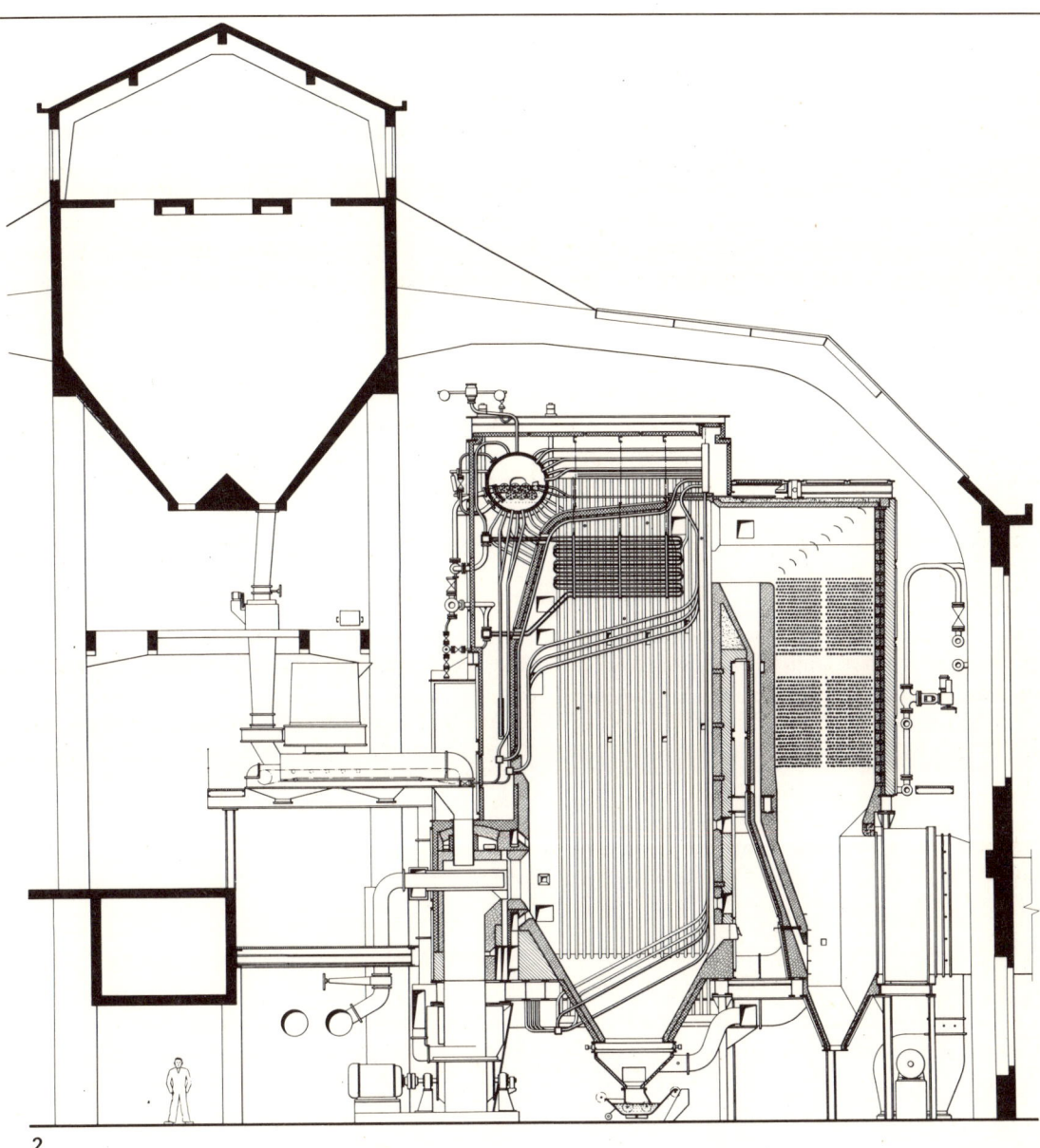

2

Schnelläufer mit Drehzahlen von 600 bis 1800 U./min weiter entwickelt und auch mit Erfolg für hohe Dampfdrücke bis 120 atü eingesetzt [1.2-7–17]. Für Leistungen bis etwa 1000 kW wurden eine Reihe von «Dampfmotoren» gebaut (Abb. 208–211).

Neben der Kolbendampfmaschine wurde auch die technische Entwicklung der Dampfturbine an die Hand genommen. Wegen der größeren Schwierigkeiten in Theorie und Praxis konnte diese Maschine nach einigen Vorläufern von 1837 erst gegen Ende des 19. Jahrhunderts zu brauchbarer Form durchgebildet werden. Entsprechend dem Wattschen Patent Nr. 913 für die Kolbendampfmaschine wurde das britische Patent Nr. 6735 von Charles Algernon Parsons (1854–1931) zur Entwick-

lungsgrundlage der Dampfturbine. Parsons hatte nach Vorversuchen mit Turbinen der Heron-Bauart die Gestaltung der axial durchströmten vielstufigen Überdruckturbine in Angriff genommen und mit Erfolg weitergeführt. Als weitere Pioniere der Dampfturbine seien hier nur noch die Namen de Laval, Curtis, Ljungström und Zoelly genannt (Abb. 212–215).

Parallel zur großartigen Entwicklung der Dampfkraftmaschinen ging die der Dampferzeuger (Kessel) vor sich. Zu Beginn war lange Zeit der Kofferkessel üblich, aus vielen schmiedeeisernen Platten zusammengenietet, dem der Zylinderkessel folgte. Die Beheizung geschah zunächst nur von außen, so daß die Heizfläche und damit auch die Verdampfungsleistung im Vergleich zum Wasserinhalt bescheiden war. Nach 1800 wurde durch den Einbau von Flammrohren die erste wesentliche Verbesserung eingeführt. Eine weitere Erhöhung der Dampfleistung erzielte man mit dem Heizrohrkessel, bei dem 1 oder 2 große Flammrohre durch eine größere Anzahl kleiner Rohre ersetzt wurden, die den Wasserraum durchzogen und in ihrem Inneren die Feuergase führten. Dieses sehr wirksame Mittel zur Steigerung der Verdampfungsleistung wendete George Stephenson beim Kessel seiner weltbekannten Lokomotive «Rocket» an und trug damit entscheidend zum großen Erfolg dieser Lok bei. Im allgemeinen Kesselbau schritt die Entwicklung weiter, und die Feuerung wurde mehr und mehr von ihrer ursprünglichen Lage außerhalb des Kessels in diesen hinein verlegt, um eine möglichst große Strahlungsheizfläche zu erzielen (Abb. 216).

Im Jahre 1847 entstand der erste Wasserrohrkessel, womit eine neue Richtung im Bau von großen Dampferzeugern eingeschlagen wurde. Zunächst als Teilkammer- oder Sektionalkessel mit geraden Rohren gebaut, bildeten sich daraus die modernen Großkessel für größte Leistungsanforderungen und höchste Dampfdrücke (Abschnitt 3.22). Durch die Einführung der Elektrizität nahm der Bedarf an Primärenergie rasch zu. Diese Anforderungen konnten und können zum größten Teil nur mit Dampfkraftanlagen erfüllt werden. Nach 1920 erhöhte man die Dampfdrücke über die bis dahin gebräuchlichen 20 atü und führte die Steilrohrkessel ein. Solche Kessel bestehen in der Hauptsache aus 2 Trommeln, in die an den Enden gebogene federnde Rohre eingewalzt sind. Die untere Trommel ist mit Gegengewicht aufgehängt und kann sich nach allen Seiten frei dehnen. Zwischen dem Rohrbündel für das aufsteigende Wasser-Dampf-Gemisch und dem unbeheizten Fallrohrbündel besteht eine große Temperaturdifferenz, die einen kräftigen Wasserumlauf gewährleistet. Die obere Trommel enthält in ihrem unteren Teil Wasser, ihr oberer Teil bildet den Dampfraum. Die vorgenannten Kessel arbeiten alle mit Wasserumlauf infolge der natürlichen Temperaturunterschiede (Thermosiphonwirkung), sog. Naturumlaufkessel. Die Grenze dieser Bauart ist bei etwa 190 atü Betriebsdruck erreicht. Um weitere Druck- und Leistungssteigerungen zu ermöglichen, hat man Bauarten mit Zwanglauf mittels Pumpen geschaffen. Hierbei unterscheidet man Zwangumlauf- und Zwangdurchlaufkessel. Die erstgenannte Art bildet solche Kessel, bei denen die Pumpe ein Mehrfaches der jeweils verdampften Wassermenge umwälzt. In Zwangdurchlaufkesseln dagegen wird durch die Pumpe nur so viel Wasser in das Rohrsystem nachgedrückt, wie es der jeweiligen Verdampfung entspricht.

Nach 1920 begann der HD-Dampf sich allmählich einzuführen, und es sind heute bis zum sog. «kritischen

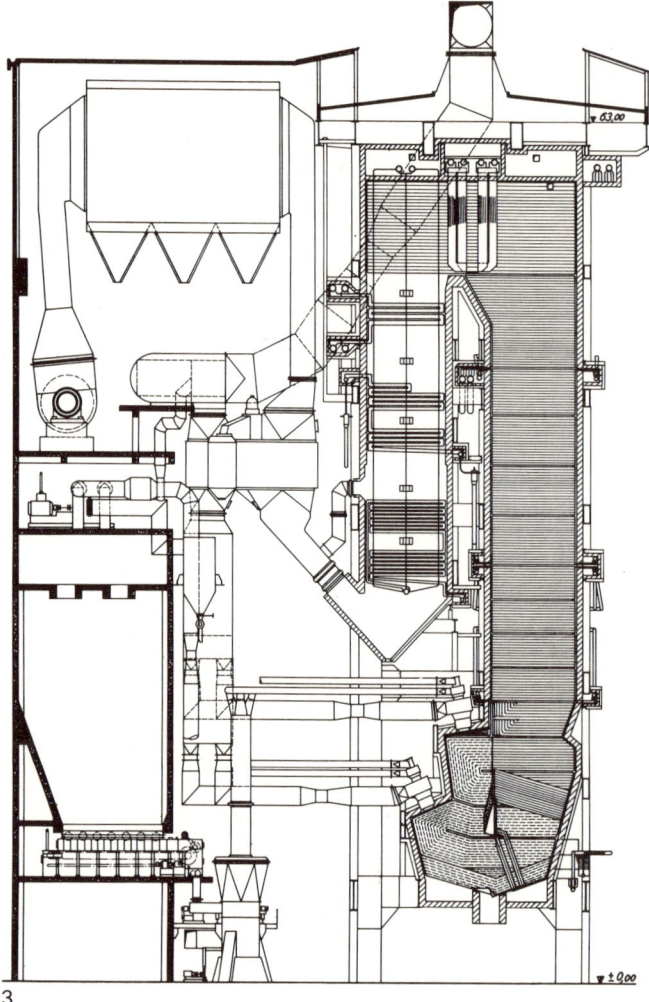

3

Druck» von 225 atü und darüber hohe und höchste Dampfdrücke in Gebrauch. Es entstanden dafür die Kesselbauarten von Schmidt-Hartmann, Löffler, Benson, La Mont und Sulzer neben einigen anderen. Im Zusammenhang mit dem Dampfkesselbau wurden auch die Feuerungsanlagen den steigenden Anforderungen angepaßt. Vom einfachen Planrost ausgehend, entstanden Treppen-, Mulden- und Wanderroste entsprechend den zu verfeuernden Brennstoffen. Daneben entwickelte sich die Kohlenstaubfeuerung, mit der die durch die maximalen Rostgrößen von zirka 50 m² bedingte Leistungsgrenze überschritten werden konnte. Die Staubfeuerung ist heute bei Großkesselanlagen allgemein eingeführt und in Form der Schmelzkammer und Zyklonbrenner mit flüssigem Schlackenabzug zu hoher Vollkommenheit gebracht worden.

Der stetig steigende Energiebedarf erfordert immer größere Kraftwerkseinheiten, und nach wie vor ist das Dampfkraftwerk in den meisten Ländern die wichtigste Energiequelle. Da auch die friedliche Nutzung der Atom-

Tabelle 1
Entwicklungsdaten von
Kraftwerksdampfkesseln

4 Abhängigkeit der Verdampfungstemperatur für Wasser vom Druck

5 Wärmeinhalt des Wasserdampfes, abhängig vom Druck

Jahr	Dampf-leistung t/h	Druck atü	Tem-peratur °C	Bau-höhe m
1900	2,5	10	250	4,3
1912	10	15	350	5,5
1925	50	36	425	14,6
1937	125	80	480	23,8
1950	180	130	525	32
1958	400	180	580	45
1965	900	225	625	55
1973	1900	350	630	125

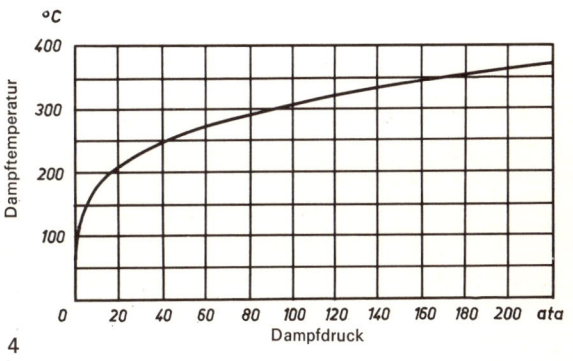

4

energie über die Dampfkraft erfolgt, wird in Zukunft die Dampftechnik eine der Grundlagen unserer modernen Welt bleiben.

In Tabelle 1 ist die Entwicklung des Dampfkesselbaus an Hand einiger charakteristischer Hauptdaten zu ersehen (Abb. 216–218).

2.2 Der Wasserdampf als Energieträger

Wird Wasser erwärmt, so steigt seine Temperatur an bis zu einem bestimmten Grenzwert, dem Siedepunkt. Führt man dem Wasser nach Erreichen der Siedetemperatur weiterhin Wärme zu, so geht es vom flüssigen Zustand in Dampf über, wobei die Temperatur gleich bleibt. Wird Wasser beim üblichen mittleren Luftdruck von 1 ata verdampft, so nimmt der Dampf 1673mal soviel Raum ein als das Wasser, aus dem er entstanden ist. Dieses starke Ausdehnungsbestreben wird im Dampfkessel unterbunden, da der Verdampfungsprozeß in einem geschlossenen Raum mit gleichbleibendem Volumen stattfindet. Dies hat bei Wärmezufuhr eine Druckerhöhung von Dampf und Wasser im Kessel zur Folge, deren Grenze in der Einstellung der Sicherheitsventile besteht. Wie aus Abb. 4 zu erkennen ist, steigt die Verdampfungstemperatur mit wachsendem Druck degressiv an. Man sieht hieraus, daß das Wasser bei Atmosphärendruck 100 °C, in einem Lokkessel bei 16 atü jedoch 200 °C Verdampfungstemperatur aufweist. Der Wärmeaufwand für die Dampferzeugung ist in Abb. 5 dargestellt. Man erkennt, daß die zur Dampferzeugung notwendige Wärme mit steigendem Druck abnimmt.

Die im Dampf enthaltene Wärme setzt sich zusammen aus der sog. Flüssigkeits- und der Verdampfungswärme. Erstere ist nötig, um das Wasser auf Verdampfungstemperatur zu bringen, letztere um das siedende Wasser in Dampf von gleicher Temperatur zu verwandeln. Der Anteil an Flüssigkeitswärme nimmt mit steigendem Druck zu, während die Verdampfungswärme gleichzeitig abnimmt. Dies ist bis zu einem bestimmten Grenzwert der

Fall, dem sog. *kritischen Punkt von 224,2 atü und 374 °C*. Oberhalb dieses Zustandes ist Wasser als Flüssigkeit nicht mehr möglich. Wird Wasser von dieser Temperatur auf so hohen Druck gebracht, so geht es sofort in Dampf über. Oberhalb der Verdampfungslinie ist das Gebiet überhitzten Dampfes. Man sieht aus Abb. 5 die notwendige Überhitzungswärme in Abhängigkeit von der Überhitzungstemperatur. Dieser Wärmeanteil nimmt mit steigendem Druck etwas zu. Die Gesamtwärme des Dampfes setzt sich demnach zusammen aus Flüssigkeits-, Verdampfungs- und Überhitzungswärme.

Die Darstellung in Abb. 5 zeigt deutlich, daß der spezifische Wärmebedarf für die Dampferzeugung bei hohen Drücken niedriger ist als bei kleinen Drücken. Andererseits nimmt das Arbeitsvermögen des Dampfes mit steigendem Druck erheblich zu. Daraus ergibt sich sowohl eine Leistungssteigerung als auch eine bessere Ausnutzung der Wärmeenergie bei hohen Dampfdrücken

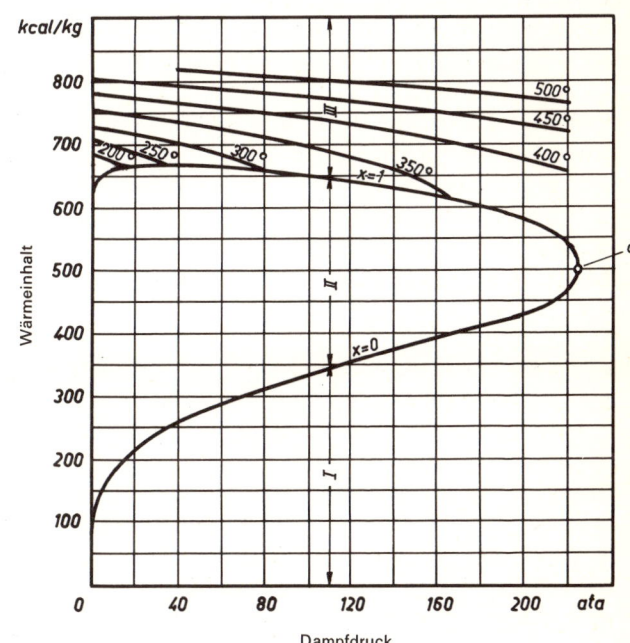

I	Flüssigkeitswärme i	III	Überhitzungswärme $i\ddot{u}$
II	Verdampfungswärme r	a	Kritischer Dampfzustand

Tabelle 2
Betriebsdaten moderner Kondensationsdampf-kraftwerke

6 Entwicklung des spezifischen Wärmeverbrauchs von Kondensationsdampfkraftanlagen *(1)* theoretischer Wärmewert 860 kcal entspricht 1 kWh *(2)*

Dampfzustand		Spezifischer Verbrauch		Wirkungsgrad	Bemerkung
Druck atü	Temperatur °C	Dampf kg/kWh	Wärme kcal/kWh	%	
50	450	4,78	2970	29	
85	500	4,67	2740	31,4	
160	600/550	3,33	2270	38	Einfache Zwischenüberhitzung
350	650/565/565	2,91	2015	42,6	Zweifache Zwischenüberhitzung

gegenüber niedrigen unter sonst gleichen Voraussetzungen.
Naßdampf ist ein Gemisch aus Dampf und Flüssigkeit, wobei beide die Sättigungstemperatur haben. Sattdampf oder trocken gesättigter Dampf ist Dampf von Sättigungstemperatur. *Heißdampf oder überhitzter Dampf* ist so hoch erwärmt, daß er völlig trocken ist und mit seiner Temperatur über der Sättigungstemperatur liegt.
In Tabelle 2 sind einige Betriebsdaten moderner Dampfkraftwerke mit Kondensationsbetrieb enthalten, aus denen man die heute erreichbaren Werte ersehen kann. Allgemein gilt das Gesetz, daß mit zunehmender Leistungsgröße einer Anlage deren Wirkungsgrad ebenfalls günstiger wird, da die Verluste und die Leistungen der Hilfsbetriebe nicht in gleichem Maße wie die Nutzleistung anwachsen. Abb. 6 veranschaulicht die Fortschritte in der Dampftechnik und damit des spezifischen Wärmeverbrauchs je Arbeitseinheit kWh. Der Übergang zum HD-Dampf nach 1920 ist hier deutlich an der star-

ken Absenkung der Wärmeverbrauchswerte zu erkennen. Abb. 7 zeigt im *I-S*-Diagramm den Dampfzustand für den ganzen in Kraftanlagen gebräuchlichen Bereich. Es lassen sich hier die Zustandsänderungen für Dampfprozesse gut erkennen. Als Beispiele sind für einige Fälle (1–3) die Eintragungen vorgenommen worden. Man erkennt hieraus, daß die Expansion von hohen Dampfdrücken aus weit in das Naßdampfgebiet hineinreicht. Dies ist aber mit Rücksicht auf die Maschinenanlagen (Wasserausscheidungen) und die Wirtschaftlichkeit unerwünscht. Bei HD-Anlagen macht man deshalb gerne von der ein- oder mehrfachen Zwischenüberhitzung Gebrauch, so daß man im Verlauf der Expansion in der Maschine nicht allzuweit in das Naßdampfgebiet kommt und doch das Druckgefälle bis zum höchst erreichbaren Kondensatorvakuum nutzen kann.

2.3 Die Dampfkraft im Verkehr

Im Vorhergehenden ist kurz die allgemeine Entwicklung der Dampfkraft umrissen, die bei der ortsfesten Kraftanlage ihren Ausgang nahm und nach wie vor bei größeren Anlagen die Hauptrolle spielt. Daneben entstand mit zunehmender Technisierung und Industrialisierung das dringende Bedürfnis, die Dampfenergie auch dem Verkehr zu Wasser und wenig später auch zu Lande nutzbar zu machen.
Im Jahre 1807 fuhr das erste Schiff mit einer Wattschen Kolbendampfmaschine von New York aus den Hudson hinauf. Es war dies die von Robert Fulton (1765–1815) erbaute «Clermont», nachdem schon einige Vorläufer von Dampfschiffen anderer Erfinder vorausgegangen waren. In zunehmendem Tempo führte sich die Dampfmaschine bei der Fluss- aber auch der Seeschiffahrt ein, und es begann ein neues Zeitalter der Schiffahrt. 1894 wurde die «Turbinia» von Ch. A. Parsons als erstes Schiff mit Dampfturbinenantrieb ausgerüstet und lenkte durch aufsehenerregende Schnellfahrten das Interesse besonders von Marinesachverständigen auf sich. Im Jahre 1908 kam im Dampfer «Otaki» erstmals ein kombinierter Kolbenmaschinen-Abdampfturbinenantrieb von Parsons zum Einbau. Der HD-Dampf fand ab 1927 im Schiffbau Eingang, als in einen deutschen Fischdampfer

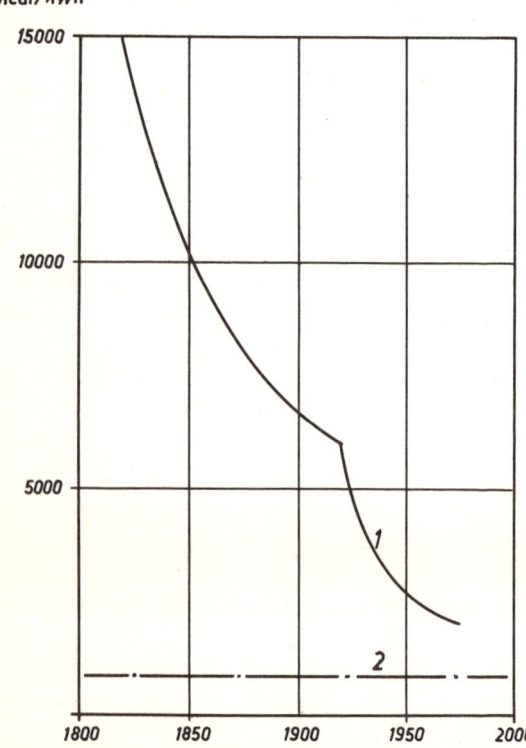

kcal/kWh

17

7 Einige Dampfkraftprozesse für Kondensationsanlagen im *I-S*-Diagramm

8 Antriebsanlage des Raddampfers «Clermont» von R. Fulton (1807)

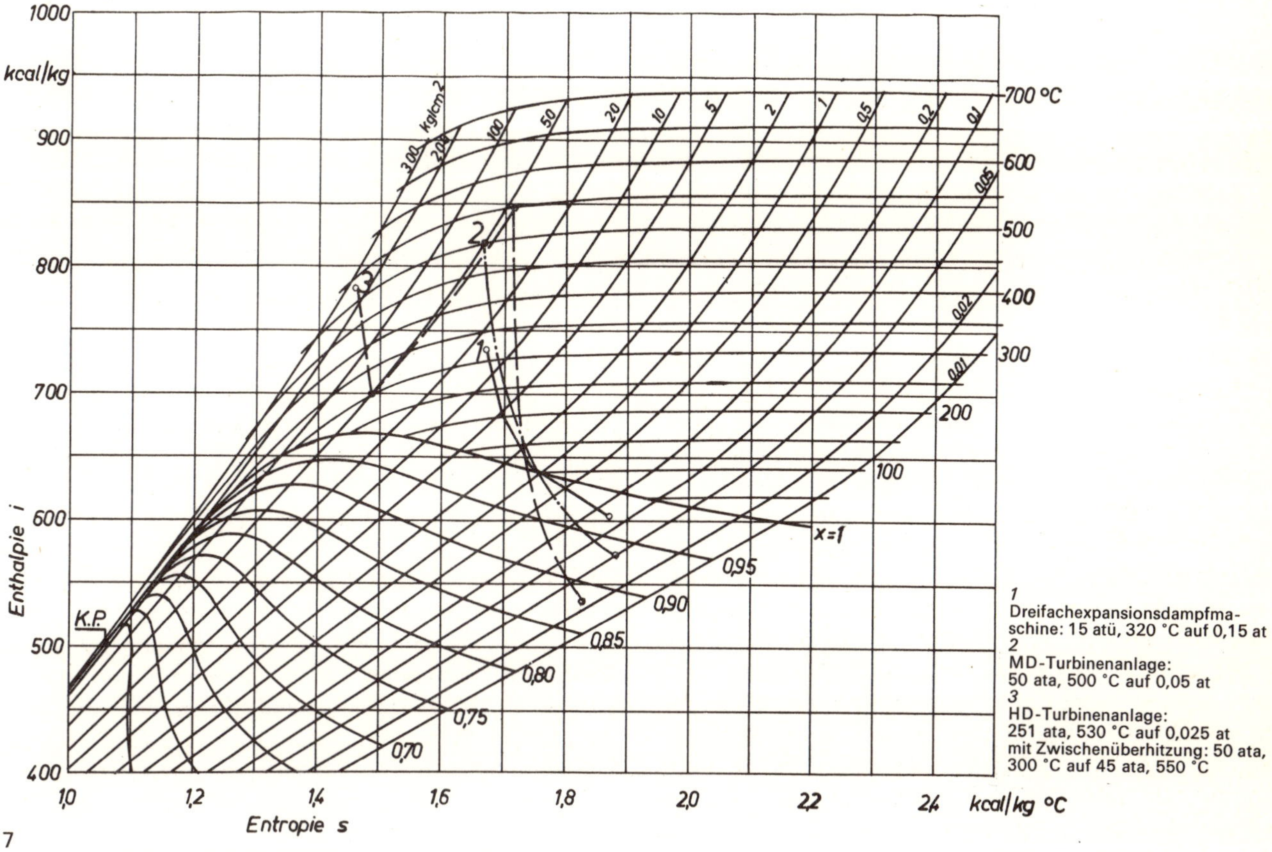

1 Dreifachexpansionsdampfmaschine: 15 atü, 320 °C auf 0,15 at
2 MD-Turbinenanlage: 50 ata, 500 °C auf 0,05 at
3 HD-Turbinenanlage: 251 ata, 530 °C auf 0,025 at mit Zwischenüberhitzung: 50 ata, 300 °C auf 45 ata, 550 °C

7

ein Schmidt-Hartmann-Kessel mit 63/13 atü installiert wurde. In diesem Zusammenhang soll auch erwähnt werden, daß Perkins schon 1859 eine Schiffsantriebsanlage mit einer Dreifachexpansionsmaschine und einem 42-atü-Kessel gebaut hatte [1.2-11]. Um die Jahrhundertwende erreichte die Schiffskolbendampfmaschine ihren Höhepunkt, und es wurden große Vierfachexpansionsmaschinen mit Leistungen bis zu 14 000 kW gebaut. Ein neuer Abschnitt begann mit der Einführung der Atomenergie im Schiffsantrieb, und zwar 1953 durch das amerikanische Unterseeboot «Nautilus». Die ausgeführten Dampfkraftanlagen für Schiffe reichen von der kleinen 11-kW-Bootsdampfmaschine bis zu den 100 000-kW-Turbinen der größten Fahrgast- und Tankschiffe (Abb. 219 und 220).

Als Beispiel für den neueren Entwicklungsstand der Schiffsantriebe ist in den Abb. 221 und 222 eine Anlage aus dem Jahre 1969 gezeigt. Sie arbeitet mit 100 atü und 520 °C Dampfzustand vor der Turbine und Zwischenüberhitzung auf 520 °C bei 21,5 atü. Bei einer Propellerwellendrehzahl von 90 U./min beträgt deren größte Leistung 23 500 kW und der Heizölverbrauch 252 g/kWh, was einem Wärmeverbrauch von 2520 kcal/kWh und einem Gesamtwirkungsgrad von 34% entspricht.

Die im Vergleich zum damaligen Verkehr auf See mit Segelschiffen noch viel ungünstigeren Verhältnisse des Landverkehrs mit Pferde- und Ochsenfuhrwerken auf schlechten Wegen verlangten dringend nach Verbesserung. Einen großen Fortschritt bedeutete die Einführung von Schienenbahnen mit Antrieb durch Menschen- und Tierkraft in besonderen Fällen, vor allem bei Berg- und Hüttenwerken. Doch es fehlte noch die kleine und leistungsfähige Antriebsmaschine.

Schon der berühmte Physiker Isaac Newton (1643 bis 1727) brachte 1680 eine Idee zu Papier, wie man Landfahrzeuge mit Dampfkraft antreiben könnte. Da-

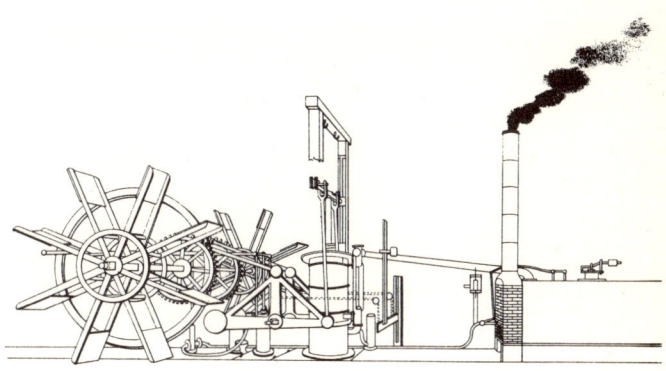

8

9 Stehende Dreifachexpansions-Schiffsdampf-maschine 2000 kW bei 135 U./min und 14 atü Dampfdruck, eingebaut in die Eisenbahnfährschiffe Deutschland (1) und Preußen der Preußischen Staatsbahn (1909)

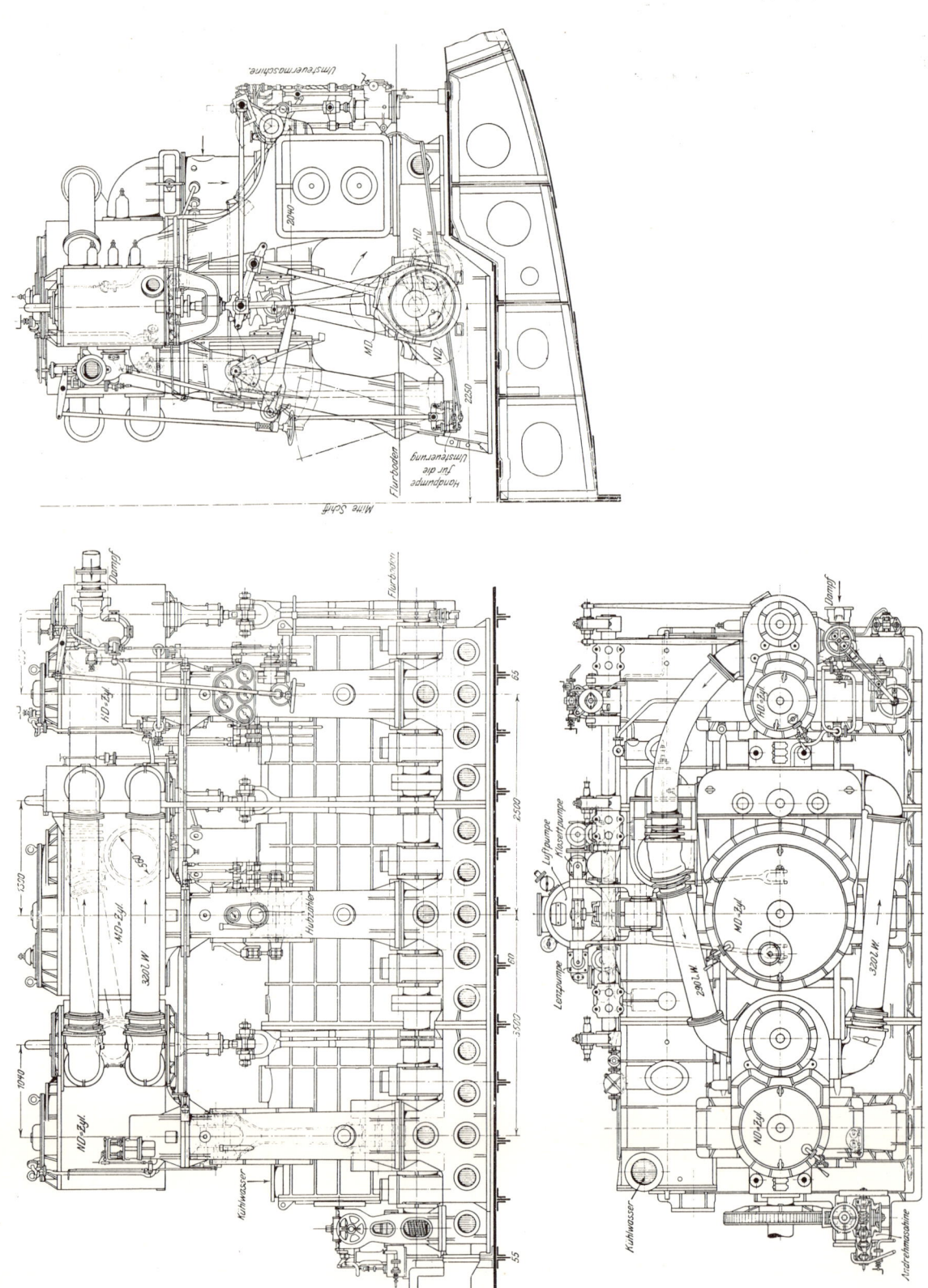

Tafel 1 Güterzuglok Reihe 50 der Deutschen
Reichsbahn (Henschel, 1939) und deren Kennlinienfeld

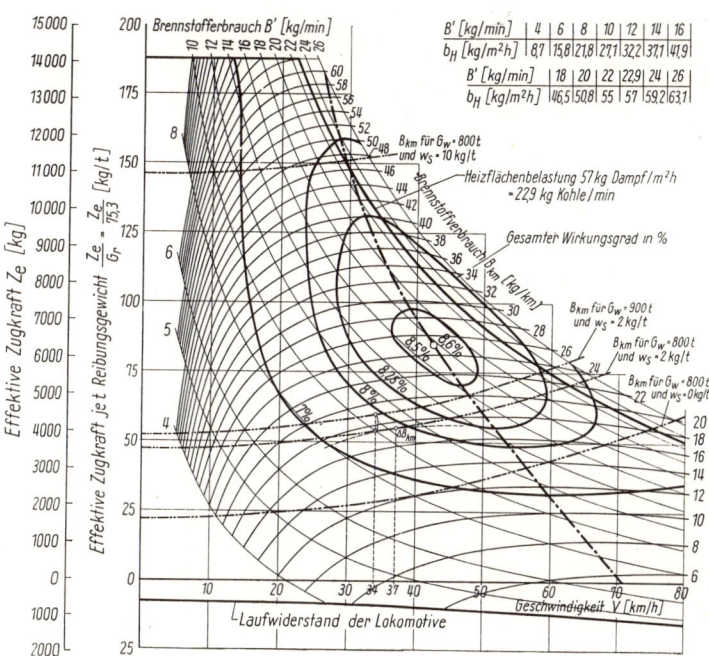

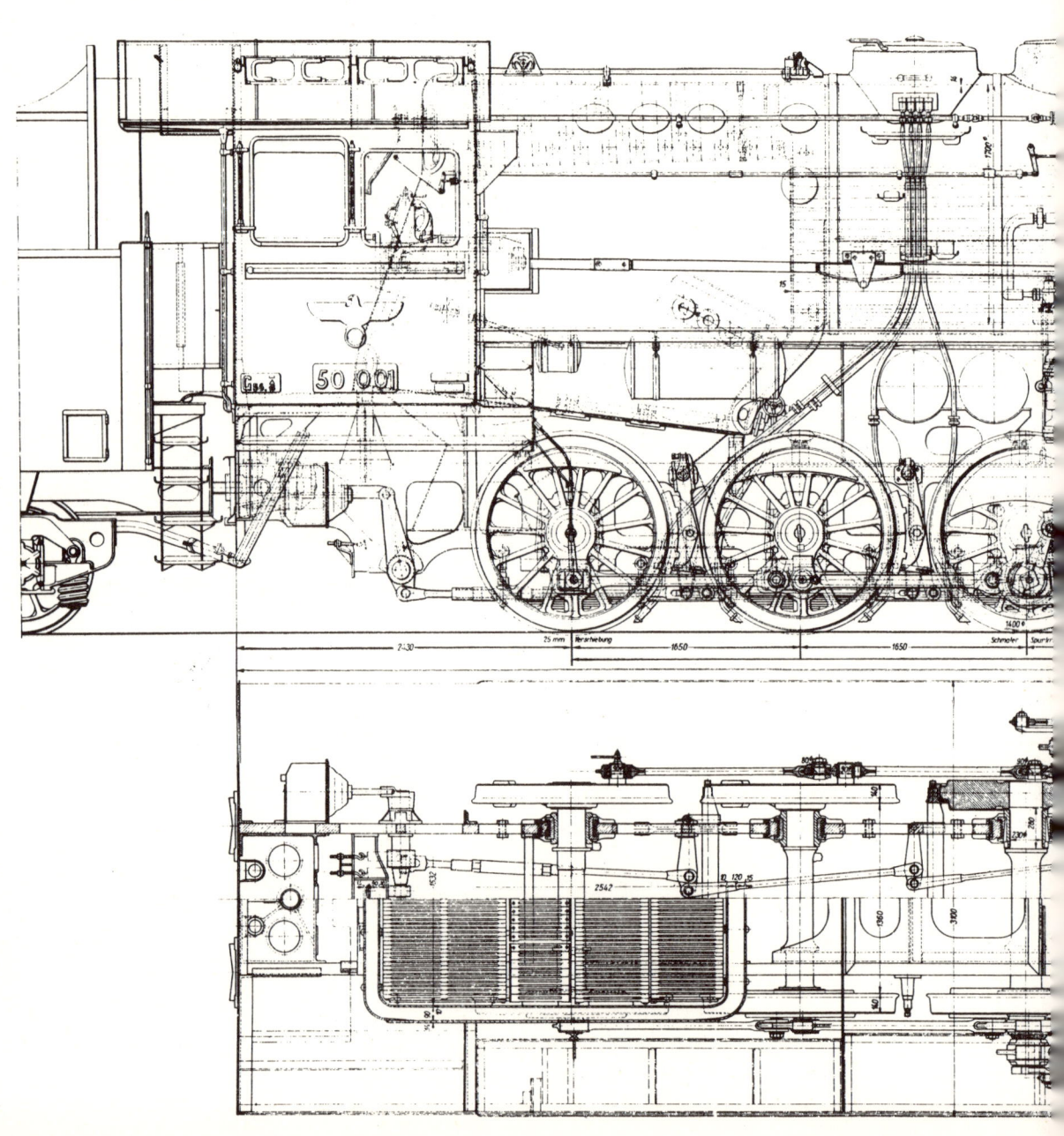

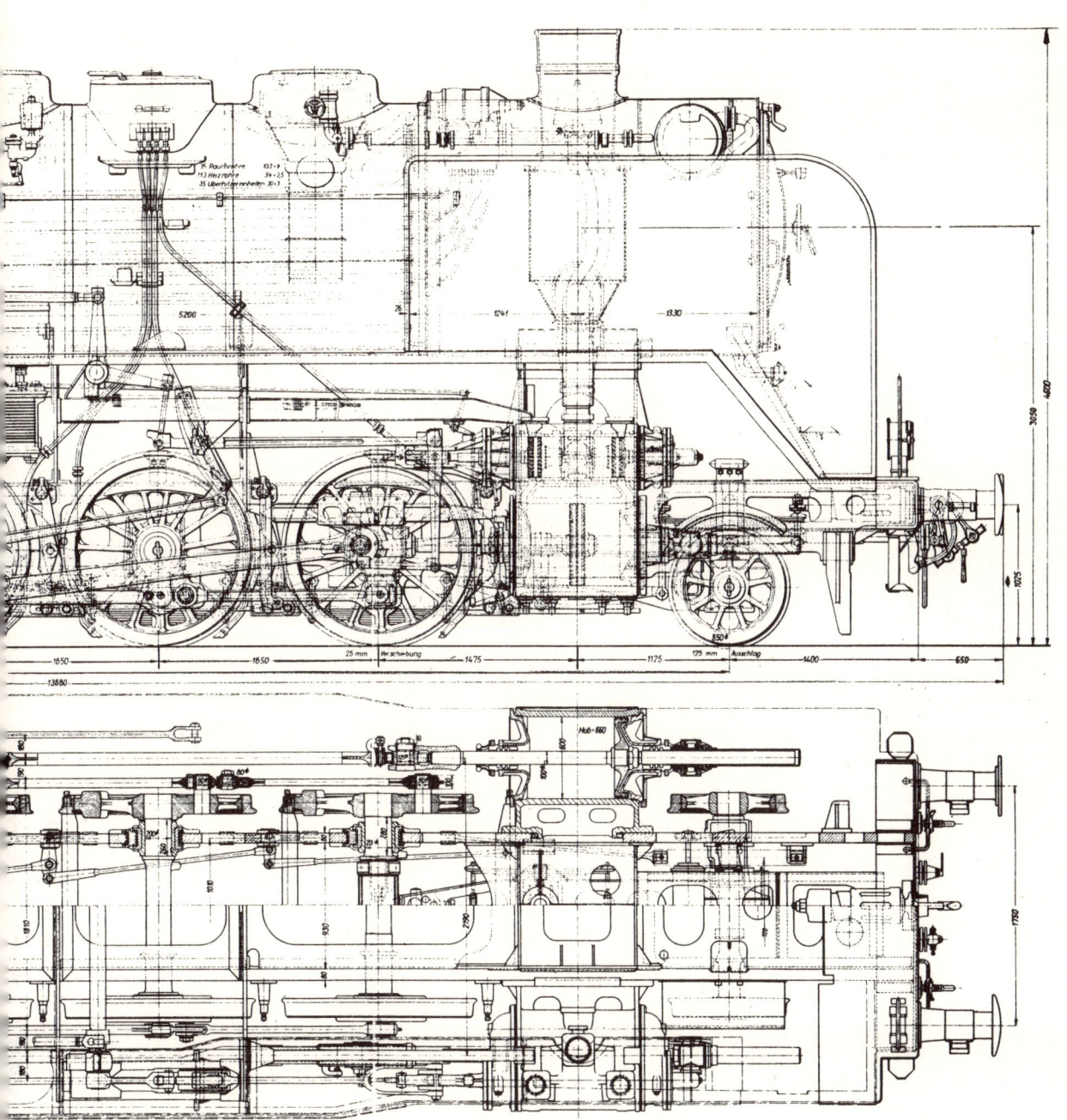

nach ist auf einem Wagen ein Kessel aufgebaut. Der darin erzeugte Dampf wird in eine nach hinten gerichtete waagrechte Ausströmdüse geführt. Damit soll das Fahrzeug durch die Reaktionskraft des nach hinten ausströmenden Dampfes ohne Zuhilfenahme einer Kraftmaschine und einen Radantrieb nach vorn getrieben werden. Wenn diese Idee auch bei den relativ geringen Geschwindigkeiten der Landfahrzeuge nicht die geeignete Lösung darstellt, so zeigt sie schon eine Möglichkeit, die erst in unserer Zeit durch das Strahlflugzeug und die Rakete in großartiger Weise genutzt wird.

Das erste dampfgetriebene Straßenfahrzeug baute 1769 Nicolas Joseph Cugnot (1725–1804), ein Artillerieoffizier in Paris. 1804 entstand in Philadelphia in der Werkstatt des Schmiedes Oliver Evans ein dampfgetriebenes Amphibienfahrzeug mit Radantrieb für Landfahrt und einer Schiffsschraube für die Wasserfahrt.

William Murdock (1754–1839), ein Ingenieur der ersten Dampfmaschinenfabrik der Welt «Watt & Boulton», baute 1786 erstmals ein kleines Dampfwagenmodell. Murdock hatte bereits die Bedeutung hoher Dampfdrücke besonders für den Fahrzeugantrieb sowohl erkannt als auch mit Erfolg angewendet, eilte aber seiner Zeit damit voraus. Die Versuche Murdocks hat ein Mann miterlebt, der zum Schöpfer der Lokomotive werden sollte, Richard Trevithick (1771–1833). Von Murdock in die Geheimnisse der Dampfmaschine eingeweiht, war er schon in jungen Jahren an verantwortlicher Stelle. Er leitete die Montage und Inbetriebsetzung einer Reihe von Wattschen Kondensationsmaschinen in Gruben und Hütten seiner Heimat Cornwall. Schon bald setzte er eigene Ideen in die Tat um und baute selbst Dampfmaschinen. Vor allem wandte er wesentlich höhere Drücke (3–5 atü) an, als Watt sie jemals zu gebrauchen wagte. Er führte die gegenüber der Kondensationsmaschine wesentlich einfachere Auspuffmaschine ein. Mit Erfolg wurden bis 1800 eine Anzahl von Bergwerkswasserhaltungspumpen mit Trevithicks HD-Dampfmaschinen und Auspuffbetrieb aufgestellt und betrieben. Wegen des charakteristischen Auspuffgeräusches des Dampfes nannte man diese Maschinen «puffers» im Gegensatz zu den geräuschlosen Kondensationsmaschinen von Watt. Im Jahre 1797 baute Trevithick sein erstes Dampfwagenmodell, dessen Kesselwasser durch Einlegen von glühenden Eisenstücken verdampft wurde. Durch die gelungene Ausführung dieses Fahrzeugs ermutigt, machte er sich an den Bau größerer Dampfwagen. Ende 1801 stellte er eine große Dampfkutsche her. Mit einem zweiten solchen Fahrzeug fuhr Trevithick 1803 nach London, wo er damit großes Aufsehen erregte. Diese Fahrzeuge waren ebenfalls mit HD-Auspuffmaschinen ausgerüstet. Den Maschinenabdampf

leitete Trevithick in den Schornstein des Kessels zur intensiven Feueranfachung. Seine Zylinderkessel waren mit einem Flammrohr ausgerüstet.

Diese grundlegenden Arbeiten Trevithicks bildeten den Auftakt zu einer Einführung des Dampfwagenverkehrs auf Englands Strassen, noch bevor das Eisenbahnzeitalter begann. Das dampfgetriebene Straßenfahrzeug wurde technisch weiterentwickelt. Wenn auch seinerzeit der Dampfantrieb auf der Straße wegen der neu aufkommenden Eisenbahnen in den Hintergrund getreten ist und später dieser Antrieb sich nicht mehr behaupten konnte, so sind doch sehr interessante und durchaus praktikable Lösungen ausgearbeitet und bis in unsere Zeit fortgeführt worden, auf die hier einzugehen nicht der Platz ist. Es seien dazu nur die Namen Serpollet, Stoltz, de Dion & Bouton, Scotte, Sentinel, Doble, Delling, Henschel, Besler und Borsig genannt, welche für das dampfgetriebene Straßenfahrzeug und die leichte Hochleistungsdampfkraftanlage wertvolle Entwicklungsarbeit geleistet haben [1.4-2, 5/2].

Im Jahre 1803 begann Richard Trevithick mit dem Bau der ersten Dampflokomotive der Welt, die Anfang Februar 1804 in Penydarren bei Merthyr Tydfil in England fertiggestellt wurde. Die Maschine war für das Hüttenwerk Penydarren bestimmt. Sie sollte den Eisentransport zwischen Penydarren und Abercynon am Glamorganshirekanal in Südwales, eine Strecke von 16 km, besorgen. Am 13. Februar 1804 fand die erste Probefahrt mit dieser Lok statt, womit das Zeitalter der Eisenbahn seinen Anfang nahm. Nach eigenen Aufzeichnungen Trevithicks lief die Maschine mit großer Geschwindigkeit bergauf und bergab; sie war leichter zu führen als ein Pferd. Wie aus Abb. 223 hervorgeht, besaß diese seinerzeit als «tram waggon» bezeichnete Lok einen Zylinderkessel mit rückkehrendem Flammrohr, so daß Schornstein und Feuerung auf der gleichen Seite lagen. Der Maschinenabdampf entwich durch den Schornstein ins Freie. Als Antrieb fand eine 1-Zylinder-Dampfmaschine mit 210 mm ∅ und 1372 mm Kolbenhub Verwendung, deren Zylinder waagrecht in den Kessel eingebaut war. Über Kreuzkopf, Querhaupt und 2 seitlich am Kessel vorbeiführende Triebstangen lief der Antrieb auf die am anderen Kesselende gelagerte Schwungradkurbelwelle. Von dort aus wurden über Zahnräder die beiden Achsen angetrieben. Bei einer Probefahrt zog diese Lok einen Zug mit 5 Wagen, welcher mit 10 t Eisen beladen sowie mit 70 Fahrgästen besetzt war, über die 16 km lange Strecke. So erwies sich diese erste Lok schon als brauchbar. Leider hielt aber das Gleis mit seinen gußeisernen Schienen dem Gewicht und den Stößen der etwa 5 t schweren Maschine nicht lange stand. Nachdem wieder einmal zahlreiche Schienen gebrochen und die Lok entgleist war, baute man sie nach 5 Monaten Betriebszeit zu einer ortsfesten Dampfmaschine um.

Trevithick stellte noch zwei weitere Loks her. Die zweite Maschine war von gleicher Bauart und für die Wylam-Gruben bestimmt. 1805 erfolgte die Fertigstellung. Wegen der dort verwendeten Holzschienen baute Trevithick diese Lok so leicht wie möglich. Auch sie erfüllte ihren Dienst zufriedenstellend. Der Grubenbesitzer ließ sie jedoch nach kurzer Zeit zu einer ortsfesten Maschine umbauen. 1808 schuf der große Meister seine dritte und letzte Lok, die in London auf einer Rundstrecke der Öffentlichkeit vorgeführt wurde. Diese wohlgelungene Maschine soll bis zu 30 km/h erreicht haben. Da sich jedoch damals für seine Lok keine ernsthaften Interessenten einfanden, gab Trevithick den Lokbau auf und wandte sich wieder dem Bau ortsfester Dampfmaschinen zu. Erst viele Jahre nach seinem Tode erkannte man die große Bedeutung seiner zukunftweisenden Arbeiten für den Lokbau.

An der weiteren Entwicklung der Lok in deren Frühzeit arbeiteten noch viele bedeutende Ingenieure ihrer Tage in Nordamerika, Europa und natürlich in erster Linie in England mit [2-1]. Es seien aus dieser Reihe hier nur noch die Namen Blenkinsop, Braithwaite, Brunton, Burstall, Bury, Chapman, Ericsson, Hackworth, Hedley und Murray genannt.

Nachdem in den ersten beiden Jahrzehnten des 19. Jahrhunderts zahlreiche Überlegungen und Experimente mit mehr oder weniger Erfolg angestellt wurden, um die zweckmäßigste Bauform der Dampflok zu finden, gelang George Stephenson (1781–1848) der große Durchbruch. Als Sohn eines Kesselheizers ist er in einfachsten Verhältnissen aufgewachsen; er konnte erst mit 18 Jahren im Abendunterricht das Schreiben und Lesen erlernen. Im Alter von 17 Jahren war er infolge seiner Geschicklichkeit schon zum Maschinenwärter aufgestiegen. Nachdem er eine Reihe schwieriger Instandsetzungen an ortsfesten Dampfmaschinen mit Erfolg meisterte, stieg er in Killingworth zum Grubeningenieur auf und befaßte sich mit den technischen Anlagen. Zur Verbesserung der Verkehrsverhältnisse bei der Pferdegrubenbahn beschäftigte er sich erstmals mit Lokomotiven. 1813/14 entstand die erste Stephenson-Lok, die «Mylord» (1815 in «Blücher» umbenannt). Sie war mit einem einfachen Flammrohrkessel und einer Zwillingsmaschine oben auf dem Kessel ausgerüstet. Über seitliche Triebstangen, untenliegende Blindwelle und Zahnräder wurden die beiden Achsen angetrieben. Es folgten noch weitere Loks für den Grubenbahnbetrieb, an denen Stephenson die Bauweise immer weiter fortbildete. Eines der Hauptprobleme waren nach wie vor die häufigen Brüche der damals aus Gußeisen hergestellten Schienen. Stephenson schuf eine Anzahl

konstruktiver Verbesserungen an Rad und Schiene. Zusammen mit Wood untersuchte er erstmals die Reibungsverhältnisse zwischen Rad und Schiene und den Laufwiderstand der Schienenfahrzeuge. Auch erkannte er den großen Einfluß von Steigungen auf die mögliche Anhängelast der Loks. Mit seinen Arbeiten schuf er die Grundlagen der Zugförderungsmechanik und verhalf dem einfachen Reibungsbetrieb zum Durchbruch gegen den seinerzeit vielfach für notwendig gehaltenen Zahnradbetrieb.

Im Jahre 1821 genehmigte das englische Unterhaus den Bau der ersten öffentlichen Eisenbahn von Stockton nach Darlington. Stephenson gelang es, anstelle des zunächst allein vorgesehenen Pferdebetriebes auch die Lokzugförderung einzuführen, die ein voller Erfolg wurde. Am 27. September 1825 fand die Eröffnung dieser Bahn statt. Kurz vorher hatte Stephenson die erste Lokfabrik in Newcastle gegründet. 1829 gelang Stephenson ein weiterer noch größerer Erfolg. Für die nach Überwindung riesiger Widerstände in Volk und Regierung gebaute erste große Fernbahn Englands von Manchester nach Liverpool wurde ein Wettbewerb für die bestgeeignete Lok ausgeschrieben. Im Oktober 1829 führte man die angebotenen Maschinen beim weltberühmten Wettrennen von Rainhill vor. Dabei war Stephensons «Rocket» überlegener Sieger und erhielt den 1. Preis. Stephenson überzeugte die Zuschauer in eindrucksvoller Weise von der Leistungsfähigkeit seiner Lok, die bis zu 56 km/h erreichte. Damit war der große Durchbruch der dampfbetriebenen Eisenbahn gegen zahlreiche Widerstände gelungen, und es setzte ein Siegeslauf des Schienenstrangs rund um die Erde ein. Der große Erfolg Stephensons ist seiner sorgfältig durchgebildeten Lok zugefallen, die infolge des erstmals angewendeten Heizröhrenkessels gegenüber dem damals gebräuchlichen Flammrohrkessel eine große Heizfläche und somit eine intensivere Dampferzeugung aufwies. Diese Bauart des Kessels und des Antriebs wurde für die Dampflok richtungweisend. Grundlagen dieser Art bestimmten im wesentlichen die ganze technische Geschichte der Dampflok von ihrer Frühzeit bis zum Abschluß in den fünfziger Jahren unseres Jahrhunderts. Diese Grundkonzeption hatte einen klaren und einfachen Aufbau der Dampflok gebracht. Auch konnte die Dampflok bei einem idealen Zugkraftverhalten mit einfachen technischen Mitteln sehr gut in ihrer Leistung und zum Richtungswechsel geregelt werden. Die Entwicklung verlief parallel mit der übrigen Eisenbahntechnik stetig weiter in Richtung höherer Anforderungen an Zugkraft, Geschwindigkeit und damit auch Leistung. Als wichtigste Meilensteine auf diesem Wege seien genannt:

Steigerung der Kesseldrücke von 3 bis 20 atü,
Einführung der Expansionssteuerungen ab 1840,
Einführung der Verbundmaschine mit Zweifachexpansion ab 1876,
Einführung des Heißdampfes ab 1898.

Damit erreichte die Dampflok Stephensonscher Prägung in ihrer baulichen Durchbildung etwa um 1910 einen gewissen Abschluß. Die weitere Entwicklung brachte immer stärkere Loks, auch erhöhte sich die Fahrgeschwindigkeit erheblich. Die grundsätzliche Bauweise erfuhr zwar keine wesentlichen Änderungen, doch markante Verbesserungen in Details. Die Bemühungen der Lokfabriken und Bahnen zielten vor allem darauf ab, die Ausnutzung im Betrieb und damit die Wirtschaftlichkeit zu steigern. Mit Mehrfachbesetzung, Wassernehmen sowie Feuer- und Rauchkammerreinigung während der Fahrt und Abkürzung der Behandlungszeiten für die Vorratsergänzung und Durchsicht mit Abschmieren in den Betriebswerken konnten erhebliche Erfolge erzielt werden. Die Einführung von Langläufen wurde möglich, was vor allem in England und Nordamerika stark genutzt wurde. Die Speisewasserinnenaufbereitung, von Nordamerika 1940 ausgehend, brachte weitere große wirtschaftliche Erfolge für den Dampflokbetrieb durch große Einsparungen bei der Kesselinstandhaltung bei gleichzeitiger Erhöhung der verfügbaren Betriebszeit. Zur Leistungssteigerung dienten selbsttätige Rostbeschickung für Kohle bzw. die Ölfeuerung und der Zusatzantrieb für Lauf- und Tenderachsen mit Hilfe der Booster. Diese und verschiedene andere Maßnahmen erlaubten der klassischen Dampflok, mit den Anforderungen Schritt zu halten und erstaunliche Leistungen zu vollbringen [2-41, 42]. Es seien hier als Vertreter der neuesten Dampfloks in Europa die französischen Loks genannt, welche in den Reihen 141-P, 241- und 242-A sowie der 232-R und 232-U die Leistung von 2500 kW erheblich überschritten haben. Auch die bekannten Maschinen der South African Railways (SAR), die einen schweren Reise- und Güterverkehr auf z.T. schwierigen Strecken betreibt, sind sehr leistungsfähig. So zeigt als letzte Entwicklungsstufe für dieses Kapspurnetz (1067-mm-Spur!) eine 2'D2'-Lok der Klasse 25 vor allen Zuggattungen mit einer Leistung von 2200 kWi die universelle Verwendbarkeit der Dampfkraft (Abb. 226–228).

Den absoluten Höhepunkt in bezug auf Leistung und Zugkraft erreichte die Dampflok bei den Bahnen Nordamerikas. Die dortigen Riesenloks erwiesen sich als erfolgreich und wirtschaftlich. Für Reisezüge baute man die 2'C2'-, 2'D1'- und 2'D2'-Bauarten; im Güterverkehr liefen von der 1'D1'- bis zur gewaltigen 2'D-D2'-Mallet-Maschine zahlreiche Hochleistungstypen. Die Dampflok wuchs dort in vorher unbekannte Größenordnungen

hinein; die Zugkräfte erreichten bis 80 t und die Leistungen bis 5800 kW.

Im Zuge des in den dreißiger Jahren aufkommenden Schnellverkehrs auf der Schiene wurde auch die Dampflok mit guten Resultaten diesen Erfordernissen angepaßt. In Europa und Nordamerika erschienen nach 1930 wieder zweifach gekuppelte Loks in modernen Ausführungen, z.T. mit Stromlinienverkleidung und Rollenlagertriebwerk. Ein Höhepunkt dieser Entwicklung bildete die berühmte Hiawatha-Express-Lok der Chicago, Milwaukee, St. Paul & Pacific Railroad. Diese 1935 in 5 Stück gebaute ölgefeuerte 2'B1'-h2-Maschine beförderte leichte und mittelschwere Schellzüge mit 160 km/h planmäßig und hatte eine Höchstgeschwindigkeit von 192 km/h, die größte jemals einer Dampflok zugelassene für den normalen Betrieb (Abb. 280).

Nach 1945 wurden in Nordamerika sowohl bei den klassischen als auch den Sonderbauarten nochmals außergewöhnlich leistungsfähige Dampfloks in Dienst gestellt. Als hervorragende Vertreter der letzten Entwicklungsphase bei der klassischen Bauert seien hier vor allem die gewaltigen 2'D2'-Maschinen Klasse S1 und S2 der New York Central Railroad und der Klasse 3776 der Atchison, Topeka & Santa Fe Railroad genannt, die im normalen Betrieb Schnellzüge mit 1000 bis 1300 t Last und 120 bis 150 km/h zu befördern hatten, wobei Maschinenleistungen von 4800 kW täglich erreicht wurden. Im schweren Güterverkehr liefen z.T. riesige Mallet-Loks, von denen die Klasse 4000 («Big Boy») der Union Pacific Railroad die bekannteste war (Abb. 228) [2-27–32]. Als Beispiel für eine klassische Dampflok zeigt Tafel 1 die ab 1939 gebaute Güterzuglok Reihe 50 der DR und deren Kennlinienfeld mit Angaben über Brennstoffverbrauch, Zugkräfte und Gesamtwirkungsgrad (maximal 8,6%) im ganzen Geschwindigkeitsbereich.

Die klassische Dampflok hatte nunmehr einen technischen Stand erreicht, der von vielen Fachleuten als Grenze angesehen wurde. Eine Verbesserung des thermischen Wirkungsgrades war nicht mehr möglich, da Dampfdruck und Temperatur mit 21 atü und 400 °C nicht mehr gesteigert werden konnten. Auch setzte das schwere Kolbentriebwerk einer Erhöhung von Drehzahl bzw. Fahrgeschwindigkeit Grenzen. Die Kessel füllten das verfügbare Fahrzeugbegrenzungsprofil immer mehr aus. Deshalb begannen, abgesehen von einigen Vorläufern um die Jahrhundertwende, zu Beginn der zwanziger Jahre in verschiedenen Ländern Versuche mit dem Ziel einer baulichen Neugestaltung der Dampflok. Diese Bemühungen gingen in zwei Hauptrichtungen, einmal den thermischen Wirkungsrad des Dampfkraftprozesses zu verbessern und zum anderen Antrieb und Laufwerk neu zu gestalten, um die Fahreigenschaften vorteilhaft verändern zu können, zusammen mit einer geschlossenen Bauweise der Antriebsmaschine nach modernen Grundsätzen.

Einer der größten Nachteile der Dampflok gegenüber anderen Lok-Bauarten ist, daß 2 Mann Bedienungspersonal gebraucht werden. Diese Regel konnte nur in wenigen Fällen bei Kleinbahnloks entsprechender Bauweise und einfachen Betrieb durchbrochen werden. Als einzige Bahn der Welt machte die Norfolk & Western Railway in den USA einen Versuch mit einem kohlengefeuerten vollautomatisch betriebenen Kessel. Zu diesem Zweck wurden die 2'D-h2-Rangierloks, Betr.-Nrn. 1100 und 1112, entsprechend umgebaut und mit Einmannbedienung gefahren, wobei sich der Lokführer nicht um die Kesselbedienung zu kümmern brauchte. Zu einer weiteren praktischen Nutzanwendung kam es jedoch nicht. Dabei dürften wohl auch die etwas ungünstigen Sichtverhältnisse vom Führerstand der Dampflok eine Rolle gespielt haben [2.43; 3.44.22-19] (Abb. 229).

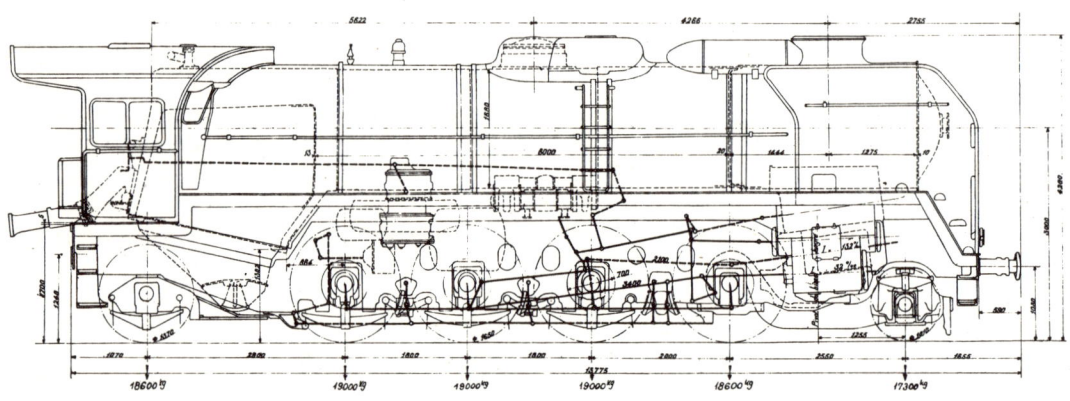

A

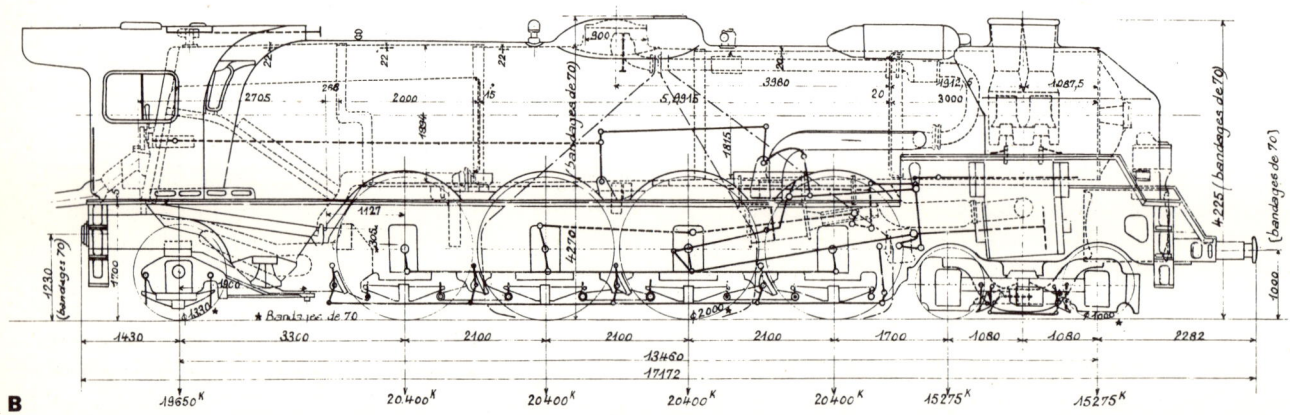

B

3 Die Versuche zur Umgestaltung der Dampflokomotive

3.1 Allgemeines

Die technische Entwicklung der Dampflok, wie sie vorstehend skizziert wurde, läßt sich in drei Abschnitte gliedern [3-23]. Im 1. Abschnitt wurde die Dampflok betriebssicher durchgebildet und in der von Stephenson eingeführten Grundform als Naßdampfmaschine in ihrem Gesamtwirkungsgrad von 1,8% um 1835 auf 6,5% um 1890 gesteigert, bezogen auf die indizierte Nennleistung. Im 2. Zeitabschnitt wurden durch zwei wesentliche Verbesserungen, die zweistufige Dampfexpansion (Verbundwirkung) ab 1876 und der Heißdampf ab 1898, Leistungsfähigkeit und Wirkungsgrad bis 8,5% weiter gesteigert. Der 3. Abschnitt begann um 1910 mit der Einführung des Abdampf-Speisewasser-Vorwärmers, so daß um 1920 bei guten Loks indizierte Nennleistungswirkungsgrade von zirka 10% erreicht wurden. Die Kesseldrücke sind im Laufe der Zeit von 3 atü im Jahre 1835 bis 16 atü im Jahre 1920 angestiegen. Dieser Stand bildete einen gewissen Abschluß in der wärmetechnischen Entwicklung der Dampflok klassischer Bauart, der bis zum Ende des Dampflokbaus, generell gesehen, nicht mehr wesentlich verbessert werden konnte. Abb 10 stellt die wärmetechnischen Fortschritte ab 1900 im Bau von Dampfkraftanlagen und Dampfloks dar. Hieraus läßt sich ab 1920 ein immer stärkeres Zurückbleiben der Lok in ihrem Gesamtwirkungsgrad gegenüber ortsfesten Kraftanlagen erkennen. Dafür sind als Gründe zu nennen:

1. Lokkessel normaler Bauart sind nur für niedrige Drücke bis 21 atü geeignet.

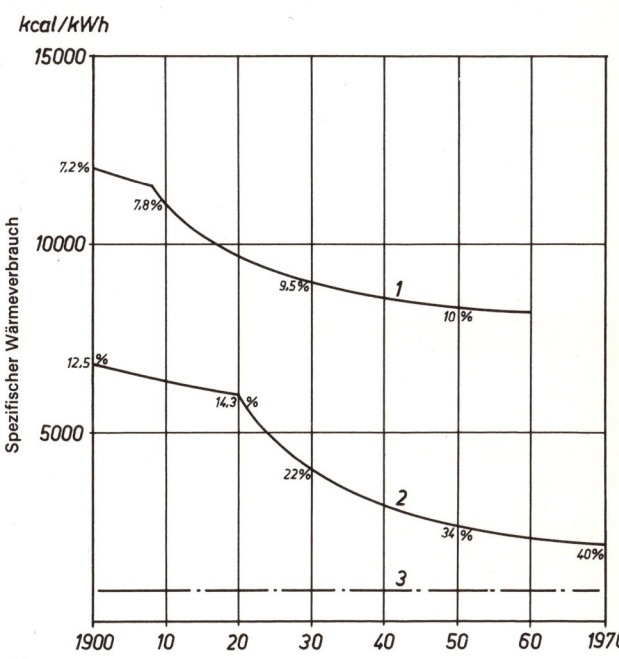

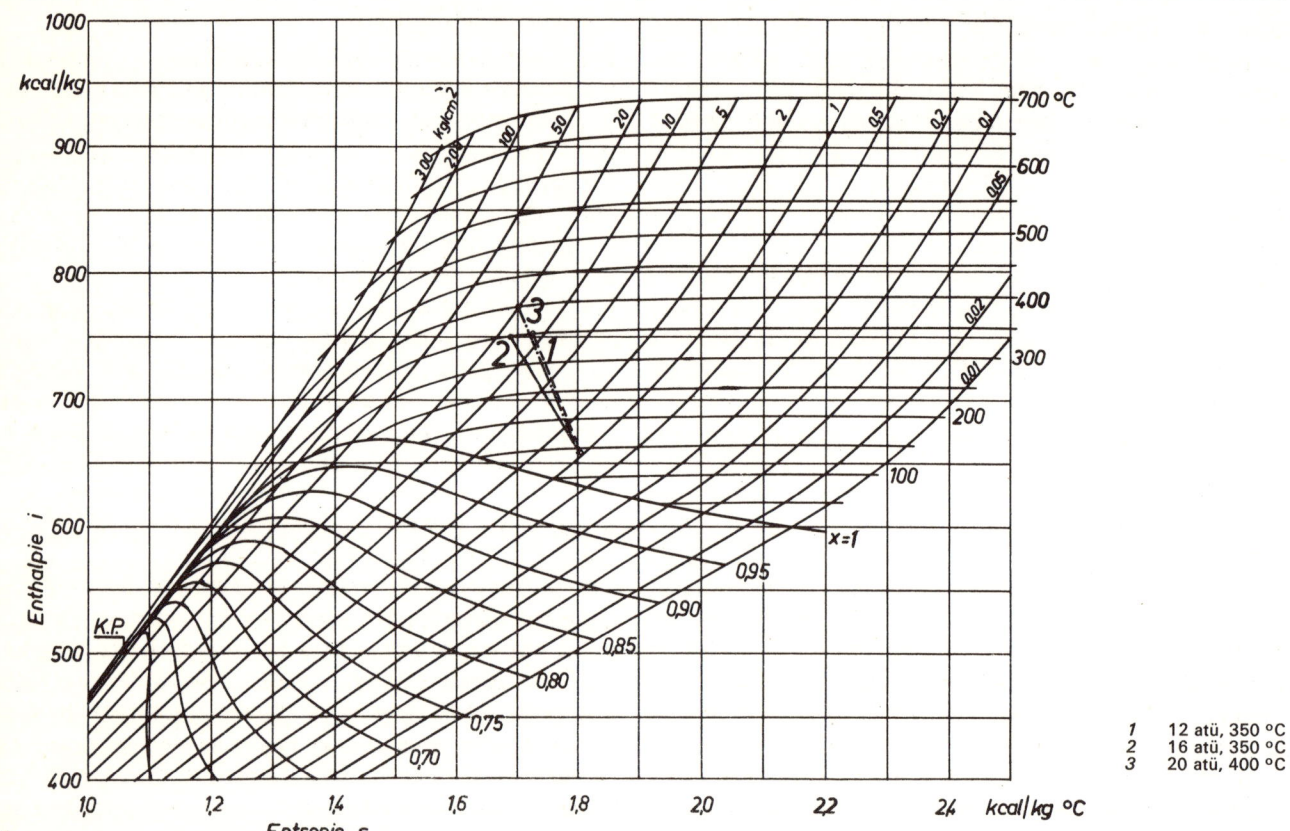

11

2. Höhere Abgastemperaturen der Lok von 300 bis 350 °C gegenüber 180 bis 200 °C im Kraftwerk.
3. Keine Luftvorwärmung beim Lokkessel.
4. Größerer spezifischer Leistungsbedarf für die Feueranfachung beim Lokkessel.
5. Auspuffbetrieb der Lok mit zirka 1,1 bis 1,3 atü Gegendruck im Vergleich zum Kondensationsbetrieb in Kraftwerken mit 0,02 ata.
6. Strahlungs- und Stillstandsverluste während der Aufenthalte und Betriebspausen unter Dampf.
7. Wesentlich stärkere Zunahme der Einheitsleistung von Kraftwerken gegenüber Dampfloks.

Man hat versucht, diese Fortschritte der Kraftwerkstechnik soweit als möglich auch bei der Dampflok anzuwenden. Eine weitere Drucksteigerung ist beim normalen Feuerbüchskessel wegen der durch viele Stehbolzen verankerten Feuerbüchse und der durch Außendruck beanspruchten Heiz- und Rauchrohre nicht möglich. Die allmähliche Druckerhöhung im Laufe der Zeit ließ sich bis etwa 21 atü durchführen. Kessel üblicher Bauart mit 25 atü ergaben jedoch solche Schwierigkeiten, daß sie über das Versuchsstadium nicht hinauskamen. Um höhere Drücke anwenden zu können, mußten andere Kesselbauarten verwendet werden.

Eine Senkung der relativ hohen Abgastemperaturen ist beim Lokkessel durch Nachschaltung zusätzlicher Heizflächen grundsätzlich möglich. Dies wurde in der Praxis beim Franco-Crosti-Kessel durch einen Rauchgasvorwärmer nach dem eigentlichen Kessel erreicht. Außer einer Verringerung des Brennstoffverbrauchs weist dieser Kessel ein erhebliches Mehrgewicht auf und hat vor allem einen großen Erhaltungsaufwand verursacht. Bei größeren Loks und dem häufigen Teillastbetrieb waren Taupunktsunterschreitungen der Rauchgase unvermeidlich, was entsprechende Korrosionen zur Folge hatte. Der Franco-Crosti-Kessel mit Rauchgasvorwärmer konnte sich deshalb nicht in nennenswertem Umfang einführen. Er wurde bei den Staatsbahnen in England, Deutschland, Belgien und vor allem in Italien verwendet (Abb. 230).

Die Vorwärmung der Verbrennungsluft wurde an wenigen Loks in der Schweiz (Abschnitt 3.44.3), in Schweden (Abschnitte 3.44.5, 3.44.8, 3.44.9 und 3.44.11), Nordamerika und Rußland [2-23, 24] versucht, aber wegen betriebs- und unterhaltungstechnischer Schwierigkeiten bald wieder aufgegeben.

Der notwendige Saugzug wird bei der Lok mit Auspuffbetrieb durch die bekannte Anordnung des Blasrohrs im Schornstein erzeugt, durch das der Abdampf austritt.

Diese schon von Trevithick eingeführte Bauart wurde grundsätzlich beibehalten, erfordert aber wegen des geringen Wirkungsgrades von zirka 10% einen relativ hohen Gegendruck, der nicht in der Maschine genutzt werden kann. Ein bedeutender Fortschritt auf diesem Gebiet war vor allem der Giesl-Ejektor [2-80], der diese Arbeit mit 30–40% Wirkungsgrad versieht und bedeutende Leistungsgewinne ermöglichte.

Der Kondensationsbetrieb mit entsprechendem Vakuum ist bei Kolbenloks nicht durchführbar (Abschnitt 3.43) und erfordert die Anwendung der Dampfturbine. Die für Bahnen in Argentinien, Irak, Rußland, Deutschland, Rhodesien und Südafrika gebauten Kolbenkondensationsloks hatten vor allem den Zweck, durch Verringerungs des Speisewasserbedarfs den Fahrbereich zu erweitern, wesentliche Wirkungsgradverbesserungen waren damit nicht erreichbar.

Während bei Kraftanlagen in vielen Fällen der Betrieb mit kleineren Teillasten durch den Verbundbetrieb der Stromnetze vermieden werden kann und daraus günstige Durchschnittsbelastungen resultieren, kann dies im Lokbetrieb nicht durchgeführt werden, da Zuglast und Streckenverhältnisse stark wechseln. Zudem kann bei Dampfloks das Feuer nur in längeren Betriebspausen gelöscht werden, so daß Stillstandsverluste entstehen. Die Einheitsleistungen für einen Maschinensatz stiegen von 1900 bis 1960 von zirka 5000 kW auf 100 000 kW in Kraftwerken und auf 30 000 kW in Seeschiffen an, während sich die Leistung je Lok im gleichen Zeitraum von zirka 1000 kW nur auf etwa 2500 kW erhöhte. Die Tatsache, daß sich bei Erhöhung der Maschinenleistung die prozentualen Anteile für Hilfsbetriebe und Verluste an der Gesamtleistung immer mehr verringern, kam deshalb für die Dampflok noch nicht nur Auswirkung, zudem ermöglichten deren enge Grenzen für Bauraum und Gewicht keine Anwendung von den spezifischen Wärmeverbrauch vermindernden Einrichtungen in größerem Umfange, wie sie bei Kraftanlagen üblich sind. Daneben wirken sich alle zusätzlichen Einrichtungen an der Lok in einer Erhöhung des Gewichts und damit auch des Fahrwiderstandes aus, wodurch sich evtl. erzielbare Vorteile teilweise oder ganz aufheben. Ferner werden Loks meist nur mit Teillast betrieben und unterliegen einer ständigen Auf- und Abregelung der Leistung. Die Nennleistung wird nur für 10 bis 30% der Betriebszeit benötigt, während bis zu 50% Zeitanteil auf Leerlauf entfallen. Dies hat den bei der klassischen Dampflok bekannten «Jahreswirkungsgrad» von 3 bis 6%, je nach den geleisteteten Diensten, zur Folge, obwohl der Vollastwirkungsgrad guter Dampfloks in klassischer Bauweise 10% und wenig mehr erreicht. Diese z.T. starke Verminderung auf den «Jahreswirkungsgrad» ist weiter durch folgende Gegebenheiten bedingt:

1. Stillstandsverbrauch.
2. Mehrverbrauch bei Teillastbetrieb, Beschleunigungsvorgängen und nicht optimaler Fahrgeschwindigkeit gegenüber der günstigsten Arbeitslage.
3. Brennstoffverluste durch Ausschlacken, Auswaschen des Kessels und Anheizen.
4. Leerfahrten der Lok.
5. Instandhaltungszustand.
6. Mehrverbrauch im Winter durch vergrößerte Abstrahlung und Zugsheizung.
7. Reserve mit dienstbereiten Loks für evtl. Ausfälle.

Die bei Loks mit Kohlenfeuerung überwiegend angewandte Handbedienung des Rostes lässt im Hinblick auf die häufigen und plötzlich auftretenden Lastschwankungen eine optimale Brennstoffregelung nicht zu. Auch müssen relativ große Mengen an Vorräten mit erheblichem Gewicht mitbefördert werden.

Der direkte Radantrieb mit der Kolbendampfmaschine ist wohl einfach und betriebssicher, aber nicht ohne Nachteile. Es besteht eine Bindung zwischen Maschinendrehzahl einerseits und Raddurchmesser sowie Fahrgeschwindigkeit anderseits. Durch große umlaufende und hin- und hergehende Triebwerksmassen sind die Drehzahlen begrenzt. Die Dampfmaschine muß bei kleinen Fahrgeschwindigkeiten zur Erzielung großer Zugkräfte mit großen Füllungen gefahren werden. Dies ist wegen der nicht vollkommen möglichen Nutzung der Dampfexpansion wärmewirtschaftlich nachteilig. Das Triebwerk und der Steuerungsantrieb der Dampfmaschine sind offen angebaut und Staub sowie Witterungseinflüssen ausgesetzt. Eine einwandfreie Abdichtung der Triebwerksgleitlager war nicht möglich, was einen hohen Schmiermittelverbrauch und starke Verschmutzung der Maschine bedingt.

Eine wesentliche Verbesserung der Energieausnutzung bzw. des thermischen Wirkungsgrades der Dampflok ließ sich also nur auf dem gleichen Wege wie bei ortsfesten Dampfkraftanlagen verwirklichen, nämlich durch eine Vergrößerung des nutzbaren Wärmegefälles. Dazu bestehen grundsätzlich die Möglichkeiten der Erhöhung von Anfangsdruck und Temperatur und der Absenkung des Enddruckes in der Dampfkraftmaschine. Bei Erhöhung des Druckes über 21 atü hinaus ist der Übergang auf andere Kesselbauarten notwendig. Eine Absenkung des Enddruckes ist durch Einführung der Unterdruckkondensation möglich, wobei gleichzeitig der Übergang von der Kolbenmaschine zur Turbine erforderlich wird. In den Jahren nach 1920 wurden verschiedenenorts praktische Versuche begonnen, um mit neuen Bauformen der Dampflok zu besserer Wärmeausnutzung sowie zu neuen Maschinen- und Fahrzeugbauformen zu kommen.

Daraus ergibt sich, daß die Bestrebungen zur Umgestaltung der Dampflok unter ganzer oder teilweiser Aufgabe der klassischen Bauweise in zwei Hauptgruppen unterschieden werden können:

1.1 Höhere Dampfdrücke durch neue Kesselbauformen zur Erhöhung des Wärmegefälles nach oben.

1.2 Anpassung der Dampfmaschine zur Erhöhung des Wärmegefälles nach unten unter Verwendung der Unterdruckkondensation.

2. Verbesserung der Laufeigenschaften und Verminderung des Gesamtgewichts durch Einführung schnellaufender Antriebsmaschinen in geschlossener Bauweise und evtl. Aufgabe der Starr-Rahmenbauart mit Übergang zum Drehgestellfahrzeug.

Es wurden zur Erreichung dieser Ziele eine Anzahl von Versuchsloks in Europa und Nordamerika gebaut, bei denen auf verschiedenen Wegen eine oder mehrere Verbesserungsmöglichkeiten praktisch erprobt wurden.

Im folgenden werden diese Fahrzeuge einzeln beschrieben. Bei der Vielfalt der Dampflok-Sonderbauarten auf diesem Gebiet ist eine teilweise Überschneidung innerhalb der hier gewählten Einteilung nicht in allen Fällen vermeidbar, besonders wenn mit einer Lok gleichzeitig mehrere Änderungen erprobt wurden. Um Wiederholungen zu vermeiden, sind die einzelen Loks jeweils bei der Gruppe beschrieben, zu der die wesentlichen Bauteile gehören.

3.2 Hochdruckdampflokomotiven
3.21 Der Hochdruckdampf

Richard Trevithick hat den in den Wattschen Maschinen verwendeten ND-Dampf von 0,5 bis 1 atü verlassen und in seinen Auspuffmaschinen schon 1814 «Hochdruckdampf» von 6 bis 8 atü eingesetzt. James Watt bemerkte damals hierzu, «er verdiene gehängt zu werden, weil er einen viel zu hohen Dampfdruck benutze». Aus Sicherheitsgründen wagte man damals zumeist nicht die Anwendung höherer Drücke. Der Amerikaner Perkins baute ab 1822 einige HD-Kessel mit kleinem Wasserinhalt, die teilweise aus dem vollen Werkstoff gebohrt waren und bis zu 100 atü erreichten. Auch der Deutsche Dr. Alban konstruierte 1824 einen Kessel mit 70 atü Betriebsdruck. Alle diese frühen Versuche zur Einführung höherer Dampfdrücke konnten sich beim damaligen Stand der Technik sowie gegen die Sicherheitsauffassungen nicht einführen.

Wie die Wärmelehre zeigt, nimmt bei den Sattdampfanlagen, wie sie seinerzeit üblich waren, der Wärmeinhalt (Enthalpie) des Dampfes bis 30 atü nur wenig zu und bei weiterem Druckanstieg sogar wieder ab (Abb. 5). Bei Sattdampfbetrieb war also eine nennenswerte Vergrö-

ßerung des ausnutzbaren Wärmegefälles und somit wirtschaftliche Vorteile durch höhere Dampfdrücke nicht zu erwarten [1.1-1, 2].

Wohl zum erstenmal hat Gustav de Laval in Schweden mit Erfolg HD-Dampf eingesetzt. Im Jahre 1897 wurden für die Stromversorgung einer Ausstellung in Stockholm 6 kleine Dampfturbinenaggregate mit 35 bis 70 kW Maschinenleistung nach seiner Konstruktion in Betrieb genommen und während der Ausstellungsdauer vorgeführt. Die Turbinen wurden mit 220 atü Dampf aus kleinen Wasserrohrkesseln versorgt.

Wilhelm Schmidt (1858–1924) gebührt das Verdienst, dem weiteren Fortschritt durch gleichzeitige Drucksteigerung und Temperaturerhöhung des Dampfes über die Sättigungsgrenze hinaus – Überhitzung – zum Durchbruch verholfen zu haben. Schmidt wollte damit zunächst die Verluste durch Eintrittskondensation im Dampfmaschinenzylinder vermindern, was ihm voll gelungen ist. Er führte nach 1890 den «Heißdampf» mit 350 °C bei den damals üblichen 10 bis 15 atü Druck ein und erzielte neben der Verringerung der Eintrittskondensationsverluste auch eine Vergrößerung des nutzbaren Wärmegefälles infolge der Temperaturerhöhung. Daraus ergab sich eine beachtliche Ersparnis im Dampfverbrauch, und der Kohlenverbrauch sank um 25% gegenüber einer Sattdampfmaschine bei gleichem Druck. Gleichzeitig war auch eine entsprechende Leistungssteigerung der Dampfmaschinen bei gleicher Baugröße für Heißdampf gegenüber Sattdampf möglich, was bei dem nach 1885 einsetzenden Bau von Kraftwerken für die Elektrizitätsversorgung sehr erwünscht war.

Parallel mit den technischen Fortschritten der Dampftechnik wurde die Erforschung des Wasserdampfes betrieben. Schon James Watt unternahm Experimente, um den Zusammenhang zwischen Druck und Temperatur des gesättigten Wasserdampfes festzustellen. Dazu seien die Namen Zeuner, Belpaire, Knoblauch und Mollier genannt. Das Enthalpie-Entropie-Diagramm (I-S) nach Mollier bildet heute eine der wichtigen Grundlagen für die Auslegung von Dampfkraftprozessen (Abb. 7 und 11).

Im Jahre 1885 dachte der damals 27 Jahre alte Wilhelm Schmidt an die Verwendung von HD-Dampf von 60 bis 100 atü und konstruierte eine Versuchsanlage. Die von der Bernburger Maschinenfabrik in Bernburg (Saale) angefertigte und dort erprobte Anlage bestand aus einem Einrohr-HD-Wasserrohrkessel, einem ND-Kessel und einer zweistufigen Kolbendampfmaschine. Der HD-Kessel war als schraubenförmig gewundenes Schlangenrohr ausgebildet und somit ein Zwangdurchlaufkessel. Da Schmidt noch keine HD-Dampfmaschine zur Verfügung stand, benutzte er den Kesseldampf mit 60 bis 100 atü zur mittelbaren Erzeugung von Heißdampf mit

29

7 atü in einem weiteren ND-Kessel, der die Auspuffdampfmaschine versorgte. Der HD-Dampf wurde zunächst durch den Überhitzer und dann in eine im Wasserraum des ND-Kessels liegende Rohrschlange geleitet, wo er seine Wärme abgeben konnte. Vor Eintritt des HD-Dampfes in den ND-Kessel wurde der Dampf in einem Strahlapparat auf 7 atü entspannt und brachte dabei die Hälfte der mit 3 atü aus dem HD-Zylinder der Dampfmaschine kommenden Abdampfmenge wieder auf den Anfangsdruck von 7 atü. Dieses Dampfgemisch gelangte durch das im Wasserraum des ND-Kessels angeordnete Rohrbündel und trat am Ende in den ND-Dampfraum ein. Somit war nur die halbe durch die Maschine strömende Dampfmenge im Auspuff verloren. Es wurde eine Kohlenersparnis von 20% gegenüber einer entsprechenden Sattdampfmaschine erzielt. Dieser Fortschritt ist allerdings der Überhitzung des ND-Dampfes zuzuschreiben. Der HD-Dampf konnte seine größere Arbeitsfähigkeit noch nicht direkt in der Maschine ausnutzen. Im weiteren Verlauf seiner Arbeiten widmete sich Schmidt nun zunächst der Einführung des Heißdampfes im damals gebräuchlichen Druckbereich. Zur Verwertung seiner Patente gründete Schmidt die «Schmidtsche Heißdampf-Gesellschaft» SHG in Kassel-Wilhelmshöhe. Innerhalb weniger Jahre hatte sich der Heißdampf durchgesetzt und kam in allgemeine Verwendung.

Ab 1907 befaßte sich Schmidt wieder mit HD-Dampf. Er erkannte, daß hoher Druck und hohe Temperatur sowie Zwischenüberhitzung anzuwenden seien, um die Wirkungsgrade der Dampfkraftanlagen weiter zu verbessern. Zur Erzeugung von HD-Dampf wollte Schmidt zunächst Zwangumlaufkessel benutzen. Dieser Plan ließ sich jedoch wegen der damals noch nicht einwandfrei durchführbaren Speisewasseraufbereitung nicht verwirklichen. So entschloß er sich, als Versuchsanlage einen kleinen Naturumlauf-Steilrohrkessel für 60 atü und 490 °C mit einer Leistung von 1,5 t/h bauen zu lassen. Während der Planung dieser Anlage stieß ein neuer Mitarbeiter zu Schmidt, Otto H. Hartmann. Der vorgenannte HD-Kessel kam 1911 in der Ascherslebener Maschinenfabrik in Betrieb. Es ergaben sich zahlreiche Schwierigkeiten an verschiedenen Teilen des Kessels und an Armaturen, die Veranlassung zu Konstruktionsverbesserungen waren und wertvolles Erfahrungsgut brachten. Nach 1918 richtete die SHG in Wernigerode (Harz) eine eigene Versuchsanstalt ein, in der auch ein 100-atü-Zwangdurchlaufkessel erprobt wurde. Im Jahre 1910 begann Schmidt mit Arbeiten zur Schaffung von HD-Kolbendampfmaschinen. Daraus entstand bis 1920 eine Vierfachexpansions-HD-Kolbenmaschine, Bauart Schmidt. Diese Maschine wurde zusammen mit dem erwähnten Naturumlauf-Steilrohrkessel zu einer Versuchsanlage zusammengestellt. Der Dampf trat dabei mit 55 atü und

465 °C in die Maschine ein. Nach der 2. Expansionsstufe erfolgte bei 4 atü eine Zwischenüberhitzung auf 263 °C und vor der ND-Stufe auf 222 °C. Die 1921 mit der Anlage durchgeführten Messungen ergaben für die Dampfmaschine einen spezifischen Dampfverbrauch von 3,07 kg/kWh sowie einen Wärmeverbrauch von 2720 kcal/kWih. Diese ausgezeichneten Verbrauchszahlen wurden von Prof. Franke, Hannover, nachgeprüft und bestätigt.

Der entscheidende Anstoß für die Entwicklung der HD-Dampftechnik ging von einem Vortrag von Otto H. Hartmann aus, den dieser auf der Hauptversammlung des Vereins Deutscher Ingenieure (VDI) 1921 in Kassel gehalten hat. Das Thema lautete: «Hochdruckdampf bis zu 60 at in der Kraft- und Wärmewirtschaft auf Grund der Arbeiten von Dr.-Ing. e. h. Wilhelm Schmidt.» Hartmann und Prof. Franke berichteten auf dieser Hauptversammlung über die Ergebnisse mit der vorgenannten SHG-Versuchsanlage. Prof. Franke bezeichnete das Ergebnis als epochal, was zweifellos zutraf. Der Vortrag hinterließ in der Fachwelt einen gewaltigen Eindruck. So äußerte sich Prof. Löffler: «Das Zeitalter des Hochdruckdampfes ist angebrochen.» Die Firmen Borsig, Berlin und Hanomag, Hannover, nahmen Lizenzen auf die SHG-Hochdruckanlagen. Das Interesse war allgemein erwacht, und die bahnbrechenden Entwicklungsarbeiten von der SHG wurden von der Industrie auf breiterer Basis fortgesetzt. Im Januar 1924 fand in Berlin eine VDI-Tagung über HD-Dampf statt, die den Fachleuten Gelegenheit zu einem Erfahrungsaustausch bot. Das wesentliche Ergebnis dieser Tagung war die Empfehlung, den Dampfdruck schrittweise zu erhöhen und zunächst bei 35 bis 40 atü zu beginnen.

Die erste Betriebsanlage für HD-Dampf in Deutschland erbaute die Firma Borsig in Zusammenarbeit mit der SHG. Der Dampf mit 60 atü und 425 °C wurde in einem Steilrohrkessel mit einer Leistung von 10 t/h erzeugt. Der Dampf wurde in eine zweistufige Gegendruckdampfmaschine in Tandembauart geleitet, die 550 kW leistete. Anschließend wurde der mit 10 atü aus der Maschine ausströmende Dampf zu weiteren Fabrikationszwecken verwendet. Die ebenfalls von Borsig unter Mitwirkung der SHG konstruierte und gebaute Maschine diente zum Kompressorantrieb im Werk Tegel. Die Anlage fand bei der internationalen Fachwelt großes Interesse.

Für die weitere Entwicklung der HD-Dampferzeuger seien hier nur einige wichtige Einzelfragen angedeutet: Schaffung warmfester Werkstoffe, ein- und mehrfache Zwischenüberhitzung, Regenerativ-Speisewasservorwärmung, Speisewasseraufbereitung, Verbrennungsluftvorwärmung, Kohlenstaubfeuerung, Rauchgasentstaubung u. a.

Heute ist die Anwendung des HD-Dampfes in Kraftwerken und großen Schiffen eine Selbstverständlichkeit, nachdem in jahrelanger mühevoller Kleinarbeit die Voraussetzungen für eine betriebssichere und wirtschaftliche Anwendung geschaffen werden konnte.

In diesem Zusammenhang sei noch erwähnt, daß sich Wilhelm Schmidt zusammen mit Robert Garbe um die Jahrhundertwende intensiv mit der Entwicklung der Heißdampfanwendung im Lokbau befaßten und diese Arbeiten zu einem vollen Erfolg führten [2-57].

3.22   Die Hochdruckkesselbauarten

Zu Beginn der Entwicklung um 1920 war die Frage offen, ob sich der Naturumlaufkessel für den HD-Dampfbetrieb eignet. Die Versuche mit den Kesseln der SHG ergaben, daß höhere Ansprüche an das Speisewasser gegenüber den ND-Kesseln gestellt wurden. Die Steigerung von Druck und Temperatur des Wassers und Dampfes begünstigt chemische Reaktionen. Sauerstoff im Speisewasser hat bei hohen Drücken erheblich größere Korrosionsneigung gezeigt. Auch sind bereits kleine Kesselsteinablagerungen wegen der örtlichen Baustoffüberhitzung gefährlich, so daß beide Umstände zu Rohrreißern führen können. Wegen der seinerzeit noch nicht einwandfrei möglichen Speisewasseraufbereitung und der Befürchtungen eines ungenügenden Wasserumlaufs wurde der Naturumlaufkessel für HD-Dampf nicht von allen Fachleuten als geeignet befunden. Es entstanden deshalb eine Reihe von Sonderkesselbauarten für HD-Dampf. Der kritische Zustand von 225,4 atü bei 374 °C wurde mit dem Benson-Kessel erreicht. Weiter entstanden u. a. die Bauarten Atmos, Schmidt-Hartmann, Löffler, Sulzer, La Mont, Ramsin und Velox, alles Zwanglaufkessel. Parallel dazu entwickelte man auch den Naturumlauf-Wasserrohrkessel für hohe Drücke.

Wie die Erfahrung inzwischen gezeigt hat, eignet sich der Naturumlaufkessel auch gut für Drücke bis zu etwa 190 atü. Wegen seiner einfacheren Bauweise wird er deshalb viel verwendet, und zwar als Schräg- und Steilrohrkessel. Die Zwanglaufkessel der verschiedenen Typen kommen hauptsächlich für noch höhere Drücke zur Verwendung.

3.22.1   Der Schmidt-Hartmann-Kessel

Bei der 1922 von Hartmann in der SHG begonnenen Entwicklung dieser ersten modernen HD-Kesselbauart war bestimmend, daß sie von den Speisewassereigenschaften unabhängig ist. Die Arbeitsweise ist in Abb. 12 dargestellt. Der Schmidt-Hartmann-Kessel besteht aus einem geschlossenen Primär- und einem offenen Sekundärkreislauf. Das Wasser des Primärkreises wird im Vorwärmer EP von zirka 90 °C auf 200 bis 230 °C vor-

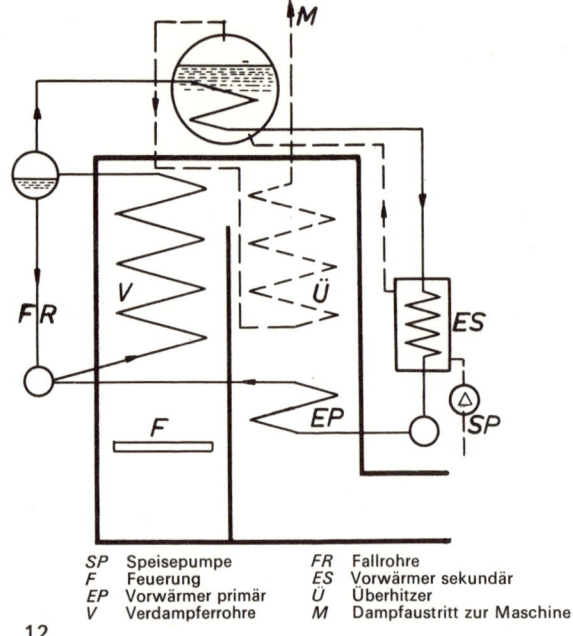

12

SP	Speisepumpe	FR	Fallrohre
F	Feuerung	ES	Vorwärmer sekundär
EP	Vorwärmer primär	$Ü$	Überhitzer
V	Verdampferrohre	M	Dampfaustritt zur Maschine

gewärmt; es verdampft dann in den Verdampferrohren V und gelangt zur Trennung von Wasser und Dampf in den Wasserabscheider WA. Von dort aus wird der HD-Dampf in die obenliegende Trommel geleitet, wo er seine Verdampfungswärme durch Rohre an das Wasser des Sekundärkreislaufes abgibt. Anschließend fließt das Kondensat des Primärkreislaufs durch den Vorwärmer ES, dort das in den Sekundärkreis kommende Speisewasser zu erwärmen. Danach strömt das Kondensat wieder in den Vorwärmer des Primärsystems EP, und der Kreislauf beginnt von neuem. Das Speisewasser des Sekundärsystems wird in den Vorwärmer ES durch die Pumpe SP eingespeist und gelangt anschließend in die Obertrommel, wo es durch die aus den Rohren des Primärsystems übergehende Wärme verdampft. Der aus der Obertrommel entnommene Sattdampf wird noch durch den Überhitzer $Ü$ geleitet, von wo er zur Maschine M abströmt. Der Schmidt-Hartmann-Kessel arbeitet in beiden Systemen primär und sekundär im Naturumlaufverfahren. Die Wärmeentwicklung erfolgt von der im Schema als F bezeichneten Feuerung aus. Während im geschlossenen Primärsystem des Kessels das Wasser nur als Wärmeträger von den feuerberührten Heizflächen zur Obertrommel und zum Vorwärmer ES dient, wird im Sekundärsystem der eigentliche Arbeitsdampf erzeugt. Die Obertrommel als Verdampfer des Sekundärsystems liegt außerhalb der Feuerung und wird nicht direkt beheizt, was mit Rücksicht auf evtl. Kesselsteinablagerungen und der damit verbundenen Gefahr der örtlichen Materialüberhitzung bei direkter Feuergaseinwirkung aus Sicherheitsgründen gewählt wurde. Um das für die Wärmeübertragung in der Obertrommel notwendige Temperaturgefälle zu erreichen, herrscht im Primärsystem ein um 20 bis 30 atü höherer Druck gegenüber dem Sekundärsystem.

Der Schmidt-Hartmann-Kessel hat für die Entwicklung der HD-Dampftechnik einen entscheidenden Beitrag geleistet. Solange es noch keine einwandfreie Speisewasseraufbereitung gab, war dieser Kessel von Bedeutung. Er kam vor allem dort zur Verwendung, wo der Dampf nach Arbeitsleistung für weitere Fabrikationszwecke benötigt wurde und somit eine ständige Frischwassernachspeisung erforderlich war.

3.22.2   Der Löffler-Kessel

Im Jahre 1923 begann Prof. Stephan Löffler, Berlin, mit der Konstruktion eines HD-Kessels, wobei er folgende Leitgedanken zugrunde legte:

1.   Hohe Drücke über 100 atü.
2.   Hohe Temperaturen über 500 °C.
3.   Betriebssicherheit durch Vermeidung von Kesselsteinansatz an feuerberührten Heizflächen.

In Abb.13 ist der Aufbau des Löffler-Kessels schematisch gezeigt. Das Wasser wird von der Speisepumpe *SP* über den Rauchgasvorwärmer *E* in die oben außerhalb der Feuerzone liegende Verdampfertrommel gedrückt. Aus der Verdampfertrommel saugt die Dampfumwälzpumpe *UP* gesättigten Dampf ab und drückt diesen durch den Überhitzer *Ü*. Von dem aus dem Überhitzer kommenden Heißdampf strömen etwa ⅔ der erzeugten Menge in die Verdampfertrommel zurück und bilden hier unter Abgabe

ihrer Überhitzungswärme Frischdampf. Das andere Drittel des erzeugten Dampfes geht bei *M* ab zur Nutzleistung in der Maschine. Es besteht für den Heißdampf ein Zwangumlauf. Das Wasser, aus dem der Dampf erzeugt wird, kommt auch hier nicht mit feuerberührten Wänden in Berührung, die Dampfbildung erfolgt in der Verdampfertrommel. Durch Drehzahlregelung der Dampfumwälzpumpe *UP* läßt sich die Kesselleistung bei konstanter Dampftemperatur genau regeln. Der umlaufende Dampf dient hier als Wärmeträger zwischen Feuerraum und Verdampfertrommel. Zur Inbetriebnahme des Löffler-Kessels muß dem Überhitzer Fremddampf zugeführt werden. Da mit kleiner werdendem Dampfdruck die erforderliche Umwälzpumpenleistung im Vergleich zur Kesselleistung stark zunimmt [1.1-1], ist der Löffler-Kessel für Drücke unter 100 atü nicht wirtschaftlich vertretbar.

Ende 1924 wurde der erste Löffler-Kessel bei der Wiener Lokomotivfabrik AG in Wien-Floridsdorf (WLF) in Betrieb gesetzt. Dieser war für 300 kg/h bei 100 atü und 500 °C ausgelegt. Wegen seiner guten Betriebsergebnisse baute die WLF für ihre Kraftwerksanlage einen Löffler-Kessel für 8 t/h bei 120 atü und 500 °C. Der darin erzeugte HD-Dampf wurde in einer ebenfalls von Prof. Löffler konstruierten Gegendruckdampfmaschine von 120 auf 12 atü entspannt, wobei die Maschine 450 kW bei 300 U./min lieferte. In der weiteren Folge kam der Löffler-Kessel in einer Anzahl von Kraftwerks- und Schiffsanlagen zur Anwendung. Für die Verwendung auf Loks erwarb die Berliner Maschinenbau AG, vorm. Louis Schwartzkopff, die Lizenz (Abschnitt 3.23.9).

Als kritisches Bauteil des Löffler-Kessels wurde anfangs die Dampfumwälzpumpe betrachtet, die etwa 4% der Kesselleistung zu ihrem Antrieb benötigt. Zunächst wurden dafür Kolbenpumpen verwendet, deren Stopfbuchsen den hohen Drücken standhalten mußten. Die Firma Escher Wyß konnte auch eine betriebsichere HD-Kreiselpumpe für diesen Anwendungsfall schaffen, die mit Rücksicht auf gute Regelbarkeit Dampfturbinenantrieb erhielt. In der Praxis hat sich der Löffler-Kessel auch bei unzureichend aufbereitetem Speisewasser gut bewährt. Allerdings stellte man fest, daß in gewissen Fällen mit schlechtem Wasser Verunreinigungen in den Turbinen auftraten, die zu Störungen führten. Somit war der Vorteil des Kessels, nämlich seine Unempfindlichkeit gegen nicht einwandfreies Wasser, nur von bedingtem praktischem Wert. Durch das Erscheinen anderer Kesselbauarten, die die gleiche Aufgabe mit einfacherer Bauweise erfüllen konnten, wurde der Bau von Löffler-Kesseln nach 1940 aufgegeben. Auch wurde die weitere Entwicklung der Arbeiten Löfflers für die HD-Dampftechnik durch den Tod dieses hervorragenden Pioniers im Oktober 1929 unterbrochen.

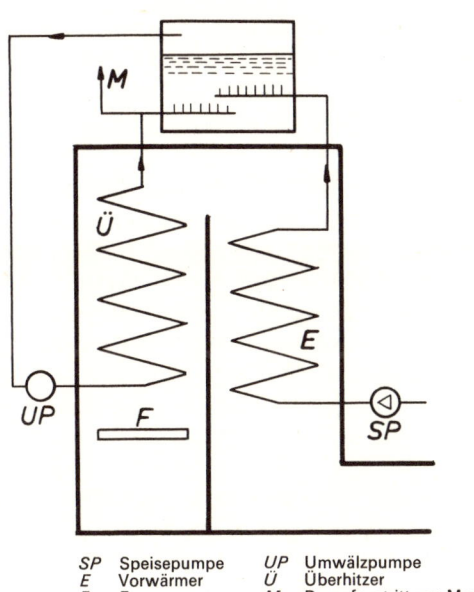

SP	Speisepumpe	*UP*	Umwälzpumpe
E	Vorwärmer	*Ü*	Überhitzer
F	Feuerung	*M*	Dampfaustritt zur Maschine

3.22.3   Der Benson-Kessel

Angeregt durch die damals bescheidenen Wirkungsgrade von Dampfkraftanlagen studierte auch der Amerikaner Mark Benson ab 1922 die Thermodynamik des Dampfes, um Wege einer besseren Energieausnutzung zu finden. Benson sah sein Ziel darin, die in Dampfkraftmaschinen nicht mehr rückzugewinnende Verdampfungswärme des Wassers (Abb. 5) zu vermeiden. Dies bedeutet, daß die Dampferzeugung beim kritischen Zustand (225,4 atü, 374 °C) oder darüber erfolgen mußte. Benson konstruierte hierfür eine geeignete Kesselbauart, die unter Vermeidung von Trommeln nur aus Rohren besteht. In Abb. 14 ist das Funktionsschema des Benson-Kessels dargestellt. Die Speisepumpe *SP* drückt das Wasser durch den Rauchgasvorwärmer *E*, den Verdampferteil *V* und den Überhitzer *Ü*, wobei sich der Übergang von Wasser in HD-Dampf ohne Zwischenschaltung einer Trommel im Rohrsystem vollzieht. Entsprechend Größe und Leistung des Kessels sind in den einzelnen Rohrsystemen für Vorwärmung, Verdampfung und Überhitzung mehrere Stränge parallel geschaltet, wobei sich dann zwischen den einzelnen Systemen Sammelkästen befinden.

Eine erste kleine Versuchsanlage wurde 1923 bei der Firma English Electric in deren Werk Rugby aufgestellt. Sie bestand aus einem Zwangdurchlaufkessel mit 5 parallelen Rohrsträngen. Die Speisepumpe brachte das Wasser mit kritischem Druck in das Rohrsystem des Kessels, wo es aufgeheizt wurde. Nach Erreichen der Temperatur von 374 °C ging das Wasser unmittelbar in Dampf über, der anschließend noch einen Überhitzer

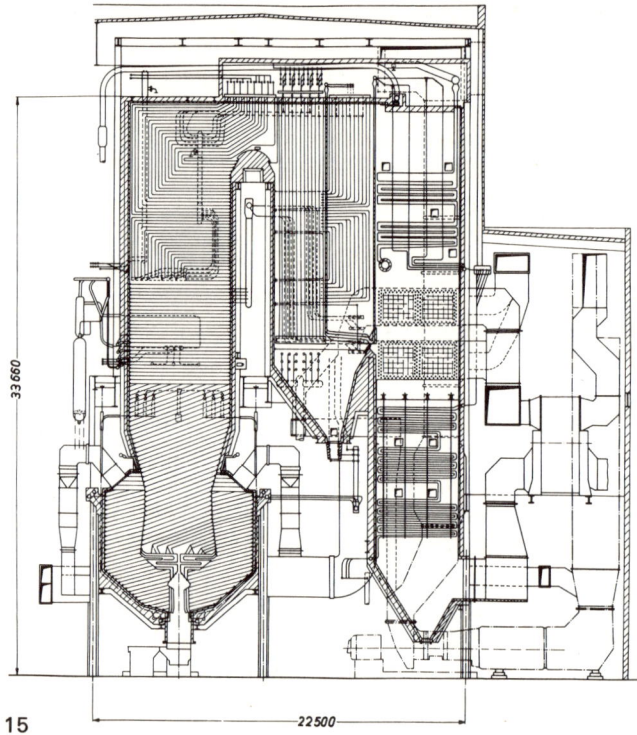

15

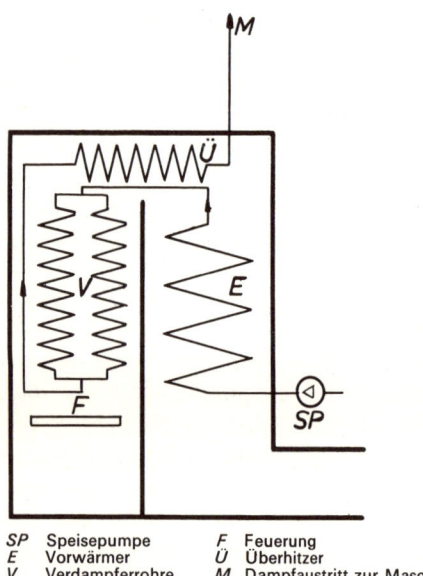

SP	Speisepumpe	*F*	Feuerung
E	Vorwärmer	*Ü*	Überhitzer
V	Verdampferrohre	*M*	Dampfaustritt zur Maschine

14

durchströmte. Weil damals keine Kraftmaschine für so hohen Druck verfügbar war, mußte der Dampfdruck auf 108 atü gedrosselt werden, um damit eine Turbine betreiben zu können. Durch einen Aufsatz über die Arbeiten Bensons und diese Versuchsanlage [1.1-1] wurde die Industrie auf diese Kesselbauart aufmerksam. Die Firma Siemens-Schuckert-Werke AG in Berlin interessierte sich dafür und erwarb die Rechte zum Bau von Benson-Kesseln. In mehrjähriger Arbeit wurde dieser Kesseltyp unter Überwindung zahlreicher Probleme durch SSW zur vollen Betriebsreife gebracht und mit Erfolg in die Dampftechnik eingeführt.

Parallel zur Entwicklung des Benson-Kessels wurde von Escher Wyß in Zürich die Entwicklung der HD-Dampfturbine aufgenommen, um die hohen Drücke wirtschaftlich verarbeiten zu können. Auch stellte man fest, daß sich dieser Kessel für unterkritische Drücke gut eignet, so daß er heute für HD-Anlagen mit unter- und solche mit überkritischem Betrieb in Gebrauch steht.

Nachdem die Entwicklung und Erprobung des Benson-Kessels bei SSW im Jahre 1938 einen gewissen Abschluß erreicht hatte, wurde der Bau solcher Kessel durch SSW eingestellt und Lizenzen an die Kesselfirmen vergeben [1.1-8—10].

Das Fehlen von Kesseltrommeln und der Zwangdurchlauf bedingen einen nur kleinen Wasserinhalt, was die Gefahren bei einer Explosion stark vermindert. Anderseits ist eine genaue Regelung zur schnellen Anpassung

33

an die jeweilige Belastung wegen des Fehlens von Reserven (Wasserinhalt!) unbedingt notwendig. Heute wird der Benson-Kessel von zahlreichen Industriewerken gebaut und findet vielfache Anwendung in Land- und Schiffsanlagen.

3.22.4 Der Sulzer-Kessel

Die Firma Gebr. Sulzer, Winterthur, befaßt sich seit ihrer Gründung mit dem Bau von Dampfkraftanlagen. Deshalb interessierte man sich auch hier schon frühzeitig für den HD-Dampf. Sulzer baute 1924 einen Versuchs-HD-Kessel eigener Bauart für 110 atü, 400 °C und 4 t/h Leistung. Bei der Konstruktion dieses Kessels war ebenfalls eine Bauweise ohne die teure und schwierig herzustellende Trommel das Ziel. Der Sulzer-Kessel hat eine Ähnlichkeit mit dem Benson-Kessel. Er besteht aus einem durchgehenden Rohrstrang, in welchen das von der Speisepumpe geförderte Wasser eintritt, vorgewärmt, verdampft und überhitzt wird. Im Gegensatz zum Benson-Kessel laufen die Rohre beim Sulzer-Einrohrkessel in einem Zug vom Eintritt bis zum Austritt, wobei für größere Leistungen Rohrstränge parallel geschaltet werden. Bis zu einer Leistung von 10 t/h genügt ein Rohrstrang. In Abb. 16 ist das Schema des Sulzer-Kessels dargestellt. Die Speisepumpe *SP* fördert das Wasser durch den Rohrstrang. Zwischen dem Verdampferteil *V* und dem Nachverdampfer *NV* ist noch ein Wasserabscheider *WA* eingebaut, über den eine automatische Abschlammung erfolgt. Durch das ständige Ablassen des von der Speisepumpe geförderten Überschußwassers an dieser Stelle wird gleichzeitig verhindert, daß sich im letzten Teil der Ver-

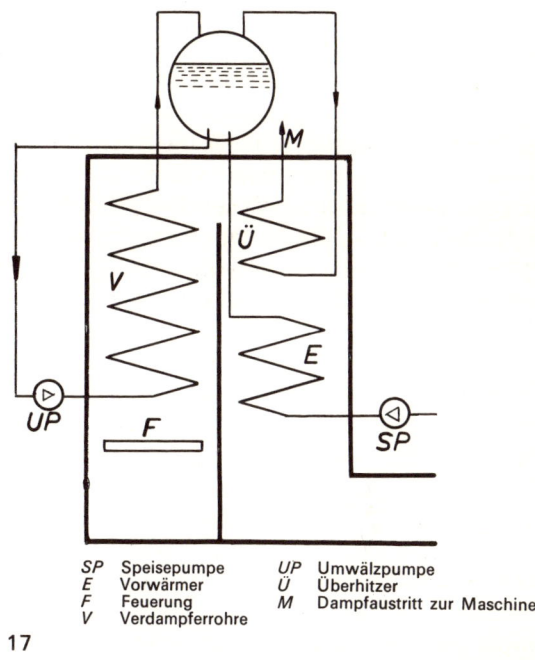

SP	Speisepumpe	UP	Umwälzpumpe
E	Vorwärmer	Ü	Überhitzer
F	Feuerung	M	Dampfaustritt zur Maschine
V	Verdampferrohre		

dampferzone (Nachverdampfer) Schlammansätze bilden und festbrennen können. Der Sulzer-Kessel arbeitet im Zwangdurchlaufverfahren und erfordert wegen seines geringen Wasserinhalts eine präzise Regelung, wofür die Firma entsprechende Einrichtungen geschaffen hat. Im Zuge der steigenden Dampfdrücke bildet der Sulzer-Kessel auch ein wichtiges und weitverbreitetes Bauteil moderner Kraftanlagen [1.1-1, 10, 11].

3.22.5 Der La-Mont-Kessel

Diese Kesselbauart stammt von dem Amerikaner Walter Douglas La Mont. Sein ursprünglicher Gedanke war, durch Düsen in feinen Strahlen Wasser gegen heiße Rohrwände zu spritzen. Dort sollte sich sofort Dampf bilden. In der Praxis ließ sich ein solches Prinzip wegen der thermischen Beanspruchung des Rohrmaterials nicht zufriedenstellend verwirklichen. Im Verlauf der weiteren Arbeiten La Monts entstand der in Abb. 17 schematisch dargestellte Zwangumlaufkessel. Eine Speisepumpe *SP* fördert das Wasser durch den Vorwärmer *E* in die Obertrommel. Von dort aus läuft das Heißwasser über unbeheizte Fallrohre der Umwälzpumpe *UP* zu. Die Verdampfung erfolgt in den Verdampferrohren *V*, von wo aus der Dampf in den oberen Teil der Trommel eintritt. Von besonderer Bedeutung ist die Verteilung des Wassers gleichmäßig auf die einzelnen parallel geschalteten Verdampferrohrstränge (im Schema ist nur ein Strang gezeichnet). Dazu wird in den Verteilerdüsen jeweils am Eintritt in die Verdampferrohre ein Druckabfall bewirkt, um eindeutige Strömungsverhältnisse und damit eine

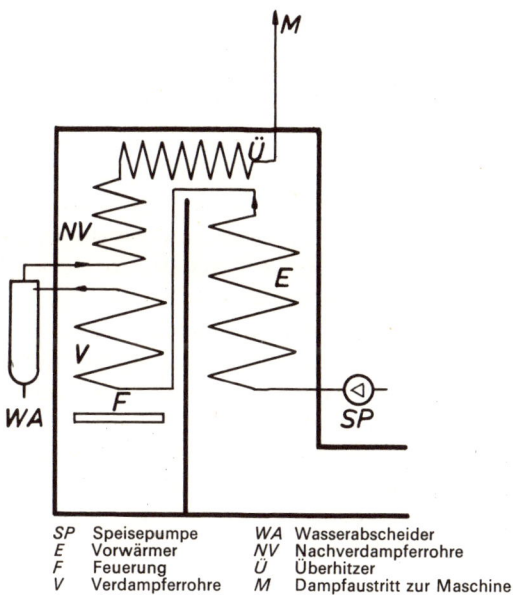

SP	Speisepumpe	WA	Wasserabscheider
E	Vorwärmer	NV	Nachverdampferrohre
F	Feuerung	Ü	Überhitzer
V	Verdampferrohre	M	Dampfaustritt zur Maschine

16

gleichmäßige Aufteilung des Wasserstromes im ganzen
Regelbereich zu gewährleisten. Der Arbeitsdampf wird
aus der Obertrommel entnommen und durch den Überhitzer Ü zur Maschine M geleitet.

Der erste La-Mont-Kessel entstand 1925 in New York.
Nach weiteren amerikanischen Ausführungen wurde
dieser Kessel vor allem in Deutschland vervollkommnet
und ab 1930 eingeführt.

Die zwangläufige Wasserbewegung erlaubt eine Anpassung an baulich gegebene Verhältnisse, weshalb sich
der Kessel besonders für Anlagen geringer Bauhöhe
eignet, was ihm beachtliche Verbreitung als Schiffskessel
sicherte. Heute werden La-Mont-Kessel sowohl in ge-
feuerter als auch als Abwärmekesselausführung (z. B.
für Konverter) verwendet.

3.22.6 Der Naturumlaufkessel

Zu Beginn der HD-Dampfentwicklung entstanden die
vorher erwähnten Zwanglaufkessel. Daneben wurde
auch der Naturumlaufkessel mit direkter Beheizung für
hohe Drücke entwickelt und zusammen mit der fortlaufend verbesserten Speisewasseraufbereitung eingeführt.
Er ist heute der meistverwendete HD-Kessel. Abb. 18
zeigt schematisch einen modernen Steilrohrkessel. Das
Wasser gelangt auch hier über die Speisepumpe SP und
den Rauchgasvorwärmer E in die Obertrommel. Der
Wasserumlauf von der Obertrommel zum Verdampferteil V erfolgt durch nicht oder schwach beheizte Fallrohre FR. Von der unteren kleinen Trommel steigt das
Wasser in die Verdampferrohre, verdampft dort und geht

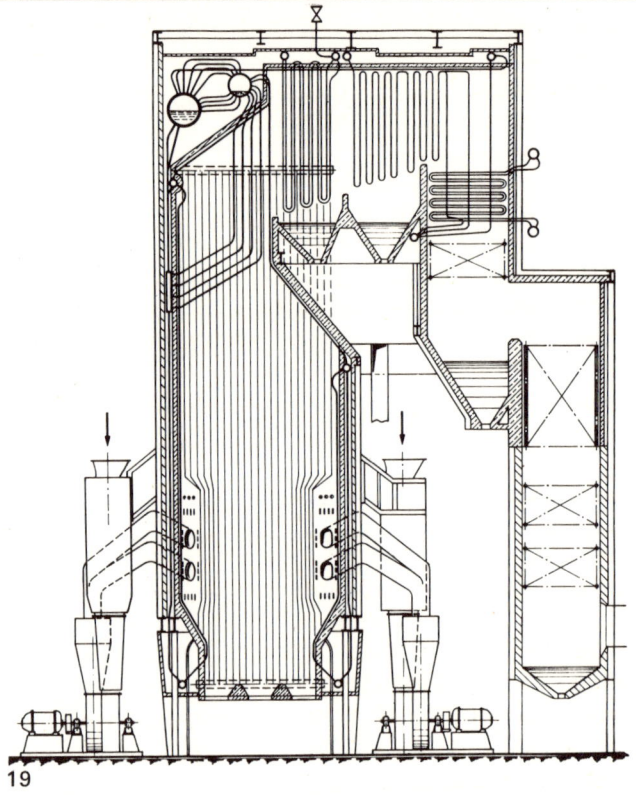

19

als Dampf zurück in die Obertrommel. Von hier aus
strömt der Dampf durch den Überhitzer Ü zur Maschine M.

Bis zur möglichen Druckgrenze von zirka 190 atü hat sich
der Naturumlaufkessel in seinen verschiedenen Bauformen heute in vielen Anwendungsfällen erfolgreich be-
hauptet.

3.22.7 Der Velox-Kessel

Dieser Kessel wurde ab 1930 von der Firma AG Brown
Boveri & Cie. entwickelt. Das Ziel war, einen Dampferzeuger mit kleinem Raum- und Gewichtsaufwand, hoher Leistung und kurzer Anheizzeit zu schaffen. In Abb.
20 ist der Aufbau eines Velox-Kessels schematisch dargestellt. Er weicht von den üblichen Bauformen stark ab.
Ein sehr intensiver Wärmeübergang und damit kleine Abmessungen wurden durch Überdruckfeuerung mit hohen
Rauchgasgeschwindigkeiten erzielt. Die Verbrennungsluft und gegebenenfalls das Brenngas werden von einem
Axialverdichter C angesaugt und auf 2,5 bis 3 atü gebracht. Diese Luft wird zusammen mit gasförmigem oder
flüssigem Brennstoff der Brennkammer zugeführt, in der
die Wärme an Wasser und Dampf übergeht. Das aus der
Brennkammer unter Druck austretende Rauchgas strömt
durch eine Gasturbine T, die den Verdichter C antreibt.
Das Abgas der Gasturbine dient anschließend noch zur

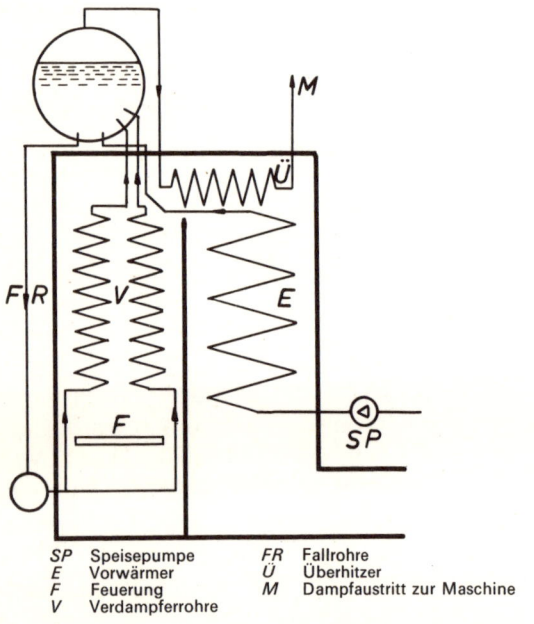

SP	Speisepumpe	FR	Fallrohre
E	Vorwärmer	Ü	Überhitzer
F	Feuerung	M	Dampfaustritt zur Maschine
V	Verdampferrohre		

18

Speisewasservorwärmung. Das Wasser wird von der Speisepumpe *SP* durch den Rauchgasvorwärmer *E* in den Wasserabscheider *WA* gebracht. Eine Umwälzpumpe *UP* drückt das ihr aus dem Wasserabscheider *WA* zulaufende Wasser durch die Verdampferrohre *V* in der Brennkammer. Die umzuwälzende Wassermenge beträgt etwa das Zehnfache der zu verdampfenden. Der Velox-Kessel gehört deshalb zur Gruppe der Zwangumlaufkessel. Aus dem oben befindlichen Dampfraum des Wasserabscheiders gelangt der Dampf in die Überhitzerrohre *Ü* der Brennkammer und weiter in die Maschine *M*. In der Brennkammer werden sehr hohe Rauchgasgeschwindigkeiten bis zu 300 m/sec angewandt. Die Gasturbinen-Verdichtergruppe wird bei der Inbetriebsetzung durch eine elektrische Start- und Regelmaschine *SRM* angetrieben, die auch die Drehzahlregelung übernimmt. Der Antrieb des Verbrennungsluftverdichters durch eine vom Abgasstrom des Kessels durchströmte Gasturbine ermöglicht es, den erheblichen Energiebedarf dafür aus dem Prozeß selbst zu decken. Infolge der kleinen zu erwärmenden Eisen- und Wassermassen ist eine Vollastübernahme innerhalb 5 bis 10 min nach dem Start aus dem kalten Zustand möglich. Der Velox-Kessel hat sich in einer Reihe von Anwendungsfällen eingeführt. Er ist besonders als Spitzenlast- und Schnellbereitschaftskessel geeignet und wurde als Schiffs- und Lokkessel erprobt [1.1-20–25].

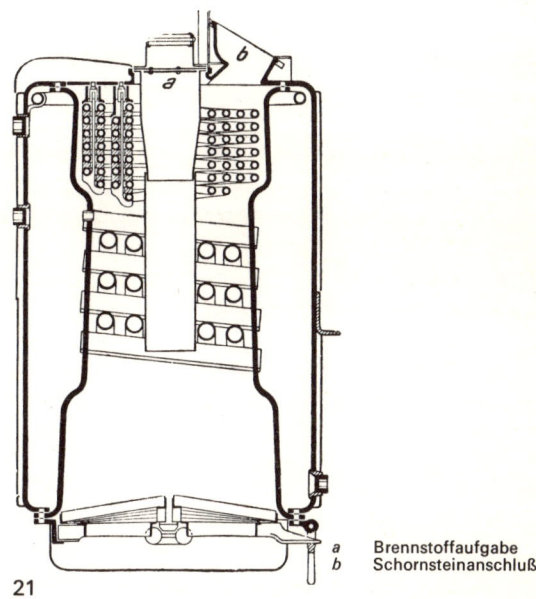

21

3.22.8 Weitere Bauarten von Hochdruckdampfkesseln

Neben den vorgenannten Bauarten entstanden noch einige Typen von Kleindampferzeugern für Fahrzeuge. Mit Dampf getriebene Straßenfahrzeuge benötigten leistungsfähige Kraftanlagen mit geringem Gewicht und Platzbedarf. Dafür kommt nur HD-Dampf in Frage. Es entstanden ab 1890 sowohl kohlen- als auch ölgefeuerte Kleinkessel von Serpollet, Stoltz, Atkinson-Walker, Fodens, Garret, Delling, Sentinel, Doble und Besler [1.1-29; 1.4-2, 4–6].
Die drei letztgenannten Bauarten wurden auch für den Einbau in Loks und Triebwagen vorgesehen und sind deshalb hier von Interesse [1.4-7, 8].
Die vor allem durch ihre Dampfstraßenfahrzeuge früher bekannte Firma Sentinel Waggon Works in Shrewsbury

a Brennstoffaufgabe
b Schornsteinanschluß

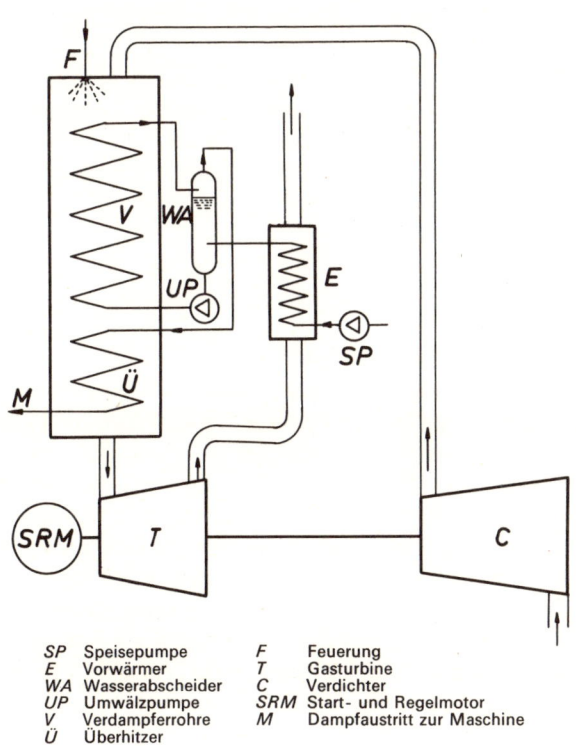

SP	Speisepumpe	*F*	Feuerung
E	Vorwärmer	*T*	Gasturbine
WA	Wasserabscheider	*C*	Verdichter
UP	Umwälzpumpe	*SRM*	Start- und Regelmotor
V	Verdampferrohre	*M*	Dampfaustritt zur Maschine
Ü	Überhitzer		

20

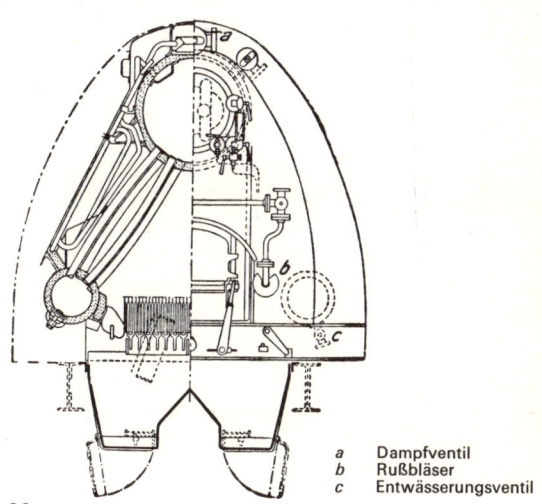

a Dampfventil
b Rußbläser
c Entwässerungsventil

22

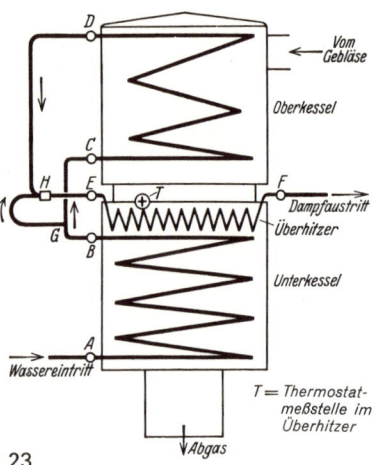

23

(England) hat für Schienenfahrzeuge zwei verschiedene Kesselbauarten verwendet. Bei kleinen Leistungen bis zu 220 kW für leichte Triebwagen und Rangierloks kam ein stehender Feuerbüchskessel mit Wasserrohren nach Abb. 21 zur Ausführung. der die Kohle von oben durch ein zwischen den Wasserrohren eingebautes Rohr zugeführt bekam. Dieser für 18 atü bemessene Kessel wurde u. a. in einer größeren Zahl von Rangierloks eingebaut, die in Einmannbetrieb gefahren werden konnten (Abb. 231). Außer diesem noch nicht zu den HD-Kesseln zählenden Typ baute Sentinel auch einen 3-Trommel-Wasserrohrkessel nach Abb. 22, der auch für höhere Drücke geeignet ist. Neben einer Anzahl größerer Triebwagen [1.4-9; 2-87] wurden damit auch 3 Loks ausgerüstet, die in Abschnitt 3.23.19 beschrieben sind. Die Sentinel-Anlagen, zu denen auch eine schnelllaufende Getriebedampfmaschine gehörte, arbeiteten im Auspuffbetrieb.

Die Brüder Abner und Warren Doble entwickelten in den USA ab 1912 eine Dampfkraftanlage mit Leichtölfeuerung und geschlossenem Kreislauf für Straßenfahrzeuge [1.4-2]. Diese Anlage wurde von 1932 an durch die Firmen Borsig und Henschel zu größeren Leistungen bei Verbrennung von Heiz- und Teerölen weiterentwickelt, um auch für größere Land- und Wasserfahrzeuge verwendet werden zu können. Neben einer Reihe von Straßenfahrzeugen und einem Boot wurden für die damalige Lübeck-Büchener Eisenbahn ein Dampftriebzug gebaut, der das erste Schienenfahrzeug mit einer Doble-HD-Dampfanlage darstellte [1.4-2, 4]. Die Deutsche Reichsbahn ließ in den Jahren 1933 bis 1936 2 zweiachsige sowie 10 vierachsige Dampftriebwagen mit Doble-HD-Anlagen bauen, wobei auch die Verfeuerung fester Brennstoffe erprobt wurde [1.4-7, 8]. In Loks wurde die Doble-Anlage zweimal verwendet, wie in Abschnitt 3.23.10/11 noch angegeben wird. Abb. 23 zeigt den Doble-Kessel im Schema, Abb. 24 im konstruktiven

Aufbau. Es ist ein Zwangdurchlaufkessel mit einem sich von unten nach oben allmählich vergrößernden Rohr. Seitlich oben tritt die Flamme waagrecht in den Brennraum ein. Nach Abb. 23 tritt die Rohrschlange bei *A* in den unteren Teil des Kessels ein. Über das außenliegende Verbindungsstück *BC* hinweg setzt sie sich in den Oberkessel fort und läuft über *DH* zum Überhitzer *E*. Über die Umgehungsleitung *GH* wird ein Teil des Wassers aus der Unterschlange mit dem aus der Oberschlange kommenden Dampf bei *H* gemischt. Durch eine Regelung der Düse *H* lassen sich Druck und Temperatur des Dampfes bei Laständerungen in den gewünschten Grenzen halten. Die Wirkung des Nebenschlusses *GH* in der sonst in einem Stück durchgehenden Rohrschlange beruht darauf, daß nur ein Teil des Wassers aus dem Unterkessel durch den Oberkessel geht und hier infolge der kleineren Menge eine größere Temperaturerhöhung erfährt, d. h. es wird zu Heißdampf. Durch Einspritzen von Wasser in den aus dem Oberkessel kommenden Dampf wird eine am Überhitzeraustritt *F* wenig schwankende Dampftemperatur erreicht. Zur Regelung wird die Speisepumpe und der Saugzugventilator ein- bzw. ausgeschaltet.

Die Firma Besler übernahm 1937 die Doble-Patente zur weiteren Verwertung in den USA. Dort entstand eine 440-kW-HD-Anlage für einen Schnelltriebwagen der New York, New Haven & Hartford Railroad. Der Plan, eine große Dampfmotorschnellzuglok der Baltimore & Ohio Railway mit Besler-HD-Kessel auszurüsten, kam nicht mehr zur Ausführung (Abschnitt 3.33).

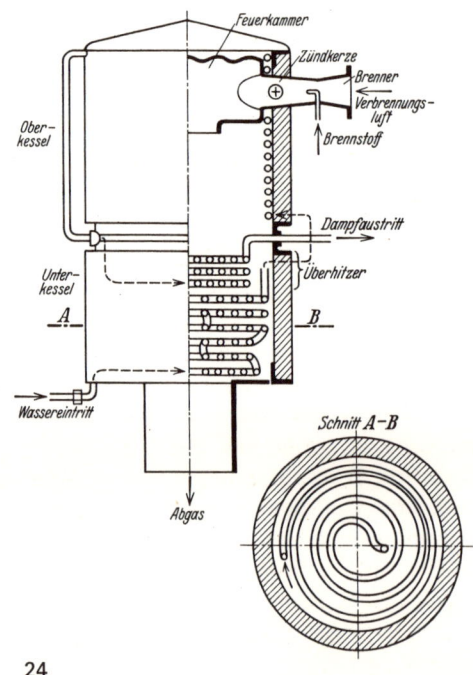

24

25 Schema des Babcock & Wilcox-Zwangdurch-
laufkessels
26 Theoretische Gesamtwirkungsgrade von Dampfloks bei verschiedenen Dampfdrücken und Überhitzungstemperaturen für Nennlast

Die Firma Babcock & Wilcox hat ebenfalls einen Zwangdurchlaufkessel mit kleinen Abmessungen entwickelt,
dessen Schema Abb. 25 zeigt. Seine Verdampfungsheizfläche bestand aus 5 parallel geschalteten Rohrschlan-
gen. Aus dem hinter den Verdampferrohren eingebauten
Wasserabscheider wurde dauernd eine gleichbleibende
Wassermenge von etwa 10 % des eingespeisten Wassers
durch einen Wärmetauscher in den Speisewasserbehälter zurückgeführt. Sämtliche Hilfsmaschinen des voll-
automatisierten Dampferzeugers wurden von einer kleinen Dampfturbine angetrieben. Der Kessel war für etwa
100 atü und 500 bis 520 °C Dampfzustand vorgesehen.
Bei Ölfeuerung wurde im Feuerraum ein Überdruck von
1500 mm WS aufrechterhalten und damit eine Feuer-
raumbelastung von 3,4 Mio. kcal/m³ h erreicht. Abb. 25
zeigt auch den konstruktiven Aufbau eines solchen Kessels, wie er in den beiden Dampfturbinenloks der Union
Pacific Railroad Verwendung fand (Abschnitt 3.44.19).
Auch die letzte im Jahre 1954 gebaute Dampfturbinenlok besaß einen Babcock & Wilcox-Wasserrohr-HD-
Kessel, allerdings mit Naturumlauf und der bei Loks nur
zweimal angewandten Wanderrostfeuerung (Abschnitt
3.44.22).
In Abb. 26 ist der theoretische Wirkungsgrad des Wärmekraftprozesses für Dampfloks mit und ohne Unterdruckkondensation in Abhängigkeit vom Dampfdruck und der
Dampftemperatur gezeigt. Man sieht daraus, daß im
Bereich von 10 bis 60 atü Druckerhöhung eine erhebliche
Wirkungsgradverbesserung möglich ist, während bei
noch weiter getriebener Druckerhöhung der Gewinn
immer kleiner wird. Die Steigerung der Dampftemperatur
hat im Gegensatz zum Druck eine lineare Verbesserung
des theoretischen Wirkungsgrades zur Folge. Mit Rücksicht auf die Schmierung der Dampfzylinder ist jedoch
in der Praxis bei zirka 400 °C die Grenze der Eintritts-
temperatur für Kolbenmaschinen.

3.23 *Ausgeführte Hochdruckdampflokomotiven*

Gleichlaufend mit der Entwicklung der HD-Dampferzeuger entstanden eine Reihe von Loks mit Kesseln
Bauart Schmidt, Löffler, Velox, La Mont, Doble, Sentinel
und einige andere Wasserrohrtypen. Zunächst waren
diese Kessel noch schwer gebaut und boten außer dem
höheren Druck keine Vorteile gegenüber dem klassischen
Lokkessel, die komplizierteren Bauarten ließen auch in
Herstellung und Instandhaltung keine Aufwandverrin-
gerung zu. Im weiteren Verlauf suchte man durch
Kleinwasserraumkessel mit hoher spezifischer Verdampfungsleistung und automatisch geregelter Feuerung neben den Vorteilen für den Betrieb auch das Leistungs-
gewicht zu senken. Die Bauarten Doble und Velox traten
in dieser Hinsicht hervor.

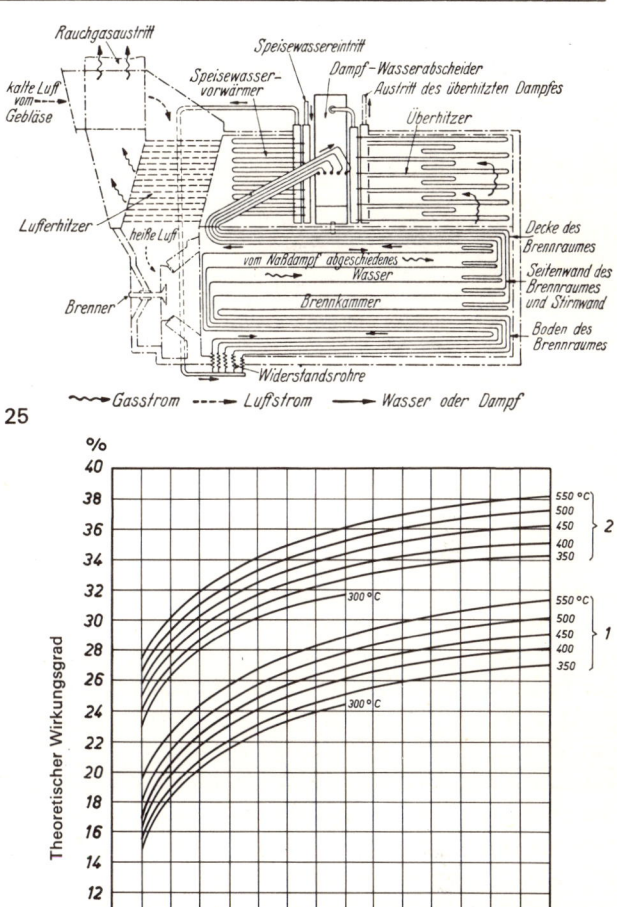

25

26

1 Auspuffbetrieb   2 Kondensationsbetrieb 0,2 at

Die ausgeführten Loks waren wie folgt ausgerüstet:
5 Loks mit Schmidt-Kesseln,
2 Loks mit SLM-Wasserrohrkesseln,
1 Lok mit Löffler-Kessel,
1 Lok mit Yarrow-Wasserrohrkessel,
2 Loks mit Doble-Kesseln,
1 Lok mit Velox-Kessel,
3 Loks mit Sentinel-3-Trommel-Wasserrohrkesseln,
1 Lok mit La-Mont-Kessel,
4 Loks mit Mühlfeld-Wasserrohr-Feuerrohr-Kesseln,
1 Lok mit Ramsin-Zwangdurchlaufkessel,
2 Loks mit Babcock & Wilcox-Zwangdurchlaufkes-
seln,
1 Lok mit Babcock & Wilcox-Wasserrohrkessel.
Dies sind zusammen 24 HD-Dampfloks, die in der Zeit
von 1925 bis 1954 gebaut wurden.
Außerdem entstanden in Europa und Nordamerika noch
einige «Mitteldrucklokomotiven», die in den USA auch
als «High Pressure Locomotives» bezeichnet wurden.

Tabelle 3
Amerikanische Mitteldrucklokomotiven mit
Wasserrohrfeuerbüchsen.

Hersteller	Baujahr	Bahn	Betr.-Nr.	Stück	Bauart	Druck atü	Literatur	Bemerkung
Baldwin	1926	–	–	1	1′ E2′-h3v	24,7	[2-30] [3.22-6]	Fabrik-Nr. 60 000
Mount Clare Shops	1933	Baltimore & Ohio	5047	1	2′ C2′-h2	24,6	[3.34-14]	Umbau aus 2′ C1′ Class P1C; neu Class V1
Mount Clare Shops	1934	Baltimore & Ohio	5330	1	2′ B2′-h2	24 6	[3.34-14]	Lady Baltimore alte Nr. I
Mount Clare Shops	1935	Baltimore & Ohio	5340	1	2′ C2′-h2	24,6	[3.34-14]	Lord Baltimore alte Nr. II, Class V2
Mount Clare Shops	1935	Baltimore & Ohio	5350	1	2′ C2′-h2	24,6	[3.34-14]	Class V3
Mount Clare Shops	1936	Baltimore & Ohio	5360	1	2′ C2′-h2	24,6	[3.34-14]	Class V4
Mount Clare Shops	1937	Baltimore & Ohio	5600	1	2′ B-B2′-h4	24,6	[3.34-14]	George H. Emerson Class N1

Diese Maschinen mit Betriebsdrücken unter 25 atü waren sowohl mit Kesseln normaler Bauart als auch mit solchen, die eine Wasserrohrfeuerbüchse hatten, ausgerüstet. Die letztgenannten Kessel wiesen neben der Wasserrohrfeuerbüchse nach vorn anschließend einen normalen Langkessel auf, der die üblichen Heiz- und Rauchrohre enthielt. Sie waren unter den Namen Brotan, McCellon, Baldwin und Emerson bekannt. Diese Loks bildeten wohl eine Übergangsstufe von der klassischen Bauart zu den HD-Typen, waren aber in ihrem Grundaufbau und ihren Konstruktionszielen mehr an der klassischen Bauweise orientiert und hatten u. a. den Zweck, anstelle der aufwendigen Stehbolzenfeuerbüchse eine billigere Bauart zu finden. Im Rahmen der vorliegenden Arbeit sind deshalb diese Loks nicht weiter behandelt [2-82; 3-10; 3.22-6].

In Tabelle 3 sind die ausgeführten Loks zusammengestellt, welche mit Wasserrohrfeuerbüchsen und einem Kesseldruck über 21 atü ausgerüstet waren, aber noch nicht zu den ausgesprochenen HD-Typen gezählt wurden.

3.23.1 Die Lokomotive Betr.-Nr. H 17 206 der Deutschen Reichsbahn

Die nach 1920 einsetzende Einführung des HD-Dampfes mit seinen wärmewirtschaftlichen Erfolgen ließ den Wunsch erwachen, auch die Dampflok in diese Entwicklung einzubeziehen. Wilhelm Schmidt erkannte, daß sein HD-Dampfsystem für die Loks den großen Vorteil brachte, auch weiterhin den einfachen Auspuffbetrieb beizubehalten [3.23-1, 2].

Anfang 1925 trat die Schmidtsche Heißdampfgesellschaft (SHG) zusammen mit der Firma Henschel & Sohn mit dem Vorschlag an die Deutsche Reichsbahn (DR) heran, eine HD-Dampflok nach dem System

Schmidt zu bauen. Angesichts der damals sehr hohen Kohlenpreise von 45 RM/t war die DR an allen Neuerungen interessiert, die eine bessere Wärmewirtschaft des Dampflokbetriebs erwarten ließen. Aufgrund dieses Angebots bestellte die DR bei SHG und Henschel die erste HD-Dampflok der Welt.

Das in Abschnitt 3.22 prinzipiell dargestellte Schmidt-Hartmann-Verfahren wurde an die Gegebenheiten des Lokbetriebs angepaßt. Um die Möglichkeiten des HD-Dampfes zu nutzen, wurde ein maximaler Arbeitsdruck von 60 atü für die Dampfmaschine gewählt. Da auch die übliche Wechselstrom-Lokdampfmaschine beibehalten werden sollte, ergab sich die Notwendigkeit einer zweistufigen Dampfdehnung. Der Dampf erreichte nach seiner Expansion im HD-Zylinder die Sättigungstemperatur von 190 bis 230 °C bei 10 bis 14 atü Ausströmdruck. Um bei weiterer Expansion im ND-Zylinder nicht zu weit in das Naßdampfgebiet zu kommen und somit Wasserausscheidung zu verhindern (Abschnitt 2.2, Abb. 7), war zwischen den beiden Expansionsstufen eine Zwischenüberhitzung auf zirka 250 bis 300 °C erforderlich. Wegen des ölhaltigen Dampfes aus dem HD-Zylinder erschien ein feuerbeheizter Zwischenüberhitzer als zu gefährlich. Hartmann schlug deshalb vor, einen Zweidruckkessel zu verwenden, welchem Vorschlag die DR zustimmte. In dem als normalem Rauchrohrkessel ausgebildeten ND-Kessel wurde Dampf mit 10 bis 14 atü erzeugt und auf zirka 340 bis 370 °C überhitzt. Dieser Dampf wurde im Verbinder zwischen HD- und ND-Zylinder dem Abdampf aus dem HD-Zylinder beigemischt, so daß die Temperatur des in den ND-Zylinder eintretenden Dampfgemisches wieder in den Heißdampfbereich hineinkam. Das Rohwasser aus dem Tender speiste man nur in den ND-Kessel ein. Das Sekundärsystem des HD-Kessels, das den 60-atü-Arbeitsdampf zu liefern hatte, wurde mit Wasser aus dem ND-Kessel gespeist. Dadurch ver-

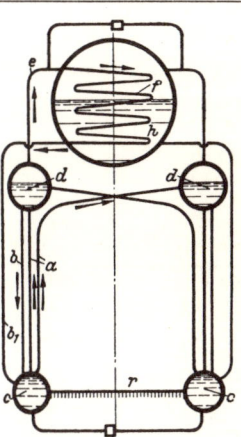

a	Steigrohr
b, b_1	Unbeheizte Fallrohre
c	Unterer Sammelbehälter
d	Oberer Sammelbehälter
e	Anschlußrohr
	zu den Heizschlangen
f	Heizschlangen
h	HD-Trommel
r	Rost

27

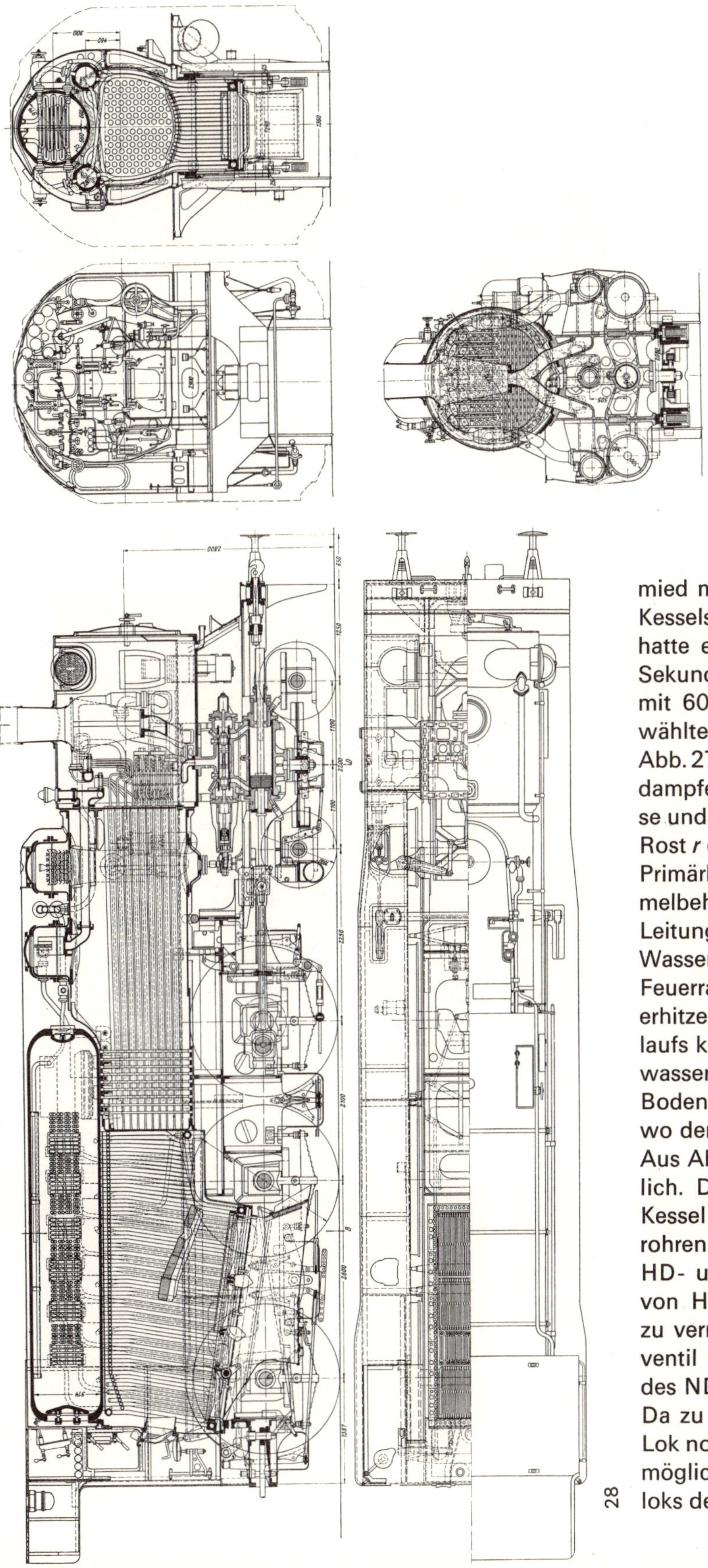

mied man im HD-Kessel nennenswerte Schlamm- und
Kesselsteinbildung. Der HD-Kessel der DR-Lok H 17 206
hatte einen geschlossenen Primär- und einen offenen
Sekundärkreislauf. Um im Sekundärkreislauf Heißdampf
mit 60 atü und 360 bis 400 °C erzeugen zu können,
wählte man für den Primärkreis einen Druck von 90 atü.
Abb. 27 zeigt das Schema des HD-Kessels. Die Verdampferrohre a bilden Wände und Decke der Feuerbüchse und geben die durch Verbrennung von Kohle auf dem
Rost r entstehende Strahlungswärme an das Wasser des
Primärkreislaufs ab, das nach oben in die beiden Sammelbehälter d steigt. Von dort strömt der Dampf über die
Leitungen e in 12 Heizrohrschlangen f, welche das
Wasser des Sekundärkreislaufs in der außerhalb des
Feuerraums oben angeordneten HD-Dampftrommel h
erhitzen und verdampfen. Der Dampf des Primärkreislaufs kondensiert hierbei und kommt in Form von Heißwasser über die unbeheizten Fallrohre b_1 in die als
Bodenring ausgebildeten Sammelbehälter c zurück, von
wo der Kreislauf von neuem beginnt.

Aus Abb. 28 ist die Lok in ihrem Gesamtaufbau ersichtlich. Der HD-Kessel bildet die Feuerbüchse, der ND-
Kessel schließt sich nach vorn zu an. In den Rauchrohren des ND-Kessels waren die beiden Überhitzer für
HD- und ND-Dampf untergebracht. Um das Abblasen
von HD-Dampf durch die Sicherheitsventile ins Freie
zu vermeiden, konnte über ein besonderes Überströmventil überschüssiger HD-Dampf in den Wasserraum
des ND-Kessels geleitet werden.

Da zu Beginn der Entwicklungsarbeiten für diese HD-
Lok noch keine genaue Gewichtsplanung für den Kessel
möglich war, konnte keine der seinerzeit neuen Einheitsloks der DR gleich neu für dieses Verfahren gebaut wer-

28

den. Die DR-Einheitsloks des 1. Typenprogramms erreichten die zulässige Achslastgrenze von 20 t und konnten keine wesentlichen Mehrgewichte aufnehmen. So wurde der Umbau einer 2' C-h3-Schnellzuglok Reihe 17² (ehem. preuß. S 10²) beschlossen. Einerseits stand dabei ein Gewichtsspielraum für einen schwereren Kessel von zirka 10 t bis zur vollen Ausnutzung der 20-t-Achslast zur Verfügung, anderseits blieben die Versuchskosten gegenüber einem völligen Neubau geringer. Das Dreizylindertriebwerk mit Rahmen und Laufwerk konnte beibehalten werden, nur der mittlere Zylinder war für den hohen Anfangsdruck neu zu bauen. Die Hauptdaten der Lok H 17 206 nach dem Umbau auf HD-Kessel waren:

Dienstgewicht	92,08	t
Reibungsgewicht	60,19	t
Achsstand	9150	mm
Treibrad-⌀	1980	mm
Höchstgeschwindigkeit	110	km/h
Durchmesser vom HD-Zylinder	290	mm
ND-Zylinder	2×500	mm
Kolbenhub	630	mm
Wasservorrat	31,5	m³
Kohlenvorrat	7	t

Der Kessel wies in seiner ersten Form folgende Abmessungen auf:

1. HD-Teil		
Rostfläche	2,47	m²
Heizfläche der Wasserrohre		
(Primärteil), feuerberührte Seite	20,23	m²
Wasserrohr-⌀	42/51	mm
Heizfläche der Verdampferrohre		
im HD-Behälter (Sekundärteil)	39,6	m²
Verdampferrohr-⌀	32/38	mm
HD-Überhitzerheizfläche	40	m²
Wasserinhalt des Primärsystems		
bei niedrigstem Wasserstand (NW)	1,76	m³
Dampfdruck	60	atü
Dampftemperatur	400	°C
2. ND-Teil		
Verdampfungsheizfläche,		
feuerberührte Seite	117,6	m²
Überhitzerheizfläche	39,6	m²
Abdampfvorwärmerheizfläche	13,6	m²
Wasserinhalt		
bei niedrigstem Wasserstand (NW)	3,6	m³
Dampfdruck	14	atü
Dampftemperatur	360	°C

Der Umbau der Lok H 17 206 auf HD-Betrieb war im Herbst 1925 abgeschlossen, und die Maschine wurde noch vor ihrer Erprobung auf der damaligen Verkehrsausstellung in München gezeigt. Anschließend begannen die ersten Versuche, und es dauerte bis Ende 1926, als die Lok nach Behebung der ersten Schwierigkeiten durch die Lieferfirmen dem Lokversuchsamt Grunewald zur Untersuchung übergeben werden konnte. Dort stellte man schon sehr bald fest, daß sich in der langen schmalen, durch die Rohre des Primär-HD-Teils gebildeten

Feuerbüchse eine ungleiche Wärmeverteilung über die Länge ergab. Die Feuerbüchsform war zwangsläufig durch die Anpassung an die vorhandene Lok bedingt gewesen. Der größte Teil der Wärme wurde an die in der Mitte an beiden Feuerbüchsseitenwänden angeordneten Rohre übertragen, während die weniger vom Feuer bestrahlten Ecken und Querwände unter dem Durchschnittsniveau belastet waren. Dieser am normalen Kessel mit schmaler Feuerbüchse wegen des Längsausgleichs der Wärme nicht feststellbare Tatbestand zeigte einen Nachteil, der dieser Kesselbauform eigen ist.

Die oberen und unteren Sammelbehälter waren ursprünglich in 6 Längsabteilungen auf jeder Seite unterteilt, weil die DR beim evtl. Reißen eines Verdampferrohrs eine Gefährdung des Lokpersonals durch Ausströmen des ganzen Inhalts aus dem Primärteil des HD-Kessels befürchtete. Infolge der ungleichen Wärmeverteilung ergaben sich in den mittleren Wasserrohren Drücke bis über 110 atü. Aus diesem Grund wurden die oberen und unteren Sammelbehälter als je eine durchlaufende Einheit ausgebildet, nachdem sich der Kessel als betriebssicher erwiesen hatte. Nunmehr war ein besserer Ausgleich der dem Wasser zugeführten Wärme in Längsrichtung möglich. Zu diesem Umbau wurde die Lok im Juli 1927 der Firma Henschel zugeführt. Dabei stellte man fest, daß der HD-Kessel wegen der zweistufigen Verdampfung praktisch steinfrei war.

Die ersten Versuchsfahrten des Lokversuchsamtes Grunewald fanden im Anlieferungszustand im Februar und März 1927 auf der Strecke Wildpark–Magdeburg–Köthen statt [3.23-3]. Dabei zeigte sich die ungleichmäßige Druckverteilung und eine etwas zu niedrige Temperatur des ND-Dampfes. Mit Rücksicht auf die hohen Spitzendrücke in den am höchsten belasteten mittleren Wasserrohren des HD-Primärteils gelang es nicht, den Betriebsdruck von 60 atü für den Sekundärteil des HD-Kessels zu erreichen. In diesem Zustand waren nur 55 atü möglich. Der Anteil des HD-Dampfes an der ganzen, von der Hauptmaschine verbrauchten Dampfmenge betrug zirka 60 %. Bei etwas geringeren Wirkungsgraden gegenüber normalen Lokkesseln der DR konnte ein 7 bis 12 % geringerer Wärmeverbrauch der HD-Lok für die Arbeitseinheit kcal/kWh ermittelt werden im Vergleich mit den seinerzeit neuen Einheitsloks Reihe 01 und 02 der DR. Für das Lokpersonal war die Bedienung der Maschine ohne weiteres möglich. Die Feuerbedienung entsprach etwa der bei einem Regelkessel. Der Heizer musste allerdings die Speisung und Wasserstandsüberwachung des HD-Teils (sekundär) und des ND-Teils der Dampferzeugungsanlage besorgen sowie außerdem den HD-Primärteil beobachten. Für den HD-Teil (sekundär) waren 2 Speisepumpen vorhanden. Die eine Pumpe konnte nur für die Förderung von Wasser aus dem ND-

Teil in den HD-Teil des Kessels benutzt werden, während die andere Pumpe durch eine Umschaltung auch im Bedarfsfall Wasser direkt aus dem Tender in den HD-Kessel speisen konnte. Die Bedienung von Regler und Steuerung waren auch nicht übermäßig kompliziert, da die Bedienungselemente für HD- und ND-Kessel und für die Zylinder mechanisch gekuppelt waren.

Nach dem oben beschriebenen Kesselumbau kam die Lok H 17 206 Mitte Februar 1928 wieder zum Lokversuchsamt Grunewald zurück. Weitere Versuchsfahrten wurden auf den Strecken Berlin–Güsten, Berlin–Leipzig und Potsdam–Burg durchgeführt. Als Anhängelast stand nun außer dem Meßwagen eine mit Riggenbach-Gegendruckbremse ausgerüstete Schnellzuglok Reihe 17 (ehem. preuß. S 10) zur Verfügung, womit sich für die Lastfahrten unabhängig von den wechselnden Streckenwiderständen ein nahezu idealer Beharrungszustand für die einzelnen Laststufen herstellen ließ. Nunmehr war auch ein Erreichen des vollen Betriebsdruckes von 60 atü möglich, wobei allerdings in den Wasserrohren des HD-Primärteils noch immer Spitzendrücke bis zu 100 atü auftraten. Die Zusammenfassung der 6 einzelnen Elemente der Sammelbehälter erwies sich als ein voller Erfolg; auch die Dampftemperaturen stiegen nun auf die vorgesehenen Werte an. Infolge des langen schmalen Rostes ließ sich die ungleiche Wärme- und Druckverteilung im HD-Primärteil aber nicht ganz vermeiden. Der Kesselwirkungsgrad verbesserte sich durch diesen Umbau ebenfalls, und der Kohlenverbrauch lag um 8% unter den vor dem Umbau festgestellten Werten. Im Vergleich zur Ausgangsbauart Reihe 17² (S 10²) der DR mit normalem Kessel und 14 atü Betriebsdruck konnte ein um 25% geringerer Kohlenverbrauch erzielt werden. Dazu muß allerdings gesagt werden, daß die Reihe 17² als Drillingsmaschine ohnehin nicht gerade sehr sparsam im Verbrauch war. Der Minderverbrauch an Kohle für die HD-Lok gegenüber der thermisch gut ausgelegten DR-Lok Reihe 18⁵ (Nachbauserie der ehem. bay. S 3/6) betrug nämlich nur 8%.

Die mittlere Dampferzeugung des Schmidt-HD-Kessels erwies sich bei den Fahrten als sehr leistungs- und anpassungsfähig. Die dem Lokbetrieb eigentümlichen großen und rasch aufeinanderfolgenden Unterschiede in den Leistungsanforderungen konnten vom Kessel ohne weiteres bewältigt werden. Es wurden Zylinderleistungen bis zu 1470 kW indiziert, womit die Leistung der Ausgangsbauart von 1180 kW erheblich übertroffen wurde, ohne die Lok nennenswert zu vergrößern.

Der günstigste Kohlenverbrauch mit zirka 1,35 kg/kWh lag allerdings nicht sehr unter dem guter Dampfloks normaler Bauart. Dies war bedingt dadurch, daß der HD-Dampf an der gesamten Maschinenleistung nur mit 50% beteiligt war. Zu einer wirksamen Verbesserung des Ver-

brauchs hätte der Leistungsanteil des HD-Dampfes kräftig erhöht werden müssen. Die SHG stellte deshalb zusammen mit der Firma Henschel und der DR einen Entwurf für eine neue verbesserte HD-Lok auf, bei der je nach Leistung etwa 80 bis 90% des gesamten in den Zylindern arbeitenden Dampfes aus dem HD-Kessel kommen sollte. Damit wollte man eine weitere Brennstoffersparnis von 20% gegenüber der ersten HD-Lok H 17 206 erreichen. Diese neue Lok wurde von der DR noch bestellt, aber infolge der damals sich rasch verschlechternden allgemeinen Wirtschaftslage nicht mehr gebaut [2-91].

Im Jahre 1930 wurde die Lok H 17 206 von der DR auf der Weltkraftkonferenz in Berlin vorgeführt und erweckte dabei auch das Interesse anderer Bahnen. Ab Anfang 1930 kam die Maschine zusammen mit 01-Loks in den planmäßigen Schnellzugdienst beim Bahnbetriebswerk (Bw) Kassel. Während sich bei den Versuchsfahrten keine Schwierigkeiten mit dem Wasserumlauf zeigten, traten nach 35 000 km Laufweg im Betrieb mehrere Rohrreißer an der Wasserrohrfeuerbüchse (Primärteil) auf. Diese Schäden ereigneten sich immer bei Anfahr- oder Bremsvorgängen. Die SHG führte deshalb Messungen am Kessel aus [3.23-4]. Bei stehender Lok wurden Wasserumlauf- und Rohrwandtemperaturmessungen durchgeführt. Die Reichsbahn vermutete als Ursache der Rohrreißer einen ungenügenden Wasserumlauf in den Feuerbüchsrohren infolge der zu geringen Zuflußhöhe von 1,3 m in den unbeheizten Fallrohren. Nach Auffassung der SHG sollte der Grund für die Schäden darin liegen, daß Wassermangel im Primärsystem und ungenügender Druckausgleich zwischen den oberen Dampfsammlern des Primärteils aufgetreten sei. Das Ergebnis der im Reichsbahnausbesserungswerk (RAW) Kassel durchgeführten Standversuche zeigte, daß unter den dort gegebenen Bedingungen ein ausreichender Wasserumlauf und in den zulässigen Grenzen liegende Wasserrohrtemperaturen vorhanden waren. Der Einfluß der Massenkräfte beim Beschleunigen und Verzögern der Lok hätte nur bei entsprechenden Meßfahrten untersucht werden können. Dazu kam es jedoch nicht mehr.

Die DR entschloß sich dazu, diese Lok außer Betrieb zu setzen. Man wollte das Risiko von evtl. weiteren Rohrreißern mit möglichen schlimmen Folgen nicht auf sich nehmen. Neben den genannten Problemen ergaben sich außerdem für die Untersuchung und Reinigung der Verdampferrohre in der HD-Trommel jeweils hohe Kosten. Die indirekte Wasserstandsanzeige für den HD-Kessel war problematisch, da sie nur schwer zu einer verläßlichen Arbeitsweise zu bringen war. Außerdem sanken die Kohlenpreise von 45 RM/t im Jahre 1924 auf 15 RM/t im Jahre 1936, so daß der wirtschaftliche Anreiz weitgehend verschwunden war. Hinzu kam, daß die neuen DR-Einheitsloks wirtschaftlich befriedigten und die Kohlenersparnis von im Mittel 8% dieser HD-Lok weder eine Weiterführung des planmäßigen Einsatzes noch einen Nachbau solcher Maschinen erstrebenswert erscheinen ließ. Im Jahre 1936 erfolgte deshalb die Ausmusterung der Lok H 17 206.

3.23.2 Die Lokomotive Betr.-Nr. 6399 der London, Midland & Scottish Railway

Der damalige leitende Maschineningenieur der London, Midland & Scottish Railway (LMS), Sir Henry Fowler, wollte das Schmidtsche HD-System an einer Lok in der Praxis erproben lassen. Dazu wurde eine der damals neuesten Schnellzuglokbauart der LMS, der 2' C-h3 Royal Scot Class, in ihren Hauptabmessungen entsprechende Versuchsmaschine gebaut. Die Firma North British Locomotive Co. (NBL) in Glasgow stellte diese neue HD-Lok mit der Betr.-Nr. 6499 Ende 1929 fertig. Der HD-Kessel wurde von der Firma NBL in Zusammenarbeit mit der SHG sowie deren Vertragsfirma «The Superheater Co., Ltd, London» konstruiert und gebaut. Die Bauart des Kessels entsprach derjenigen der DR-Lok H 17 206, wobei die oberen und unteren Sammelbehälter der Wasserrohre des Primärteils der HD-Feuerbüchse gleich ungeteilt ausgeführt wurden. Der Primärteil wurde für 98 bis 126 atü, der Sekundärteil als Lieferer des Betriebsdampfes für 63 atü Betriebsdruck bemessen. Der ND-Druckkessel arbeitete mit 17,6 atü.

Die Hauptdaten der mit dem Namen «Fury» bezeichneten Lok waren:

Dienstgewicht	88,3	t
Reibungsgewicht	64,1	t
Achsstand	8382	mm
Triebrad-∅	2057	mm
Höchstgeschwindigkeit	145	km/h
Durchmesser vom HD-Zylinder	292	mm
ND-Zylinder	2×457	mm
Kolbenhub	660	mm
Wasservorrat	15,9	m³
Kohlenvorrat	5,6	t

Die Dampfmaschine war auch bei dieser Lok als 3-Zylinder-Verbundmaschine mit innenliegendem HD-Zylinder ausgebildet. Die Steuerungen von HD- und ND-Teil der Dampfmaschine waren gekuppelt und wurden somit gleichzeitig vom Lokführer bedient. Die erreichte indizierte Maschinenleistung betrug 1250 kW. Auch die beiden Regler für HD- und ND-Teil des Kessels wurden gemeinsam betätigt.

Nach Fertigstellung wurde diese Lok auf LMS-Strecken in Schottland Versuchsfahrten unterzogen. Auf einer dieser Fahrten platzte während der Durchfahrt im Bahnhof Carstairs (Strecke Glasgow–Carlisle) ein Rohr des Primärteils vom HD-Kessel, und der ausströmende Dampf tötete den mitfahrenden Ingenieur der Firma The Superheater Co. Ltd. Die Erprobungsfahrten wurden abgebrochen, und die Lok kam nie mehr zum Einsatz, weder im Versuchsbetrieb noch planmäßig. Die Maschine wurde in den Bahnwerkstätten Derby der LMS

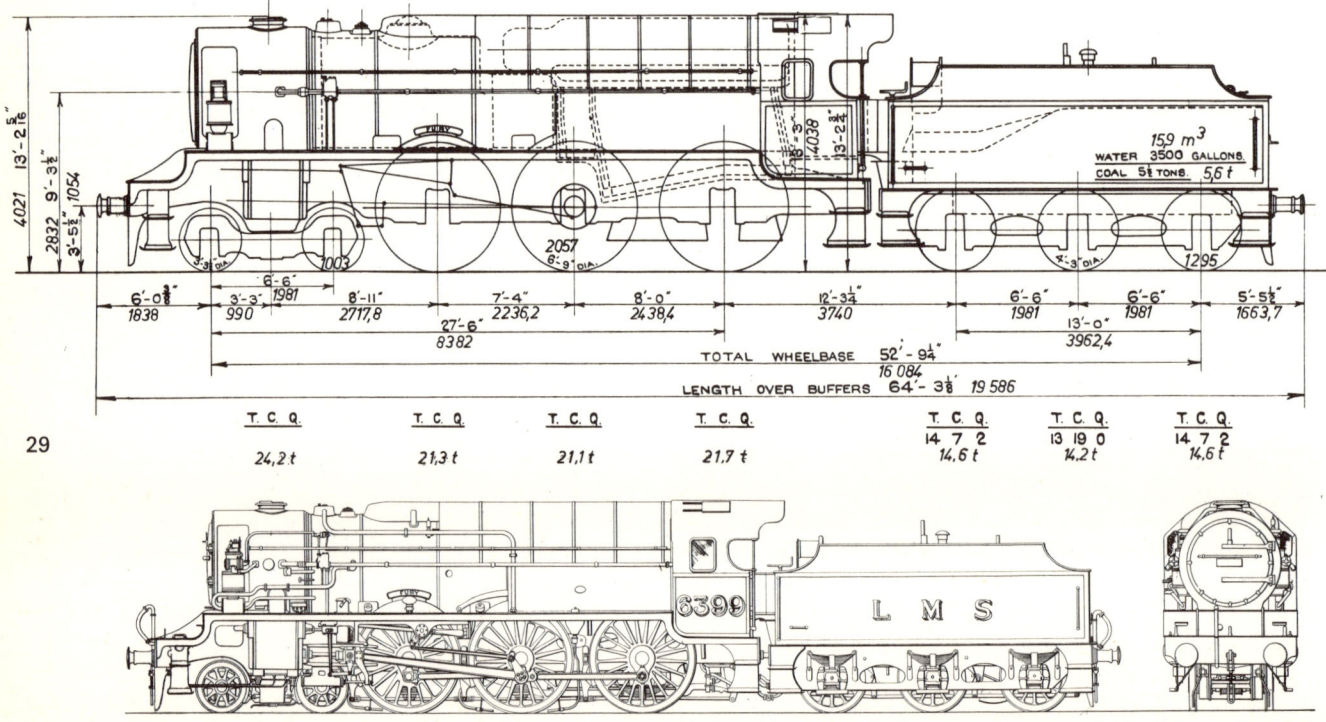

29

abgestellt und im Jahre 1935 zerlegt. Der HD-Kessel wurde verschrottet, der Fahrzeugteil für eine «Royal-Scot»-Schnellzuglok mit normalem Kessel verwendet. Die so umgebaute Maschine leistete bei der LMS unter der Betr.-Nr. 6170 und ab 1948 bei der British Railways unter der Nr. 46170 Dienst und wurde im Jahre 1964 ausgemustert.

3.23.3 Die Lokomotive Betr.-Nr. 241-B-1 der Compagnie de Chemins de Fer de Paris à Lyon et à la Méditerranée (PLM)

Im Rahmen ihrer Bemühungen zur Schaffung leistungsfähiger Dampfloks ließ die PLM-Bahn auch eine HD-Lok System Schmidt bauen. Die Firma Henschel & Sohn erhielt im Oktober 1928 den Auftrag, eine der PLM-Reihe 241-A entsprechende 2'D1'-Schnellzuglok mit HD-Kessel zu bauen.
Auch diese dritte Schmidt-HD-Lok hatte den gleichen Grundaufbau wie die Lok H 17206 der DR. Der HD-Kessel wurde auch hier mit Dampf aus dem Primärsystem mit einem größten Druck von 110 atü beheizt, wobei sich im Sekundärteil des HD-Kessels Arbeitsdampf mit 60 atü bildete. Der ND-Teil des Kessels war für 14 atü ausgelegt. Aufgrund der Erfahrungen mit der Reichsbahnlok wurde der HD-Kessel etwas geändert. Die Feuerbüchse setzte sich auch hier nach vorn als eine aus Rohren gebildete Verbrennungskammer fort. Die Feuerbüchse war durch vom vorderen unten quer angeordneten Sammelbehälter nach oben steigenden Rohren von der Verbrennungskammer getrennt. Im Gegensatz dazu wurden diese Rohre bei der DR-Lok H 17206 in Höhe der unteren Sammelbehälter um etwa 90° abgebogen und nach vorn geführt. Dort mündeten sie in einen am vorderen Ende der Verbrennungskammer angeordneten Sammelbehälter ein und bildeten den Boden der Verbrennungskammer. Bei der PLM-Lok wollte man diese Anordnung wegen der hier aufgetretenen Flugaschenablagerung nicht mehr wiederholen. Auch erwartete man einen noch intensiveren Wärmeübergang an die HD-Verdampferrohre des geschlossenen Primärsystems. Die Heizschlangen in der HD-Trommel waren ebenfalls aufgrund der Erfahrungen mit der ersten Schmidt-HD-Lok abgeändert worden, sie erhielten bei der PLM-Maschine die Form eines doppelten W gegenüber der Ausführung mit parallelen Rohren. Um die schwierig herzustellende Einbuchtung am hinteren Ende des ND-Kessels für den Platz der HD-Trommel zu vermeiden, wurde der hintere ND-Kesselschluß auf seinem oberen Teil kegelig ausgeführt und das vordere Ende der HD-Trommel im Durchmesser verringert (Abb. 235). Die Dampfmaschine bildete man mit 2 innenliegenden HD- und 2 äußeren ND-Zylindern aus, also in Verbundanordnung. Im weiteren

entsprach die PLM-Lok der ersten Ausführung für die DR.
Die Hauptdaten der Lok waren:

Dienstgewicht	114,47	t
Reibungsgewicht	74	t
Achsstand	13 000	mm
Triebrad-∅	1 800	mm
Höchstgeschwindigkeit	110	km/h
Durchmesser vom HD-Zylinder	2×240	mm
ND-Zylinder	2×560	mm
Hub HD-Zylinder	650	mm
Hub ND-Zylinder	700	mm
Wasservorrat	30	m³

Der Kessel wies folgende Abmessungen auf:

Rostfläche	3,89	m²
Heizflächen für		
Primärkreis	42,7	m²
HD-Verdampferrohre	30	m²
HD-Überhitzer	47	m²
ND-Verdampfungsheizfläche	155,8	m²
ND-Überhitzerheizfläche	48,5	m²

Mit der von Henschel am 30. Mai 1930 unter der Fabrik-Nr. 21 282 abgelieferten PLM-HD-Lok Nr. 241-B-1 wurden zahlreiche Probefahrten durchgeführt, wobei Vergleiche mit der entsprechenden Regellok Reihe 241-A im Vordergrund des Interesses standen. Es wurde eine indizierte Leistung von 1860 kW bei 95 km/h festgestellt. Der Leistungsanteil der HD-Zylinder betrug hierbei etwa ⅓ der Gesamtleistung. Im 1. Betriebsjahr bis Juni 1931 führte diese Lok Schnellzüge zwischen Laroche und Dijon zusammen mit 241-A-Maschinen.
Wie sich im praktischen Betrieb zeigte, hatte die teilweise Abschirmung der Feuerbüchse am Vorderende zur Verbrennungskammer durch die senkrechten Rohre eine sehr intensive Verdampfung im Primärsystem des HD-Teils gebracht. Dagegen waren jedoch die Überhitzungstemperaturen etwas geringer als erwartet. Weiter erwies sich die Einstellung des HD-Primärkreis-Sicherheitsventils mit 110 atü als unzureichend. Um Verluste an Dampf durch Abblasen im Primärsystem zu vermeiden und die zulässige Leistung zu erreichen, wurde der Druck des Primärsystems durch Änderung des Rohrsystems auf 100 atü im normalen Betrieb gebracht. Der Abblasedruck wurde auf 130 atü eingestellt, so daß sich nun ein genügend großer Abstand zwischen Betriebs- und Abblasedruck ergab und von dieser Seite her einer Entwicklung der vollen Verdampfungsleistung des HD-Kessels nichts mehr im Wege stand.
Nach etwa 20 000 km Laufweg der Lok untersuchte man den Kessel genau und stellte fest, daß die senkrechten Verdampferrohre der Feuerbüchse in ihrem unteren Teil leicht nach außen gebogen waren, was allerdings nicht als besorgniserregend betrachtet wurde. Auch zeigten die Verdampferrohre des Primärkreises im HD-Kessel

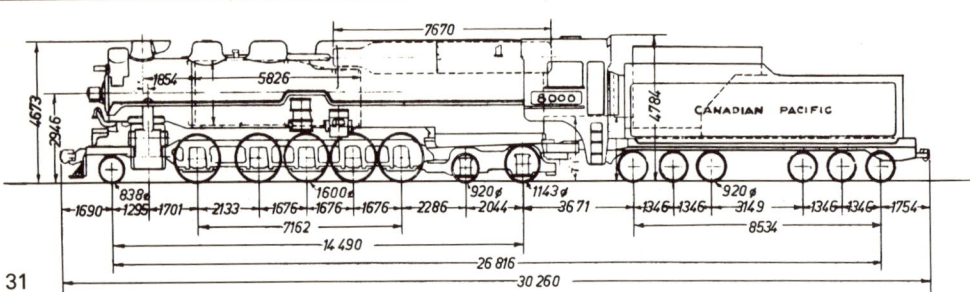

31

ohne Schwierigkeiten entfernen ließ. Es gelang somit
offenbar nicht, die Kesselsteinausscheidung des Wassers ausschließlich im ND-Teil des Kessels vorzunehmen.
Die PLM-Lok 241-B-1 lief zunächst zufriedenstellend
im Schnellzugdienst, wobei sich gegenüber der Ver-
gleichsmaschine 241-A eine mittlere Kohlenersparnis
von 20% ergab. Unter Berücksichtigung der oben angegebenen Leistungsaufteilung zwischen HD- und ND-
Triebwerk von ⅓ zu ⅔ kann dies als beachtliches Ergebnis bezeichnet werden.
Nach etwa 100 000 km Fahrstrecke ereignete sich auch
an dieser Maschine ein Rohrreißer an einem Feuerbüchs-
rohr des HD-Primärteils, wobei aber niemand zu Schaden kam. Obwohl diese Maschine von allen 5 gebauten
HD-Loks System Schmidt die erfolgreichste war und am
längsten in Dienst stand, konnte sich die PLM zu einer
Nachbeschaffung nicht entschließen. Neben den Scha-
densfällen mit Rohrreißern dürfte dabei auch die Tatsache eine Rolle gespielt haben, daß gerade in Frankreich die Verbundlok mit klassischem Kessel in jener Zeit
zu einer Vollendung gebracht wurde, wie sie andernorts
nie erreicht wurde.

3.23.4 Die Lokomotive Betr.-Nr. 8000 der Canadian Pacific Railway

In Nordamerika begegnete dem Schmidtschen HD-System ebenfalls Interesse, und es kam dort zum Bau zweier
Versuchsloks.
Im Jahre 1929 stellte die Canadian Pacific Railway (CP)
für den schwierigen Streckenabschnitt Calgary–Revel-
stocke im Zuge der transkontinentalen Strecke Montreal–Vancouver über die Canadian Rockies neue, sehr
leistungsfähige Loks der Selkirk-Klasse in Dienst. Diese
mit Ölfeuerung versehenen 1'E2'-h2-Loks waren in der
Lage, 1000 t Last über diese Strecke mit längeren 22‰-
Steigungen ohne Schubhilfe bzw. Vorspann zu befördern.
Der damalige leitende Maschineningenieur der CP, H. B.
Bowen, entschied sich dafür, eine dieser neuen Selkirk-
Loks für HD-Dampfbetrieb bauen zu lassen. Die Konstruktion dafür wurde von Bowen zusammen mit der

Amerikanischen Lokomotivbaugesellschaft (ALCO) ausgearbeitet. Beim HD-Kessel wirkten die Schmidtsche
Heißdampfgesellschaft und ihre amerikanische Nieder-
lassung, The Supertheater Co., New York, mit.
Der grundsätzliche Aufbau entsprach dem der DR-Lok
H17206, jedoch waren die Dimensionen entsprechend
der amerikanischen Praxis erheblich größer; es war die
größte gebaute HD-Lok System Schmidt.
Die Hauptdaten der Lok waren:

Dienstgewicht	224	t
Reibungsgewicht	147,5	t
Achsstand	14 490	mm
Triebrad-∅	1 600	mm
Höchstgeschwindigkeit	105	km/h
Anfahrzugkraft	40,7	t
Durchmesser vom HD-Zylinder	393,7	mm
ND-Zylinder	2 × 609,6	mm
Hub HD-Zylinder	584,2	mm
Hub ND-Zylinder	762	mm
Wasservorrat	54,5	m³
Heizölvorrat	18,6	m³

Der Kessel wies folgende Abmessungen auf:

Rostfläche entspr.	7,16	m²
Heizflächen für		
Primärkreis	48,3	m²
HD-Verdampferrohre	69,6	m²
HD-Überhitzer	87,5	m²
ND-Verdampfung	347,5	m²
ND-Überhitzung	102,4	m²

Die Betriebsdrücke waren für den HD-Teil mit 95 atü im
Primärsystem und 60 atü im Sekundärsystem, das den
Arbeitsdampf lieferte, vorgesehen. Der ND-Teil arbeitete
mit 17,6 atü. Die aus Nickelstahl geschmiedete HD-
Trommel war 7671 mm lang, hatte 31,7 mm Wandstärke,
einen Außen-∅ von 1054 mm und war aus einem Stück
gefertigt. Die den Primärteil des HD-Kessels bildende
Wasserrohrfeuerbüchse wurde für 120 atü bemessen und
bestand aus 254 Rohren. Die oberen Dampfsammler
bestanden noch aus je 6 Teilen wie ursprünglich auch
bei der DR-Lok H17206. In der HD-Trommel übertrugen
16 Heizschlangensysteme die Wärme vom Primär- auf
das Sekundärsystem. Der Wasserinhalt des Primärsystems betrug zirka 1 m³.
Die Dampfmaschine wurde hier als 3-Zylinder-Zwei-
fachexpansionsmaschine mit innenliegendem HD-Zylin-

der ausgebildet. Der HD-Dampf erfuhr in der 1. Stufe eine Entspannung von 60 auf 18 atü, wurde anschließend durch Mischen mit Dampf aus dem ND-Teil des Kessels zwischenüberhitzt und in der ND-Stufe bis zum Auspuffgegendruck ausgenutzt. Die indizierte Leistung der Lok betrug 3000 kW.

Der Bau dieser gewaltigen Maschine erfolgte in den Angus-Bahnwerkstätten der CP in Montreal, wo sie im März 1931 fertig wurde. Sie war vom Mai 1931 bis September 1936 in Betrieb, wobei sie eine Gesamtfahrstrecke von 81 500 km zurücklegte. Auf die 64 Monate bezogen, in denen natürlich auch Abstell- und Reparaturzeiten enthalten waren, ergibt dies einen Durchschnitt von 1270 km je Monat. Dies zeigt, daß diese Lok sowohl als Einzelgänger als auch als Sonderbauart nicht die normale volle Einsatzzeit erreichen konnte. Der 1. Teil der Probefahrten fand auf Strecken im östlichen Netz der CP statt, hauptsächlich zwischen Montreal und Smith Falls, Ontario. Anschließend kam die Lok Nr. 8000 auf den Gebirgsstrecken im Westen des Landes zum Einsatz, wo sie außergewöhnliche Leistungen zeigte. Aber auch hier zeigten sich Schwierigkeiten infolge ungleicher Wärmeverteilung in den Rohren des Primärteils, weil trotz den Erfahrungen mit der ersten Schmidt-HD-Lok der DR auch hier wieder die oberen Dampfsammler unterteilt waren. Außer dem Lokpersonal fuhr stets ein Ingenieur mit, um in unvorhergesehenen Störungsfällen eingreifen zu können.

Die Erfahrungen mit dieser Lok sowie die Außerdienststellung der Schmidt-HD-Lok in Europa veranlaßte die CP, diesen Weg nicht weiter zu verfolgen. Hinzu kam, daß ab Mitte der dreißiger Jahre ein allgemeiner Wirtschaftsaufschwung in Nordamerika die Beschaffung neuer Loks erforderte, wobei man sich für bewährte Typen klassischer Bauweise entschied. So stellte man Lok Nr. 8000 in den Angus-Werkstätten ab, wo sie schließlich im Dezember 1940 verschrottet wurde.

3.23.5 Die Lokomotive Betr.-Nr. 800 der New York Central Railroad

Im Jahre 1931 baute die American Locomotive Co. (ALCO) für die New York Central Railroad (NYC) die zweite amerikanische HD-Lok des Systems Schmidt. Auch diese Maschine mit der Achsfolge 2′ D2′-h3v wurde zusammen mit der SHG und der Supertheater Co., New York, konstruiert und von ALCO gebaut (Abb. 240). Die Hauptdaten der Lok waren:

Dienstgewicht	197	t
Reibungsgewicht	114	t
Achsstand	13 538	mm
Triebrad-∅	1 752	mm
Höchstgeschwindigkeit	96	km/h
Anfahrzugkraft ohne/mit Booster	30/36	t

Durchmesser vom HD-Zylinder	336,5	mm
ND-Zylinder	2×584,2	mm
Kolbenhub	762	mm
Wasservorrat	18,9	m³
Kohlenvorrat	25,5	t

Der HD-Kessel war auch hier für 60 atü Arbeitsdruck, der ND-Kessel für 17,6 atü bestimmt; die Hauptabmessungen waren:

Rostfläche	6,04	m²
Heizflächen für		
Primärkreis	40	m²
HD-Verdampferrohre	61,4	m²
HD-Überhitzer	74,3	m²
ND-Verdampfung	306	m²
ND-Überhitzung	95	m²

Die Arbeitsweise des Kessels entspricht auch hier jener der übrigen Schmidt-HD-Loks. Auch bei dieser Lok nahm man wieder die Unterteilung der Dampfsammelrohre im Primärteil des HD-Kessels vor, was sich nachteilig auswirkte. Der Dampf wurde in einer 3-Zylinder-Verbundmaschine mit einem innenliegenden HD-Zylinder zur Arbeitsleistung verwendet.

Die Lok Nr. 800 war nur kurze Zeit im Probebetrieb eingesetzt, und auch hier ließ das Interesse daran nach, als die Außerbetriebsetzung der europäischen Maschinen dieser Art bekannt wurde. Hinzu kam noch, daß man ALCO und die NYC nicht über die wichtige Verbesserungsmaßnahme der Zusammenfassung der Sammelbehälter im Primärteil des HD-Kessels unterrichtete, die aufgrund von Erfahrungen mit der DR-Lok H 17 206 erfolgt war. Außerdem wollte man in der damaligen schlechten wirtschaftlichen Lage keine Aufwendungen mehr machen, die nicht unbedingt erforderlich waren.

3.23.6 Die Lokomotive der Schweizerischen Lokomotiv- und Maschinenfabrik, Winterthur

Nach mehrjährigen Voruntersuchungen hatte sich die Schweizerische Lokomotiv- und Maschinenfabrik, Winterthur (SLM), 1926 entschlossen, auf eigene Rechnung eine HD-Versuchslok zu bauen [3.23.6-1, 6–8, 10]. Zuerst kamen Kessel und Dampfmaschine zur Ausführung und Erprobung auf dem Versuchsstand. Dank sorgfältiger Konstruktionsarbeit und stationärer Funktionsprüfung für die wesentlichen Teile der neuartigen Kraftanlage erzielte die SLM eine betriebssichere Lokanlage, so daß der Bau des Fahrzeugteils mit Aussicht auf Erfolg stattfinden konnte [3.23.6-3].

Zur Erläuterung der mit dieser Maschine erwarteten thermischen Fortschritte ist in Abb. 26 der Verlauf des theoretischen Wirkungsgrades von vollkommenen Dampfloks in Abhängigkeit des Dampfdruckes gezeigt. Hieraus ergibt sich bei einer Erhöhung des Kesseldruckes von 15 auf etwa 50 atü ein starker Anstieg im Wirkungsgrad, mit

32 HD-Lok der Schweizerischen Lokomotiv- und
Maschinenfabrik, Winterthur
33 Funktionsschema der SLM-HD-Lok

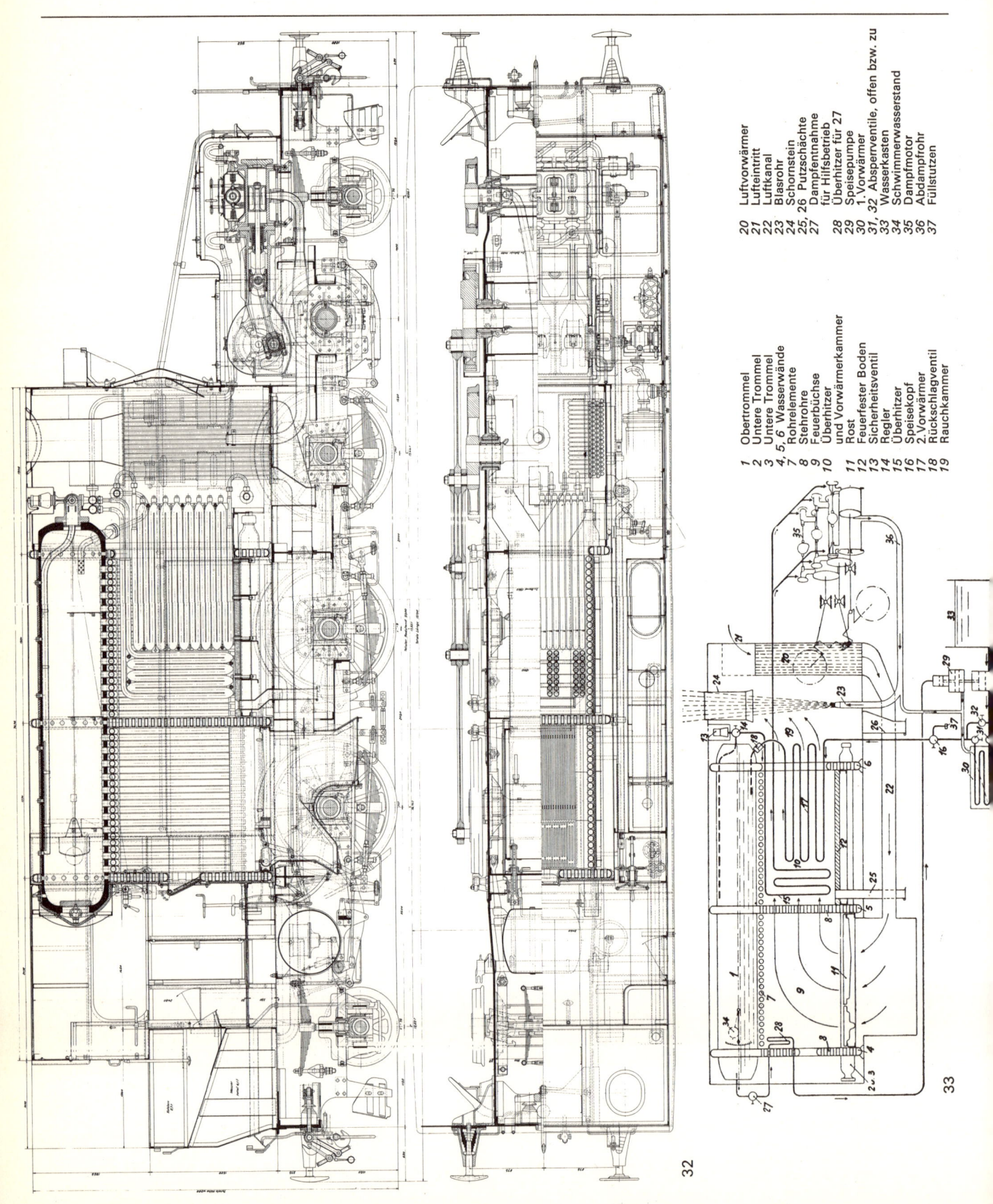

1 Obertrommel
2 Untere Trommel
3 Untere Trommel
4, 5, 6 Wasserwände
7 Rohrelemente
8 Stehrohre
9 Feuerbüchse
10 Überhitzer
   und Vorwärmerkammer
11 Rost
12 Feuerfester Boden
13 Sicherheitsventil
14 Regler
15 Überhitzer
16 Speisekopf
17 2. Vorwärmer
18 Rückschlagventil
19 Rauchkammer

20 Luftvorwärmer
21 Lufteintritt
22 Luftkanal
23 Blasrohr
24 Schornstein
25, 26 Putzschächte
27 Dampfentnahme
   für Hilfsbetrieb
   Überhitzer für 27
28 Speisepumpe
29 1. Vorwärmer
30 1. Vorwärmer
31, 32 Absperrventile, offen bzw. zu
33 Wasserkasten
34 Schwimmerwasserstand
35 Dampfmotor
36 Abdampfrohr
37 Füllstutzen

32

33

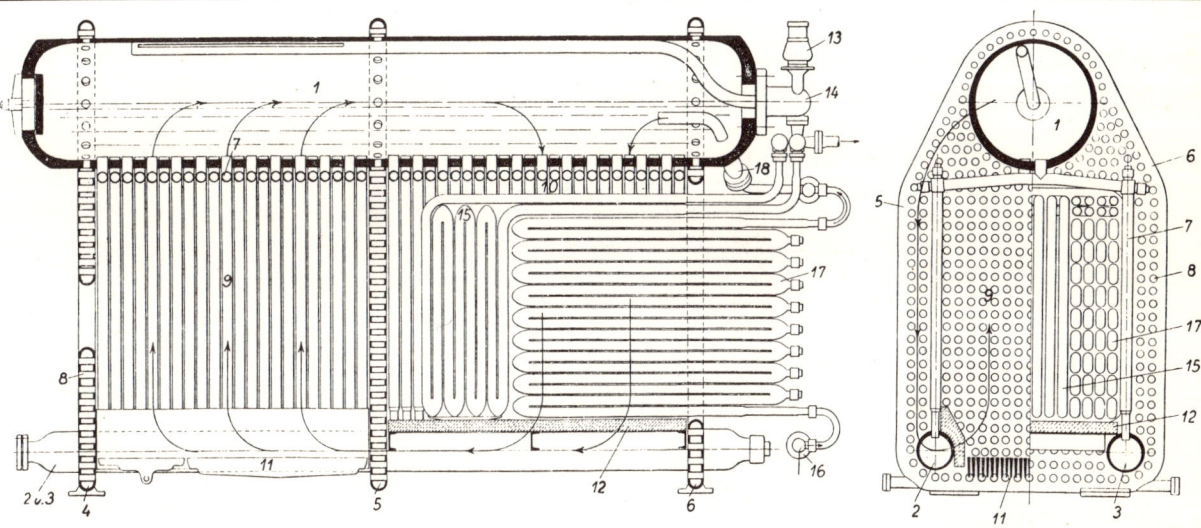

1	Obertrommel	11	Rost
2, 3	Untertrommel	12	Feuerfester Boden
4	Feuerbüchsrückwand	13	Sicherheitsventil
5	Feuerbüchsvorderwand	14	Regler
6	Rauchkammerwand	15	Überhitzer
7	Verdampferrohrelemente	16	Speisekopf
8	Stehrohre	17	Rauchgasvorwärmer
9	Feuerbüchse	18	Rückschlagventil
10	Überhitzer		
	und Vorwärmerkammer		

noch höheren Drücken steigt der Wirkungsgrad mehr und mehr degressiv an. Mit Rücksicht auf einen vertretbaren Bauaufwand für den HD-Kessel und auf guten Wirkungsgrad der Lok wählte die SLM 60 atü.

Die im November 1927 fertiggestellte 1'C1'-Lok mit der Fabrik-Nr. 3223 wies folgende Hauptdaten auf:

Dienstgewicht	75	t
Reibungsgewicht	48	t
Achsstand	8500	mm
Triebrad-∅	1520	mm
Höchstgeschwindigkeit	80	km/h
Zylinder-∅	3×215	mm
Kolbenhub	350	mm
Leistung	700	kW
Wasservorrat	6,2	m³
Kohlenvorrat	2,7	t

Abb. 33 zeigt das Funktionsschema dieser Lok. Die Feuerbüchse wurde seitlich und oben von Wasserrohren, an Vorder- und Rückwand von mit Wasser gefüllten Doppelwänden gebildet. Unten lag der Rost in üblicher Weise. Die Rauchgase strömten vom Rost aus zunächts durch die von zahlreichen Rauchröhrchen durchzogene Wasserwand 5, bestrichen den Überhitzer 15 und den Rauchgasvorwärmer 17, um schließlich in die Rauchkammer 19 zu gelangen. An beiden Rauchkammerseitenwänden befanden sich Luftvorwärmer 20. Die Gase verließen den Kessel durch Schornstein 24, wobei die Feueranfachung in gewohnter Art durch den Auspuff der Maschine geschah. Die Verbrennungsluft gelangte durch 2 Öffnungen 21 der Rauchkammerstirnwand in die beiden Luftvorwärmer 20 und weiter durch Kanal 22 unter den Rost. Wegen des relativ geringen Wärmerückgewinns im Vergleich zum Bau- und Instandhaltungsaufwand entfernte man den Luftvorwärmer schon nach kurzer Betriebszeit.

Die Dampfentnahme aus dem Kessel erfolgte durch

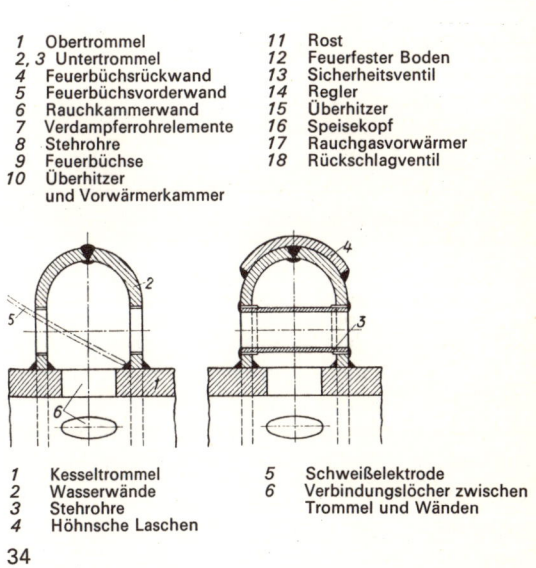

1	Kesseltrommel	5	Schweißelektrode
2	Wasserwände	6	Verbindungslöcher zwischen
3	Stehrohre		Trommel und Wänden
4	Höhnsche Laschen		

34

Regler 14, auf dessen Gehäuse auch die beiden Sicherheitsventile angeordnet waren. Der Arbeitsdampf strömte vom Regler durch Überhitzer 15 zur Dampfmaschine 35. Nach Expansion in der Maschine trat der Dampf durch Abdampfrohr 36 und Blasrohr 23 ins Freie, eine Abzweigleitung leitete einen Teil des Abdampfes zum Vorwärmer 30. Die Dampfentnahme für die Hilfseinrichtungen erfolgte durch Ventil 27 auf dem Führerstand, wobei der Dampf für den Speisepumpenantrieb in Rohrschlange 28 eine Überhitzung erfuhr. Die Knorr-HD-Verbundkesselspeisepumpe 29 saugte aus dem Wasserkasten 33 an und drückte das Wasser durch den außerhalb des Kessels angeordneten Abdampfvorwärmer 30, der vom Pumpen- und einem Teil des Hauptmaschinenabdampfes beheizt wurde. Das auf etwa 90 °C vorgewärmte Wasser strömte weiter durch Rauchgasvorwärmer 17 in den Kessel. Im 2. Vorwärmer 17 erreichte das

Speisewasser nahezu Verdampfungstemperatur und trat über Rückschlagventil *18* in die Obertrommel des Kessels. Diese Anordnung ergab eine gute Wärmeausnutzung der Rauchgase in den Elementen Verdampfer, Überhitzer, Rauchgasvorwärmer und Luftvorwärmer. Wegen des hohen Kesselwirkungsgrades ergaben sich kleine Heizflächen und damit ein relativ leichter Kessel. Wesentlich für die seinerzeitigen Betriebsverhältnisse war, daß sich in der Verdampfertrommel *1* kein Kesselstein ablagerte, sondern nur in den Vorwärmern *30* und *17*, bei denen auf leichte Reinigungsmöglichkeit Rücksicht genommen war.

Die Hauptdaten des in Abb. 34 gezeigten Kessels waren:

Rostfläche	1,33	m²
Verdampfungsheizfläche,		
wasserberührte Seite	97	m²
davon Rauchgasvorwärmer	68,5	m²
Überhitzerheizfläche	20	m²
Kesseldruck	60	atü
mittlerer Wasserinhalt	2,7	m³
Leistung	4	t/h

Der Kessel bestand aus 1 Obertrommel *1* als Dampfsammler und 2 kleineren Untertrommeln *2* und *3*, die für den Wasserumlauf notwendig waren. Die mechanische Verbindung dieser Trommeln erfolgte durch 3 Wasserwände *4*, *5* und *6* sowie einer Anzahl Rohrelemente *7*. Diese U-förmig zusammengesetzten Elemente bildeten die Seitenwände und Decke der Feuerbüchse.

Die Energie des Dampfes wurde in einer einstufigen 3-Zylinder-Gleichstromdampfmaschine mit Ventilsteuerung umgesetzt (Abb. 35). Diese schnellaufende Maschine war vor dem Kessel auf dem Lokrahmen angeordnet und trieb über ein Zahnradvorgelege (*i* = 2,5) Blindwelle und Kuppelstangen die 3 Achsen an. Bei 80 km/h Fahrgeschwindigkeit lief die Dampfmaschine mit 700 U./min. Die Leistungs- bzw. Füllungsregelung geschah mittels je 6 Nocken für beide Fahrtrichtungen, bei denen die Füllungen der Zylinder zu 5,5, 7,5, 10, 12, 17 und 28% eingestellt werden konnten. Gegenüber der bei normalen Dampfloks möglichen stufenlosen Regelung bedeutete dies eine Einschränkung, im Fahrbetrieb wurde es jedoch nicht als nachteilig empfunden. Die Füllungsstufen erzielte man durch entsprechende Höhen und Längen der Steuernocken für die Ventilsteuerung. Um unter allen Betriebsbedingungen eine sichere Verschiebung der Nockenwelle in axialer Richtung zu ermöglichen, waren die zwischen Ventilspindeln und Nocken sitzenden Rollenführungen durch seitliche Druckfedern in einer Mittellage gehalten. Verschob man z. B. die Nockenwelle in Richtung einer Füllungsvergrößerung, so wurden auch die querliegenden Druckfedern so lange zusammengedrückt, als die Nockenrollen durch die größere Nocke der nächsthöheren Füllungsstufe an der Verschiebung

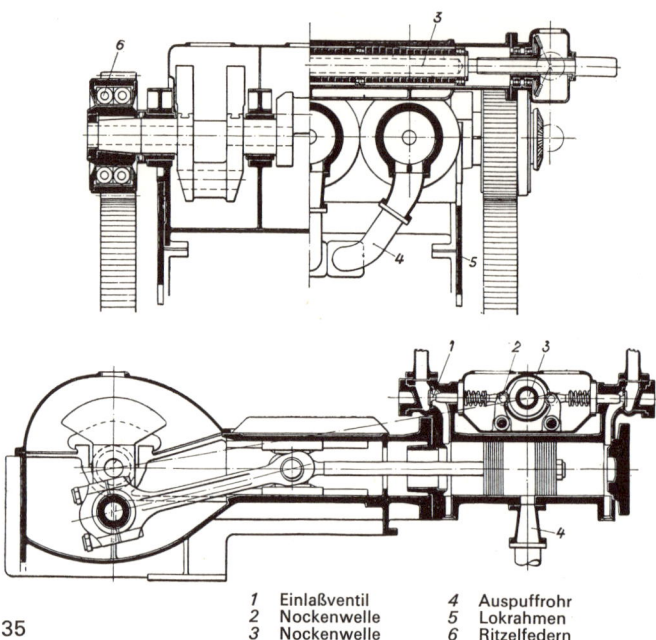

1	Einlaßventil	4	Auspuffrohr
2	Nockenwelle	5	Lokrahmen
3	Nockenwelle	6	Ritzelfedern

35

verhindert waren. Da jede Nocke nur einen kleinen Teil am Unfang der Nockenwelle belegte, konnte die Verschiebung, durch Federkraft unterstützt, auch bei größter Fahrgeschwindigkeit mit geringstem Kraftaufwand am Steuerungshandrad vorgenommen werden. Die Füllungsveränderung in entgegengesetzter Richtung wäre allerdings auch ohne diese Zentrierfedern möglich gewesen. Um auch bei Stillstand der Lok eine Füllungsänderung mit Sicherheit vornehmen zu können, war eine druckluftbetätigte Ventilabhebevorrichtung vorgesehen. Sie hob die Ventile von ihren Sitzen und brachte die Rollen so weit zurück, daß die Nockenwelle ohne Berührung mit Nockenrollen in jede Lage verschoben werden konnte. Von dieser Einrichtung wurde auch beim Leerlauf der Lok Gebrauch gemacht. Der Leerlaufwiderstand lag unter dem einer normalen Dampflok. Die Ritzel auf der Dampfmaschinenkurbelwelle waren gefedert, um die Drehmomentübertragung auf beide Seiten gleichmäßig zu verteilen. Die Triebwerkteile der Maschine waren verschalt und liefen im Ölbad. Die Dampfmaschine konnte dauernd 730 kW und maximal 1100 kW leisten. Im November 1927 konnte mit den Versuchsfahrten begonnen werden. Aufgrund der sorgfältigen Vorbereitungen und der über 1 Jahr lang durchgeführten stationären Versuche hatte die Lok eine solche Betriebssicherheit erreicht, daß alle Fahrten gut verliefen und die Schweizerischen Bundesbahnen (SBB) die Lok in den planmäßigen Dienst nahmen. Bei Versuchsfahrten im Januar 1928 wurden folgende Ergebnisse im Vergleich zu der SBB-Lok B 3/4, Betr.-Nr. 1-348, mit entsprechender Leistung erreicht [3.23.6-4]:

49

Streckenabschnitt	Winterthur–Romanshorn und zurück	
Länge km	112	
Größte Steigung ‰	12	
Anhängelast t	242	
Achsenzahl	31	
Lokomotive	SLM-HD-Lok	SBB-Lok
Mittlere Geschwindigkeit km/h	61,8	60,7
Kohlenverbrauch kg	776	1176
Wasserverbrauch l	5250	9700

Streckenabschnitt	Winterthur–Stein-Säckingen und zurück	
Länge km	149	
Größte Steigung ‰	8	
Anhängelast t	300	
Achsenzahl	40	
Lokomotive	SLM-HD-Lok	SBB-Lok
Mittlere Geschwindigkeit km/h	55	53,5
Kohlenverbrauch kg	1012	1 449
Wasserverbrauch l	6550	12 200

Bezieht man diese Werte auf die kWh am Zughaken, so folgt daraus für die HD-Lok eine Kohlenersparnis von 35% und eine Wasserersparnis von 47 bis 55%. Die SLM-HD-Lok zeichnete sich von Anfang an auch bei hohen Fahrgeschwindigkeiten durch einen ruhigen Lauf aus, was dem völlig ausgeglichenen Triebwerk zu verdanken war. Das Anfahren ging sehr gut, auch der geringe Wasserinhalt des Kessels zeigte keine nachteiligen Folgen. Bei kurzzeitigen Lastspitzen erwies sich die vorgesehene Druckabsenkung von 60 auf 50 atü als ausreichende Speichermaßnahme.

Anschließend an die vorgenannten Vergleichsfahrten sind eine Anzahl Probefahrten durchgeführt worden, um die allgemeine Leistungsfähigkeit und Betriebstüchtigkeit der HD-Lok zu testen. Es wurden Schnell- und Personenzüge bis 350 t, Güterzüge bis 480 t Last auf 12‰ Steigung gefahren und auch Anfahrten auf der Steigung durchgeführt. Die Maschine zeigte sich dabei allen Anforderungen gewachsen und den Vergleichsloks normaler Bauart überlegen [3.23.6-5]. Im Juni 1928 führten die SBB mit dem Dynamometerwagen einige Meßfahrten durch. Dabei haben sich die früher gewonnenen Einsparungen an Kohlen und Wasser bestätigt. Die Lok bewies auch ihre Eignung sowohl im Personen- als auch im Güterzugdienst in gleicher Weise. Trotz häufigen Anfahrten konnte im Personenzugdienst eine Kohlenersparnis von 30% gegenüber der SBB-Lok B 3/4 (1′ C-h2; 12 atü) im Mittel erreicht werden.

Nach längerem praktischem Einsatz der SLM-HD-Lok auf Hügellandstrecken der Schweiz und Österreichs mit guten Ergebnissen wurde sie in Frankreich ausgedehnten Meßfahrten unterzogen. Bei diesem Betrieb mit hohen Dauerleistungen wurden aufgrund der Betriebserfahrungen am Kessel noch Verbesserungen vorgenommen

[3.23.6-2]. Durch Einsetzen von gebogenen, in Querebene angeordneten Wasserrohren, die gleichzeitig als Feuerschirmträger dienten, vergrößerte man die Feuerbüchsheizfläche von 11,7 auf 14,3 m². Eine bis fast an die Verdampfungstemperatur reichende Speisewasservorwärmung erreichte man im Rauchgasvorwärmer 17, indem man diesen durch Einschieben von Leitblechen in das Rohrbündel zu einem in 3 Zonen unterteilten Gegenstromwärmetauscher umbaute. Dies ergab bei einem dreifach längeren Gasweg und entsprechend höheren Gasgeschwindigkeiten einen verbesserten Wärmeübergang und somit eine tiefere Abkühlung der Rauchgase. Unter dem Überhitzer war ein Löscheschacht angeordnet. Die dort der Wärme wegen aufgetretenen Verformungen und Auszunderungen verursachten infolge Falschluftzutritt in den Feuerraum Schwierigkeiten mit der Dampferzeugung, wofür zunächst das Blasrohr verantwortlich gemacht wurde, was aber nicht zutraf.

Der schnellaufende Gleichstromdampfmotor mit seinen kleinen schädlichen Räumen hat sich nach Einbau einer durchgehenden Kolbenstange bewährt. Der Dampf konnte bis 430 °C überhitzt werden, ohne daß die Schmierung Schwierigkeiten machte. Das Kondensat des Abdampfvorwärmers 30 wurde in den Speisewasserbehälter zurückgeführt.

Mit der 1930 so umgebauten Lok wurden auf der Strecke Winterthur–Romanshorn Meßfahrten mit Dynamometerwagen und Bremslok durchgeführt und der Nachweis erbracht, daß ein HD-Lokkessel bei richtiger Heizflächenanordnung und guter Gasführung die gleiche Belastungsfähigkeit wie ein normaler Lokkessel ergibt. Bis Frühjahr 1931 erreichte die Maschine 43 000 km. Dabei wurde auch das wichtige Problem des Kesselsteinansatzes untersucht. Schlamm in den unteren Wassertrommeln 2 und 3 ließen erwarten, daß bei dem intensiven Umlauf alle in den Verdampfer kommenden Steinbildner sich in dieser Form ablagern. Zunächst war dies auch so, trotz genauen Kontrollen konnten keine Ansätze beobachtet werden. Später zeigte sich allerdings ein leichter Belag in den Wasserrohren des Verdampfers 7 und etwas stärker in Rohren des Rauchgasvorwärmers 17. Diese Rohre ließen sich jedoch durch die mit Gewindekappen verschließbaren Eckstücke bzw. Umkehrenden leicht reinigen. Mit kolloidalen Zusätzen zum Speisewasser wurden gute Erfahrungen gemacht.

Nach Abschluß der Meßfahrten stand die Maschine längere Zeit im schweren Personenzugdienst bei den SBB und trug durch ihren erfolgreichen Betrieb dazu bei, den Bau einer größeren HD-Lok für die französische Nordbahn anzuregen, welche im nächsten Abschnitt behandelt ist.

Für die Schweizer Bahnen kam seinerzeit schon eine Beschaffung neuer Dampftriebfahrzeuge nicht mehr in

Betracht, und so wurde die erste SLM-HD-Lok 1940 verschrottet.

3.23.7 Die Lokomotive Betr.-Nr. 232-P-1 der Französischen Staatsbahn

Die SLM beteiligte sich mit dem Bau einer Kondensationsdampfturbinenlok (Abschnitt 3.44.3) und der im vorhergehenden Abschnitt beschriebenen HD-Lok aktiv

an der Dampflokentwicklung. Darüber hinaus befaßte sich die SLM auch mit dem Bau von ortsfesten HD-Dampfmaschinen [1.2-9, 10, 14]. Unter Verwertung der reichen Erfahrungen entstand der Entwurf einer neuen HD-Dampflok hoher Leistung für europäische Hauptstrecken. Die wichtigsten Merkmale der SLM-Konstruktion bestanden in der Verwendung eines 60-atü-HD-Kessels und Einzelachsantrieb durch 2 schnelldrehende Dreizylindermaschinen pro Triebachse. Die von der klas-

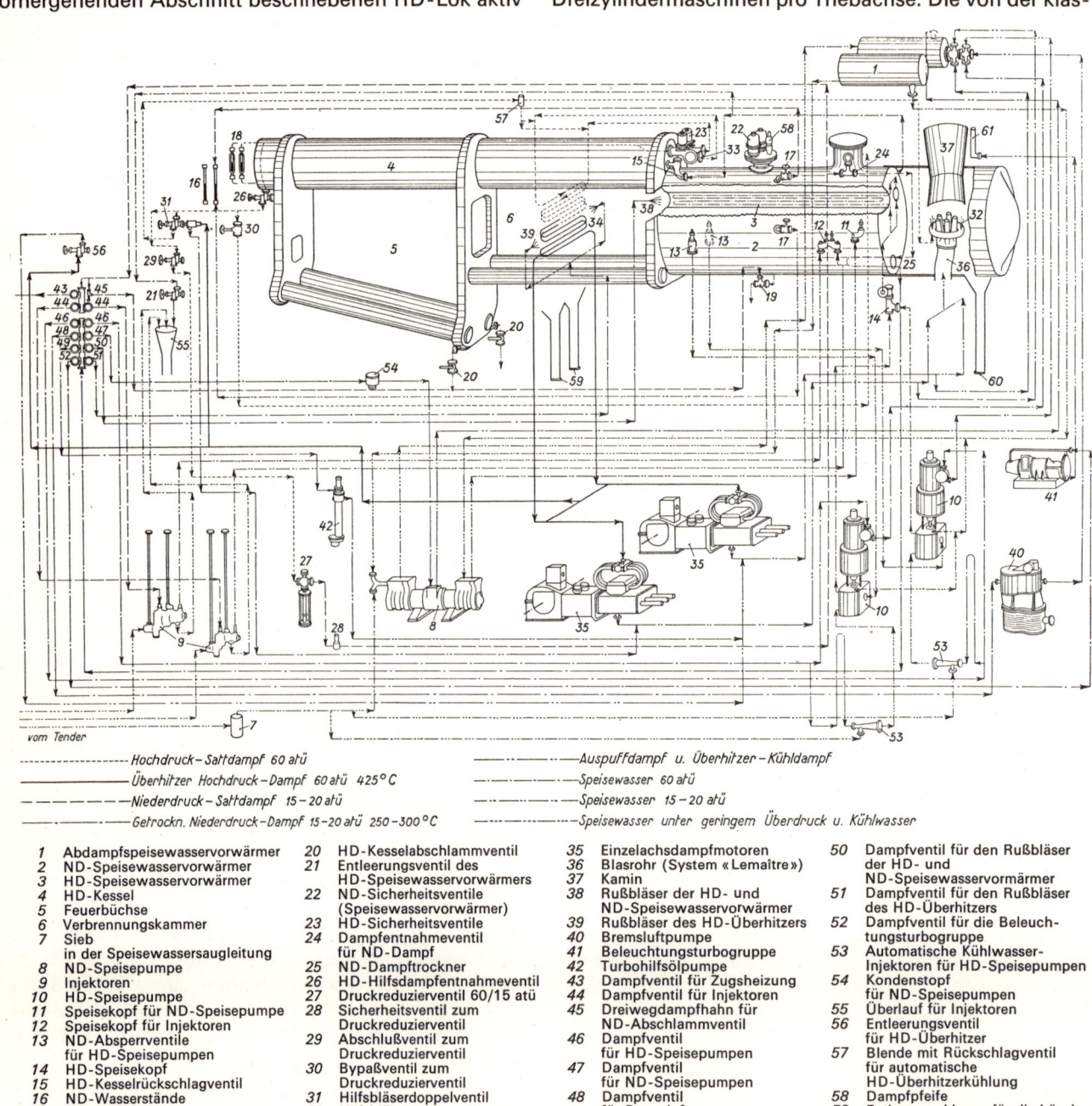

———————— Hochdruck–Sattdampf 60 atü

——————— Überhitzer Hochdruck–Dampf 60 atü 425°C

—·—·—·— Niederdruck–Sattdampf 15–20 atü

—··—··— Getrockn. Niederdruck–Dampf 15–20 atü 250–300°C

———————— Auspuffdampf u. Überhitzer–Kühldampf

——————— Speisewasser 60 atü

—·—·—·— Speisewasser 15–20 atü

—··—··— Speisewasser unter geringem Überdruck u. Kühlwasser

vom Tender

1 Abdampfspeisewasservorwärmer	20 HD-Kesselabschlammventil	35 Einzelachsdampfmotoren	50 Dampfventil für den Rußbläser der HD- und ND-Speisewasservormärmer
2 ND-Speisewasservorwärmer	21 Entleerungsventil des HD-Speisewasservorwärmers	36 Blasrohr (System «Lemaître»)	
3 HD-Speisewasservorwärmer		37 Kamin	51 Dampfventil für den Rußbläser des HD-Überhitzers
4 HD-Kessel	22 ND-Sicherheitsventile (Speisewasservorwärmer)	38 Rußbläser der HD- und ND-Speisewasservorwärmer	
5 Feuerbüchse			52 Dampfventil für die Beleuchtungsturbogruppe
6 Verbrennungskammer	23 HD-Sicherheitsventile	39 Rußbläser des HD-Überhitzers	
7 Sieb in der Speisewassersaugleitung	24 Dampfentnahmeventil für ND-Dampf	40 Bremsluftpumpe	53 Automatische Kühlwasser-Injektoren für HD-Speisepumpen
		41 Beleuchtungsturbogruppe	
8 ND-Speisepumpe	25 ND-Dampftrockner	42 Turbohilfsölpumpe	54 Kondenstopf für ND-Speisepumpen
9 Injektoren	26 HD-Hilfsdampfentnahmeventil	43 Dampfventil für Zugsheizung	
10 HD-Speisepumpe	27 Druckreduzierventil 60/15 atü	44 Dampfventil für Injektoren	55 Überlauf für Injektoren
11 Speisekopf für ND-Speisepumpe	28 Sicherheitsventil zum Druckreduzierventil	45 Dampfventil für ND-Abschlammventil	56 Entleerungsventil für HD-Überhitzer
12 Speisekopf für Injektoren			
13 ND-Absperrventile für HD-Speisepumpen	29 Abschlußventil zum Druckreduzierventil	46 Dampfventil für HD-Speisepumpen	57 Blende mit Rückschlagventil für automatische HD-Überhitzerkühlung
14 HD-Speisekopf	30 Bypaßventil zum Druckreduzierventil	47 Dampfventil für ND-Speisepumpen	
15 HD-Kesselrückschlagventil	31 Hilfsbläserdoppelventil		58 Dampfpfeife
16 ND-Wasserstände	32 Hilfsbläser	48 Dampfventil für Bremsluftpumpe	59 Entleerungsklappe für die Lösche der Verbrennungskammer
17 Abschlußventile für ND-Wasserstände	33 Regulator (HD-Dampfhauptabschließung)	49 Dampfventil für Turbohilfsölpumpe	60 Entleerungskammer für die Rauchkammerlösche
18 HD-Wasserstände	34 HD-Überhitzer		
19 Dampfbetätigtes ND-Kesselabschlammventil			61 Hilfskamin

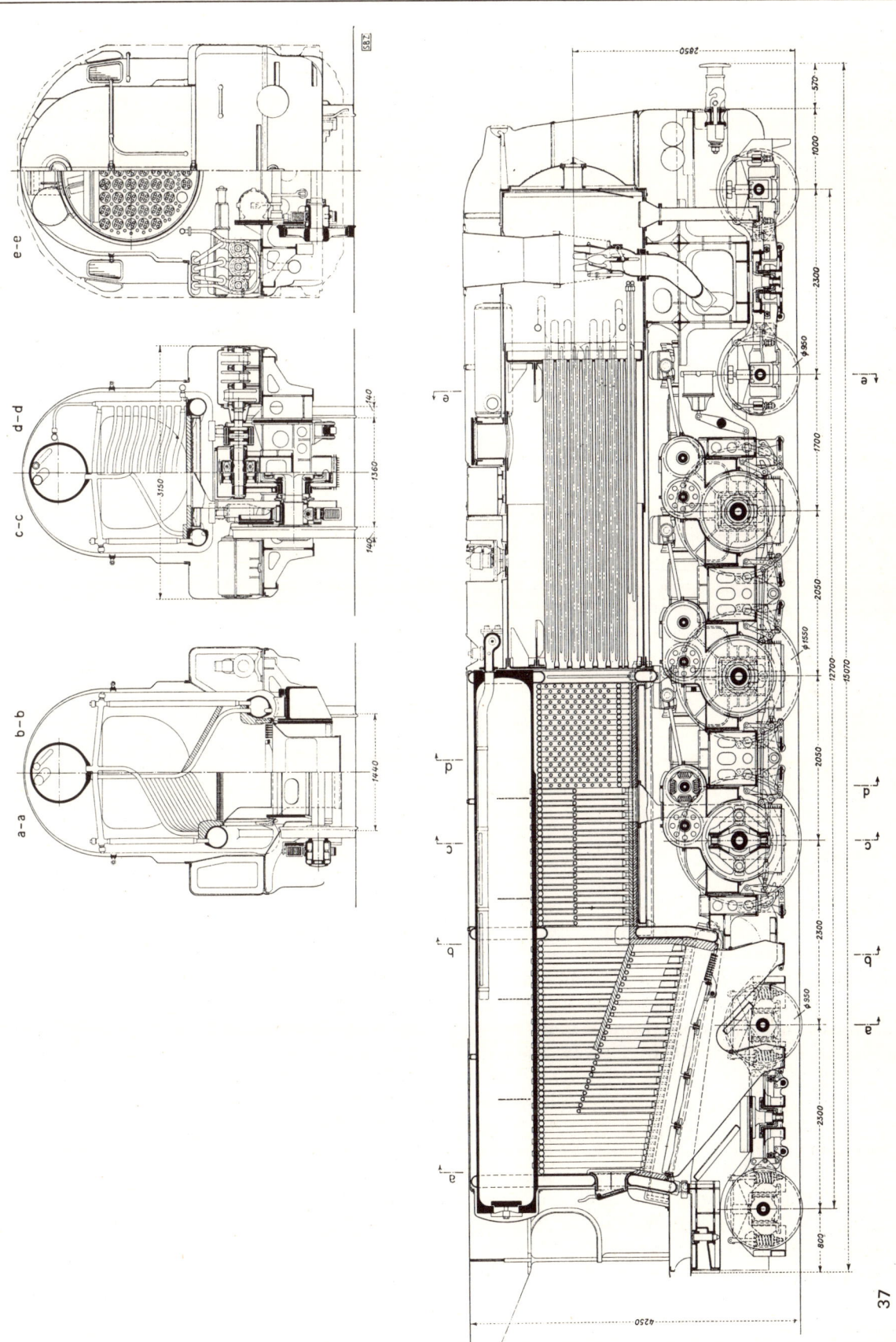

sischen Lok her bekannte Rahmenbauweise wurde grundsätzlich beibehalten. Die französische Nordbahn, auf deren Strecken die erste SLM-HD-Lok probeweise eingesetzt war, beschloß 1936 die Anschaffung einer von der SLM vorgeschlagenen großen Schnellzuglok. Diese Maschine mit der Achsfolge 2' $C_0$2' wurde für den Betrieb mit HD-Dampf von 60 atü projektiert. Zur Herstellung bildete man eine Arbeitsgemeinschaft aus den Firmen: Elsässische Maschinenbaugesellschaft Grafenstaden, Five Lille und Schneider Creusot. Die SLM übernahm die Ausarbeitung der Konstruktion und stellte ihre Patente lizenzweise zur Verfügung. Weiter wurden der Kessel und die Dampfmotoren einschließlich der Achsantriebe durch die SLM hergestellt.

Die Grundlage der Leistungsauslegung war die Bedingung des Auftraggebers, daß die HD-Lok einen in Fläche und Neigung der bei der Nordbahn vorhandenen Superpacific-Schnellzuglok Serie 3.1200 (später SNCF-Reihe 213-C [2-41]) entsprechenden Rost bekommen sollte; auch war Handfeuerung mit zirka 2 t/h Kohle vorgeschrieben. Diesen Bedingungen entsprechend ermittelte die SLM eine indizierte Dauerleistung der HD-Lok von 2420 kW (3300 PS). Vom höherwertigen Wärmekraftprozeß erwartete man also eine entsprechende Leistungssteigerung gegenüber der Vergleichslok normaler Bauart. Die 1939 fertiggestellte Maschine besaß folgende Hauptdaten:

Dienstgewicht Lok	126 t
Reibungsgewicht	65 t
Achsstand	12 700 mm
Triebrad-⌀	1 550 mm
Höchstgeschwindigkeit	140 km/h
Zylinder-⌀	18 × 150 mm
Kolbenhub	255 mm
Leistung der Maschinen N_i	2 420 kW
Wasservorrat	35 m³
Kohlenvorrat	9 t

Für den Kessel wurden wesentliche Teile entsprechend denen der ersten SLM-HD-Lok ausgeführt wie die quergestellten Wasserwände und die gabelförmigen Verdampferelemente. Eine durchlaufende Obertrommel von 700 mm ⌀ bildete das Rückgrat des Kessels, welcher sich aus 2 Hauptteilen zusammensetzt. Den hinteren Teil bildete die Feuerbüchse mit anschließender Verbrennungskammer, in die der Überhitzer eingesetzt war. Die beiden seitlichen Längstrommeln unten am Kessel waren geteilt. Der Rostlage entsprechend, ordnete man die Feuerbüchsuntertrommeln geneigt und tiefer an als die waagrecht und höher liegenden Verbrennungskammeruntertrommeln (Abb. 246, 247 und 36). Zusammen mit den 3 Wasserwänden, die an den Enden und in der Mitte quer eingebaut waren, bildeten die Unter- und Obertrommeln ein stabiles Gebilde für den HD-Kessel. Die vordere und mittlere Wasserkammerwand besaß je eine freie Gas-

durchgangsöffnung; in der hinteren befand sich die Feuerlochöffnung. Wände an den Längsseiten und der Decke von Feuerbüchse und Verbrennungskammer bildeten die U-förmigen Verdampferelemente. Zwischen mittlerer und vorderer Wasserkammerwand befanden sich im hinteren Teil Verdampferrohre, im vorderen Teil Überhitzerrohre. Ein Überhitzerelement bestand aus 2 geraden senkrechten Rohren und 2 leicht geneigten Horizontalrohren, die zusammen einen Rahmen bildeten (Abb. 37a, Schnitt d–d). Die innerhalb des Rahmens eingeschweißten, ebenfalls leicht nach oben gebogenen Horizontalrohre hatten etwas kleineren Durchmesser und wurden zusammen mit den großen oberen Horizontalrohren nacheinander von oben im Zickzack durchströmt. Die senkrechten Rahmenrohre dienten mit den eingesetzten Trennwänden als Umkehrkammern. Die enggestellten Überhitzerelemente waren abwechslungsweise mit dem linken oder rechten oberen Naßdampfsammler und dem dazugehörigen unteren Heißdampfsammler verbunden. Bei geschlossenem Naßdampfregler und geöffnetem Hilfsbläser kühlte ein geschlossener Teilstrom des Bläserdampfes den Überhitzer. Ein mit dem Bläseranstellventil gekuppeltes Abströmventil ließ diesen Kühldampf aus dem Überhitzer abströmen und bewirkte, daß der Druck vor den Dampfmaschinen nicht ungewollt anstieg.

Für den luftdichten Abschluß der aus Rohren gebildeten Kesselwände verstrich man die wenige Millimeter breiten Spalte zwischen den einzelnen Rohrelementen mit feuerfester Masse. Unter der Blechverschalung des Kessels aufgelegte Asbestmatratzen verringerten Wärmeverluste durch Strahlung. Der Rost bot trotz seiner großen Länge von 3 m für Handfeuerung keine Schwierigkeiten, da infolge der großen Neigung die hinten aufgeworfenen Kohlen während der Fahrt mit den Erschütterungen von selbst nach vorn rutschten.

Der Speisewasservorwärmer bestand aus ND- und HD-Teil. Das Wasser strömte aus dem Tender durch einen Abdampfmischvorwärmer Bauart ACFI [2-74] und von dort mit zirka 100 °C in den ND-Teil des im Kessel eingebauten Vorwärmers, der unter einem durch Sicherheitsventile auf 20 atü begrenzten Druck stand. Der Vorwärmer schloß sich an den eigentlichen HD-Kessel vorn an und wurde von den aus dem Kessel kommenden Rauchgasen durchströmt. Es handelte sich um einen Rauchrohrkessel, ähnlich wie der übliche Loklangkesselteil. Das aus dem ND-Vorwärmer kommende Heißwasser mit zirka 200 °C wurde von Knorr-HD-Speisepumpen weiter in den HD-Vorwärmerteil und in den eigentlichen Kessel gedrückt, wobei der HD-Vorwärmer unter 60 atü stand. Im HD-Vorwärmer erwärmte sich das Wasser weiter auf 250–275 °C; er bestand aus in die Rauchrohre des ND-Vorwärmers eingebauten Rohrelementen.

38 Spezifischer Dampfverbrauch von Gleichstromdampfmaschinen und thermodynamischer Wirkungsgrad in Abhängigkeit des mittleren indizierten Druckes
für verschiedene Anfangsdrücke

Der im ND-Vorwärmer erzeugte Dampf diente zum Betrieb der Hilfseinrichtungen. Aus einem kleinen Dom auf dem Vorwärmer und über den Dampfverteiler im Führerstand gelangte der Dampf mit 20 atü zu Strahlpumpen, Speisepumpen, zur Luftpumpe, zum Turbogenerator, zur Hilfsölpumpe und Zugsheizung. Durch Öffnen eines handbetätigten Überströmventils zwischen HD-Kessel und ND-Vorwärmer konnte ein Abblasen der HD-Sicherheitsventile vermieden werden.

Die Hauptdaten des Kessels waren:

Rostfläche	3,5	m²
Heizflächen für Verdampfung	44	m²
Überhitzung	42	m²
ND-Vorwärmer	115	m²
HD-Vorwärmer	100	m²
ND-Überhitzer	4,5	m²
Kesseldruck	60	atü
ND-Vorwärmer	20	atü
Dampftemperatur	450	°C
Leistung	zirka 16	t/h

Wegen der guten Erfahrungen mit dem kolloidalen Zusatz zum Speisewasser gegen Kesselsteinansatz bei der ersten SLM-HD-Lok wurde die HD-Lok der französischen Nordbahn mit dem dort eingeführten Williams-Verfahren behandelt. Dieses Verfahren beruht auf gleicher Wirkung, so daß sich keine Ansätze bildeten, sondern der Schlamm im Kesselwasser durch besondere Abschlammventile an HD-Kessel und ND-Vorwärmer periodisch abgelassen werden konnte.

Als Achsantrieb wurde zunächst ein schnellaufender 6-Zylinder-Dampfmotor in Verbindung mit Zahnradvorgelege, Blindwelle und Stangenantrieb in Erwägung gezogen, ähnlich wie bei der ersten SLM-HD-Lok ausgeführt. Mit Rücksicht auf die hohe Leistung und Fahrgeschwindigkeit kam man aber davon ab, da dieser Weg infolge Ausbildung und Schmierung der Triebwerksteile sowie der Wechselkräfte des Kuppelstangenantriebs für die evtl. Weiterentwicklung Schwierigkeiten erwarten ließ [3.41-9].

Man entschied sich deshalb für den bei elektrischen Loks bewährten Einzelachsantrieb. Die Antriebsleistung der Lok erzeugten 6 doppeltwirkende Drillings-Gleichstromdampfmotoren zu je 440 kW (600 PS). Auf jede der 3 Triebachsen arbeiteten 2 Dampfmotoren, die auf Konsolen außerhalb des Hauptrahmens waagrecht und gut zugänglich montiert waren. Die vollkommen öldicht gekapselten Maschinen liefen bei 140 km/h Fahrgeschwindigkeit mit einer Drehzahl von 950 U./min. Der Dampfeinlaß erfolgte durch Tellerventile. Die Expansion verlief in einer Stufe von 60 atü, 450 °C auf den Auspuffgegendruck, was bei diesem großen Gefälle nur im Gleichstromverfahren wirtschaftlich möglich ist. Gegen Hubende gaben die Arbeitskolben Ausströmschlitze in der Zylinderwand frei. Für die Verarbeitung großer, weit

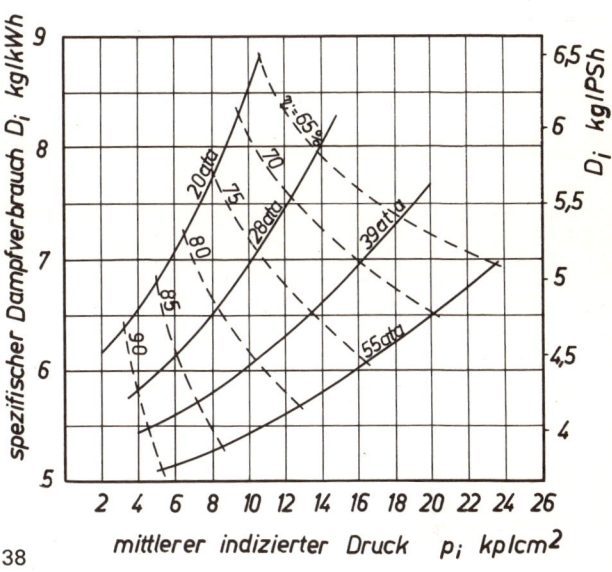

38

in das Naßdampfgebiet hineinreichender thermischer Gefälle (Abschnitt 2.2, Abb. 7) ist die schnellaufende Gleichstromdampfmaschine besonders geeignet, weil hierbei die Verluste durch Wärmeaustausch mit den Zylinderwänden (Eintrittskondensation) und Undichtheiten an den Kolben minimal gehalten werden können. Im Gegensatz zu den üblichen ND-Dampfloks mit 12 atü Kesseldruck lassen sich hier auch die schädlichen Räume klein halten, ohne unzulässig hohe Kompressionsdrücke zu erhalten [3.31-31–33]. Abb. 38 zeigt die spezifischen Dampfverbrauchszahlen und thermodynamischen Wirkungsgrade für 4 Arbeitsprozesse in Gleichstromdampfmaschinen und unterschiedlichen Anfangsdrücken, aber gleichem Anfangswärmeinhalt in Abhängigkeit von den mittleren indizierten Kolbendrücken, ermittelt aus theoretischen p-V-Diagrammen. Demnach können in Gleichstromdampfmaschinen bei einstufiger Dehnung wesentlich höhere Anfangsdrücke mit guten Maschinenwirkungsgraden verarbeitet werden im Vergleich zu Wechselstromdampfmaschinen. Durch Versuche wurde für die Diffusortellerventile eine strömungsgünstige Form gefunden, so daß unter allen Betriebsbedingungen eine gute Dampfdichtheit vorhanden war. In Verbindung mit den Zylinderwandauslaßschlitzen konnte man auf besondere Entwässerungs- und Zylindersicherheitsventile verzichten. Die Vorausströmung war so gewählt, daß bei 120° Kurbelversetzung die Auspuffperioden der einzelnen Zylinder einer Maschine sich teilweise überdeckten. Durch entsprechende Ausbildung der Ausströmkanäle wurde ein Teil der sonst verlorenen Auslaßenergie eines Zylinders zur Erzeugung von Unterdruck nach dem vorher auspuffenden Zylinder genutzt. Somit ergaben sich Gegendrücke, die unter dem Blasrohrdruck lagen. Trotz der hohen Überhitzung von 450 °C lag die mittlere

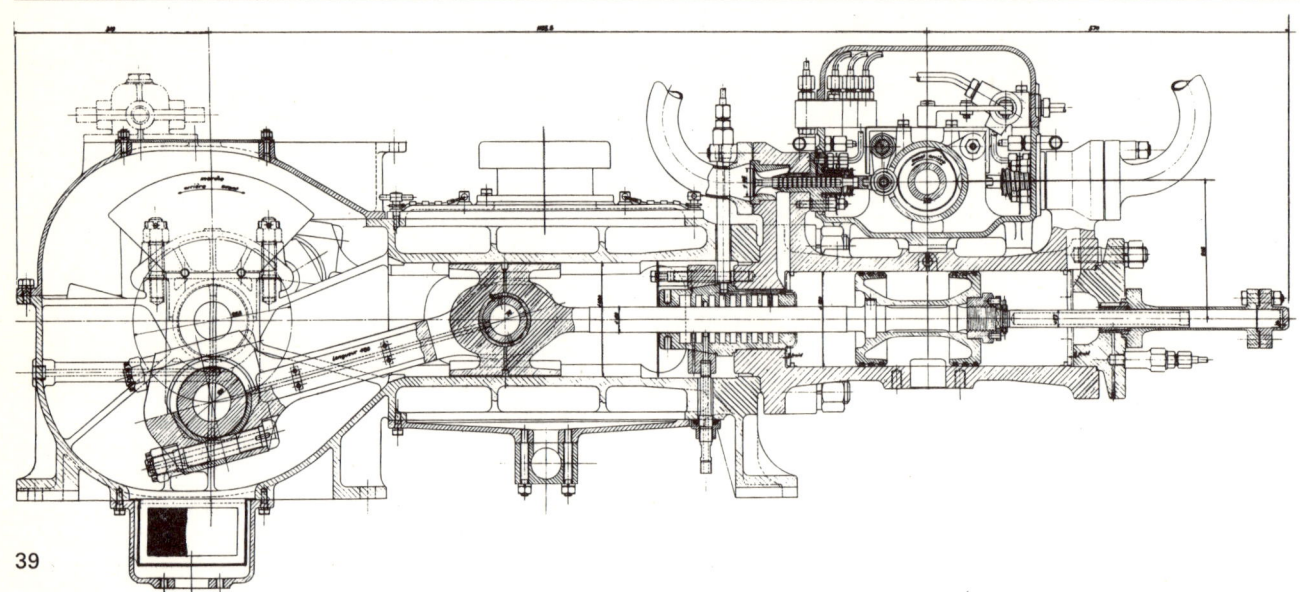

39

Zylinderwandtemperatur niedriger als in der 1. Expansionsstufe einer normalen 20-atü-Verbundlok, so daß die Zylinderschmierung keine Schwierigkeiten machte.

Die Füllungsregelung und Umsteuerung der Dampfmaschinen geschah über eine Nockenwelle und Ventile ähnlich wie bei der ersten SLM-HD-Lok (Abschnitt 3.23.6). Jeder Zylinder war mit 6 Vorwärts- und 1 Rückwärtsnocken ausgerüstet für folgende Einstellungen:

    1 Anfahrnocken für 70% Füllung,
    1 Beschleunigungsnocken für 20% Füllung,
    4 Dauerfahrnocken für 5,5, 8, 11 und 14% Füllung.

Die Anfahrnocken waren für einen kleinen Ventilhub bemessen, so daß bei einem Durchgehen der Triebachse und dabei sich stark erhöhender Maschinendrehzahl der Dampfdruck im Zylinder durch Drosselung stark abfiel und die Leistung selbsttätig erheblich zurückging. Die Verschiebung der Nockenwellen zur Regelung der Dampfmaschinen erfolgte über drucköbetätigte Servomotoren. Für Schmierung und Steueröl lieferten während der Fahrt 2 an der hinteren Triebachse angebaute Zahnradpumpen den notwendigen Öldruck; bei Stillstand und Anfahrten übernahm eine kleine Dampfturbopumpe diese Aufgabe. Jeder der beiden Dampfmotoren eines Achsantriebs arbeitete über eine Federstabkupplung auf das im Getriebegehäuse gelagerte Doppelritzel (Abb. 40). In die Ritzel eingebaute elastische Kupplungen hatten für den Ausgleich von Wellenverlagerungen (Federspiel) und für eine gleichmäßige Leistungsübertragung zu sorgen. Die Ritzel übertrugen die Leistung weiter an Zwischenräder und an die Großräder mit Übersetzung zirka 1:2. Zur Kraftübertragung zwischen dem großen Hohl-

wellenzahnrad und der unter dem Einfluß des Tragfederspiels stehenden Triebachse diente der erprobte Gleitrahmenmechanismus des SLM-Universalantriebs. Der Gleitrahmen, der sich an 2 zur Zahnradachse senkrecht stehenden Gleitflächenführungen parallel verschieben kann, wird vom Zahnrad über 2 einander gegenüberliegende, in Schlitzen radial bewegliche Gleitsteine und 2 zugehörige, fest im Gleitrahmen gelagerte Zapfen angetrieben. Der Gleitrahmen seinerseits drehte über 2 weitere, ebenfalls diametral stehende axial und radial bewegliche Gleitsteine auf die mit Kugelzapfen versehenen, an den Triebachsen angeschmiedeten Mitnehmerarme. Die während der Fahrt bei schwach exzentrischem Lauf entstehenden Fliehkräfte des Gleitrahmens geben im Vergleich zu den «Hammerschlägen» des klassischen Dampfloktriebwerks (Abschnitt 3.31) nur geringe Achslaständerungen.

Die gleichförmige Antriebskraft am Radumfang ergab eine gute Ausnutzung des Reibungsgewichts, was bei der hohen Maschinenleistung wichtig ist. Die Schmierung der Kraftübertragung wurde von besonderen Ölpumpen besorgt, deren Drücke im Führerstand angezeigt waren. Ein Durchgehen der Triebradsätze konnte wegen der raschen Drucksteigerung vom Lokführer am betreffenden Manometer sofort erkannt werden.

Die Endmontage der Lok erfolgte 1939 im Werk Grafenstaden der elsässischen Maschinenbaugesellschaft. Bei der inzwischen 1938 neu gebildeten französischen Staatsbahn SNCF als Nachfolgerin des ursprünglichen Auftraggebers Nordbahn erhielt diese Lok die Betr.-Nr. 232-P-1. Nach Fertigstellung kam die Lok zur Überprüfung zur SLM nach Winterthur. Bis zum Beginn des 2. Weltkriegs konnten leider nur wenige Fahrten durchgeführt werden. Nach Behebung kleinerer Anfangs-

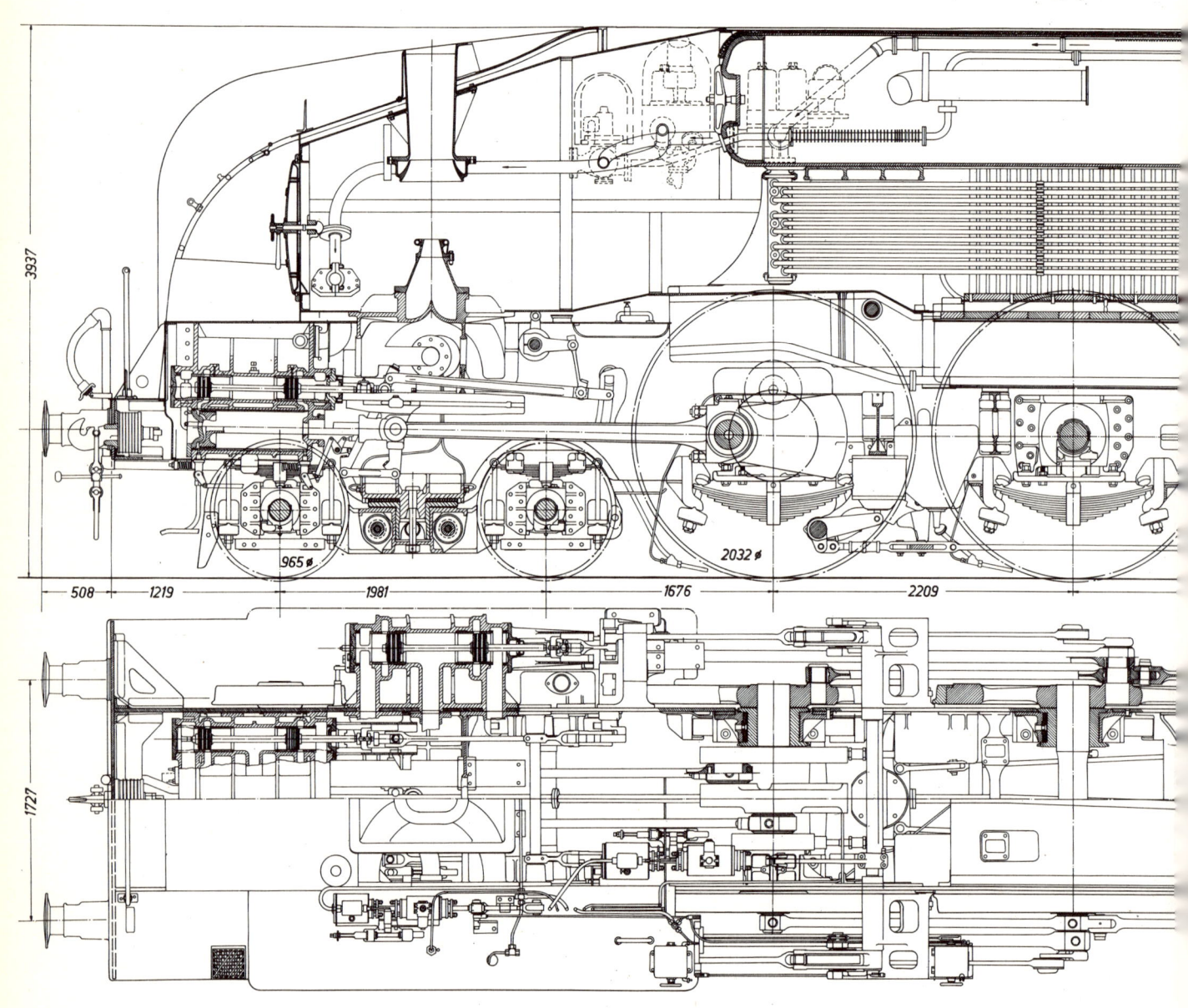

3937

965 ⌀

2032 ⌀

508   1219   1981   1676   2209

1727

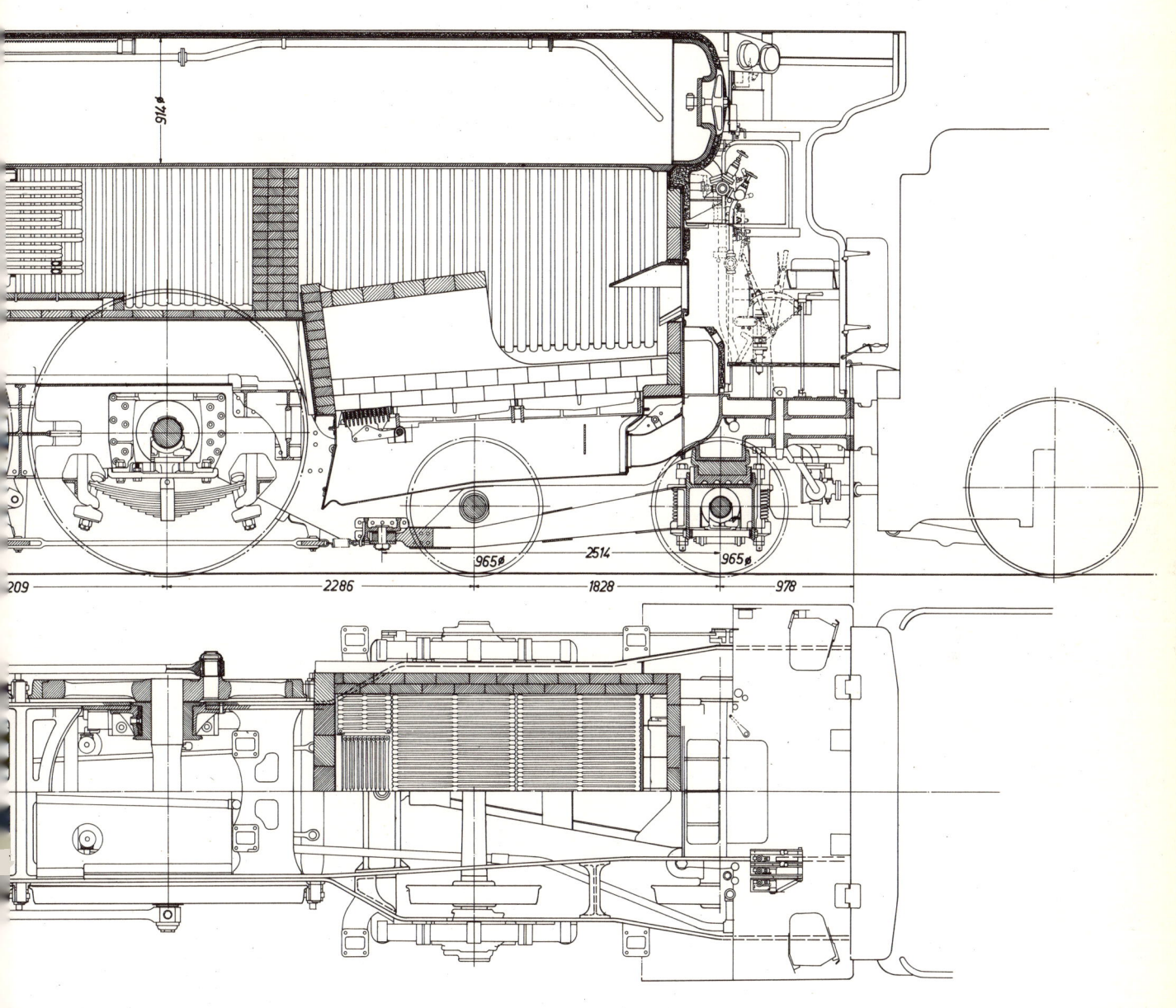

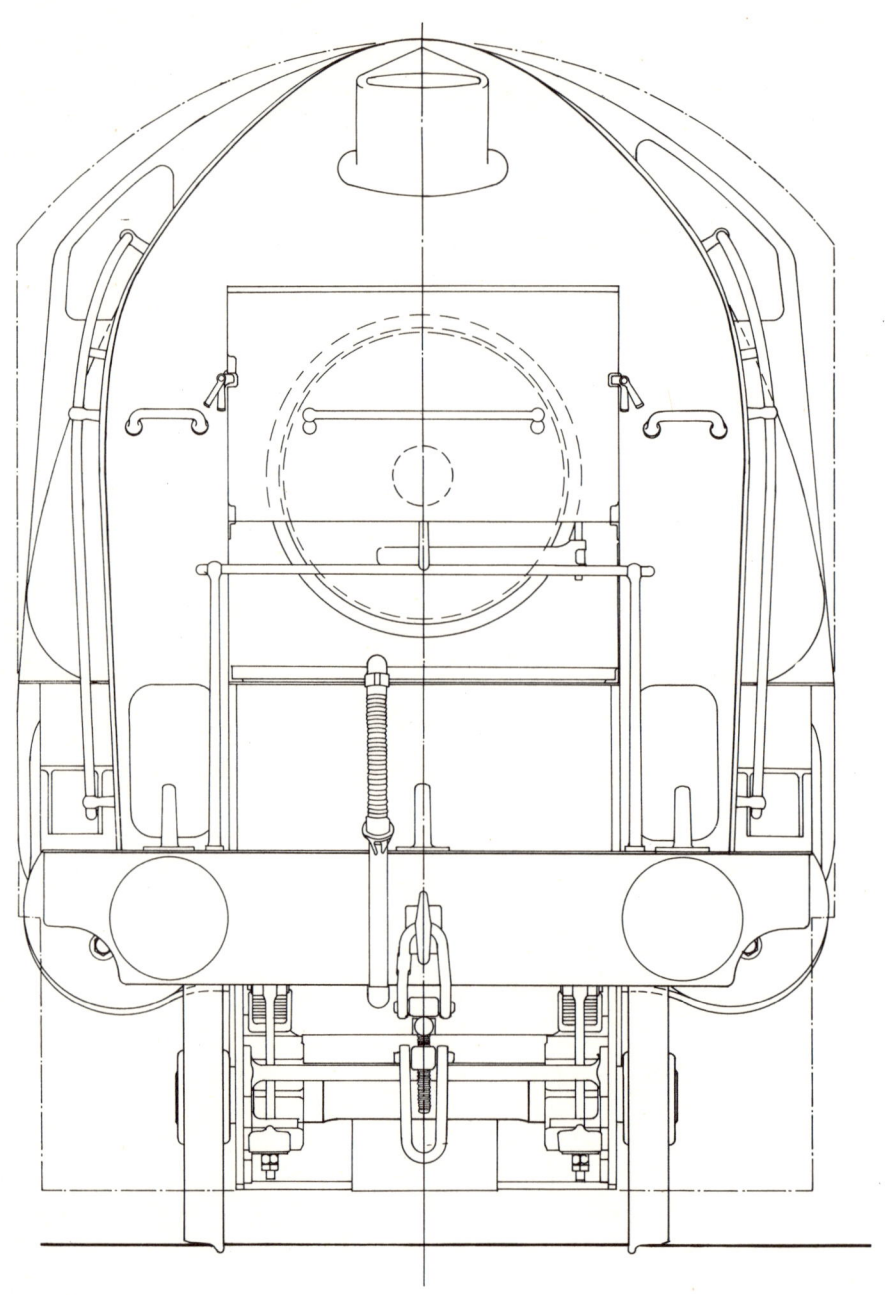

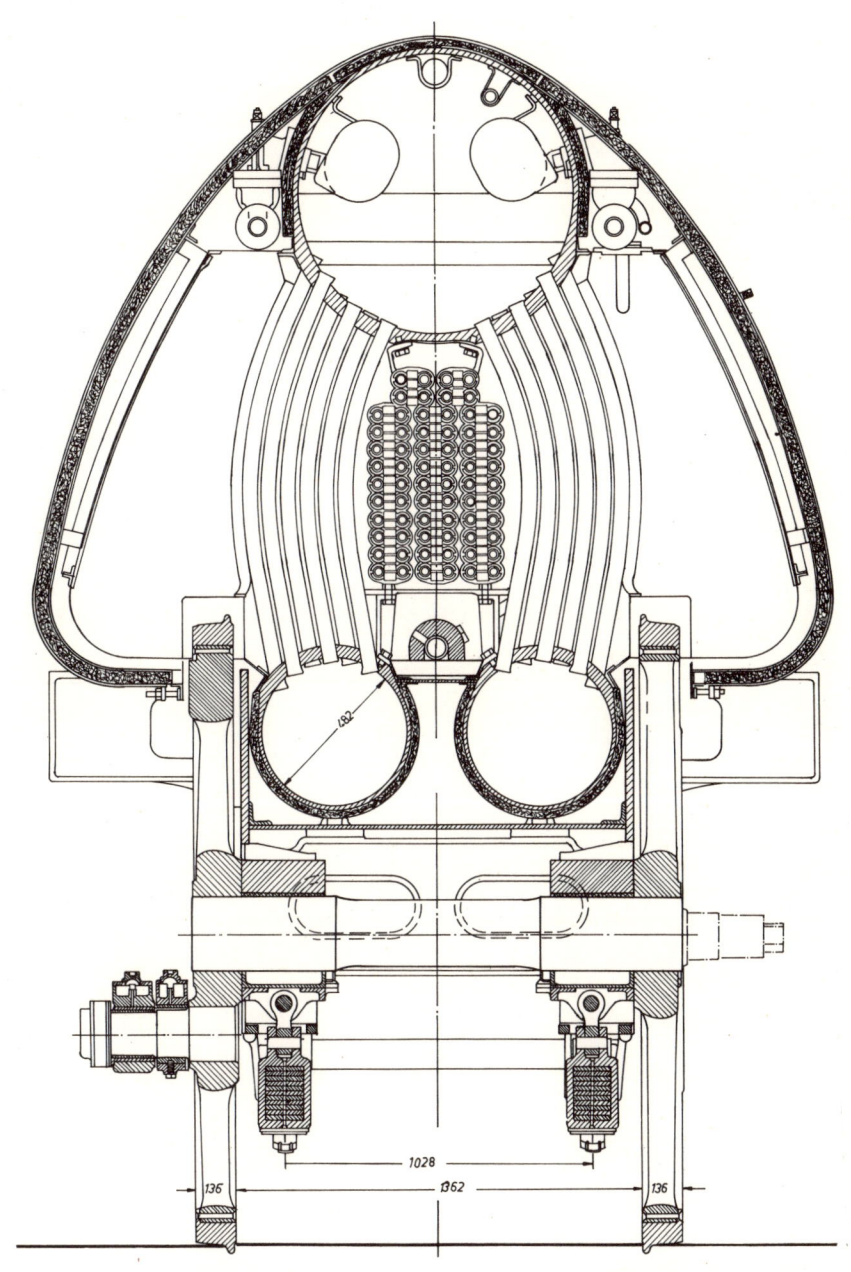

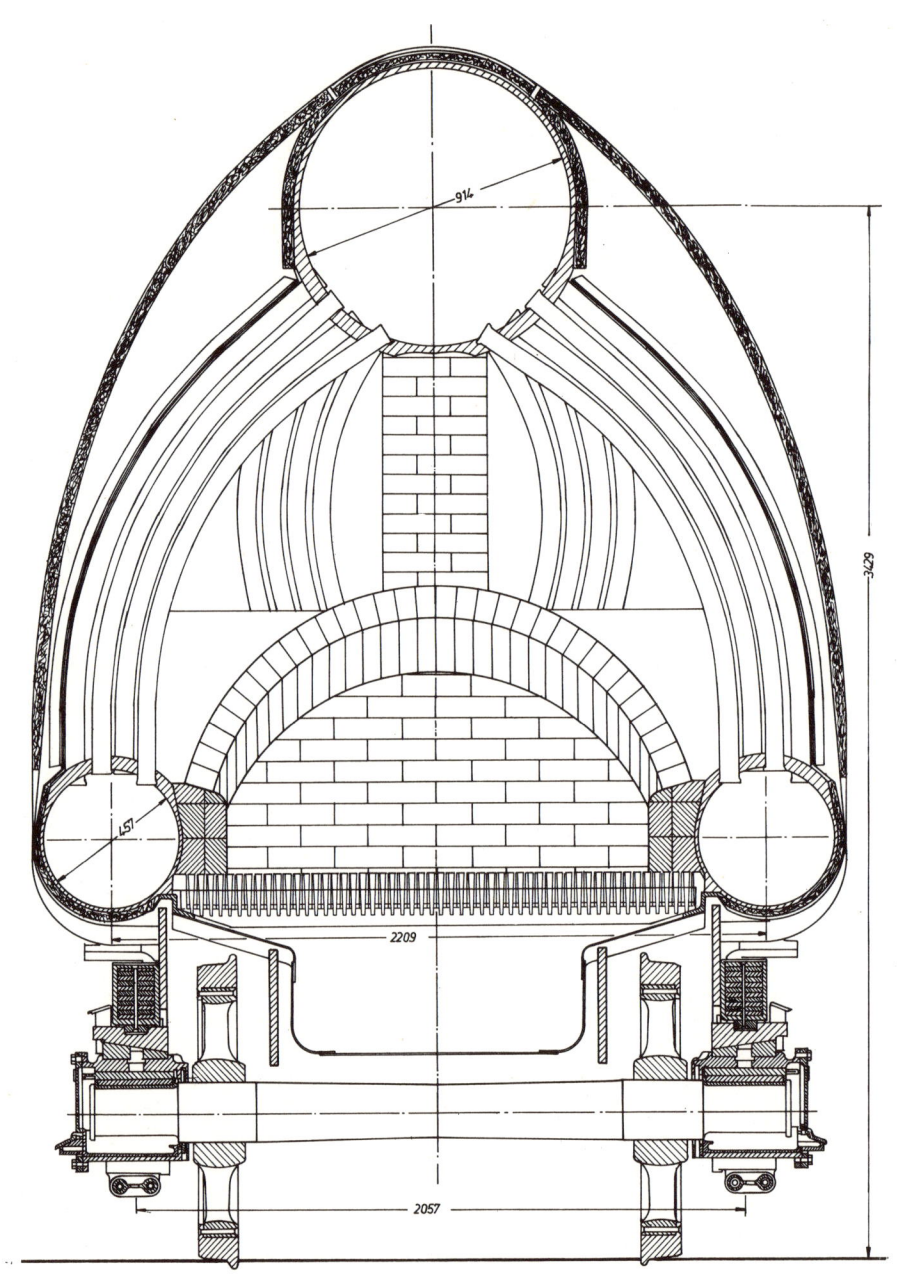

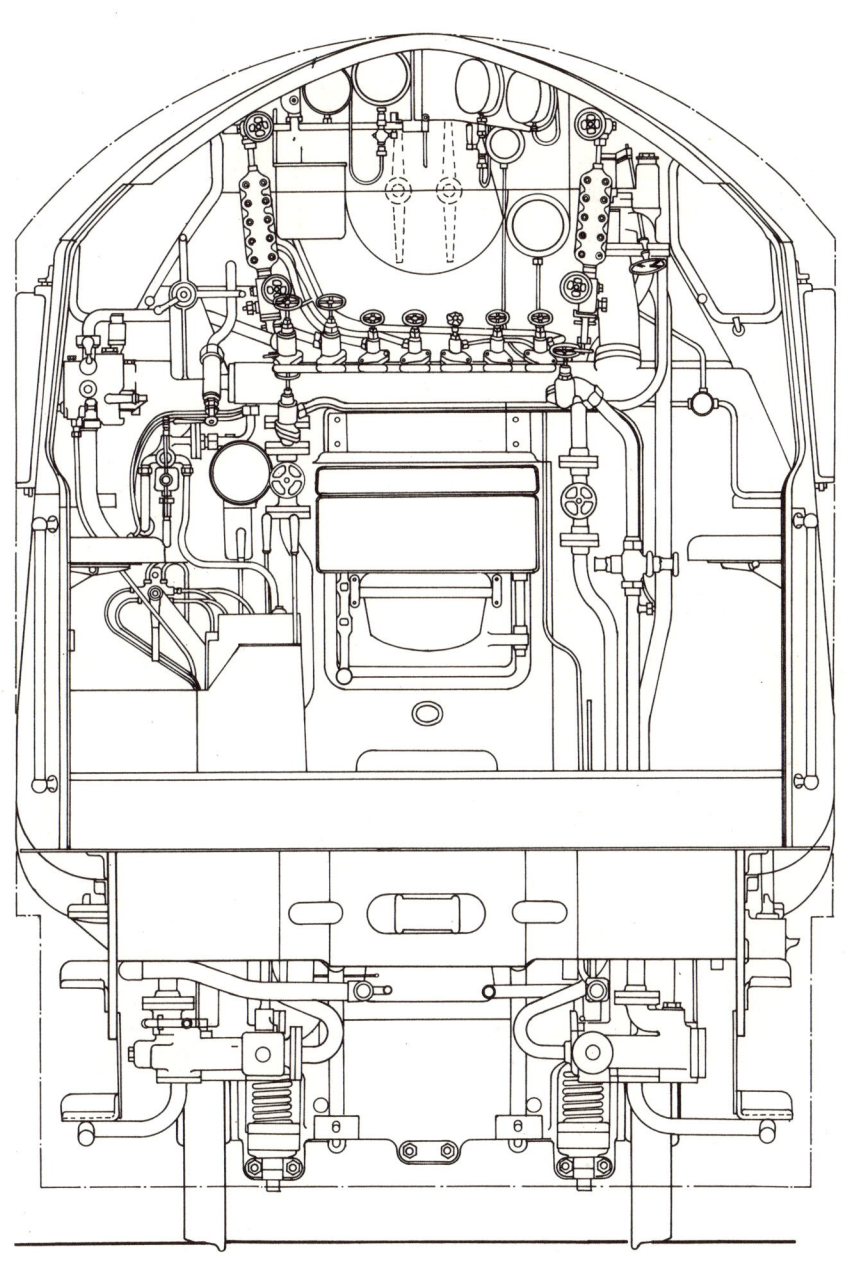

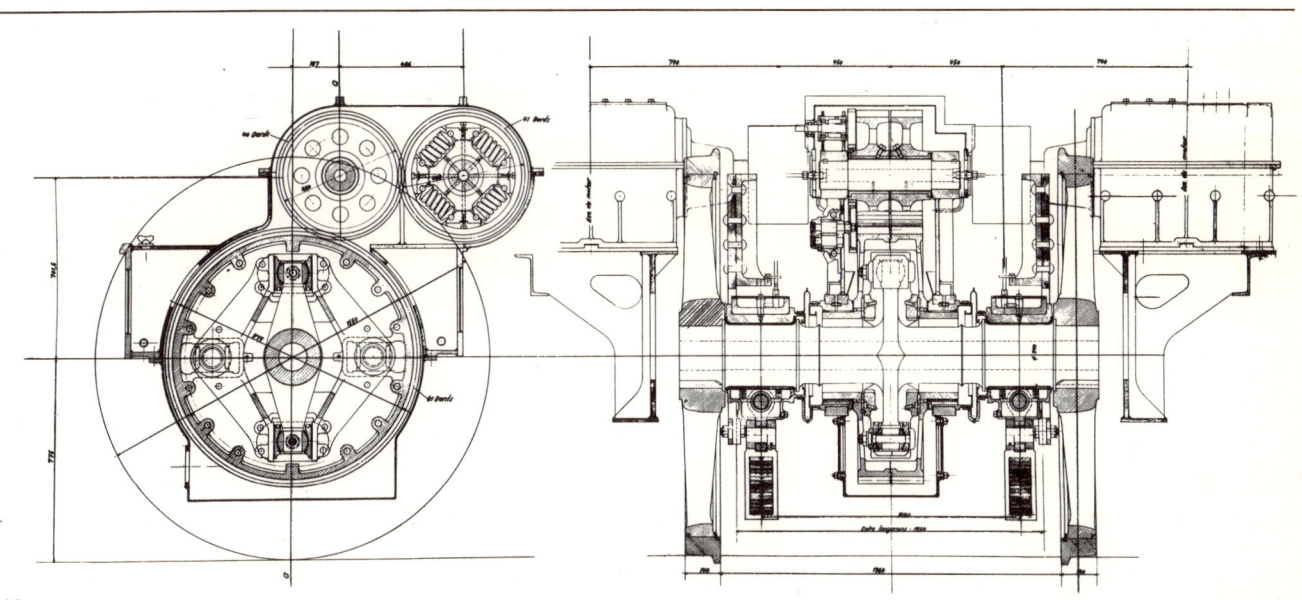

40

mängel mußte die Lok abgestellt werden. Nach mehrjähriger Stillstandszeit wurde die Maschine 1945/46 wieder betriebsfähig hergerichtet und auch einige Fahrten mit ihr durchgeführt. Damals galt jedoch das Hauptinteresse dem Wiederaufbau der Bahnen und anschließend der Traktionsumstellung, so daß dieser sehr bemerkenswerte Versuch, ein technisch hochwertiges Dampftriebfahrzeug zu schaffen, nicht mehr zur vollen Durchführung gelangte.

3.23.8 Die Lokomotive Betr.-Nr. 10000 der London & North Eastern Railway

Der leitende Maschineningenieur der damaligen London & North Eastern Railway (LNER), Sir Nigel Gresley, befaßte sich um 1923 auch mit der Weiterentwicklung des thermischen Arbeitsprozesses der Dampflok. Schon bald nach der Vorstellung seiner ersten Schnellzuglokkonstruktion der Klasse A1 im Jahre 1922, die seinerzeit als größte und leistungsfähigste Maschine ihrer Art in Europa Aufsehen erregte, begann Gresley sich mit der Frage höherer Dampfdrücke zu beschäftigen. Im September 1924 nahm er erstmals Kontakt mit der Schiffswerft und Maschinenfabrik Yarrow & Co. Ltd in Glasgow auf, welche auch Schiffsdampfkraftanlagen herstellte. Gresley entschloß sich, eine Lok für den Kesseldruck von 31,6 atü (450 psi) zu bauen, wofür jedoch die klassische Stephensonsche Kesselbauform nicht mehr in Frage kam. In den Jahren 1925 bis 1927 entwickelte die Firma Yarrow & Co. zusammen mit Gresley einen für diesen Druck geeigneten Lokkessel und ließen ihn patentieren. Zu Beginn des Jahres 1928 erteilte die LNER-Bahn der Firma Yarrow & Co. den Auftrag zum Bau eines HD-

Lokkessels, der in seinen Abmessungen und in der Leistung auf die seinerzeit moderne 2' C1'-h3-Lok der Klasse A1 zugeschnitten werden sollte. Den übrigen Teil der neuen Lok stellte die LNER-Werkstätte Darlington nach Gresleys Angaben her. Wegen des gegenüber der A1 höheren Kesselgewichts mußte an der Lok hinten noch eine zusätzliche Laufachse vorgesehen werden, so daß sich die Achsfolge 2' C2' ergab (Abb. 251).
Die Hauptabmessungen der am 12. Dezember 1929 fertiggestellten und mit der LNER-Betriebs-Nr. 10000 versehenen Lok waren:

Dienstgewicht Lok	105,1	t
Reibungsgewicht	63,5	t
Achsstand	12 192	mm
Triebrad-∅	2 032	mm
Höchstgeschwindigkeit	140	km/h
Zylinder-∅:		
HD ursprünglich	2×304,8	mm
später	2×254	mm
ND	2×508	mm
Kolbenhub	660	mm
Wasservorrat	22,6	m³
Kohlenvorrat	9,1	t

Der Yarrow-Kessel setzte sich aus einer großen Obertrommel mit 914 mm Innen-∅ und 8525 mm Länge sowie 4 Untertrommeln mit Wasserrohren als Verbindungselementen dazwischen zusammen. Zwischen den beiden hinteren Untertrommeln (je 457 mm Innen-∅ und 3368 mm Länge) befand sich der Rost mit 2286 mm Länge und 1422 mm Breite. Diese beiden Feuerbüchsuntertrommeln standen mit der oberen Dampftrommel durch 238 leicht gekrümmte Rohre zu 2½" (63,5 mm) Innen-∅ in Verbindung, wobei diese Verbindungsrohre die Feuerbüchsseitenwände bildeten. Vor der Feuerbüchse befanden sich 2 weitere näher beieinander liegende Untertrommeln mit je 483 mm Innen-⌀ und 4108 mm Länge, von welchen aus 444 Stück 2"-Rohre (50,8 mm) sowie 74 2½"-Rohre zur Obertrommel führten und die Seitenwände der Verbrennungskammer bildeten. Die 5 Kesseltrommeln schmiedete man aus dem vollen und bearbeitete sie allseitig, wobei die Herstellung die Firma John Brown & Co. Ltd in Sheffield übernahm. In der Feuerbüchse befand sich ein Feuerschirm mit einer gemauerten senkrechten Vorderwand anstelle der hier fehlenden Stiefelknechtplatte. Der Längsspalt zwischen den beiden vorderen Untertrommeln wurde ebenfalls durch feuerfeste Steine abgedeckt. Die Verbrennungsgase strömten von der Feuerbüchse durch die Verbrennungskammer, in der sich auch der Überhitzer befand, nach vorn zur Rauchkammer. In dieser erfolgte der Saugzug in üblicher Weise durch ein Schornsteinblasrohr. Der Kessel besaß eine innere und eine äußere Bekleidung aus Blech. Abb. 254 zeigt den Kessel vor dem Aufbringen der Außenbekleidung. Die Verbrennungsluft strömte von vorn an der Lok durch 3 Öffnungen mit Rechteckquerschnitt ein – 1 Öffnung in der Mitte vor der Rauchkammertür und 2 kleinere seitlich (Abb. 255) – und gelangte durch den Raum zwischen innerer und äußerer Kesselbekleidung zu beiden Seiten des Kessels nach hinten und unterhalb der Kesselrückwand in den Aschkasten. Die Luft erwärmte sich auf diesem Weg auf etwa 120 °C und bewahrte gleichzeitig die innere Kesselbekleidung vor zu hohen Temperaturen. Die Luftzufuhr ließ sich durch Klappen in den 3 vorderen Lufteinlauföffnungen regeln. Außerdem befand sich noch eine Luftklappe an der Aschkastenvorderwand.

Zur Kesselspeisung dienten 2 Injektoren. Eine dieser beiden Strahlpumpen (von Gresham & Craven) arbeitete mit HD-Dampf, die andere (von Davies & Metcalve) mit Dampf von 14,1 atü aus dem Dampfverteiler (Armaturenstock) für die Versorgung der übrigen Hilfseinrichtungen. Das Wasser gelangte durch Kesselspeiseventile und Einlaufrohre (Tafel 2 und 3) in den vorderen Teil der Obertrommel. Eine Querwand in Trommelmitte trennte bis zur halben Höhe Vorder- und Hinterteil ab. Die Speisewassertemperatur betrug beim Eintritt in den vorderen Trommelteil mehr als 200 °C, so daß sich der größte Teil von Schlamm und Kesselstein hier ablagerte. Damit gelang es, den Kessel und vor allem die Wasserrohre weitgehend vor Kesselsteinansatz zu schützen, was seinerzeit wegen der noch fehlenden Innenaufbereitung sehr wichtig war. Im praktischen Betrieb erreichte Nr. 10000 gegenüber den anderen LNER-Schnellzugmaschinen im gleichen Dienst die vierfache Laufleistung zwischen 2 Kesselauswaschtagen. Die sich vor allem als Schlamm in der Obertrommel absetzenden Rückstände aus dem Kesselwasser ließen sich leicht entfernen. In dem als

Schlammsammler ausgebildeten vorderen Obertrommelteil mündeten auch keine Wasserrohre ein.

Für die Speisung der Hilfseinrichtungen befand sich im Führerstand ein besonderer, über ein Druckminderventil der Fa. Cockburn & Co., Glasgow, mit 14,1 atü Dampfdrosselung aus dem Kessel versorgter Verteiler. Dieser ist in Abb. 256 über der Feuertüre erkennbar. Damit konnten Hilfseinrichtungen üblicher Bauart Verwendung finden.

Der Kessel besaß folgende Hauptdaten:

Rostfläche	3,24	m²
Verdampfungsheizflächen	179,3	m²
Überhitzerheizfläche	12,6	m²
Dampfdruck	31,6	atü
Leistung	9	t/h
Dampftemperatur	370	°C

Lok Nr. 10000 war mit einem Cockburn-Heißdampfregler ausgestattet, der die Dampfzufuhr zu den beiden HD-Zylindern der 4-Zylinder-Verbundmaschine freigab. Daneben konnte zum Anfahren ein kleiner Hilfsregler mit 1" (25,4 mm) Durchgang Frischdampf direkt zu den ND-Zylindern leiten. Nach dem Anlaufen der Lok war dieser Hilfsregler sofort wieder zu schließen. Um Schäden in der ND-Maschine infolge zu hohen Druckes zu vermeiden, waren Pop-Sicherheitsventile in der Dampfzuleitung angeordnet, die auf 14,1 atü Ansprechdruck reagierten.

Der Kessel war im Querschnitt so groß, daß er die Fahrzeugbegrenzung der britischen Bahnen nach oben voll in Anspruch nahm. Deshalb konnte kein Schornstein mehr auf die Rauchkammer gesetzt werden. Zur Ermittlung einer günstigen Bauform mit Rücksicht auf Rauch- und Abdampfableitung ohne zu große Sichtbehinderung für den Lokführer unternahm Gresley zusammen mit Prof. Dalby an einem Holzmodell Windkanaluntersuchungen. Die zunächst normal ausgebildete Rauchkammer nach Abb. 254 erhielt aufgrund der Untersuchungsergebnisse eine oben nach vorn abgeschrägte Form und einen kurzen Schornstein, wie Abb. 255 zeigt. Diese Formgebung erwies sich später an der ausgeführten Lok als zweckmäßig, so daß keine außergewöhnlichen Sichtbehinderungen infolge ungünstiger Strömungsverhältnisse auftraten.

Nach Fertigstellung wurde der Kessel von der Herstellerfirma Yarrow & Co. einem Probebetrieb unterzogen. Dabei erreichte man anstandslos eine Dauerleistung von 9,06 t/h Dampfleistung über 4 h mit einer Überhitzung auf 480 °C. Da diese Temperatur jedoch wegen der Zylinderschmierung zu hoch war, mußte der Überhitzer verkleinert werden.

Wie schon kurz erwähnt, erfolgte die Leistungsumsetzung des Dampfes in einer 4-Zylinder-Verbundmaschine normaler Bauart mit Kolbenschiebersteuerung. Auch der

Fahrzeugteil und das Laufwerk entsprachen der üblichen Bauweise. Die inneren Schieber wurden durch besondere für Gresley patentierte Übertragungshebel von den Heusinger-Steuerungen der Außentriebwerke aus bewegt. Der innere Arm dieser Übertragungshebel bildete eine Schleife, in der die Schieberstange und damit der Schieberhub einstellbar war, unabhängig von der Stellung der äußeren Steuerung. Der Lokführer konnte die Füllungen für HD- und ND-Maschine jeweils getrennt einstellen.

Die beiden hinteren Laufachsen konnten wegen Platzmangels nicht zu einem Drehgestell zusammengefaßt werden. Deshalb bildete Gresley die vordere dieser beiden Achsen wie bei den normalen LNER-Pacific-Loks als Adamsachse mit Außenrahmen aus, während die hintere der beiden Laufachsen ein Bissel-Gestell erhielt. Die Achsfolge ergab sich hieraus als 2'C1'1', eine sonst nirgends mehr anzutreffende Ausführung.

Die Lok stellten die LNER-Werkstätten Darlington her; zum Einbau des Kessels überführte man den fertigen Fahrzeugteil nach Glasgow zur Firma Yarrow & Co. Anschließend erfolgte die Rückführung der Lok in dem in Abb. 255 sichtbaren Zustand zur Endmontage nach Darlington. Die Maschine erhielt auch den damals neu eingeführten «Korridortender» der LNER-Pacifics. Dieser Tender enthielt einen besonderen Durchgang, so daß man vom Führerstand der Lok in den Zug während der Fahrt gehen konnte. Damit konnte während der Fahrt ein Wechsel des Lokpersonals stattfinden, was für die ab 1. Mai 1928 eingeführten Ohnehaltläufe des berühmten Schnellzuges «Flying Scotsman» zwischen London und Edinburgh erforderlich war. Selbstverständlich besaß der Tender auch die Wasseraufnahmeeinrichtung zur Nachfüllung während der Fahrt aus den Streckentrögen zwischen den Schienen.

Die erste Streckenprobefahrt der fertigen Lok Nr. 10000 fand am 12. Dezember 1929 statt. Die neue Maschine wurde in Gateshead stationiert und von dort aus zusammen mit den A1-Pacifics im Schnellzugdienst eingesetzt. In ihrem ersten Dienstplan fuhr die Maschine innerhalb 24 h folgende Schnellzugläufe:

Newcastle–Edinburgh, Edinburgh–York, York–Newcastle mit zusammen 660 km Laufweg.

Ende Juli 1930 beförderte die Lok Nr. 10000 den «Flying Scotsman» von Edinburgh nach London-King's Cross und am nächsten Tag zurück. Die seinerzeit geltende Fahrzeit von 8¼ h konnte von ihr ohne weiteres gehalten werden.

Im Jahre 1931 berichtete LNER-Chefingenieur Gresley vor dem Institution of Mechanical Engineers, daß die HD-Lok Nr. 10000 Schnellzüge mit 500 t Last über lange Strecken mit hohen Geschwindigkeiten erfolgreich und zuverlässig befördere, und es sei zu erwarten, daß sich die Maschine im Brennstoffverbrauch als wirtschaftlicher erweisen werde als konventionelle Schnellzugdampfloks neuester Bauart.

Diese aufgrund der ersten Betriebsergebnisse gemachte Aussage erfüllte sich leider nicht auf die Dauer. In einem weiteren Bericht vor dem Institution of Mechanical Engineers schilderte der persönliche Assistent von Sir Nigel Gresley, Mr. Spencer, im Jahre 1947 die weiteren Erfahrungen mit der interessanten HD-Lok Nr. 10000, nachdem Gresley im Jahre 1942 verstorben war.

Im Laufe des weiteren Betriebseinsatzes erwies sich die Verdampfungsheizfläche als etwas knapp, weshalb der Kessel nur unter voller Maschinenanstrengung bei großen Füllungen seine Nennleistung erreichte. Dabei stellte sich ein relativ hoher Unterdruck von 150 mmWS in der Rauchkammer ein. Auch stieg die Dampftemperatur trotz dem verkleinerten Überhitzer bis zu 480 °C an, was zu Schwierigkeiten mit der HD-Zylinderschmierung führte. Als Verbesserungsmaßnahmen baute man ein Doppelblasrohr ein und setzte die Heißdampftemperatur durch Verkürzen der Überhitzerelemente auf 370 °C herab. Nun waren allerdings wieder die Dampftemperaturen in den ND-Zylindern so niedrig, daß Kondensation auftrat und der Einbau eines Zwischenüberhitzers nötig wurde. Weiter war es auf die Dauer schwierig, die Kesselbekleidung angesichts der unvermeidlichen Fahrerschütterungen und der Temperaturwechsel infolge unterschiedlicher Betriebszustände luftdicht zu halten. Dies wiederum führte zu Verdampfungsschwierigkeiten, da Luft auch durch undichte Stellen der Bekleidung in den Feuer- und Gasraum des Kessels gelangte anstatt nur über den Weg Aschkasten–Rost. Erhebliche Anstrengungen wurden unternommen, um die Wärme der Verbrennungsgase möglichst an alle Wasserrohre zu übertragen, aber leider ohne den erhofften Erfolg.

Die Leistungsaufteilung zwischen HD- und ND-Zylindern war zunächst ebenfalls zu korrigieren, da die HD-Maschine einen zu großen Leistungsanteil übernahm. Abhilfe konnte durch Verkleinern der HD-Zylinder-Ø von 304,8 auf 254 mm geschaffen werden.

Trotz sorgfältiger Konstruktions- und Werkstattarbeit sowie vielen Verbesserungsmaßnahmen gelang es nicht, auf die Dauer mit diesem Einzelstück den erhofften Erfolg in der Brennstoffersparnis bei vertretbarem Instandhaltungsaufwand zu erreichen. Die Maschine erwies sich in der Werkstatt als sehr teuer und verbrauchte über längere Zeit gesehen mehr Kohle als die normalen LNER-Pacific-Loks im gleichen Dienst.

Gresley entschied sich deshalb im Jahre 1936, den Versuch zu beenden und die Lok Nr. 10000 mit einem Lokkessel normaler Bauart auszurüsten. Nach dem 1937 abgeschlossenen Umbau mit 17,5 atü Kesseldruck glich die Maschine weitgehend den damals neuen Strom-

linien-Pacifics der Klasse A 4 und erhielt wie diese ebenfalls ein Drillingstriebwerk. Die Betr.-Nr. 10 000 behielt
sie bei, erhielt aber keinen der sonst bei Schnellzugloks
der LNER üblichen Namen. Sie blieb die einzige Ver-
treterin der Klasse W1.
Mit dem neuen Kessel in Standardbauweise, der den
A4-Kessel in den Abmessungen noch übertraf, leistete
die Maschine nun ausgezeichnete Dienste und war die
größte und leistungsfähigste Schnellzuglok der LNER.
Anläßlich der Verstaatlichung der Bahn am 1. Januar
1948 erhielt die ehemalige HD-Lok die neue Betriebs-Nr. 60 700 bei den British Railways. Sie war im
Betriebswerk Doncaster beheimatet und fuhr schwere
Schnellzüge auf der bekannten Ostküstenstrecke von
London aus nach Norden. Im Jahre 1960 wurde auch
diese außergewöhnliche Lok außer Dienst gestellt und
verschrottet. Der HD-Kessel kam nach dem Ausbau aus
der Lok in den LNER-Werkstätten Darlington als ortsfester Dampferzeuger zur Aufstellung, wo er sich in jah-
relangem Betrieb gut bewährte, da die ungünstigen Betriebsbedingungen des Lokbetriebs entfielen.

3.23.9 Die Lokomotive Betr.-Nr. H 02 1001 der Deutschen Reichsbahn

Die Firma Berliner Maschinenbau AG, vorm. Louis
Schwartzkopff (BMAG), erwarb von Prof. Löffler die
Ausführungsrechte für dessen HD-Dampfverfahren (Abschnitt 3.22.2), wobei die Lokomotivfabrik die Anwendung in Dampftriebfahrzeugen beabsichtigte. Um praktische Erfahrungen in der Anwendung des Löffler-HD-
Systems in Fahrzeugen zu gewinnen, bearbeitete die
BMAG ab 1925 das Projekt einer großen Schnellzuglok
mit Löffler-HD-Dampferzeuger. Die Entwürfe wurden
der Deutschen Reichsbahn (DR) vorgelegt und mit ihr
Bau und Erprobung einer Versuchslok vereinbart.
Nach dem Löfflerschen Zwangumlaufverfahren erfolgt
die Dampferzeugung in einer unbefeuerten Verdampfertrommel, in deren Wasserraum hochüberhitzter Dampf
gleicher Spannung mit 100–120 atü zwangläufig und
fein verteilt eingeführt wird. Der sich im oberen Teil der
Verdampfertrommel bildende Naßdampf wird mit einer
Umwälzpumpe abgesaugt und über einen direkt beheizten Überhitzer in den Wasserraum dieser Trommel zu-
rückgedrückt, wobei ein Teil des hochüberhitzten Dampfes nach dem Überhitzer zur Arbeitsleistung in der Maschine abgezweigt wird. In vorliegender Lokanlage
betrug die Arbeitsdampfmenge bei Nennleistung zirka
30% der insgesamt umgewälzten Menge. In Abb. 41 ist
die Arbeitsweise der «Schwartzkopff-Löffler-Lokomo-
tive» im Schema dargestellt. Entwicklung und Konstruktion erfolgte in Zusammenarbeit mit der DR, wobei eine
in Größe und Leistung der damals neuen Einheitsschnell-

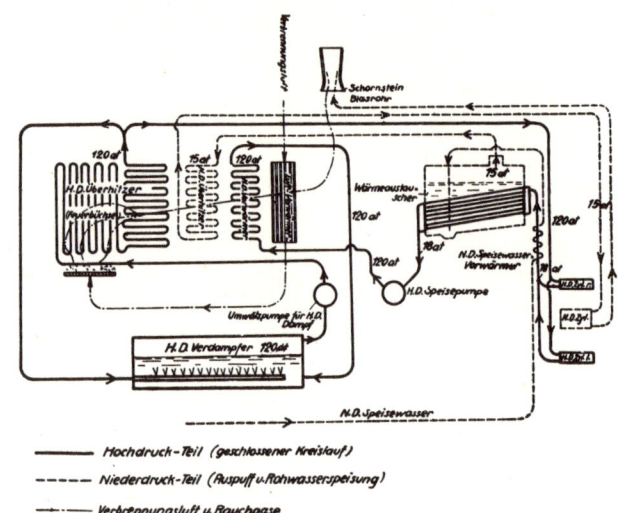

41

zuglok 01 entsprechende Maschine angestrebt wurde.
Für das HD-System wählte man mit Rücksicht auf reines
Speisewasser einen geschlossenen Kreislauf. Dies be-
dingte für Abkühlung und Kondensation des Auspuff-
dampfes der HD-Maschine einen weiteren Kreislauf,
welchen man als offenes ND-System ausbildete. Eine
HD-Speisepumpe drückte das Wasser mit 120 atü durch
den HD-Vorwärmer in die Verdampfertrommel. Aus dem
Dampfraum der Trommel saugte die Umwälzpumpe den
HD-Naßdampf ab und drückte diesen in den HD-Über-
hitzer, wo er auf 450 °C aufgeheizt wurde. Aus dem
Überhitzer kommend, verzweigte sich das System auf die
Verdampfertrommel und die Maschine zur Arbeitsleistung. In der Verdampfertrommel trat der HD-Heißdampf
durch ein Rohr mit feinen Austrittsbohrungen in das
Wasser über, welches infolge der Wärme des eintretenden Dampfes nun selbst verdampfte.
Der Arbeitsdampf expandierte in den beiden HD-Zylindern der Maschine von 120 auf 18 atü, durchlief einen
Ölabscheider zur Entfernung von Zylinderölresten und
trat in einen Wärmetauscher ein. Dieser vorn auf der Lok
angeordnete Wärmetauscher bildete den ND-Kessel zur
Erzeugung von Dampf mit 15 atü, wobei der Auspuffdampf der HD-Zylinder hierin kondensierte. Das Wasser
aus dem Wärmetauscher gelangte wieder zur HD-
Speisepumpe, und der Kreislauf begann von neuem. Der
15-atü-ND-Dampf wurde in einem besonderen Überhitzer auf 350 °C gebracht und in einem in Lokmitte angeordneten ND-Zylinder zur Arbeitsabgabe herangezo-
gen. Danach puffte der entspannte ND-Dampf durch ein
normales Blasrohr aus und fachte in üblicher Weise das
Feuer an. Außerdem diente der ND-Dampf zum Betrieb
von Hilfseinrichtungen und Zugsheizung. Das Speisewasser des ND-Systems gelangte durch einen vom
Abdampf der HD-Zylinder beheizten Vorwärmer in den

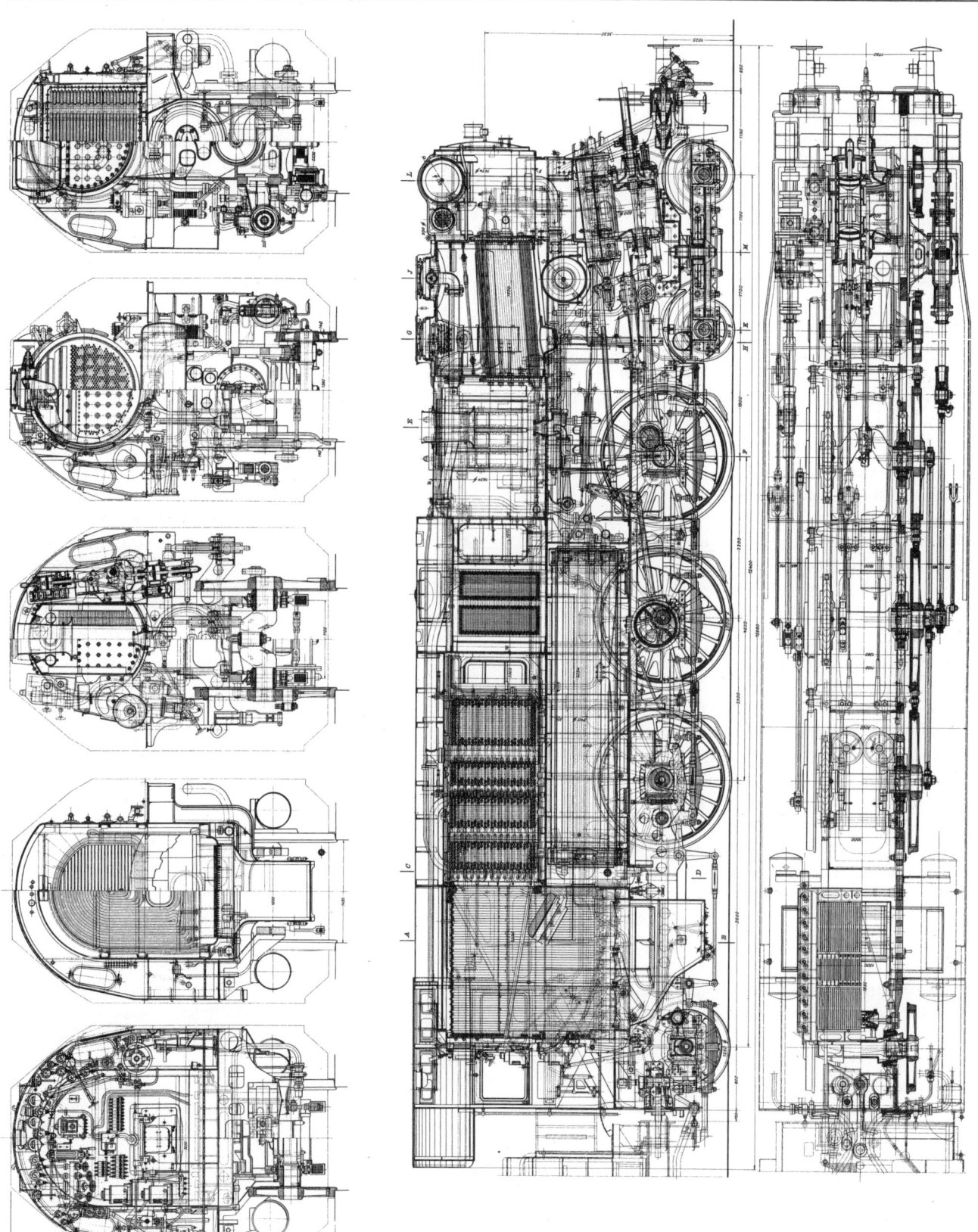

Wärmetauscher. Zur weiteren Ausnutzung der Rauchgaswärme war vor dem HD-Vorwärmer noch ein Verbrennungsluftvorwärmer angeordnet, der die Verbrennungsluft auf 150 °C aufheizte. Abb. 43 zeigt die Anordnung der Einzelteile, Abb. 42 die Ausführung der Lok. Die Umwälzpumpe hatte nur die Reibungswiderstände im HD-Kreislauf zu überwinden. Aus diesem Grund und wegen des kleinen spezifischen Volumens für HD-Dampf benötigte diese Pumpe nur 1–2% der im Kessel erzeugten Leistung für ihren Antrieb. Für die Funktion des Löffler-HD-Kessels war eine einwandfreie Pumpe entscheidend. Es wurden 2 solcher Pumpen vorgesehen, die zu beiden Seiten der Lok auf den Umlaufblechen über der 1. Kuppelachse angeordnet waren (Abb. 257). Da zur Zeit des Entwurfes mit Kreiselpumpen für solche Anwendungen noch keine ausreichenden Erfahrungen vorlagen, griff man zur Kolbenpumpe, obwohl dieser Fall für die Kreiselpumpe das Gegebene gewesen wäre. Jede der beiden Umwälzpumpen wurde für 75% der Kesselnennleistung ausgelegt, so daß bei der praktisch auftretenden Lokbelastung im Regelfall nur eine Pumpe benötigt wurde. Im Gegensatz zu den üblichen Lokpumpen wurde hier eine Bauart mit Kurbelwelle gewählt. Auf jede der 3 um 120° versetzten Kurbeln einer Pumpe wirkte je ein Dampfzylinder als Antrieb und ein Pumpenzylinder, deren Kolbenstangen über einen besonderen Trapezrahmen verbunden waren. Die 3 gleichen Zylindersätze einer Pumpe arbeiteten parallel als Umwälz- und HD-Speisepumpe mit den dazugehörigen, aus dem Wärmetauscher mit ND-Dampf gespeisten Dampfzylinder als Antrieb. Die Pumpendrehzahl ließ sich zwischen 60 und 370 U./min einstellen. Bei Bedarf konnte über ein vom Lokführer betätigtes Regelventil Zusatzwasser aus dem ND-Kreislauf in das HD-System eingespeist werden.

Zur Inbetriebnahme der Lok wurde Fremddampf in die Einblaseleitung des HD-Verdampfers sowie in die Zuleitung zu den Umwälzpumpen eingeführt (Abb. 43). Die Fremddampfzufuhr mußte so lange aufrechterhalten werden, bis sich im HD-System eine zum Betrieb der Umwälzpumpen ausreichende Dampfspannung aufgebaut hatte. Danach konnte die Feuerung in Betrieb genommen werden. Unter Einwirkung der Wärme aus der Feuerung und der laufenden Umwälzpumpen stieg der Dampfdruck im HD- und ND-System auf die Betriebswerte von 120 bzw. 15 atü an.

Der Aufbau der Lok entsprechend Abb. 42 zeigte sich wie folgt:

Die Feuerbüchse bestand aus nach unten offenen U-förmig gebogenen Rohren, deren untere Enden an beiden Seiten in längsliegende Sammelrohre einmündeten. Da nach den Erfahrungen mit der DR-Lok Nr. H 17 206 (Abschnitt 3.23.1) die Wärmeverteilung aus der Strahlung über die Feuerbüchslänge nicht gleichmäßig stattfindet, wurde in einem Vorversuch durch Abstimmung und Einbau geeigneter Drosseln in den Sammelrohranschlüssen die Strömungsverteilung entsprechend der Wärmeübertragung auf die einzelnen Rohre der Feuerbüchse festgestellt und ausgeglichen. Anschließend an die Feuerbüchse nach vorn zu folgten in 2 Paketen HD-Überhitzerrohre, der sog. Nachüberhitzer, der ND-Überhitzer und der HD-Vorwärmer. Diese Bauteile befanden sich in einem Kasten mit rechteckigem Querschnitt, dessen Wände ebenfalls aus HD-Vorwärmerrohren bestanden. Die obere waagrechte Rohrwand der Umhüllung war abnehmbar ausgebildet, so daß die davon umschlossenen Teile nach oben ausgebaut werden konnten. Zwischen HD-Vorwärmer und Rauchkammer befand sich der Verbrennungsluftvorwärmer. Die Luft strömte von beiden Seiten in diesen Vorwärmer und anschließend weiter durch unter den Umlaufblechen liegende geschlossene Kanäle zum Aschkasten. Vor der Rauchkammer war der mit Speisedom, Schlammabscheider und Dampfdom ausgerüstete Wärmetauscher bzw. ND-Kessel angeordnet. Davor lagen noch 2 Behälter in Querrichtung. Der obere größere davon enthielt den Ölabscheider für den Auspuffdampf der HD-Zylinder, der kleinere unten befindliche Behälter den ND-Vorwärmer. Unter dem Wärmetauscher befand sich der Sammelbehälter für das aus den Heizrohren des Wärmetauschers kommende Niederschlagwasser, das die HD-Speisepumpen ansaugten. Unterhalb der beiden über der Trieb- und hinteren Kuppelachse angeordneten Vorwärmer befand sich die HD-Verdampfertrommel, ein 4094 mm langer Kessel von 840 mm Innen-∅ und 31 mm Wandstärke aus Chromnickelstahl.

Wie erwähnt, wurde der HD-Dampf in 2 außenliegenden Zylindern von 105 atü, 450 °C auf 18 atü, 250 °C entspannt. Der in Lokmitte eingebaute ND-Zylinder normaler Bauart erhielt Dampf mit 14 atü, 350 °C zugeleitet. Es handelte sich um eine Art indirektes Verbundverfahren, nach dem die Maschine wie vorher beschrieben arbeitete. Die Dampfmaschinensteuerung erfolgte in üblicher Weise mit Kolbenschiebern. Am Radumfang erreichte die HD-Lok Nr. H 021 001 eine Leistung von 1470 kW (2000 PS).

Die wichtigsten Abmessungen der HD-Lok H 021 001 sind:

Dienstgewicht Lok	115	t
Reibungsgewicht	60	t
Achsstand	12 400	mm
Triebrad-∅	2 000	mm
Höchstgeschwindigkeit	120	km/h
Zylinder-∅:		
HD	2×220	mm
ND	600	mm
Kolbenhub	660	mm
Wasservorrat	32	m³

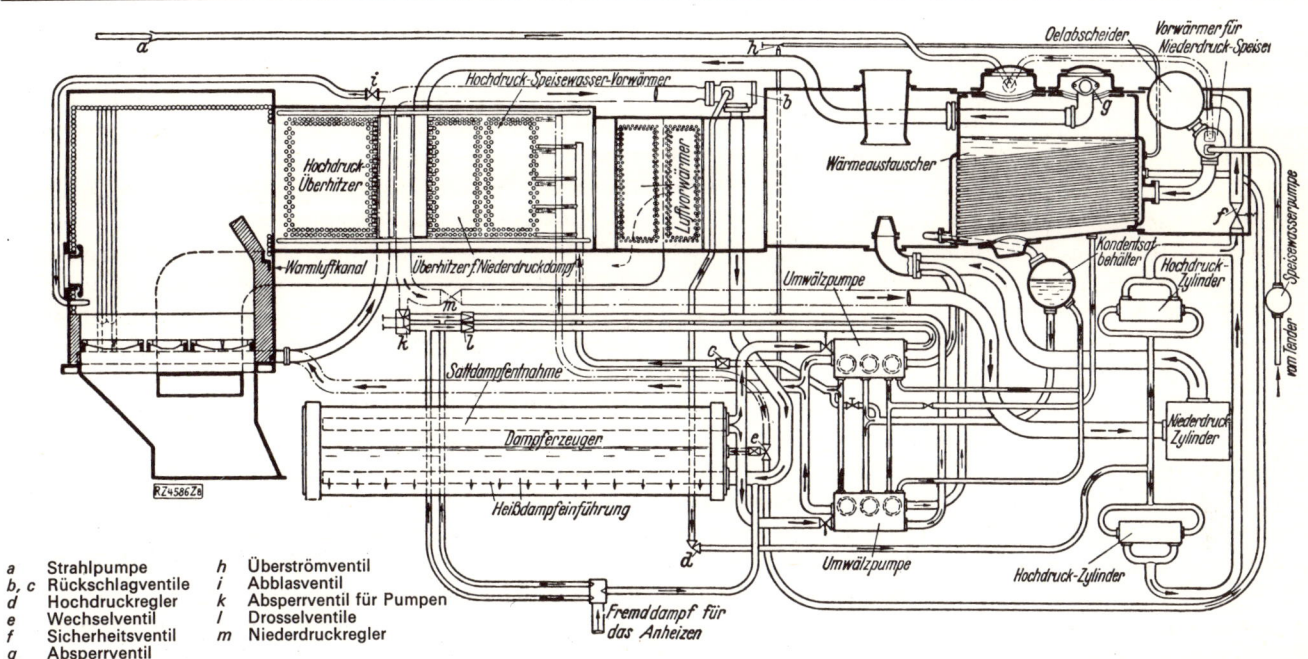

a   Strahlpumpe   h   Überströmventil
b, c Rückschlagventile   i   Abblasventil
d   Hochdruckregler   k   Absperrventil für Pumpen
e   Wechselventil   l   Drosselventile
f   Sicherheitsventil   m   Niederdruckregler
g   Absperrventil

43

Kohlenvorrat		10 t	
Rostfläche		2,4 m²	
Heizflächen	HD	ND	
Vorwärmung	71 m²		
Verdampfung		82 m²	
Überhitzung	90 m²	32 m²	
Kesseldruck	120 atü	15 atü	
Dampftemperatur	450 °C	350 °C	

Die Lok wurde 1930 unter der Fabrik-Nr. 8831 bei der BMAG fertiggestellt und auf der damals in Berlin anläßlich der Weltkraftkonferenz von der DR veranstalteten Lokausstellung der Öffentlichkeit gezeigt. Kurz vorher stellte man die neue Maschine im Werk Wildau der BMAG auch den leitenden Herren der DR mit Generaldirektor Dorpmüller vor.
Bei den vom Versuchsamt Grunewald der DR durchgeführten Versuchsfahrten konnte bald festgestellt werden, daß diese Lok trotz dem hohen Betriebsdruck von 120 atü nicht gefährlicher für das Fahrpersonal war als eine normale Dampflok. Als anläßlich einer Probefahrt ein zunächst ungünstig angeordnetes Überhitzerrohr in der Feuerbüchse aufriß, weil es den Flammen direkt ausgesetzt war, wurde das Lokpersonal auf diese «Explosion» durch leichtes Zischen in der Feuerbüchse aufmerksam. Weitere Schäden traten dadurch nicht ein. Die Umwälzpumpen im HD-System erwiesen sich entgegen der Erwartungen als recht zuverlässig. Es zeigte sich, daß manche Einrichtungen, die man vorsichtshalber vorsah, entbehrlich waren. Die Wassergeschwindigkeit im HD-Vorwärmer war so groß, daß die Kesselsteinablagerungsgefahr kleiner als befürchtet gewesen und sogar eine

direkte Frischwasserspeisung des HD-Systems möglich gewesen wäre, zumindest zur Erprobung. Es hat sich gezeigt, daß die in die HD-Verdampfertrommel gelangten Rückstände unschädlich und nur von sehr kleiner Menge waren. Damit hätte auch der getrennte ND-Kreislauf entfallen und der Auspuffdampf der HD-Zylinder unmittelbar in den ND-Zylinder überströmen können. So wäre diese Lok auch in wesentlich einfacherem Aufbau denkbar. Allerdings hatte der Wärmetauscher mit seinem Wasserinhalt ein Speichervermögen, was im Sinne einer Überlastbarkeit und schneller Laständerungen wieder vorteilhaft ist.
Als besonders ungünstig hat sich der Luftvorwärmer in Betrieb gezeigt, dessen Wärmeersparnis durch folgende Nachteile erkauft werden mußte:
Starke Rostverschlackung durch zu hohe Zulufttemperatur wegen Fehlens des sonst üblichen Kühleffekts der Verbrennungsluft; höhere Widerstände im Luft-Rauchgas-System und deshalb größere Leistung für Feueranfachung nötig; aufwendigere Bauart der Kesselanlage. Daraus ergab sich, daß im Interesse eines störungsfreien Kesselbetriebs auf die Luftvorwärmung bei Rostfeuerungen üblicher Art verzichtet werden muß.
Als sehr schwieriges Problem stellten sich Kolbenringe und Stopfbuchsen der HD-Zylinder heraus, die nicht dicht zu halten waren. Im Laufe der durchgeführten Erprobung gelang es auch nicht, für diese wichtigen Teile eine zufriedenstellende Ausführung zu finden.
Gegenüber der in Größe und Leistung entsprechenden DR-Lok Reihe 01 konnten in der Praxis Kohlenerspar-

nisse von 17 bis 25 % nachgewiesen werden. Weitere, von der Firma BMAG geplante Verbesserungen sollten sogar 30 % Einsparung im Brennstoffverbrauch bringen, wobei diese Änderungen aufgrund von Erkenntnissen beim Betrieb ortsfester Löffler-HD-Kessel basierten. Es kam aber nicht mehr zur Ausführung des von der BMAG vorgeschlagenen Umbaus, da die DR 1934 die Versuche mit der Lok H 02 1001 abgebrochen und die Maschine der Erbauerfirma zurückgegeben hatte.

Während des Versuchsbetriebs ereigneten sich zahlreiche Störungen, die eine Weiterfahrt aus eigener Kraft für diese Lok verhinderten. Auch gewann man den Eindruck, daß trotz Umbauten und dabei erzielbaren technischen bzw. verbrauchsmäßigen Verbesserungen die Betriebssicherheit dieser Maschine nicht auf einen wünschenswerten Stand gebracht werden konnte. Die DR sah somit auch keine Möglichkeit zu einem längeren Probeeinsatz vor planmäßigen Zügen. Die Lok H 02 1001 wurde von der DR deshalb auch nicht abgenommen und stand nach der Rückgabe bis Sommer 1945 im Werk Wildau der BMAG abgestellt.

Diese Versuchslok ließ deutlich erkennen, daß trotz einer sinnreichen Konstruktion und sorgfältigen Ausführung mit einer solch komplizierten Kesselanlage unter den im Bahnbetrieb gegebenen Betriebsverhältnissen sowie Beschränkungen in Raum und Gewicht ein zuverlässiger Einsatz auf die Dauer nicht erreichbar war. Zweifellos spielte hier auch die Bauart der Lok in der üblichen Starr-Rahmenkonzeption mit herein, die gegenüber einem Drehgestellfahrzeug nicht diese Aggregatbauweise und sorgfältig gefederten Aufstellmöglichkeiten bietet, welche für die zuverläßige Funktion der Teile moderner Triebfahrzeuge Voraussetzung ist.

3.23.10 Die Lokomotive Betr.-Nr. I DM 22 der Lübeck-Büchener Eisenbahn

Die Amerikaner John Abner Doble und Warren Doble befaßten sich ab 1912 mit der Entwicklung leichter Hochleistungsdampfkraftanlagen für den Antrieb von Straßenfahrzeugen. Im Laufe der Zeit gelang ihnen die Schaffung einer zuverlässig arbeitenden HD-Kondensationsanlage mit geschlossenem Dampf-Wasser-Kreis, mit Feuerung durch flüssige Brennstoffe und automatischer Regelung. In den Jahren 1920 bis 1930 wurden in den USA eine größere Zahl Personenkraftwagen mit derartigen Antrieben gebaut und erfolgreich betrieben [1.4-2].

Die Doble-Anlage bestand aus einem Zwangdurchlauf-Wasserrohrkessel für 80–120 atü Betriebsdruck, einer schnellaufenden 2-Zylinder-Verbundmaschine mit 60 bis 90 kW Leistung bei Drehzahlen bis 1500 U./min, einem zwangsbelüfteten Kondensator und den nötigen

Regeleinrichtungen. Im Jahre 1931 besuchten die Brüder Doble mit einem ihrer Dampf-Pkw Deutschland. Bei Vorführungen in Berlin und Kassel zeigten die Firmen Borsig und Henschel großes Interesse an der Doble-Dampfanlage. Die beiden Firmen schlossen mit Doble Lizenzverträge für den Bau solcher Anlagen ab [1.4-4]. Die Doble-Kraftanlage zeichnete sich durch gute Fahreigenschaften aus und konnte das seinerzeit in Deutschland wohlfeile Braunkohlenteeröl verbrennen.

Der Doble-Dampferzeuger besteht aus einer einzigen schraubenförmig gewundenen Rohrschlange, die aus mehreren zusammengeschweißten Abschnitten gefertigt ist. Dieses Rohrsystem befindet sich in einem Isoliermantel. Der Brenner ist oben in der Mitte des Kesselbodens so angeordnet, daß die Flamme nach unten brennt. Der Speisewassereintritt erfolgt unten in das Rohrbündel, so daß die Wärmeübertragung im Gegenstrom stattfindet. Die Abgase werden nach unten aus dem Kessel in einen Schornstein geführt. Der Kessel regelt seine Verdampfungsleistung selbsttätig über von Druck und Temperatur abhängigen Regeleinrichtungen entsprechend der gerade abgenommenen Dampfmenge. Wegen des geringen Wasserinhalts im System ist eine rasche Inbetriebnahme innerhalb einiger Minuten möglich.

Nach eingehenden Versuchen mit einer 60-kW-Pkw-Anlage entwickelte Henschel eine Dampfanlage von 80 bis 110 kW Leistung für größere Straßenfahrzeuge. Deren Kessel hatte bei 9 m² Heizfläche eine Rohrlänge von 230 m. Das Wasser wurde zwangsläufig von einer Speisepumpe durch einen Vorwärmer in die Kesselrohrschlange gedrückt, wo es erwärmt, verdampft und überhitzt wurde. Henschel baute für die DR und andere Verkehrsbetriebe mehrere Lastkraftwagen und Omnibusse mit Doble-Dampfantrieben.

Diese Kraftanlage erschien auch für den Antrieb von Triebwagen aussichtsreich, weshalb seinerzeit für die DR bei Henschel und Borsig einige Antriebsanlagen für Dampftriebwagen hergestellt wurden [1.4-4, 7; 3.23.10-1]. Das erste Schienenfahrzeug mit einer solchen Anlage war der Anfang 1934 an die Lübeck-Büchener Eisenbahngesellschaft (LBE) gelieferte Dampftriebwagen Betr.-Nr. DT 2000. Da für 110 km/h Höchstgeschwindigkeit eine Leistung von 220 kW erforderlich war, installierte man in den von der Firma Linke-Hofmann in Breslau gebauten Triebwagen 2 Henschel-Doble-Dampfanlagen über einem Drehgestell. Das Fahrzeug war mit Erfolg im schnellen Reisezugdienst der LBE eingesetzt und kam mit der Verstaatlichung der LBE am 1. Januar 1938 zur DR, wo es die Betr.-Nr. DT 63 erhielt.

Die guten Betriebserfahrungen mit dem Triebwagen haben die LBE veranlaßt, auch eine Rangierlok mit einer

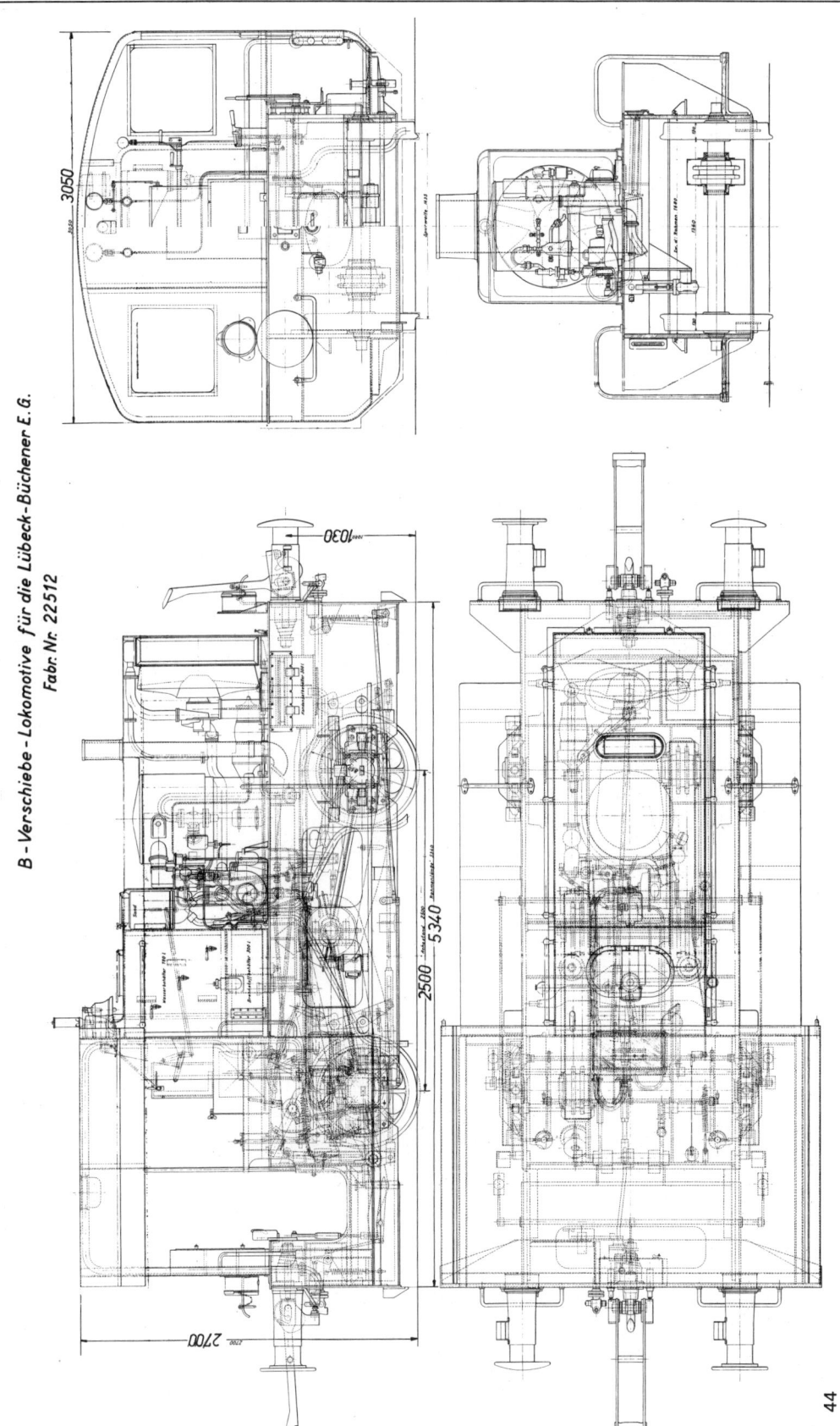

B-Verschiebe-Lokomotive für die Lübeck-Büchener E.G.
Fabr. Nr. 22512

Doble-Anlage ausrüsten zu lassen und damit ein wirt- schaftlich arbeitendes Dampftriebfahrzeug für Einmann- bedienung und rasche Betriebsbereitschaft zu schaffen. Am 11. Januar 1935 erfolgte die Indienststellung einer neuen Kleinlok. Gegenüber anderen Motorkleinloks wur- de der schnelle Fahrtrichtungswechsel und das ausge- zeichnete Beschleunigungsvermögen als vorteilhaft empfunden, auch konnten leichte Personenzüge gefah- ren bzw. vorgeheizt werden, da die Lok mit Dampfheiz- anschlüssen ausgerüstet war. Diese Maschine vereinigte somit die wesentlichen Vorteile von Motorrangierlok und Dampfrangierlok.

Abb. 44 zeigt den Aufbau der HD-Rangierlok. Der Fahr- zeugaufbau entsprach etwa der bei den Motorkleinloks der DR üblichen Bauart. Im Vorbau befanden sich von vorn aus gesehen zum Führerstand hin die Bauteile Konden- sator mit Lüfter und 300-l-Kondenswasserbehälter, Doble-Wasserrohrkessel mit Abgasschornstein nach oben, der Verbrennungsluftverdichter, Speise- und Brennstoffpumpe sowie vor dem Führerstand der Spei- sewasserbehälter und darunter der Brennstofftank.

Der Kessel nach Abb. 45 hatte 10 m² Heizfläche und leistete zirka 800 kg/h. Die Speisung erfolgte durch 2 Kolbenpumpen.

Die 2-Zylinder-Verbundmaschine mit Stephensonsteue- rung war im hinteren Teil des Rahmens gelagert und arbeitete über ein Zahnradvorgelege auf die Blindwelle. Von dort aus wurde die Leistung über Kettenräder und Ketten auf beide Achsen übertragen. Die Bremsluft lie- ferte ein kleiner Kolbenverdichter, den eine Kleindampf- turbine über ein Zadow-Getriebe mit 4000 : 750 U./min antrieb. Seine Leistung betrug 300 l/min angesaugte Luft, die er auf 8 atü brachte. Die Lüfterturbine des Kon- densators, die Brennstoffpumpe und der Ventilator für die Verbrennungsluft wurden mit Abdampf aus der Hauptmaschine betrieben. Ein Turbogenerator versorgte Beleuchtung und Batterieladung. Bei Inbetriebsetzung der Anlage mit Batteriestrom wurde Brennstoffpumpe und Verbrennungsluftventilator vom als Motor betrie- benen Generator kurzzeitig angetrieben.

Die unter der Fabrik-Nr. 22 512 von der Firma Henschel & Sohn am 2. Oktober 1934 an die LBE gelieferte Lok besaß folgende Daten:

Dienst- und Reibungsgewicht	16,9	t
Achsstand	2500	mm
Triebrad-Ø	850	mm
Höchstgeschwindigkeit	60	km/h
Anfahrzugkraft	2700	kg
Kesseldruck	120	atü
Zylinder-Ø		
HD	70	mm
ND	120	mm
Kolbenhub	140	mm
Leistung	90	kW
Drehzahl	1000	U./min

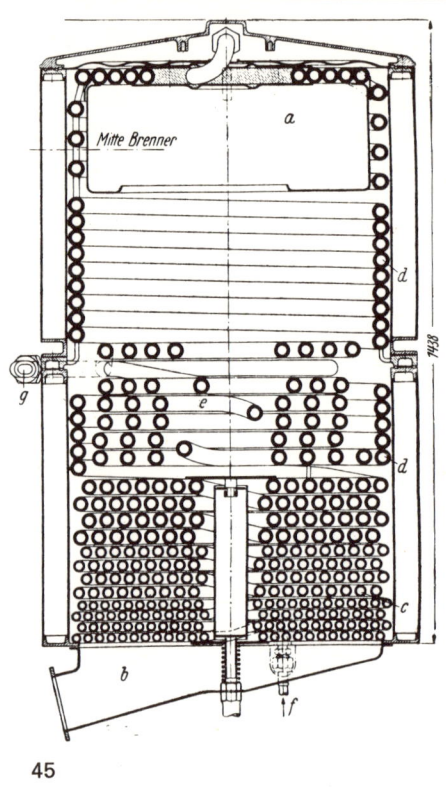

Mitte Brenner

45

Wasservorrat	1050	l
Heizölvorrat	300	l

Diese Lok stand bis Ende 1937 bei der LBE im Rangier- dienst, wo sie sich gut bewährte. Ab 1. Januar 1938 kam sie anläßlich der Übernahme der LBE zur DR und erhielt dort die neue Betr.-Nr. Kd 4994. Im Jahre 1940 wurde dieser Einzelgänger von der DR auf dieselmechanischen Antrieb umgebaut und als Kö 4994 bezeichnet.

3.23.11 Die Lokomotive Betr.-Nr. 7192 der London, Midland & Scottish Railway

Die London, Midland & Scottish Railway (LMS) be- schaffte in den Jahren 1929 bis 1932 7 leichte Sentinel- Rangierloks für Einmannbedienung. Diese zweiachsigen Maschinen besaßen einen stehenden Kessel mit Was- serrohren, der in einfacher Weise von oben gefeuert wer- den konnte (Füllschachtfeuerung); der Betriebsdruck betrug 18 atü (Abb. 21). Der erzeugte Heißdampf wurde in einer schnellaufenden doppeltwirkenden Zwillings- maschine verarbeitet. Die Kraftübertragung erfolgte über Rollenketten auf die beiden Triebachsen, wobei je ein Kettenritzel auf den Enden der quer in das Fahrzeug eingebauten Kurbelwelle saß. Die Kettenspannung konnte mit Hilfe der in Abb. 231 sichtbaren Achslenker vorgenommen werden, wobei über Gewinde der Achs- stand etwas verändert werden konnte.

Loks dieser Bauart waren seinerzeit in Großbritannien in größerer Zahl eingesetzt und für leichte Dienste sehr wirtschaftlich. Der Sentinel-Kessel konnte aus dem kalten Zustand in zirka 45 min seinen Betriebsdruck erreichen. Die Maschinen konnten sich bis zur Traktionsumstellung im Rangierdienst 1955/56 halten.

Zur weiteren Verbesserung der Bedienung und Wirtschaftlichkeit sollte die Eignung des automatisch arbeitenden Doble-HD-Kessels erprobt werden. Dafür sah die LMS die Beschaffung von 2 Sentinel-Maschinen vor, die die Betr.-Nr. 7192 und 7193 erhalten sollten. Gebaut wurde nur eine der beiden Maschinen und im November 1934 unter der Fabrik-Nr. 8805 fertiggestellt. Die Maschinenanlage war ähnlich wie bei den übrigen Sentinels in stehender Ausführung und Kraftübertragung mittels Zahnradgetriebe gebaut worden. Jede der beiden 2-Zylinder-Verbundmaschinen wirkte auf eine Triebachse. Lok Nr. 7192 wurde am 1. Dezember 1934 von der LMS in Dienst gestellt. Die meiste Zeit ihres kurzen Betriebseinsatzes war sie in Crewe. Im April und Mai 1938 sah man sie in Chester. Gegenüber der an sich sehr einfachen, betriebssicheren und wirtschaftlichen Sentinel-Maschine in Normalausführung konnte sich diese doch verwickeltere und teurere Bauart nicht behaupten, so daß man sie im April 1939 aus dem Dienst nahm und im Juni 1943 verschrottete.

3.23.12 Die Lokomotive Betr.-Nr. 230-E-93 der Paris-Lyon-Mittelmeer-Bahn (PLM)

Bei dem von der Firma Brown, Boveri & Cie. entwickelten Velox-Dampferzeuger (Abschnitt 3.22.7) handelt es sich um einen Kessel höchster Leistungskonzentration, der bei kleinen Baugrößen sehr gute Wirkungsgrade aufweist. Wegen des kleinen Wasserinhalts ist er innerhalb weniger Minuten betriebsbereit und folgt Laständerungen sehr rasch.

Ein sehr wesentlicher Vorteil dieses Kessels ist sein automatischer Betrieb mit Heizöl und die selbsttätige Überwachung aller Funktionen, so daß für seine Bedienung nicht mehr ständig ein Heizer anwesend zu sein braucht. Die präzise Regelung bei kleinem Luftüberschuß ergibt saubereren, fast rauchfreien Betrieb. In kurzen Betriebspausen kann der Kessel abgestellt werden, er ist aber sofort wieder einsatzbereit infolge der aufgeheizten Kreisläufe. Diese Eigenschaften ließen auch das Interesse für seine Verwendung als Lokkessel entstehen. Aufgrund eines Vorschlages der Firma Compagnie Electro-Mécanique (CEM) in Paris entschloß sich die Paris-Lyon-Mittelmeer-Bahn (PLM) zur Erprobung des Velox-Kessels auf einer Lok.

Von der Versuchslok erwartete man vor allem Antwort auf folgende Fragen:

1. Wie verhalten sich die zahlreichen Hilfseinrichtungen des Velox-Kessels auf einer Lok unter den Erschütterungen des Betriebs?
2. Eine Lok unterliegt im Gegensatz zu ortsfesten und Schiffsdampfanlagen keinem konstanten Betrieb, sondern ist ständig großen Laständerungen ausgesetzt. Wie verhält sich dabei der Velox-Kessel im Dauerbetrieb?
3. Der Velox-Kessel muß hier mit Rohwasserspeisung arbeiten und erhält kein aufbereitetes Wasser, wie reagiert das Rohrsystem darauf?

Die PLM-Bahn entschied sich dafür, eine vorhandene 2'C-h4v-Schnellzuglok Reihe 230-B mit 16 atü Kesseldruck (Betr.-Nr. 230-B-93) anstelle des bisherigen Kessels mit einem neuen Velox-Dampferzeuger ausrüsten zu lassen. Der Dampfdruck konnte mit Rücksicht auf das beizubehaltende Lauf- und Triebwerk der Lok nicht frei gewählt werden, man mußte sich deshalb mit 20 atü begnügen. Vom Druck her gesehen, handelte es sich hier also nicht um eine HD-Maschine, aber der Velox-Kessel ist natürlich für höhere Drücke anwendbar. Der Auspuffbetrieb wurde beibehalten.

Der Umbau der Lok und der Bau der Kesselanlage erfolgte 1936/37 bei der Fa. CEM. Infolge der Verstaatlichung der PLM kam die Lok zur SNCF und erhielt die Betr.-Nr. 230-E-93. Sie besaß folgende Hauptabmessungen:

Dienstgewicht Lok	74,1	t
Reibungsgewicht	52,5	t
Achsstand	8530	mm
Triebrad-⌀	2000	mm
Höchstgeschwindigkeit	120	km/h
Zylinder-⌀		
HD	2×370	mm
ND	2×540	mm
Kolbenhub	650	mm
Leistung am Radumfang	1400	kW
Wasser	22	m³
Heizöl	8	m³

Der Aufbau der Kesselanlage und der Lok ist in Abb. 46 gezeigt. Die vom Turboverdichter *9* geförderte Frischluft gelangt mit 2 atü Überdruck und hoher Geschwindigkeit in den Brennraum *1* des Kessels, dessen Inhalt 1,3 m³ beträgt. Eine Feuerbüchse üblicher Bauart würde für die gleiche Brennraumbelastung ein Volumen von 6 m³ erfordern. Das durch den Brenner *6* eingespritzte und durch Druckluft fein zerstäubte Heizöl ergibt zusammen mit der Luft die Heizgase, welche nach Abgabe eines Teils ihrer Wärme an die Verdampferrohre *2* und Überhitzerrohre *4* mit 550 °C durch die Leitung *5* der Gasturbine *8* zuströmen, welche ihrerseits den Verdichter *9* antreibt.

Aus der Gasturbine gehen die Heizgase noch durch den Speisewasservorwärmer *24*, aus dem sie mit 220 °C über einen Schornstein zusammen mit dem Abdampf ins Freie

46 Funktionsschema und Einbau der Maschinen-
und Kesselanlage in die Lok Betr.-Nr. 230-E-93
der PLM-Bahn

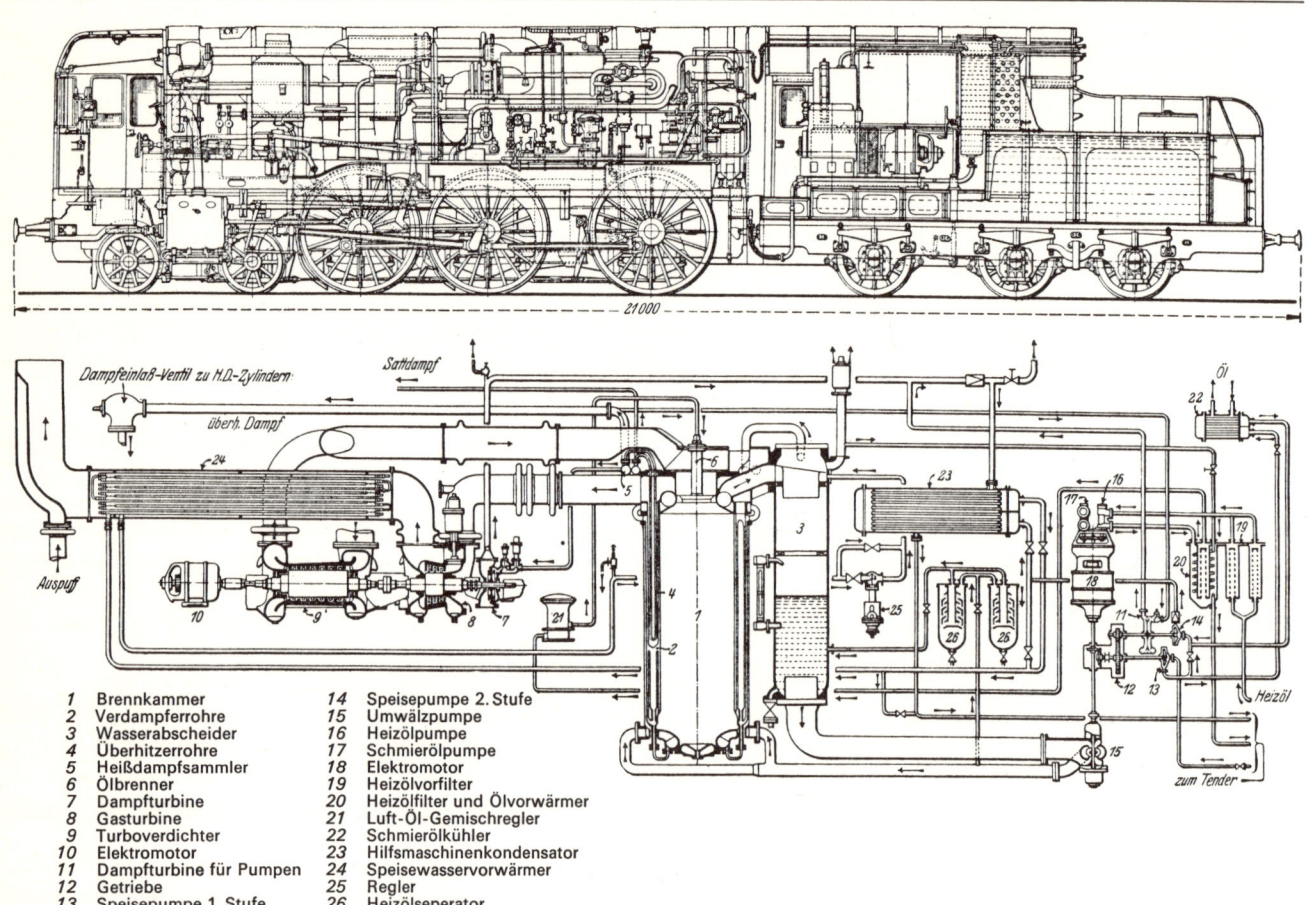

1	Brennkammer	*14*	Speisepumpe 2. Stufe
2	Verdampferrohre	*15*	Umwälzpumpe
3	Wasserabscheider	*16*	Heizölpumpe
4	Überhitzerrohre	*17*	Schmierölpumpe
5	Heißdampfsammler	*18*	Elektromotor
6	Ölbrenner	*19*	Heizölvorfilter
7	Dampfturbine	*20*	Heizölfilter und Ölvorwärmer
8	Gasturbine	*21*	Luft-Öl-Gemischregler
9	Turboverdichter	*22*	Schmierölkühler
10	Elektromotor	*23*	Hilfsmaschinenkondensator
11	Dampfturbine für Pumpen	*24*	Speisewasservorwärmer
12	Getriebe	*25*	Regler
13	Speisepumpe 1. Stufe	*26*	Heizölseperator

46

austreten. Auch der Wasserkreislauf wird mit hoher Strömungsgeschwindigkeit durchgeführt, um einen intensiven Wärmeübergang zu erreichen. Die spezifische Heizflächenbelastung beträgt 450 kg/m² h im Gegensatz zu 60–90 kg/m² h bei Lokkesseln klassischer Bauart. Die von der Wasserumwälzpumpe *15* geförderte Wassermenge ist etwa 10mal so groß wie die zu verdampfende. Das Wasser gelangt von unten in die Verdampferrohre *2* der Brennkammer und anschließend zum Wasserabscheider *3*. Der dort ausgeschiedene Dampf wird durch den Überhitzer *4*, den Dampfsammler *5* und den Regler der Lokmaschine zur Arbeitsleistung zugeleitet. Das im Wasserabscheider *3* abgeschiedene Wasser läuft der Umwälzpumpe *15* zu und kommt somit wieder in den Kreislauf zurück. Das notwendige Frischwasser wird von der Speisepumpe *13* (1. Stufe) aus dem Tender angesaugt, durch den Ölkühler *22* gedrückt und der Speisepumpe *14* (2. Stufe) zugeleitet. Die Speisepumpe *14* fördert das Speisewasser über den Hilfsmaschinenkondensator *23* in den Vorwärmer *24*, nach dem das Wasser über den Wasserabscheider *3* in den Kreislauf kommt.

Eine besondere kleine Dampfturbine *11* bildet den Antrieb der Umwälzpumpe *15*, der beiden Speisepumpen *13* und *14* sowie der Heizölpumpe *16* und der Schmierölpumpe *17*. Für die Inbetriebsetzung des Velox-Kessels wird diese Pumpengruppe *13–17* vom Elektromotor *18* angetrieben. Die Gasturbinenverdichtergruppe erhält ihre Leistung beim Start durch einen Elektromotor *10*, der im Betrieb auch die Drehzahlregelung besorgt. Zur Ergänzung fehlender Gasturbinenleistung ist noch eine Dampfturbine *7* vorhanden. Die bei Start und Betrieb des Velox-Kessels notwendige elektrische Energie wird von einem 30-kW-Dieselaggregat auf dem Tender geliefert, aus dem auch der Bremsluftverdichter versorgt wird.
Die automatische Kesselregelung führt die der Leistung entsprechende Brennstoffmenge und die dazugehörige Verbrennungsluftmenge dem Feuerraum zu. Weiter hält sie Dampfdruck und Wasserinhalt des Kessels konstant. Die Velox-Kesselanlage hat ein Gewicht von 18 t und folgende Hauptdaten:

Dampftemperatur	380	°C
Dampfdruck	20	atü
Leistung	12	t/h

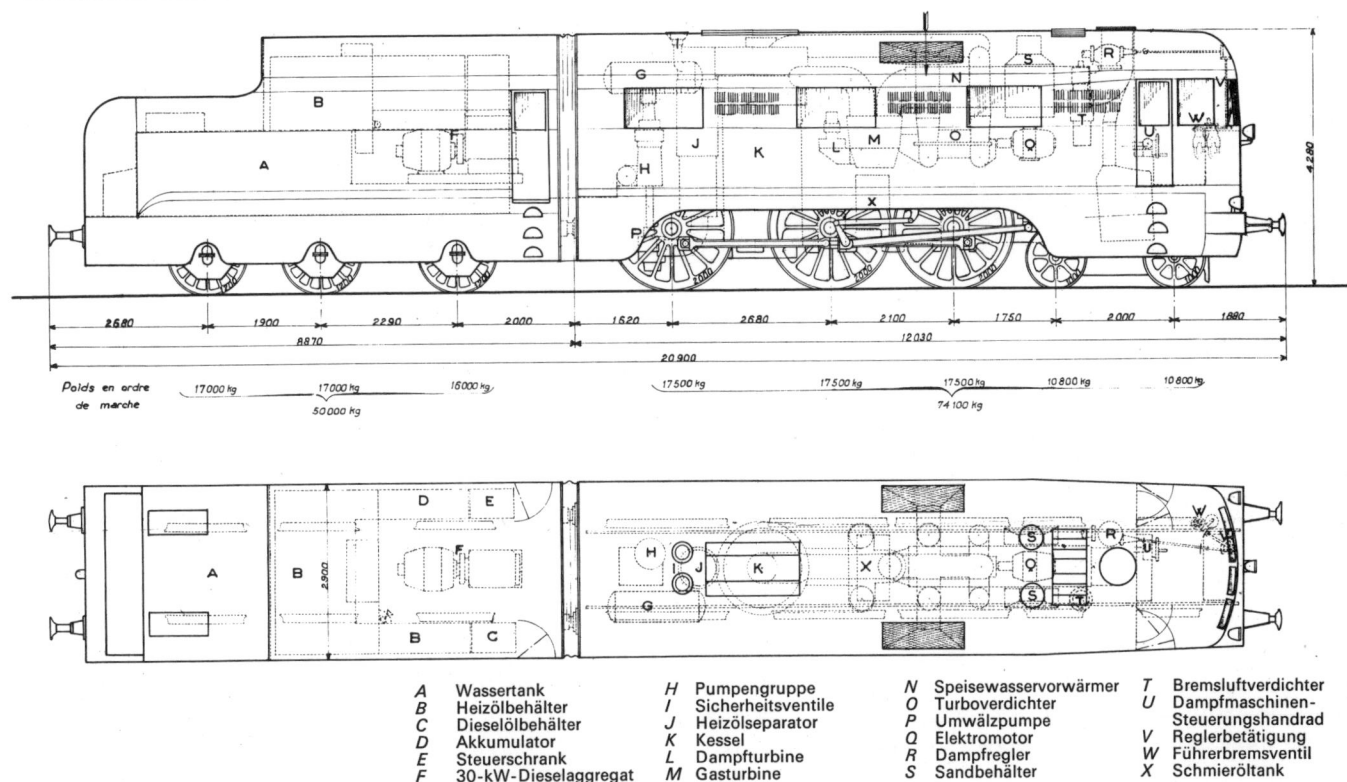

47

A	Wassertank	H	Pumpengruppe	N	Speisewasservorwärmer	T	Bremsluftverdichter

A Wassertank
B Heizölbehälter
C Dieselölbehälter
D Akkumulator
E Steuerschrank
F 30-kW-Dieselaggregat
G Speisewasservorwärmer

H Pumpengruppe
I Sicherheitsventile
J Heizölseparator
K Kessel
L Dampfturbine
M Gasturbine

N Speisewasservorwärmer
O Turboverdichter
P Umwälzpumpe
Q Elektromotor
R Dampfregler
S Sandbehälter

T Bremsluftverdichter
U Dampfmaschinen-Steuerungshandrad
V Reglerbetätigung
W Führerbremsventil
X Schmieröltank

davon für Hilfseinrichtungen	1	t/h
Vorwärmerheizfläche		m²
Verdampfungsheizfläche	26,5	m²
Überhitzerheizfläche		m²
Wasserinhalt	1500	l

Im Ursprungszustand entwickelte die Lok Betr.-Nr. 230-B-93 bei 16 atü Kesseldruck und 3 m² Rostfläche eine indizierte Leistung von 1100 kW. Mit dem Velox-Kessel erzielte die Lok aus 11 t/h Dampf mit 20 atü eine indizierte Leistung von zirka 1300 kW.

Wie aus Abb. 264 und 47 ersichtlich, weicht die Lok in ihrem Äußeren stark vom üblichen Bild der Dampflok ab. Wegen der automatisch geregelten Kesselanlage wurde der Führerstand nach vorn verlegt. Im Kesselraum konnten an beiden Seiten durchlaufende Gänge vorgesehen werden.

Ab Mai 1938 wurde die Lok 230-E-93 auf dem Streckennetz der Südostregion der SNCF im Zugdienst unter allmählich schwieriger werdenden Bedingungen eingesetzt. Zunächst fuhr sie Personenzüge von Paris–Montargis und Paris–Montereau aus. Sie kam dann in den Schnellzugdienst auf den Strecken Paris–Laroche und Paris–Dijon. Im März 1939 legte sie 15000 km zurück. Im Betriebseinsatz schwankte der Kesseldruck zwischen 18,5 und 22 atü, die Dampftemperatur betrug 355 bis 380 °C. Der Kessel war für einen Druck von 27 atü bemessen. Die Leistung war höher als die Vergleichslok-

reihe 230-B infolge höheren Kesseldruckes von 20 gegen 16 atü und eines geringeren Gegendruckes im Auspuff, da die Feueranfachung durch das Blasrohr entfiel. Es konnte eine indizierte Leistung von 1300 kW (1800 PS) festgestellt werden. Deshalb wurde die Maschine Betr.-Nr. 230-E-93 im Dienst von Pacific-Loks zur Beförderung von 400 t schweren Schnellzügen auf der ebenen Strecke Paris–Laroche verwendet. Der Heizölverbrauch betrug 8,9 l/km. Die Kesselspeisung mit Rohwasser bereitete keine Schwierigkeiten, wozu auch das ausreichende Abschlammen an allen gefährdeten Stellen des Wasserkreislaufs beitrug.

Zur Durchprüfung der Gesamtanlage kam die Lok auf den Versuchsstand in Vitry. Dabei wurden die Kesselwirkungsgrade bei Halblast (6 t/h) von 85 % und bei Vollast (12 t/h) von 80 % mit einem Scheitelwert von 87 % festgestellt. Im Vergleich zu einem normalen Lokkessel, der bei guter Ausführung Wirkungsgrade von 80 bzw. 65 % erreicht, ist das Ergebnis für die Velox-Kesselanlage sehr gut.

3.23.13 Die Lokomotive Betr.-Nr. V5-01 der Russischen Staatsbahn

Auch in Rußland wurde der HD-Dampf im Kraftwerksbau eingeführt. Dort entwickelte man den Ramsin-

Zwangdurchlaufkessel, eine trommellose Wasserrohrbauart. Dieser Kessel entspricht in seinem Aufbau dem Benson-Prinzip (Abschnitt 3.22.3). Unterschiede zwischen den beiden Bauarten bestehen in der Rohranordnung innerhalb der einzelnen Heizflächenanteile [1.1-22].

Im Jahre 1937 erbaute die Lokomotivfabrik Kolomna für die Russische Staatsbahn (SZD) eine kleine Versuchslok mit einem Ramsin-Zwangdurchlaufkessel von 80 atü Betriebsdruck. Diese vierachsige Maschine mit der Achsfolge B$_0$'2' besaß für den Antrieb des vorderen Drehgestells 2 Dampfmotoren mit Getriebeübertragung, wobei eine Maschine 185 kW Nennleistung liefern konnte. Zur Vermeidung von Schwierigkeiten durch Kesselsteinablagerungen war ein geschlossener Kreislauf mit Kondensation vorgesehen (Abb. 265). Weitere Angaben sind leider nicht zu ermitteln gewesen.

3.23.14 Die Lokomotive Betr.-Nr. H 45 024 der Deutschen Reichsbahn

Auf der Leipziger Frühjahrmesse 1951 erregte eine neuartige Dampflok Aufsehen. Es handelte sich um die 1'E1'-h3-Güterzugmaschine Nr. 45 024 der Deutschen Reichsbahn (DR), ursprünglich gebaut 1940 von Henschel & Sohn, Kassel (Fabrik-Nr. 24 817).

Die ausgestellte Lok war durch Aufbau eines HD-Kessels, Bauart La Mont, Kondensation und Kohlenstaubfeuerung völlig neu gestaltet worden [3.23.14-1, 2]. Der Umbau erfolgte als Gemeinschaftsleistung von LOWA-Versuchskonstruktionsbüro Wildau (später Institut für Schienenfahrzeuge in Berlin-Adlershof), dem EKM-Dampfkesselbau Meerane (Sachsen) und der Firma VEB Lokomotivbau Karl Marx (früher Orenstein und Koppel). Erstmalig erhielt damit eine Lok einen La-Mont-Zwangumlaufkessel (Abschnitt 3.22.5) für 42 atü Betriebsdruck. Wegen ihrer guten konstruktiven Anpassungsfähigkeit an die vorgegebenen Einbauverhältnisse fiel die Wahl auf diese Kesselbauart. An technischen Vorteilen ergab sich dadurch der Entfall von in teuren Gesenken herzustellenden Kümpelteilen, der aufwendigen mit Stehbolzen abgestützten Feuerbüchse und dem geringeren Gewicht gegenüber normalen Lokkesseln (Abb. 266).

Der HD-Kessel bestand aus einer U-förmigen nach unten offenen Wanne, die Verdampfer, Überhitzer, Rauchkammer mit Saugzugventilator und die Dampfabscheidetrommel enthielt. Der durch eine Umwälzpumpe erzwungene Wasserumlauf gestattete den Vorteil konstruktiver Freiheit in der Anordnung der Verdampferrohre, so daß eine günstige Form des Feuerraums mit großer Strahlungsheizfläche ausgeführt werden konnte. In der Reihenfolge von hinten nach vorn war die Feuer-

büchse als Strahlungsheizfläche und der daran anschließende Teil der Berührungsheizfläche aus Rohren des Verdampferteils gebildet. Nach vorn zu schlossen sich Überhitzer und Vorwärmer an. Durch entsprechende Abstimmung der Heizflächen sollte die Wärmeübertragung den jeweiligen Temperaturen angepaßt werden. Für den Wasserumlauf sorgten 2 durch Dampfturbinen angetriebene Kreiselpumpen. Der Saugzugventilator erhielt seinen Antrieb durch eine Abdampfturbine des Konstruktionsbüros für Strömungsmaschinen in Dresden. Zur Gewährleistung einwandfreien Kesselwassers wurde die Lok mit atmosphärischer Kondensation ausgerüstet, also ohne Ausnutzung von Unterdruck. Hierzu diente ein Kondenstender der DR-Lok Reihe 52 in vierachsiger Ausführung. Saugzugventilator und Kondensatorlüfterräder erhielten ihren Antrieb von Abdampfturbinen, so daß sich deren Drehzahl bzw. Leistung selbsttätig der Hauptmaschinenleistung anpaßte. Die Kreiselpumpe für die Kesselspeisung war auf einer gemeinsamen Welle mit der Umwälzpumpe und deren Antriebsturbine angeordnet. Der Speisewasservorwärmer wurde so bemessen, daß das Wasser bis kurz unter die Verdampfungstemperatur erwärmt werden sollte. Für die Aufbereitung des infolge nicht zu vermeidender Undichtheiten am System erforderlichen Zusatzwassers diente ein durch Pumpenabdampf beheizter Rohwasserverdampfer. Die Dampfleistung des Kessels war mit normal 10,5 t/h, maximal mit 13,5 t/h vorgesehen. Wegen des großen Feuerraums, der sich beim La-Mont-Kessel ausbilden ließ, hielt man diese Bauart gerade für Kohlenstaubfeuerung besonderns geeignet. Es ergibt sich der für guten Staubkornausbrand nötige Flammenweg leichter als in den üblichen Lokkesseln.

An der Führerhausrückwand befand sich der Kohlenstaubzwischenbehälter, aus dem durch 3 unten angeordnete Drehschieber der Staub austreten und zum Brennraum in den Kessel gelangen konnte. An der Kesselrückwand waren 3 Kohlenstaubbrenner eingebaut, mittels deren Zu- und Abschaltung die Feuerungsleistung zu regeln war. Der nach unten ausgemauerte und sonst luftdicht verschlossene Brennraum stand während des Betriebs durch den Saugzugventilator unter Unterdruck gegenüber der Atmosphäre. Die Verbrennungsluft strömte durch die Brennerzuleitungen in den Feuerraum, wobei der mittels Drehschieber dosierbare Kohlenstaub beigegeben werden konnte. Das sich bildende Staub-Luft-Gemisch verwirbelte zunächst in den Brennerrohren, bevor es, durch Düsenplatten in zahlreiche Einzelstrahlen aufgeteilt, in den Feuerraum gelangte. Die Bohrungen in den Düsenplatten waren nach der Art von Venturidüsen ausgebildet. Im Feuerraum befand sich auch ein Feuerschirm.

Vom Tenderbunker wurde der Staub mit Druckluft von

2 atü pneumatisch in den Zwischenbunker hinten am Führerhaus gefördert, wobei die Transportluft von 2 Luftpumpen auf dem Tender geliefert wurde [2-72]. Der erzeugte HD-Dampf expandierte unter Leistungsabgabe in einer 3-Zylinder-Verbundmaschine mit innerem HD- und zwei äußeren ND-Zylindern.

Die Hauptdaten der Lok H 45 024 waren:

Dienstgewicht Lok	126 t
Reibungsgewicht	90 t
Achsstand	13 600 mm
Triebrad-∅	1 600 mm
Höchstgeschwindigkeit	100 km/h
Zylinder-∅	
HD	400 mm
ND	2×520 mm
Kolbenhub	720 mm
Leistung N_i	2 100 kW
Kohlenstaubvorrat	28 m³
Wasservorrat	10 m³

Nach der Erprobung war vorgesehen, diese Lok im schweren Eilgüterzugdienst von Halle (Saale) aus einzusetzen, dazu kam es allerdings nicht. Wie Kurt Pierson berichtet [2-72], wurde die Lok im Jahre 1952 beim Herstellerwerk Standversuchen unterzogen, vor allem um die Staubfeuerung betriebssicher auszubilden. Im Dezember 1952 überstellte man die Maschine zum Betriebswerk Seddin, wo sich weitere Versuche anschlossen, vor allem mit der Umwälz- und Speisepumpengruppe. Nach Abschluß dieser Arbeiten sollte im Sommer 1953 die erste Streckenprobefahrt unter eigenem Dampf von Seddin nach Drewitz unternommen werden. Doch schon nach 4 km Fahrt mußte in Michendorf die Fahrt abgebrochen werden, da infolge zu großer Dampfverluste der Tenderinhalt an Kondenswasser «verpufft» war. Einem solchen Verbrauch war der kleine Rohwasserverdampfer nicht gewachsen. Um zunächst einen ausreichenden Reinwasservorrat zur Ergänzung des Kreislaufes sicherzustellen, wurde aus einem Tender und einer Lok Reihe 74 eine behelfsmäßige «Wasseraufbereitungsanlage» geschaffen. Auch verringerte man die Verluststellen soweit als möglich, so daß die Wasserversorgung für die zweite Probefahrt gesichert war. Da zeigte sich jedoch eine böse Überraschung. Während der Fahrt stieg die Heißdampftemperatur bis auf 600 °C an. Nach 7 km mußte deshalb angehalten werden. Ein Blick durch die offene Feuertür zeigte ein rotglühendes Überhitzerrohrbündel, wobei einige Rohre schon deformiert waren. Dies zeigte, daß der Überhitzer einen viel zu großen Teil der Wärme aufnahm gegenüber dem Verdampfer, was auf einen Dimensionierungsfehler zurückzuführen war. So endete dieser an sich interessante Versuch, noch ehe er richtig begonnen hatte. Die zunächst beabsichtigte Berichtigung der Heizflächenverhältnisse durch einen Umbau des Kessels kam nicht mehr zur

Ausführung. Die vorläufig beim Betriebswerk Seddin abgestellte Lok H 45 024 kam im Jahre 1954 zur Verschrottung. Ein Modell im Maßstab 1:10 steht im Verkehrsmuseum Dresden.

3.23.15 Die Lokomotive Betr.-Nr. 1400 der Delaware & Hudson Railroad

In den Jahren nach 1920 begann man im Lokbau der USA die Kesseldrücke langsam über die bis dahin gebräuchlichen 14–16 atü zu erhöhen. Einige Bahnen nahmen große Loks in Dienst, deren Kessel bei üblicher Stephenson-Bauart Betriebsdrücke zwischen 16 und 21 atü besaßen, wobei in einigen Fällen sogar auf über 21 atü gegangen wurde [3.22-6] (vgl. auch Abschnitt 3.23).

Daneben entwickelte man für Drücke um 20 atü auch Rauchrohrkessel mit Wasserrohrfeuerbüchsen wie die Bauarten Baldwin, Emerson, McCellon, wobei man gleichzeitig nach einer einfacheren und billigeren Feuerbüchstype gegenüber der klassischen Stehbolzenausführung suchte.

Weiterhin wurde neben diesen nach Betriebsdrücken und Bauarten noch zu den ND-Lokkesseln zählenden Ausführungen auch der Versuch mit noch höheren Drücken gemacht. Der leitende Maschineningenieur Mühlfeld der Delaware & Hudson Railroad (D&H) wagte im Auftrag des Präsidenten dieser Bahn, L. F. Loree, den Sprung am weitesten nach vorn. Er entwickelte eine neue HD-Bauart und ging damit gleich auf 24,6 atü. Die erste mit einem solchen Kessel ausgerüstete Lok mit dem damals höchsten Kesseldruck in den USA wurde nach den Angaben von Mühlfeld von der American Locomotive Co. (ALCO) Ende 1924 fertiggestellt. Die mit der Betr.-Nr. 1400 versehene Güterzuglok erhielt den Namen «Horatio Allen», der als Pionier der Frühzeit im Jahre 1829 die erste Dampflok «Stourbridge Lion» aus England nach Nordamerika gebracht und bei der D&H in Betrieb gesetzt hatte.

Die in Abb. 267 gezeigte Maschine wies folgende Hauptdaten auf:

Dienstgewicht Lok	157,5	t
Reibungsgewicht Lok	135,3	t
Reibungsgewicht Tender	45	t
Achsstand Lok	8839	mm
Triebrad-∅	1448	mm
Zylinder-∅		
HD	597	mm
ND	1041	mm
Kolbenhub	762	mm
Wasservorrat	34	m³
Kohlenvorrat	13,8	t

Der Kessel bestand aus einer Wasserrohrfeuerbüchse mit je einer relativ großen Ober- und Untertrommel an beiden Längsseiten, in denen die Rohre gefaßt waren. Nach

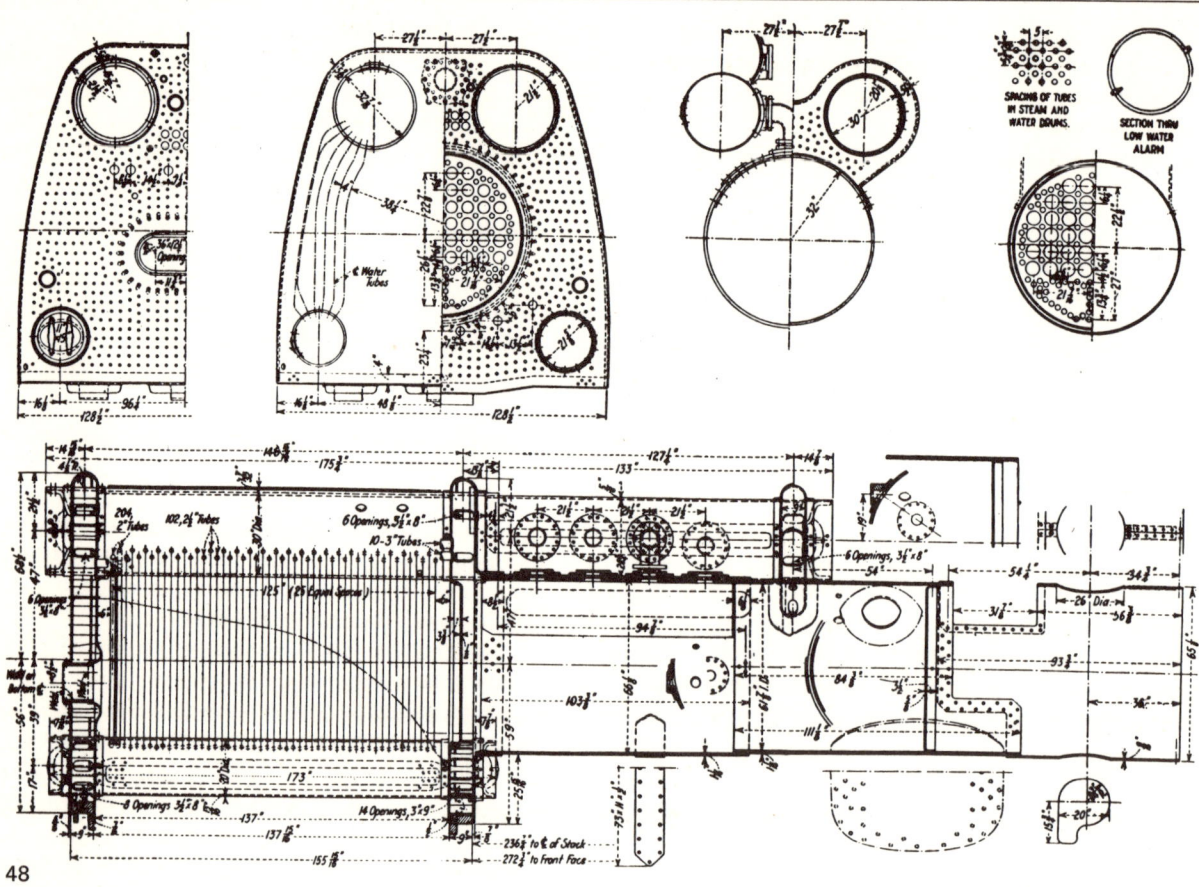

48

vorn zu schloß sich ein Rauchrohrlangkessel an sowie eine Rauchkammer in üblicher Art. Seitenwände und Decke der Feuerbüchse wurden von den Wasserrohren gebildet. Die beiden Obertrommeln waren nach vorn über den Feurbüchsteil hinaus verlängert, so daß ein großer Dampfraum vorhanden war und die Lok ein eigenartiges Aussehen erhielt.

Die Kesselhauptdaten waren:

Rostfläche	6,63	m²
Heizflächen für Verdampfung	297,7	m²
Überhitzung	53,8	m²
Dampfdruck	24,6	atü
Dampftemperatur	320	°C
Leistung	26	t/h

Die in 2-Zylinder-Verbundanordnung ausgeführte Dampfmaschine war mit Young-Steuerung und Kolbenschiebern ausgerüstet. Die bei Anfahrten in Zwillingswirkung erreichbare Zugkraft von 38 200 kg ließ sich durch Zuschalten des Boosters im hinteren Tenderdrehgestell (Bauart Bethlehem Steel Works) um 8900 kg erhöhen [2-34].

Anläßlich der feierlichen Taufe der neuen Lok am 4. Dezember 1924 sagte Präsident Loree in seiner Ansprache, daß man sich von der Maschine eine um ⅓ höhere Zug-

kraft bei gleichzeitiger Ersparnis von je ⅓ an Brennstoff und Wasser im Verbrauch gegenüber den normalen 1'D-h2-Güterzugloks der Bahn erhoffe. Der geistige Vater der Lok, Mühlfeld, wies sodann darauf hin, daß die Wasserrohrbüchse dieses neuen Kessels mit 111 m² direkter Heizfläche einen Anteil von 37% an der ganzen Verdampfungsheizfläche habe. Im Gegensatz hierzu haben normale Lokkessel anteilige Strahlungs- bzw. Feuerbüchsheizflächen von 5 bis 10%. Dies bedeutet, daß der HD-Kessel spezifisch sehr leistungsfähig ist.

Die HD-Lok kam im schweren Güterverkehr der D&H erfolgreich zum Einsatz. Bei einer Probefahrt mit einem 4100-t-Zug ermittelte man mit dem Meßwagen eine Zugkraft an der Tenderkupplung von 39 t, was einem Reibwert Rad–Schiene von 0,29 entspricht. Infolge der guten Speisewasserverhältnisse bei der D&H gab es mit Ablagerungen im Kessel keine Probleme. Aus dem Kohlenverbrauch errechnete man einen Gesamtwirkungsgrad bei voller Leistung von 8,73%. Dieser Wert war gegenüber den bei amerikanischen Loks damals üblichen Wirkungsgraden von 4 bis 6% ein beachtlicher Fortschritt, der sich allerdings vor den in Europa erreichten Ergebnissen etwas bescheidener ausnahm. Gute europäische Heißdampf-Verbundschnellzugloks kamen seinerzeit schon bei Nennleistung und Kesseldrücken von 16 atü auf 9–10 % Gesamtwirkungsgrad. Allerdings war die amerikanische Lok außergewöhnlich robust und schwer gebaut.

Nach einer Laufleistung von 280 000 km auf dem relativ kleinen Netz der D&H, jedoch fast immer vor schweren Zügen auf langanhaltenden Steigungen, wurde die Lok Nr. 1400 im Jahre 1934 nach Rückgang der Verkehrsleistungen im Gefolge der damaligen Wirtschaftsdepression außer Dienst gestellt und im April 1942 verschrottet. Die Maschine hat sich im praktischen Einsatz durchaus bewährt, was auch der Nachbau ähnlicher Loks zeigt. Technische Außenseiter bringen jedoch allein schon wegen der Ersatzteile höhere Kosten und verhältnismäßig längere Ausfallzeiten bei Störungen, soweit sich nicht serienmäßige Teile verwenden lassen, sondern Sonderanfertigungen nötig sind. Zudem ist meist auf die Dauer auch das Werkstattpersonal nicht auf der Seite solcher Objekte. So ist stets bei Einzelstücken trotz guter technischer Durchbildung die Lebensdauer aus diesen Gründen kürzer, zumal bei Nachbauten die Verwertung gewonnener Erkenntnisse wiederum zu Änderungen gegenüber der Erstausführung zwingt.

3.23.16 Die Lokomotive Betr.-Nr. 1401 der Delaware & Hudson Railroad

Die guten Erfahrungen mit der Lok Betr.-Nr. 1400 gaben Veranlassung, eine weitere HD-Lok für die D&H-Bahn zu beschaffen. Anfang Februar 1927 lieferte die ALCO als zweite dieser Art die 1'D-h2v-Güterzuglok, welche von der Bahn unter der Betr.-Nr. 1401 eingereiht und mit dem Namen «John B.Jervis» bezeichnet wurde. Jervis war der erste leitende Maschineningenieur der damaligen Mohawk & Hudson Railroad und führte 1832 erstmals das führende Laufdrehgestell an der 2'A-Lok «Brother Jonathan» ein.

Die Ausführung der zweiten HD-Lok entsprach im wesentlichen der Vorläuferin. Aufgrund der gewonnenen Erfahrungen führte man folgende Änderungen durch: 1. Erhöhung des Kesseldruckes auf 28 atü, 2. Vergrößerung von Rostfläche, Heizrohrlänge und Überhitzer, 3. Verkleinerung der Verdampfungsheizfläche, 4. Verkleinerung der Zylinder wegen des höheren Dampfdruckes. Die Hauptdaten der Lok waren:

Dienstgewicht Lok	153	t
Reibungsgewicht Lok	134	t
Reibungsgewicht Tender max.	46	t
Achsstand Lok	8839	mm
Triebrad-⌀	1448	mm
Zylinder-⌀		
HD	565	mm
ND	965	mm
Kolbenhub	762	mm

Wasservorrat	60	m³
Kohlenvorrat	18,2	t

Am Kessel bildeten die seitlichen Wände der Feuerbüchse je 5 Reihen Wasserrohre (zusammen 286 Stück) zu 64 mm Innen-⌀. Die bei der ersten Lok Nr. 1400 vorhandenen 4 Verbindungsrohre von den Obertrommeln der Feuerbüchse zum Heizrohrteil ließ man hier weg. Sonst entsprach der Kessel weitgehend der ersten Ausführung. Anstelle des normalen Naßdampfreglers installierte man hier einen Heißdampfeinfachventilregler. Die Hauptdaten des Kessels waren:

Dampfdruck	28	atü
Rostfläche	7,62	m²
Heizflächen für		
Verdampfung	290	m²
Überhitzung	65	m²
Dampftemperatur	370	°C
Leistung	24	t/h

Die 2-Zylinder-Verbunddampfmaschine besaß Heusinger-Steuerung und Kolbenschieber.

Um die Zahl der zum Wasserfassen nötigen Halte möglichst klein zu halten, erhielt diese Lok einen großen sechsachsigen Tender, in dessen hinterem Drehgestell 2 Achsen von einem Booster angetrieben werden konnten. Die Anfahrzugkraft der Hauptmaschine in Zwillingsschaltung von 38 650 kg konnte damit um 8900 kg erhöht werden. Vor einem Zug mit 3200 t Last wurde eine Maschinenleistung von 1500 kW ermittelt; der Gesamtwirkungsgrad bei optimaler Leistung ergab sich zu 9,35 %.

Auch diese zweite HD-Lok der D&H-Bahn wurde mehrere Jahre im schweren Güterverkehr erfolgreich eingesetzt und zeichnete sich durch sparsamen Betrieb aus. Wegen der sich nach 1930 verschlechternden allgemeinen Wirtschaftslage und des damit sinkenden Güterverkehrsaufkommens bei den nordamerikanischen Bahnen wurde die Lok Nr. 1401 im Jahre 1934 nach 135 000 km Laufleistung außer Dienst gestellt. Die Verschrottung erfolgte im Mai 1942. Nach dem Verkehrsaufschwung ab 1940 hat man dieses Einzelstück nach so langer Abstellzeit nicht mehr herrichten wollen, zumal wegen des Kriegsbetriebs nicht mit der nötigen Sorgfalt gearbeitet werden konnte.

3.23.17 Die Lokomotive Betr.-Nr. 1402 der Delaware & Hudson Railroad

Die Eignung der beiden ersten HD-Loks Nrn. 1400 und 1401 dieser Bahn im schweren Durchgangsgüterzugdienst mit voller Lokleistung über längere Strecken gab Veranlassung, diese Entwicklung weiterzuführen. Die D&H-Bahn ließ wiederum bei Firma ALCO 1930 unter der Fabrik-Nr. 68 222 eine dritte 1'D-h2v-Güterzuglok

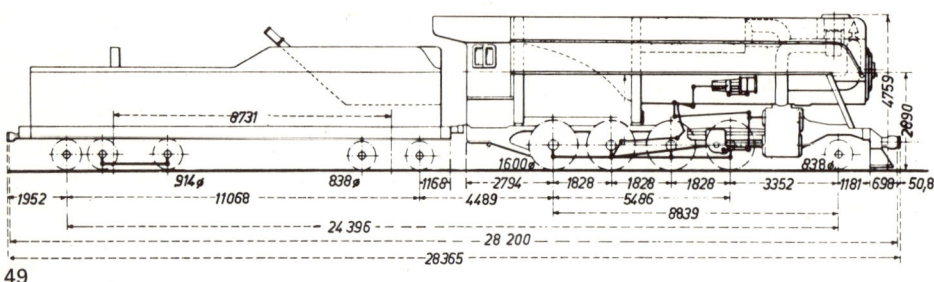

49

bauen. Diese Maschine erhielt die Betr.-Nr. 1402 und den Namen «James Archibald». Die Ausführung entsprach weitgehend den beiden Vorläufern. Als Hauptdaten waren vorhanden:

Dienstgewicht Lok	161,4	t
Reibungsgewicht Lok	136	t
Achsstand Lok	8839	mm
Triebrad-⌀	1600	mm
Zylinder-⌀		
HD	521	mm
ND	902	mm
Kolbenhub	812	mm
Wasservorrat	53	m³
Kohlenvorrat	16	t

Der für einen Betriebsdruck von 35,1 atü bemessene Kessel ist aus mit Mangan, Silizium und Nickel legierten Stählen gefertigt worden. Heiz- und Rauchrohre waren nahtlos aus Nickelstahl gezogen und in die Rohrwände eingeschweißt. Die Kesselausführung entsprach wiederum den beiden Vorläufern. Die Seitenwände der Feuerbüchse wurden durch ein Wasserrohrsystem gebildet, das oben in 2 Dampfsammler einmündete. Anstelle eines Bodenrings befanden sich unten 2 große seitliche Sammelrohre. Vorder- und Rückwand der Feuerbüchse bestanden aus je einer mit Stehbolzen versteiften Doppelwand, die mit Wasser gefüllt war. Den Feuerraum durchzogen außerdem 6 Wasserrohre, die als Feuerschirmauflage dienten. Der Überhitzer erhielt eine wieder etwas größere Heizfläche, die Kesseldaten können wie folgt genannt werden:

Dampfdruck	35,1	atü
Rostfläche	7,62	m²
Heizflächen für Verdampfung	319,1	m²
Überhitzung	96	m²
Dampftemperatur	400	°C
Leistung	22	t/h

Für die Kesselspeisung war über der linken Gleitbahn eine DABEG-Speisepumpe mit Gestängeantrieb vom Kreuzkopf aus angeordnet. Der DABEG-Vorwärmer wurde mit dem Abdampf aus den Zylindern und der Luftpumpe versorgt.
Die Maschine war wiederum in 2-Zylinder-Verbundausführung vorgesehen, die Steuerung erfolgte über ein Heusinger-Gestänge mit Kolbenschiebern. Das vorn

über der Rauchkammer herumgelegte Verbinderrohr vom HD- zum ND-Zylinder wurde verkleidet und die Kesselbekleidungsbleche in gleichem Umriß nach hinten bis zur Feuerbüchse durchgeführt. Dies verlieh dem Kessel ein glattes und wuchtiges Aussehen.
Bei Anfahrten bis zu 10 km/h arbeitete die Dampfmaschine in Zwillingswirkung. Für den Auspuff des HD-Zylinders war ein besonderes Blasrohr vorgesehen, das ringförmig um das im Normalbetrieb benutzte ND-Blasrohr gelegt war.
Der Tender erhielt ebenfalls eine Bethlehem-Boostermaschine zum Antrieb von 2 der 3 Achsen des hinteren Tenderdrehgestells. Als Gesamtwirkungsgrad der Lok bei optimaler Leistungsausnutzung ergab sich der beachtliche Wert von 10,4 %.
Aus den im vorhergehenden Abschnitt dargelegten Gründen wurde Lok Nr. 1402 nach 90 000 km Laufleistung im Jahre 1935 außer Dienst gestellt und im Juni 1942 verschrottet.

3.23.18 Die Lokomotive Betr.-Nr. 1403 der Delaware & Hudson Railroad

Im Anschluß an die 3 vorausgegangenen HD-Loks Betr.-Nrn. 1400, 1401 und 1402 lieferte die Firma ALCO im Jahre 1933 unter der Fabrik-Nr. 68 608 eine vierte Maschine dieser Art an die D&H-Bahn. Diese Lok erhielt neben der Betr.-Nr. 1403 den Namen des damaligen Präsidenten der Bahn, Leonor Frenzel Loree (von 1907 bis 1939 bei der D&H), der sich sehr für die Weiterentwicklung der Dampflok interessierte und auf dessen Initiative der Bau der 4 HD-Loks der D&H zustande kam. Nach ihrer Fertigstellung wurde die Lok Nr. 1403 auf der seinerzeitigen Weltausstellung in Chicago gezeigt.
Der Kesseldruck war wie bei der Lok Nr. 1402 auf 35,1 atü festgesetzt worden. Im Hinblick auf die befriedigenden Erfahrungen mit den Kesseln der 3 vorangegangenen Loks sind nur wenige Änderungen an diesem Bauteil erfolgt. Die sehr guten Speisewasserverhältnisse bei der D&H waren hierbei maßgeblich beteiligt.
An Lauf- und Triebwerk wurden einige Änderungen vorgenommen. Die Lok Betr.-Nr. 1403 erhielt als einzige Dampflok der Welt eine Dreifachexpansionsmaschine in

der normalen Lokmaschinenausführung. Weiter hatten nur noch die in Abschnitt 3.32.2 behandelten Heilmann-Loks Dreifachexpansionsmaschinen, allerdings in anderer Bauweise.

Der HD-Zylinder war unterhalb des Führerstandes auf der rechten Lokseite angeordnet, der MD-Zylinder auf der linken Lokseite hinten, und die beiden ND-Zylinder lagen vorn am gewohnten Platz. Vom Heißdampfregler in der Rauchkammer führte die Dampfzuleitung mit 203 mm Innen-Ø unterhalb des Kessels auf der rechten Lokseite nach hinten zum HD-Zylinder. Von dort aus führte ein Verbinderrohr mit 229 mm Innen-Ø auf die linke Lokseite zum MD-Zylinder, von wo aus weiter eine dritte Leitung zu den vorn eingebauten ND-Zylindern verlegt war. Aufgrund guter Erfahrungen mit der Lentz-Ventilsteuerung an der 1927 von der Bahn umgebauten 1'D-h2-Güterzuglok Nr. 925 und der 1931 gebauten 2' C'1'-h2-Schnellzuglok Nr. 651 mit DABEG-Ventilsteuerung bei Antrieb mittels Heusinger-Steuerung hatte sich die D & H-Bahn eine weitere Pacific-Schnellzuglok Nr. 653 mit DABEG-Ventilsteuerung beschafft, bei welcher der Ventilantrieb jedoch durch umlaufende Welle über Kegelradgetriebe von der Achse aus erfolgte. In Anbetracht der immer wieder aufgetretenen Schwierigkeiten mit der Schiebersteuerung bei den hohen Dampfdrücken wurde auch die Lok Nr. 1403 mit einer solchen Steuerung ausgerüstet. Es kam die Bauart DABEG mit liegenden Ventilen und Antrieb über Kegelradgetriebe und Übertragungswellen zum Einbau. Wegen der großen Dampfmengen bei den ND-Zylindern waren dort je 2 Auslaßventile angeordnet; die übrigen Ein- und Auslaßkanäle wurden mit je einem Ventil ausgerüstet. Jedes Zylinderpaar hatte einen gemeinsamen Steuerungsantrieb, und zwar die hinteren (HD und MD) vom rechten, die beiden vorn liegenden (ND) vom linken Triebzapfen aus. Die Triebzapfen waren hierfür mit je einer Gegenkurbel versehen, von der aus die quer über den Zylindern verlaufenden Nockenwellen mittels zweier Schneckengetriebe und je einer Kardanwelle angetrieben wurden. Jeder Zylinder besaß je 10 Ein- und Auslaßnocken, davon 6 für Vorwärts-, 3 für Rückwärtsfahrt und 1 für die Mittelstellung. Das Öffnen der Ventile geschah durch die Nocken, das Schließen durch Federkraft. Die gemeinsame Umsteuerung aller Zylinder zum Fahrtrichtungswechsel erfolgte durch Verschieben der Nockenwellen in deren Längsrichtung. Natürlich war die Zahl der möglichen Füllungen durch die Zahl der Nocken begrenzt, was man jedoch bei der hauptsächlich für den schweren Güterzugdienst auf einer Steigungsstrecke eingesetzten Lok Nr. 1403 nicht als wesentlichen Nachteil betrachtete. Für Anfahrten war ein besonderer Wechselschieber im Aufnehmer der ND-Zylinder angeordnet. Dieser schloß bei der Anfahrt selbsttätig den Auspuff des MD-

Zylinders vom ND-Aufnehmer ab und ließ im Druck reduzierten Dampf direkt aus dem Kessel den ND-Zylindern zuströmen. Mit dem Ansteigen des Druckes in der Verbindung MD–ND-Zylinder wurde die direkte Kesseldampfzufuhr zu den ND-Zylindern selbsttätig abgesperrt und die normale Verbundschaltung hergestellt. Nach Bedarf konnte der Wechselschieber auch von Hand betätigt werden. Darüber hinaus erhielt auch der MD-Zylinder beim Anfahren über ein federbelastetes Ventil aus der Dampfzuleitung zum HD-Zylinder Kesseldampf direkt zugeführt. Bei Übersteigen des Druckes von 12 atü im MD-Aufnehmer schloß dieses Ventil selbsttätig die Dampfzufuhr zum MD-Zylinder. Wurde die Lok mit einfacher Dehnung betrieben, so traf der Abdampf des MD-Zylinders auf ein Differenzdruckventil, das in der Aufnehmerleitung zu den ND-Zylindern einen Druck von 6 atü aufrechterhielt. Bei Absinken des Dampfdruckes auf der ND-Einströmseite unter diesen Wert setzte die dreifache Expansion ein. Die Anfahrzugkraft wurde vor allem durch den Druck auf die ND-Zylinder bestimmt.

Ein wirtschaftlicher Erfolg für die Dreifachexpansionsmaschine setzt eine hohe mittlere Maschinenauslastung voraus, die in vorliegendem Einsatzfall gegeben war. Normalerweise bietet jedoch der Bahnbetrieb dafür ungünstige Voraussetzungen mit häufigen Lastwechseln und kleineren Teillasten, so daß diese Maschine die einzige Dampflok der Welt geblieben ist, bei der dreifache Dampfexpansion in der normalen Maschinenanordnung zur Anwendung kam.

Die beiden Triebstangen auf jeder Lokseite griffen gabelförmig am gleichen Kurbelzapfen an. Die Leichtbautriebwerksteile fertigte man aus Nickelstahl, die an den Triebzapfen angelenkten Trieb- und Kuppelstangen hatten SKF-Rollenlager. Der Hauptrahmen war entsprechend der neueren amerikanischen Praxis aus einem Stück in Manganstahl gegossen. Auch die Triebachse lief in SKF-Rollenlagern. Die Hauptdaten der Lok 1403 waren:

Dienstgewicht Lok	173,3	t
Reibungsgewicht Lok	142	t
Achsstand Lok	10 287	mm
Triebrad-Ø	1 600	mm
Größte Achslast	35,5	t
Zylinder-Ø		
HD	508	mm
MD	699	mm
ND	2×838	mm
Kolbenhub	812	mm
Wasservorrat	53	m³
Kohlenvorrat	16	t

Mit Zwillingswirkung betrug die Anfahrzugkraft 41 t für die Hauptmaschine und 8 t für den Booster des Tenders bei vollem Kesseldruck. Bei Verbundwirkung konnte eine größte Zugkraft von 34 t für die Hauptmaschine festgestellt werden.

Die Lok Nr. 1403 erhielt den gleichen fünffachigen Tender wie die Vorgängerin 1402 mit dem Unterschied, daß bei Lok 1403 alle 3 Achsen des hinteren Tenderdrehgestells von der Bethlehem-Boostermaschine angetrieben wurden.

Der Dampfkessel entsprach etwa den der 3 früher gebauten D&H-HD-Loks und hatte ebenfalls eine Wasserrohrfeuerbüchse. Die Ober- und Untertrommeln schmiedete man im Gegensatz zur früheren Nietausführung nahtlos aus Nickelstahl. Durch exzentrisches Ausdrehen der Trommeln wurde an den Rohreinwalzstellen eine größere Wandstärke erzielt. Dies ergab eine Gewichtsverminderung für den Kessel von 2,5 t gegenüber der Ausführung für Lok Nr. 1402 bei gleichem Dampfdruck. Die Hauptdaten des Kessels betrugen:

Dampfdruck	35,1	atü
Rostfläche	7	m²
Heizflächen für		
Verdampfung	311	m²
Überhitzung	100	m²
Dampftemperatur	400	°C
Leistung zirka	22	t/h

Zur Kesselspeisung besaß auch diese Lok eine DABEG-Pumpe über der linken vorderen Gleitbahn mit Gestängeantrieb vom Triebwerk aus.

Nach der Ablieferung wurden Betriebsmeßfahrten mit dem Dynamometerwagen vorgenommen, die folgende Resultate ergaben:

Zuggewicht t	Steigung ‰	Fahrgeschwindigkeit km/h	HD-Füllung %	Zugkraft t	Bemerkung
2970	4,2	30	50	18,5	ohne Booster
4330	2,4	6	66	31	ohne Booster
5550	5,2	6,75	66	37	mit Booster

Die höchste Zugkraft von 41 t der Hauptmaschine wurde bei 87,5 % Füllung und 6 km/h erreicht. Bei 66 % Füllung und Geschwindigkeiten zwischen 6 und 24 km/h stellte man den Druckabfall zwischen Kessel und HD-Zylinder zu 0,9 bis 1,4 kg/cm² fest. Der Druck im Aufnehmer vor dem MD-Zylinder zeigte Werte zwischen 19 und 20, der ND-Aufnehmer zwischen 6,2 und 6,8 kg/cm² bei voller Leistung und ungedrosselter Reglerstellung. Aus dem Kohlenverbrauch wurde ein Gesamtwirkungsgrad von 12 % bei optimaler Leistung errechnet. Damals war es in bezug auf den wirtschaftlichen Wirkungsgrad das am höchsten entwickelte Dampftriebfahrzeug des amerikanischen Kontinents. Infolge der besonders günstigen Betriebsverhältnisse bei hoher mittlerer Zuglast auf langen Steigungsstrecken konnte diese wie auch die übrigen 3 D&H-HD-Lok dieser Bahn weitgehend im Bereich guten Wirkungsgrades betrieben werden, womit überhaupt erst die Vorteile einer solchen gegenüber klassischen Dampfloks aufwendigeren Bauart nutzbar wurden.

Der Antrieb von 4 Zylindern auf eine Triebachse ergab eine gleichmäßigere Zugkraft und bessere Reibwertausnutzung gegenüber den üblichen Zwillingsloks, und die Bergfahrten mit schweren Güterzügen bei z. T. niedrigen Fahrgeschwindigkeiten waren außerordentlich eindrucksvoll.

Die hohe Beanspruchung der Trieb- und Hauptkuppelzapfen ergab auf die Dauer Schwierigkeiten mit der Lagerung und den Zapfen, die hier erstmals in Wälzlagerung angewandt wurden und noch unerprobte Neukonstruktionen waren. Die langen Antriebswellen der Ventilsteuerung gewährleisteten im Laufe der Zeit keine genügend exakte Arbeitsweise der Ventilsteuerung infolge sich vergrößernder Toleranzen, Formänderungen und damit Steuerzeitfehler, was ebenfalls eine erhöhte Triebwerksbeanspruchung zur Folge hatte. Die Stopfbuchspackungen sowie das Zylinderschmieröl hielten dem HD-Heißdampf auf die Dauer nicht stand, es gab deshalb häufig Undichtheiten und Verkokungen des Öls. Nach nur 16 000 km Laufleistung wurde die Lok Nr. 1403 aus dem Dienst gezogen, wobei allerdings auch die schwache Beschäftigung der Bahnen im Güterverkehr zu jener Zeit mit beteiligt war. Im August 1942 erfolgte die Verschrottung und damit das Ende der Entwicklung von HD-Loks bei dieser Bahn.

3.23.19 Die Lokomotiven von Sentinel für die Staatsbahn von Kolumbien

Im Jahre 1934 wurden von der Firma Sentinel Waggon Works Ltd in Shrewsbury 3 Dampfloks gebaut, die für den Dienst auf krümmungsreichen und mit starken Steigungen versehenen Strecken der Kolumbischen Staatsbahn (Südamerika) bestimmt waren. Das Streckennetz mit den Spurweiten 914 und 1000 mm mußte wegen des schwierigen Geländes sehr ungünstig trassiert werden. Es kommen Mindesthalbmesser von 56 bis 80 m und Steigungen von 40 bis 42,5 ‰ als ungünstigste Werte auf den Strecken vor. Dies führte zur Beschaffung einer Anzahl von Gelenkloks der Bauarten Meyer, Mallet, Kitson-Meyer und Garratt [2-43, 44].

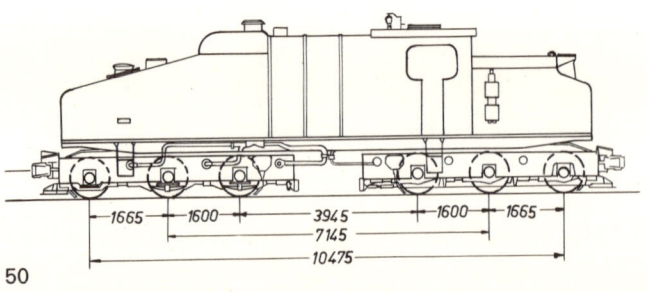

51 Dampfmotor der HD-Lok von Sentinel für die
Kolumbische Staatsbahn
52 Ventilregler der HD-Dampfmotorlok für die
Kolumbische Staatsbahn

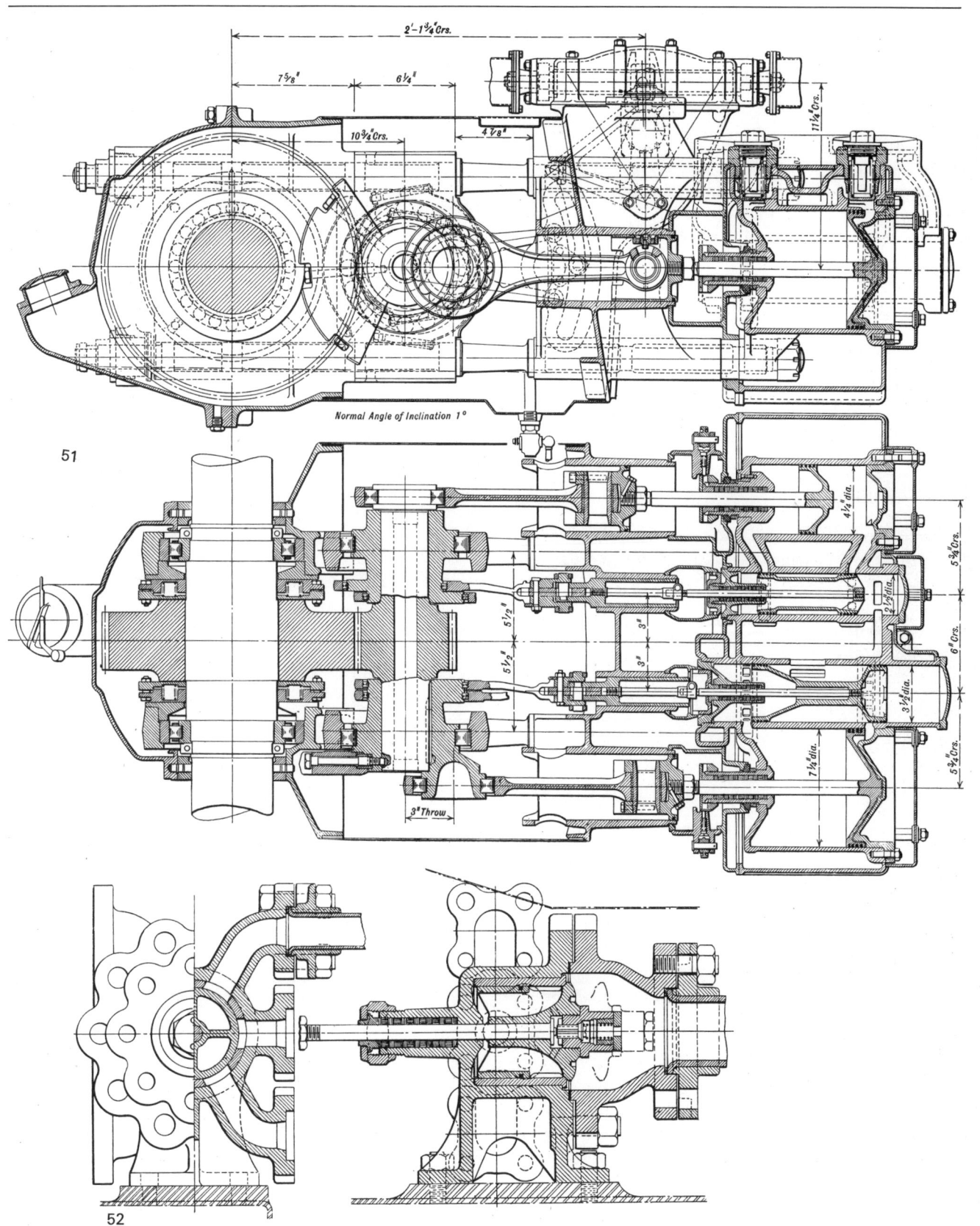

Tabelle 4
Ausgeführte Hochdruckdampflokomotiven.

	Allgemeines					Fahrzeugdaten					
Lfd. Nr.	Hersteller	Jahr	Bahn	Zahl	Betr.-Nr.	Spur mm	Achsfolge	Gewichte t Lok	Tender	zus.	Rei-bung
1	Henschel	1925	DR	1	H 17 206	1435	2′C+2′2′	92	66,6	158	60,
2	Crewe/NBL	1929	LMS	1	6399	1435	2′C+3	88,3	44,5	132,8	64,
3	Henschel	1930	PLM	1	241-B-1	1435	2′D1′+2′2′	114,5			74
4	Angus	1931	CP	1	8000	1435	1′E2′+3′3′	224	136	360	147
5	ALCO	1931	NYC	1	800	1435	2′D2′+3′3′	197	143	340	114
6	SLM	1927		1		1435	1′C1′	75	–	75	48
7	SLM/Elsässische Maschinenbaugesellschaft	1939	SNCF	1	232-P-1	1435	2′C$_0$2′+2′2′	126	72	198	65
8	Yarrow/Darlington	1929	LNER	1	10000	1435	2′C2′+4	105,1	63,4	168,5	63,
9	Schwartzkopff	1930	DR	1	H 02 1001	1435	2′C1′+2′2′	114,8	61,5	176,3	60
10	Henschel	1934	LBE	1	I	1435	B	16,9	–	16,9	16,
11	Sentinel	1934	LMS	1	7192	1435	B	28	–	28	28
12	CEM/BBC	1936	PLM	1	230-E-93	1435	2′C+3	74,1	50	124,1	52,
13	Kolomna	1937	SZD	1	V5-01	1524	B2				
14	Kesselbau EKM Lokbau K. Marx	1951	DR	1	H 45 024	1435	1′E1′+2′2′	126	69	195	90
15	ALCO	1924	D & H	1	1400	1435	1′D+2′b′	157,5	89,8	247,3	135 45
16	ALCO	1928	D & H	1	1401	1435	1′D+3′(b1)′	153	137	290	134 46
17	ALCO	1930	D & H	1	1402	1435	1′D+2′(b1)′	161,4	126	287,4	136
18	ALCO	1933	D & H	1	1403	1435	2′D+2′c′	173,3	124	297,3	142
19	Sentinel	1933	Kolumbische Staatsbahn	3		1000	C$_0$′C$_0$′	55	–	55	55

Siehe dazu auch Tabelle 10, lfd. Nrn. 19, 22.

Die Sentinel-Loks waren in ihrer Gestaltung völlig abweichend von der klassischen Bauweise gehalten. Es handelte sich um Drehgestellfahrzeuge mit durchlaufendem Brückenrahmen. In der Mitte auf dem Hauptrahmen befand sich ein Wasserrohrkessel System Woolnough für 38,5 atü Betriebsdruck. Auf der einen Seite des Kessels schlossen sich der Führerstand, der Kohlenkasten und ein kleiner Wassertank mit 1090 l Inhalt an. Auf dem anderen Rahmenende vor dem Schornstein befand sich ein größerer Wassertank mit 4350 l. Die Lok ruhte auf 2 dreiachsigen Drehgestellen, von denen jede Achse eine schnellaufende Verbundmaschine als Antrieb besaß (Abb. 272). Die Hauptdaten der Lok waren:

Dienstgewicht Lok	55	t
Reibungsgewicht Lok	55	t
Gesamtachsstand	10 475	mm

Längen m Lok	Tender	zus.	V_{max} km/h	Triebrad-Ø mm	n U./min	Kesseldaten Bauart	Druck atü	Temp. °C	Heizflächen Rost m²	V m²	Ü m²	Lei- stung t/h	spez. Heizflächen- belastung kg/m² h
2,4		21,2	110	1980	295	Schmidt	60 14	400 360	2,47	137,8	79,6		
2,5	7,1	19,6	145	2058	373	Schmidt	63 17,6	400 360	2,54	142,1	76		
16,1			110	1800	323	Schmidt	60 14	400 360	3,89	185	95		
		30,26	105	1600	348	Schmidt	60 17,6	400 360	7,16	417	190		
			96	1753	290	Schmidt	60 17,6	400 360	6	367	169		
3,1	-	13,1	80	1520	279	SLM	60	430	1,33	97	20	4	41
5,07			140	1550	479	SLM	60	450	3,5	144	42	16	111
		22,9	140	2032	366	Yarrow	31,6	370	3,24	179,3	12,6	9	45
5,98			120	2000	318	Löffler	120 15	450 350	2,4	153	122		
6,34	-	6,34	60	850	374	Doble	120			10		0,8	80
5,6	-	5,6		940		Doble							
		20,9	120	2000	318	Velox	20	380		26,5		12	450
							80						
			100	1600	331	La Mont	42	400					
				1448		Mühlfeld	24,7	320	6,63	297,7	53,8	26	88
		26,5		1448		Mühlfeld	28	370	7,62	290	65	24	82,5
4	14,4	28,4		1600		Mühlfeld	35,1	400	7,62	319,1	96	22	69
				1600		Mühlfeld	35,1	400	7	311	100	22	70
3,1	-	13,1	40	885	239	Woolnough	38,5		1,55	32	13,5		

Triebrad-Ø		885	mm
Höchstgeschwindigkeit		40	km/h
Anfahrzugkraft		7 900	kg
Kleinster Krümmungshalbmesser		80	m
Zylinder-Ø			
HD		6×108	mm
ND		6×184	mm
Kolbenhub		158,7	mm
Wasservorrat		5,44	m³
Kohlenvorrat		3	t

Der Kessel wies einen dreieckigen Querschnitt auf. Zu beiden Längsseiten des Rostes war je eine untere Wassertrommel mit 360 mm Innen-Ø und zirka 2700 mm Länge angeordnet. In der Mitte oben befand sich eine Obertrommel mit 685 mm Innen-Ø, welche den Dampfraum bildete. Von den Untertrommeln führten jeweils 3 Reihen Wasserrohre schräg nach oben zur Verdampfertrommel. Das eingespeiste Wasser gelangte zunächst

Maschinendaten							Kraftübertragung	Bemerkung	
Bau-art	Lei-stung kW	Dreh-zahl U./min	Zy-lin-der-zahl	Ex-pan-sions-stufen	Zylinder-abmessungen ∅ mm	Hub mm			Lfd. Nr.
	1250		3	2	290 2×500	630 630	direkt	Umbau aus Lok 17206	1
	1250		3	2	292 2×457	660 660	direkt		2
	1760		4	2	2×240 2×560	650 700	direkt		3
	3000		3	2	394 2×610	584 762	direkt	Klasse T-4-a	4
			3	2	337 2×584	762 762	direkt		5
	730	700	3	1	215	350	Zahnräder, Blindwelle, Stangen		6
	2420	950	6×3	1	150	255	Zahnräder, SLM-Antrieb		7
			4	2	254 508	660 660	direkt		8
	1470		3	2	2×220 600	660 660	direkt		9
	90		2	2	70 120	140 140	Ketten	Ölfeuerung und Kondensation 1938 von DR als Kd 4994 übernommen	10
			2 2	2	114 184	152,4 152,4	Zahnräder	Ölfeuerung 2 Antriebsanlagen	11
	1470		4	2	370 540	650 650	direkt	Umbau	12
	370						Zahnräder		13
	2100		3	2	400 2×520	720 720	direkt	Umbau, Kondensation aus Lok 45024, Henschel 1940	14
	1400		2	2	597 1041	762 762	direkt	Name Horatio Allen Tenderbooster	15
	1500		2	2	565 965	762 762	direkt	Name John B. Jervis Tenderbooster	16
	1600		2	2	521 902	812 812	direkt	Name James Archibald Tenderbooster	17
			4	3	508 699 2×838	812 812 812	direkt	Name L. F. Loree Tenderbooster	18
Sentinel	655		6×2	2	108 184	158,7 158,7	Zahnräder		19

in 2 Vorwärmrohrregister, die zu beiden Seiten außen an den schrägen Feuerraumwasserrohrwänden angebaut waren. Der Vorwärmer stand unter Kesseldruck. Damit sollte erreicht werden, daß der größte Teil des Kesselsteins im Vorwärmer (Bauart Gresham and Craven) ausgeschieden wird. Der Vorwärmer war mit je einem Rückschlagventil für die Zuleitungen von Strahlpumpe und Kolbenspeisepumpe ausgerüstet, wobei das eingespeiste Wasser durch Druckdüsen in einen mit dem Dampfraum des Hauptkessels in Verbindung stehenden Raum eingesprüht wurde. Der Wassereintritt im Vorwärmer erfolgte somit unter inniger Mischung mit Dampf. Vor dem Übertritt in das Kesselrohrsystem kam das Wasser in eine Absetzkammer, in der die Härtebildner ausscheiden konnten und die mit einer Abschlammeinrichtung ausgestattet war. Der Übertritt in den Kessel

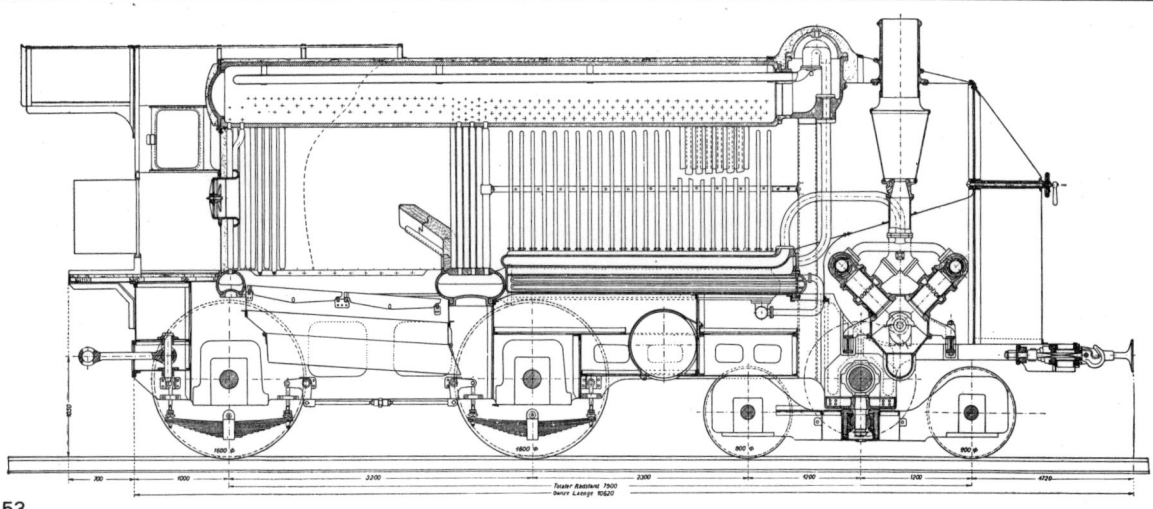

53

erfolgte am vorderen Ende der Obertrommel von der Rauchkammerseite her, also am kühleren Ende dieser Trommel. Damit erzielte man einen intensiven Wasserumlauf. Das Wasser fiel vom vorderen Teil der Obertrommel durch die schrägen Rohrwände nach unten in die beiden Untertrommeln, wo die Einwirkung der Verbrennungsgase nicht so intensiv war gegenüber dem hinteren Feuerraumteil. Von den Rohren der Rauchkammer aus lief das Wasser in die beiden Untertrommeln und innerhalb der Feuerzone durch die Schrägrohre wieder nach oben in die Verdampfertrommel. Die Dampfleistung des Kessels war infolge dieser Anordnung sehr gut. Die äußere Kesselbekleidung war doppelt ausgeführt worden, der dazwischen befindliche Raum diente zur Vorwärmung der Verbrennungsluft. Im vorderen Teil des Kessels war vor dem Rost eine Quermauer, weshalb die Verbrennungsgase nach außen durch die Rohrbündel hindurchtreten mußten. Zwischen Verdampferrohren und der Kesselbekleidung befanden sich die Überhitzerrohre. Die Gase gelangten nach Durchströmen dieses Zwischenraums nach vorn in Rauchkammer und Schornstein. Die wichtigsten Kesseldaten (Abb. 22 und 273) waren:

Dampfdruck	38,5	atü
Rostfläche	1,55	m²
Heizflächen für		
Verdampfung	32	m²
Überhitzung	13,5	m²

Zur Anpassung der Feueranfachung an verschiedene Brennstoffe war das Blasrohr verstellbar ausgebildet. Die Verbrennungsluftmenge regelte sich selbsttätig entsprechend dem am Blasrohr eingestellten Unterdruck, wobei der Lufteintritt mit in sich ausgeglichenen drehbaren Luftklappen ebenfalls selbsttätig den richtigen Einlaufquerschnitt einstellte.

Die 6 Achsen der Lok wurden von je einer kleinen 2-Zylinder-Verbundmaschine über ein Zahnradvorgelege angetrieben. Die Dampfmaschinen befanden sich zusammen mit ihren Getrieben in einem gemeinsamen geschlossenen Gehäuse, wobei die ganze Einheit in Tatzlagerbauart im Rahmen eingebaut war. Die doppeltwirkenden Maschinen besaßen Stephenson-Steuerung mit Kolbenschiebern und waren rollengelagert sowie in Öl laufend voll gekapselt. Der auf dem Prüfstand ermittelte Dampfverbrauch betrug 8 kg/kWh bei 665 U./min und 38 atü Dampfdruck.
Die Stephenson-Steuerung wurde mittels Steuerschraube und Mutter von der Dampfmaschinenwelle in einem auf der Maschine befindlichen Gehäuse bewegt. Der Dampf gelangte zu den einzelnen Maschinen vom Regler aus durch eine besondere Leitung, die wegen der erforderlichen Beweglichkeit der in den Drehgestellen eingebauten Antriebe in Kugelgelenken geführt war. Für jede Dampfmaschine war in der Zuleitung ein eigenes Absperrventil angeordnet, womit in Störungsfällen die Dampfzufuhr zu evtl. schadhaften Maschinen einzeln unterbrochen werden konnte. Die 6 Verstellgewindespindeln der Stephenson-Steuerungen waren unter sich durch Gelenkwellen verbunden, um von einer Welle aus dem Führerstand gleichzeitig eingestellt werden zu können.
Um zu vermeiden, daß beim Durchgehen einer Dampfmaschine diese den übrigen Maschinen den Dampf fortnahm und dabei noch stärker ihre Drehzahl erhöhte, wurde ein Ventilregler nach Abb. 52 eingebaut. Er bestand aus einem kombinierten Teller- und Kolbenventil. Das Kolbenventil deckte die 6 Dampfkanäle zu den einzelnen Maschinen ab. Das Tellerventil dichtete mit seinem Sitz auf der Führungsbuchse des Kolbenventils. Bei offenem Regler strömte der Dampf von oben kom-

82

54 Entwurf einer HD-Kondensationslok von Prof.
Wiesinger aus dem Jahre 1924

mend durch den Ringspalt des Tellerventils, den hohlen Körper des mit angehobenen Kolbenventils in die 6 Kanäle zu den Maschinen. Beim Öffnen des Reglers wurde zuerst ein etwa 3 mm breiter Ringspalt des Tellerventils freigegeben, bevor das Kolbenventil begann, die 6 Kanäle zu öffnen. Dadurch erreichte man eine Drosselwirkung für den Kanal, der infolge Durchgehens der zugehörigen Maschine mehr Dampf als die anderen Kanäle aufnehmen wollte.

Die Drehgestelle waren so ausgebildet, daß jeweils der äußere Radsatz in einem Deichselgestell lief, das innerhalb des Drehgestellrahmens gelagert war und gegenüber diesem ausschwenken konnte. Somit ließen sich mit diesen Loks Halbmesser bis herab zu 80 m zwanglos durchfahren. Rückstellfedern regelten die Seitenverschiebung der Endachsen. Sämtliche Rollenachslager waren gleich ausgeführt. Die selbsttätige Mittelpufferkupplung war an den Drehgestellrahmen angebaut.

Nach ihrer Fertigstellung wurde die erste dieser Loks auf der Meterspurstrecke Marche—Bastogne der Société Nationale des Chemins de Fer Vicinaux Belges im Güterzugdienst erprobt. Die gestellten Anforderungen konnten von der Lok ohne weiteres erfüllt werden, wobei auch Steilstrecken befahren wurden.

3.24 *Nicht ausgeführte Hochdruckdampflokomotiven*

Schon zu Beginn der Einführung des HD-Dampfes in die Energiegewinnung befaßte sich Prof. Kurt Wiesinger ab 1920 mit der Konstruktion von HD-Loks [3.24-1–3]. Nach seinen Vorstellungen war für die Gestaltung maßgebend:
1. Kräftige, aber nicht extreme Ausdehnung des Wärmegefälles nach oben und unten.
2. Schnellaufende, einfach wirkende Gleichstromdampfmaschine.
3. Unmittelbare Wärmezufuhr im HD-Kessel.

Abb. 53 zeigt den ersten Entwurf für eine HD-Lok. Diese 2' B-Schnellzugmaschine sollte in ihrem 8-Zylinder-V-Dampfmotor bei 60 atü Kesseldruck eine Maschinenleistung von 880 kW entwickeln. Der Wasserrohrkessel enthält eine auf die ganze Länge durchlaufende Obertrommel. Die Seitenwände des Kessels bilden durch Einwalzen und Dichtschweißen mit der Trommel verbundene Rohre. Unten münden diese Rohre in waagrechte Sammelbehälter. Dieser Entwurf war für Auspuffbetrieb gedacht.

Wegen der damals noch nicht möglichen einwandfreien inneren Speisewasseraufbereitung und der deshalb bei Rohwasserspeisung zu erwartenden Schwierigkeiten mit derartigen Kesseln arbeitete Wiesinger auf Anraten der Deutschen Reichsbahn weitere Entwürfe seiner HD-

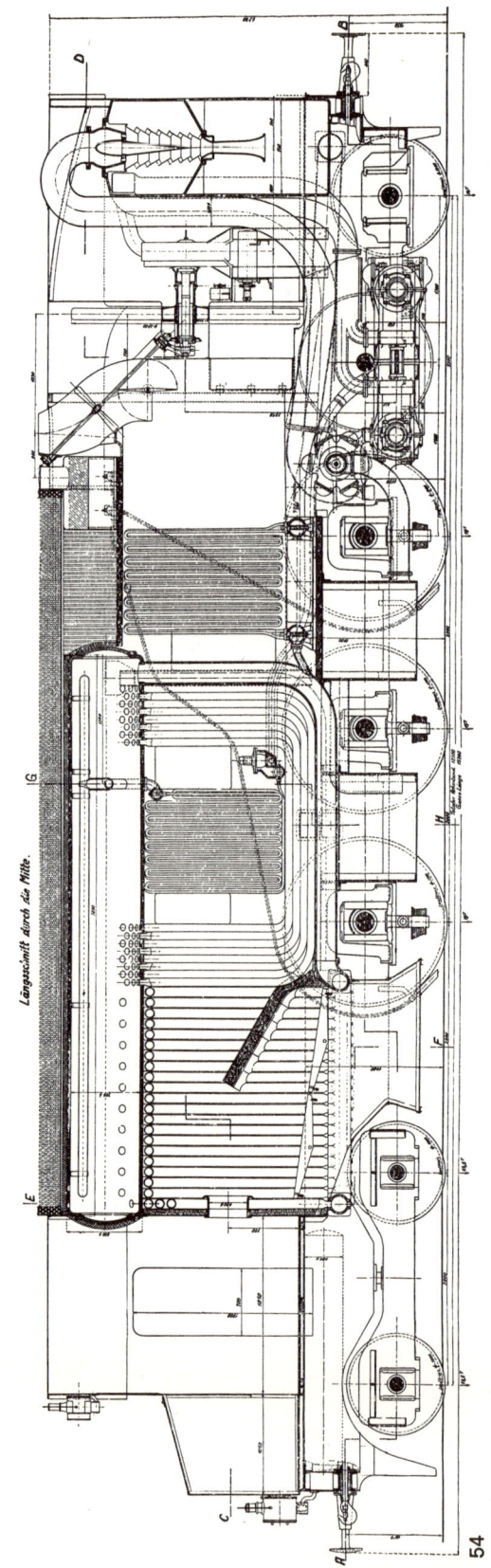

54

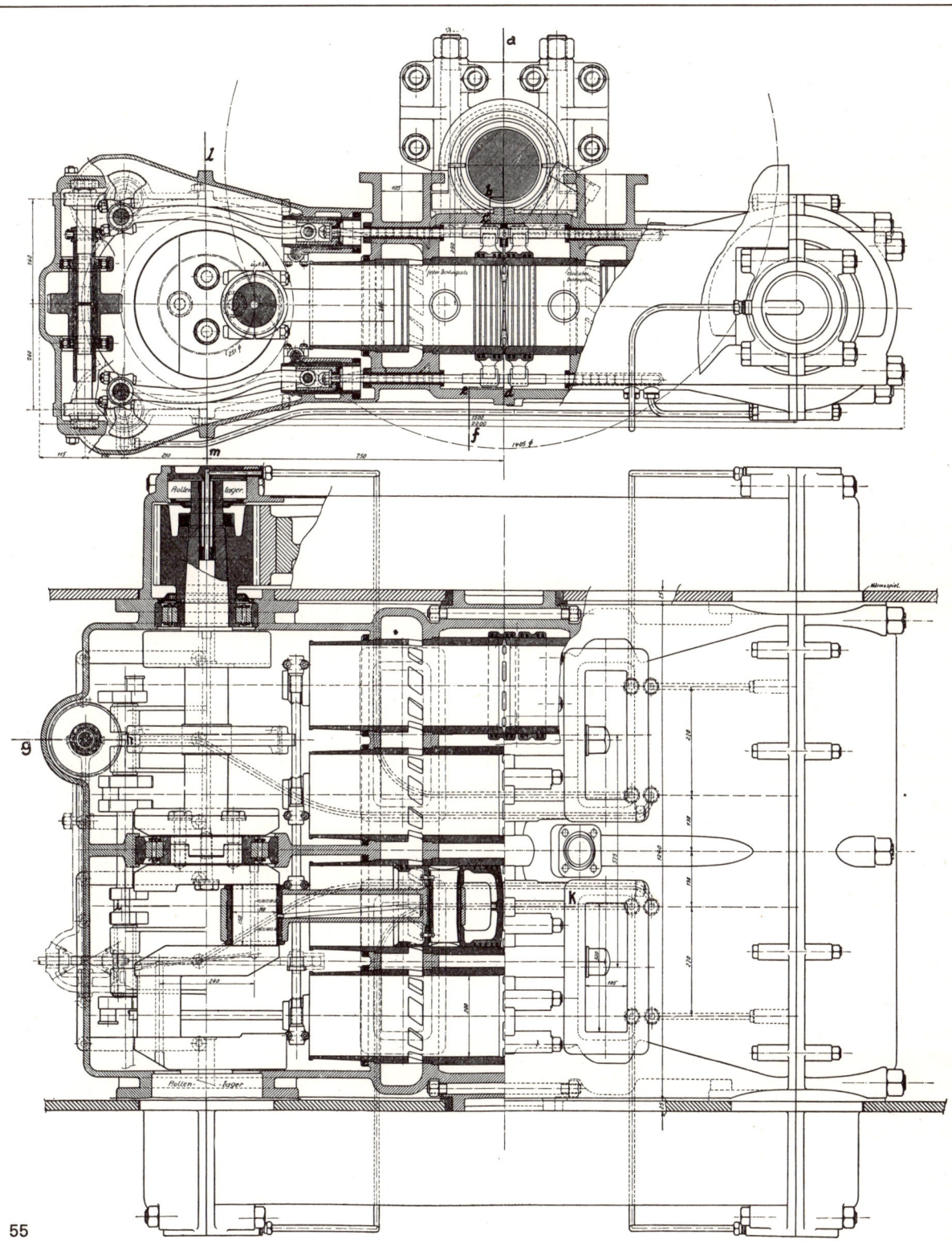

55

56 Entwurfskizzen für 1'D2-HD-Kondensloks
von Prof. Wiesinger
57 Entwurf eines HD-Kessels für 60 atü zu einem
Projekt für eine Turbinenlok der Maschinenfabrik
Eßlingen aus dem Jahre 1924

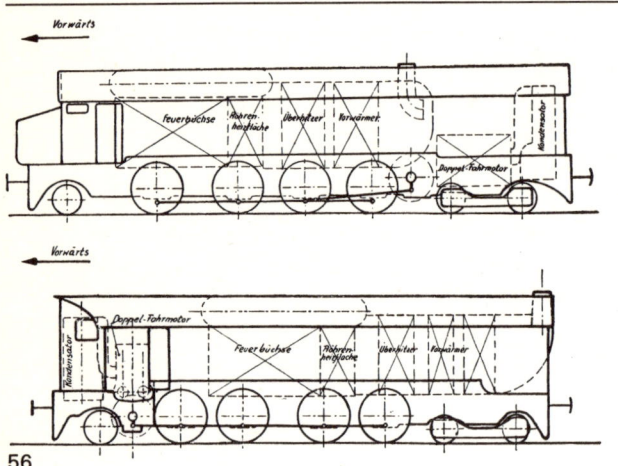

56

Lok mit Kondensation aus. Um eine möglichst einfache Kondensatorbauart mit wenig Hilfseinrichtungen zu bekommen, wurde ein Körting-Strahlkondensator vorgesehen, der auch keine eigene Luftpumpe benötigt. Gleichzeitig wurde versucht, durch leichte Bauart der Rückkühlanlage den schweren Kondenstender zu vermeiden und die Anlage auf der Lok selbst unterzubringen. Für einen solchen Betrieb wurde auch die Kolbenmaschine für besser geeignet als die Turbine angesehen, weil diese gegen das im Sommer schlechtere Vakuum nicht so empfindlich ist. Der aus diesen Überlegungen entstandene Entwurf einer 2' C1'-Kondens-HD-Lok zeigt Abb. 54. Der Führerstand mit vorgebautem Kohlenkasten wurde an das vordere Lokende verlegt, um beste Streckensicht zu erhalten. Am hinteren Lokende fand der senkrecht angeordnete Strahlkondensator Aufstellung, während die Rückkühlanlage aus einzelnen torbogenartigen Rohrelementen sich zusammensetzte.

Der Wasserrohrstrahlungskessel arbeitete im Naturumlaufverfahren und bestand aus einer über die ganze Kessellänge durchlaufenden Obertrommel, einer etwa dem Brotan-Kessel entsprechenden Feuerbüchse aus Wasserrohren und einem aus U-förmigen Rohren bestehenden Berührungsheizflächenteil. Zwischen den senkrechten Rohrbündeln der Berührungsheizfläche waren die Überhitzerelemente angeordnet. Dadurch ergab sich eine Temperaturdifferenz zwischen diesen Rohrbündeln, welche einen lebhaften Wasserumlauf hervorrufen sollte. Die in Abb. 55 dargestellte Hauptantriebsmaschine war ein einfach wirkender 8-Zylinder-Gleichstrom-Gegenkolbendampfmotor von 1180 kW Nennleistung bei 2000 U./min. Das Gleichstromverfahren (Abschnitt 3.31) vermeidet wegen des Dampfflusses in einer Richtung im Zylinder die Eintrittskondensationsverluste der Wechselstromdampfmaschine. Zudem erlaubt dieses Verfahren auch bei höheren Dampfdrücken noch die Einfachexpansion wirtschaftlich anzuwenden.
Aufbauend auf diesen Vorarbeiten entstand 1924 der Plan, bei der Rheinischen Metallwaren- und Maschinenfabrik in Düsseldorf-Derendorf eine 1470-kW-HD-Dampflok nach der Konstruktion von Prof. Wiesinger zu bauen. Es war vorgesehen, in drei aufeinanderfolgenden Entwicklungsstufen zuerst einen Dampfmotor, dann den HD-Kessel und zuletzt einen Kondensator zu bauen und auf dem Prüfstand betriebsreif zu erproben. Nach Entwicklungsabschluß mit diesen Hauptbauteilen sollte eine erste Versuchslok für Streckenprobefahrten gebaut werden. Die Prozeßdaten waren dafür mit 43 atü und 470 °C im Kessel und 0,2 ata im Kondensator bei 10 °C Lufttemperatur vorgesehen. Abb. 56 zeigt die seinerzeit aufgestellten Entwurfsskizzen für eine 1'D2'-HD-Kondenslok nach Wiesinger für 90 km/h Höchstgeschwin-

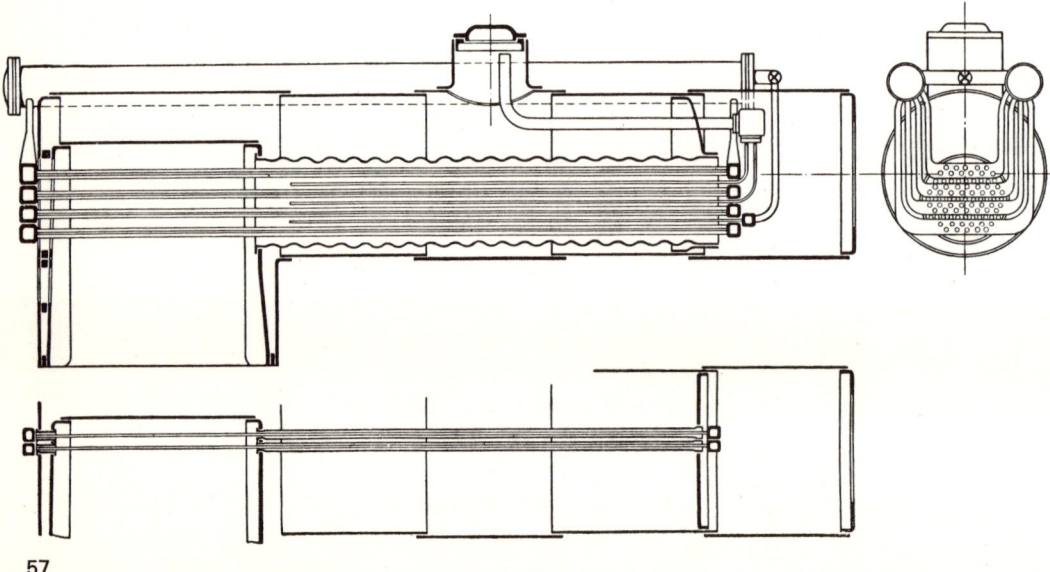

85

58 Entwurf einer HD-Turbinenlok mit Kondensation von Krupp aus dem Jahre 1928
59 Entwurf einer HD-Turbinenlok mit Benson-Kessel für kritischen Dampfzustand und Kondensation aus dem Jahre 1929 von Maffei

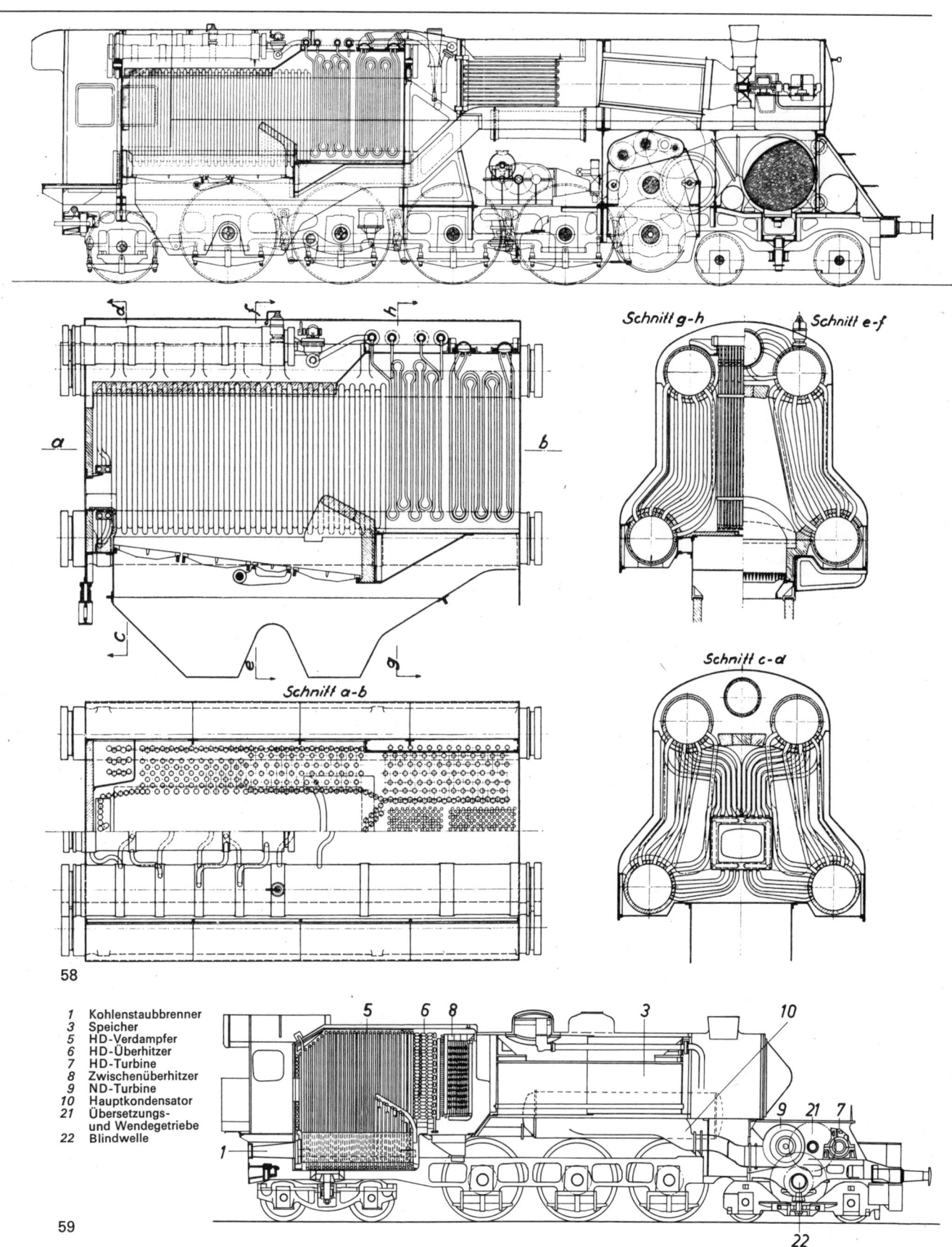

Schnitt g-h   Schnitt e-f

Schnitt a-b

Schnitt c-d

58

1 Kohlenstaubbrenner
3 Speicher
5 HD-Verdampfer
6 HD-Überhitzer
7 HD-Turbine
8 Zwischenüberhitzer
9 ND-Turbine
10 Hauptkondensator
21 Übersetzungs- und Wendegetriebe
22 Blindwelle

59

86

60 Schema der HD-Turbinenlok nach Abb. 59
61 Arbeitsprozeß der Anlage nach Abb. 60 im
I-S-Diagramm. K. P. = Kritischer Punkt

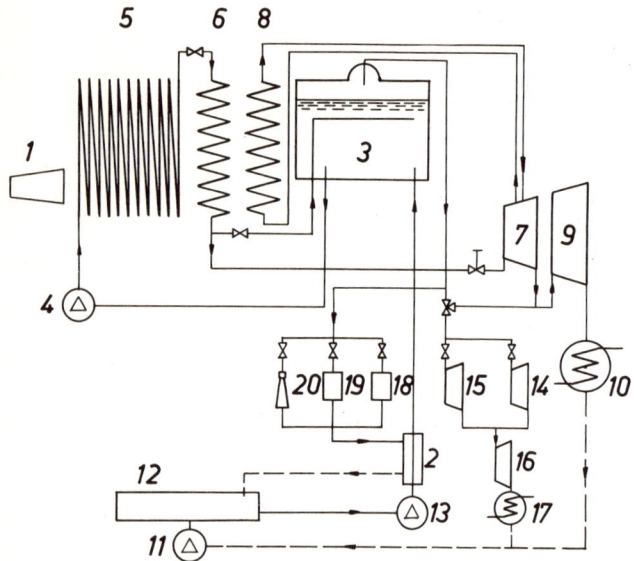

60

1	Kohlenstaubbrenner	12	Kondensatsammelbehälter
2	Abdampfvorwärmer	13	Speicherspeisepumpe
3	Speicher	14	HD-Pumpenturbine
4	HD-Speisepumpe	15	Saugzugventilatorturbine
5	HD-Verdampfer	16	Kühlerlüfterturbine
6	HD-Überhitzer	17	Hilfsmaschinenkondensator
7	HD-Turbine	18	Luftpumpendampfmaschine
8	Zwischenüberhitzer	19	Kondensat- und
9	ND-Turbine		Speicherpumpendampfmaschine
10	Hauptkondensator	20	Dampfstrahlluftsauger
11	Kondensatpumpe		für Kondensator

digkeit. Der Antrieb vom alternativ längs und quer einzubauenden Dampfmotor sollte über Getriebe, Blindwelle und Kuppelstangen erfolgen. Der Kessel wurde gegenüber dem ersten Entwurf durch Verkürzen der Berührungsheizfläche verkleinert und dafür ein Rauchgasvorwärmer vorgesehen.

Infolge der damals ungünstigen Wirtschaftslage kam es jedoch nicht, wie ursprünglich vorgesehen, zum Bau einer Wiesinger-HD-Lok.

Im Zusammenhang mit Projekten für Turbinenloks wurden 1924 auch einige Entwürfe für HD-Kessel von den Firmen Krupp (Abb. 172 und 173) und der Maschinenfabrik Eßlingen (Abb. 57) bekannt. Der 20-atü-Kessel des Krupp-Entwurfs nach Abb. 172 zeigt noch den klassischen Aufbau, während in Abb. 173 ein 60-atü-Wasserrohrkessel zu sehen ist. Beiden Kesseln gemeinsam ist die Anordnung von Rauchgasvorwärmern. Ein weiterer Entwurf der Firma Krupp, siehe Abb. 58, stellt eine HD-Turbinenlok mit Kondensation dar. Der 60-atü-Kessel besitzt 4 Längstrommeln mit verbindenden engen Wasserrohren. Durch den geschlossenen Wasser-Dampf-Kreislauf war die konstruktive Anordnung der Rohre weitgehend frei, da keine Steinablagerungen erwartet wurden [1.1-13].

In den Jahren 1928 bis 1930 wurde von der Firma

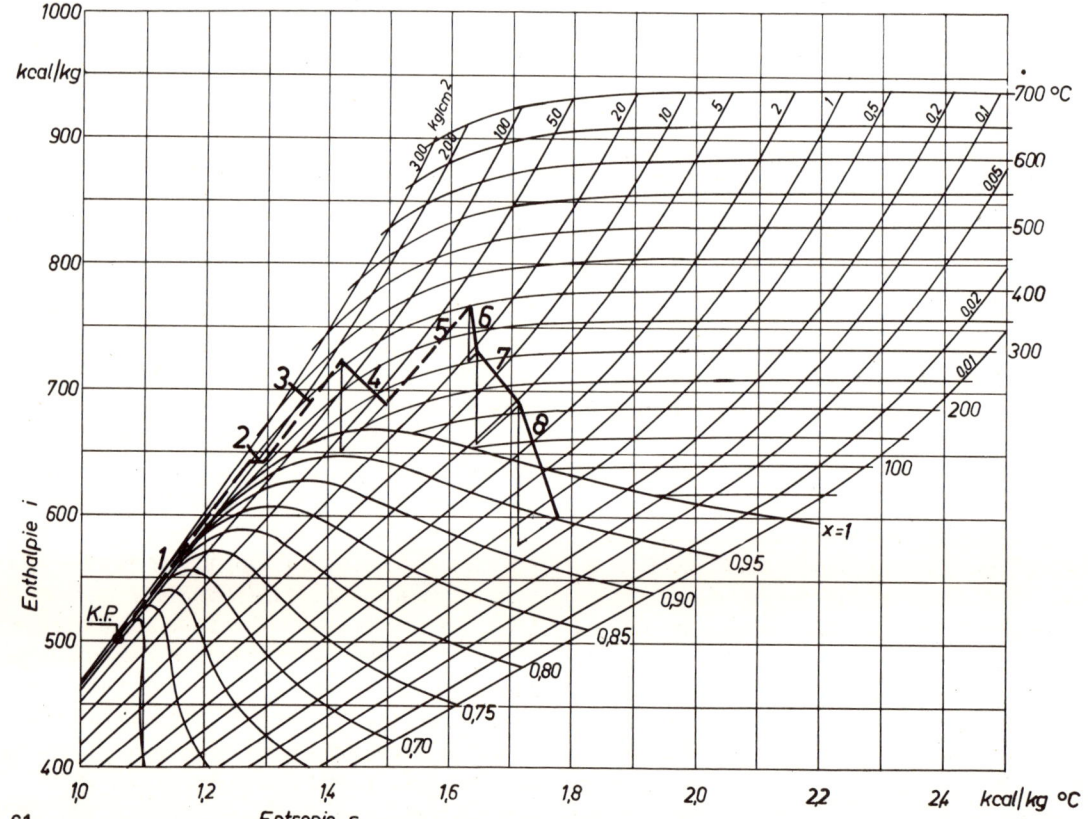

87

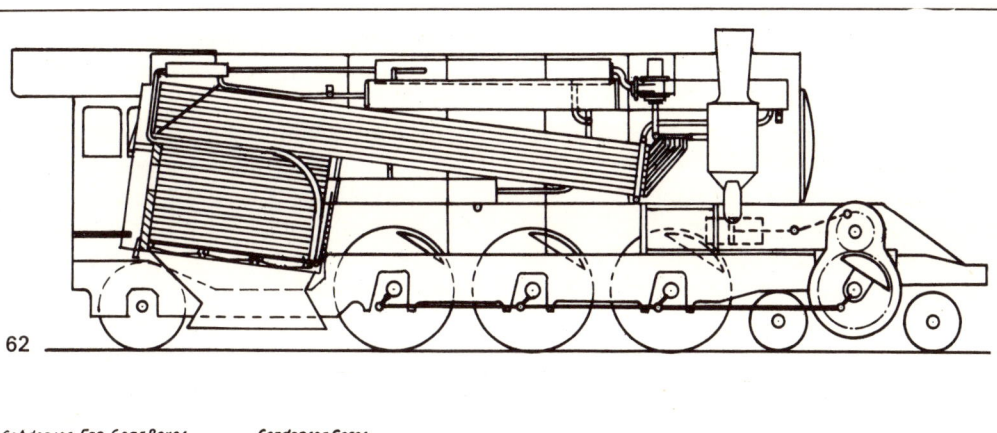

62

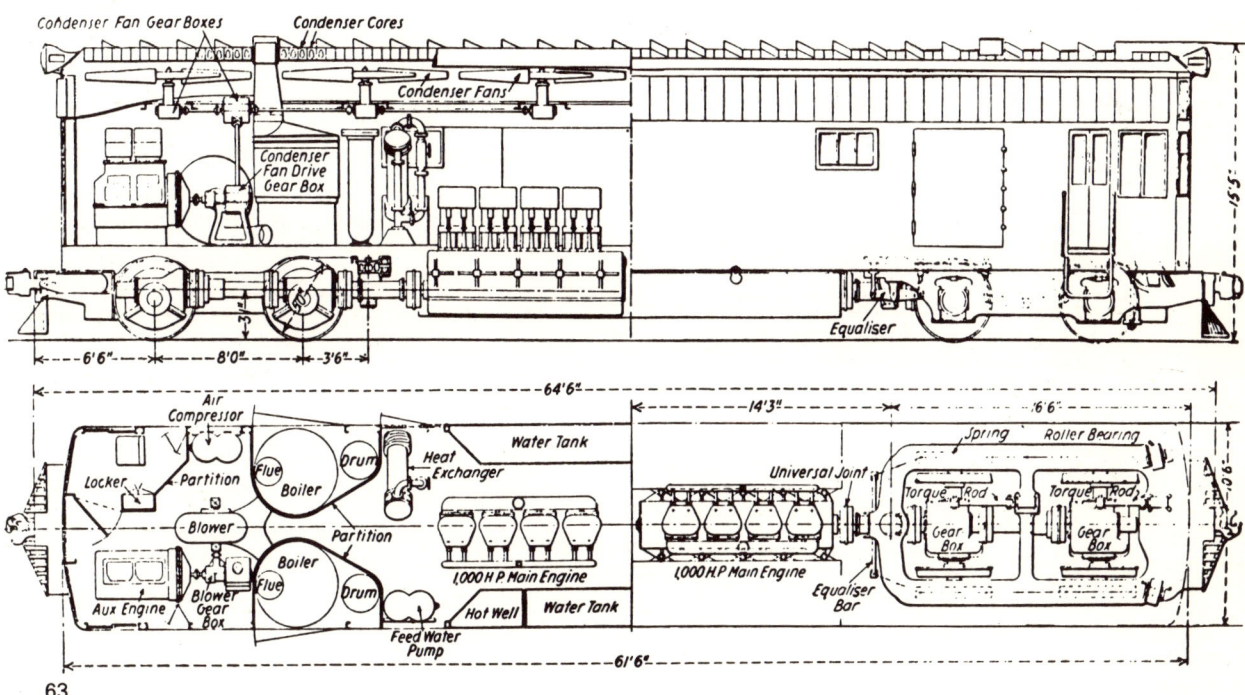

63

J. A. Maffei erstmals eine Lok mit Benson-Kessel konstruiert, wobei der Kesseldruck für den sog. «kritischen Wert» von 225 atü ausgelegt war. Dabei erreicht der Wärmeaufwand zur Dampferzeugung ein Minimum. Abb. 59 zeigt diesen Entwurf, der eine Weiterentwicklung der ersten Maffei-Turbinenlok Betr.-Nr. T 18 1002 der Deutschen Reichsbahn darstellt. Ein Schema in Abb. 60 stellt das Arbeitsprinzip dieser Lok dar. Das Kondensat wird im Abdampf- und anschließend im Rauchgasvorwärmer stark vorgewärmt, wobei diese beiden Vorwärmer im sog. Speicher (Langkessel) angeordnet sind. Das vorgewärmte Wasser drückt die HD-Speisepumpe mit 250 atü in das Rohrsystem des HD-Erhitzers und anschließend in den HD-Überhitzer. Der HD-Erhitzer ist aus den Rohrwänden des Feuerraums gebildet, also ein reiner Strahlungskessel. Ein Überströmteil am Ende des Erhitzers hält den Druck auf 225 atü. Für den

Betrieb der die Lok antreibenden Dampfturbine wird der Dampf auf 150 atü gedrosselt, da seinerzeit noch keine betriebssicheren Turbinen für solch hohe Drücke gebaut wurden. Die Überhitzung auf 400 °C geschieht nach der Druckdrosselung, mit der eine Temperatursenkung von 410 auf 350 °C verbunden ist (Abb. 61). Nach der 1. Turbinenstufe mit einer Expansion auf 37 atü und 270 °C erfolgt eine Zwischenüberhitzung auf wiederum 400 °C, um eine Expansion zu weit in das Naßdampfgebiet zu vermeiden. Der Dampf zum Betrieb von Speisepumpen, Saugzugventilator und Kondensatorpumpen wird zwischen HD- und ND-Turbine dem Hauptdampfstrom entnommen, die übrigen Hilfseinrichtungen werden aus dem Speicher (ND-Kessel) mit Dampf versorgt. Der Speicher ist parallel zur HD-Turbine im Dampfstrom geschaltet; bei plötzlicher Entlastung des Kessels nimmt er anstelle der Turbine die Dampferzeugung des Benson-

64 Entwurf eines 35-atü-La-Mont-Lokkessels
65 Entwurf eines ölgefeuerten La-Mont-Kessels
für Triebwagen
66 Trommelloser HD-Fahrzeugkessel für feste
Brennstoffe der Schmidtschen Heißdampfgesellschaft

Kessels bis zur Erreichung des Gleichgewichtszustands auf. Bei plötzlicher Belastung kann die ND-Turbine während der Anlaufzeit des HD-Kessels mit Speicherdampf betrieben werden. Für die Feuerung war ein Kohlenstaubbrenner vorgesehen. Die Kondensation sollte durch wassergekühlte Oberflächenkondensatoren auf der Lok und Kühlwasserrückkühlung auf dem Tender geschehen. Zu einer praktischen Erprobung dieser bemerkenswerten Turbinenlok kam es infolge der damaligen Weltwirtschaftskrise nicht mehr.

Im Jahre 1930 beabsichtigte die DR den Bau von 2 weiteren 60-atü-Schmidt-HD-Loks, bei denen die ganze

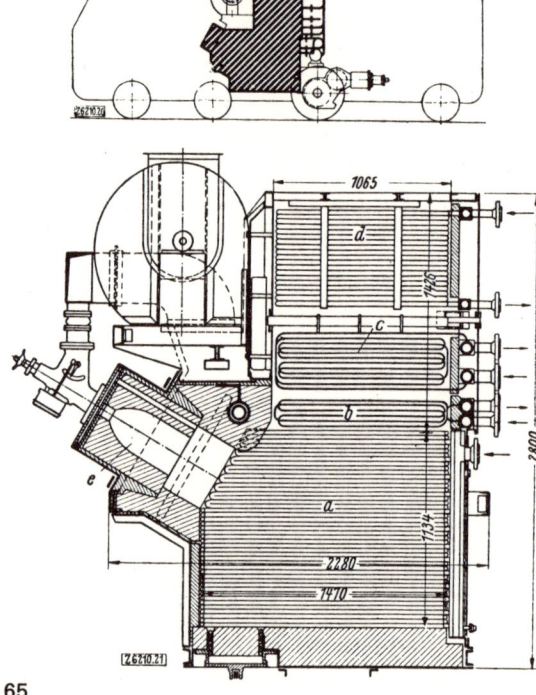

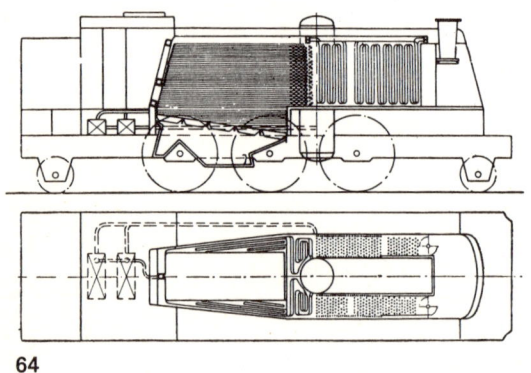

64

65

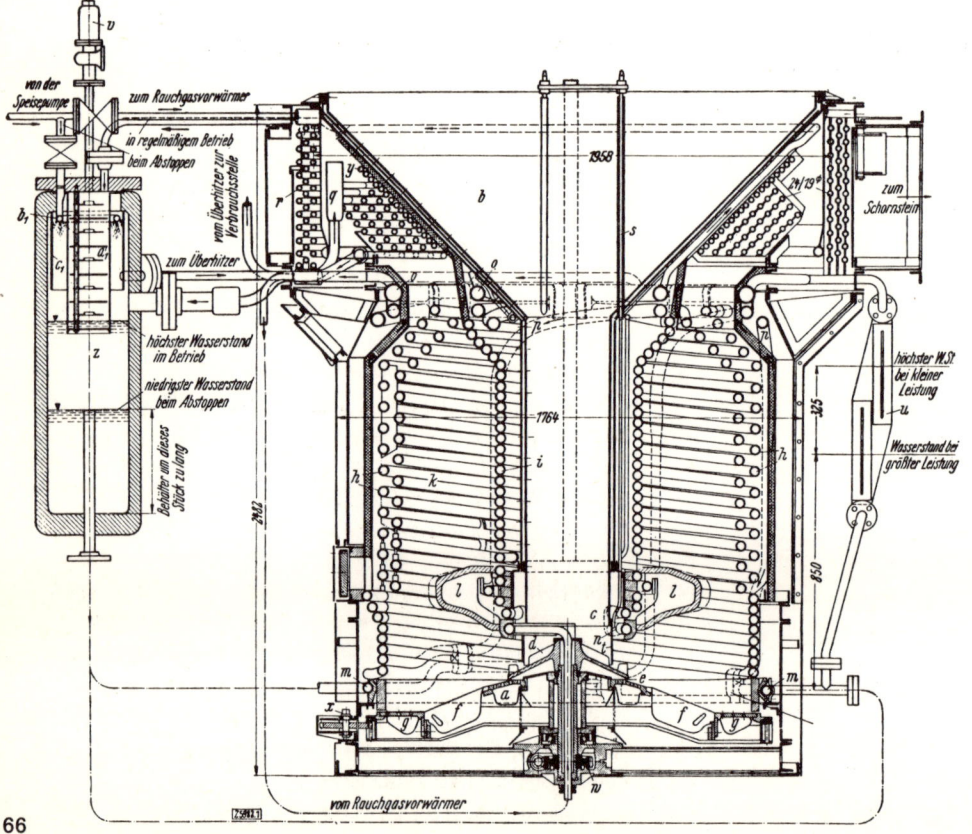

Leistung 2 t/h
Druck 65 atü
Temperatur 500 °C
Rostfläche l 1,33 m²
Vorwärmerheizfläche 16,7 m²
Verdampfungsheizfläche 16,8 m²
Überhitzerheizfläche 15 m²

a Drehrost
b Kohlenbunker 1,1 m³
c Kohlenauslauf
d Rührflügel
e Schwelzone
f Schrägrost 0,8 m²
g Ausbrandring 0,53 m²
h 8 Verdampferschlangen
i 3 Vorwärmerschlangen
k Feuerraum 1,42 m³
l Zündgewölbe
m Speisering der
  Verdampferschlangen h
n Speisering der
  Vorwärmerschlangen i
o Dampfentnahmering
p Fallrohre
q Überhitzereintrittssammler
r Speisewasservorwärmer
s Zugstange des Rohrschiebers t
u Wasserstandsanzeiger
v Sicherheitsventil
w Antrieb des Rührflügels
x Antrieb des Rostes
y Überhitzer
z Speisewasserbehälter

a_1 Rieselfläche
b_1 Spritzring
c_1 Blecheinsatz

66

67 Entwurf einer 2'D1-HD-Lok mit Dampfmotor und 1470 kW Maschinenleistung der SLM aus dem Jahre 1928

68 Entwurf einer D1'+ D-Garratt-HD-Lok mit Dampfmotoren und 2×1470 kW Maschinenleistung der SLM aus dem Jahre 1928

69 Entwurf einer 2'C1'-Schnellzug-HD-Lok mit Dampfmotor und 2430 kW Maschinenleistung der SLM aus dem Jahre 1930

Tabelle 5
Nicht ausgeführte Hochdruckdampflokomotiven.

Lfd. Nr.	Allgemeines			Fahrzeugdaten		Gewichte t				Längen m		
	Entwurf	Jahr	Bahn	Spur mm	Achsfolge	Lok	Tender	zus.	Reibung	Lok	Tender	zus.
1	Prof. Wiesinger Zürich	1921		1435	2'B+2'2'					11,3		
2	Prof. Wiesinger Zürich	1924		1435	2'C1'		–				–	
3	Prof. Wiesinger Zürich	1924		1435	1'D2'	125	–	125	80		–	
4	SLM	1928		1435	2'D1'+2'2'							23,5
5	SLM	1928		1435	(D1')+(D)							27,9
6	Hanomag	1930		1435	2'C1'+2'2'							
7	SLM	1931		1435	2'C1'+2'2'	123	74	197	69			25,2
8	Maschinenfabrik Eßlingen ME			1435	B		–			7,3	–	7,3
9	ME			1435	1'B		–			7,25	–	7,25
10	ME			1435	1'B1'		–			8,6	–	8,6
11	ME			1435	BB		–			7,24	–	7,24
12	ME	1934	DR	1435	1'B	41,2	–	41,2	33,9	8,14	–	8,14
13	Committe on Steam Turbine & Condensing Locomotives	1933		1435	B'B' C'C'	109 163	– –	109 163	109 163		– –	
14	Bugatti	1935	PLM	1435	D₀'D₀'							
15		1937	LMS	1435	1'C1'							
16	Lugansk	1939	SZD	1524	2'D1'+2'2'							
17	Günther (ME)	1958		1435	2'D1'+2'2'							

Siehe dazu auch Tabelle 8, lfd. Nrn. 9, 12, 14, 17, 18, 25, und Tabelle 11, lfd. Nrn. 6, 7, 9, 10, 16 21–23.

Maschinenleistung durch HD-Dampf aufgebracht werden sollte. Anstelle des ND-Kessels war ein Rauchgasvorwärmer geplant. Die zweistufige Dampfmaschine sollte zwischenüberhitzten Dampf erhalten. Wegen der schlechten Wirtschaftslage wurde auch dieses Projekt aufgegeben; das Leistungsprogramm der DR-Lok Reihe 01 hätte mit dieser Maschine erfüllt werden sollen.

Eine weitere HD-Lok mit Benson-Kessel projektierten 1939 die Siemens-Schuckert-Werke. Die in Abb. 186 gezeichnete Maschine sollte eine Auspuffturbine und elektrische Kraftübertragung erhalten. Der Feuerraum war als HD-Strahlungsverdampfer vorgesehen, während anstelle des Langkessels eine ND-Speichertrommel lag. Die Feuerung sollte mittels Steinkohle und Stocker erfolgen [3.42-15].

Eine Reihe von Entwürfen legten den Velox-Kessel zugrunde. Diese Maschinen wiesen durchweg Dampfmotorantrieb auf und sind deshalb in Abschnitt 3.33 erwähnt. Der Velox-Kessel ist durch seine kompakte Bauart und seine große Leistungsfähigkeit besonders für Fahrzeuge geeignet, weshalb er bei einer Weiterent-

wicklung der Dampftraktion zweifellos eine Rolle gespielt hätte. Zur praktischen Ausführung kam jedoch nur eine Lok mit diesem Kessel.

Einen Naturumlauf-Wasserrohrkessel hat auch die Firma Hanomag noch 1930 entwickelt [2-85; 3.21-4]. Dabei legte man besonderen Wert auf die Verwendung von möglichst nur geraden Rohren mit Rücksicht auf leichte Reinigung und Tauschbarkeit. Ein solcher Versuchskessel wurde gebaut und ortsfest erprobt. Wegen Aufgabe des Lokbaus der Hanomag im Jahre 1930 kam es jedoch nicht mehr zum Bau der projektierten Dampfmotorlok mit diesem Kessel (Abb. 62).

Entwürfe für eine sehr neuzeitlich anmutende Fahrzeuggestaltung im Zusammenhang mit HD-Dampfanwendung stammen vom Committee on Steam Turbine and Condensing Locomotives [3.24-6]. Als Dampferzeuger plante man Wasserrohrkessel ähnlich der Doble-Bauart und einen geschlossenen Kreislauf. Die Dachkondensationsanlage sollte die Rückkühlung durchführen. Den Achsantrieb der als Drehgestellfahrzeug geplanten Lok sollten schnellaufende stehende Dampfmotoren in ein-

v_max km/h	Triebrad-Ø mm	n U./min	Bauart	Druck atü	Temp. °C	Rost m²	V m²	Ü m²	Leistung t/h	Heizflächenbelastung kg/m² h	Bauart	Leistung kW	Drehzahl U./min
	1600		Wasserrohr	60							Gleichstrom-V	880	
			Wasserrohr	60							Gleichstrom-Gegenkolben	1180	2000
90			Wasserrohr	43	470						Gleichstrom-Gegenkolben	1470	1250
			Wasserrohr	60							Gleichstrom	1470	
			Wasserrohr	60							Gleichstrom	2940	
	1750		Wasserrohr	45									
			Wasserrohr	60							Gleichstrom	2430	
00	1100	480	Wasserrohr	33	450	1,4	20	12,5	4,2	210	V-90°	500	480
	1254		Wasserrohr								Gleichstrom-reihenmotor, stehend	1470 / 2210	1000 / 1000
			Velox	56				9				2940	
			La Mont	35	480			9					
			Wasserrohr								V-90°		

fach wirkender Gleichstrombauart über Gelenkwellen und Achsgetriebe übernehmen (Abb. 63).

Die Kesselbauart La Mont wurde ebenfalls für Schienenfahrzeuge in Vorschlag gebracht. Für die London, Midland & Scottish Railway (LMS) wurde das in Abb. 64 gezeigte Projekt ausgearbeitet [1.1-17; 3-27]. Auch ein Dampftriebwagenentwurf mit einem La-Mont-Kessel wurde bekannt, den Abb. 65 darstellt [1.1-18].

Einen interessanten Kessel hat die Schmidtsche Heißdampfgesellschaft entwickelt, gebaut und erprobt [1.1-30]. Dieser in Abb. 66 dargestellte auch für Schienenfahrzeuge denkbare Kessel war mit seiner Wasserrohrschlange ähnlich dem Doble-Kessel aufgebaut, jedoch für selbsttätige Verfeuerung fester Brennstoffe.

Die Schweizerische Lokomotiv- und Maschinenfabrik Winterthur (SLM) hat Lokentwürfe mit dem von ihr entwickelten Wasserrohrkessel aufgestellt [3.23.6-1]. Abb. 67 zeigt eine 2'D1'-Lok, Abb. 68 einen großen Garratt-Typ, in Abb. 69 ist eine Pacific-Schnellzuglok zu sehen. Alle 3 Loks sind für Dampfmotorantrieb über

Getriebe, Blindwelle und Kuppelstangenantrieb vorgesehen.

Einen Stromlinienschnellzug mit einer HD-Lok schlug 1935 die Firma Bugatti der Paris-Lyon-Mittelmeer-Bahn vor [3.24-7].

Noch im Jahre 1958 wurde von Oberingenieur Günther der Maschinenfabrik Eßlingen eine 2'D1'-Lok mit Wasserrohr-HD-Kessel und einer 4-Zylinder-Verbundmaschine in V-Bauart vorgeschlagen.

3.25 Ergebnisse mit den Hochdruckdampflokomotiven

Der HD-Dampf mit Betriebsdrücken über 25 atü wurde auch im Lokbau versucht, um die Wirtschaftlichkeit des Wärmekraftprozesses zu verbessern. Mit steigendem Anfangsdruck wächst das Arbeitsvermögen von 1 kg Dampf konstanter Temperatur bei adiabatischer Expansion auf einen bestimmten Enddruck. Bei niedrigen Enddrücken nach der Maschine, wie sie besonders im Kondensationsbetrieb auftreten, steigt dann aber die

Zylinder-zahl	Expansions stufen	Zylinderabmessungen Hochdruck-∅ mm	Niederdruck-∅ mm	Hub mm	Kraftübertragung	Bemerkung	Literatur	Lfd. Nr.
8	1				Getriebe, Blindwelle, Kuppelstangen	Auspuff	[3.24-1]	1
8	1				Getriebe, Blindwelle, Kuppelstangen	Kondensation	[3.24-1]	2
12	1				Getriebe, Blindwelle, Kuppelstangen	Kondensation	[3.24-1]	3
4	1				Getriebe, Blindwelle, Kuppelstangen	Auspuff	[3.23.6-1]	4
2×4	1				Getriebe, Blindwelle, Kuppelstangen	Auspuff	[3.23.6-1]	5
					Getriebe, Blindwelle, Kuppelstangen	Auspuff	[2-85]	6
					Getriebe, Blindwelle, Kuppelstangen	Auspuff	[3.23.6-2]	7
					Blindwelle, Kuppelstangen		[2-9]	8
					Blindwelle, Kuppelstangen		[2-9]	9
					Blindwelle, Kuppelstangen		[2-9]	10
					Blindwelle, Kuppelstangen		[2-9]	11
2	1	230	−	450	Blindwelle, Kuppelstangen	Kondensation	[2-9]	12
2×8 2×12	1 1	216	254		Gelenkwellen, Achsgetriebe	Kondensation	[3.24-6]	13
					Einzelachsantrieb		[3.24-7]	14
						Auspuff	[1.1-17]	15
								16
					Blindwelle, Kuppelstangen	Auspuff		17

Endnässe des Dampfes stark an. In den Dampfkraftmaschinen soll jedoch eine Wasserausscheidung aus dem expandierten Dampf vermieden werden, da diese bei Kolbenmaschinen Wasserschläge und bei Turbinen Schaufelerosionen zur Folge haben können. Der Enddruck des Wärmekraftprozesses ist bei Auspuffloks durch den äußeren Luftdruck und die notwendige Energie für die Saugzuganlage des Kessels bestimmt, wobei letztere aus dem Abdampf der Maschine gewonnen wird. Bei Kondensationsbetrieb (Abschnitt 3.43) ist der Enddruck durch die Kühlwassertemperatur bestimmt und liegt somit ebenfalls fest. Es muß also stets ein bestimmter, in seiner Größe von der Art des Arbeitsprozesses abhängiger Energieanteil des Dampfes als in der Kraftmaschine nicht verwertbar an die Umgebungsluft bzw. an das Kühlwasser abgeführt werden. Wie aus dem I-S-Diagramm ersichtlich (Abb. 7), ist zur Vergrößerung des nutzbaren Gefälles neben der Drucksteigerung auch eine Erhöhung der Anfangstemperatur erforderlich und zur Vermeidung einer zu großen Endnässe des Dampfes eine Zwischenüberhitzung während der Expansionsphase.

So ist z. B. der Wärmeinhalt von Heißdampf mit 400 °C

bei 16 atü i = 776,2 kcal/kg und
bei 120 atü i = 730,0 kcal/kg.

Die ausgeführten HD-Loks waren in ihrem äußeren Aufbau zunächst dem klassischen Stephenson-Kessel ähnlich ausgebildet. Diese HD-Kessel nach Schmidt, Yarrow, SLM und Mühlfeld waren ebenfalls schwer gebaut und hatten einen relativ großen Wasserinhalt, wobei das damals noch nicht vollkommen gelöste Problem der Speisewasseraufbereitung die Konstruktion noch erschwerte. Der Brennstoffverbrauch der mit diesen Kesseln ausgerüsteten Loks wurde im Durchschnitt um 10 bis 20 % geringer festgestellt gegenüber vergleichbaren Dampfloks klassischer Bauart. Es konnten im praktischen Einsatz nicht die für Nennleistung und einwandfreien Zustand errechneten günstigeren Werte von 20 bis 40 % erreicht werden. Dies hatte seinen Grund primär in dem gerade bei Loks typischen Wechsellastbetrieb mit seinen großen Zeitanteilen der verschiedenen Teillaststufen. Diese teilweise häufig und schnell auftretenden großen Lastwechsel wirkten sich auf die Kessel nicht immer vorteilhaft aus. Es kam deshalb auch zu Betriebsstörungen. Ähnliche Schwierigkeiten traten auch bei den HD-Dampfanlagen für Kriegsschiffe auf, wo in umfangreichen Entwicklungsarbeiten betriebssichere HD-Kessel geschaffen werden konnten. Auf anderen Schiffen und auch in ortsfesten Anlagen sind die Anforderungen in bezug auf die großen, oft plötzlich auftretenden Laständerungen jedoch nicht so extrem. Da die Betriebssicherheit für jede Eisenbahn zur Durchführung eines geordneten fahrplanmäßigen Betriebs eine unabdingbare Voraussetzung darstellt, so werden in dieser Hinsicht an alle Schienenfahrzeuge höchste Ansprüche gestellt. Die 1. Entwicklungsphase der HD-Dampflok, die um 1935 zum Abschluß kam, brachte nicht den erhofften Erfolg. Wäre damals schon die Möglichkeit der Speisewasserinnenaufbereitung verfügbar gewesen, so hätte sich der bei hohen Drücken unabdingbare Wasserrohrkessel einfacher und betriebssicherer auch bei der Auspufflok verwirklichen lassen. Ob dies aber zu einem überzeugenden Erfolg gereicht hätte, kann nicht sicher gesagt werden.

Im weiteren Verlauf zeigten die Ausführungen und vor allem die nicht mehr verwirklichten Entwürfe einen klaren Trend zum kleinen Zwangdurchlaufkessel mit geringem Gewicht, hoher Dampfleistung sowie schnell variabler Last in Verbindung mit kurzer Anheizzeit. Diese vor allem in den Bauarten Doble und Velox sichtbare Entwicklungsrichtung sollte zu spezifisch wesentlich leichteren Dampftriebfahrzeugen führen, ihr dabei aber die wertvolle Elastizität der Leistungsanpassung im Betrieb möglichst erhalten. Dieser Weg führte zwangsläufig auch zu den flüssigen Brennstoffen, wenn man nicht einen Teil der Vorteile dieser Kleinwasserraumkessel aufgeben wollte, und zum vollautomatisch arbeitenden Kessel. Der Dampflok in ihrem Gesamtaufbau hätten sich neue Gestaltungsmöglichkeiten eröffnet (Einmannbedienung). Die träge Regelung der Leistung beim klassischen Kessel mit Kohlenfeuerung und großem Wasserinhalt wird durch das große Wärmespeichervermögen ausgeglichen, aber mit hohem Gewicht erkauft. Durch rasche Reaktion der Regelung kann beim Kleinwasserraumkessel die Dampferzeugung unmittelbar dem Bedarf angepaßt werden, was selbsttätige Einrichtungen dafür bedingt.

Wegen der Zeitverhältnisse Ende der dreißiger Jahre kam jedoch diese 2. Phase der HD-Dampflok nicht mehr über erste Ansätze hinaus, wenn auch eine größere Zahl teilweise interessanter Vorschläge gemacht wurden. In Verbindung mit den in Abschnitt 3.3 geschilderten Bemühungen zur Verbesserung der Antriebsmaschinen und damit im Zusammenhang auch des ganzen Fahrzeugaufbaus wäre eine zweckentsprechende Kesselbauart als

wichtiger Teil zur Umgestaltung der Dampflok notwendig geworden.

So bleibt zu diesem Kapitel abschließend festzustellen, daß der HD-Dampf auch im Lokbau Eingang gefunden und dazu beigetragen hätte, die Dampflok zusammen mit anderen Maßnahmen nach modernen Gesichtspunkten umzugestalten. Der HD-Kessel allein hat in den Ausführungen sich noch nicht durchsetzen können, da er gegenüber der organisch gewachsenen Stephenson-Lok Komplikationen technischer und vor allem instandhaltungsmäßiger Art brachte, denen kein durchschlagender Vorteil gegenüberstand.

3.3 **Dampfmotorlokomotiven**
3.31 *Lokomotivantrieb durch die Kolbendampfmaschine*

Die weitaus überwiegende Zahl der gebauten Dampfloks wurde durch Kolbendampfmaschinen angetrieben. Seit Beginn des Lokbaus war die Kolbendampfmaschine ein geradezu typisches Merkmal. Dies erklärt sich zunächst daraus, daß am Anfang nur diese Maschine verfügbar war und dann aber auch aus der für Traktionszwecke ausgezeichnet geeigneten Drehzahl-Drehmoment-Charakteristik. Es konnte in einfacher Weise ein direkter Antrieb der Triebräder von den Zylindern aus vorgesehen und somit die Leistung mit nur geringen Übertragungsverlusten von 5 bis 8% an den Radumfang gebracht werden.

Eine Kraftmaschine zum Antrieb von Loks hat grundsätzlich die Aufgabe, in dem gewünschten Fahrgeschwindigkeitsbereich ihre Leistung in ausreichende

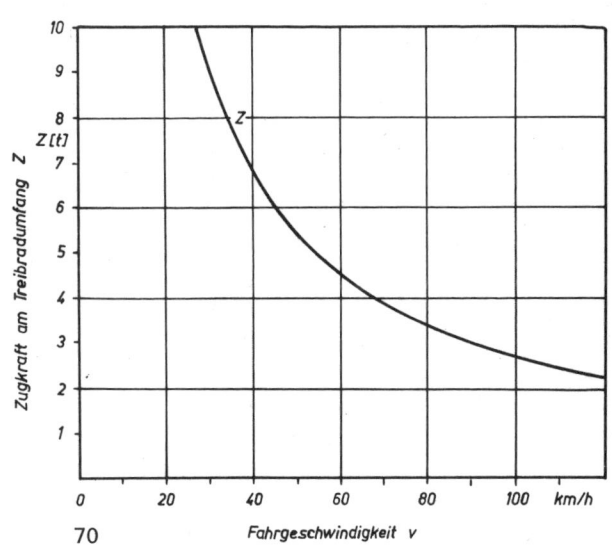

70

71 Zugkraft und Leistung einer normalen Kolbendampflok (Reihe 03 der Deutschen Reichsbahn)
72 Dampfdruck über den Kolbenweg einer Kolbendampfmaschine bei 30% Füllung

73 Prinzipieller Verlauf von Kolbengeschwindigkeit
und Massenbeschleunigung bei einer Kolbenmaschine
über dem Hubweg des Kolbens

Zugkräfte am Umfang der Triebräder umzusetzen, wobei
die Übertragungsverluste möglichst klein sein sollen.
Eine bestimmte konstante Leistung ergibt mit zunehmender Fahrgeschwindigkeit hyperbolisch abnehmende
Zugkräfte nach der Gleichung

Leistung = Zugkraft × Geschwindigkeit,

die in Abb. 70 in einem Diagramm dargestellt ist. Dieser
Anforderung entspricht die Kolbendampfmaschine praktisch vollkommen, wie aus den als Beispiel in Abb. 71
gezeigten Kennlinien für eine ausgeführte Schnellzuglok
ersichtlich ist. Durch die stufenlose Füllungsregelung
hat die Kolbendampfmaschine dieses sehr gute Zugkraftverhalten, das von der Maschine her auch keinen zeit-
lichen Beschränkungen unterworfen ist, d. h. es können
auch schwere Schleppfahrten mit großen Lasten und
kleinsten Fahrgeschwindigkeiten beliebig lange durchgeführt werden. Die Drehrichtungsumsteuerung zum
Fahrtrichtungswechsel läßt sich in einfacher Weise ausführen.
Die Dampfzylinder wirken auf 1 oder 2 Triebachsen. Zur
Erhöhung der Zugkraft werden weitere Achsen über
Kuppelstangen oder auch Zahnräder mit den Triebachsen
verbunden, die sog. Kuppelachsen. Diese grundsätzliche
Anordnung hat sich bis heute gehalten. Die Lokdampfmaschinen waren doppeltwirkend ausgeführt, d. h. der
Dampf strömte abwechselnd an beiden Zylinderenden
ein und leistete bei jedem Kolbenhub Nutzarbeit. Die
Arbeitsweise der Dampfmaschine ist aus dem Druck-
verlauf des Dampfes über dem Kolbenweg ersichtlich,
dem sog. Indikatordiagramm. In Abb. 72 ist ein solches
Dampfdruckschaubild mit den einzelnen Arbeitsphasen
Füllung *F*, Expansion *E*, Vorausströmung *Va*, Ausströmung *A*, Kompression *K* und Voreinströmung *Ve* dargestellt. Die Nutzarbeit wird während der Füllungs- und
Expansionsphase abgegeben. Die Kompression und Voreinströmung gewährleistet ein weiches Abfangen des
Triebwerks vor dem Hubwechsel (Totlage). Man erkennt
aus dem Dampfdruckschaubild, daß der auf den Kolben
ausgeübte Druck im Verlauf eines Hubes wechselt. Nur
bei großen Füllungen von 75 bis 85% des Hubes, wie sie
beim Anfahren der Lok benötigt werden, ist die Dampfkraft auf den Kolben im Verlaufe eines Hubes wenig veränderlich. Die innerhalb des geschlossenen Linienzuges
dargestellte Fläche im Indikatordiagramm ist proportional
der geleisteten Arbeit und das Maß für die «indizierte Leistung» einer Dampfmaschine.
Im Betrieb werden die Triebwerksteile der Maschine teils
geradlinig und teils exzentrisch umlaufend bewegt. Die
hin- und hergehenden Massen setzen sich zusammen
aus Kolben, Kolbenstange, Kreuzkopf, Steuerungsteilen
und etwa $^2/_5$ der Triebstangenmasse. Diese Teile werden
bei jedem Hub von einer Kolbenendlage aus auf eine

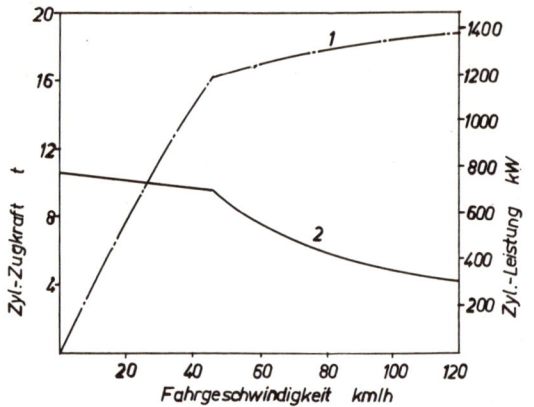

1 Leistung
2 Zugkraft

71

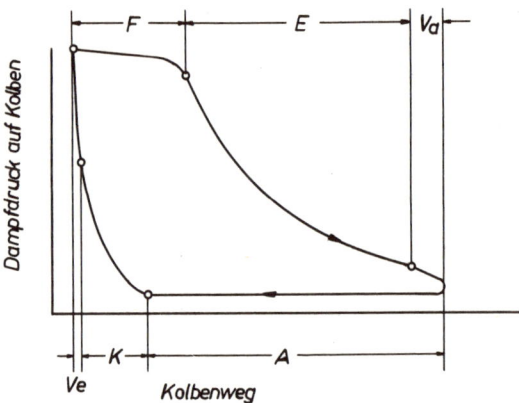

F Füllung
E Expansion
Va Vorausströmung
A Ausströmung
K Kompression
Ve Voreinströmung

72

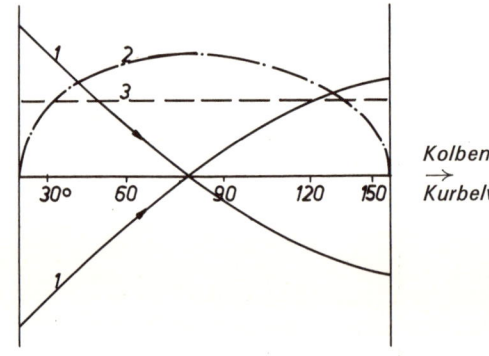

1 Beschleunigung des Kolbens
2 Absolute Kolbengeschwindigkeit
3 Mittlere Kolbengeschwindigkeit

73

95

74 Prinzipieller Kräfteverlauf vom Kolben an die Kurbel bei einer doppeltwirkenden Dampfmaschine für beide Drehrichtungen

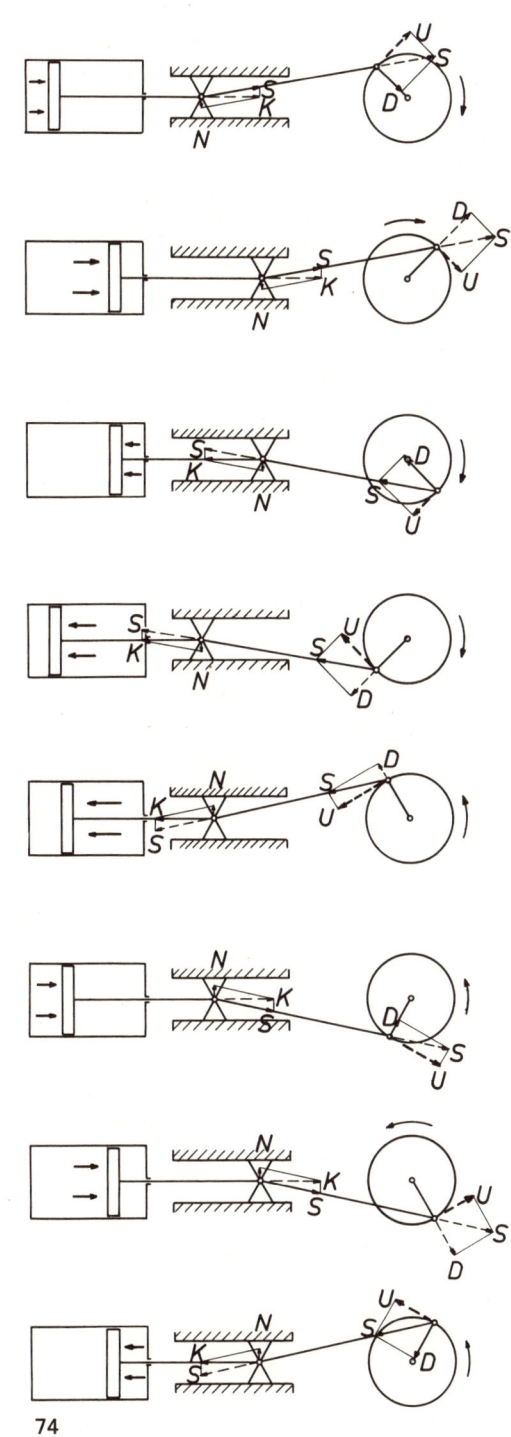

74

zunehmender Drehzahl im Quadrat ansteigen. In Abb. 73 ist der prinzipielle Verlauf der Kolbengeschwindigkeit und der Massenbeschleunigung für eine Kolbendampfmaschine dargestellt. Die größten Kräfte treten in den Endlagen der Kolben auf, wo die Beschleunigung bzw. Verzögerung ihren Maximalwert erreicht.

Die vom Kolben über Kolbenstange und Kreuzkopf sowie der Triebstange an die Kurbel übertragene Kraft zeigt Abb. 74 sowohl für verschiedene Kurbelstellungen als auch beide Drehrichtungen. Die Kolbenkraft K teilt sich demnach im Kreuzkopf in die Stangenkraft S und den Gleitbahndruck N auf. Weiter teilt sich die Stangenkraft S an der Triebkurbel in die für die Fortbewegung nutzbare, tangential am Kurbelkreis wirkende Umfangskraft U und in eine Kraft D in Richtung des Kurbelradius nach innen. Wie aus Abb. 74 weiter hervorgeht, wechselt die Umfangskraft U auch bei gleichbleibender Kolbenkraft K im Verlauf eines Hubes bzw. einer halben Kurbelumdrehung von 0 auf einen Größtwert und wieder auf 0. Der Gleitbahndruck wirkt bei Vorwärtsfahrt unter Dampf nach oben und bei Rückwärtsfahrt nach unten. Bei Leerlauf der Lok ohne Dampf drehen sich die Richtungen der Kräfte um, da hier nur die Massenbeschleunigungen des Triebwerks wirksam sind. Weiter ist aus Abb. 74 ersichtlich, daß die Stangenkraft S aus dem Dampfdruck bei Vorwärtsfahrt stets eine nach oben gerichtete senkrechte Komponente N aufweist. Bei Rückwärtsfahrt ist diese Kraft N nach unten gerichtet, sie verursacht Abnutzung von Kreuzkopf und Gleitbahn. An der Kurbel bzw. am Triebradumfang wirken während der Fahrt Kräfte, die sich aus dem Dampfdruck auf den Kolben und aus den Massenbeschleunigungen der hin- und herbewegten Triebwerksteile zusammensetzen. In Abb. 75 ist der Verlauf der sich aus diesen Kräften zusammensetzenden, an der Kurbel wirksamen Drehkraft in tangentialer Richtung aufgezeichnet. In diese Darstellung ist auch die mittlere wirksame Umfangs- bzw. Drehkraft eingezeichnet. Man erkennt daraus das periodische Ansteigen und Absinken der Umfangskräfte am Kurbelkreis.

Die außerhalb der Achsmitte umlaufenden Triebwerksteile wie Trieb- und Kuppelzapfen, Kuppelstangen und die anteilige Triebstangenmasse (zirka $3/_5$) rufen im Betrieb Fliehkräfte hervor, die ebenfalls mit dem Quadrat der Drehzahl ansteigen. Zusammen mit den vorhergenannten Kräften aus den hin- und hergehenden Triebwerksmassen rufen sie innerhalb der Loktriebwerke erhebliche Kräfte hervor [2-55, 56, 63, 68–70], die neben großen Beanspruchungen der Lauf- und Triebwerksteile mit ihren senkrechten Komponenten beachtliche Radlaständerungen während der Fahrt zur Folge haben [3.31-18]. Deshalb wurde durch Gegenkräfte innerhalb des Triebwerks ein nach außen wirksamer Ausgleich geschaffen. Die umlaufenden Massen können durch

größte Kolbengeschwindigkeit in etwa Hubmitte beschleunigt und bis zur anderen Kolbenendlage auf die Geschwindigkeit 0 verzögert. Dieses Spiel wiederholt sich bei jeder Kurbelumdrehung zweimal. Infolge der Massen der dabei zu beschleunigenden bzw. zu verzögernden Teile ergeben sich hieraus Massenkräfte, die mit

75 Drehkraftverlauf an der Kurbel eines doppelt-wirkenden Dampfmaschinenzylinders aus Dampf- und Massenkräften des Triebwerks
76 Wirkung des Gegengewichts im Triebrad einer Lok
77 Raddruckänderungen am rechten Triebrad einer 2′C2′-h2-Schnellzuglok bei 145 km/h

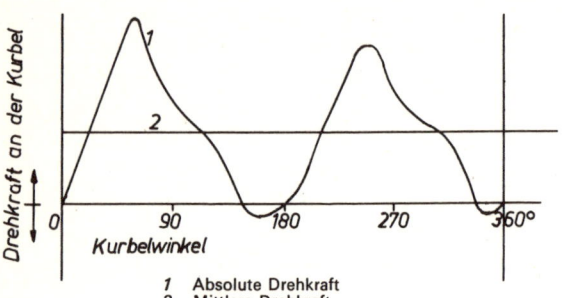

1 Absolute Drehkraft
2 Mittlere Drehkraft

75

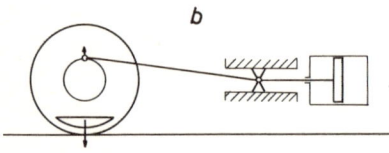

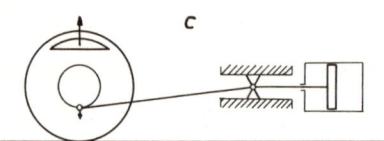

a Kraftwirkungen in Kolbenendlage während der Fahrt
b Kraftwirkungen in Kolben-mittellage bei höchster Kurbel-stellung, unvollkommener Ausgleich
c Kraftwirkungen in Kolbenmittel-lage bei tiefster Kurbelstellung, unvollkommener Ausgleich

76

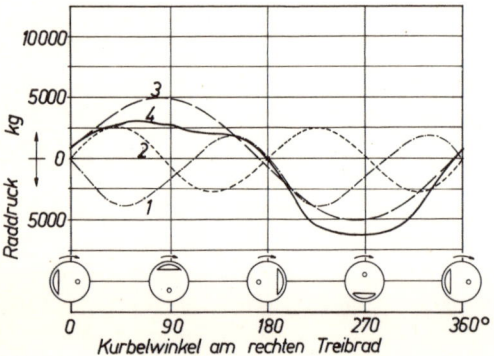

1 Senkrechte Dampfkraftkomponente
2 Senkrechte Beschleunigungs-kraftkomponente der hin- und hergehenden Massen
3 Senkrechte Komponente der freien Fliehkraft der umlaufenden Massen
4 Raddruckänderungen aus diesen Kräften

77

umlaufende Gegenmassen gleicher Fliehkraftwirkung weitgehend ausgeglichen werden, so daß sich daraus keine unzuverlässig großen «dynamischen» Radlast-änderungen ergeben. Hierzu dienen die bekannten Gegengewichte in Trieb- und Kuppelrädern.

Schwieriger ist der Ausgleich der hin- und hergehenden Massen. Ein dafür im Triebrad gegenüber der Kurbel angeordnetes Gegengewicht ist nur in den beiden Kolbenendlagen voll wirksam, wie Abb. 76 zeigt. In diesen beiden Stellungen können die Kräfte aus Triebwerksmassen und Gegengewichtsfliehkraft gleich groß und entgegengesetzt wirksam sein, sich nach außen also aufheben. Je weiter sich die Kurbel aber aus ihrer senkrechten Mittellage (entsprechend der Kolbenendlage) nach oben oder unten entfernt, um so weniger kann die Fliehkraft des Gegengewichts den Massen der hin- und hergehenden Teile einen Ausgleich entgegensetzen. Bei höchster und tiefster Kurbelstellung entfällt sogar jede entgegengesetzte Kraft. Bei höchster Kurbelstellung wirkt das Gegengewicht mit seiner vollen Fliehkraft auf die Schiene und vergrößert vorübergehend den Raddruck, bei tiefster Kurbelstellung ergibt sich eine Verringerung des Raddruckes. Es ist deshalb notwendig, den Ausgleich der hin- und hergehenden Massen in Grenzen zu halten, um keine zu stark schwankenden Radlaständerungen zu bekommen. Da die Kräfte der einzelnen Triebwerke einer Lok und die Kräfte der Gegengewichte jeweils in verschiedenen senkrechten Längsebenen wirksam sind, ergeben sich daraus auch Momente. Diese Momente können durch den «dynamischen» Massenausgleich berücksichtigt werden, wobei die Gegengewichte um einen gewissen «Abweichwinkel» aus der Lage gegenüber der dazugehörigen Kurbel verschoben werden [2-32, 69].

Für die Güterzuglok Reihe 50 der DR bringt Linder in seiner Untersuchung zahlenmäßige Angaben zu den Kräften im Triebwerk [3.31-19], die in den Abb. 78–81 wiedergegeben sind. Deutlich ist daraus das Wechselspiel von Kräften und Beanspruchungen im normalen Loktriebwerk zu erkennen. In Abb. 77 ist der aus solchen Kräften resultierende Raddruckverlauf 4 für das rechte Triebrad einer amerikanischen 2′C2′-h2-Schnellzuglok mit Timken-Leichtbau-Rollenlagertriebwerk bei 145 km/h Fahrgeschwindigkeit gezeigt [3.31-9]. Die Raddrucklinie 4 setzt sich zusammen aus den jeweiligen senkrechten Komponenten der Dampfkraft 1, der Beschleunigungskraft für die hin- und hergehenden Massen 2 und der freien Fliehkraft der umlaufenden Massen 3.

Die größte Zahl aller Dampfloks wurde mit 2 Dampfzylindern ausgestattet, die sog. Zwillingslok bei einstufiger Dampfexpansion. Um aus jeder Triebachsstellung heraus anfahren zu können, wurden die beiden Triebkurbeln um 90° gegeneinander versetzt. Bei Endstellung eines Kol-

78 Dampfdruckverlauf im Zylinder einer normalen
Kolbendampflok bei 28% Füllung und 80 km/h
(Reihe 50 der Deutschen Reichsbahn)
79 Kolbenkraftverlauf aus der Dampfkraft einer
normalen Kolbendampflok bei 28% Füllung
und 80 km/h (Reihe 50 der Deutschen Reichsbahn)

80 Kräfte aus den hin- und hergehenden Triebwerksmassen am Triebzapfen einer normalen Kolbendampflok bei 50 und 80 km/h (Reihe 50 der DR)
81 Kraftwirkung am Triebzapfen einer Kolbendampflok normaler Bauart aus der Wirkung des Dampfes
bei 28% Füllung und den Kräften der hin- und hergehenden Triebwerksmassen (Reihe 50 der DR)

bens im Zylinder kann von diesem kein Drehmoment aus-
geübt werden, der andere Kolben befindet sich aber dann
etwa in Zylindermitte und hat bei Kurbelstellung oben
oder unten im Rad den größten Hebelarm zur Kraftübertragung verfügbar. Infolge der 4 arbeitenden Kolbensei-
ten bei der doppeltwirkenden Zwillingsmaschine, wie sie
üblicherweise bei Loks benutzt wurde, ergibt sich ein
Überschneiden der Kraftwirkungen. Die Zughakenkraft
wird dadurch wesentlich gleichmäßiger als die Dreh-
kräfte an den Kurbeln [2-63, 78]. Die Zylinder wurden
größtenteils außen am Rahmen angebaut. Es wurden
auch Zwillingsloks mit innerhalb des Rahmens liegenden
Maschinen gebaut, vor allem in der Anfangszeit des
Lokbaus und später noch besonders in England. Verschiedene Gründe führten im Laufe der Zeit dazu, auch
andere Anordnungen und Zylinderzahlen zu wählen.
Dazu gehören:

1. Die spezifischen Lagerbelastungen wurden infolge
   hoher Zugkräfte so groß, daß man eine Unterteilung
   der Dampfmaschine auf mehr als 2 Zylinder vornehmen mußte.
2. Es wurden so große Zugkräfte verlangt, daß die
   Zylinder- und Triebwerksabmessungen bei nur 2
   Zylindern innerhalb der Fahrzeugumgrenzungspro-
   file nicht untergebracht werden konnten.
3. Die Zugkraft am Radumfang sollte wegen guter Ausnutzung des Reibungsgewichts möglichst gleichmäßig sein, was für den schweren Einsatz auf Steilstrecken zur Herabsetzung der Neigung zum Durchgehen bedeutsam ist [3.31-3].
4. Ein möglichst guter Massenausgleich war erforderlich, weil hohe Maschinendrehzahlen bzw. Fahrgeschwindigkeiten erreicht werden sollten.
5. Bei Anwendung von Mehrfachexpansion wurden
   für jede Expansionsstufe ein Zylinder bzw. eine parallel geschaltete Zylindergruppe hintereinander in
   Richtung des Dampfflusses angeordnet.
6. Infolge sehr großer Leistung und Zugkraft oder besonderer Anforderungen an die Bogenläufigkeit war
   eine Unterteilung des Laufwerks in mehrere Trieb-
   achsgruppen erforderlich (Gelenklok).

Die Drillingslok mit 3 Einfachexpansionszylindern und
3 um 120° versetzten Kurbeln ergibt wohl einen vollkommenen Ausgleich der hin- und hergehenden Massen, weist aber freie Momente aus den Kräften der beiden Außentriebwerke auf. Die 4-Zylinder-Lok mit einfacher Dampfexpansion (Vierling) hat bei Anordnung
von je 2 nebeneinanderliegenden, gegenläufigen Triebwerken (180° Kurbelversetzung) ebenfalls nur kleine
nach außen wirksame Massenkräfte. Bei der 4-Zylinder-
Verbundmaschine trifft dies grundsätzlich auch zu, in-

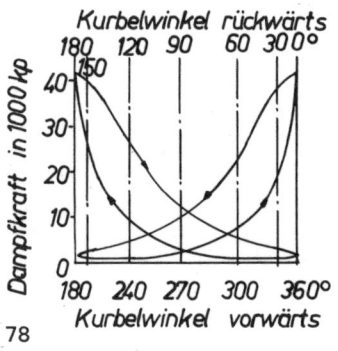

78

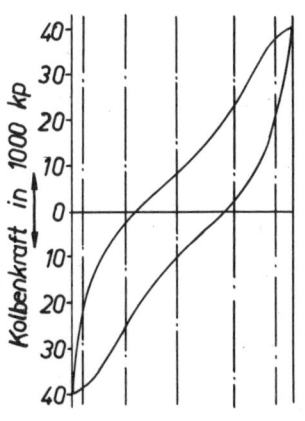

79

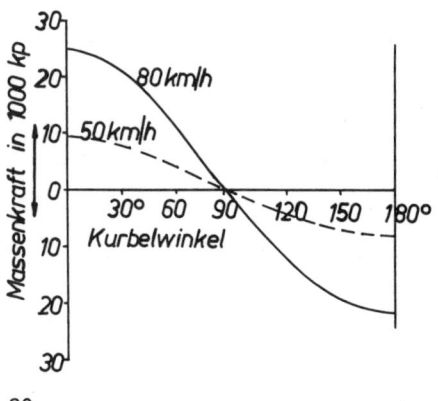

80

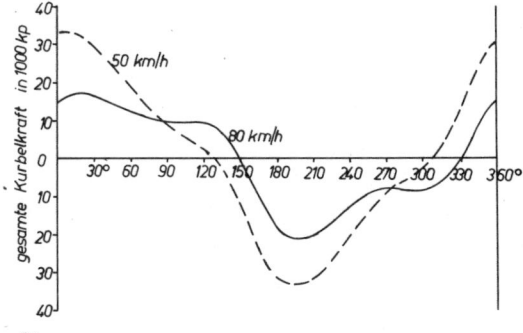

81

98

82 Veränderungen von Radlast, Achslast und Reibungsgewicht bei einer Kolbendampflok normaler Bauart infolge der während der Fahrt auftretenden Kräfte im Triebwerk (Reihe 03 der Deutschen Reichsbahn bei 110 km/h)

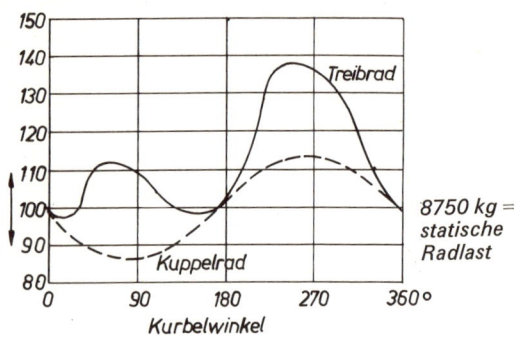

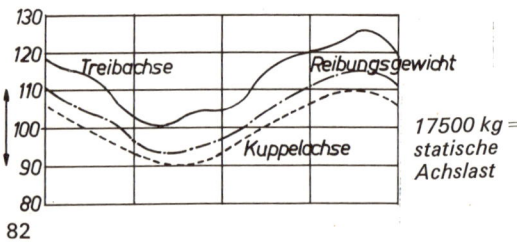

82

folge der ungleichen Zylinder-∅ und damit verschieden großen Triebwerksmassen ist die Laufruhe gegenüber dem Vierling etwas ungünstiger.

Grundsätzlich wurde jedoch immer wieder mit Erfolg versucht, die einfache Zwillingslok den gestellten Anforderungen anzupassen. Die oben geschilderten Kräfteverhältnisse in den Loktriebwerken gaben Veranlassung, durch einen guten Massenausgleich ungünstige Auswirkungen möglichst klein zu halten [3.31-4]. Mit Rücksicht auf die Schienenbeanspruchung können die Gegengewichte für die hin- und hergehenden Massen allerdings nur für einen Teilausgleich bemessen werden. In den «Technischen Vereinbarungen über den Bau und Betrieb der Haupt- und Nebenbahnen» (TV) hat der Verein Mitteleuropäischer Eisenbahnverwaltungen (VMEV) in § 69 vorgeschrieben, daß der ruhende Achsdruck durch freie Fliehkräfte um höchstens 15% überschritten werden darf sowie als Drehzahlgrenze 340 U./min für die Triebräder festgelegt. In Abb. 82 sind als Beispiel die Veränderungen für Rad- und Achslast sowie für das Reibungsgewicht der 2'C1'-h2-Schnellzuglok Reihe 03 der DR bei 110 km/h entsprechend einer Raddrehzahl von 265 U./min dargestellt. Eine ausgezeichnete Untersuchung über die Auswirkungen der Massenkräfte an Dampfloks hat Schöning in seiner Arbeit über Schlingerprobleme gebracht [3.31-1]. Die aus den hin- und hergehenden Massen kommenden Zuckschwingungen sind von Schöning ebenfalls behandelt worden [3.31-2]. Da die Lok mit dem Wagenzug über gefederte Puffer verbunden ist, können die Zuckschwingungen bei

Übereinstimmung mit der Eigenfrequenz der federnden Zug- und Stoßvorrichtungen auf die Wagen übertragen werden und dort unangenehme Längsschwingungen des Zuges verursachen.

Diese Probleme mit den Massenkräften aus den Triebwerken führten auch zum Bau von Leichtbautriebwerken [2-32; 3.11-6, 7] aus hochfestem Stahl und zu Versuchen mit Aluminiumtriebstangen [3.31-13, 14]. Zur Vermeidung der Oberbaubeanspruchung aus dem Gegengewichtsanteil für die hin- und hergehenden Triebwerksmassen hatte der leitende Maschineningenieur der Southern Railway in England, Sir O. V. Bulleid, bei seinen bekannten Schnellzugloks Bauart 2'C1'-h3 der Merchant Navy und West Country Class nur den Ausgleich der umlaufenden Massen durch Gegengewichte in den Rädern vorgesehen [2-50]. Bei diesen Drillingsloks mit relativ leichten Triebwerken ergab diese Maßnahme auch noch eine zufriedenstellende Laufruhe. Die Loks hatten übrigens ein in einem vollkommen geschlossenen Gehäuse laufendes Innentriebwerk und Steuerungsantrieb mit Ölpumpenschmierung, so daß die immer etwas problematische Wartung dieser schwer zugänglichen Teile wesentlich vereinfacht war. Die Innentriebwerke liefen deshalb sehr betriebssicher und verursachten nicht die Warmläufer, die von anderen Loks mit Innentriebwerken vielfach bekannt sind.

Ferner wurden Vorschläge für weitergehende Massenausgleichsmaßnahmen gemacht, die jedoch wegen des höheren technischen Aufwandes nicht zur Ausführung kamen [3.11-4, 8].

Die Ausführung von Lauf- und Triebwerk erfuhr bemerkenswerte Verbesserungen. Der wesentlichste Fortschritt war hier der Übergang vom Gleit- auf das Wälzlager. Die erste Lok mit Wälzlagern an allen Achsen war die 1930 von der American Locomotive Company (ALCO) für die TIMKEN Roller Bearing Company gebaute 2'D2'-h2-Demonstrationslok Nr. 1111, welche nach einer Anzahl Vorführungsfahrten 1933 von der Northern Pacific Railway gekauft wurde (Abb. 274) [3.31-27]. Nachdem sich die Wälzlager für die Achsen als ein voller Erfolg erwiesen hatten, wurden solche Lager auch an Triebwerken eingeführt. Als erste Lok erhielten die 2'C1'-h2-Schnellzugmaschinen der Klasse P Betr.-Nr. 609 der Delaware & Hudson Railroad im Januar 1934 SKF-Rollenlager für die Hauptkuppel- und Triebzapfen sowie der Klasse K Betr.-Nr. 5371 der Pennsylvania Railroad Mitte 1934 ein Triebwerk mit Timken-Rollenlagern an Trieb- und Kuppelstangen [3.23.15-14; 3.31-28]. Auch die DR rüstete 1936 die Schnellzug-Pacific 01 058 mit Triebwerksrollenlagern aus [3.31-30].

Leider konnte das Rollenlager trotz seinen unbestrittenen Erfolgen nicht mehr in großem Umfang in Dampfloks eingeführt werden, da die Ungunst der Zeitverhältnisse dies verhinderte. Die größte Verbreitung erlangte es noch in Hochleistungsloks der USA. Eine weitere Verbesserung des Triebwerks in Verbindung mit Wälzlagern brachte für Hochleistungsloks der sog. Tandemantrieb [2-32]. Wie in Abb. 276 gezeigt, war hierbei die Kuppelstange vom Triebzapfen zur nächsten hinteren Achse geteilt. Durch diese Bauweise, die nur mit der geringen Breite der Wälzlager möglich ist, erzielte man eine erhebliche Entlastung von Trieb- und Kuppelzapfen [2-32].

Ein weiterer Weg zur Verringerung der Triebwerksmassen und zur Beherrschung der bei amerikanischen Großloks bis über 100 t angestiegenen Kolbendrücke wurde mit der Unterteilung des Triebwerks von Einrahmenloks beschritten, und es entstand die sog. Duplex-Bauart. Die erste Maschine dieser Art ließ die Baltimore & Ohio Railroad unter der Betr.-Nr. 5600 in ihren Mount-Clare-Werkstätten 1937 bauen. Aus Abb. 277 ist das noch mit Gleitlagern ausgestattete geteilte Triebwerk gut erkennbar [3.34-14]. In größerem Umfang führte die Pennsylvania Railroad ab 1942 Duplex-Loks für Schnell- und Eilgüterzüge ein [2-29, 30; 3.31-34]. Abb. 278 zeigt das Rollenlager-Leichtbautriebwerk einer 2′BB2′-h4-Schnellzuglok Klasse T der Pennsylvania. Diese Maschine wurde bis 1946 in 52 Exemplaren von Baldwin und den Bahnwerkstätten Altoona der Pennsylvania erbaut. Die indizierte Leistung dieser gewaltigen Lok wurde auf dem Lokprüfstand Altoona mit 4800 kW festgestellt. Bei den Duplex-Loks wurde ein auch von den Gelenkdampfloks mit unabhängigen Triebwerken her bekanntes Problem akut, nämlich das Durchgehen einer Triebachsgruppe. Dies zwang den Lokführer zu einer vorsichtigeren Fahrweise gegenüber Loks mit normaler Triebwerksanordnung. Besonders die Klasse T der Pennsylvania war in dieser Beziehung anfällig wegen ihrer großen Leistung. Die 2′CB2′-h4-Güterzuglok der Klasse Q dieser Bahn zeigten durch reichlicher bemessenes Reibungsgewicht im Verhältnis zur Zugkraft weniger Neigung zum Durchgehen einer Triebachsgruppe. Die Lokdampfmaschine wurde für zwei verschiedene Arbeitsverfahren durchgebildet, das Wechsel- und Gleichstromsystem. Diese Bezeichnung gibt Aufschluß über den Dampffluß durch die Arbeitszylinder. Die Lok üblicher Bauart war mit Wechselstrommaschinen ausgestattet. Hierbei strömt der Arbeitsdampf nach dem Eintritt in den Zylinder und der nachfolgenden Expansion in umgekehrter Richtung durch die gleichen Kanäle wieder aus. Dieses Verfahren hat den Nachteil, daß der einströmende Dampf im Zylinder auf die vorher vom expandierten Dampf abgekühlten Wandflächen trifft und dadurch einen Temperaturverlust erleidet (Flächenschaden). Die Gleichstromdampfmaschine läßt den Dampf ebenfalls an den Zylinderenden einströmen, ihn

aber nach der Expansion ohne Richtungswechsel der Strömung durch Auslaßkanäle in Zylindermitte austreten. Dies bedingt allerdings etwas längere Kolben und Zylinder bei gleichem Hub gegenüber der Wechselstrommaschine [3.31-31–33]. Die Abkühlung des eintretenden Dampfes durch die Zylinderwände ist bei der Gleichstrommaschine geringer. Ihre Vorteile kommen allerdings erst bei höheren Drücken von mehr als 20 atü voll zur Geltung. In der normalen Wechselstromlokmaschine lassen sich Drücke bis zu 20 atü noch wirtschaftlich in einer Expansionsstufe verarbeiten, während die Gleichstrommaschine auch bei wesentlich höheren Drücken noch die einfache einstufige Bauart gestattet. Aus diesem Grunde und wegen des etwas höheren Bauaufwandes kam die Gleichstrommaschine bei der klassischen Lok nicht über wenige Ausführungen hinaus. Bei den HD-Loks dagegen fand sie mehrfach Anwendung, wie in Abschnitt 3.23 ausgeführt ist.

Im Zuge der nach 1930 einsetzenden Geschwindigkeitserhöhung bei den Eisenbahnen bemühte man sich auch bei der Dampflok, den Anforderungen entsprechende Fahrzeuge zu schaffen. Hierbei zeigten sich deutlich zwei Entwicklungsrichtungen. Einmal versuchten die Konstrukteure die Anpassung der klassischen Bauart, und zum anderen wurden neue Wege gesucht. Das althergebrachte Kolbentriebwerk ließ gerade bei Hochgeschwindigkeitsloks immer deutlicher seine Grenzen erkennen. Es wurden eine Anzahl Schnellzugloks in klassischer Bauweise geschaffen, z.T. in Stromlinienverkleidung, die bemerkenswerte Leistungen vollbrachten. Hier sei an einige dieser Maschinen erinnert, wie sie in Tabelle 6 genannt sind [2-42].

Nichtsdestoweniger zeigten sich die Nachteile der klassischen Lok an diesen Beispielen in der Praxis recht deutlich wie:

1. Bindung von Triebrad- und Maschinendrehzahl und somit die Abhängigkeit der Höchstgeschwindigkeit vom Triebrad-∅, der seinerseits wiederum die Hauptabmessungen der Lok entscheidend beeinflußt.

2. Starr-Rahmenbauweise und damit keine Möglichkeit, eine fahrzeugtechnisch «vollkommene Lok» in Drehgestellbauweise durchzubilden.

3. Bei schnellfahrenden Loks große Triebräder, damit erhebliche unabgefederte Massen sowie relativ geringe Anfahrzugkräfte.

4. Notwendigkeit von Laufachsen zur guten Führung im Gleis bei mehr als zirka 60 km/h Höchstgeschwindigkeit.

5. Unvollkommene Ausnutzung der Reibungszugkraft wegen der veränderlichen Umfangskräfte am Rad, besonders bei Anfahrten.

Tabelle 6
Einige schnelle Dampflokomotiven normaler Bauart.

Hersteller und Baujahr	Bahn	Baureihe Betr.-Nr.	Bauart	Trieb-rad-⌀ mm	Höchstgeschwindigkeit km/h planmäßig	m/s planmäßig	km/h Rekord	m/s Rekord	Größte Triebraddrehzahl in U./min planmäßig	Rekord	Literatur	Bemerkung
Hawthorn & Co. Boulton 1833	Bristol & Exeter Railway	Hurricane	1A1-n2 +3+2	3048			135	37,5		235	[3.1-19] [2-43]	Kessel auf besonderem Fahrzeug
Francis Trevithick Crewe 1847	London & North Western	Cornwall	2A1-n2	2592	128	35,8			264		[2-2]	Tiefliegender Kessel, durch den die Achsen gingen
Rothwell & Co. Boulton 1853	Bristol & Exeter Railway		2A2-n2	2743	100	27,8	130	36,5	192	254	[2-2]	
Swindon 1927	Great Western Railway	Castle 4086	2'C-h4	2044	145	40,2	161	44,7	375	417	[2-42] [2-3]	
Borsig Berlin 1934	Deutsche Reichsbahn	05 002	2'C2'-h3	2300	175	48,6	200,4	55,6	404	462	[2-6] [3.1-17]	Stromlinienverkleidung
Henschel & Sohn Kassel 1935	Deutsche Reichsbahn	61 001	2'C2'-h2	2300	175	48,6	186	51,6	404	429	[2-6] [3.1-17]	Stromlinienverkleidung
Bahnwerkstätte Tours 1934	Paris–Orléans–Midi	4707	2'D-h4v	1850	120	33,4	144	40	344	411	[2-19] [2-41] [2-42]	Umbau nach Konstruktion von André Chapelon
Bahnwerkstätte Tours 1935	SNCF Region NORD	231-E-35	2'C1'-h4v	1950	120	33,4	175	48,6	326	475	[2-41]	Nachbau der P. O. Pacific 3700 für NORD
Doncaster 1935	London & North Eastern Railway	A4 4468	2'C1'-h3	2032	161	44,7	203	56,4	421	530	[2-3] [2-42]	Stromlinienverkleidung «Mallard»
Crewe 1937	London, Midland & Scottish Railway	Coronation 6220	2'C1'-h4	2057	161	44,7	184	50,9	416	471	[2-3] [2-42]	Stromlinienverkleidung «Princess Class»
Juniata 1912	Pennsylvania Railroad	E6s 460	2'B1'-h2	2032	150	41,7	185	51,4	393	484	[2-42]	
American Locomotive Co. 1935	Chicago, Milwaukee, St. Paul & Pacific	A	2'B1'-h2	2130	192	53,4	210	58,4	477	522	[2-42]	Stromlinienverkleidung Ölfeuerung
Montreal Locomotive Works 1936	Canadian Pacific	F2a	2'B2'-h2	2032	161	44,7	185	51,4	421	483	[2-39]	Stromlinienverkleidung
American Locomotive Co. 1938	Chicago, Milwaukee, St. Paul & Pacific	E-Y	2'C2'-h2	2130	192	53,4	193	53,6	477	480	[2-42]	Stromlinienverkleidung
Roanoke 1941	Norfolk & Western	J	2'D2'-h2	1778	161	44,7	177	49,1	478	540	[2-39]	Stromlinienverkleidung Rollenlagertriebwerk

Europa (Hawthorn & Co. bis Bahnwerkstätte Tours 1935)

Nordamerika (Juniata bis Roanoke)

6. Große innere Kräfte im Triebwerk aus der Massenbeschleunigung sowie deren Einfluß auf Fahrzeug, Fahrbahn und Laufruhe [3.31-9–11, 18].
7. Unvermeidbare Ungenauigkeiten im Kuppelstangenantrieb [3.31-20].
8. Kleine Zylinderfüllungen unter 20–25% je nach Bauart der Lok nicht möglich wegen der sonst auftretenden Stöße im Triebwerk und deren evtl. Folgeschäden, somit auch Begrenzung des in einer Expansionsstufe zu verarbeitenden Druckes von zirka 20 atü.

Die größten im normalen Betrieb beherrschbaren Triebraddrehzahlen liegen für die klassische Lok bei zirka 400 U./min. In Abb. 83 sind die Drehzahlen der Triebräder in Abhängigkeit von Durchmesser und Fahrgeschwindigkeit dargestellt. Man erkennt hieraus, daß für die üblichen Rad-⌀ bei Schnellzugloks von 1800 bis 2100 mm und die Drehzahlgrenze von zirka 400 U./min die Höchstgeschwindigkeit bei 140 bis 150 km/h liegt. Der größte mit Rücksicht auf die Bauhöhe der Lok noch ausführbare Triebrad-⌀ mit zirka 2300 mm erlaubt etwa 180 km/h. Ein solcher Triebradsatz wiegt mit Achslagern, Federn und anteiligem Stangengewicht etwa 5 t. Dies bedeutet bereits eine ganz erhebliche Stoßbelastung für

Fahrbahn und Laufwerk der Lok durch diese unabgefederten Massen.

Bei den ungeschützt im Freien laufenden Triebwerksgleitlagern gelang es nicht, eine zuverlässige Abdichtung zu finden. Neben hohem Ölverbrauch bedingte dieser Umstand auch eine Begrenzung der Fahrstrecke zwischen zwei Nachfüllungen des Ölvorrats in den Stangenlagerschmiergefäßen auf etwa 500 bis 800 km. Zudem verursachte das Öl eine starke Verschmutzung von Lauf- und Triebwerk der Lok, was die Überprüfung der hochbeanspruchten Teile erschwerte.

Die genannten Umstände gaben Veranlassung, für Antriebsmaschine und auch den Fahrzeugaufbau der Dampflok nach vorteilhafteren Lösungen zu suchen. Eine Möglichkeit zur vollkommenen Beseitigung aller störenden Massenkräfte des Triebwerks bot der Turbinenantrieb, der in Abschnitt 3.4 behandelt ist. Die gestellte Aufgabe versuchte man aber auch unter Beibehaltung der bewährten Kolbendampfmaschine zu lösen. Dazu war die Maschine als vollkommen nach außen abgeschlossene Einheit mit hoher Drehzahl und in sich ausgeglichen mit mehreren Zylindern auszubilden. Gleichzeitig ergab dies die Möglichkeit, bei Schnellzugloks die großen Rad-⌀ zu verringern und somit die unabgefederten Gewichte mit ihren hohen Beanspruchungen

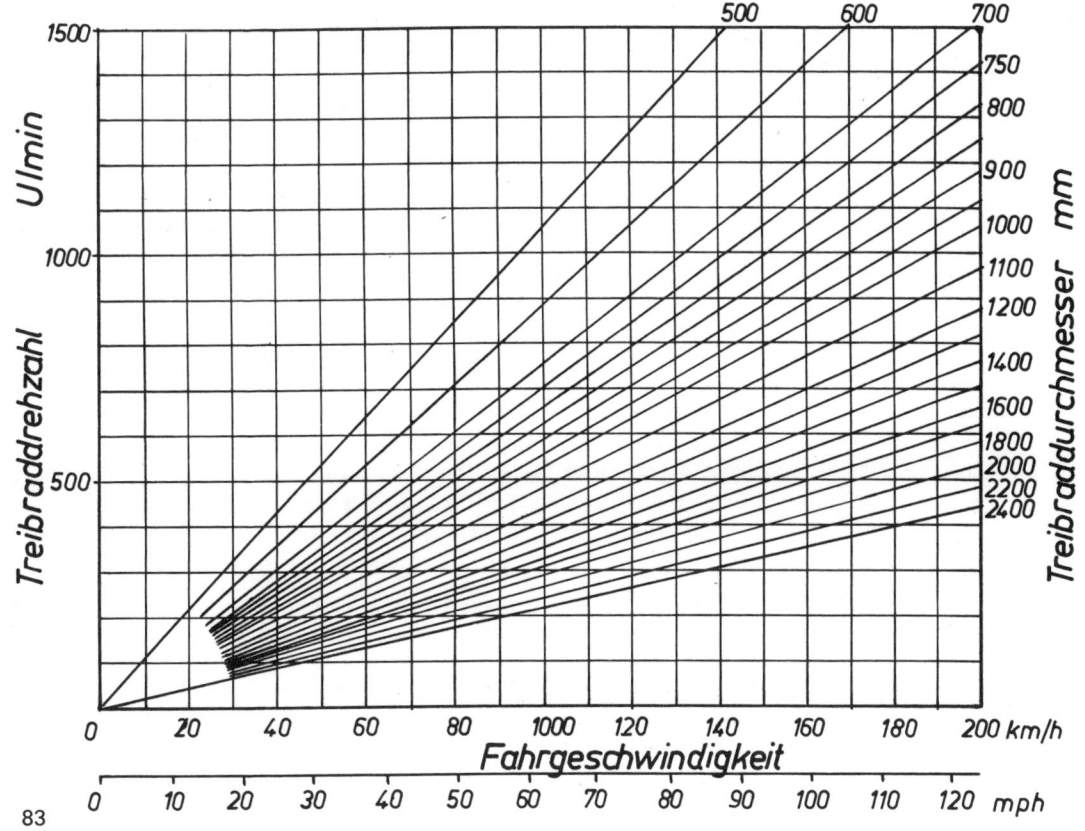

auf Fahrbahn und Fahrzeug wesentlich kleiner zu halten. Nach dem Vorbild der in Abschnitt 2.1 erwähnten «Dampfmotoren» wurde versucht, auch Loks durch schnellaufende kleine Dampfmaschinen in vollständig gekapselter Ausführung anzutreiben. Hierfür boten sich zwei Möglichkeiten:

1. Der Gruppenantrieb, bei dem eine Maschine über Zahnradgetriebe Blindwelle und Kuppelstangen die Achsen antreibt. Hierbei fallen wohl die Wirkungen der hin- und hergehenden Massen auf Laufwerk und Fahrbahn weg, jedoch läßt sich der Triebrad-∅ nicht allzuviel gegenüber dem herkömmlichen Antrieb verringern, ferner bleibt die Kupplung der Radsätze über Stangen mit den dazugehörigen Nachteilen bestehen.
2. Der Einzelachsantrieb direkt auf die Radsätze oder über ein Zahnradgetriebe. Er erlaubt hohe Triebraddrehzahlen, kleine Rad-∅ und damit kleine unabgefederte Massen. Der Stangenantrieb entfällt vollkommen. Dafür muß die Gesamtleistung auf mehrere kleinere Maschinen aufgeteilt werden, was für den thermischen Wirkungsgrad etwas nachteilig ist.

Eine weitere Möglichkeit besteht darin, einen indirekten Antrieb über die elektrische Kraftübertragung auszuführen und dabei den Einzelachsantrieb durch Elektromotoren zu verwirklichen. Diese in Verbindung mit Kolbendampfmaschinen nur von Heilmann bei seinen 3 Loks (Abschnitte 3.32.1 und 3.32.2) ausgeführte Bauart bedingt eine weitere Steigerung des ohnehin schon großen Gewichts der Dampfloks und konnte deshalb für diesen Zweck in Europa ernsthaft nicht in Betracht gezogen werden. Hinzu kommt, daß man dabei auf die Ausnutzung der sehr guten Traktions-Charakteristik der Dampfkolbenmaschine verzichten würde. In diesem Zusammenhang sei auch erwähnt, daß für besondere Betriebsbedingungen – hohe Zugkräfte bei kleinen Fahrgeschwindigkeiten und guter Ausnutzung des Reibungsgewichts in Verbindung mit der Anpassung des Laufwerks an kleinste Krümmungsradien und wegen häufiger Trasseeverlegungen schlechter Gleislage – die Bauarten Shay, Climax und Heisler entstanden sind (Abb. 281). Diese im Rangierdienst und vor allem unter den extremen Bedingungen amerikanischer Waldbahnen zu Hunderten bewährten Loks waren mit schnellaufenden Dampfmaschinen ausgerüstet, deren Leistung über Zahnradgetriebe und Gelenkwellen auf 2 oder 3 Drehgestelle übertragen wurde [2-31, 39, 89, 92]. Diese Loks sind hier aus Platzgründen nicht weiter behandelt. In diesem Anwendungsgebiet konnte sich der Dampfmotor erfolgreich einführen, was in der aufgeführten Literatur entsprechend dokumentiert ist. Es sei auch auf den einschlägigen Abschnitt dieses Buches verwiesen (3.34, Ergebnisse mit Dampfmotorloks).

Die wichtigsten Anforderungen, welche an den Dampfmotorantrieb von Loks zu stellen sind, ergeben sich aus dem Vorgenannten wie folgt:

1. Möglichst vollkommener Massenausgleich der Maschine und keine Kräfte bzw. Momente nach außen auf den Lokrahmen.
2. Gutes Anfahrverhalten aus jeder Stellung.
3. Leichte Regel- und Umsteuerbarkeit.
4. Geschlossene Bauweise mit Umlaufschmierung.
5. Möglichst gleichmäßiges Drehmoment zur guten Ausnutzung des Reibungsgewichts.
6. Einfache wartungsarme Bauweise, leichte Tauschbarkeit und gute Zugänglichkeit in eingebautem Zustand in der Lok.
7. Hohe Maschinenleistung.
8. Keine Prüfung und evtl. Korrektur des Abstandes der Triebachsen beim Tausch von Maschineneinheiten.
9. Einfache Übertragung zwischen Maschine und Triebrad,
10. Wirtschaftlicher Dampfverbrauch auch bei hohen Drehzahlen durch kleine Füllungen, besonders bei Anwendung höherer Dampfdrücke über 25 atü.

Beim Gruppenantrieb der Achsen von einem Dampfmotor über Getriebe, Blindwelle und Kuppelstangen sind diese Forderungen nur teilweise erfüllbar. Nur der reine Einzelachsantrieb oder der Gruppenantrieb über Getriebe und Gelenkwellen sowie Achsgetriebe gestattet eine entscheidende Verbesserung der Dampflok nicht nur bei der Antriebsmaschine, sondern eröffnet auch den Weg zum Drehgestellfahrzeug und damit zu hohen Fahrgeschwindigkeiten.

Der Massenausgleich einer am gefederten Lokrahmen angebauten schnellaufenden Maschine sollte so ausgeführt sein, daß keine freien senkrechten Massenkräfte bzw. Momente auftreten, die die ganze abgefederte Lokmasse evtl. in senkrechte Schwingungen versetzen könnte [3.31-22]. Mit Rücksicht auf die Abkühlverluste durch die Zylinder ist eine möglichst kleine Zylinderzahl erwünscht, während andersseits zu einem gleichmäßigen Drehmomentverlauf und für gute Anfahrbeschleunigung mehrere Zylinder vorteilhaft sind. Für die im Lokbetrieb wichtige Zugänglichkeit für gute Wartung ist die Bauart überlegen, deren Maschinen außerhalb des Lokhauptrahmens angeordnet sind. Hierbei ist auch ein Austausch von Einzelteilen oder ganzen Maschinen wesentlich besser und unter Verzicht auf Senkgruben durchführbar im Gegensatz zu innenliegenden Antrieben.

Die periodisch auf das Triebwerk der Dampfmaschinen einwirkenden Dampf- und Massenkräfte wirken als

Schwingungserreger auf die fest mit der Maschine verbundenen Teile wie Fundamente und Rahmen. Die Erregerfrequenzen hängen von der Bauart und Zylinderzahl der Dampfmaschinen ab und steigen proportional mit der Drehzahl n an. Die Zahl der Erregerimpulse je Kurbelwellenumdrehung bezeichnet man als Ordnung. So bedeuten 2 Impulse je Umdrehung bei einer doppeltwirkenden Einzylindermaschine oder einer einfach wirkenden Zweizylindermaschine eine Erregung 2. Ordnung. Befindet sich im Betriebsdrehzahlbereich einer Kolbenmaschine eine Übereinstimmung mit einer Erregerfrequenz und einer Eigenfrequenz wie z. B. aus den waagrechten Komponenten der Erregerkräfte und den Pufferfedern zwischen Lok und Zug, so schaukelt die periodische Erregerkraft das in Übereinstimmung (Resonanz) befindliche Schwingungssystem Lok–Zug zu immer größeren Ausschlägen auf, solange dieser Betriebszustand aufrecht erhalten wird. In der Praxis werden die Schwingungsausschläge durch die vorhandene Dämpfung infolge des inneren Reibungswiderstandes der Federn zwischen der erregenden und der mitschwingenden Masse in Grenzen gehalten, so daß dies in der Regel sich nicht schädlich auswirken kann.

In der Praxis sind hauptsächlich die Massenkräfte 1. Ordnung aus Kolbenmaschinen als Schwingungserreger von Bedeutung, allenfalls noch die mit der doppelten Drehzahlfrequenz der 2. Ordnung. Die Massenkräfte höherer Ordnungen sind in ihrer Frequenz so hoch und in ihrer Wirkung so klein, daß sie völlig zurücktreten.

Die projektierten und ausgeführten Dampfmotorloks waren mit verschiedenen Bauarten von Antriebsmaschinen ausgerüstet [3.31-22]. Die mit parallel nebeneinanderliegenden Triebwerken ausgeführte Zweizylindermaschine bringt gegenüber der normalen Zwillingslok keine entscheidende Verbesserung. Mit der höheren Drehzahl der schnellaufenden Maschine steigt auch die Frequenz der Massenkraftimpulse, und die Zuckwege verringern sich, jedoch ist bei gleicher Maschinenleistung gegenüber der normalen Lok die Summe der Massenkräfte etwa gleich groß. Eine Verbesserung ergibt sich daraus, daß die Massenwirkungen der voneinander unabhängigen Antriebsmaschinen sich in etwa aufheben, da die Stellung der Achsen zueinander wechselt. Es wäre noch möglich, die Zweizylindermaschine durch je ein Paar über Zahnräder angetriebene Gegengewichte für die Massenkräfte 1. und 2. Ordnung in sich auszugleichen, was allerdings einen erhöhten Aufwand bedeutet und auch nicht ausgeführt wurde [3.31-4].

Eine gute Lösung für einen 2-Zylinder-Dampfmotor bildet die V-Maschine von Henschel [3.31-22]. Die mit 90°-Winkel zwischen den beiden Zylindern senkrecht gestellte Maschine ermöglicht es, die Massenkräfte 1. Ordnung voll auszugleichen. Freie senkrechte Mas-

senkräfte sind dabei nicht vorhanden. Diese an der Lok Betr.-Nr. 19 1001 der DR ausgeführte Lösung hat in der Praxis einen einwandfrei ruhigen Lauf gezeigt und wäre auch geeignet gewesen, der Dampflok den Weg zu höchsten Fahrgeschwindigkeiten mit direktem Antrieb frei zu machen (Abb. 95).

Der 3-Zylinder-Dampfmotor ergibt ebenso wie die Drillingslok bei 120° Kurbelversetzung zwar einen vollständigen inneren Kräfteausgleich, es bleiben jedoch freie Momente übrig, die sich nicht beseitigen lassen. Buchli hat deshalb bei seinem Vorschlag für Lokdampfmotoren diese Momente nach außen dadurch in ihrer Wirkung aufgehoben, daß er für jede Triebachse 2 stehende Dreizylindermaschinen vorgesehen hat, die um 180° gegeneinander versetzt sind. Der Ausgleich ist somit vollständig, und dieser 6-Zylinder-Dampfmotor ist für höchste Fahrgeschwindigkeiten als Lokantrieb geeignet (Abb. 112) [3.34-15].

Die von der Firma Besler für die Baltimore & Ohio Railroad projektierte Lok Nr. 5800 sollte mit 4 4-Zylinder-V-Maschinen ausgerüstet werden. Diese Bauart erlaubt durch umlaufende Gegengewichte die Massenkräfte bei 2 Kurbeln und 90° Kurbelversetzung auszugleichen. Es bleiben dann nur noch die Momente aus den Massenkräften 2. Ordnung und dem Abstand der beiden Kurbeln übrig [3.34-5–9, 14] (Abb. 115).

Gegenläufige Maschinen, wie sie die Lok Betr.-Nr. 2299 der englischen Midland Railway besaß, gleichen die Massenkräfte voll aus, benötigen aber zum Anfahren aus jeder Stellung mindestens 4 Zylinder (Abschnitt 3.32.3). Sterndampfmotoren wurden von Baurat Dr.-Ing. Hugo Lentz vorgeschlagen und von Prof. Neesen bei einigen Lokprojekten vorgesehen. Der 3-Zylinder-Sternmotor hat nur den inneren Ausgleich für die Massenkräfte 1. Ordnung, während die Massenkräfte 2. Ordnung mit der doppelten Drehfrequenz umlaufen und senkrechte Schwingungen anregen können. Es ist deshalb bei dieser Bauart ein besonderes Gegengewicht mit der doppelten Maschinendrehzahl umlaufend erforderlich, um den vollständigen Ausgleich zu bekommen. Wegen der damit verbundenen baulichen Schwierigkeiten konstruierte man einen 6-Zylinder-Sterndampfmotor, der neben dem Ausgleich der Massenkräfte 1. und 2. Ordnung auch den Vorteil der Momentenfreiheit nach außen besaß.

Die beträchtlichen Schwankungen, die das Drehkraftdiagramm (Abb. 75) der normalen Zwillingslok aufweist, beeinträchtigen in den Zugkrafttälern die Beschleunigung, in den Zugkraftspitzen die Sicherheit gegen Durchgehen der Triebachsen. Es ist deshalb sehr erwünscht, wenn Dampfmotorantriebe diese Verhältnisse durch möglichst gleichmäßigen Drehkraftverlauf verbessern, zumal die bei Einzelachsantrieben unabhängigen Triebachsen eine größere Neigung zum Durchgehen haben. Die Zylinder- und Kurbelanordnungen der ausgeführten Dampfmotorloks waren jedoch primär auf einen guten Massenausgleich und damit ruhigen Lauf der Lok auch bei hohen Geschwindigkeiten abgestellt, was bei den meisten Bauarten nicht mit dem optimalen Drehkraftverlauf in Einklang stand. Nur die Lok Betr.-Nr. 232-P-1 der SNCF, konstruiert von der SLM Winterthur, erfüllte beide Anforderungen in guter Weise. Jedoch kam es auch bei den anderen Dampfmotorloks hierdurch nicht zu grundsätzlichen Nachteilen, zumal die möglichen und auch ausgeführten kleinen Triebrad-∅ auf das Zugkraftverhalten einen günstigen Einfluß haben. Die Lokdampfmaschinen werden oberhalb der Grenze von zirka 400 U./min als Schnelläufer bezeichnet. Je höher die Drehzahl, um so kleiner wird bekanntlich der Raum- und Gewichtsaufwand je Leistungseinheit einer Maschine. Die aus der Dampfströmungsgeschwindigkeit und den Triebwerksmassenkräften herrührenden Drehzahlgrenzen hat Fritsch für Kleindampfmaschinen bis 150 mm Zylinder-∅ untersucht [1.2-16]. Daraus ist ersichtlich, daß bis zu 2000 U./min und darüber die altbekannte Stephenson-Steuerung mit Kolbenschiebern sich besonders gut eignet. Wegen der bei so schnelllaufenden Maschinen beachtlichen Drosselverluste in der Steuerung sind für Drehzahlen über 1000 U./min auch höhere Kesseldrücke am Platze, um trotz den Eintrittsverlusten noch einen guten Wert für den mittleren Kolbendruck zu erhalten. Die etwas größeren Lokdampfmotoren haben Zylinder-∅ zwischen etwa 200 und 400 mm. Dies ermöglicht Maschinendrehzahlen zwischen etwa 2000 und 1000 U./min, wie dies auch die Ausführungen und Entwürfe zeigen. Die Drehzahlen ausgeführter Lokdampfmotoren waren im Bereich von 500 bis 1200 U./min. Die allerdings nicht mehr gebauten Sternmotoren nach Lentz sollten bis zu 2500 U./min laufen. Eine obere Drehzahlgrenze konnte bei den Ausführungen noch nicht festgestellt werden. Die Triebwagenmaschinen der Doble-Dampftriebwagen liefen bis zu 1800 U./min einwandfrei, wobei sich die Stephenson-Steuerung bewährte. Läuft die Maschine schneller als die Triebachse, so ist die Zwischenschaltung eines Zahnradgetriebes notwendig. Ausführungen mit und ohne Getriebe haben sich in der Praxis bewährt. In solchen Fällen ist zwischen der Antriebseinheit und dem Triebradsatz die Einschaltung eines elastischen Achsantriebes zweckmäßig, wofür ebenfalls verschiedene Konstruktionen zur Verfügung stehen.

Die Dampfmotoren wurden in fast allen Ausführungen und Projekten federnd im Fahrzeugrahmen aufgehängt oder zumindest in der Tatzlagerausführung vorgesehen. Bei kleinen Leistungen und damit leichten Maschinen liefen die Tatzlagerbauarten zufriedenstellend und erreichten in Dampftriebwagen bis zu 110 km/h. Bei den

größeren Ausführungen für Loks wurde die elastische Aufhängung angewandt. Es kamen sowohl bei Getriebeübersetzung als auch bei direktem Achsantrieb verschiedene, schon vorher in Elektrotriebfahrzeugen erprobte Gelenkantriebe zur Anwendung. Einige Kettenantriebe kann man als Ausnahme ansehen, da diese Bauart für eine Vollbahnlok nicht ernsthaft in Betracht kommen kann. Eine Federung sollte in den Antrieben bei Dampfmotoren allerdings nicht vorgesehen werden, da das wechselnde Drehmoment der Dampfmaschine sonst zu Schwingungen im Antriebssystem führen kann. Vor allem gilt dies für Zweizylindermaschinen, wo ein formschlüssiger Antrieb zwischen Maschine und Triebachse notwendig ist.

3.32 *Ausgeführte Dampfmotorlokomotiven*

Schon beim ersten Anlauf zu einer grundsätzlichen Umgestaltung der klassischen Dampflok wurde versucht, die Mängel des direkten Radantriebs zu umgehen. Im Jahre 1893 erschien Heilmanns Dampflok mit elektrischer Übertragung. Auch die Dampfmaschine dieser Lok war für eine damals hohe Drehzahl von 400 U./min und guten Massenausgleich gebaut. Der aufwendige Umweg mit elektrischer Kraftübertragung konnte jedoch keine Lösung des Problems darstellen, wenn man auch der Ingenieurarbeit Heilmanns die Anerkennung nicht versagen darf.

Die erste eigentliche Dampfmotorlok, sogar schon mit Einzelachsantrieb, ließ 1908 Sir Cecil Paget bauen. Es folgten dann die HD-Lok der SLM mit Gruppenantrieb (Abschnitt 3.23.6). Nach 1930 wurde die Entwicklung intensiviert durch die Schnellfahrbestrebungen. Vor allem die Firmen Henschel und Borsig sind hier zu nennen, welche durch die Schaffung neuzeitlicher Dampftriebwagen mit Doble-Anlage auch die schnelllaufende Antriebsmaschine entwickelten (Abschnitt 3.22.8). Ebenfalls durch die Doble-Anlage angeregt, begann die Firma Sentinel in England 1932 sich mit der Dampfmotorlok zu befassen, wobei einige bemerkenswerte Loks kleinerer Leistung entstanden (Abschnitt 3.23.1). In den USA übernahmen die Gebrüder Besler 1932 als Rechtsnachfolger die Doble-Konstruktionen und bauten 1935 einen HD-Dampf-Schnelltriebwagen mit einer 440-kW-Maschine. Der Achsantrieb erfolgte dabei über 2 in das Triebdrehgestell eingebaute schnelllaufende 2-Zylinder-Verbundmaschinen und Getriebeübersetzung. Dieses Fahrzeug bildete eine Vorstufe zu der geplanten, aber nicht mehr fertiggestellten 2' D2'-Lok für die Baltimore & Ohio Railroad, welche Besler zusammen mit der B&O entworfen hatte. Die Dampftriebwagenentwicklung gab auch für die Dampflok interessante Anregungen.

Die erste große Lok mit Dampfmotoreinzelachsantrieb

wurde von der SLM Winterthur in den Jahren 1936 bis 1939 für die SNCF entwickelt (Abschnitt 3.23.7). Auch Henschel lieferte mit der Reichsbahnlok Nr. 19 1001 einen beachtlichen Beitrag. Diese beiden Maschinen kann man als die erfolgversprechendsten Lösungen für den Anfang zur Neugestaltung der Dampflokantriebe aus der Reihe der Ausführungen bezeichnen. Neben einigen kleineren Maschinen aus Deutschland, England und Rußland (Abschnitte 3.23.10; 3.23.13 und 3.23.19) baute Sir O.V. Bulleid 1948 und 1958 in England und Irland noch je eine Dampfmotorlok, die den Abschluß dieser angesichts der Traktionsumstellung nicht mehr weiter verfolgten Bauarten von Lokantrieben bildete.

Neben den in folgendem Abschnitt 3.32 beschriebenen 9 Typen von Dampfmotorloks wurden noch 6 weitere Bauarten hergestellt, die mit HD-Kesseln ausgerüstet waren und deshalb in Abschnitt 3.23 aufgeführt sind.

Die ausgeführten Dampfmotorloks waren mit folgenden Antriebssystemen ausgerüstet:

    3 Loks mit elektrischer Kraftübertragung,
    1 Lok mit Gruppenantrieb durch Blindwelle und Kup-
      stangen,
    6 Loks mit Gruppenantrieb durch Ketten,
    1 Lok mit Gruppenantrieb durch Gelenkwellen und
      Achsgetriebe,
    3 Loks mit Einzelachsantrieb ohne Zahnradübersetzung,
   10 Loks mit Einzelachsantrieb und Zahnradübersetzung.

Das sind zusammen 24 Loks, die in der Zeit von 1893 bis 1958 gebaut wurden. Aus dieser Reihe kamen 20 Maschinen zur Fertigstellung und praktischen Betriebserprobung, während bei 4 Loks vor der Vollendung der Weiterbau eingestellt wurde.

3.32.1 Die Lokomotive «Fusée» von J.J. Heilmann

Den wohl ersten Versuch, in der Konstruktion der Dampflok neue Wege zu gehen, unternahm der Elsässer J.J.

Heilmann. Um die Nachteile des direkten Radantriebs durch die Kolbendampfmaschine, wie unausgeglichene Massenkräfte, begrenzte Drehzahl, ungleichförmige Umfangskraft, Abhängigkeit der Maschinenleistung von der Fahrgeschwindigkeit und Ausnutzung des Reibungsgewichts nur für einen Teil der Radsätze des Fahrzeugs, zu vermeiden, sah er in der elektrischen Kraftübertragung einen erfolgversprechenden Weg. Darüber hinaus machte er auch von der Möglichkeit Gebrauch, vom Starr-Rahmenfahrzeug zum Drehgestellfahrzeug überzugehen. Zusammen mit seinem Mitarbeiter Drouin arbeitete Heilmann einen Entwurf für einen elektrisch betriebenen Zug aus, bei dem alle Achsen angetrieben werden sollten. Den Fahrstrom erzeugte dabei ein dampfgetriebener Generator auf der Lok. Wegen der hohen Kosten und zu weitgehenden Aufteilung der relativ geringen Maschinenleistung wurde dieser Plan nicht ausgeführt. Heilmann wandte sich der Konstruktion einer reinen Lok zu. In Vorversuchen klärte er die Frage, ob Gleichstrom oder der seinerzeit neu eingeführte Drehstrom für die Kraftübertragung sich besser eigne. Zu diesem Zweck baute Heilmann eine Versuchseinrichtung, wobei er einen Drehstrommotoranker auf einer Eisenbahnwagenachse als Stator setzte. Die Stromzuführung erfolgte durch die hohlgebohrte Achse mit 3 Kabeln. Der Ständer des Motors wurde zwischen die lose auf der Achse laufenden Räder eingebaut und fest mit den Radkörpern verbunden. In Betrieb dieser Maschine blieb somit die Achse stehen, und die Räder drehten sich mit dem Ständer zusammen. Es zeigte sich sofort die Drehzahlabhängigkeit zwischen Generator bzw. dessen Antriebsmaschine und dem Achsmotor. Gerade dies wollte Heilmann aber vermeiden. Er entschied sich deshalb für die Gleichstromübertragung, weil dabei die Dampfmaschine in ihrer günstigsten Arbeitslage den Generator mit konstanter Drehzahl antreiben konnte. Die Fahrmotoren

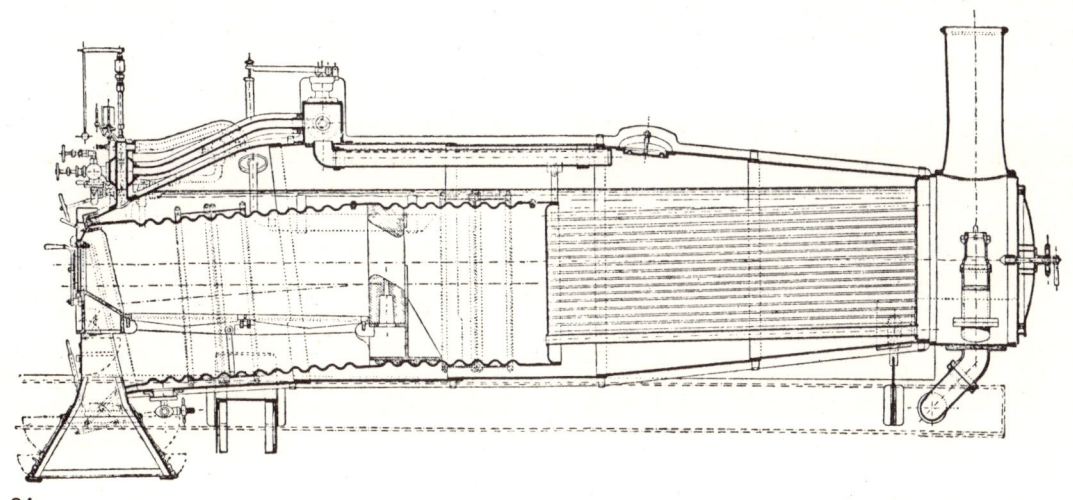

liefen unabhängig davon mit einer den Traktionsbedürfnissen entsprechenden Drehzahl.

Eine Lok mit dampfelektrischem Antrieb nach Heilmann wurde 1892/93 von der Forges et Chantiers de la Méditerranée in Le Havre (Frankreich) im thermischen und mechanischen Teil hergestellt, während die elektrische Kraftübertragung von der seinerzeit neu gegründeten Firma Brown Boveri & Cie. in Baden (Schweiz) stammte, übrigens die erste Anwendung dieser Übertragung für ein Schienenfahrzeug. Die Kessel- und Maschinenanlage sowie Führerstand und Vorratsbehälter waren auf einem durchgehenden Brückenrahmen aufgebaut. Als Laufwerk dienten 2 vierachsige Drehgestelle, von denen jeder Radsatz mit einer besonderen Bremsscheibe wegen Verringerung des Verschleißes der Lauffläche ausgerüstet war. Wie aus Abb. 282 ersichtlich, befand sich der Führerstand vorn an der Lok. Daran anschließend folgten Hilfsaggregat, Hauptaggregat, Heizerstand und der Kessel, zu dessen beiden Seiten Kohlen- und Wasserkästen angebaut waren. Im vorderen Teil besaß die Lok einen hölzernen Kastenaufbau. Der Kessel war mit der Feuerbüchse nach vorn angeordnet. Eine Druckluftbremse für Lok und Zug war ebenfalls vorhanden. Die wichtigsten Daten der Lok waren:

Dienstgewicht	118	t
Reibungsgewicht	118	t
Höchstgeschwindigkeit	110	km/h
Triebrad-∅	1200	mm
Wasservorrat	10	m³
Kohlenvorrat	6	t

Als Dampferzeuger erhielt die Maschine einen Lentz-Kessel mit stehbolzenloser Wellrohrfeuerbüchse und folgenden Hauptdaten:

Rostfläche	2,25	m²
Verdampfungsheizfläche	145,17	m²
davon Strahlung	18,06	m²
Berührung	127,11	m²
Dampfdruck	12,6	atü
Dampftemperatur	180	°C
Wasserinhalt	9,5	m³
Leistung normal	10	t/h
maximal	12	t/h

An die Feuerbüchse schloß sich eine Verbrennungskammer an, die durch einen Dampfstrahlreiniger gesäubert werden konnte. Zur Speisung dienten 2 auf dem Kessel sitzende selbstansaugende Dampfstrahlpumpen.

Der Antrieb des Traktionsgenerators erfolgte durch eine liegende 2-Zylinder-Verbunddampfmaschine mit einer Nennleistung von 440 kW bei 300 U./min und einer Maximalleistung von 590 kW bei 400 U./min. Die Maschine war direkt mit dem Hauptgenerator gekuppelt, das Aggregat lag auf dem Lokrahmen. Die Dampfzylinder hatten gleichen Abstand von der in Längsmitte der Lok angeordneten Kurbelwelle, die dreifach gekröpft war. Die Zylinder lagen einander gegenüber. Die Kolbenkraft

des ND-Zylinders (650 mm ∅) wurde durch 1, die des HD-Zylinders (425 mm ∅) durch 2 Triebstangen auf die um 180° versetzten Kurbeln übertragen, so daß ein weitgehender Massenausgleich erzielt werden konnte. Als Steuerung für Dampfein- und -auslaß hatte jeder Zylinder einen Drehschieber, der durch eine Corliss-Steuerung betätigt wurde. Die Maschine lief stets mit konstanter Füllung von 60 % in beiden Zylindern und in einer Drehrichtung. Die Leistung stellte man über Drehzahländerungen ein. Die Konstruktion der Dampfmaschine stammte von Charles Brown, dem Gründer der SLM Winterthur. Der fremd erregte sechspolige Gleichstromtraktionsgenerator gab bei 360 U./min 1025 A, 400 V ab, was einer Leistung von 410 kW entspricht.

Vor dem Hauptaggregat war in der Lok noch ein Hilfsgeneratorsatz aufgestellt. Der vierpolige Hilfsgenerator war für 13 kW bei 260 A und 50 V ausgelegt. Hiervon dienten 5 kW als Erregerstrom für den Hauptgenerator, während die übrigen 8 kW an die Beleuchtung von Lok und Zug abgegeben wurden. Den Antrieb des Hilfsgenerators besorgte eine kleine Zwillingsmaschine mit 180° Kurbelversetzung. Die ebenfalls von Brown für ruhigen Lauf konstruierte Maschine hatte 150 mm Zylinder-∅ und 150 mm Hub, sie war mit einer Flachschiebersteuerung ausgestattet und lief 300 U./min.

Die 8 Fahrmotoren in den beiden Drehgestellen waren als Achsmotoren ausgebildet, d. h. die Achsen stellten gleichzeitig die Läuferwellen dar.

Das Prinzipschaltbild der Kraftübertragung in Abb. 86 zeigt, daß entweder alle 8 Motoren parallel oder zu je 2 parallel geschalteten Gruppen mit je 4 Motoren in Reihe geschaltet werden konnten. Der Hilfsgenerator 2 arbeitete mit konstantem Erregerstrom, lediglich für den Beleuchtungsstrom war noch ein Regelwiderstand 11 vorgesehen. Die Erregung des Hauptgenerators 1 konnte mit dem 12-Stufen-Widerstand 4 vom Lokführer eingestellt werden. An der Decke des Führerstandes befand sich die Wendeschaltergruppe 6, die in Mittelstellung als Abschaltmöglichkeit diente.

Zur Anfahrt der Lok wurde zunächst das Hilfsaggregat in Betrieb gesetzt. Nötigenfalls mußte die Hilfsdampfmaschine von Hand in eine geeignete Kurbelstellung außerhalb der Kolbenendlagen gebracht werden. Sodann konnte über den Anlaßschalter 9 dem Hauptgenerator 1 Strom zugeführt und das Hauptaggregat bei gleichzeitigem Öffnen der Dampfzufuhr gestartet werden. Der Anlaßstrom war nötig, weil die Hauptmaschine in Kolbenendlage nicht von selbst anlaufen konnte. Nach Erreichen der Nenndrehzahl des Hauptaggregats schaltete der Lokführer mit dem Gruppenschalter 8 die Motoren zu je 2 Stück in Serie und die 4 Motorgruppen untereinander parallel. Über die Wendeschaltergruppe 6 kann der Fahrstrom je nach gewünschter Fahrtrichtung

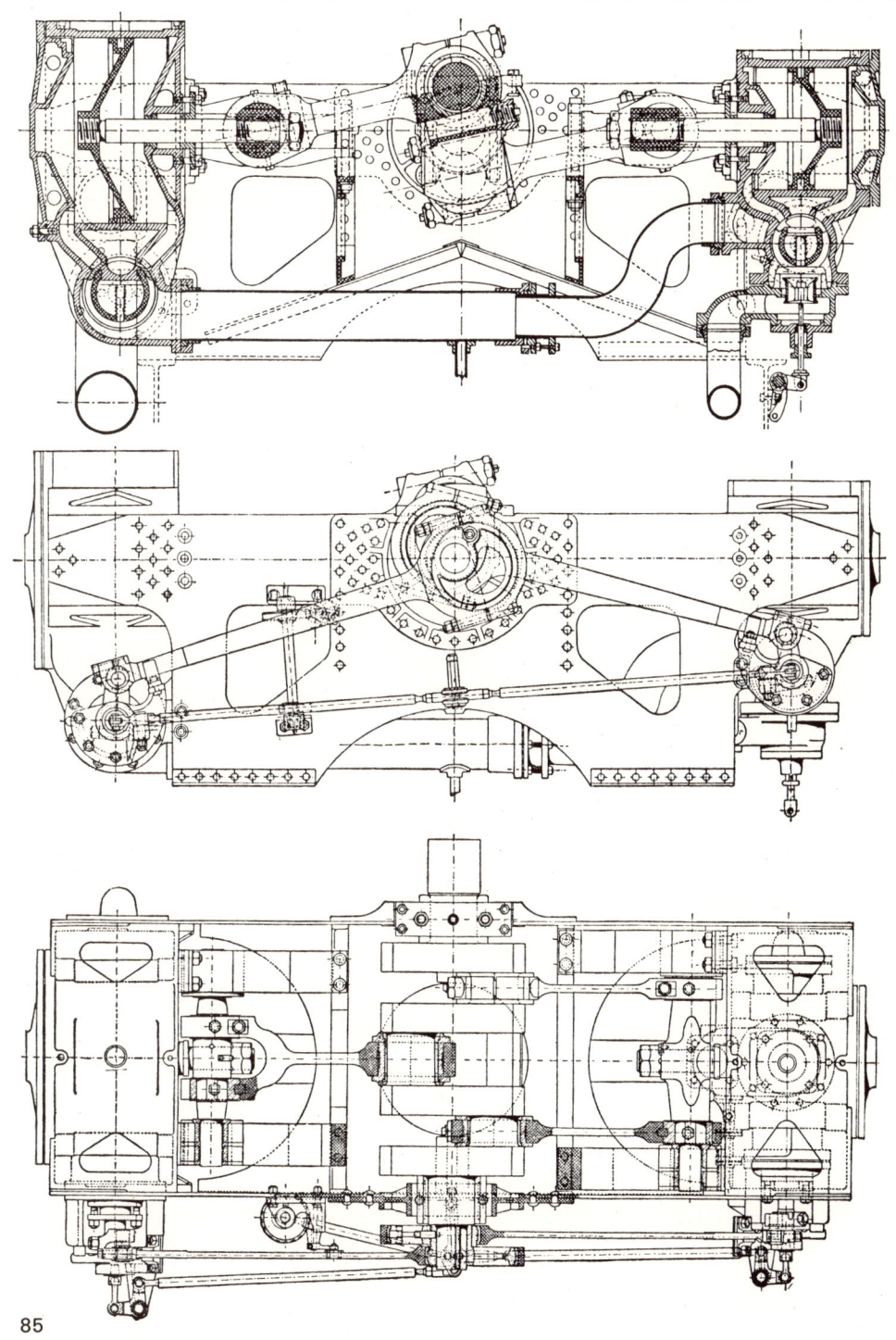

85

freigegeben werden. Durch Verändern des Regelwiderstandes *4* im Erregerstromkreis des Hauptgenerators ließen sich Spannung bzw. Strom, entsprechend der Generatorkennlinie, ungefähr nach einer konstanten Leistung einregeln. Während der Fahrt in der Ebene erreichte die Leistung an den Generatorklemmen 370 bis 400 kW, auf Steigungen maximal 480 kW. Die größte Leistung der elektrischen Maschinen war auf 940 kW bemessen, konnte aber wegen zu geringer Antriebsleistung nicht ausgenutzt werden. Dieser Dimensionierungsfehler wurde erst während des Baus der Lok bemerkt, als Änderungen nicht mehr möglich waren. Heilmann plante deshalb

86 Prinzipschema der elektrischen Kraftübertragung
für die erste Heilmann-Lok von 1893
87 Längsschnitte der Lok Betr.-Nrn. 8000 und 8001
der französischen Westbahn, Bauart Heilmann

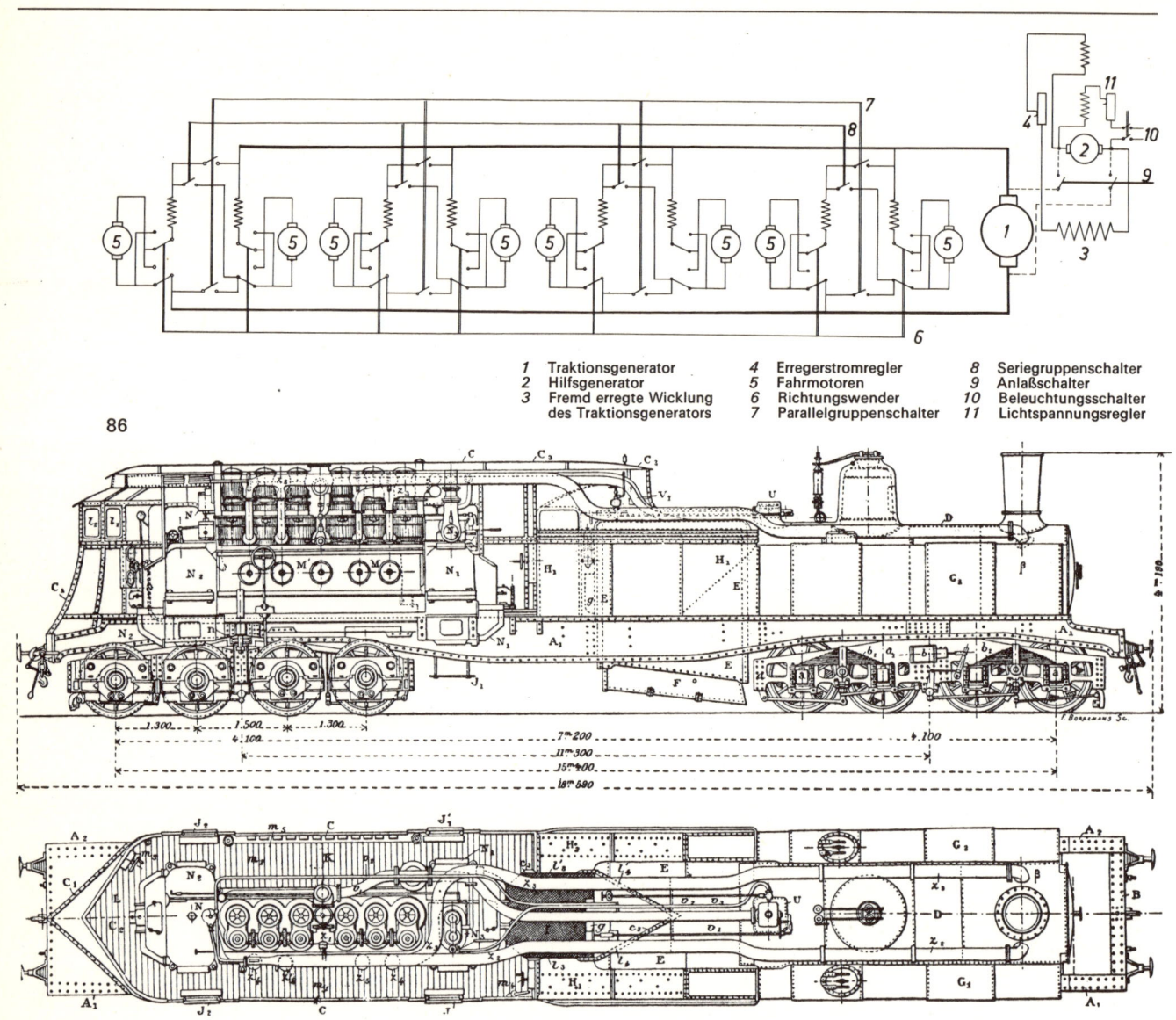

1	Traktionsgenerator	4	Erregerstromregler	8	Seriegruppenschalter
2	Hilfsgenerator	5	Fahrmotoren	9	Anlaßschalter
3	Fremd erregte Wicklung	6	Richtungswender	10	Beleuchtungsschalter
	des Traktionsgenerators	7	Parallelgruppenschalter	11	Lichtspannungsregler

86

87

schon im Jahre 1894 eine weitere verbesserte Lok dieser Art mit höherer Maschinenleistung.

Nach Fertigstellung der Lok «Fusée» (Rakete) im Herbst 1893 wurden mit ihr Probefahrten auf der Strecke Le Havre–Beuzeville unternommen. Die Lok zeigte dabei gute Ergebnisse, vor allem fielen die hohen Anfahrzugkräfte sowie die guten Laufeigenschaften auf. Am 9. Mai 1894 wurde vom Pariser Westbahnhof St-Lazare nach Nantes und zurück ein Sonderzug für 250 geladene Gäste gefahren. Diese Fahrt verlief einwandfrei mit einer Durchschnittsgeschwindigkeit von 75 km/h, wobei für kurze Zeit eine Maximalgeschwindigkeit von 107 km/h erreicht wurde. Die Maschine konnte einen Reisezug von 80 t mit 100 km/h befördern. Als Nachteil stellte sich u.a. heraus, daß wegen der Anordnung der Ma-

schinenanlage auf dem Hauptrahmen Lokführer und Heizer räumlich getrennt waren und sich nicht ausreichend während der Fahrt verständigen konnten.

Die über zirka 2000 km Fahrstrecke durchgeführte Erprobung dieser Lok zeigte die Brauchbarkeit des gewählten Prinzips und gab der französischen Westbahn Veranlassung, einen Versuch mit solchen Loks höherer Leistung auszuführen. Es wurden von dieser Bahn deshalb 2 Heilmann-Loks in Auftrag gegeben.

3.32.2 Die Lokomotiven Betr.-Nrn. 8001 und 8002 der französischen Westbahn

Ausgehend von der ersten Heilmann-Lok «Fusée» ließ die französische Westbahn 2 grundsätzlich gleiche Loks herstellen. Für die Traktionsgeneratoren wurde jedoch die Leistung auf 1000 kW bei 400 U./min erhöht.

Der Gesamtaufbau entsprechend Abb. 87 zeigt wieder das Drehgestellfahrzeug mit Aufbau der Einzelaggregate auf dem durchgehenden Hauptrahmen. Die beiden Loks 8001 und 8002 hatten an beiden Enden des Maschinenraums die notwendigen Bedienungsgeräte und waren somit freizügig für jede Fahrtrichtung verwendbar. Die Abb. 283 und 284 lassen in diesen Maschinen den frühen Vorläufer der bei den heutigen modernen Maschinen allgemein üblichen Bauweise erkennen.

Die Hauptdaten der Loks waren:

Dienstgewicht	124	t
Reibungsgewicht	124	t
Triebrad-∅	1160	mm
Höchstgeschwindigkeit	120	km/h

Zur Dampferzeugung diente ein normaler Lokkessel Bauart Belpaire mit folgenden Daten:

Rostfläche	3,34	m²
Verdampfungsheizfläche	185,5	m²
davon Strahlung	16,5	m²
Berührung	169	m²
Dampfdruck	14	atü
Dampftemperatur	194	°C

Die Speisung wurde mit 2 nichtsaugenden Friedmann-Injektoren vorgenommen.

Die nach Robinson und Mazen gebaute Dampfmaschine war in stehender Anordnung mit 6 einfach wirkenden Zylindern in Längsrichtung in die Lok vorn eingebaut worden. Die für vollkommenen Massenausgleich von der englischen Firma Willans & Robinson hergestellte Maschine arbeitete mit dreifacher Expansion. Abweichend von den normalen Willans-Maschinen erfolgte der Antrieb der Kolbenschieber von einer besonderen Exzenterwelle, wobei sich die gesamte Steuerung außerhalb der Zylinder befand.

An jedem der beiden Enden der Dampfmaschine war ein sechspoliger Gleichstromtraktionsgenerator direkt angekuppelt, dessen Nennleistung bei 450 V und 910 A 410 kW betrug. Die Generatorleistung konnte für 15 min auf die doppelte und für 30 min auf die 1,5fache Nennleistung gesteigert werden. Die beiden mit geschlossenen Gehäusen ausgeführten Generatoren eines Aggregats waren parallel geschaltet und erhielten ihren Erregerstrom von einem besonderen Hilfsgenerator. Das Hilfsaggregat befand sich oben auf dem hinteren Hauptgenerator. Es bestand aus einer kleinen 2-Zylinder-Willans-Maschine mit 18 kW bei 550 U./min, die mit einem vierpoligen Nebenschlußgenerator 110 V, 140 A direkt gekuppelt war. Da die Erregerleistung der Traktionsgeneratoren maximal nur 100 A erforderte, stand die übrige Leistung des Hilfsgenerators für Lok- und Zugbeleuchtung zur Verfügung. Die in den beiden vier-

achsigen Drehgestellen eingebauten Fahrmotoren leisteten je 92 kW bei 450 U./min entsprechend 100 km/h. Die Motorläufer wurden auf Hohlwellen angeordnet, durch die die Achse lief. Das Drehmoment übertrugen an jedem Triebrad je 3 Radialarme von der Motorhohlwelle aus über Druckbolzen und Wickelfedern auf die Radspeichen. Die Übertragungsglieder Druckbolzen und Wickelfedern waren jeweils doppelt für beide Drehrichtungen vorhanden.

Zur Regelung der Zugkraft konnte man die 4 Motoren eines Drehgestells in Reihe oder parallel schalten, die beiden Drehgestellmotorgruppen waren dauernd parallel geschaltet. Ein Regelwiderstand im Erregerstromkreis der Traktionsgeneratoren diente auch hier zur Feinregulierung. Weiter konnte die Generatorleistung noch durch Drehzahlregelung der Dampfmaschine verändert werden. Die elektrische Ausrüstung auch dieser beiden Loks lieferte Brown Boveri & Cie.

Die erste der beiden Maschinen begann am 12. November 1897 mit einer Probefahrt auf der Strecke Paris–Mantes (115 km). Der dabei beförderte Zug bestand aus 12 Personen- und 1 Meßwagen von zusammen 150 t Last. Nach Vorschrift der Bahn durfte hierbei nur mit maximal 30 km/h gefahren werden. Die Fahrt verlief ohne Schwierigkeiten. Bei späteren Probefahrten wurden 250-t-Züge bis 100 km/h beschleunigt und gefahren. Die erreichte Maximalgeschwindigkeit betrug 120 km/h, für die damalige Zeit eine außergewöhnliche Leistung. Die beiden Heilmann-Loks zeigten im Fahrbetrieb deutlich ihre Vorzüge gegenüber der klassischen Dampflok. Das für die Reibung nutzbare Gesamtgewicht und die Drehgestellbauart hatten eine gute Beschleunigung und Zugkraft sowie hervorragende Laufruhe im ganzen Geschwindigkeitsbereich zur Folge.

Auch andere Bahnen interessierten sich für die Heilmann-Lok. Die russische Südbahn sowie die Ohio River; Madison and Central Railway planten den Bau solcher Loks. Auch aus Deutschland wurde ein Fachmann zur Beobachtung der Versuche mit den Heilmann-Loks nach Frankreich entsandt.

Es kam jedoch nicht mehr zur Weiterentwicklung und zum Bau von Heilmann-Loks für diese Bahnen, da das im Vergleich zur Leistung hohe Gewicht und die aufwendige Bauart seinerzeit die Vorteile auf die Dauer nicht aufwiegen konnten, die man mit der Maschine gegenüber normalen Loks erreichen konnte.

3.32.3 Die Lokomotive Betr.-Nr. 2299 der Midland Railway

Um die Jahrhundertwende wurden in rascher Folge Kraftwerke für die Elektrizitätsversorgung gebaut. Vor der allgemeinen Einführung der Dampfturbine diente in thermischen Werken ausschließlich die Kolbendampfmaschine zum Antrieb der elektrischen Generatoren. In England war auf diesem Gebiet damals die Willans-Dampfmaschine weit verbreitet und infolge ihres guten Massenausgleichs für ruhigen Lauf berühmt [1-1]. Auch die vorher erwähnten beiden Heilmann-Loks der französischen Westbahn besaßen Willans-Maschinen.

Der seinerzeitige Direktor der Werkstätten Derby der Midland Railway in England, Sir Cecil Paget, wurde durch diese Maschinenart angeregt, auch für die Lok nach einer ähnlich ruhig laufenden Dampfmaschine zu suchen. Er setzte sich zum Ziel, einen Antrieb für alle vorkommenden Zugdienste sowohl bei niedrigen Geschwindigkeiten und hohen Zugkräften als auch bei den damals üblichen Maximalgeschwindigkeiten zu entwickeln, mit dem eine universell verwendbare Lok gebaut werden konnte. Weiter wollte er eine Kesselkonstruktion schaffen, die bei großer Verdampfungsleistung und geringstmöglichen Wärmeverlusten einen minimalen Instandhaltungsaufwand bringen sollte. Wie sein damals mit der Konstruktion seiner Ideen betrauter Mitarbeiter James Clayton berichtete [3.33.3-1, 4], ließ Paget Entwicklung und Bau seiner Versuchslok nach seinen Vorstellungen (brit. Patente Nrn. 23 714 und 14 488) und auf eigene Kosten unabhängig vom leitenden Maschineningenieur der Bahn, R. M. Deeley, durchführen. Die aus dieser Sachlage entstandenen Schwierigkeiten waren der Sache abträglich und führten schließlich zum Abbruch der Erprobung und zur Verschrottung der bemerkenswerten Maschine (Abb. 285). Nach den Vorstellungen Pagets sollte seine neue Lok einen möglichst vollkommenen Massenausgleich im Triebwerk und gute Laufeigenschaften haben. In den Jahren 1907/08 entstand in den Werkstätten Derby der Midland Railway die Lok Betr.-Nr. 2299, eine 1'C1'-Lok mit dreiachsigem Tender für gemischten Dienst. Die 3 angetriebenen Achsen waren im Hauptrahmen gelagert, die beiden Laufachsen in Bissel-Gestellen. Das markante Merkmal bildeten die beiden 4-Zylinder-Gleichstromdampfmaschinen. Es handelte sich hierbei um einfach wirkende Maschinen, von denen Abb. 89 die Anordnung zeigt. Eine Zylindergruppe befand sich zwischen der 1. und 2. Triebachse, die andere zwischen der 2. und 3. Achse. Wegen der Breite der Zylindergußstücke erhielt die Lok einen Außenrahmen, wobei die Kupplung der 3 Achsen über Hall'sche Kurbeln erfolgte. Die 1. und 3. Triebachse war je zweimal, die mittlere Achse viermal gekröpft. Bei dieser Triebwerksausbildung läßt sich ein vollkommener Ausgleich der hin- und hergehenden Massen erzielen. In Längsmitte jeder Zylindergruppe war die Dampfzuführung zu den einzelnen Zylindern angeordnet. Durch getrennte Einlaßkanäle konnte der Dampf in jeden Zylinder einströmen. Der Dampf drückte

beim Arbeitshub jeweils die in der inneren Endlage befindlichen Kolben nach außen. Kurz vor dem Hubende gaben die Kolben Auslaßschlitze in den Zylinderwänden frei, durch die der entspannte Dampf abströmen konnte. Die Auspuffkanäle der einzelnen Zylinder führten in ein Sammelrohr, durch das der Abdampf zum Blasrohr und Schornstein gelangte. Die Steuerung des Dampfeinlasses der beiden Zylindergruppen erfolgte durch 2 ständig umlaufende Drehschieber. Für deren Antrieb war eine in Loklängsrichtung verlaufende Steuerwelle vorgesehen. Der Antrieb dieser Steuerwelle geschah über Kuppelstangen von der hinteren Triebachse auf eine besondere, im Rahmen parallel zu den Achsen eingebaute Welle, ein Kegelradgetriebe, eine Zwischenwelle zur Überbrückung des Höhenunterschieds zwischen Achs- und Steuerwellenmitte sowie eines zweiten Kegelradgetriebes. Für den Fahrtrichtungswechsel war in die Steuerwelle ein Differentialkegelradgetriebe eingebaut. Mit Hilfe der vom Führerstand aus betätigten Umsteuervorrichtung konnte das Differentialgehäuse verdreht werden, womit sich eine relative Lageänderung zwischen dem zum Antrieb verlaufenden Teil der Steuerwelle und dem zu den Steuerschiebern führenden Teil ergab. Die Zylinderfüllung wurde durch Verschieben von Zwischenhülsen aus Phosphorbronze bewirkt, die sich in den gußeisernen Einströmgehäusen der Zylinder befand und in der die Schieber sich drehten. Damit konnten die Einströmkanalöffnungen in ihrem Querschnitt verändert werden. Entsprechend der Zahl der geöffneten Kanäle waren folgende Zylinderfüllungen einstellbar:

4 Kanäle offen entsprechend 75% Füllung,
3 Kanäle offen entsprechend 59% Füllung,
2 Kanäle offen entsprechend 42% Füllung,
1 Kanal offen entsprechend 25% Füllung.

Die Hauptdaten der Lok waren:

Dienstgewicht	75,7	t
Reibungsgewicht	56,6	t
Gesamtachsstand	9550	mm
Triebrad-⌀	1625	mm
Höchstgeschwindigkeit zirka	130	km/h
Zylinder-⌀	8×457	mm
Kolbenhub	305	mm
Wasservorrat	15,9	m³
Kohlenvorrat	7,1	t

Auch der Kessel der Lok Nr. 2299 war von der üblichen Bauart verschieden. Der außergewöhnlich breite Rost nahm die ganze Fahrzeugbreite in Anspruch und wurde durch 2 Feuertüren beschickt. Seiten- und Rückwand der Feuerbüchse bestanden aus Steinen, so daß der Strahlungswärmeübergang an das Wasser nur über Feuerbüchsdecke und Rohrwand erfolgte. Paget vermied das seinerzeit für Feuerbüchsen noch unentbehrliche Kupfer und den größten Teil der Stehbolzen. Der Kessel hatte folgende Hauptdaten:

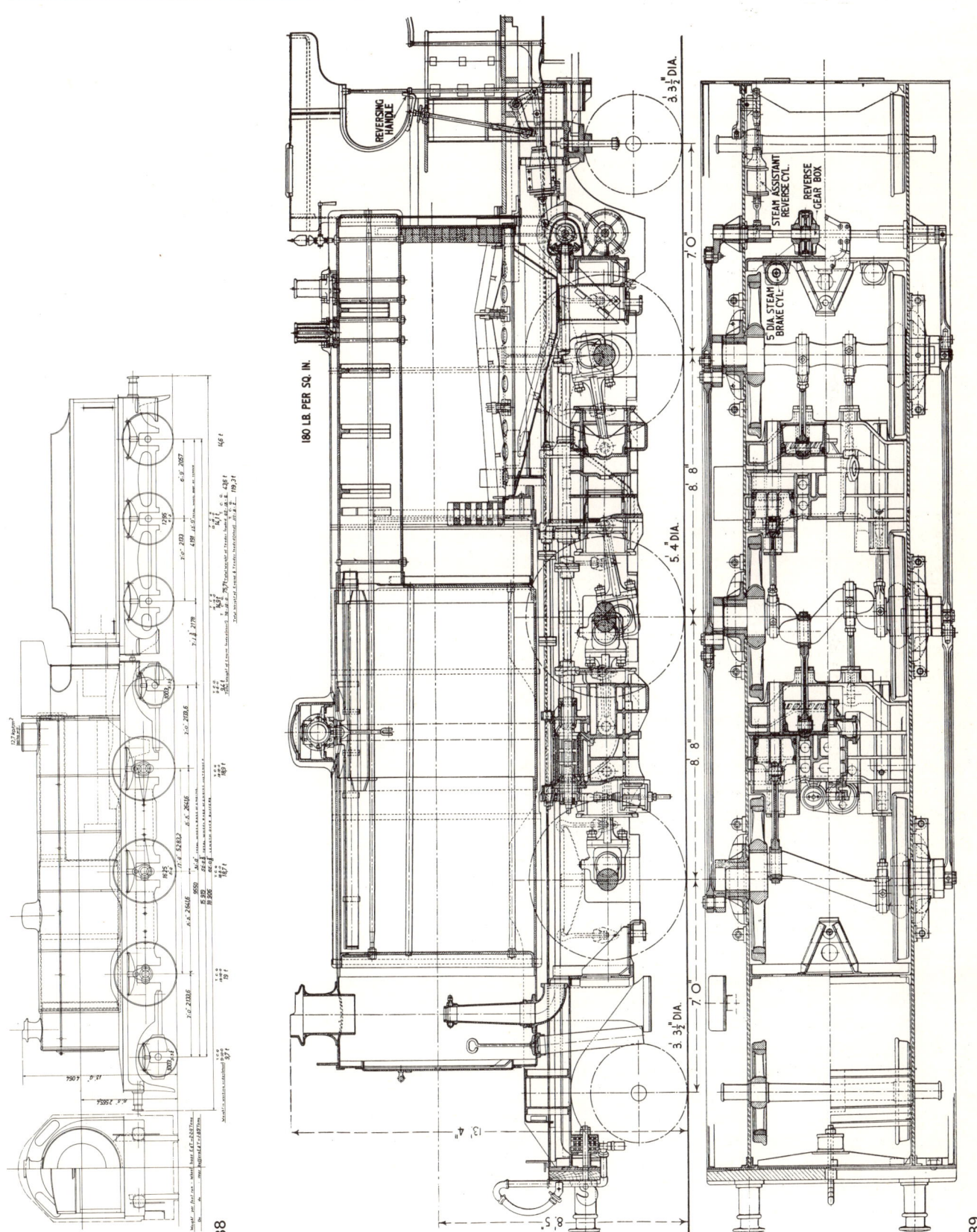

Rostfläche	5,13	m³
Verdampfungsheizfläche	187,5	m²
davon für Strahlung	6,5	m²
für Berührung	181	m²
Dampfdruck	12,7	atü
Dampftemperatur	190	°C

Für die Reinigung von Aschkasten und Rauchkammer waren Dampfstrahldüsen und nach unten führende Ablauftrichter für die Verbrennungsrückstände vorgesehen. Wie schon vorher erwähnt, ließ Paget diese Lok nach seinen Ideen auf eigene Rechnung bauen. Er gab dafür sein ganzes Vermögen aus, aber dies reichte nicht ganz bis zur Fertigstellung, es fehlten ihm noch zirka 2000 £. Da übernahm die Midland Railway die Vollendung der Lok auf ihre Rechnung und bestand darauf, die Erprobung zu überwachen und deren Umfang nach ihrem Ermessen festzulegen.

Bei ihren Fahrten zeigte die Lok Nr. 2299 ausgezeichnete Laufeigenschaften. Mit nur 1625 mm Triebrad-⌀ wurde vor Schnellzügen 132 km/h Höchstgeschwindigkeit erreicht. Zu einem Fahrplaneinsatz kam die Maschine allerdings nicht. Die Hauptschwierigkeit im Betrieb machten die Drehschieber und deren Bronzehülsen der Dampfmaschinensteuerung. Es gelang nicht, diese Teile auf die Dauer ausreichend dicht zu bekommen, woran auch die verschiedenen Wärmeausdehnungskoeffizienten der Werkstoffe beteiligt waren. Der Kessel

erwies sich zwar als sehr verdampfungswillig, jedoch litten die Steinwände der Feuerbüchse unter Brüchen infolge der Fahrerschütterungen. Während einer Zugfahrt traten wieder einmal Schwierigkeiten mit der Steuerung auf, so daß der Frischdampf wegen Undichtheiten direkt in die Ausströmleitung und in den Schornstein gelangte. Die Maschine konnte deshalb nicht mehr anfahren, und eine andere Lok mußte den Zug abschleppen. Die Lok Nr. 2299 wurde daraufhin aus dem Versuchsbetrieb zurückgezogen und in einem Schuppen abgestellt, nachdem Paget zur Verkehrsabteilung der Midland Railway versetzt worden war. Weitere Arbeiten nahm man an dieser Lok nicht mehr vor. Im April 1920 wurde sie schließlich abgebrochen.

3.32.4 Die Lokomotiven Betr.-Nrn. 276–279 der Ägyptischen Staatsbahn

Die Firma Sentinel Waggon Works baute neben ihren bekannten Dampfstraßenfahrzeugen auch eine größere Zahl von kleineren Dampfloks sowie Triebwagen mit Antrieb durch kleine schnellaufende Dampfmaschinen und Getriebeübersetzung auf die Achsen [2-87]. Im Jahre 1937 wurden von der North British Locomotive Co. in Glasgow 4 1'Bo1' Personenzugloks für die Ägyptische Staatsbahn gebaut, die Anfang 1938 abgeliefert wurden (Fabr.-Nrn. 24413–24416). Als Achs-

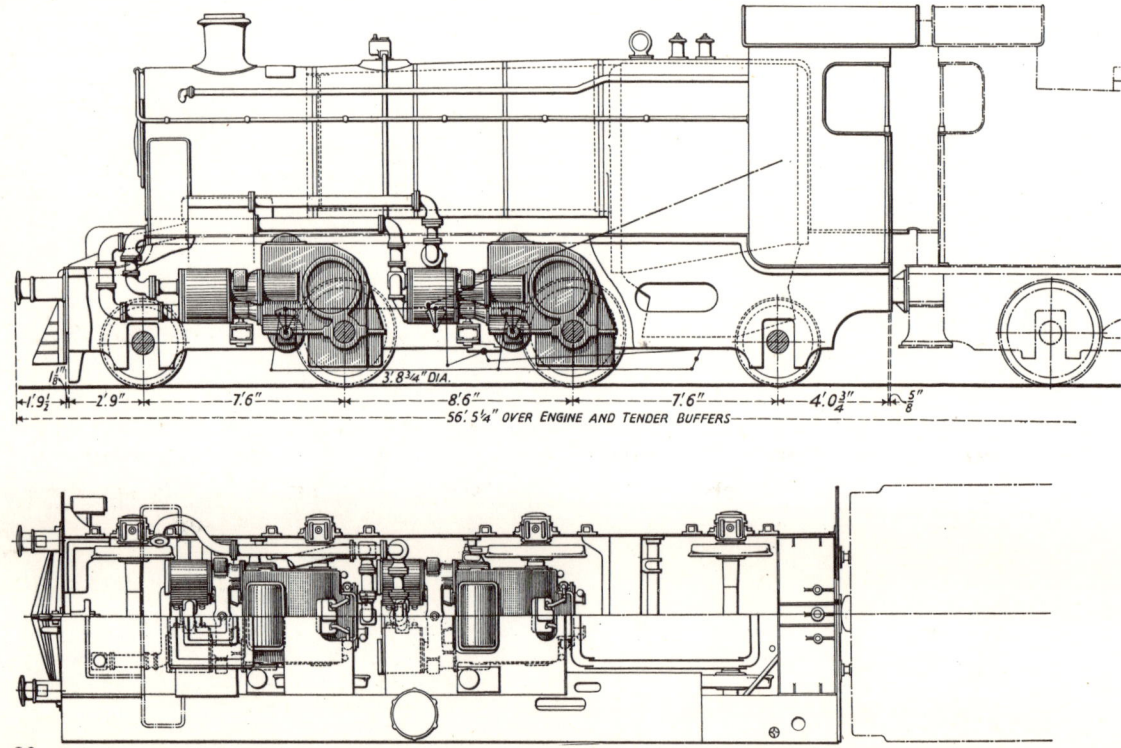

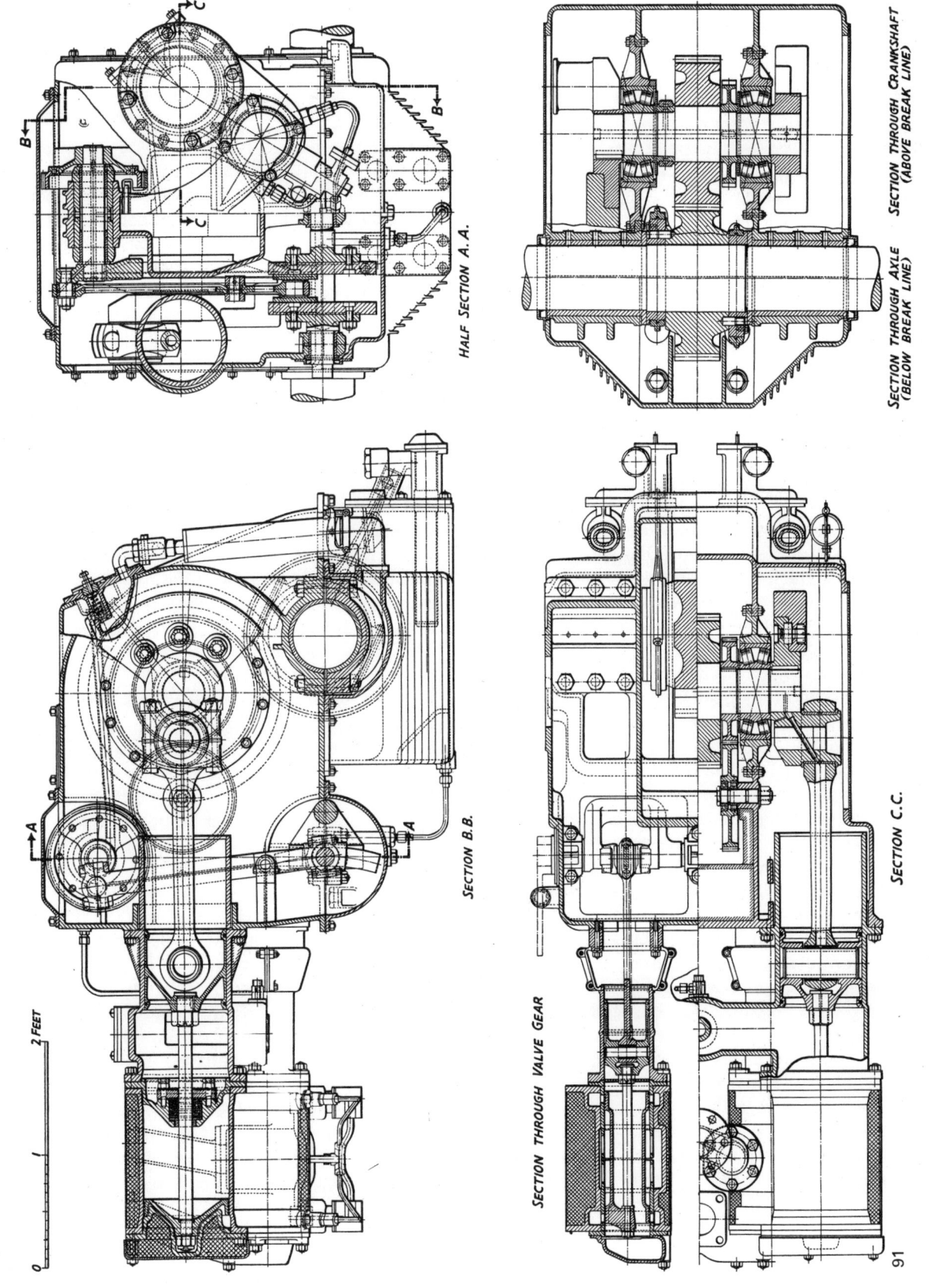

HALF SECTION A.A.

SECTION THROUGH CRANKSHAFT (ABOVE BREAK LINE)

SECTION THROUGH AXLE (BELOW BREAK LINE)

SECTION B.B.

SECTION C.C.

SECTION THROUGH VALVE GEAR

2 FEET

antrieb erhielten diese Maschinen je 2 Sentinel-Dampfmotoren. Diese Antriebe waren schon vielfach bewährt und bekannt für niedrige Instandhaltungskosten, günstige Verbrauchszahlen für Dampf und Schmieröl sowie gleichmäßiges Drehmoment und auch gleichmäßigen Auspuff. Als Dampferzeuger wählte man einen normalen Lokkessel. Die Hauptdaten waren wie folgt:

1. Lokomotive		
Dienstgewicht	57,5	t
Reibungsgewicht	32	t
Achsstand	7167	mm
Triebrad-∅	1136	mm
Höchstgeschwindigkeit	80	km/h
Zylinder-∅	279	mm
Kolbenhub	305	mm
Wasservorrat	16,8	m³
Kohlenvorrat	6	t
Heizölvorrat	4,5	m³
2. Kessel		
Rostfläche	1,95	m²
Verdampfungsheizfläche	111	m²
Überhitzerheizfläche	27	m²
Dampfdruck	14,2	atü
Dampftemperatur	320	°C

Von den 4 Loks (Abb. 286) wurden 2 mit Kohlen- (Betr.-Nrn. 276, 277) und 2 mit Ölfeuerung (Betr.-Nrn. 278, 279) ausgerüstet. Der Kessel entsprach dem der seinerzeit ebenfalls von der NBL an die Ägyptischen Staatsbahnen gelieferten 2'B-h2-Loks mit Caprotti-Ventilsteuerung (Betr.-Nrn. 237–262).

Jede der beiden Triebachsen wurde von einer liegenden, völlig gekapselten, doppeltwirkenden Sentinel-Zwillingsmaschine mit einfacher Expansion und 294 kW Nennleistung bei 620 U./min angetrieben. Die Kraftübertragung von der Kurbelwelle zur Achse erfolgte über ein im Dampfmotorgehäuse mit eingebautes Zahnradgetriebe (Übersetzung 33/55). Das Ritzel befand sich auf der Kurbelwelle in der Mitte zwischen den beiden Kurbeln. Das Maschinengehäuse stützte sich vorn auf den Lokrahmen und hinten auf die angetriebene Achse ab. Die Steuerung der Maschine erfolgte durch unter den Zylindern angeordnete Kolbenschieber. Den Schieberantrieb besorgte eine Klug-Steuerung, die über ein Zwischenzahnrad und eine besondere Steuerwelle von der rollengelagerten Kurbelwelle aus angetrieben wurde. Die runden Kreuzköpfe liefen in zylindrischen Gleitbahnen. Die Schmierung stellten 2 an der hinteren Gehäusewand befindliche Ölpumpen für jede Maschineneinheit sicher. Wegen der Unterbringung der hinteren Maschine war ein Abstand der beiden Triebachsen von 2600 mm erforderlich. Die Anfahrzugkraft betrug 7860 kg. Der Dampfverbrauch bei Vollast betrug im Bereich von 300 bis 500 U./min (Maschinendrehzahl) 9,1 bis 9,8 kg/kWh.

3.32.5 Die Lokomotive Betr.-Nr. 71 der Lübeck-Büchener Eisenbahn

Die Lübeck-Büchener Eisenbahn Gesellschaft (LBE) war eine bedeutende deutsche Privatbahn und bekannt für neue fortschrittliche Ideen. Der 1934 auf ihrer Hauptstrecke Hamburg–Lübeck–Travemünde für den Schnellverkehr in Dienst gestellte Dampftriebzug mit einer Henschel-Doble-HD-Anlage [1.4-4] war ein voller Erfolg, so daß das Platzangebot schon bald nicht mehr ausreichte. Im Jahre 1935 wurde deshalb für den mit 120 km/h durchgeführten Schnellverkehr eine neue Zugeinheit in Auftrag gegeben. Die Firmen Linke-Hofmann-Werke AG, Breslau, und Waggon- und Maschinenbau AG, Görlitz, lieferten neue Doppelstockwagen, und Henschel die dazugehörigen leichten 1'B1'-h2-Tenderloks mit voller Stromlinienverkleidung. Die Züge waren für beide Fahrtrichtungen mit voller Geschwindigkeit einsetzbar, also sog. Pendel- oder Wendezüge. Der ab Sommer 1936 erfolgte Einsatz dieser Züge hatte eine rasch anwachsende Nachfrage zur Folge, da die neuen Loks kurze Reisezeiten und die klimatisierten Wagen eine angenehme Fahrt ermöglichten. Somit wurden häufig Verstärkungen der Züge notwendig. Die für eine Doppelstock-Zweiwageneinheit bemessene Tenderlok mußte oft zwei solcher Einheiten übernehmen. Aus dieser Lage heraus entstand der Plan, eine erheblich leistungsfähigere neue Lok für diesen hochwertigen Reisezugdienst zu schaffen.

Der leitende Maschineningenieur der LBE, Paul Mauck, wollte dafür neue Wege im Lokbau einschlagen. Die seinerzeit zur Hauptuntersuchung fällige 1'C-h2-Güterzuglok Betr.-Nr. 71 war als Erprobungsfahrzeug ausersehen worden [3.33.5-1, 2]. Die LBE plante gemeinsam mit der Firma Henschel & Sohn den Umbau dieser Lok in eine schnellfahrende 1'Co2'-h6-Stromlinientenderlok mit Einzelachsantrieb durch Dampfmotoren. In Abb. 92 ist die Gesamtanordnung der Lok zu erkennen. Während des Jahres 1937 wurden die 3 2-Zylinder-V-Dampfmotoren für diese Lok bei Henschel gebaut und eingehenden Prüfstandsversuchen unterzogen. Dabei zeigten sich auch einige Schwierigkeiten an dieser neuen Maschinenbauart, die zu Konstruktionsverbesserungen führten. Vor allem waren die in Schweißbauweise hergestellten Maschinengehäuse nicht genügend starr, was zu Schwingungsrissen und Ölundichtheiten führte, da die Maschinen völlig öldicht geschlossen und mit Druckölschmierung versehen waren. Henschel plante deshalb, hierfür eine starre Gußkonstruktion zu verwenden. Die Maschinen entsprachen in ihrem Aufbau denen der bei der DR-Lok Betr.-Nr. 19 1001 verwendeten, die im nächsten Abschnitt beschrieben ist.

Während die Dampfmotoren bei Henschel gebaut und

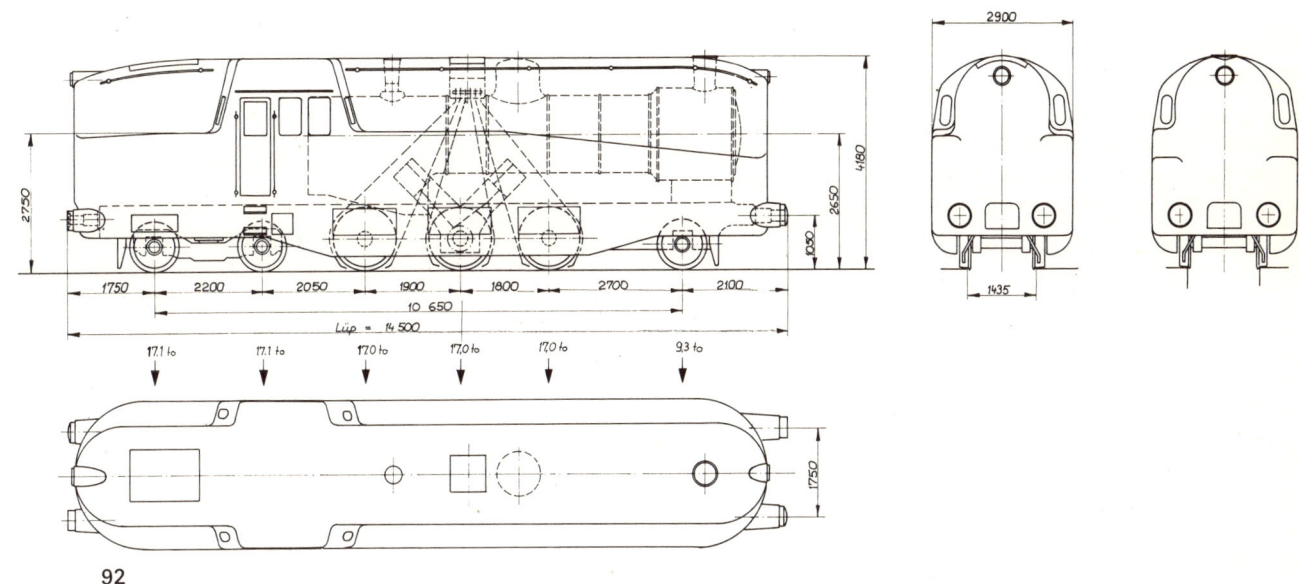

92

erprobt wurden, begann die LBE in ihrer Hauptwerk-
stätte Lübeck mit dem Umbau der Lok Nr. 71, die etwa
der Bauart der preußischen G6 entsprach. Der Kessel
mit 12 atü Druck wurde beibehalten und mit neuen
Ackermann-Sicherheitsventilen versehen. Am Rahmen
wurden Befestigungsplatten für die einzelnen Dampfmotoren an jeder Triebachse vorgesehen Die 1. und 3.
Achse sollte auf der linken und die 2. Achse auf der rechten Lokseite ihre Maschine erhalten, also den Antrieb
jeweils von einer Seite. Die Übertragung des Dampf-
maschinendrehmomentes war mittels des SSW-
Pawelka-Gelenkstangenantriebs vorgesehen, wie er
auch in den 1'Do1'-Schnellzugloks der Reihe 1670 bei
den Österreichischen Bundesbahnen in Verwendung
steht (Abb. 93). Das Führerhaus, die hintere Rahmen-
verlängerung mit dem Laufdrehgestell und der Kohlenkasten einschließlich eines Teils der Stromlinienverkleidung waren von der LBE fertiggestellt worden. Zu dieser
Zeit gegen Ende 1937 traf bei der LBE überraschend die
Nachricht ein, daß die Gesellschaft am 1. Januar 1938
verstaatlicht und von der DR übernommen werde. Die
DR hatte zunächst die Absicht, diese Lok fertigerstellen
zu lassen und sah dafür die neue Betr.-Nr. 771001 vor.
Es waren folgende Hauptdaten geplant:

1. Lokomotive

Dienstgewicht	98,3 t
Reibungsgewicht	51 t
Achsstand	10 650 mm
Triebrad-Ø	1 250 mm
Höchstgeschwindigkeit	120 km/h
Zylinder-Ø	6 × 335 mm
Kolbenhub	375 mm
Ind. Leistung zirka	3 × 400 = 1 200 kW
Wasservorrat	15,8 m³
Kohlenvorrat	3 t

2. Kessel

Rostfläche	2,3 m²
Verdampfungsheizfläche	135,4 m²
Überhitzerheizfläche	46,5 m²
Dampfdruck	12 atü
Dampftemperatur	350 °C
Leistung	7 t/h

Die Dampfmotoren kamen von Henschel nicht mehr zur
Ablieferung, und die Lok wurde wegen der ungünstigen
Zeitverhältnisse nicht mehr fertiggestellt (Abb. 287 und
288). Diese Maschine hätte zweifellos einen neuen
Entwicklungsabschnitt im deutschen Lokbau einleiten
können, wenn sie fertiggestellt und erprobt worden wäre.
Die Erfahrungen mit den Prüfläufen ihrer Dampfmotoren
bei Henschel bildeten eine wesentliche Grundlage beim
Bau der anschließend für die DR gelieferten Dampfmo-
torlok Betr.-Nr. 191001.

3.32.6   Die Lokomotive Betr.-Nr. 191001
           der Deutschen Reichsbahn

Die nach 1932 einsetzenden Bestrebungen zur Geschwindigkeitserhöhung des Reiseverkehrs gaben auch
der Deutschen Reichsbahn Veranlassung, schnellfahrende Dampfloks in Dienst zu stellen. Die Stromlinien-
maschinen Reihe 05 von Borsig und 61 von Henschel
mit 175 km/h Höchstgeschwindigkeit gestatteten die
Einführung von sehr raschen Verbindungen zwischen
Berlin und Hamburg sowie Berlin und Dresden. Diese
Loks waren jedoch noch in der klassischen Bauweise
ausgeführt. Trotz guter Bewährung im fahrplanmäßigen
Einsatz zeigte es sich, daß man das überkommene Lauf-
und Triebwerk der Dampflok zweckmäßig durch eine
besser geeignete Konstruktion ersetzt, wenn schneller

als 150 km/h gefahren werden sollte (Abschnitt 3.31). Mit dem Ziel, auf kleinere Rad-∅ und damit auf geringere unabgefederte Massen zu kommen sowie den Schwerpunkt der Lok tiefer zu legen, wurden von der DR im Jahre 1934 von einigen deutschen Lokfabriken Vorschläge für Schnellfahrloks mit Einzelachsantrieb erbeten. Diese damals eingereichten Entwürfe befriedigten jedoch wegen der ungünstigen Zugänglichkeit infolge der Maschinenanordnung innerhalb des Rahmens und der aufwendigen Bauart der Achsantriebe nicht. Mitte 1937 legte die Firma Henschel & Sohn der DR zwei neue Entwürfe von Loks mit Einzelachsantrieb durch seitlich außerhalb des Rahmens angeordnete V-Zwillingsmaschinen vor, was sich von den früheren Projekten vorteilhaft unterschied. Infolge ihrer Einfachheit, guten konstruktiven Durchbildung, Verwendung bewährter Bauteile und wartungsgünstiger Anordnung entschied sich die DR für eine praktische Ausführung. Gemeinsam mit dem Reichsbahn-Zentralamt (RZA) Berlin wurde von Henschel die Konstruktion einer 1'Do1'-Stromlinienschnellzuglok für 175 km/h Höchstgeschwindigkeit baureif durchgebildet. 1939 erhielt Henschel den Auftrag zum Bau einer solchen Lok (Abb. 289).

Das Leistungsprogramm legte man entsprechend dem der DR-Schnellzuglok Reihe 01 fest. Die Wahl schnelllaufender Dampfmotoren für jede Triebachse gestattete trotz der hohen Fahrgeschwindigkeit einen Triebrad-∅ von nur 1250 mm. Die Lok konnte deshalb bei gleicher Achszahl kürzer als die 01 gebaut werden. Als Dampferzeuger wurde ein normaler Kessel der DR Reihe 44 vorgesehen, welcher infolge Verwendung von leicht legiertem Molybdänstahl St 47 K für einen Druck von 20 atü zugelassen werden konnte. Die Hauptabmessungen waren:

1. Lokomotive

Dienstgewicht	109,9	t
Reibungsgewicht	75,8	t
Achsstand	11 290	mm
Triebrad-∅	1 250	mm
Höchstgeschwindigkeit	175	km/h
Zylinder-∅	8×300	mm
Kolbenhub	300	mm
Drehzahl bei Hg	742	U./min
Leistung	4×350 = 1400	kW
Wasservorrat	37,3	m³
Kohlenvorrat	10,5	t

2. Kessel

Rostfläche	4,55	m²
Verdampfungsheizfläche	240	m²
Überhitzerheizfläche	100	m²
Dampfdruck	20	atü
Dampftemperatur	400	°C
Leistung	13,5	t/h

Das Konstruktionsziel war, einen einfachen Einzelachsantrieb mit möglichst wenig Dampfzylindern und hoch-

wertigem Massenausgleich zu schaffen [3.31-35]. Nach Vorschlag von Henschel wurde der Antrieb mit einem Zwillingsdampfmotor in V-Anordnung für jede Triebachse ausgeführt. Diese Zylinderanordnung brachte einen vollen Ausgleich der Massenkräfte 1. Ordnung. Die schmale Bauart der Maschinen erlaubte deren Unterbringung außen an den Triebradsätzen, gut zugänglich für Wartung und Kontrolle. Die Maschinen der 1. und 3. Triebachse befanden sich auf der linken, die der 2. und 4. Achse auf der rechten Lokseite. Kennzeichnend für diesen Antrieb war ferner die direkte Kupplung der schnellaufenden Maschinen mit Triebachsen kleinen Rad-∅. Die beiden Zylinder einer doppeltwirkenden Dampfmaschine lagen unter 90° zueinander geneigt. In jeder Kurbelstellung war Anfahren möglich. Beide Triebstangen wirkten auf eine Kurbel.

Zwischen Kurbelwelle und Triebrad erfolgte die Kraftübertragung mittels Gelenkstangenantriebs nach SSW-Pawelka, der die Relativbewegungen zwischen Maschine und Triebradsatz auszugleichen hatte. Die Kurbelwellen und die Triebstangenlager liefen in Wälzlagern. Die Kurbelwelle war aus Einzelteilen mittels Hirth-Verzahnungen zusammengebaut. Die Kolbenschiebersteuerung wurde durch eine verdrehbare Hubscheibe für Füllung und Drehrichtung eingestellt. Die Betätigung für die Füllungseinstellung und den Fahrtrichtungswechsel erfolgte im Führerstand durch eine Steuerschraube wie bei normalen Dampfloks. Die Dampfmotoren waren staubdicht gekapselt und hatten je eine eigene Ölpumpe für Druckschmierung. Die Befestigung der Motoren am Lokrahmen erlaubte eine freie Ausdehnung der Zylinder infolge des Wärmeeinflusses im Betrieb. Beide Maschinen einer Lokseite hatten je ein gemeinsames Dampfein- und -ausströmrohr. Das Gewicht einer Maschine betrug 2400 kg. Bei Prüfstandsläufen erreichte man Maschinenleistungen von 440 kW [3.33.6-7]. Alle Achslager von Lok und Tender waren Wälzlager. Die vordere Laufachse bildete zusammen mit der 1. Triebachse ein Krauß-Helmholtz-Gestell. Die übrigen 3 Triebachsen waren fest im Rahmen gelagert, während

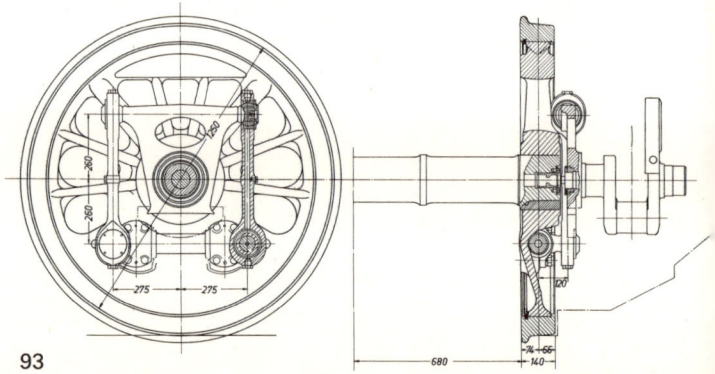

93

117

Dampfmotorschnellzuglok Betr.-Nr. 191001 der Deutschen Reichsbahn

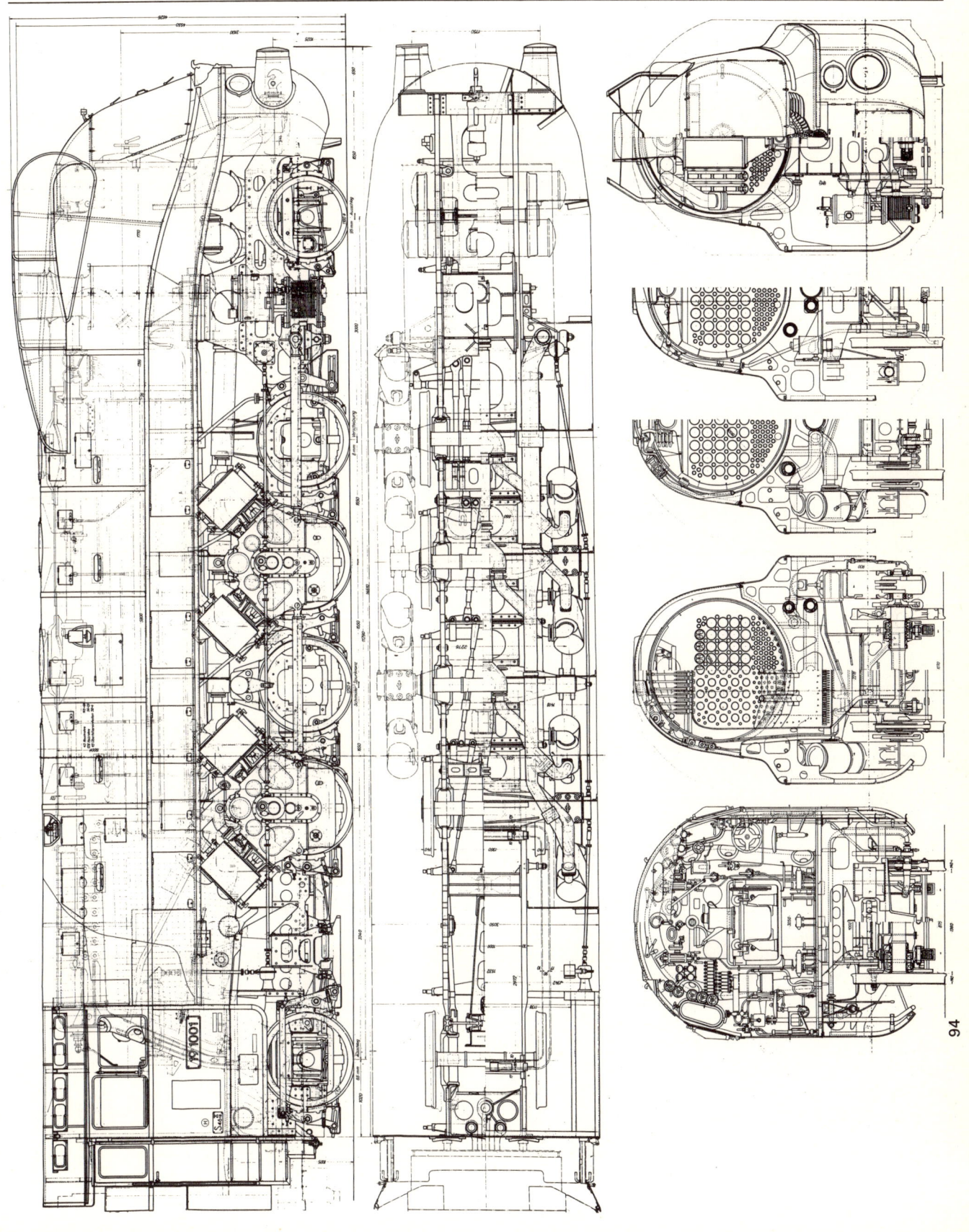

94

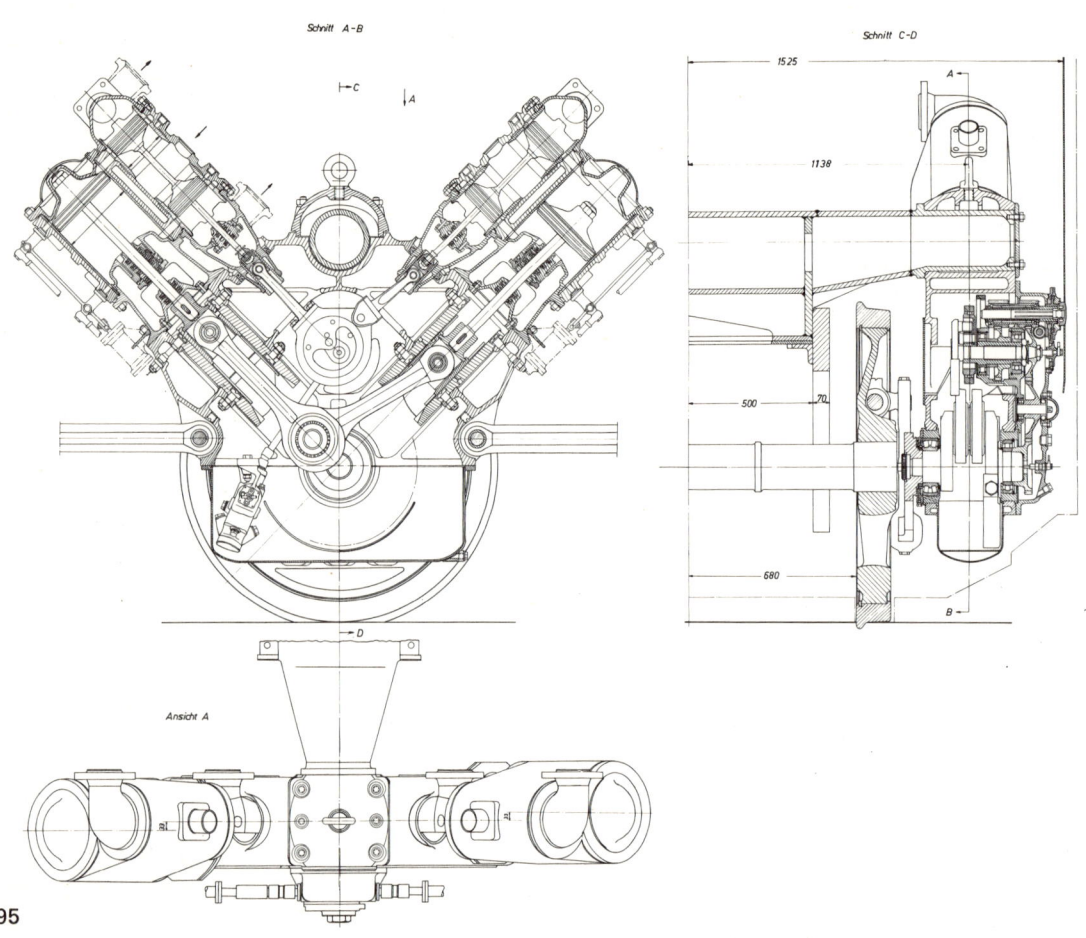

95

die hintere Laufachse in einem Bissel-Gestell lief. Die
Führerstandsausrüstung entsprach der Einheitsausführung der Reichsbahn-Einheitslok, auch war die Bedienung davon nicht allzu verschieden. Von besonderen
Einrichtungen zur Verringerung der Durchgehneigung
einzelner Achsen wurde Abstand genommen, da Erfahrungen für Einzelachsantriebe bei Dampfloks noch fehlten.

Die Lok mit der Henschel-Fabrik Nr. 25 000 wurde nach
ihrer Fertigstellung Mitte Juni 1941 der DR übergeben
[3.33.6-1–4]. Sie kam zunächst zum Lokversuchsamt
Grunewald. Wegen der ungünstigen Zeitverhältnisse
mußten die Messungen sich auf die Feststellung von
Leistungs- und Verbrauchsdaten beschränken. Eine Untersuchung und die Aufnahme von Indikatordiagrammen der Dampfmotoren ließ sich leider nicht durchführen. Nach Abschluß der Untersuchungen faßte das Lokversuchsamt die festgestellten Ergebnisse wie folgt zusammen:

Außergewöhnliche Laufruhe bis zu den höchsten Geschwindigkeiten von 180 km/h, die gefahren wurden.

Dies zeigt die hervorragende Eignung dieses Antriebs
für den Schnellverkehr.
Durch die gekapselten Dampfmotoren ergibt sich eine
wesentlich einfachere Überwachung und Wartung sowie
ein beachtlich kleinerer Schmierölverbrauch gegenüber
normalen Dampfloks. Dies macht die Lok für Langstreckenfahrten besonders geeignet.
Der spezifische Dampfverbrauch lag mit 9,8 kg/kWh bei
100 km/h etwas höher gegenüber 9,1 kg/kWh der DR-Schnellzuglok 01.10.
Bei Überlast traten Anfahrschwierigkeiten infolge Durchgehens der Triebräder auf.
Anfänglich vorhandene Mängel der Feueranfachung
wurden durch Verbesserung der Luftführung und Heiztechnik behoben.
An den Dampfmotoren traten einige Schäden auf, die
aber nicht grundsätzlicher Art waren. Durch Losewerden
der Vorgelegeräder des Exzenterantriebs war die Steuerung nicht mehr im Gleichlauf mit der Kurbelwelle, was
im Betrieb plötzliche Leistungsänderungen verursachte.
Der Schaden konnte durch Verwendung einer zuverlässigeren Befestigung der Zahnräder des Steuerungs-

119

96 Vorschlag für eine verbesserte Ausführung des Heißdampfreglers der Dampfmotorlok Betr.-Nr. 191001 der Deutschen Reichsbahn

antriebs beseitigt werden. Weiter trat ein Bruch zweier Lenkerstangen an einem der 4 SSW-Pawelka-Gelenkstangenantriebe auf. Die Ursache dafür war das Fressen eines Kugelgelenks ohne Rotgußbuchse. Auch ein Ende 1943 während einer normalen Zugfahrt aufgetretener weiterer Lenkerstangenbruch verursachte keinen längeren Ausfall der Lok, da die Reservemaschine angebaut wurde. Die zunächst etwas zu geringe Kesselleistung konnte vom Lokversuchsamt der DR damit geklärt werden, daß der Luftzutritt zum Rost nicht gleichmäßig ausfiel. Man stellte fest, daß die Rauchgase in den Rauchrohren einen Luftüberschuß von 1,2, dagegen in den Heizrohren von 2 aufwiesen. Die gesamte Luftmenge war zwar ausreichend; die Verteilung über den Rost durch Verschließen der anfangs vorn im Feuerschirm vorhandenen Öffnungen und Änderungen an der Luftzuführung verbesserten die Verhältnisse ausreichend. Bei der Feuerbeschickung war auch eine Umstellung nötig. Durch den ruhigen Lauf der Maschine infolge des guten Massenausgleichs waren die bei normalen Dampfloks vorhandenen Rüttelbewegungen aus den Zuckschwingungen nicht vorhanden, welche die Kohle während der Fahrt nach vorn rutschen lassen. Dem konnte durch geeignete Rostbeschickung begegnet werden. Im planmäßigen Einsatz der Lok beim Betriebswerk Altona sind keine Klagen wegen der Rostbeschikkung bekanntgeworden, obwohl die Lok im Betrieb vor Schnellzügen mit 600 t und mehr Last einen strengen Dienst versah.

Die Dampfeintrittstemperatur betrug bei voller Kesselleistung von 57 kg/m² h vor dem linken vorderen Dampfmotor 393 °C und vor dem rechten hinteren 373 °C, lag also im Rahmen des Üblichen. Die Temperaturdifferenz resultierte aus den Abstrahlverlustunterschieden der verschieden langen Dampfleitungen zu den Maschinen. Die Abdampftemperaturen wurden bei voller Leistung zu 150 bis 160 °C gemessen, was ebenfalls in normalen Grenzen lag. Die indizierte Nennleistung der Lok betrug etwa 1400 kW.

Im Jahre 1942 erfolgten zwei Meßfahrten mit fahrplanmäßigen Schnellzügen zwischen Berlin und Frankfurt a. M. Bei Zuggewichten von 700 t war das Anfahren etwas schwierig. Hierbei zeigte sich die vorgesehene größte Zylinderfüllung mit 65 % als etwas knapp. Ein größerer Umbau konnte wegen der Zeitverhältnisse nicht durchgeführt werden. Zur raschen Abhilfe wurden in den Schieberbuchsen kleine Hilfsschlitze angebracht, durch die der Dampf bei eingestellter Maximalfüllung nachströmen konnte, so daß bei Höchstfüllung und niedrigen Drehzahlen bzw. Fahrgeschwindigkeiten (Anfahrbereich) in der Praxis die Füllung über 65 % hinaus vergrößert werden konnte (Nachfüllschlitze [2-69]). Danach haben sich im weiteren Verlauf wegen der Füllungsbegrenzung keine außergewöhnlichen Anfahrschwierigkeiten mehr ergeben, obwohl die Lok 191001 ständig schwere Schnellzüge zu fahren hatte.

Außerdem wurde durch die relativ kleine Maximalfüllung der Zylinder die Ungleichförmigkeit des Drehkraftdiagramms verstärkt. Dies begünstigt die Schleuderneigung, so daß die Nachfüllschlitze auch hier vorteilhaft wirkten. Weiter stellte man fest, daß bei Schleudervorgängen nach dem Schließen des Reglers die gesamte Dampfmenge im Leitungssystem nach dem Regler zwischen Dampfdom und Zylindern dem einen schleudernden Dampfmotor zuströmte, der deshalb nur langsam zur Ruhe kommen konnte. Da bei derartigen Antrieben immer mit dem Schleudern einzelner Achsen, vor allem bei schweren Anfahrten, gerechnet werden mußte, arbeitete Henschel dafür eine konstruktive Verbesserung aus, die an dieser Lok allerdings nicht mehr verwirklicht werden konnte. In Abb. 96 ist ein Heißdampfregler dargestellt, bei dem jede Dampfmaschine in dem gemeinsamen Ventilreglergehäuse ihr eigenes Zuteilventil erhält. Dadurch sollte zwischen Regler und den einzelnen Maschinen nur noch ein Bruchteil des Dampfraums vorhanden sein gegenüber der oben geschilderten Ausführung, und das Schließen des Reglers hätte eine relativ rasche Reak-

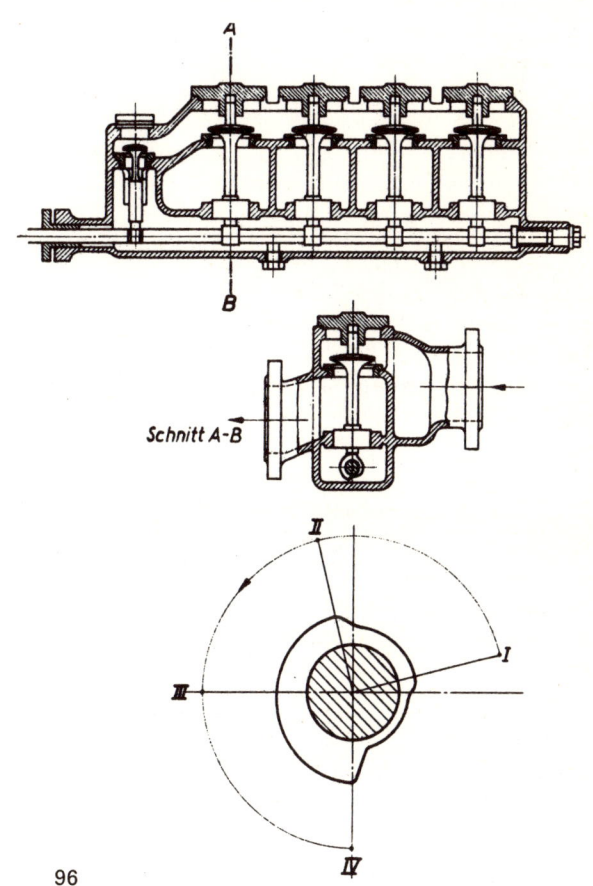

Schnitt A-B

120

97 Dampfmotorlok der Firma DABEG, wie sie
ursprünglich für die Französische Staatsbahn
gebaut werden sollte

tion der Dampfmaschinen zur Folge. Die Reglerventile sollten durch eine zweistufige Nockenscheibe angehoben werden. Beim Anfahren und bei kleinen Fahrgeschwindigkeiten war die Ventilöffnung in der 1. Stufe groß genug, um die Zylinder bei den kleinen Maschinendrehzahlen vollströmen zu lassen. Trat jedoch Schleudern ein, so war der Querschnitt des nur wenig geöffneten Ventils im Regler klein genug, um die Dampfzufuhr stark abzudrosseln, ohne daß an seiner Stellung vom Lokführer etwas geändert werden mußte. Die nicht durchdrehenden Maschinen behielten dabei ihre Dampfzufuhr und konnten so die Anfahrt fortsetzen, ohne daß die durchgehende Maschine ihnen den Dampf fortnahm [3.33.6-7].

Im Mai 1943 kam die Lok Nr. 19 1001 zum Betriebswerk Altona in den schweren Schnellzugdienst auf den Strecken nach Berlin–Lehrter Bahnhof und Osnabrück. Im Oktober 1944 wurden während eines Aufenthalts im Betriebswerk Altona durch Bombeneinschlag 2 der 4 Dampfmotoren so schwer beschädigt, daß die Lok dort nicht mehr instand gesetzt werden konnte. Man wollte deshalb die Reparatur bei Henschel in Kassel ausführen lassen, wozu es dann zunächst nicht mehr kam. Bei Kriegsende war die Lok beim Bahnhof Göttingen abgestellt, als sie von den Amerikanern entdeckt wurde. Diese veranlaßten die Instandsetzung bei Henschel. Nach Wiederherstellung unternahm man mit der Maschine eine Probefahrt von Kassel nach Wabern und verschiffte sie anschließend nach den USA zu Studienzwecken. Dort interessierte sich die Marine für die Dampfmotoren. Zu einem Betriebseinsatz kam die Lok in Nordamerika nicht, da wegen ihrer für die dortigen Verhältnisse kleinen Leistung und der sich damals intensiv vollziehenden Traktionsumstellung bei den Bahnen kein Interesse dafür bestand. Nach längerer Abstellzeit in Fort Eustis, Virginia, wurde die Lok 1952 verschrottet.

Abschließend kann gesagt werden, daß diese Lok der DR einen erfolgversprechenden Weg für eine Weiterentwicklung der Dampflok zum Schnellfahrzeug gezeigt hat und daß diese Erstausführung trotz schwierigen äußeren Bedingungen infolge der Zeitumstände erfolgreich im praktischen Betrieb eingesetzt war.

3.32.7 Die Lokomotive Betr.-Nr. 221-TQ-1 der Französischen Staatsbahn

Die Firma Dampfapparate-Baugesellschaft in Wien, kurz DABEG, befaßte sich ab 1933 mit Projekten für neuartige Dampfkraftmaschinen für den Lokantrieb. Aufgrund eines Vorschlags erteilte die SNCF im Jahre 1938 den Firmen DABEG und Batignolles den Auftrag zum Bau einer Dampfmotorlok zur Erprobung des neuartigen

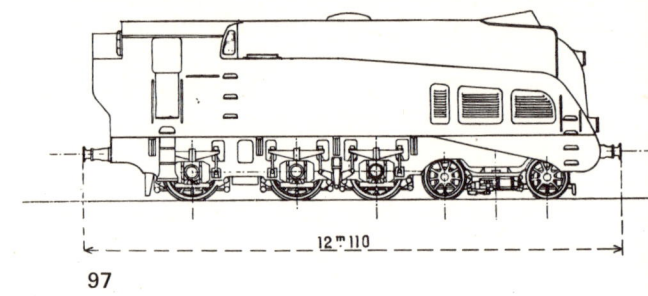

97

DABEG-Antriebs. Die Ausbildung der Maschine war als Stromlinientenderlok vorgesehen.

Die Lok Nr. 221-TQ-1 hatte einen außenliegenden Blechrahmen, in dem 3 Radsätze gelagert waren und an dessen vorderem Ende sich ein zweiachsiges Laufgestell befand. Die Achsen liefen in Timken-Kegelrollenlagern. Von den 3 Achsen im Hauptrahmen wurden nur die beiden ersten angetrieben. Rein äußerlich machte die Maschine den Eindruck der Achsfolge 2C', es war aber eine 2'B1. Der Kessel war in Stephensonscher Bauart ausgeführt.

Als Antriebsmaschine diente ein unter der Rauchkammer in Längsrichtung eingebauter V-Dampfmotor mit 12 Zylindern. Er arbeitete im Gleichstromverfahren und einfach wirkend. Für den Dampfeinlaß waren Ventile, für den Auslaß Schlitze in der Zylinderwand vorhanden. Die Zylinderreihen standen im Winkel von 90° zueinander, die Triebstangen zweier gegenüberliegender Zylinder waren nebeneinander auf einer gemeinsamen Kurbel aufgesetzt. Die Hauptdaten waren:

1. Lokomotive		
Dienstgewicht	79	t
Reibungsgewicht	40	t
Achsstand	8000	mm
Triebrad-⌀	1250	mm
Höchstgeschwindigkeit	75	km/h
Zylinder-⌀	12×200	mm
Kolbenhub	280	mm
Ind. Leistung	900	kW
Wasservorrat	7	m³
Kohlenvorrat	3	t
2. Kessel		
Rostfläche	2,17	m²
Verdampfungsheizfläche	116,2	m²
Überhitzerheizfläche	39,5	m²
Dampfdruck	20	atü
Dampftemperatur	400	°C
Leistung zirka	8	t/h

Von der auf 1065 mm über SO in Loklängsmitte liegenden Kurbelwelle aus führte eine waagrechte Abtriebswelle zu 2 im Lokrahmen fest eingebauten Hohlwellenschneckengetrieben an den Triebachsen. Kardangelenke waren bei diesem Antrieb nicht vorhanden. Zum Ausgleich der Höhendifferenzen zwischen der Dampfmotorkurbelwelle und den Achsgetriebeschneckenwellen un-

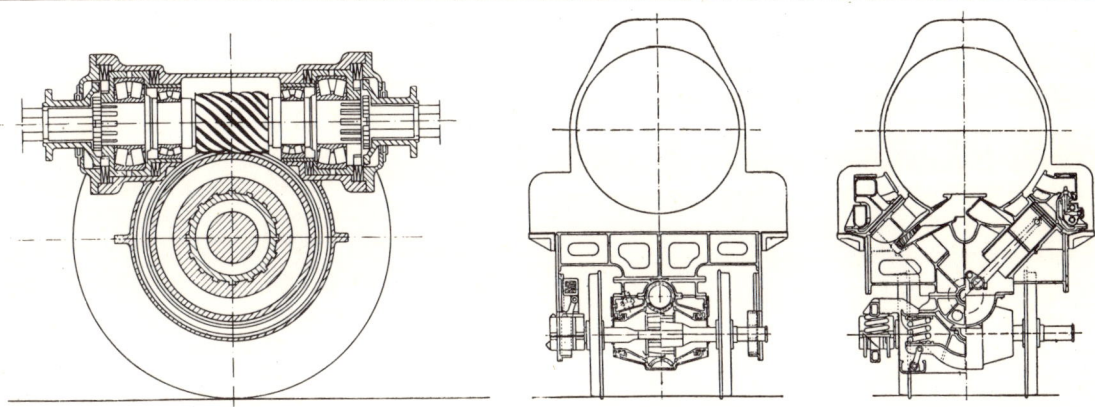

98

tereinander baute man als Zwischenglieder biegeelastische Rohrkupplungen ein. Von der Schneckenradhohlwelle wurde die Leistung jeweils über eine flexible Antriebskupplung auf die Achse übertragen. In Abb. 98 sind die Antriebsteile dargestellt.

Die für 1940 vorgesehene Indienststellung der Lok Nr. 221-TQ-1 bei der Westregion der SNCF war infolge der Zeitverhältnisse nicht möglich. So kam die Maschine erst 1946 verspätet zur Ablieferung. Auf die Stromlinienverkleidung und Schnellfahrversuche hatte man nun verzichtet und die Höchstgeschwindigkeit durch Wahl einer anderen Achsgetriebeübersetzung auf 75 km/h begrenzt. Die Lok machte noch einige Probefahrten, jedoch war das Interesse an ihr damals schon erloschen, so daß es zu keiner systematischen Untersuchung und Weiterentwicklung mehr kam (Abb. 290).

3.32.8 Die Lokomotiven Betr.-Nrn. 36001–36003 der British Railways

Die Southern Railway in England bekam im Jahre 1937 zum Nachfolger von Sir E. L. R. Maunsell den Maschineningenieur Mr. O. V. Bulleid. Bulleid verjüngte den Dampflokpark der Southern Railway (SR) durch neue Typen und hob damit das Leistungsniveau beträchtlich. Die Schnellzug-Pacifics der Merchant Navy und West Country Class erregten in der Fachwelt Aufsehen und ermöglichten wesentliche Fahrzeitverbesserungen und Lasterhöhungen. Die von Bulleid entworfenen Loks fielen sowohl in der konstruktiven Gestaltung als auch im äußeren Aussehen aus dem üblichen Rahmen [2-3, 49]. In einem 1947 vor der Institution of Mechanical Engineers gehaltenen Vortrag [3.33.8-2] gab Mr. Bulleid seine Vorstellungen über die zukünftige Gestaltung der Dampflok bekannt. Demnach sollten folgende Anforderungen erfüllt werden:

1. Möglichst freizügiger Einsatz auf dem ganzen Streckennetz.

2. Fähigkeit, alle vorkommenden Zugarten zu befördern, Schnellzüge bis 480 t, Güterzüge bis 1200 t, Höchstgeschwindigkeit 145 km/h.
3. Gesamtgewicht möglichst für Reibung und Bremsung nutzbar.
4. Fahrmöglichkeit in beiden Richtungen, ohne drehen zu müssen, und gute Sicht für den Lokführer.
5. Schnelle Einsatzbereitschaft.
6. Möglichst lange Einsatzzeit.
7. Einfache Bedienung.
8. Laufstrecke von 160000 km zwischen 2 Grundüberholungen mit möglichst wenig Wartungs- und Instandhaltungsarbeiten innerhalb dieser Zeit.
9. Geringstmögliche Gleisbeanspruchung.
10. Kleinerer spezifischer Brennstoffverbrauch gegenüber bisherigen Loks.

Mr. Bulleid führte weiter aus, daß die SR eine neue Lok entwickelt habe, bei der man diese Anforderungen soweit als möglich zu erfüllen suche. Bulleid ging davon aus, daß Betriebssicherheit und Einsatzbereitschaft wichtiger sind als der thermische Wirkungsgrad. Ein guter Wirkungsgrad wurde stets angestrebt, jedoch er allein ist nicht entscheidend für den Erfolg einer Lok. Maßgebend sind die wirklich anfallenden Gesamtbetriebskosten je km Fahrstrecke, an denen die Brennstoffkosten mit etwa 20% beteiligt sind. So würde sich z. B. eine Verminderung der Brennstoffkosten um 10% nur mit 2% bei den Gesamtbetriebskosten auswirken. Eine Erhöhung der Einsatzbereitschaft setzt die Zahl der für einen bestimmten Dienst benötigten Loks herab und bringt in der Praxis wirkliche Einsparungen.

Anderseits suchte Bulleid mit der Neukonstruktion auch die bisher hingenommenen Nachteile der klassischen Dampflok zu vermeiden, soweit dies möglich war. Er beschäftigte sich schon Jahre zuvor mit diesem Problem und dachte auch an den geschlossenen Wasserkreislauf mit Kondensation. Ebenso studierte er die Fragen der Lokbehandlung und Abstellung in Betriebspausen in den

Depots, um auch dafür die Konstruktion der neuen Lok optimal zu gestalten. Dabei schwebte ihm die künftig einzuführende Ölfeuerung vor, die vieles im Dampflokbetrieb einfacher werden ließe. Auch an die Doppeltraktion zweier Loks von einem Führerstand aus wurde gedacht, die bei einem ölgefeuerten automatisierten Kessel denkbar wäre.

In den Bahnwerkstätten Brighton der SR wurde 1947 mit dem Bau von zunächst 5 neuen Loks nach Bulleids Ideen begonnen, wobei später 35 Exemplare für den praktischen Einsatz geplant waren. Die als «Leader Class» bezeichnete Maschine war als reines Drehgestellfahrzeug ausgebildet. Auf einem durchlaufenden geschweißten Rahmen befanden sich der zunächst noch mit Kohle handgefeuerte Kessel mit Heizerstand, die Wasser- und Brennstoffvorräte sowie an jedem Ende ein Führerstand. Über den ganzen Rahmen war ein Kastenaufbau gesetzt. Als Laufwerk dienten 2 dreiachsige Drehgestelle, in die je eine Drillings-Gleichstromdampfmaschine eingebaut waren. Die Hauptdaten waren:

1. Lokomotive

Dienstgewicht	132,6	t
Reibungsgewicht	132,6	t
Achsstand	15 240	mm
Drehzapfenabstand	10 380	mm
Triebrad-∅	1 549	mm
Höchstgeschwindigkeit	112	km/h
Zylinder-∅	3×312	mm
Kolbenhub	381	mm
Anfahrzugkraft	19 500	kp
Ind. Leistung	2×625 = 1250	kW
Wasservorrat	18,2	m³
Kohlenvorrat	4,06	t

2. Kessel

Rostfläche	4	m²
Verdampfungsheizfläche	222	m²
Überhitzerheizfläche	42,1	m²
Kesseldruck	19,6	atü

Der Kessel war ähnlich dem der Paget-Lok ausgeführt (Abschnitt 3.32.3). Die Feuerbüchsseitenwände und die Rückwand waren nicht wassergekühlt, sondern als feuerfestes Mauerwerk ausgeführt, um die teure Stehbolzenfeuerbüchse mit ihrem Bau- und Instandhaltungsaufwand zu vermeiden. Nur die Feuerbüchsdecke war von Wasser bedeckt (sog. «trockene Feuerbüchse»). In der Feuerbüchse befanden sich 4 Nicholson-Wasserkammern. Der Kessel war vollständig geschweißt. Langkessel und Überhitzer entsprachen der üblichen Bauart. Der Aschkasten konnte zwischen den Drehgestellen unter dem Rahmen geräumig ausgebildet werden. Um Raum für einen Seitengang zu bekommen, wurde der Kessel außerhalb der Loklängsmitte angeordnet. Die Kesselleistung wurde reichlich bemessen, um die volle Maschinenleistung jederzeit ausnutzen zu können. Der Kohlenvorrat sollte für 320 km Fahrstrecke reichen.

Alle Achsen liefen in Timken-Rollenlagern. Die Achslager waren in zylindrischen Führungen im Drehgestellrahmen gehalten. In den beiden drehzapfenlosen, geschweißten Drehgestellen befand sich je eine schnelllaufende doppeltwirkende Drillings-Gleichstromdampfmaschine. Die Steuerung erfolgte mittels in den Zylindern eingebauten Hohlschiebern, in deren Innern die Arbeitskolben liefen. Durch Schlitze in den als Steuerhülsen ausgebildeten Schiebern konnte der Ein- und Auslaß des Dampfes gesteuert werden, wobei die Füllungen durch entsprechende Veränderung in der Übereinstimmung der Schlitze in Schieber und Schieberhülse einstellbar waren. Neben der geradlinigen Bewegung erhielten die Schieberhülsen bei jedem Hub auch eine Drehung um 30°. Der Antrieb der Schieber erfolgte durch eine prinzipiell nach Walschaert-Heusinger wirkende Steuerung mit Kettenantrieb. Der schädliche Raum konnte mit 6% klein gehalten werden gegenüber 10% bei den oben erwähnten Pacificloks der SR. In jedem Drehgestell befand sich ein Ölsumpf, von dem aus die Schmierstellen der Dampfmaschine und der durch Ketten gebildeten Kupplung der Achsen untereinander mittels einer Ölpumpe versorgt wurden. Zum Pumpenantrieb diente jeweils eine kleine Dampfturbine. Die Maschinen und die Kettenkupplungen befanden sich in geschlossenen Gehäusen öldicht gekapselt. Die unter Dampf gehenden Teile schmierte eine eigene mechanisch angetriebene Schmierpresse. Die Dampfmaschinen trieben jeweils auf die mittlere Drehgestellachse direkt mit 3 Kurbeln. Die beiden äußeren Achsen erhielten ihren Antrieb über Ketten von der Mittelachse aus, wobei sich die Kettentriebe außerhalb des Drehgestellrahmens in öldichten Gehäusen befanden. Die Dampfzylinder waren aus Stahl geschweißt.

Zur Vorerprobung der neuartigen Dampfmaschinensteuerung ließ Bulleid 1947 die Atlantic-Schnellzuglok Class H1 Betr.-Nr. 2039 (Hartland Point) aus dem Jahre 1905 mit dieser neuen Hohlschiebersteuerung ausrüsten [2-49]. Diese Lok fuhr damit bis zu ihrer Außerdienststellung 1951. Dabei war Dampfein- und -auslaß der Zylinder durch eine gußeiserne Steuerhülse bewirkt worden, die in den Dampfzylinder eingebaut war. Der Arbeitskolben befand sich auch hier wiederum innerhalb dieser Hülse. Die Zylinderbuchsen waren ebenfalls aus Gußeisen gefertigt. Während der Längsbewegung wurde die Steuerhülse im Zylinder gleichzeitig gedreht. Die für Ein- und Auslaß getrennten Kanäle (Gleichstromverfahren) waren am ganzen Umfang der Steuerhülse angeordnet und gaben große Ein- und Ausströmquerschnitte frei. Die 2'B1'-h2-Versuchslok, welche nach der Verstaatlichung der britischen Bahnen die neue Betr.-Nr. 32 039 erhielt, wurde nach befriedigendem Abschluß der Versuche im leichten Personenzugdienst

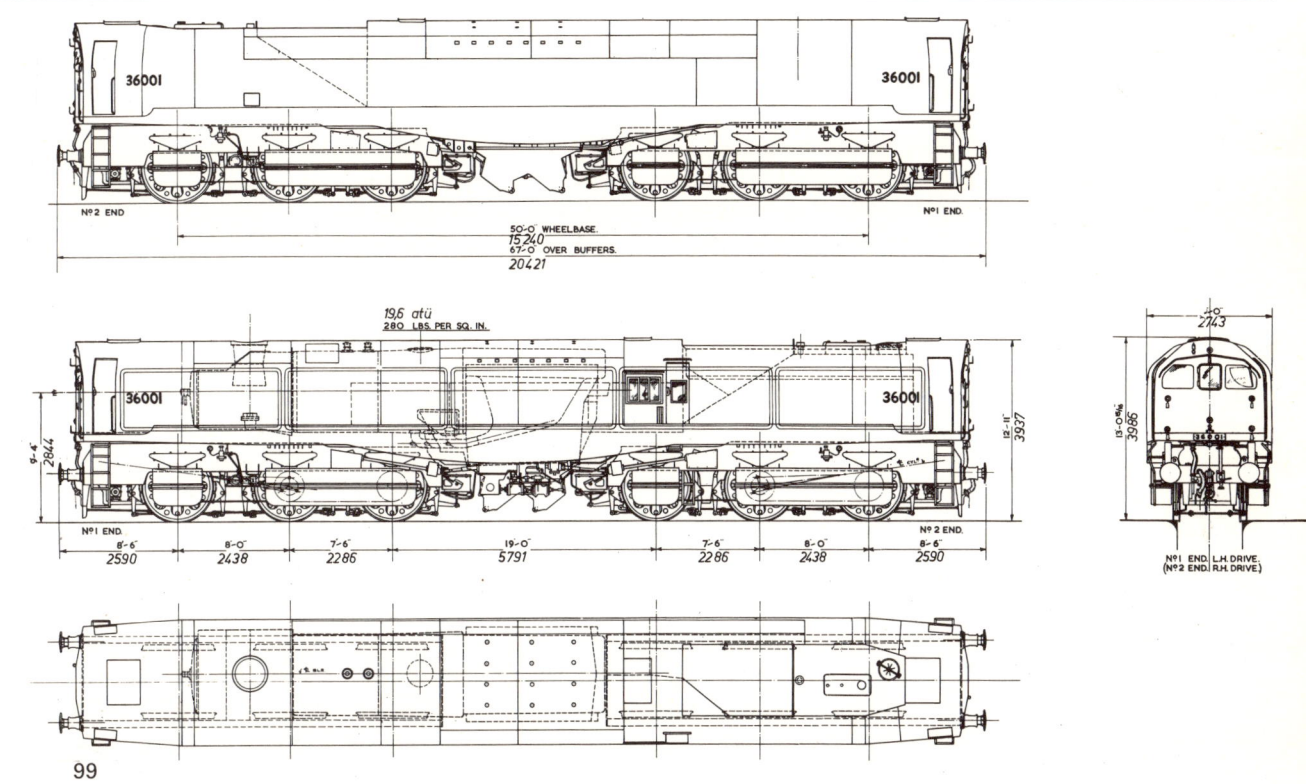

99

eingesetzt. Dabei kam es vor, daß die Maschine nach dem Anhalten vor einem Signal nicht wieder anfahren konnte und eine Hilfslok benötigte. Als Ursache stellte man fest, daß die Steuerung in einer bestimmten Stellung der Maschine den Dampfeinlaß nicht freigab, was auf einem Konstruktionsfehler beruhte.

Die neue «Leader Class» erhielt die gleiche Steuerung mit hin- und hergehenden sowie gleichzeitig sich drehenden Schieberhülsen innerhalb der einzelnen Zylinder. Zum dampfdichten Abschluß zwischen den Räumen mit Kesseldruck und mit Abdampf wurden in die Zylinderbuchsen feststehende Dichtringe eingebaut, die nach innen spannten und die Steuerhülsen umfaßten.

Mit der am 1. Januar 1948 erfolgten Verstaatlichung der Bahnen in Großbritannien kamen auch die neuen im Bau befindlichen «Leader»-Lok in den Besitz der British Railways und erhielten die Betriebs-Nr. 36001. Ursprünglich hatte die SR für die erste Maschine die Nr. CC 101 vorgesehen. Mr. Bulleid wurde gestattet, die bereits in Fertigung befindlichen ersten 5 Loks dieser Art vollenden und erproben zu lassen.

Die erste «Leader-Lok» wurde am 21. Juni 1949 in Brighton fertiggestellt. Am darauffolgenden Tag fand die erste Probefahrt statt. In einem Vortrag vor der Eisenbahnabteilung des Vereins amerikanischer Maschineningenieure (ASME) teilte Bulleid Ende 1949 über die ersten Erfahrungen u. a. folgendes mit:

«Die erste dieser neuen Maschinen ist bis jetzt 6400 km gefahren. Wie erwartet, traten einige Schwierigkeiten auf, z. B. am Ende gebrochene Steuerhülsen in den Zylindern und mit den Feuerraumsteinwänden. Die Drehgestellbauweise machte sich in den Laufeigenschaften vorteilhaft bemerkbar, ebenso auch die Verfügbarkeit des gesamten Gewichts für die Reibung. Ob die Konstruktion erfolgreich sein wird, bleibt abzuwarten. Die neuen Merkmale der Maschine sollen dazu beitragen, die Betriebsleistungen der Dampflok soweit zu verbessern, daß die Wettbewerbsfähigkeit der Dampftraktion wieder hergestellt werden kann. In dieser «Leader»-Klasse wurde die Entwicklung der Dampflok um eine Stufe weitergeführt, jedoch wäre noch viel Arbeit zu leisten. Zur genauen Regelung der Dampferzeugung soll das Blasrohr durch einen Ventilator ersetzt werden, wobei auch der geschlossene Wasserkreislauf mit Kondensation zur Anwendung kommen soll. Wenn heute auch die Stephensonsche Dampflok am Ende ist, so gilt dies nicht für die Dampftraktion schlechthin. Wenn auf der Basis unserer heutigen Kenntnisse neue Konstruktionen entwickelt werden, bei denen auch die Behandlung im Betrieb auf einen zeitgemäßen Stand gehoben werden könnte, so können wir einer Wiederbelebung der Dampftraktion entgegensehen.»

Bulleid war aber seinerzeit schon ein Rufer in die Wüste, und er hatte die Southern Region der BR im September

1949 verlassen, bei der keine Gelegenheit mehr zu Experimenten und Neuentwicklungen für ihn bestand. Lösungen für die Probleme der «Leader»-Lok waren zu dieser Zeit noch weit von der Vollendung entfernt. Obwohl die Versuche von der BR noch fortgeführt wurden, fehlte die führende Hand des Initiators für dieses Projekt, was der Sache schließlich zum Verhängnis wurde. Am 19. November 1949 wurde die Arbeit an den im Bau befindlichen weiteren 4 «Leader»-Loks Nrn. 36002 bis 36005 gestoppt. Damals war die Lok 36002 schon kurz vor der Fertigstellung, nach 2 weiteren Arbeitstagen hätte sie angeheizt werden können. In ihr waren eine Reihe von Erfahrungen mit der ersten Lok berücksichtigt worden, so daß man auf bessere Ergebnisse hoffen durfte.

Nichtsdestoweniger wurden die Probefahrten mit der Lok Nr. 36001 fortgesetzt. Von Juni 1949 bis November 1950 unternahm man 90 Versuchsfahrten, von denen mehr als ¼ wegen irgendwelcher Schäden vorzeitig endeten. Die Lok war schwierig anzufahren, zeigte aber eine gute Beschleunigung. Der Kessel erwies sich als sehr leistungsfähig, jedoch war der Dampfverbrauch der Maschinen relativ hoch und damit auch der Kohlenverbrauch. Die Höchstgeschwindigkeit von zirka 110 km/h wurde leicht erreicht. Ein Hauptproblem war der in Lokmitte gelegene abgeschlossene Heizerstand. In räumlicher Enge mußte der Mann unter starker Hitzeeinwirkung von der Kesselstrahlung arbeiten, außerdem benötigte er einen Beinschutz. Weiter hielten, wie schon bei der Paget-Lok (Abschnitt 3.32.3), das Mauerwerk der Feuerbüchse den Beanspruchungen durch Hitze und Erschütterungen nicht lange stand und fiel nach einiger Zeit zusammen. Durch Verstärkung der Wände ließ sich zwar dieses Problem lösen, jedoch verkleinerte sich die Rostfläche dadurch von 4 auf 2,38 m². Ein weiterer Rückschlag trat durch Klemmen der Schieberhülsen ein. Deshalb mußte das Spiel vergrößert und neue Dichtringe eingesetzt werden. Längenänderungen der Ketten für die Steuerungsantriebe verursachten ungenaue Arbeitsweise sowie nicht mehr präzises Schließen der Schmierventile für die Zylinderschmierung. Dies hatte ein Eindringen von Staub und Abrieb in das Schmiersystem und somit erhöhte Abnutzung für Zylinder und Steuerhülsen zur Folge.

Das geplante Gesamtgewicht wurde von der fertigen Lok um zirka 10 t überschritten. Kritischer jedoch war die ungleiche Verteilung des Gewichts auf beide Lokseiten infolge des außermittig sitzenden Kessels. Dies hatte eine Radlastdifferenz von 10 t zwischen den beiden Lokseiten zur Folge. Man baute deshalb in den Seitengang auf der leichteren Lokseite Ballastgewichte ein, durch die allerdings das Gesamtgewicht wieder anstieg. Dies zwang zu einer Verminderung der Vorräte.

Der größte Schaden ereignete sich nach zirka 9600 km Fahrt, als während des Betriebs ein lautes Knacken vernommen wurde. Die Nachprüfung ergab den Bruch einer gekröpften Triebachse. Als in der Werkstätte Eastleigh die Radsätze aus dem Drehgestellrahmen ausgebaut waren, zerfiel dieser in 2 Teile. Die Ursache für diesen Schaden führte man auf Zwangskräfte innerhalb des Drehgestells zurück, die sich bei der vorliegenden Konstruktion nicht richtig ausgleichen konnten.

Nach den 1949 auf den Strecken von Brighton nach Crowborough und Oxtend ausgeführten Fahrten brachte man die Lok Nr. 36001 Anfang 1950 nach Eastleigh. Die beförderten Züge waren leichter, als Bulleid es beabsichtigt hatte. Die im September 1950 auf der Strecke Eastleigh–Woking vorgenommenen Meßwagenfahrten gestatteten deshalb auch nicht das Erreichen der vollen Leistung. Nach Rückgabe des Meßwagens am 17. Oktober 1950 an die Eastern Region der BR wurden auch schwerere Züge mit über 400 t Last gefahren. Bei der Fahrt am 2. November 1950 wurde ein 480 t schwerer Zug befördert. Wegen der rotglühend gewordenen Rauchkammertüre mußte in Basingstoke außerplanmäßig angehalten werden, da für die Lok Brandgefahr bestand. Die letzten Fahrten zeigten, daß die Lok das vorgesehene Programm erfüllen konnte, aber es war schon zu spät. Die verhängnisvolle und gleichwohl erfolgreiche Fahrt von Eastleigh nach Basingstoke und die wenig erfreuliche Leerfahrt zurück sollten die letzte Reise dieser Lok sein. Bald nach dieser Fahrt wurde von den BR die Einstellung aller Versuche mit der Maschine angeordnet. Die Lok Nr. 36001 stellte man zunächst im Gelände der Bahnwerkstätten Eastleigh ab und verschrottete sie 1951.

Da einige grundsätzliche Probleme in der Konstruktion begründet waren, hätte nur ein entsprechender Umbau Besserung bringen können. Dafür bestand jedoch kein Interesse mehr, weil erkannt wurde, daß sich die ursprünglich erhofften Verbesserungen gegenüber normalen Dampfloks auf diesem Wege nicht in vollem Umfang realisieren ließen.

Für die ehemaligen Mitarbeiter Bulleids, welche mit der Durchführung der Erprobung beauftragt waren, bedeutete diese Entscheidung einen harten Schlag. Die fast fertige Lok Nr. 36002 wurde zusammen mit der halbfertigen Nr. 36003 nach New Cross Gate zur Verschrottung geschleppt, ohne daß sie jemals unter Dampf gesetzt worden wäre. Bulleid erklärte dazu später: «Nach meiner Auffassung war die Konzeption der ‹Leader›-Lok im wesentlichen nicht falsch. Die Tragödie war, daß die Maschine 2 Jahre zu spät gebaut wurde.»

Zweifellos war diese Äußerung richtig, und auch die erzielten Teilerfolge berechtigten zu Hoffnungen. In einer weiteren Entwicklung hätten natürlich die festgestellten

Mängel bereinigt werden müssen wie z. B. der Ersatz der Handfeuerung durch eine selbsttätige Rostbeschickung oder Öl, wie dies auch Bulleid vorschwebte. Vor allem hätten die Arbeiten an dieser Lok unter der Leitung ihres Konstrukteurs und mit einem etwas großzügigeren Mitteleinsatz durchaus brauchbare Ergebnisse bringen können.

Später wurde diese Entwicklung von der Presse in England nochmals aufgegriffen und Anfang 1953 zu einem Angriff auf die BR verwendet. Dies veranlaßte die Staatsbahn zu folgender offizieller Mitteilung über dieses Projekt [2-49]:

«Aus verschiedenen technischen Gründen brachten die Versuche mit dem Prototyp der ‹Leader Class›-Lok nicht den erhofften Erfolg. Um weitere Kosten zu vermeiden, die mit einer Fortsetzung der nicht unproblematischen Versuche verbunden sind, wurde entschieden, daß die Arbeiten an dieser Neukonstruktion eingestellt werden.»

3.32.9 Die Lokomotive Betr.-Nr. CC1 der Irischen Staatsbahn

Der Fahrzeugpark der Coras Iompair Eireann (CIE), Irische Staatsbahn, war nach 1945 wie bei anderen Bahnen abgewirtschaftet, wozu noch die seit 1944 vakante Stelle des leitenden Maschineningenieurs kam, die erst 1949 durch Mr. O.V. Bulleid wieder besetzt werden konnte. Im Auftrag der irischen Regierung untersuchte das «Milne Committee» 1948 die Verkehrsverhältnisse des Landes, wozu auch Mr. Bulleid als technischer Sachverständiger zugezogen wurde. Dabei lernte er das Streckennetz und die Werkstätten der CIE kennen. Nach Beendigung seiner Dienstzeit bei der Southern Region der British Railways wurde Bulleid am 1. Oktober 1949 leitender Maschineningenieur der CIE.

Neben der Erneuerung des Fahrzeugparks gab es damals in Irland auch das Problem der Brennstoffversorgung. Kohle war teuer, da sie eingeführt werden mußte, und aus England, dem Hauptlieferanten, wegen des 2. Weltkriegs nur geringe Mengen erhältlich waren. Anderseits hat Irland große Torffelder, und es bestand ein wirtschaftlicher Anreiz, diesen Brennstoff auch für die Bahn zu verwenden. Die CIE und ihre Vorgänger versuchten schon mehrmals, Torf in ortsfesten und Lokkesseln zu verbrennen. Besonders in den Mangeljahren ab 1940 mußte Torf in größerem Umfang auf Dampfloks verfeuert werden. Wegen des geringeren Heizwertes ergaben sich kleinere Maschinenleistungen und kürzere Reichweiten der für Kohlenfeuerung gebauten Loks. Bulleid nahm sich auch dieses Problems an und unternahm Versuche mit einer Torfstaubfeuerung an einem stationären Kessel, wobei sich die Staubverbrennung als

ungeeignet herausstellte. Der nächste Versuch bestand im Umbau der 1'C-h2-Personenzuglok Nr. 356 der CIE auf Torffeuerung mit mechanischer Rostbeschickung in den Jahren 1951/52. Außerdem sollte an dieser Maschine eine weitgehende Abwärmeausnutzung erprobt werden. Zu diesem Zweck wurden die Feuergase des Kessels und der Abdampf aus der Rauchkammer durch 2 seitlich am Kessel angeordnete Rauchgasvorwärmer geleitet, ähnlich wie an Franco-Crosti-Loks [2-15, 73]. Die Gase und der Abdampf gelangten nach diesen Vorwärmern über bewegliche Leitungen noch zum Tender, um dessen Wasservorrat zu erwärmen. Hinter dem Tender befand sich auf einem besonderen Wagen ein Saugzugventilator mit dem Schornstein. Da die Abdampfenergie im Vorwärmsystem vollkommen aufgezehrt war, mußte den Ventilatorantrieb ein kleiner Dieselmotor übernehmen. Nach längeren Standversuchen mit der Feuerung unternahm man 1954 noch einige Streckenfahrten mit Lok Nr. 356. In dieser Form war die Maschine aber nicht betriebsbrauchbar. Neben der für alle Drehscheiben zu großen Länge erwies sich das Vorwärmsystem als Fehlschlag. Der Aufwand dafür konnte durch Einsparungen nicht wettgemacht werden. Die Ergebnisse der Torf-Stoker-Feuerung waren dagegen besser und bildeten eine Grundlage für eine neue Lok. Im Jahre 1955 zog man die umgebaute Lok Nr. 356 aus dem Dienst.

Mr. Bulleid erstellte den Neuentwurf einer Dampflok für Torffeuerung in Anlehnung an seinen «Leader Class»-Typ (Abschnitt 3.32.8). Dies war wiederum ein Drehgestellfahrzeug, jedoch mit einem Doppelkessel nach Fairlie [2-45] und zentraler Feuerbüchse. Da Bulleid wegen der sich bessernden Versorgungslage auf längere Sicht nicht mehr mit Interesse an der Torffeuerung rechnete, legte er den Kessel dieser Maschine für Ölfeuerung aus. Zunächst aber baute er eine Torffeuerung mit mechanischer Rostbeschickung ein, wobei allerdings wegen der knappen Rostfläche nicht die volle Dampfleistung zu erreichen war.

Das 1957 von den Bahnwerkstätten Inchicore fertiggestellte Fahrzeug wies einen durchgehenden Brückenrahmen auf, der auf 2 dreiachsigen Drehgestellen ruhte. Auf dem Rahmen befanden sich Dampferzeugungsanlage, Brennstoff- und Wasservorräte und die beiden Führerstände, während die Dampfmaschinen in den Drehgestellen eingebaut waren.

Die Hauptdaten der mit der Betr.-Nr. CC1 bezeichneten Lok waren:

1. Lokomotive

Dienstgewicht mit vollen Vorräten	116	t
Reibungsgewicht, max.	116	t
Achsstand	14 827	mm
Triebrad-⌀	1 092	mm
Höchstgeschwindigkeit	112	km/h

126   **Tabelle 7**
Ausgeführte Dampfmotorlokomotiven.

Lfd. Nr.	Hersteller	Jahr	Bahn	Zahl	Betr.-Nr.	Spur mm	Achsfolge	Lok	Tender	zus.	Reibung
	Allgemeines					Fahrzeugdaten		Dienstgewichte t			
1	Forges et chantiers de la Mediterranée	1893	Französ. Westbahn	1		1435	$D_0'D_0'$	118			118
2		1897	Französ. Westbahn	2	8000, 8001	1435	$D_0'D_0'$	124			124
3	Derby	1908	MR	1	2299	1435	$1'C1'+3$	75,7			56,
4	North British Sentinel	1938	Ägypt. Staatsbahn	4	276, 277 278, 279	1435	$1'B_01'+2$	57,5	44,2	101,7	32
5	Henschel	1937	LBE	1	71	1435	$1'C_02'$	98,3	–	98,3	51
6	Henschel	1941	DR	1	19 1001	1435	$1'D_01'+2'3'$	109,9	66	175,9	75,
7	Batignolles-Chatillon	1946	SNCF	1	221-TQ-1	1435	$2'B1'$	79	–	79	40
8	Brighton	1949	SR	4	36 001– 36 004	1435	$C'C'$	132,6	–	132,6	132,
9	Inchicore	1957	CIE	1	CC1	1600	$C'C'$	120	–	120	120

Siehe dazu auch Tabelle 4, lfd. Nrn. 6, 7, 10, 11, 13, 19.

Zylinder-⌀	2×304,8	mm
Kolbenhub	355,6	mm
Indizierte Leistung	2×370	kW
Wasservorrat	12,3	m³
Torfvorrat	11,8	t
2. Kessel		
Rostfläche	2,11	m²
Verdampfungsheizfläche	150,7	m²
Überhitzerheizfläche	29,8	m²
Dampfdruck	14	atü

Ausgehend von der in Lokmitte angeordneten Feuerbüchse bestand der Kessel nach jeder Seite hin aus einem Schuß mit quadratischem Querschnitt und 1,22 m Länge, den in Längsrichtung je 720 Heizrohre durchzogen. Zur Querversteifung dienten Anker zwischen den Seitenwänden. Über der Feuerbüchse bestand eine durchgehende Verbindung der beiden Kesselschüsse mit Wasser- und Dampfraum. In den zu beiden Enden des Kessels angebauten Rauchkammern befanden sich Überhitzer, Dampfsammelkästen und Naßdampfregler. Nach den Fahrzeugenden hin schlossen sich jeweils Führerstand, Brennstoffbunker und Wasserkasten sowie Saugzugventilator und Stirnwände an. Der Rost wurde von 2 Stokern aus beiden Vorratsbunkern mit Torf beschickt, wobei die Verteilung am Eintritt in den Feuerraum durch Dampfstrahlen in üblicher Weise geschah. Die unteren Wandteile des Feuerraums bestanden aus Steinmauerwerk. Zur guten Verbrennung des Torfs ist der stoßweise Auspuff der Zylinder in der Saugzuganlage unerwünscht. Die Rauchgase verließen die Rauchkammern unten und durchströmten die zwischen Brennstoffbunkern und Brückenrahmen zwischen den Wassertanks angeordneten Rauchgas-Speisewasser-Vorwärmer, um anschließend in die Saugzugventilatoren an den Stirnseiten der Lok zu gelangen. Von den Ventilatoren aus führten Rauchrohre die Gase waagrecht nach den Schornsteinen, die unmittelbar neben den äußeren Führerstandstrennwänden im Dach angeordnet waren. Funkenfänger mit Rückführleitungen zum Feuerraum sollten die aus dem Rauchgas abgeschiedenen Brennstoffteilchen nochmals in die Feuerung zurückbringen.

Da die Lok wahlweise von beiden Führerständen aus zu bedienen war, hatten sowohl die Regler als auch die Dampfmaschinensteuerungen ein gekuppeltes Betätigungsgestänge.

Als Antrieb dienten in jedem Drehgestell eine schnelllaufende doppeltwirkende Zwillingsdampfmaschine mit Kolbenschiebersteuerung. Den Steuerungsantrieb führte Bulleid mit einer durch die engen Raumverhältnisse bedingten Sonderkonstruktion nach Walschaert-Heusinger aus. Die Zylinderblöcke waren in Schweißbauweise hergestellt. Die jeweils inneren Drehgestellachsen wurden über Ketten von den Kurbelwellen aus angetrieben. Die 3 Achsen der Drehgestelle waren mit in geschlossenen Gehäusen laufenden Ketten gekuppelt. Die in geschlossener Bauart hergestellten Dampfmaschinen waren druckölgeschmiert.

Die erste Probefahrt fand am 6. August 1957 statt, wobei die Maschine einwandfrei lief. Am nächsten Tag erfolgte

| | Längen m | | | V_{max} km/h | Triebrad ∅ mm | n U./min | Bauart | Druck atü | Temp. °C | Heizflächen | | | Leistung t/h | Heizflächenbelastung kg/m² h |
Lok	Tender	zus.							Rost m²	V m²	Ü m²		
6,5			110	1200	486	Stephenson-Lentz	12,6	180	2,25	145	–	10	69
8,6			120	1160	548	Stephenson-Belpaire	14	194	3,34	185	–		
			130	1625	425	Steinfeuerbüchse	12,7	189	5,13	187	–		
			80	1136	373	Stephenson	14,2	320	1,95	111	27		
4,8	–	14,8	120	1250	510	Stephenson	12	350	2,3	135	46	7	52
4,78	8,99	23,77	175	1250	742	Stephenson	20	400	4,55	240	100	13,5	57
2,1	–	12,1	75	1250	318	Stephenson	20	400	2,17	116	39,5	8	69
0,4	–	20,4	112	1549	356	Steinfeuerbüchse	19,6		4	222	42,1		
8,3	–	18,3	112	1092	544	Fairlie-Steinfeuerbüchse	14		2,11	150	29,8		

ein Zusammenstoß mit der CIE-Lok Nr. 1101 bei zirka 20 km/h. Nach Instandsetzung wurde die Lok CC1 dem damaligen Generaldirektor der SNCF, Louis Armand, anläßlich eines Besuchs in Irland durch Mr. Bulleid vorgeführt. Anschließend erfolgten Streckenprobefahrten. Als nachteilig erwies sich, daß die Brennstoff- und Wasserzufuhr zum Kessel nur von beiden Führerständen je für sich zu regeln und im Gegensatz zur Maschinenbedienung nicht über Gestänge zusammengefaßt war, obwohl die Lok 2 Stokeranlagen besaß. Besonders un-

angenehm erwies sich der starke Funkenauswurf, der bei dem leichten Brennstoff auch mit Funkenfängern nicht genügend beherrschbar war. Während einer Fahrt geriet sogar ein Personenwagen mit Holzaufbau in Brand.
Am 21. August 1957 besichtigte der Präsident der CIE, Mr. Courtney, zusammen mit dem Direktor der staatlichen Torfbehörde, Dr. Andrews, die neue Lok. Bei dieser Gelegenheit wurde auch eine Fahrt mit einem Zug von 11 vierachsigen Reisezugwagen unternommen. Auf einer

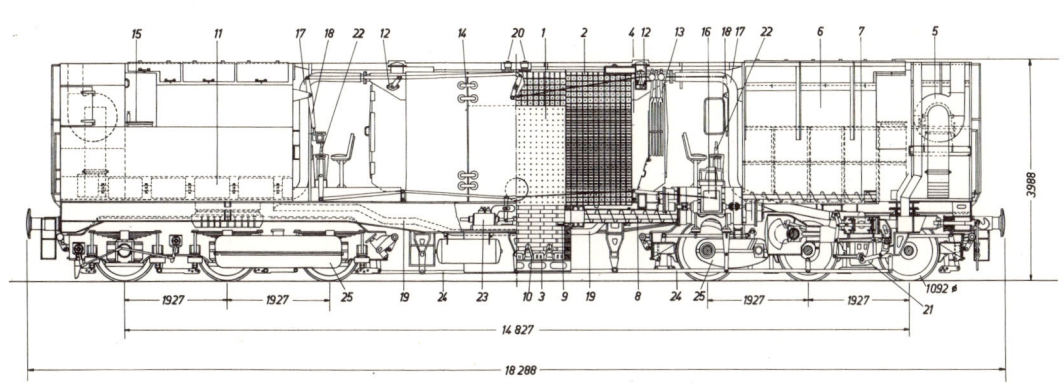

1 Feuerbüchsteil des Kessels	10 Feuerbrücke
2 Rauchrohrteil des Kessels	11 Rauchgasspeisewasservorwärmer
3 Rost	12 Reglerventil
4 Rauchkammer	13 Überhitzer
5 Turbinengetriebener Saugzugventilator	14 Ausgleichrohre zwischen den Kesselteilen
6 Trichterförmiger Torfbunker	15 Wassertankeinfüllöffnung
7 Förderschnecke im Torfbunker	16 Stockermaschine
8 Förderschnecke für Feuerraum	17 Hauptdampfleitung zur Maschine
9 Dampfstrahlverteilerplatte	18 Reglerhebel
19 Ausgleichleitung zwischen den Wassertanks	
20 Sicherheitsventile	
21 Dampfmaschine	
22 Steuerungshebel	
23 Umsteuermaschine	
24 Betätigungsgestänge für Steuerung	
25 Kettenkupplung	

Maschinendaten							Kraftübertragung	Bemerkung	
Bauart	Lei-stung kW	Dreh-zahl U./min	Zylin-der-zahl	Ex-pan-sions-stufen	Zylinderab-messungen				Lfd. Nr.
					⌀ mm	Hub mm			
Brown	440	300	2	2	425 650		Elektrisch mit Gleichstrom	Name «Fusee», Entwurf Heilmann	1
Willans	1000	400	6	3	300 480	400	Elektrisch mit Gleichstrom	Entwurf Heilmann	2
Paget		425	8	1	457	305	Direkteinzelachsantrieb	Entwurf Paget	3
Sentinel	2×294	620	2×2	1	279	305	Zahnrädereinzelachsantrieb	Lok 276 und 277 Kohlefeuerung Lok 278 und 279 Ölfeuerung	4
Henschel	3×400	510	3×2	1	335	375	Einzelachsantrieb direkt	Umbau nicht mehr fertiggestellt	5
Henschel	4×350	742	4×2	1	300	300	Einzelachsantrieb Pawelka direkt		6
Gleichstrom-V-Maschine	900	1215	12	1	200	280	Hohlwellenschneckenantrieb Gruppenantrieb		7
Gleichstrom	2×625		2×3	1	312	381	Kettengruppenantrieb	Entwurf Bulleid, 4 Lok im Bau, davon 1 Lok fertiggestellt und erprobt	8
	2×370		2×3	1	304,8	355,6	Kettengruppenantrieb	Entwurf Bulleid	9

Steigung bei Inchicore war bei voller Lokleistung der starke Funkenauswurf gut zu beobachten. Dabei soll einer der Fahrgäste gesagt haben: «Oh, machen Sie damit, was immer Sie wollen, nur nicht die Beförderung des Staatssalonwagens in einem Zug hinter dieser Lokomotive.» Der Salonwagen war nämlich mit einem hölzernen Dach ausgerüstet. Am 24. September 1957 wurde mit einem 5-Wagen-Zug erstmals die volle Höchstgeschwindigkeit von 112 km/h erreicht. Die Laufeigenschaften erwiesen sich dabei als gut. Am 4. Oktober 1957 fuhr die Lok CC1 einen Schnellzug mit 5 Wagen von Cork nach Portarlington und zurück mit einer Füllung Torf, eine zuvor für unmöglich gehaltene Leistung. Die Lok wurde bald als die schnellste auf den CIE-Strecken bekannt, und ihre außergewöhnlich ruhige Arbeitsweise veranlaßte das Lokpersonal zu erhöhter Aufmerksamkeit auf Wegübergängen. Während der Erprobungsfahrten über zirka 4800 km Fahrstrecke wurde kein Fall bekannt, daß wegen einer Störung an der Lok CC1 andere Züge Verspätungen erlitten hätten. Die einzigen öffentlichen Vorstellungen der außergewöhnlichen Lok fanden 1958 statt. In der Zeit vom 13. bis 15. Mai 1958 hielt die Institution of Locomotive Engineers ihre Sommertagung in Dublin ab, in der 1. Juniwoche des gleichen Jahres fand ein Kongreß des Institute of Transport in Irland statt. Bei beiden Veranstaltungen wurde die Maschine vorgestellt. Lok CC1 war zwischenzeitlich grün lackiert worden und hatte Windleitbleche zur Sichtverbesserung des Lokpersonals erhalten.

Zum praktischen Betriebseinsatz kam diese Lok jedoch nicht mehr. Hätten 1958 noch die gleichen Schwierigkeiten in der Brennstoffversorgung Irlands bestanden als 10 und mehr Jahre früher, so wäre dieser Loktyp wahrscheinlich nachgebaut worden.
Das größte Handicap der Maschine war ihre für reine Torffeuerung zu kleine Rostfläche. Bulleid wußte dies natürlich, da er den Kessel für Ölfeuerung dimensioniert hatte, aber es sollte ja auch die Möglichkeit einer Torffeuerung demonstriert werden. Bulleid plante die Umstellung auf Ölfeuerung und ließ von der Fa. Messrs. Laidlaw Drew eine entsprechende Ausrüstung entwerfen; zu einem Einbau kam es aber nicht mehr. Zweifellos wäre dies für den Erfolg der Lok CC1 von großem Wert gewesen, denn die Torffeuerung konnte damals wegen des Funkenauswurfs nicht mehr ernsthaft in Betracht kommen. Bulleids Dienstzeit bei der CIE ging aber am 31. Mai 1958 zu Ende, womit auch das Schicksal seiner Lok besiegelt war, als neue Männer die Leitung des Maschinendienstes übernahmen. Die Lok CC1 wurde abgestellt und war noch 1963 in den Werkstätten Inchicore in betriebsfähigem Zustand vorhanden, wo sie zusammen mit anderen Dampfloks auf ihr Ende wartete. Da der Bau dieser Maschine zeitlich mitten in die Traktionsumstellung der CIE hineinfiel, erreichte die Lok CC1 nur eine Laufleistung von etwas mehr als 8000 km. Im Jahre 1965 wurde diese letzte Dampflok neuer Konzeption verschrottet.

101 Entwurf einer Dampfmotorlok mit hydraulischer
Kraftübertragung von Wittfeld aus dem Jahre 1923
102 Entwurf einer Dampfmotorlok von T. Grime aus
dem Jahre 1930
103 Entwurf einer Schnellfahrdampfmotorlok von
Borsig aus dem Jahre 1932

3.33 *Nicht ausgeführte Dampfmotorlokomotiven*

Die meisten der zahlreichen Entwürfe für Dampfmotorloks wurden nur kleinen internen Firmen- und Bahn-
kreisen bekannt. Eine Anzahl teilweise recht interessanter, aber aus mancherlei Gründen nicht zur Ausführung
gekommener Projekte sind in Tabelle 8 zusammengestellt.

Von Wittfeld (Preußische Staatsbahn) stammt der Entwurf einer Dampfmotorlok mit hydraulischer Kraftübertragung [3.34-1]. Es sollte damit erreicht werden, daß
für Maschine und Kessel möglichst weitgehend in der
günstigsten Arbeitslage und Drehzahl gefahren werden
konnte, wobei für Drehzahländerungen der Triebräder
die Übertragung mittels eines hydrostatischen Lentz-
Getriebes vorgesehen war. Die beiden seitlich neben
dem Führerstand der Lok angeordneten Gleichstromdampfmaschinen sollten normal mit 500 U./min laufen
und die Pumpen des Flüssigkeitsgetriebes antreiben.
Der Kessel war für Kohlenstaubfeuerung vorgesehen.

Einige Projekte für kleinere Dampfmotorloks wurden in
den Jahren 1928 bis 1931 von der Maschinenfabrik
Eßlingen ausgearbeitet [2-9].

Abb. 102 zeigt einen dem Sentinel-Dampfmotor entsprechenden Antrieb mit dem Einbauvorschlag in eine

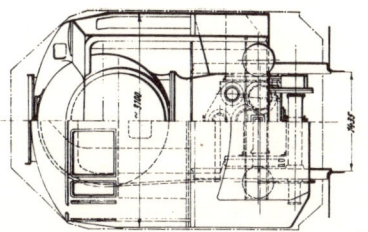

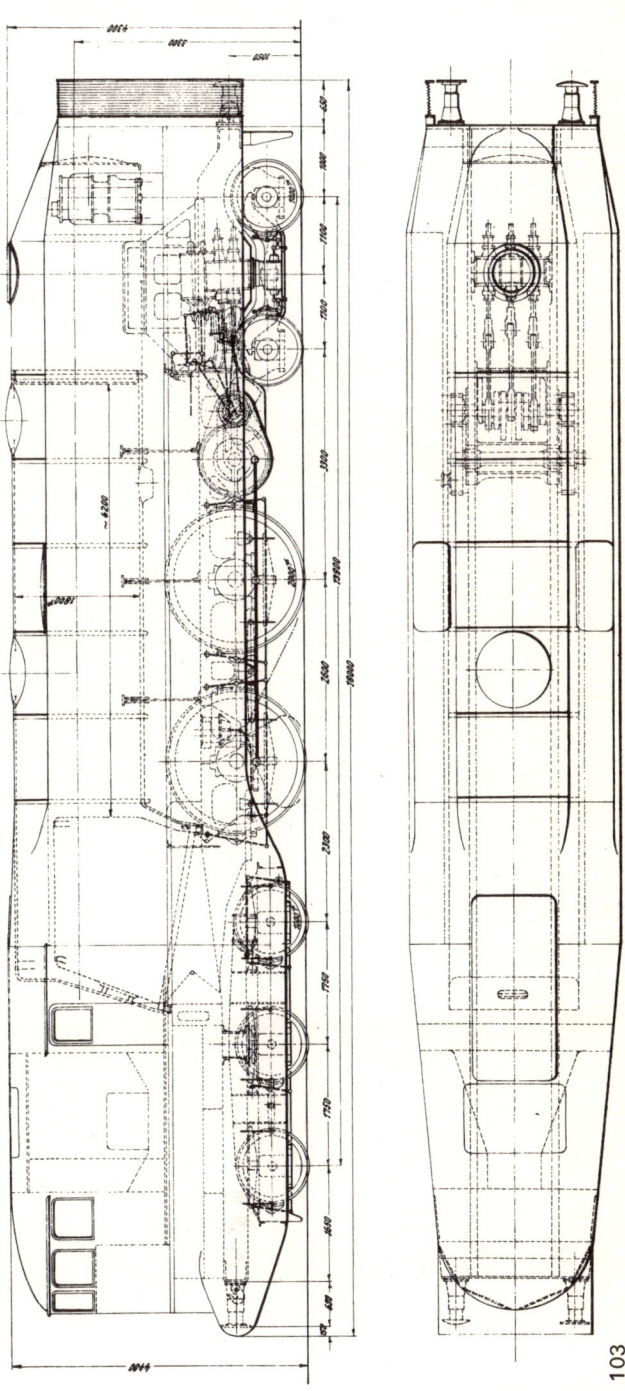

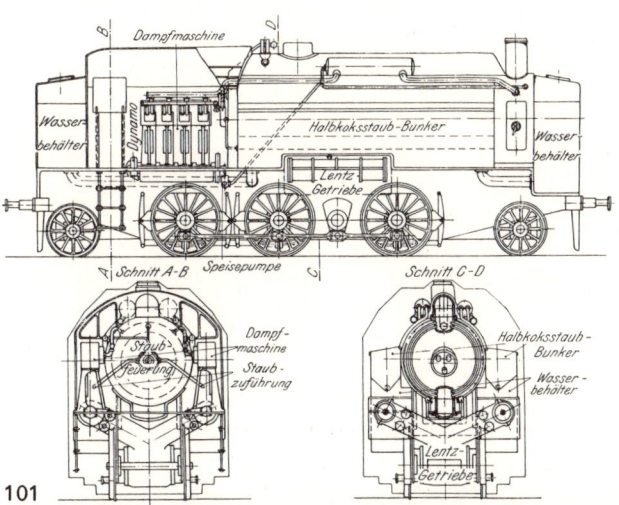

101

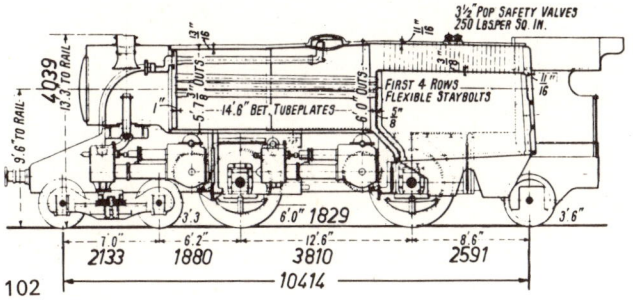

102

103

104 Antrieb des Lokentwurfs nach Abb. 103
106 Antrieb des Lokentwurfs nach Abb. 105
und 107

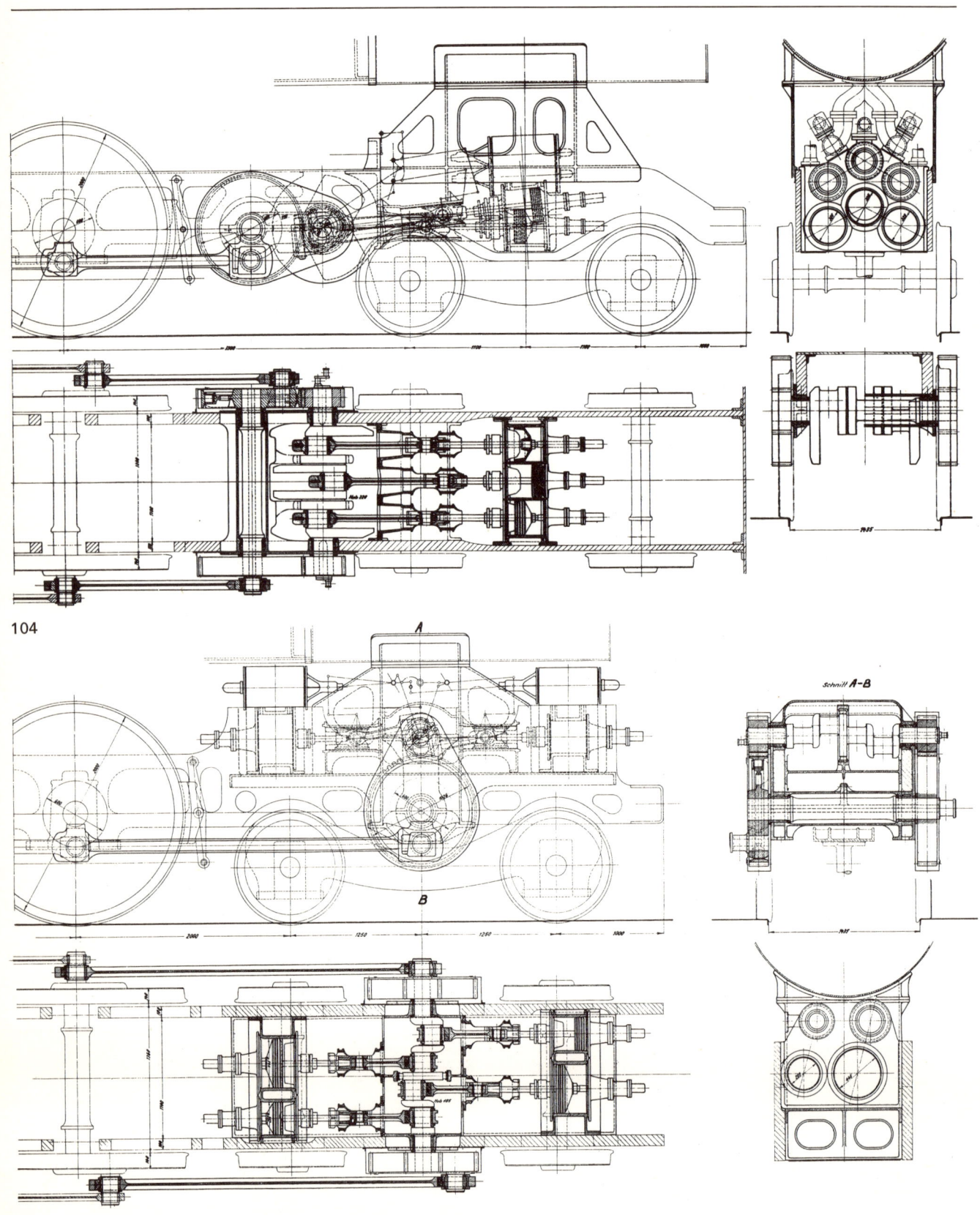

104

106

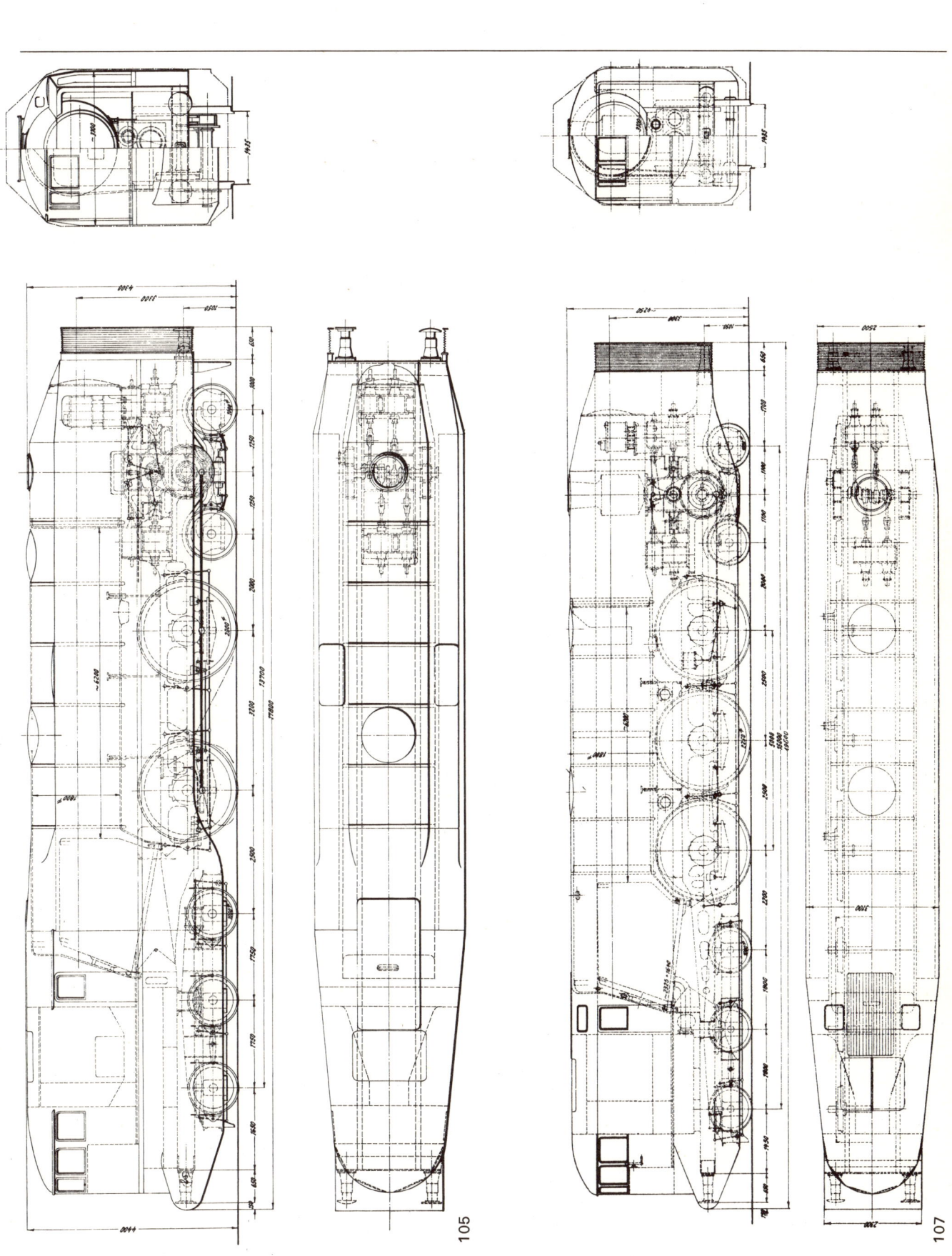

105

107

108   Entwurf einer Drehgestelldampfmotorlok für hohe Fahrgeschwindigkeit von DABEG aus dem Jahre 1934
109   Entwurf einer Schnellfahrdampfmotorlok von Schwartzkopff aus dem Jahre 1935

110   Entwurf einer Schnellfahrdampfmotorlok mit HD-Kessel von Schwartzkopff aus dem Jahre 1935
111   Entwurf einer Schnellfahrdampfmotorlok mit Kondensation von Henschel aus dem Jahre 1936

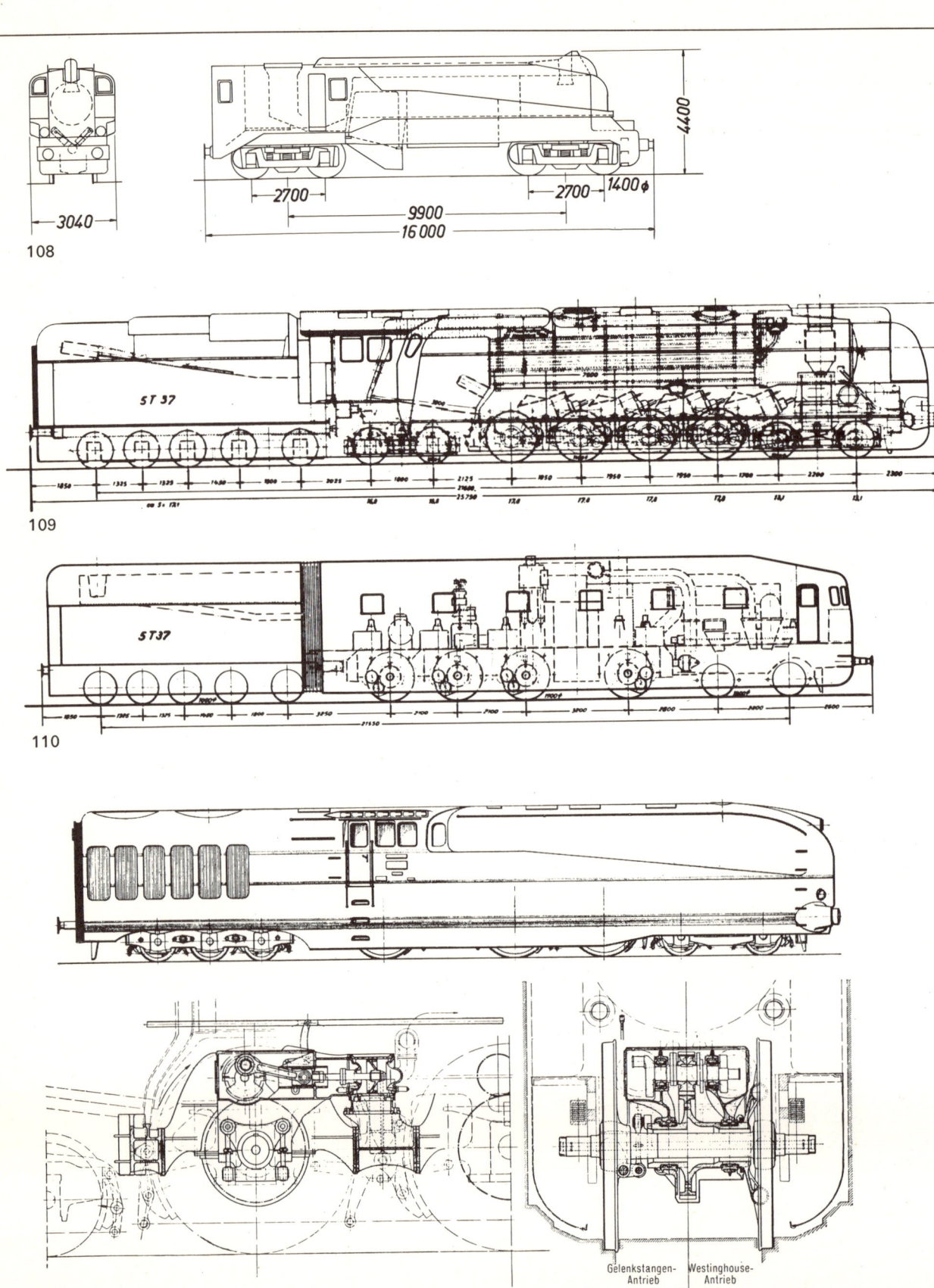

108

109

110

111

Schnellzuglok, der von Grime im Jahre 1930 veröffentlicht wurde [3.34-3].

Im Jahre 1932 ließ die DR von der Industrie Entwürfe für Schnellfahrdampfloks aufstellen, welche Züge mit 150 km/h befördern sollten. Angeregt durch den seinerzeitigen Bau von Schnelltriebwagen sollte damit die Klärung folgender Fragen erfolgen:

1. Welche technische, betriebliche und wirtschaftliche Geschwindigkeitsgrenze besteht für die Dampftraktion?
2. Vergleich der Wirtschaftlichkeit von Lokzug und Triebwagen unter gleichen Betriebsbedingungen.
3. Durchführung notwendiger Versuche mit neuen Wagen- und Bremsbauarten.

Neben einigen Entwürfen in konventioneller Bauweise reichte die Firma Borsig Lokomotivwerke GmbH, Berlin (BLW), auch 3 Projekte für Dampfmotorloks ein, die in Abb. 103–107 dargestellt sind. Es handelte sich um stromlinienverkleidete Maschinen, weil der Luftwiderstand bei den hohen Geschwindigkeiten möglichst klein gehalten werden sollte. Die Vorschläge sahen den Gruppenantrieb von einer schnellaufenden Maschine über Getriebe, Blindwelle und Kuppelstangen vor, wobei die gegenläufige 4-Zylinder-Verbundmaschine in Abb. 106 die technisch interessantere Lösung dargestellt haben dürfte. Die DR konnte sich allerdings nicht zum Bau einer solchen Lok entschließen, wobei als Ablehnungsgründe u.a. die noch nicht genügende Erprobung der Schnelläuferdampfmaschine und das teure Zahnradgetriebe genannt wurden. Beide Punkte wären sicher einer näheren Betrachtung wert gewesen, ob sie nicht doch dem Dampflokbau hätten dienen können. Aus diesen Arbeiten gingen schließlich die bekannten Maschinen

der Reihen 05 und 61 hervor, da man seinerzeit den Sprung zu einer grundsätzlichen Bauartänderung nicht wagen wollte.

In der Revue Générale des Chemins de Fer 1934 findet sich die Entwurfsskizze einer bemerkenswerten Lok (Abb. 108). Diese ist ein Drehgestellfahrzeug für hohe Geschwindigkeiten. Als Antrieb war ein in Längsrichtung vorn unter dem Kessel eingebauter einfach wirkender 12-Zylinder-V-Dampfmotor vorgesehen, der über Gelenkwellen und Achsgetriebe die 4 Radsätze antreiben sollte. Ein solcher Dampfmotor wurde in der SNCF-Lok Betr.-Nr. 221-TQ-1 noch erprobt (Abschnitt 3.33.7).

Die Firma Berliner Maschinenbau AG, vorm. Louis Schwartzkopff (BMAG), stellte 1935 in ihrer Jubiläumsschrift [3.23.9-8] 2 Entwürfe für große Schnellzugdampfmotorloks vor, einmal mit Stephenson-Kessel und schräg geneigten Maschinen zwischen den Rädern und Einzelachsantrieb und das andere Mal mit Velox-Kessel und stehenden Maschinen. Mit Starr-Rahmen sind sie noch z.T. an der klassischen Bauweise orientiert, waren aber ein beachtenswerter Beitrag in den Bemühungen um die Dampflok für hohe Geschwindigkeiten.

Ein in Abb. 111 gezeigter Entwurf der Firma Henschel & Sohn [3-12] stellt eine Stromlinientenderlok mit Kondensation dar, die in üblicher Rahmenbauweise und mit klassischem Kessel Einzelachsantriebe durch kleine innerhalb des Rahmens angeordnete Zwillingsmaschinen aufwies.

Direktor Buchli von der SLM Winterthur, ein im Lokbau bekannter Name, bemühte sich seinerzeit ebenfalls mit viel Hingabe um die Dampflokgestaltung nach zeitgemäßen Erkenntnissen [3.34-15]. Er schlug den Einbau von Dampfmotorantriebseinheiten (Abb. 112) sowohl in Loks üblicher Bauart (Abb. 113) als auch in eine Maschine der Drehgestellbauweise und neuartiger Gestal-

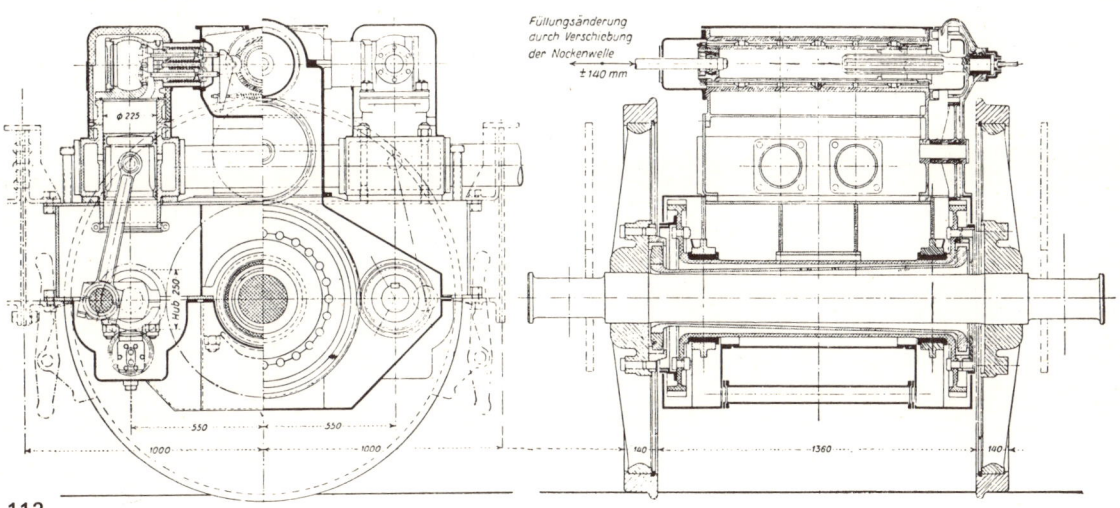

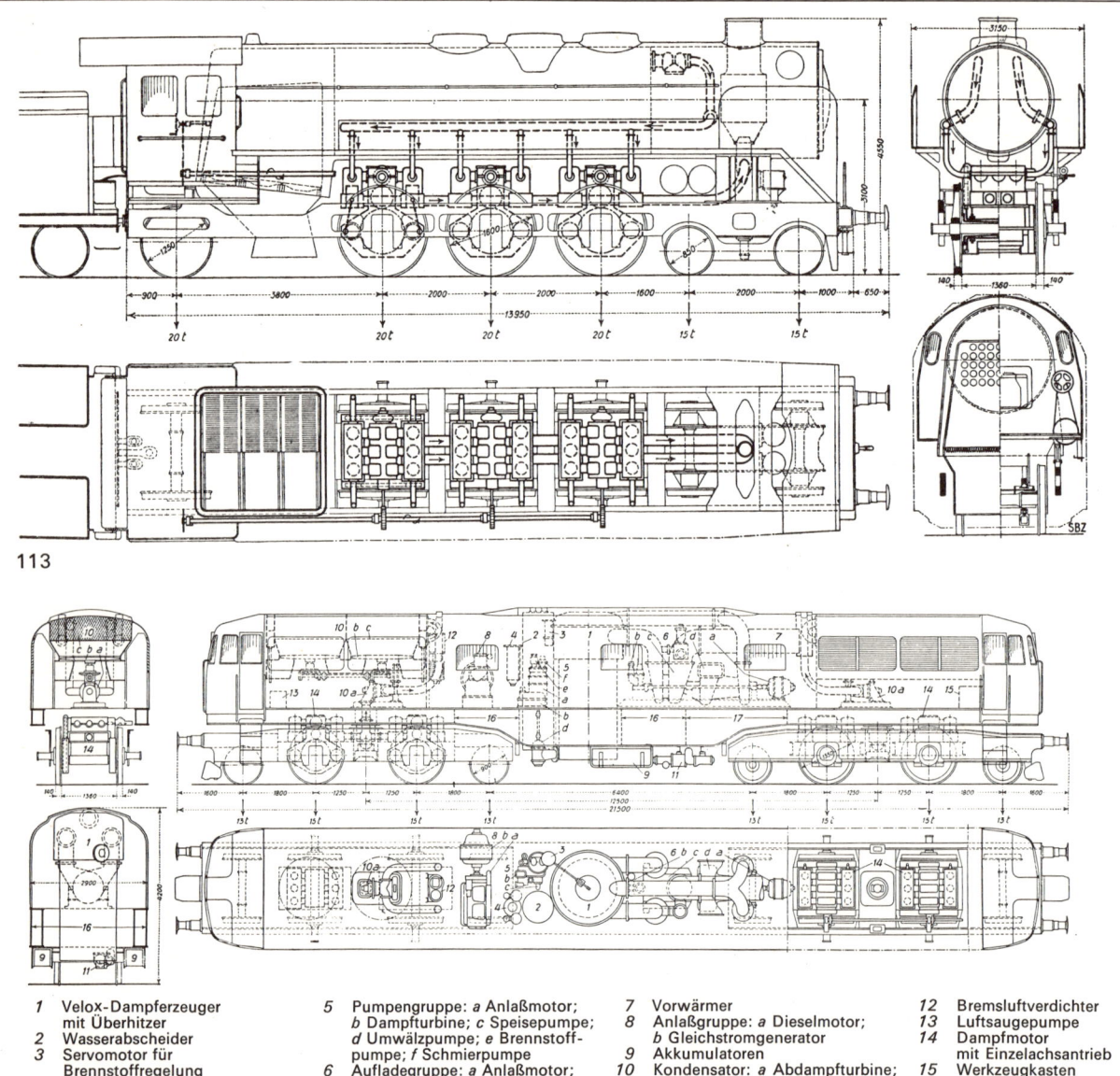

113

114

1	Velox-Dampferzeuger mit Überhitzer	5	Pumpengruppe: *a* Anlaßmotor; *b* Dampfturbine; *c* Speisepumpe;	7	Vorwärmer	12	Bremsluftverdichter
2	Wasserabscheider		*d* Umwälzpumpe; *e* Brennstoff-	8	Anlaßgruppe: *a* Dieselmotor;	13	Luftsaugepumpe
3	Servomotor für Brennstoffregelung		pumpe; *f* Schmierpumpe		*b* Gleichstromgenerator	14	Dampfmotor mit Einzelachsantrieb
4	Brennstoffvorwärmer und Filter	6	Aufladegruppe: *a* Anlaßmotor; *b* Zusatzturbine; *c* Gasturbine; *d* Turboverdichter	9	Akkumulatoren	15	Werkzeugkasten
				10	Kondensator: *a* Abdampfturbine; *b* Ventilator; *c* Kühler	16	Heizölbehälter
				11	Zusatzspeisepumpe	17	Wassertank

tung vor (Abb. 114). Diese letztgenannte Lok sollte einen Velox-Kessel und geschlossenen Wasserkreislauf erhalten.

Die Firma Besler befaßte sich in den USA nach der Übernahme der Doble-Konstruktionen ebenfalls mit Dampfantrieben für Schienenfahrzeuge und rüstete 1936 einen Schnelltriebwagen der New York, New Haven & Hartford Railroad mit einer 440 kW-HD-Anlage aus, wobei der Dampfantrieb ähnlich dem der Doble-Anlage aufgebaut war; die schnellaufenden beiden Maschinen waren direkt im Triebdrehgestell eingebaut. Für die Baltimore & Ohio Railroad wurde von den Gebrüder George J. und William D. Besler zusammen mit dieser Bahn das

Projekt einer großen 2'D2'-Schnellzuglok bearbeitet [3.34-4-9], welche die Betr.-Nr. 5800 erhalten sollte. Die Auslegung sah eine Maschinenleistung von 3700 kW vor, womit ein Schnellzug aus 14 schweren Pullmanwagen in der Ebene mit 160 km/h befördert werden sollte. Die für diese Lok vorgesehenen 4 Dampfmotoren nach Abb. 115 sollten je 4 doppeltwirkende Zylinder erhalten und ungefedert auf die Achsen aufgesetzt werden. Die fehlende Abfederung der Antriebsmaschinen dürfte im Betrieb Schwierigkeiten erwarten lassen durch die Einwirkungen der dynamischen Beanspruchungen während der Fahrt von den Radsätzen bzw. vom Gleis her. Leistungsregelung und Umsteuerung waren elektro-

115 4-Zylinder-Dampfmotor von Besler für die Lok nach Abb. 295
116 Entwurf einer Dampfmotorlok mit HD-Kessel, Kohlenstaubfeuerung und Kondensation von Schwartzkopff aus dem Jahre 1936
117 Entwurf einer 2′ Bo2′-Dampfmotorlok mit Kondensation von Witte aus dem Jahre 1935

pneumatisch geplant. Die rechnerisch ermittelte Anfahrzugkraft sollte 33 t erreichen, was einem Reibwert Rad–Schiene von 0,28 entspricht. Als Dampferzeuger sollte diese Lok einen Emerson-Kessel mit Wasserrohrfeuerbüchse bei 540 m² Heizfläche und 7,5 m² Rostfläche erhalten. Die Kesselleistung war mit 36 t/h veranschlagt. Die Antriebsmaschinen sollten davon bei Vollast 32 t/h erhalten, was einem spezifischen Verbrauch von 8,6 kg/kWh entspricht. Konstruktiv war ein Austausch der zu einer Einheit zusammengefaßten Baugruppe Triebradsatz–Dampfmotor nach unten mit Hilfe der Achssenke vorbereitet. Der durchgehende Hauptrahmen lag außen. Zur Ausführung dieses baureif durchgearbeiteten Projekts ist es nicht mehr gekommen; vielleicht haben auch die ungünstigen Erfahrungen mit dem Durchgehen von je einer Radsatzgruppe an der B&O-Lok Betr.-Nr. 5600 (Abb. 277) dazu beigetragen. Trotz sonst guten Leistungen der Lok 5600 war dieses Problem wahrscheinlich der Hauptgrund, warum die B&O keine weiteren Loks mit geteiltem Triebwerk bauen ließ (Abschnitt 3.31).

Ein interessanter Entwurf der Firma Schwartzkopff ist in Abb. 116 gezeigt. Er stellt eine 2′C_o2′-HD-Dampfmotorlok mit Einzelachsantrieb und Kondensation dar. Das dem Entwurf zugrunde gelegte Programm sah die Führung von leichten Stromlinienzügen mit 4 bis 6

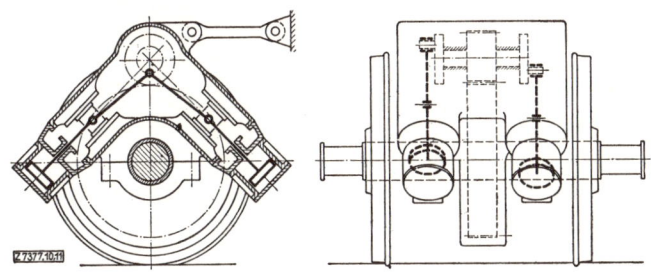

115

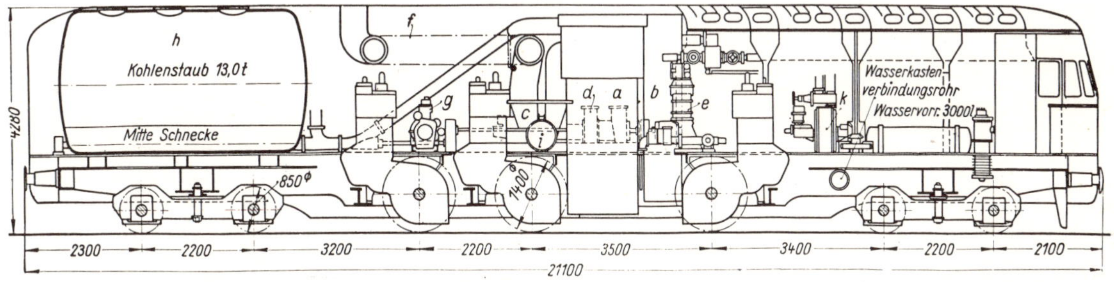

a	Dampferzeuger	d	Turboverdichter	g	Anfahrgruppe		Abdampfturbine
b	Wasserabscheider	e	Pumpengruppe	h	Kohlenstaubbehälter		für Konensatorlüfter
c	Gasturbine	f	Speisewasservorwärmer	i	Abdampfentöler		

116

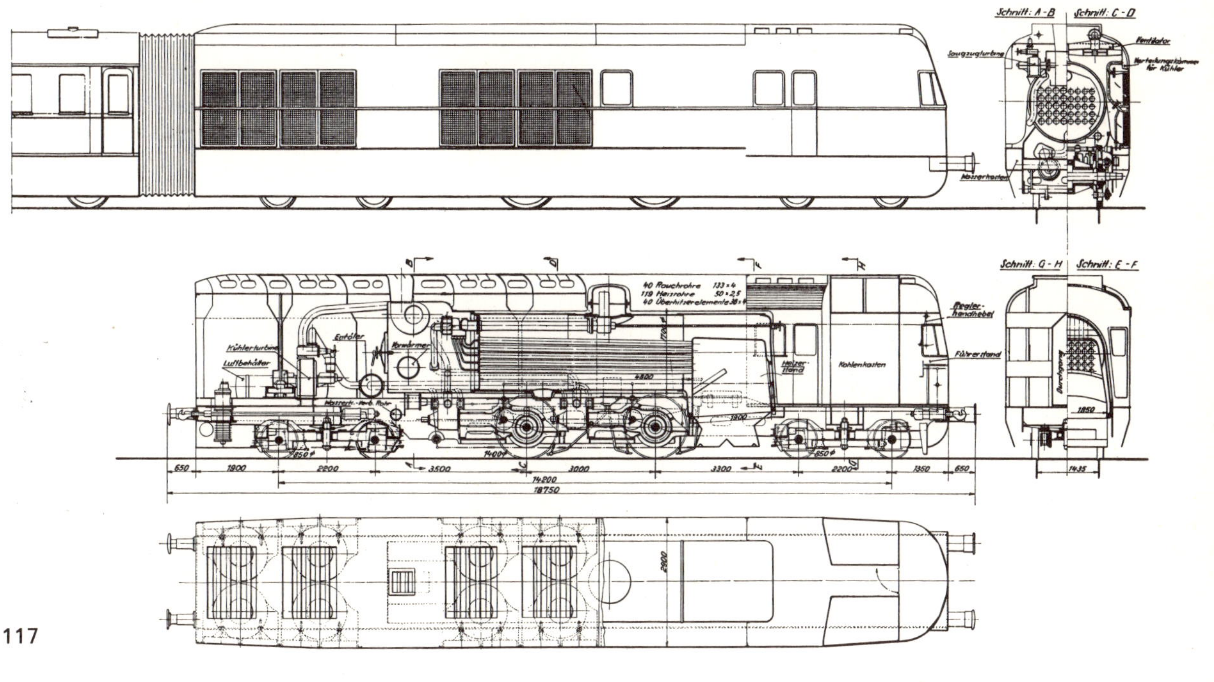

117

118 Entwurf einer 2′Co1′-Dampfmotorlok mit
Kondensation von Witte aus dem Jahre 1935
119 Funktionsschema der Dampfmotorlok nach
Abb. 120

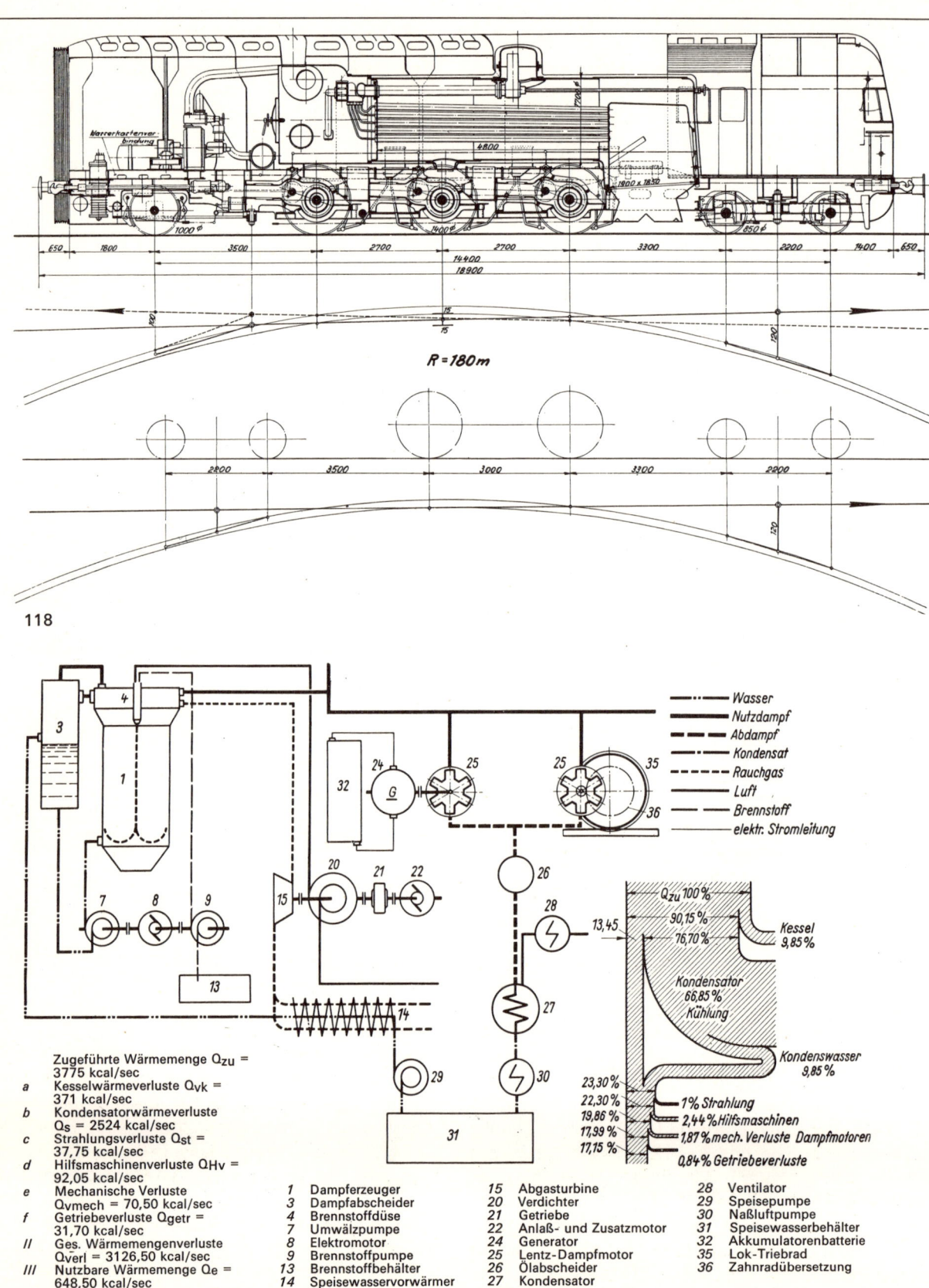

118

119

Zugeführte Wärmemenge Q_{zu} =
3775 kcal/sec
a Kesselwärmeverluste Q_{vk} =
371 kcal/sec
b Kondensatorwärmeverluste
Q_s = 2524 kcal/sec
c Strahlungsverluste Q_{st} =
37,75 kcal/sec
d Hilfsmaschinenverluste Q_{Hv} =
92,05 kcal/sec
e Mechanische Verluste
Q_{vmech} = 70,50 kcal/sec
f Getriebeverluste Q_{getr} =
31,70 kcal/sec
II Ges. Wärmemengenverluste
Q_{verl} = 3126,50 kcal/sec
III Nutzbare Wärmemenge Q_e =
648,50 kcal/sec

1	Dampferzeuger	15	Abgasturbine
3	Dampfabscheider	20	Verdichter
4	Brennstoffdüse	21	Getriebe
7	Umwälzpumpe	22	Anlaß- und Zusatzmotor
8	Elektromotor	24	Generator
9	Brennstoffpumpe	25	Lentz-Dampfmotor
13	Brennstoffbehälter	26	Ölabscheider
14	Speisewasservorwärmer	27	Kondensator

28 Ventilator
29 Speisepumpe
30 Naßluftpumpe
31 Speisewasserbehälter
32 Akkumulatorenbatterie
35 Lok-Triebrad
36 Zahnradübersetzung

Wasser
Nutzdampf
Abdampf
Kondensat
Rauchgas
Luft
Brennstoff
elektr. Stromleitung

Q_{zu} 100%
90,15 %
76,70 %
Kessel
9,85 %
Kondensator
66,85 %
Kühlung
Kondenswasser
9,85 %
23,30 %
22,30 %
19,86 %
17,99 %
17,15 %
1% Strahlung
2,44% Hilfsmaschinen
1,87% mech. Verluste Dampfmotoren
0,84% Getriebeverluste

13,45

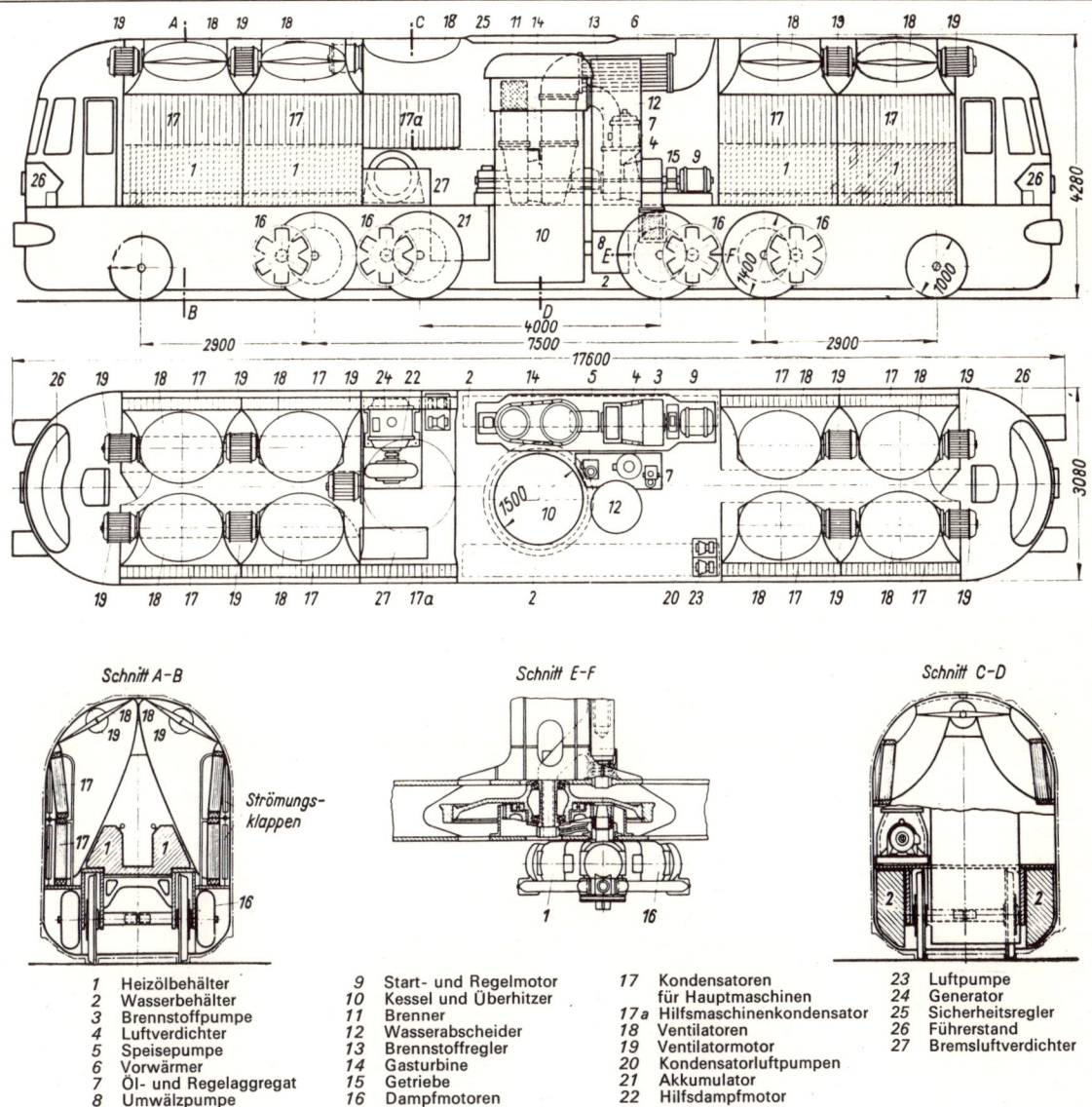

Schnitt A-B

Strömungs-klappen

Schnitt E-F

Schnitt C-D

1	Heizölbehälter	9	Start- und Regelmotor
2	Wasserbehälter	10	Kessel und Überhitzer
3	Brennstoffpumpe	11	Brenner
4	Luftverdichter	12	Wasserabscheider
5	Speisepumpe	13	Brennstoffregler
6	Vorwärmer	14	Gasturbine
7	Öl- und Regelaggregat	15	Getriebe
8	Umwälzpumpe	16	Dampfmotoren

17	Kondensatoren	23	Luftpumpe
	für Hauptmaschinen	24	Generator
17a	Hilfsmaschinenkondensator	25	Sicherheitsregler
18	Ventilatoren	26	Führerstand
19	Ventilatormotor	27	Bremsluftverdichter
20	Kondensatorluftpumpen		
21	Akkumulator		
22	Hilfsdampfmotor		

120

Wagen (140 bis 210 t) bei 150 km/h in der Ebene vor. Jede der 3 Triebachsen sollte durch eine im Hauptrahmen senkrecht und fest gelagerte schnellaufende 2-Zylinder-Verbundmaschine über Zahnradgetriebe und Federtopfantrieb ihre Energie erhalten. Für die Achsen waren Rollenlager vorgesehen. Der automatisch geregelte Velox-Kessel war für 11 t/h Dampf bei 45 atü und 420 °C ausgelegt. Den Luftbedarf für Transport und Verbrennung des Kohlenstaubs sollte die Verdichtergruppe des Velox-Kessels liefern. Weiter war ein geschlossener Dampf-Wasser-Kreislauf mit Kondensation vorgesehen. Die Kondensatorelemente befanden sich im oberen Teil, die Wassertanks unten im vorderen Teil der Lok. Der Führerstand war für eine gute Streckenbeobachtung vorne liegend vorgesehen. Der Fahrbereich mit einer

Brennstoffüllung sollte im Schnellzugdienst 500 bis 600 km betragen [3-19].

Ein Projekt in 2 Varianten als 2'B$_0$2'- und 2'C$_0$1'-Schnellfahrlok hat Witte veröffentlicht [3.31-21]. Um das Risiko mit noch im Bahnbetrieb unerprobten Kesselbauarten auszuschalten, wurde hier ein normaler Lokkessel vorgesehen. Wegen der Kondensation bekam der Kessel einen Saugzugventilator in der Rauchkammer. Die Dampfmotoren waren aus Platzgründen liegend angeordnet. Wegen des geringeren Kesseldrucks mit 20 atü erhielten die Maschinen einfache Expansion. Die Kondensation erlaubte den Wasservorrat auf 2,5 m^3 zu beschränken. Bemerkenswert sind auch die Vorschläge für einen Schutz gegen das Durchgehen der Triebradsätze auf der Basis des Drehzahlvergleichs untereinan-

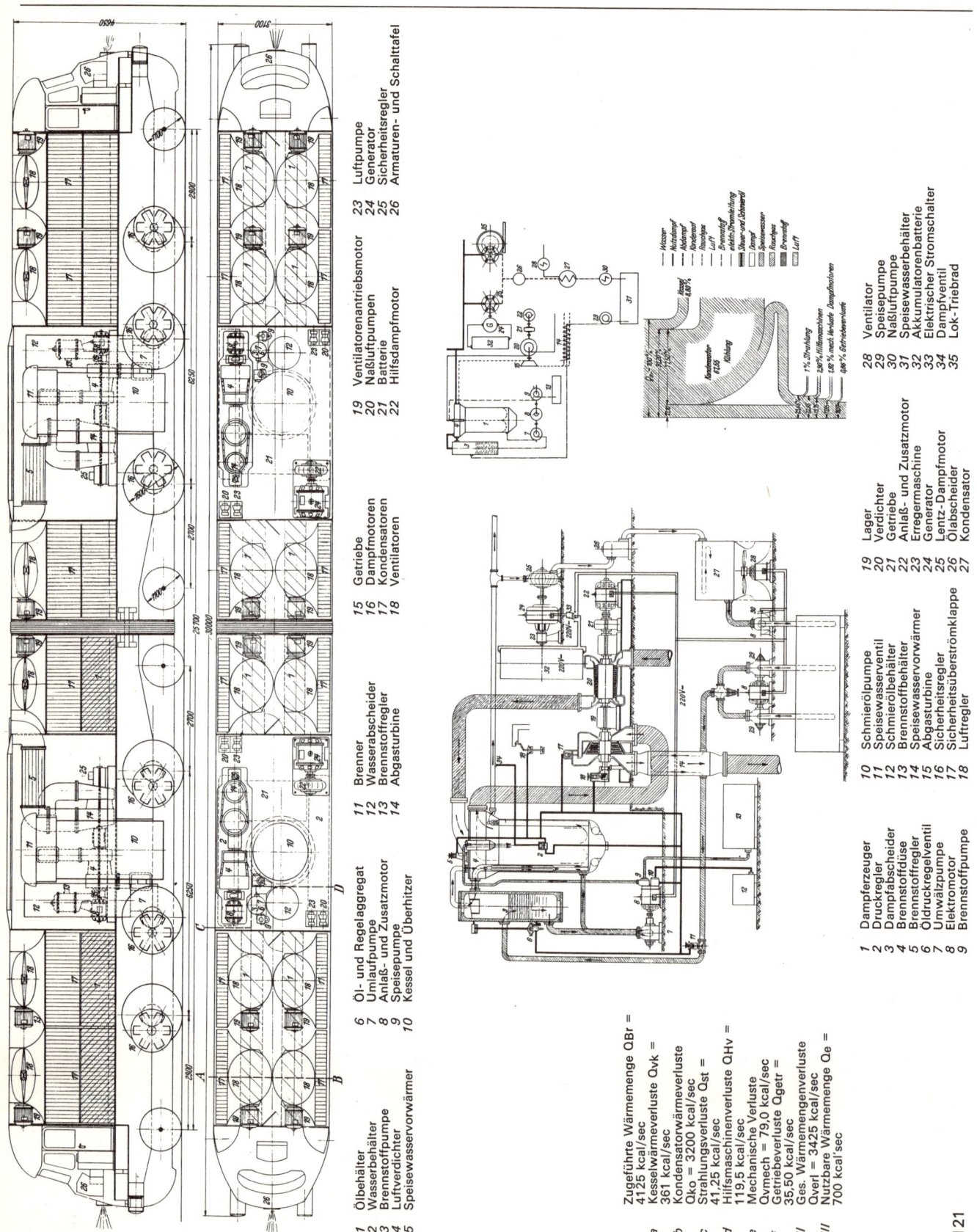

1 Ölbehälter
2 Wasserbehälter
3 Brennstoffpumpe
4 Luftverdichter
5 Speisewasservorwärmer

6 Öl- und Regelaggregat
7 Umlaufpumpe
8 Anlaß- und Zusatzmotor
9 Speisepumpe
10 Kessel und Überhitzer

11 Brenner
12 Wasserabscheider
13 Brennstoffregler
14 Abgasturbine

15 Getriebe
16 Dampfmotoren
17 Kondensatoren
18 Ventilatoren

19 Ventilatorenantriebsmotor
20 Naßluftpumpen
21 Batterie
22 Hilfsdampfmotor

23 Luftpumpe
24 Generator
25 Sicherheitsregler
26 Armaturen- und Schalttafel

1 Dampferzeuger
2 Druckregler
3 Dampfabscheider
4 Brennstoffdüse
5 Brennstoffregler
6 Öldruckregelventil
7 Umwälzpumpe
8 Elektromotor
9 Brennstoffpumpe

10 Schmieröilpumpe
11 Speisewasserventil
12 Schmierölbehälter
13 Brennstoffbehälter
14 Speisewasservorwärmer
15 Abgasturbine
16 Sicherheitsregler
17 Sicherheitsüberströmklappe
18 Luftregler

19 Lager
20 Verdichter
21 Getriebe
22 Anlaß- und Zusatzmotor
23 Erregermaschine
24 Generator
25 Lentz-Dampfmotor
26 Ölabscheider
27 Kondensator

28 Ventilator
29 Speisepumpe
30 Naßluftpumpe
31 Speisewasserbehälter
32 Akkumulatorenbatterie
33 Elektrischer Stromschalter
34 Dampfventil
35 Lok-Triebrad

Zugeführte Wärmemenge QBr = 4125 kcal/sec
a Kesselwärmeverluste Qvk = 361 kcal/sec
b Kondensatorwärmeverluste Qko = 3200 kcal/sec
c Strahlungsverluste Qst = 41,25 kcal/sec
d Hilfsmaschinenverluste QHv = 119,5 kcal/sec
e Mechanische Verluste Qvmech = 79,0 kcal/sec
f Getriebeverluste Qgetr = 35,50 kcal/sec
II Ges. Wärmemengenverluste Qverl = 3425 kcal/sec
III Nutzbare Wärmemenge Qe = 700 kcal/sec

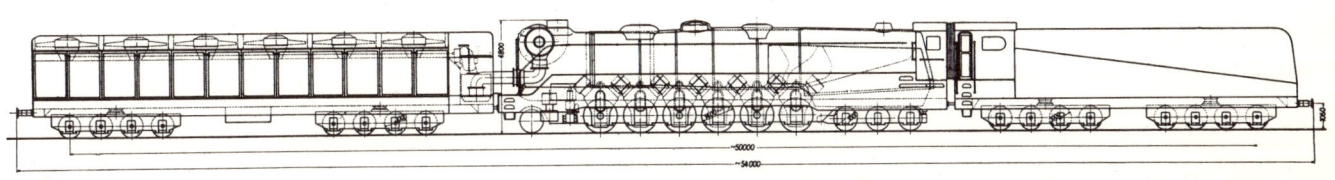

122

der entweder mechanisch, mit Drucköl oder elektrisch. Unter der Leitung von Prof. Friedrich Neesen wurden an der TH Danzig eingehende Studien zur Frage der technischen Gestaltung von Dampfloks durchgeführt [3.19-20, 21]. Dabei entstand auch das in Abb. 120 dargestellte Projekt einer Hochleistungsdampfmotorlok für den Schnellverkehr. Dieser Entwurf hat mit der althergebrachten Dampflok beinahe nur noch den Namen und das Arbeitsmittel gemeinsam. Als Dampferzeuger diente ein Velox-Kessel. Den Antrieb bildeten einfach wirkende 6-Zylinder-Gleichstromsternmotoren nach Lentz, welche außen am Hauptrahmen angeordnet und somit gut zugänglich und tauschbar waren [3.31-36–38]. Für jede Triebachse waren 2 solche Maschinen eingeplant. Die möglichst kurz gebaute 1'D$_o$1'-Einrahmenlok sollte 2500 kW am Radumfang entwickeln. Für den geschlossenen Wasser-Dampf-Kreislauf wurde ein optimaler Kondensator ermittelt, um möglichst kleinen Aufwand an Raum und Gewicht zu erzielen. Infolge der geringen Temperaturunterschiede zwischen Umgebungsluft und Abdampf von etwa 50 °C im Sommer sind große Kühlflächen und Ventilatorleistungen erforderlich, um eine ausreichende Wärmeabfuhr zu gewährleisten. Bei kleinerem Vakuum im Kondensator verringert sich der Aufwand dafür infolge des damit verbundenen Temperaturgefälles, anderseits sinkt damit auch der thermische Wirkungsgrad des Prozesses. Diese sich entgegengesetzt auswirkenden Einflüsse führten zu einem gesamtwirtschaftlich günstigsten Kondensatordruck in diesem Falle von 0,5 ata. In Abb. 119 ist das Energieflußschema dieser Lok gezeigt. Der Gesamtwirkungsgrad bei Nennleistung wurde zu 17 % errechnet.

Auf der Grundlage des vorbeschriebenen Entwurfs entstand 1942 eine Studie einer Dampfmotorhöchstgeschwindigkeitslok von Nickels [3.34-16]. Es war dabei folgende, auch heute wieder sehr aktuell klingende Aufgabe gestellt:

«Ist eine Lokomotive mit eigener Kraftquelle in der Lage, einen vollbesetzten Schnellzug von 10 Leichtbauwagen mit 250 km/h zu befördern und in 8 min auf diese Geschwindigkeit zu beschleunigen?»

Weiter sollte diese Lok in beiden Fahrtrichtungen voll einsetzbar sein und gute Sicht für das Fahrpersonal bieten. Der Laufweg mit einer Brennstofffüllung sollte 500 km betragen.

Der Entwurf für diese Aufgabe sah eine 1'C$_o$1'- und

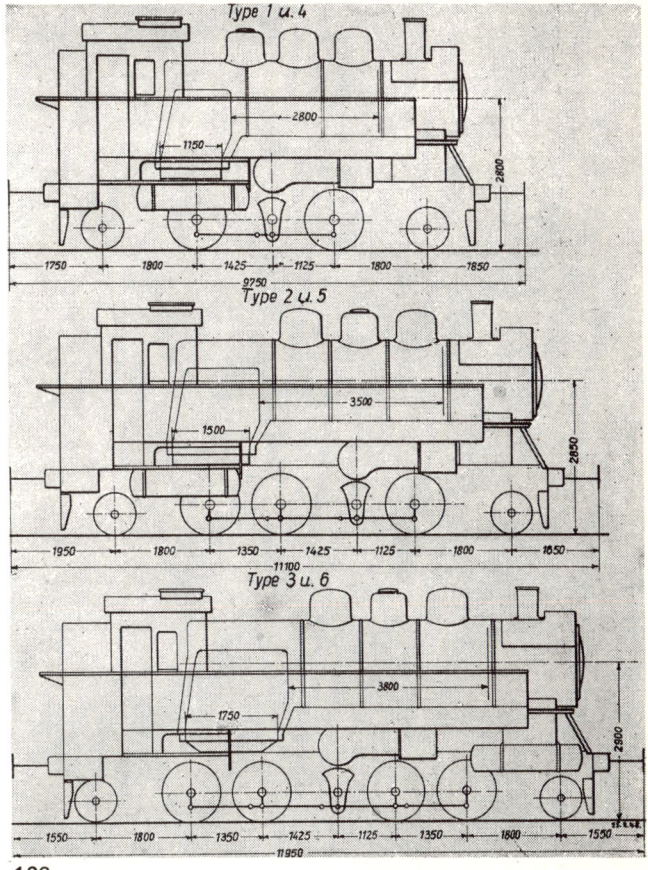

123

1'C$_o$1'-Doppellok vor, die in Abb. 121 gezeigt ist. Zur Dampferzeugung diente je 1 Veloxkessel mit einer Leistung von 19 t/h bei 35 atü und 525 °C. Die Energie des Dampfes wird in einfach wirkenden 6-Zylinder-Sternmotoren nach Lentz in mechanische Arbeit umgesetzt und über Zahnradgetriebe an die Räder weitergeleitet. Jedem Triebrad ist dabei eine eigene Maschine zugeordnet. Die Maschinenleistung dieser Doppellok dürfte etwa 4500 kW betragen.

Im Zusammenhang mit der Planung einer langen Bahnstrecke durch die Wüste Sahara entstand im Jahre 1942 das Projekt einer großen Kondensationslok mit Einzelachsantrieb durch V-Maschinenbauart Henschel [3.43-7] (Abb. 122).

Eine Anwendung der schnellaufenden Maschine auf Tenderloks kleinerer Leistung für Nebenbahn- und Verschiebedienst hat F. W. Eckhardt (früher Fa. BMAG,

124 Entwurf einer 1'D1'-Dampfmotorlok aus der Reihe nach Abb. 123 von F. W. Eckhardt aus dem Jahre 1948
125 Entwurf einer Dampfmotorlok mit Wasserrohrkessel und Kondensation von W. Kalisch aus dem Jahre 1948

126 Entwurf einer Einzelachsantriebdampfmotorlok System Liechty von F. W. Eckhardt aus dem Jahre 1948
127 Entwurf einer Dampfmotorlok in Drehgestellbauart mit HD-Kessel und Kondensation von W. Messerschmidt aus dem Jahre 1952

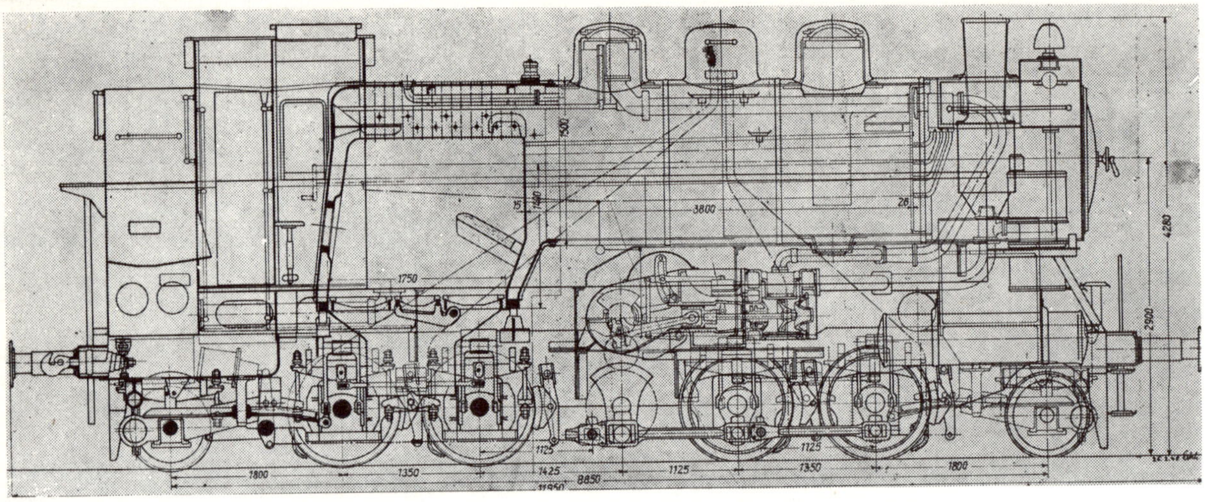

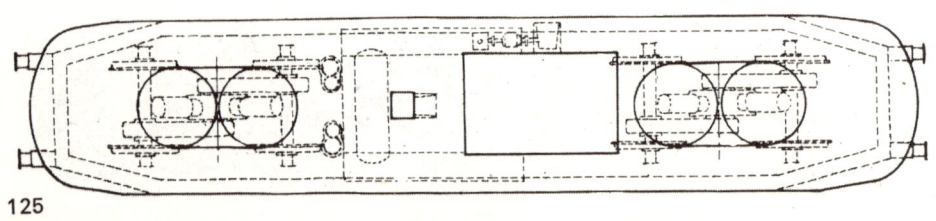

124

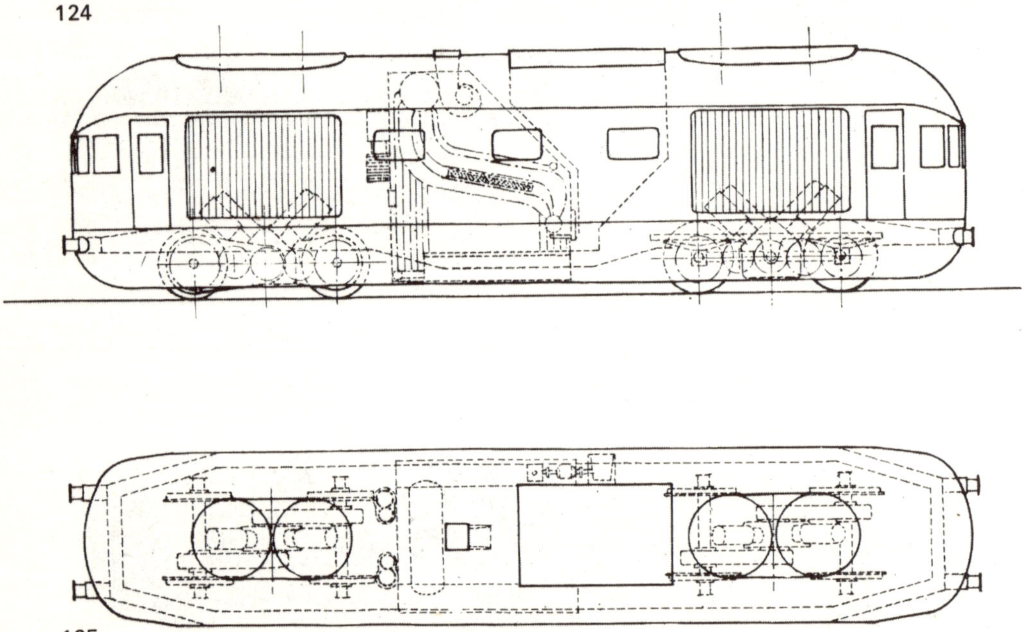

125

126

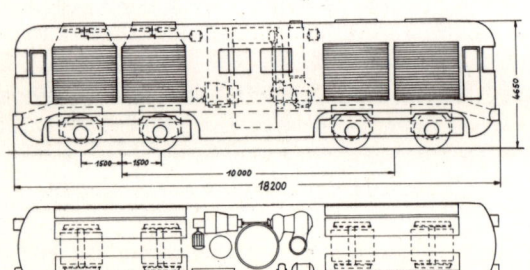

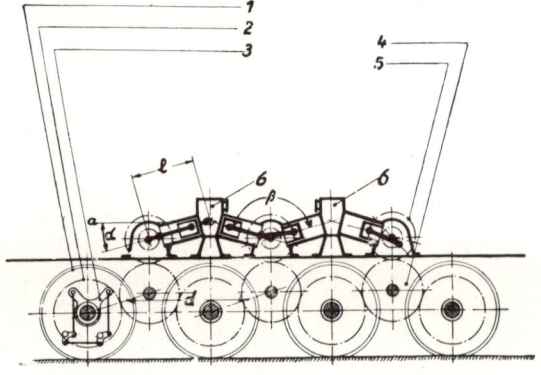

127 Entwurf einer $B_o B_o$-Dampfmotor-Lokomotive mit Velox-Kessel

128

1	Triebrad	4	Zwischenzahnrad
2	Zahnrad, im abgefederten Rahmen gelagert	5	Ritzel auf Dampfmotorwelle
3	Elastische Kupplung zwischen Zahnrad 2 und Triebradhohlwelle	6	Doppelkolbendampfmotoren

128 Schema eines Gruppenantriebs mit Dampfmotoren nach einem Vorschlag von A. Marschall
aus dem Jahre 1950

129 Entwurf für einen Dampfmotorantrieb für Loks
von F.W. Eckhardt aus dem Jahre 1955
130 Entwürfe von Dampfmotorloks mit Antrieben
nach Abb. 129 und Stephenson-Kessel

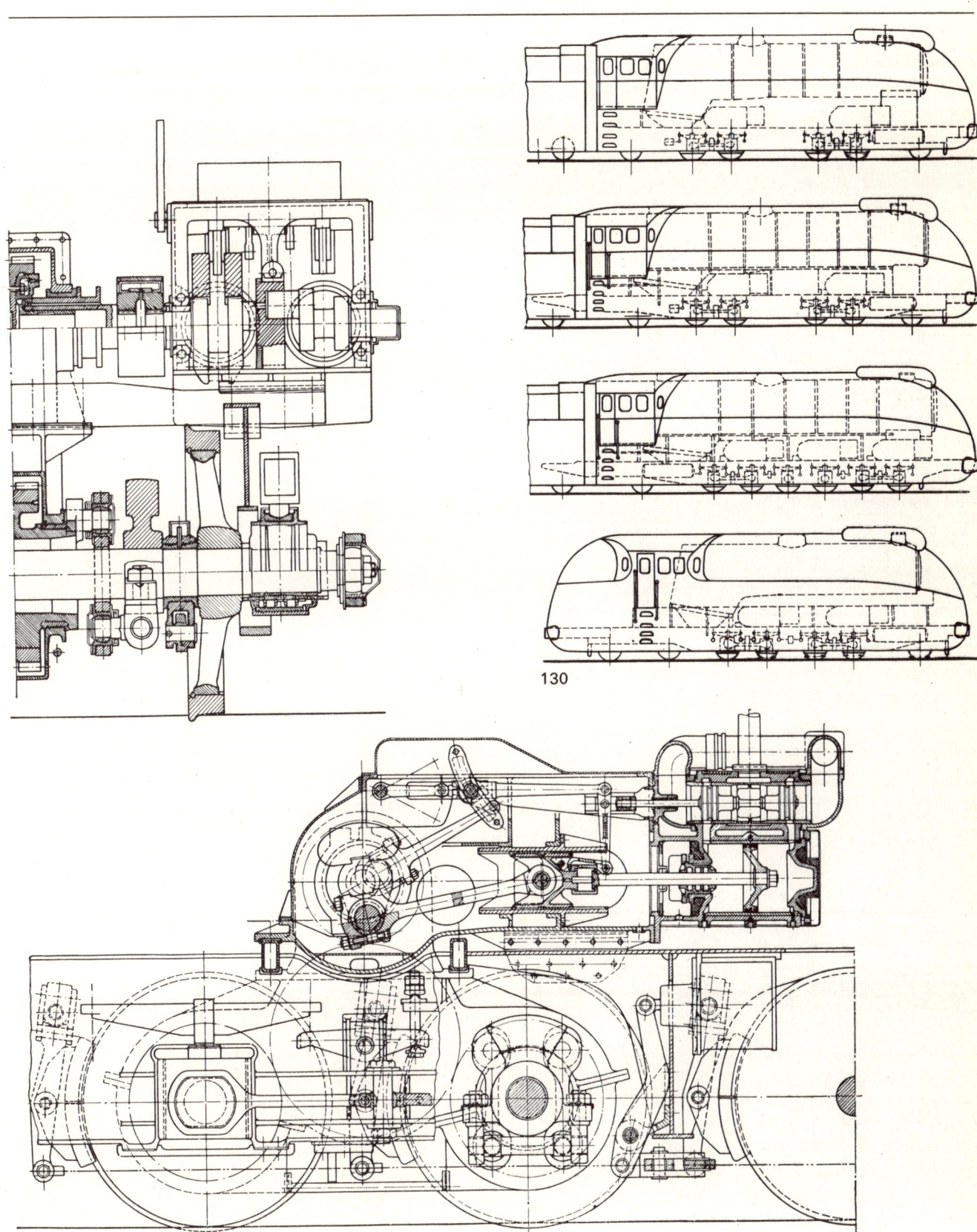

130

Tabelle 8
Nicht ausgeführte Dampfmotorlokomotiven.

	Allgemeines			Fahrzeugdaten									
						Gewichte t			Rei-bung	Längen m			V_{max} km/h
Lfd. Nr.	Entwurf	Jahr	Bahn	Spur mm	Achsfolge	Lok	Ten-der	zus.		Lok	Ten-der	zus.	
1	Wittfeld	1923	–	1435	$1'C1$			–				–	
2	T. Grime	1930		1435	B_0								
3	T. Grime	1930		1435	$2'B_0 1'$	81			50				145
4	Borsig	1932	DR	1435	$2'B3'$	135	–	135	40	18	–	18	150
5	Borsig	1932	DR	1435	$2'B3'$	135	–	135	40	17,8	–	17,8	150
6	Borsig	1932	DR	1435	$2'C3'$	141	–	141	52,5	19,6	–	19,6	150
7	DABEG	1934		1435	$B'B'$	70	–	70		16	–	16	180
8	Schwartzkopff	1935		1435	$2'D_0 2'+2'3'$						·	25,7	
9	Schwartzkopff	1935		1435	$2'D_0+2'3'$							26	
10	Henschel	1936		1435	$2'C_0 3'$		–		60		–		175
11	SLM	1936		1435	$2'C_0 1'$			180	60			22	140
12	SLM	1936		1435	$(1'B_0 1')(1'B_0 1')$	112	–	112	60	21,5	–	21,5	
13	Besler, B & O	1936	B & O	1435	$2'D_0 2'+3'3'$	180	158	338	118				160
14	Schwartzkopff	1936		1435	$2'C_0 2'$	123		123	63	21,1	–	21,1	
15	Witte	1936	DR	1435	$2'B_0 2'$	106,5	–	106,5	40	18,7	–	18,7	175
16	Witte	1936	DR	1435	$2'C_0 1'$	112,5	–	112,5	60	18,9	–	18,9	175
17	Prof. Neesen	1941		1435	$1'D_0 1'$	118		118	80	17,6	–	17,6	160
18	Nickels	1942		1435	$1'C_0 1'+1'C_0 1'$					30	–	30	250
19	Henschel	1942		1435	$4'4'+3'F_0 144'4$							54	
20	Eckhardt	1948		1435	$1'B1'$	50,6	–	50,6	31	9,75	–	9,75	55
21	Eckhardt	1948		1435	$1'C1'$	63	–	63	46,5	11,1	–	11,1	55
22	Eckhardt	1948		1435	$1'D1'$	76	–	76	62	11,95	–	11,95	55
23	Eckhardt	1948		1435	$1'D_0 2'3'2'$								
24	Kalisch	1948		1435	$B'B'$	80	–	80	80				
25	Messerschmidt	1952		1435	$B_0'B_0'$	85	–	85	85	18,2	–	18,2	
26	Eckhardt	1955		1435	$1'B\text{-}B1'+2'2'$			164,4					120
27	Eckhardt	1955		1435	$1'B\text{-}B1'+2'2'$			172,5					
28	Eckhardt	1955		1435	$BBB1'+2'2'$			185,5					
29	Eckhardt	1955		1435	$1'B\text{-}B2'$	116	–	116					

Siehe dazu auch Tabelle 5, lfd. Nrn. 1–7, 13, 14.

[1]) Hochdruck.   [2]) Niederdruck.

vorm. Schwartzkopff) vorgeschlagen [3.34-12]. Sein Projekt sah eine Typenreihe von Loks vor, die nach dem Baukastenprinzip mit möglichst vielen einheitlichen Teilen gestaltet sein sollten (Abb. 123). Den 1'D1'-Typ aus dieser Reihe zeigt Abb. 124. Da es sich um langsamfahrende Loks handelte, war der Gruppenantrieb über Getriebe, Blindwelle und Kuppelstangen gewählt worden. In einer weiteren Arbeit [3.34-13] ergänzte Eckhardt seine Vorschläge auf einen universell anwend-baren Lokdampfmotor mit einigen Skizzen möglicher Anwendungsbeispiele (Abb. 130 und 129).

Ein beachtlicher Entwurf von W. Kalisch [3.43-6] ist in Abb. 125 zu sehen. Hierbei wurde unter Zusammenfassung der Erkenntnisse über die Nachteile der klassischen Bauart eine Dampflok grundsätzlich neuer Bauart vorgeschlagen, wie sie als modernes Triebfahrzeug vorstellbar wäre, wobei sogar noch Kohlenfeuerung möglich ist. Einer der letzten bekanntgewordenen Entwürfe aus dem

Triebrad ⌀ mm	n U./min	Bauart	Druck atü	Temp. °C	Heizflächen Rost m²	V m²	Ü m²	Leistung t/h	Heizflächen belastung kg/m² h	Bauart	Leistung kW	Drehzahl U./min
											Kesseldaten											Maschinendaten		
										Gleichstrom, stehend		500
		Stephenson										
828	421	Stephenson	17,7									700
000	397	Stephenson	25	400	3,8	200	83			Drilling	1350	992
000	397	Stephenson	25	400	3,8	200	83			gegenläufig		1190
250	353	Stephenson	25	400	3,8	200	83			gegenläufig		1060
400	682	Stephenson	20			100				Gleichstrom V	1200	2000
400		Stephenson									2500	
500		Velox								stehend		
000	465	Stephenson	20			154	69			liegend	1000	1160
600	464	Stephenson	18			240	100			stehend	1500	1233
350		Velox	60							stehend	2100	
524	560	Emerson	24,6			538	139			V	3700	1600
400		Velox	45							stehend		
400	664	Stephenson	20			168,3	78			liegend		1000
400	664	Stephenson	20			168,3	78			liegend		1000
400	610	Velox	32							Lentz-Stern	2500	2500
600	830	Velox	35			2×32				Lentz-Stern	2×3300	2500
		Stephenson								Henschel		
100	265	Stephenson	16		1,13	51,4	14,5	3,85	75	liegend		600
100	265	Stephenson	16		1,62	78,1	25,7	5,85	75	liegend		600
100	265	Stephenson	16		2,06	97,2	34,1	7,3	75	liegend		600
		Stephenson										
		Wasserrohr								V		
250		Velox	35								1800	
100	578	Stephenson	16	440		177		11,5	65	liegend		750
100		Stephenson	16	440						liegend		750
100		Stephenson	16	440						liegend		750
100		Stephenson	16	440						liegend		750

Jahre 1952 stammt von W. Messerschmidt (Abb. 127). Ausgehend von den Betriebseigenschaften und Gegebenheiten der modernen Elektrolok entwickelte sich daraus der Entwurf eines reinen Drehgestellfahrzeugs mit Velox-Kessel, Dampfmotoren in den Drehgestellen und Kondensation [3-33].

Von Marschall wurde vorgeschlagen, einen Gruppenantrieb mit Dampfmotoren über Getriebe zu verwenden, deren Kolben gegenläufig ähnlich der Ausführung bei der Paget-Lok angeordnet sind (Abschnitt 3.32.3). In Abb. 128 ist diese Maschine dargestellt [3.31-39].

3.34 *Ergebnisse mit Dampfmotorlokomotiven*

Die Entwicklung der Dampfmotorlok begann zunächst mit dem Gruppenantrieb, d. h. eine schnellaufende Maschine trieb über Getriebe und Blindwelle mit Kuppelstangen die im starren Rahmen gelagerten Triebräder

Maschinendaten					Kraftübertragung	Bemerkung	Literatur	Lfd. Nr.
Zylinderzahl	Expansionsstufen	Zylinderabmessungen						
		$\emptyset^1$) mm	$\emptyset^2$) mm	Hub mm				
2×4	1				Hydrostat, Lentz-Getriebe	Staubfeuerung	[3.34-1]	1
					Zahnräder, Gelenkstangen (Buchli)		[3.34-3]	2
2×3					Zahnräder, Gelenkstangen (Buchli)		[3.34-3]	3
3	1	325		220	Getriebe, Blindwelle, Kuppelstangen		[3.34-17]	4
4	2	295	445	185	Getriebe, Blindwelle, Kuppelstangen		[3.34-17]	5
4	2	300	450	205	Getriebe, Blindwelle, Kuppelstangen		[3.34-17]	6
2×6	1	190		280	Gelenkwelle, Achsgetriebe		[3.34-2]	7
4×2					Zahnräder		[3.23.9-8]	8
4×2					Zahnräder		[3.23-9–8]	9
3×2	1	320		240	Zahnräder, Gelenkstangen (Pawelka)	Kondensation	[3-12]	10
3×6	1	225		250	Zahnräder, Hohlwelle		[3.34-15]	11
4×6	1	225		250	Zahnräder, Hohlwelle	Kondensation	[3.34-15]	12
4×4	1	241		178	Zahnräder		[3.34-4–9]	13
3×2	2				Zahnräder, Hohlwelle, Federtöpfe	Kondensation, Kohlenstaub	[3-13, 19]	14
2×2	1	385		210	Zahnräder, Gelenkstangen (Buchli)	Kondensation	[3.31-21]	15
3×2	1	315		210	Zahnräder, Gelenkstangen (Buchli)	Kondensation	[3.31-21]	16
8×6	1	180		120	Zahnräder	Kondensation	[3-19]	17
12×6	1	205		140	Zahnräder	Kondensation	[3.34-16]	18
					Gelenkstangen (Pawelka), Getriebe	Kondensation	[3.43-7]	19
2	1	320		280	Getriebe, Blindwelle, Kuppelstangen		[3.34-12]	20
3	1	320		280	Getriebe, Blindwelle, Kuppelstangen		[3.34-12]	21
4	1	320		280	Getriebe, Blindwelle, Kuppelstangen		[3.34-12]	22
						Liechty-Achssteuerung	[2-67]	23
2×2	1				Getriebe	Kondensation	[3.43-6]	24
					Getriebe	Kondensation	[3-33]	25
		310		300	Zahnräder, Gelenkstangen (Pawelka)		[3.34-13]	26
		310		300	Zahnräder. Gelenkstangen (Pawelka)		[3.34-13]	27
		310		300	Zahnräder, Gelenkstangen (Pawelka)		[3.34-13]	28
		310		300	Zahnräder, Gelenkstangen (Pawelka)		[3.34-13]	29

an. Es wurde im Interesse eines möglichst geringen Risikos zunächst nur wenig an der klassischen Lokbauart verändert. Im weiteren Verlauf erschien der Einzelachsantrieb mit kleinen Dampfmotoren, wobei auch hier noch der normale Kessel und der starre Rahmen beibehalten wurden. Gerade das Triebwerk und der damit weitgehend festgelegte Fahrzeugaufbau mit starrem Rahmen ließ mit seinen vielen Nachteilen den Wunsch nach günstigeren Lösungen erwachen. Das Drehgestellfahrzeug kam allerdings nur noch in den beiden letzten Ausführungen auf die Schienen, in zahlreichen Entwürfen zeichnete sich diese Entwicklungsrichtung jedoch ab. In der Praxis kam es infolge der ungünstigen Zeitverhältnisse über wenige Erstausführungen nicht mehr hinaus, so daß der Dampfmotor im Lokbau, kaum daß er als Prototyp lief, der allgemeinen Abkehr von der Dampftraktion zum Opfer fiel. Dies gilt jedoch nicht für die in den USA weitverbreitete Shay-Lok, die besonders für schwierige

Aufgaben (Holzfällerbetriebe usw.) geeignet war. Es waren praktisch alles Drehgestelloks mit seitlich montierten Dampfmotoren (vgl. Abb. 281). Die schnellaufende Antriebsmaschine insbesondere in Verbindung mit dem Einzelachs- oder Drehgestellgruppenantrieb wäre bei einer weiteren Fortbildung der Dampflok zweifellos auch in Europa zur Einführung gekommen, wobei vor allem die Dampftraktion bei Schnellfahrten erfolgreich hätte antreten können. Weiter wäre dies auch eine Möglichkeit für die allgemein steigenden Antriebsleistungen je Triebachse gewesen, wofür anderseits gute Reibwertausnutzung und ein wirksamer Schutz gegen das Durchgehen der Triebradsätze grundlegende Voraussetzungen gebildet hätten. Zweifellos wären auf einem solchen Entwicklungsweg noch schwierige Probleme zu lösen gewesen wie etwa die zweckmäßigste Steuerung und deren Betätigung, bewegliche Dampfzu- und -rückleitungen bei Drehgestellantrieb, Kondensatoren, Achsantriebe, Schmierung und Abdampfentölung, Druckausgleich für Leerlauf, dynamische Bremse, Zahl und Anordnung der Zylinder neben den rein fahrzeugtechnischen Änderungen, die auf die Dauer ebenfalls entscheidend für eine Weiterbildung notwendig geworden wären. Die heute selbstverständliche Drehgestellbauweise im Schienenfahrzeugbau wäre auch durch die schnellaufende Dampfmaschine möglich gewesen, was durch die Shay-Lok in gewissem Sinne im Großeinsatz schon bewiesen wurde.

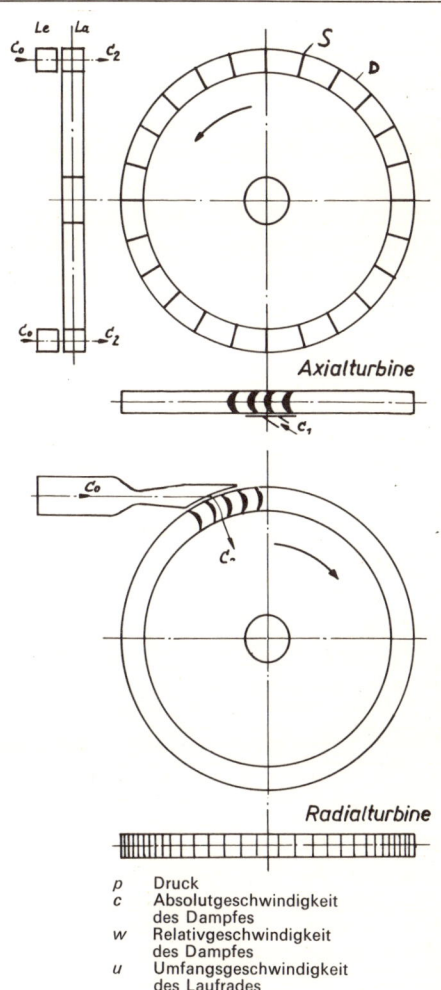

Axialturbine

Radialturbine

p	Druck
c	Absolutgeschwindigkeit des Dampfes
w	Relativgeschwindigkeit des Dampfes
u	Umfangsgeschwindigkeit des Laufrades

131

3.4   **Dampfturbinenlokomotiven**
3.41   *Die Dampfturbine*

Die zum Antrieb der klassischen Dampflok angewandte Kolbendampfmaschine setzt die Wärmeenergie in mechanische Arbeit um, indem der statische Druck des aus dem Kessel kommenden Dampfes auf die hin- und hergehenden Kolben in Arbeitszylindern wirkt. Die abgegebene Energie wird über ein Kurbeltriebwerk auf die Triebräder übertragen. In besonderen Fällen kann die Arbeit der Kolbendampfmaschine auch direkt als hin- und hergehende Bewegung von der Kolbenstange abgenommen werden, z.B. bei Kesselspeise- und Luftpumpen der Dampfloks.

Im Gegensatz hierzu wird in der Dampfturbine zunächst die Druck- und Temperaturenergie des Dampfes in Strömungsenergie umgesetzt, die dann unmittelbar auf eine umlaufende Welle übergeht. Um dies zu erreichen, läßt man den Dampf in der Turbine durch eine Leitvorrichtung (Le) (Abb. 131) in gekrümmte Kanäle eintreten, die am Umfang eines auf der Maschinenwelle angebrachten Laufrades (La) angeordnet sind und durch die Schaufeln (S) gebildet werden. Zum Abschluß der Ka-

näle nach außen und zur Erhöhung der mechanischen Festigkeit des Laufrades werden die Schaufeln am äußeren Umfang durch ein aufgenietetes Deckband ringsum miteinander verbunden. Während des Durchströmens dieser Schaufelkanäle gibt der Dampf einen Teil seiner Energie an die Schaufeln ab und versetzt damit das Laufrad in Drehung. Im Turbinenbau unterscheidet man nach der Hauptströmungsrichtung des Dampfes 2 Grundbauarten, die Axial- und die Radialturbine. Bei der in Abb. 131 gezeigten Axialturbine strömt der Dampf durch die Schaufelkanäle in Richtung der Wellenachse, also axial durch die Maschine. Die in Abb. 131 ebenfalls dargestellte Radialturbine weist eine senkrecht zur Wellenachse gerichtete Strömung auf, also radial. Laufrad und Welle bilden zusammen den Läufer. Ein Laufrad mit seiner zugehörigen, im Turbinengehäuse fest eingebauten Leitvorrichtung bildet eine Stufe. Nach der Zahl der aufeinanderfolgenden Stufen unterscheidet man ein- und mehrstufige Turbinen. Wird der Dampf nur einem Teil der Kanäle des Umfangs zugeführt, so ist es

146 132 Wirkungsweise von Überdruck- und Gleichdruckstufen bei Dampfturbinen

teilbeaufschlagt, führt man gleichzeitig allen Kanälen am
Umfang Dampf zu, so spricht man von voll beaufschlagten Turbinenstufen. Das Verhältnis des beaufschlagten
Umfangsteils zum ganzen Laufradumfang nennt man
Beaufschlagungsgrad. Die Leistungsregelung von
Dampfturbinen kann durch Verändern des Beaufschlagungsgrades erfolgen. Zu diesem Zweck sind im Ein-
trittsgehäuse der Turbine für den Dampfzulauf mehrere
Ventile angeordnet. Jedes dieser Ventile gibt den Dampfweg zu einem Teil der 1. Laufradstufe (auch Düsengruppe genannt) frei. Sind z. B. 4 Ventile vorhanden, so
können jedem Ventil die auf ¼ des Eintrittsleitschaufel-
kranzes vorhandenen Kanäle zugeordnet werden. Durch
Öffnen eines, mehrerer oder aller vorhandenen Regelventile kann die Leistung einer Dampfturbine demnach
eingestellt werden. Die Leitschaufeln haben im allgemeinen auch die Aufgabe, den Dampf mehr oder weniger
zu entspannen und ihm dadurch eine höhere Strömungsgeschwindigkeit zu verleihen. In Abb. 132 ist je
eine Stufe einer mehrstufigen Turbine dargestellt. Es
handelt sich hierbei um die nach ihrer Funktion unter-
schiedenen Grundbauarten Gleichdruck- und Überdruckturbine. Das aus der Darstellung ersichtliche
kennzeichnende Merkmal der beiden Bauarten besteht
darin, daß innerhalb eines Laufrades bei der Gleichdruckturbine der Dampfdruck etwa gleich bleibt, in der
Überdruckturbine der Dampfdruck hingegen abfällt,
während des Laufrad durchströmt wird. Grundsätzlich
gilt diese Darstellung auch für einstufige Turbinen.

Der mit Druck p_1 eintretende Dampfstrahl wird in den
Leitschaufeln auf p_s entspannt, während seine Zuström-
geschwindigkeit c_0 theoretisch auf c_1 anwächst. Wegen
der in der Praxis auftretenden Reibungswiderstände
verläßt der Dampf jedoch die Leitraddüsen nur mit der
Geschwindigkeit $c_1 = \varphi \cdot c'$ und strömt damit den Laufradkanälen zu. Da sich die Laufradschaufeln infolge der
Läuferdrehung an den im Gehäuse fest eingebauten
Leitradschaufeln mit der Umfangsgeschwindigkeit u vor-
beibewegen, hat der Dampf den Laufradschaufeln gegenüber eine Relativgeschwindigkeit w_1. Diese erhält
man, wenn die absolute Strömungsgeschwindigkeit c_1
und die Umfangsgeschwindigkeit u zu einem Parallelogramm der Geschwindigkeiten ergänzt wird, in dem c_1
die Diagonale ist. Soll der Dampfstrahl ohne Stoß auf die
Schaufeln des Laufrades auftreffen, so muß die Richtung
der Schaufel am Eintritt mit der Richtung von w_1 über-
einstimmen. Dies ist besonders wichtig für den Schaufel-
rücken, da hier ein Eintrittsstoß nachteiliger ist, weil er
der Bewegung entgegenwirkt, während sich bei einem
Stoß auf die Brustseite der Schaufel wenigstens eine
Komponente in der Bewegungsrichtung ergibt. Bei ge-
gebenem u und c_1 ist somit durch den Düsen- bzw.
Leitschaufelzuleitungswinkel α_1 des Leitrades auch der

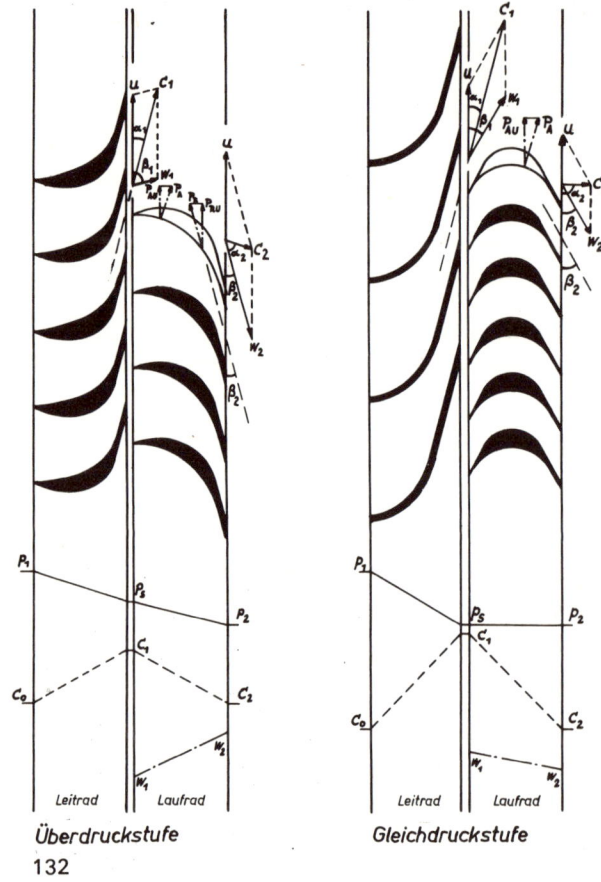

Überdruckstufe *Gleichdruckstufe*
132

Schaufeleintrittswinkel β_1 festgelegt. Um die absolute
Austrittsgeschwindigkeit c_2 des Dampfes aus dem Laufrad zu erhalten, werden u und w_2 zu einem weiteren
Parallelogramm der Geschwindigkeiten ergänzt, in dem
c_2 wiederum durch die Diagonale dargestellt ist. Die
Strömungsrichtung des Dampfes nach dem Verlassen
des Rades ist durch α_2 bestimmt.
Diese Verhältnisse in der Gleichdruckturbine gelten
ebenfalls für den Laufradeintritt der Überdruckturbine.
Aus dem Düsenzuleitungswinkel des Leitrades, der absoluten Dampfzuströmgeschwindigkeit c_1 und der Umfangsgeschwindigkeit u erhält man die relative Ein-
trittsgeschwindigkeit w_1 sowie den Schaufeleintrittswinkel β_1 mit Rücksicht auf den zu vermeidenden Eintrittsstoß. Bei der Überdruckturbine nimmt aber die
Kanalbreite des Laufrades nach dem Austritt hin ab, so
daß eine Geschwindigkeitszunahme erfolgt. Bei rei-
bungsfreier Strömung erhöht sich die Relativgeschwindigkeit von w_1 auf w', durch den Reibungseinfluß der
Praxis aber nur auf $\psi \cdot w' = w_2$. Aus w_2 und u erhält man
wie oben die absolute Austrittsgeschwindigkeit c_2 unter
dem Winkel α_2. Daraus ergibt sich der grundsätzliche
Unterschied der beiden Turbinenbauarten. Zur Erhöhung
der Relativgeschwindigkeit von w_1 auf w_2 im Laufrad

ist bei der Überdruckturbine Energie aufzuwenden, die dem Dampf entnommen wird. Daraus folgt eine Verminderung des Dampfwärmeinhalts während des Durchströmens der Laufradkanäle. Somit ist als weitere Folge eine Druckabnahme zu verzeichnen, genau wie in den Leitradkanälen (Düsen). Der Druck auf der Eintrittsseite des Laufrades p_s ist größer als der auf der Austrittsseite p_2. Bei der Gleichdruckturbine hat keine Zunahme der Relativgeschwindigkeit w im Laufrad stattgefunden, infolgedessen ist dafür auch kein Energieaufwand nötig. Demzufolge nimmt auch der Wärmeinhalt des durchströmenden Dampfes im Laufrad nicht ab, also ist auf beiden Laufradseiten der gleiche Druck: $p_2 = p_s$. Beim Leitrad herrscht natürlich bei beiden Bauarten auf der Eintrittsseite ein Überdruck gegenüber der Austrittsseite, da ja hier stets eine Geschwindigkeitszunahme erfolgen soll. In Abb. 132 ist auch der schematische Verlauf der Geschwindigkeiten und Drücke gezeigt.

Die Überdruckturbine wird meist voll beaufschlagt, da der Dampf sonst in den Spalträumen zwischen Leit- und Laufschaufeln unter störender Strömung einen Druckausgleich suchen würde und dabei Energieverluste auftreten. Um gute Wirkungsgrade zu erhalten, werden auch bei Überdruckturbinen wegen der durch die Regelung bedingten Teilbeaufschlagung eine oder mehrere Gleichdruckstufen vorgeschaltet. Bei Turbinen kleinerer Leistung oder bei hohen Drücken ist vielfach eine Teilbeaufschlagung auch bei voller Leistung durch die gegebene Dampfmenge zumindest vor der 1. Stufe notwendig. Weiter tritt bei der Überdruckturbine, bedingt durch die Druckunterschiede zwischen Ein- und Austrittsseite der einzelnen Laufräder, ein Axialschub in Richtung der Abdampfseite auf, der durch besondere Lager oder andere konstruktive Maßnahmen ausgeglichen werden muß. Ferner treten bei allen Turbinen Spaltverluste durch die baulich bedingten Abstände der Leit- und Laufradstufen auf sowie durch die zwischen den einzelnen Stufen herrschenden Druckunterschiede. Dies erfordert entsprechende Dichtungsmaßnahmen.

Die Energieabgabe des Dampfes an die Laufradschaufeln geht wie folgt vor sich:

Die Richtungsänderung der Dampfstrahlen in den Laufradkanälen wird dadurch hervorgerufen, daß die entsprechend geformte Schaufelwand auf die an ihr entlangströmenden Dampfteilchen eine nach dem jeweiligen Krümmungsmittelpunkt gerichtete Zentripetalkraft ausübt. Umgekehrt übt zur Herstellung des Gleichgewichts jedes Dampfteilchen auf die Schaufel eine gleich große, entgegengesetzt gerichtete Kraft aus, die der durch die Schaufelkrümmung bedingten Fliehkraft der Dampfteilchen entspricht. Diese durch die Strahlumlenkung hervorgerufenen Kräfte auf die Schaufeln bezeichnet man in vorliegendem Zusammenhang als Ak-

tionskräfte. Wie in Abb. 132 für einen Punkt des Dampfweges gezeigt, ergibt die Resultierende dieser Aktionskräfte P_A eine Komponente P_{AU} in Richtung des Umfangs, der somit eine sekundliche Arbeitsabgabe $P_{AU} \cdot u$ entspricht.

In der Überdruckturbine, wo der Dampf innerhalb der Laufradkanäle auch beschleunigt wird, tritt außer der Umlenkkraft noch eine Beschleunigungskraft auf, die sich in einer Rückdruckkraft des austretenden Dampfes auf die Schaufel äußert; die gleiche Wirkung trat auch bei der ersten Turbine des Heron von Alexandrien auf. Diese durch Beschleunigung bedingte Kraft P_R auf die Schaufeln bezeichnet man hier als Reaktionskraft, die ihrerseits wieder eine Komponente P_{RU} in Richtung des Laufradumfangs und damit eine sekundliche Arbeit $P_{RU} \cdot u$ abgibt.

Turbinen, bei welchen die Arbeitsabgabe des Dampfes an die Schaufeln allein durch Umlenkkräfte erfolgt, bezeichnet man deshalb auch als «Aktionsturbinen» (Gleichdruckturbinen). Geschieht die Arbeitsabgabe des Dampfes an die Schaufeln gleichzeitig durch Umlenk- und Beschleunigungsrückdruckkräfte, so nennt man solche Maschinen auch «Reaktionsturbinen» (Überdruckturbinen).

Infolge der Expansion des Dampfes in den einzelnen Stufen einer Turbine ist eine allmähliche Erweiterung der Durchströmquerschnitte in Leit- und Laufschaufelkränzen erforderlich. Deshalb nimmt auch der Durchmesser der einzelnen Stufen in Richtung vom Dampfeintritt zum Austritt allmählich zu.

Wie sich aus Vorstehendem ergibt, lassen sich die Strömungsverhältnisse in einer Turbine nur für eine bestimmte «Auslegungsdrehzahl» optimal gestalten, da die Laufradumfangsgeschwindigkeit u von maßgebendem Einfluß auf die Dampfströmung ist. Daraus ergibt sich, daß der innere Wirkungsgrad einer Turbine um so ungünstiger wird, je weiter die Betriebsdrehzahl sich von der Nenndrehzahl (Auslegungspunkt) entfernt. Im Falle eines Turbinenantriebs für eine Lok in Verbindung mit mechanischer Kraftübertragung durch ein Zahnradgetriebe besteht zwischen Turbinenwelle und Triebachse eine starre Bindung von Turbinendrehzahl und Fahrgeschwindigkeit. Nur bei einer bestimmten Fahrgeschwindigkeit, entsprechend der optimalen Turbinendrehzahl, läßt sich der maximale «innere Turbinenwirkungsgrad» erreichen. Dieser innere Turbinenwirkungsgrad gibt den Nutzeffekt an, mit dem eine Turbine das ihr angebotene Wärmegefälle zwischen Kessel und Ausströmung (Kondensator) nutzen kann. Für die Nenndrehzahl liegen die inneren Turbinenwirkungsgrade bei Turbinen kleinerer Leistung in der Größenordnung von 70 bis 85% und hängen ab von Bauart, Stufenzahl und Leistungsgröße der einzelnen Maschinen.

Zur günstigen Ausnutzung großer Wärmegefälle ist es

notwendig, eine Anzahl Stufen, bestehend aus je einem Leit- und Laufschaufelkranz, hintereinander anzuordnen, weil sonst für gute Wirkungsgrade baulich nicht zu realisierende Umfangsgeschwindigkeiten erforderlich wären. Der Dampf durchströmt eine mehrstufige Turbine so, daß jede Stufe mit dem günstigsten Wert von u/c_1 arbeitet. Dabei ist interessant, festzustellen, daß bei gleichen Einzelwirkungsgraden der Stufen ein diese übersteigender Gesamtwirkungsgrad erzielt wird, also für die ganze Turbine mehr als das Produkt aller Stufenwirkungsgrade. Diese Tatsache erklärt sich daraus, daß die Verlustwärme einer Stufe teilweise in der nachfolgenden wieder ausgenutzt wird, da sie wie von außen zugeführte Wärme wirkt. Deshalb ist auch die Summe der einzelnen adiabatischen Stufengefälle um die «rückgewinnbare Wärme» größer als das adiabatische Gesamtgefälle. Diese Energie geht nur für die letzte Stufe einer Turbine vollständig verloren.

Weicht die Drehzahl einer mehrstufigen Turbine von der optimalen (günstigsten) ab, nimmt der Wirkungsgrad grundsätzlich ähnlich ab wie bei einer einstufigen Turbine. Der Abfall über der Drehzahl ist allerdings bei mehreren Stufen etwas geringer gegenüber einer Stufe, da die Stoßverluste einer Stufe in der darauffolgenden z.T. wieder genutzt werden können. Die Wirkungsgradkurve über dem Drehzahlbereich verläuft bei der mehrstufigen Maschine demnach flacher gegenüber der einstufigen Turbine.

3.42 *Lokomotivantrieb durch die Dampfturbine*

Der wesentliche Unterschied zwischen Kolbenmaschine und Turbine besteht in der Art der Umsetzung des vom Kessel kommenden, unter Druck stehenden Dampfes in mechanische Arbeit bei der Druckabsenkung in Form von Drehbewegung einer Welle. Dies sei kurz in Bild 133 erläutert. Links in diesem Bild ist die direkte Einwirkung des Dampfdruckes auf die Fläche eines Dampfkolbens zu sehen, wodurch eine Bewegungskraft entsteht. Rechts ist die Umsetzung in einer Turbinenstufe dargestellt. Der ankommende Dampf mit dem Druck p wird in dem wie eine Düse wirkenden Leitradgitter entspannt. Dabei wird ein Teil der im Dampf enthaltenen Druckenergie in Geschwindigkeitsenergie umgewandelt. Im Laufradgitter der Turbinenstufe wird je nach Auslegung Druckenergie in Geschwindigkeitsenergie umgesetzt. Gleichzeitig wird im Laufrad die Strömungsgeschwindigkeit des Dampfes bezüglich Richtung und Größe verändert. Jede Geschwindigkeitsänderung entspricht einer Beschleunigung. Da der durchströmende Dampf eine Masse besitzt, treten auch Kräfte auf. Nach dem Gesetz

Kraft = Masse × Beschleunigung

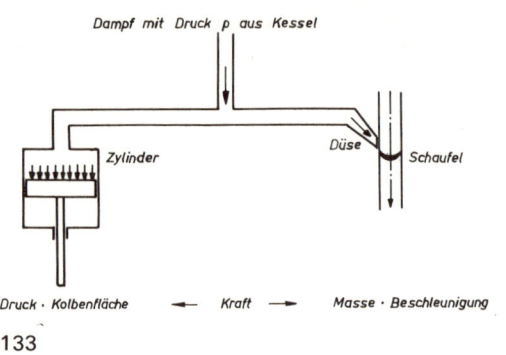

133

übt die Masse des Dampfes in Verbindung mit der Änderung der Strömungsgeschwindigkeit Kraft auf den Laufschaufelkranz aus. Die in der Umfangsrichtung des Turbinenlaufrades wirkenden Komponenten dieser Kraft ergeben die Drehbewegung. Die Laufschaufeln sind in der praktischen Ausführung auf Scheiben oder Trommeln befestigt, welche ihrerseits fest mit der Turbinenwelle verbunden sind. Die Turbinenwelle ist an ihren beiden Enden im Turbinengehäuse, in dem auch die Leitschaufeln (Düsen) befestigt sind, gelagert. Wegen der im Vergleich zu Kolbenmaschinen gleichmäßigen Drehbewegung (es fehlen hin- und hergehende sowie außermittig umlaufende Massen) läuft die Turbine vollkommen ruhig und ist deshalb für hohe Drehzahlen geeignet.

Bei einem mechanischen Antrieb ist mit Rücksicht auf ausführbare Abmessungen der Turbine in einer Lok eine schnellaufende Ausführung erforderlich, so daß zwischen Turbinenwelle und Triebachsen noch eine Zahnradübersetzung eingefügt werden muß. Bei einem solchen Antrieb muß die Turbine die in Abschnitt 3.31 genannten und in Abb. 63 dargestellten Forderungen nach einer guten Drehmoment- bzw. Zugkraftcharakteristik erfüllen. Die Dampfturbine ist dazu grundsätzlich in der Lage [3.44.3-13].

Die Umfangskraft eines gasförmigen (oder flüssigen) Arbeitsmittels (Dampf) beim Durchströmen der Schaufeln einer Axialturbine ist

$P_u = G/g\ (c_{1u} - c_{2u})$ [kp], darin bedeutet

G sekundlich durchströmendes Dampfgewicht kp/sec

g Erdbeschleunigung = 9,81 m/sec²

c_u Umfangskomponente der absoluten Dampfgeschwindigkeit in m/sec, wobei Index 1 für Eintritt und 2 für Austritt der Laufschaufel gilt

Drehmoment $M_u = P_u \cdot r = G/g\ r\ (c_{u1} - c_{u2})$ [m kp], darin ist r = Halbmesser des mittleren Laufschaufelkreises [m].

Auf den Radumfang der Turbine bezogen ist die Leistung $L_u = G/g\ u\ (c_{1u} - c_{2u})$ [m kp/sec], darin ist u = Umfangsgeschwindigkeit im mittleren Schaufelkreis [m/sec].

Die Umfangskomponente der Relativgeschwindigkeit des Dampfes ist

$w_{1u} = c_{1u} - u$ und

$w_{2u} = -w_{1u}$ bei symmetrischen Schaufeln (Gleichdruckstufe)

$w_{2u} = -k \cdot w_{1u}$ bei unsymmetrischen Schaufeln (Überdruckstufe)

Die aus dem Leitrad kommende Dampfzuströmgeschwindigkeit ist $c_1 = \varphi \cdot c_0$ [m/sec], worin φ ein Maß für die Berücksichtigung des Leitradreibungsverlustes bedeutet.

Die theoretische Dampfgeschwindigkeit C_0 bestimmt sich aus dem im Leitrad umgesetzten adiabatischen Wärmegefälle h_0, das gegeben ist durch Anfangs- und Endzustand der Expansion (vgl. dazu Abb. 7).

Wärmegefälle $h_0 = A/2\,g\ c_0{}^2$ [kcal/kg], darin ist
A mechanisches Wärmeäquivalent =
1/427 kcal/m kp].
Dampfgeschwindigkeit $c_0 = 91,5 \cdot \sqrt{h_0}$ [m/sec].

Die Umfangskomponente der absoluten Dampfgeschwindigkeit c am Laufradaustritt einer Gleichdruckstufe (ohne Reaktion) ist

$c_{2u} = w_{2u} + u = -w_{1u} + 3\,u = -c_{1u} + 2\,u$ [m/sec].

Differenz der absoluten Dampfgeschwindigkeitskomponenten am Umfang c_u zwischen Ein- und Austritt der Gleichdrucklaufradstufe:

$c_{1u} - c_{2u} = c_{1u} - (-c_{1u} + 2\,u) = 2\,(c_{1u} - u)$.

Drehmoment an der Gleichdrucklaufradstufe:
$M = G/g\ r\,2\,(c_{1u} - u)$ [m kp].

Die Umfangskomponente der absoluten Dampfgeschwindigkeit c am Laufradaustritt einer Überdruckstufe (mit Reaktion) ist

$c_{2u} = w_{2u} + u = -k \cdot w_{1u} + u = -k \cdot c_{1u} + u \cdot k + u$ [m/sec].

Differenz der absoluten Dampfgeschwindigkeitskomponenten am Umfang C_u zwischen Ein- und Austritt der Überdrucklaufradstufe:

$c_{1u} - c_{2u} = c_{1u} - (-k \cdot c_{1u} + u \cdot k + u) = c_{1u} + k \cdot c_{1u} - u \cdot k - u = (1 + k)\,(c_{1u} - u)$ [m/sec].

Drehmoment an der Überdrucklaufradstufe:
$M = G/g\ r\,(1 + k)\,(c_{1u} - u)$ [m kp].

Bei Stillstand der Turbine ist die Umfangsgeschwindigkeit des Laufrades $u = 0$. Damit ergibt sich das

Anfahrdrehmoment

bei der Gleichdrucklaufradstufe mit symmetrischen Schaufeln

$M_0 = G/g\ r\,2\,c_{1u}$ [kpm]

bei der Überdrucklaufradstufe mit unsymmetrischen Schaufeln

$M_0 = G/g\ r\,(1 + k)\,c_{1u}$ [kpm].

Dies gilt allerdings nur theoretisch unter den Voraussetzungen:

1. Ohne Berücksichtigung der Leitradreibungsverluste φ und der Laufradreibungsverluste ψ.
2. Stoßfreie Dampfströmung durch die Leit- und Laufradkanäle.
3. Für eine Turbinenstufe.

In der Praxis treten im Leitrad etwa 2–5 % und im Laufrad etwa 8–20 % Verluste durch Reibung auf, wobei der letztgenannte Verlust sehr stark vom Richtungswechsel der Dampfströmung innerhalb der Laufschaufel abhängt. Wird die Umfangsgeschwindigkeit u (und damit die Drehzahl) einer Turbine verändert, so trifft der Dampfstrahl unter einem mit u sich ändernden Stoßwinkel auf die Laufschaufel und wird um den Stoßwinkel in die baulich gegebene Schaufelrichtung β_1 abgelenkt. Dies bedingt einen Energieverlust durch Falschausströmung (Stoß). Bei Betrieb mit kleineren Umfangsgeschwindigkeiten u bzw. Drehzahlen n gegenüber der günstigsten Auslegungswerte erfolgt der Stoß in die Hohlseite der Schaufel. Bei Lauf mit gegenüber der Auslegung höheren Umfangsgeschwindigkeiten u trifft der Stoß auf die Rückenseite der Schaufel des Laufrades. Im zweiten Fall ist der Verlust etwas größer, so daß der «innere Turbinenwirkungsgrad» bei Drehzahlen über dem Auslegungspunkt schneller abfällt, als dies bei kleinere Drehzahlen der Fall ist. Der prinzipielle Verlauf von Drehmoment, Leistung und innerem Wirkungsgrad einer Dampfturbine ist in Abb. 135 in Abhängigkeit von der Drehzahl gezeigt. Man erkennt hieraus das mit fallender Drehzahl ansteigende Drehmoment und auch den großen Einfluß der Drehzahl auf den Wirkungsgrad der Dampfturbine. Letzterer ist bedingt durch die feste Geometrie der Schaufelkanäle, welche sich nur auf eine Drehzahl bzw. Umfangsgeschwindigkeit für günstige Strömung gestalten lassen. In Abb. 136 ist die von der Maschine maximal aufnehmbare Dampfmenge einer Auspuffkolbenlok und einer Kondensationsturbinenlok dargestellt. Darin spiegelt sich der ungünstige Anfahrbereich der Turbine wider, die

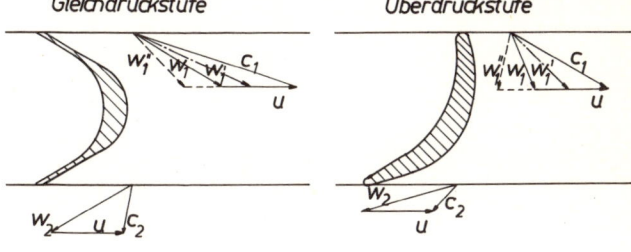

Gleichdruckstufe   *Überdruckstufe*

135 Grundsätzliche Abhängigkeit für Drehmoment, Leistung und innerem Wirkungsgrad bei Dampfturbinen von der Drehzahl für konstanten Dampfdurchsatz

136 Von der Antriebsmaschine einer Lok maximal durchgesetzte Dampfmenge in Abhängigkeit von der Drehzahl bzw. Fahrgeschwindigkeit bei konstanter Kesselleistung. 1 Kolbenlok mit Auspuff, 2 Turbinenlok mit Kondensation

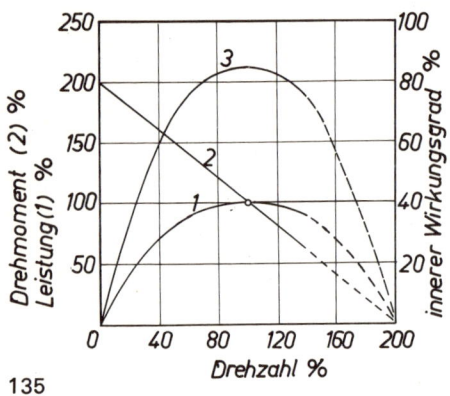

135

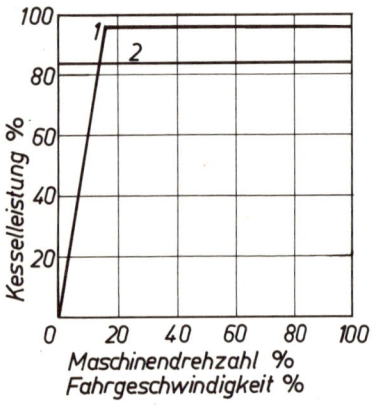

136

auch bei kleinen Drehzahlen und Leistungen die volle Kesselleistung aufnimmt.

An Dampfturbinen verschiedener Bauart und Leistung wurden diese Verhältnisse beim Anfahren unter Last aus dem Stillstand im Prüffeld praktisch untersucht [3.41-14]. Dabei wurde das vorstehend genannte prinzipielle Betriebsverhalten in der Praxis bestätigt gefunden. Bei konstantem Dampfdurchsatz ergaben sich bei Anfahrvorgängen aus dem Stillstand unter Belastung folgende Meßergebnisse:

Turbinenbauart	Drehmomentverhältnis Stillstand zu Auslegungsdrehzahl
Gleichdruck, einstufig	2:1
Gleichdruck, mehrstufig mit Reaktion	2,5:1
Überdruck, vielstufig	2,9:1

Wie daraus ersichtlich, entwickelt die Dampfturbine bei entsprechender Auslegung ein mit fallender Drehzahl ansteigendes Drehmoment, wenn auch nicht in dem Maße wie die Kolbendampfmaschine. Es ist jedoch möglich, auch mit Turbinenloks bei mechanischem An-

trieb mit fester Übersetzung ausreichend hohe Anfahrzugkräfte zu bekommen, um die Reibungszugkraft ausnutzen zu können. Damit können auch schwere Züge sicher angefahren werden. Eine Dampfturbinenlok wird zweckmäßig so ausgelegt, daß bei unmittelbarem mechanischem Antrieb ihre günstigste Drehzahl und damit der Maximalwirkungsgrad bei etwa 60 bis 70% der Lokhöchstgeschwindigkeit liegt. Dadurch wird während des größten Teils der Betriebszeit im Streckendienst und Zügen mit wenig Halten in der Nähe oder im günstigsten Turbinenwirkungsgrad gefahren. Weiter ergibt die Ausnutzung eines Drehzahlbereichs oberhalb der günstigsten Turbinendrehzahl bei noch guten Wirkungsgraden ein Zugkraftverhältnis zwischen Stillstand und Höchstgeschwindigkeit der Lok von 4:1 bis 5:1.

Die Dampfturbine liefert ein vollkommen gleichförmiges Drehmoment, das eine über die Radumdrehung gleichbleibende Zugkraft zur Folge hat. Bei gleichem Achsdruck läßt sich somit gegenüber Kolbenmaschinen eine um zirka 10 bis 15% höhere Anfahrzugkraft erzielen. Da sich Turbinen bei guten Wirkungsgraden nur für eine Drehrichtung bauen lassen, ist bei Zahnradübertragung noch eine Möglichkeit zum Fahrtrichtungswechsel vorzusehen, entweder eine besondere Rückwärtsturbine oder ein Wendegetriebe. Technisch möglich und für Lokantrieb auch ausgeführt sind Turbinen mit getrennten Schaufelkanälen für beide Drehrichtungen und die elektrische Kraftübertragung. Diese Lösungen sind jedoch nicht so wirtschaftlich infolge des ungünstigeren Wirkungsgrades im ersten und des hohen Bauaufwandes im zweiten Fall.

Die Anforderungen, die der Lokbetrieb an die Dampfturbine stellt, unterscheiden sich von denen im Kraftwerk und auch im Hochseeschiff erheblich. Der Antrieb von Generatoren und anderen Arbeitsmaschinen mit meist konstanter Drehzahl und oft nur wenig veränderlicher Leistung ist für die Turbine sehr vorteilhaft. Auch der Antrieb von Seeschiffen mit ihren weiten Reisen bei gleichbleibendem Fahrwiderstand und Geschwindigkeit gestatten weitgehend, die Turbine in ihrem optimalen Drehzahl- und Leistungsbereich zu betreiben. Demgegenüber ist die Leistungsanforderung an die Antriebsmaschine einer Lok ständig großen Veränderungen unterworfen. Durch die häufig wechselnden Streckenwiderstände (Ebene, Gefälle, Steigung, Krümmung, Wetter u. a.) und Lasten ergibt sich auch bei auf längeren Abschnitten ohne Halt durchfahrenden Zügen ein häufiges Auf- und Abregeln der Antriebsleistung in Verbindung mit Schwankungen der Triebrad- bzw. Maschinendrehzahl und nennenswerten Leerlaufanteilen. Abhängig von den Betriebsbedingungen treten in der Praxis etwa folgende Lastverteilungen über der Fahrzeit verteilt auf [3-23]:

Belastungsgrad %	Häufigkeit der auftretenden Belastung %
3	4
6,25	8
12,5	12
25	18
50	24
75	14
100	10

Dabei folgen die Auf- und Abregelungen der Leistung oft rasch aufeinander, so daß z. B. je Betriebsstunde 5- bis 10mal Vollast, 10- bis 20mal Leerlauf und 10- bis 30mal Teillaststufen benötigt werden. Diese Leistungsregelhäufigkeit ergibt z. B. für eine Kondensationsturbinenlok mit 23 atü Kessel- und 0,15 ata Kondensatordruck in der Praxis einen mittleren Gesamtwirkungsgrad von 7 % gegenüber 16 % bei konstanter Leistung in der günstigsten Arbeitslage. Dies zeigt deutlich den entscheidenden Einfluß der Einsatzbedingungen auf die Wirtschaftlichkeit der Maschinenanlage.

Die Regelbarkeit einer Kolbendampfmaschine mit Schieber- oder Ventilsteuerung und stufenlos einstellbarer Zylinderfüllung kann an solche Anforderungen angepaßt werden. Die Turbine bietet dabei nicht diese vorteilhaften Möglichkeiten. Man könnte theoretisch wohl die Dampfzufuhr zur 1. Stufe über eine große Zahl von Ventilen und Düsengruppen aufteilen und diese einzeln zuschaltbar gestalten. Mit Rücksicht auf die Betriebssicherheit der Maschine, deren zweckmäßigen baulichen Durchbildung und Instandhaltung sowie den auch bei großen Loks relativ geringen Leistungen (entsprechend den Möglichkeiten der Turbine) und damit Dampfvolumenströme sind in der Praxis nicht mehr als 4 bis 5 Regelventile bzw. Düsengruppen empfehlenswert. Dies zeigen auch die Ausführungen. Bei einer größeren Zahl von Regelventilen würden diese ebenso wie die 1. Leitradstufe bei den geringen spezifischen Dampfvolumen außerordentlich kleine Abmessungen erhalten, womit die Reibungsverluste der Dampfströmung anteilmäßig stark ansteigen würden. Zudem wäre für eine größere Zahl von Ventilen ein komplizierter Betätigungsmechanismus notwendig, dessen Störanfälligkeit bzw. Wartungsaufwand ebenfalls ungünstig wäre. Die ausgeführten Turbinenloks wurden deshalb mit nur 4 Regelventilen für die Turbinen ausgestattet und die feinere Leistungsabstufung auf die zwar nicht so wirtschaftliche, aber um so einfachere Weise mit dem Regler im Kessel durch Drosselung des Eintrittsdruckes vorgenommen.

3.43 Die Kondensation des Abdampfes

Das Arbeitsverfahren aller Wärmekraftprozesse ist durch folgenden Ablauf gekennzeichnet: Verdichtung – Wär-

mezufuhr – Entspannung – Wärmeabfuhr. Bei der Dampfkraftanlage wird das Arbeitsmittel Wasser durch eine Kesselspeisepumpe auf den Arbeitsdruck gebracht. Die Wärmezufuhr geschieht im Kessel, wobei Verdampfung und Überhitzung des Wassers erfolgen, d. h. das Arbeitsmittel erfährt durch die Wärmezufuhr eine Erhöhung seines Energieinhalts. Die 3. Phase der Entspannung des unter hohem Druck und Temperatur stehenden Arbeitsmittels Heißdampf geschieht in der Kraftmaschine. Dabei wird ein Teil der zugeführten Wärmeenergie durch Bewegen von Kolben oder Turbinenschaufeln in mechanische Arbeit umgesetzt. In der 4. Phase wird dem entspannten Arbeitsmittel noch die nicht mehr in mechanische Arbeit umsetzbare Wärme entzogen und es somit auf seinen Anfangszustand gebracht.

Der Dampfkraftprozeß läßt sich in offener oder geschlossener Form durchführen. Beim offenen Prozeß wird das Arbeitsmittel nach der 3. Phase der Expansion aus dem Kreislauf herausgenommen und strömt ins Freie ab. Die 4. Phase der Abkühlung überläßt man der Umgebungsluft. Dies bedingt, daß während des Betriebs fortlaufend neues Arbeitsmittel (Wasser) dem Kreislauf zugeführt werden muß. Der offene Prozeß ist bei der Auspuffdampfanlage, z. B. in der normalen Dampflok, in Gebrauch.

Beim geschlossenen Dampfkraftprozeß läuft stets das gleiche Arbeitsmittel im Kreislauf um. Der Unterschied zum offenen Prozeß besteht darin, daß die 4. Phase der Wärmeabfuhr oder Abkühlung sich innerhalb der Maschinenanlage vollzieht. Dazu dient ein Kondensator, in dem der aus der Maschine kommende entspannte Abdampf durch Kühlung zu Wasser niedergeschlagen wird, d. h. er kondensiert. Das hier zurückgewonnene Wasser (Kondensat) wird wiederum dem Kessel zugeführt. Die Kondensation stellt physikalisch die Umkehrung des Verdampfungsvorgangs dar. Dampf wird dabei durch Wärmeaustausch mit seiner Umgebung so weit abgekühlt, daß er sich verflüssigt und sein Volumen sich gleichzeitig wieder sehr stark vermindert. Zur vollen Ausnutzung des Druckgefälles in der Dampfkraftanlage bietet der Kondensator die Möglichkeit, den Entspannungsenddruck durch Vakuum bis in die Nähe der absoluten Untergrenze zu treiben. Zur Aufrechterhaltung eines gleichmäßigen Vakuums im Kondensator müssen die nicht kondensierbaren Bestandteile (Gase) sowie durch evtl. Undichtheiten eingedrungene Luft durch besondere Pumpen laufend aus den Unterdruckräumen des Kondensators entfernt werden (Kondensatorluftpumpen). Dazu finden sowohl mechanische Pumpen als auch Strahlapparate Verwendung.

In ortsfesten Kraftanlagen ist der Kondensationsbetrieb schon seit Beginn des Dampfmaschinenbaus üblich, für die ersten atmosphärischen Maschinen war er sogar

Voraussetzung. In ortsfesten und Schiffsanlagen wird seither fast durchweg der Kondensationsbetrieb angewendet, da er folgende wichtige Vorteile aufweist:

1. Da stets das gleiche Wasser in der Anlage umläuft, kann diese frei von Ablagerungen gehalten werden, und es sind nur die geringen Verluste durch Undichtheiten zu ersetzen. Deshalb ist nur eine relativ geringe zusätzliche Frischwassermenge für den Betrieb aufzubereiten.

2. Durch Schaffung eines Unterdruckes im Kondensator läßt sich das nutzbare Gefälle in der Dampfkraftmaschine so erweitern, daß eine erhebliche Erhöhung der Leistung und des Gesamtwirkungsgrades einer Kondensationsdampfanlage gegenüber einer vergleichbaren Auspuffdampfanlage erzielt wird. Die Verbrauchszahlen vermindern sich mit zunehmendem Vakuum im Kondensator bei einem Anfangszustand von 16 atü und 350 °C wie folgt:

Luftleere %	0	25	50	60	70	80	90	95
Dampf-verbrauch kg/kWh	6,36	5,88	5,33	5,08	4,8	4,45	4	3,75
Verbes-serung %	0	7,7	16,2	20	24,6	30	37,2	41

Etwa in gleichem Maße wie der Dampfverbrauch geht auch der Brennstoffverbrauch mit zunehmendem Vakuum zurück. Bei Kondensationsbetrieb ist deshalb eine gute Luftleere im Kondensator anzustreben, da davon der erreichbare Wirkungsgrad stark beeinflußt wird. Die Luftleere wird in % angegeben.

Luftleere 0%	entspricht dem Umgebungsluftdruck, im Mittel 1,033 at bei 0 m Höhe über NN
Luftleere 100%	entspricht dem absoluten Vakuum, also 0 at

Die praktische Grenze für die im Kondensator einer Anlage erreichbare Luftleere ist gegeben durch Temperatur und Menge des Kühlmittels, das die bei Dampfniederschlag frei werdende Verdampfungswärme aufnehmen muß. Die theoretische Verbesserung des Prozesses verringert sich um den Energieaufwand für die Kondensationsanlage wie für Kondensatorluftpumpen, Kondensatpumpen, Kühlwasserpumpen bei Wasserkühlung, Kühlwasserrückkühlanlage, Ventilatoren bei Luftkühlung u. a.

Bei ortsfesten und Schiffsanlagen steht für die Kondensatorkühlung Wasser aus Flüssen, Seen oder dem Meer zur Verfügung, so daß häufig nur eine kleine anteilige Leistung für die Kühlwasserpumpen der Kondensatoren erforderlich ist. Andernfalls finden in Kraftwerken auch Kühltürme Verwendung, in denen das Kondensatorkühlwasser mit Luft rückgekühlt wird, da es oft nur in begrenzter Menge verfügbar ist. In diesem Fall ist für die Kühlturmventilatoren eine etwas größere Hilfsmaschinenleistung erforderlich. Die fahrende Lok hat nur die Umgebungsluft als Kühlmittel zur Verfügung. Neben den starken Schwankungen der Lufttemperatur ist auch der Wärmeübergang auf Luft bedeutend weniger intensiv als auf Wasser, was beides erschwerend wirkt. Für die Kondensationsanlage einer Dampflok ist deshalb ein anteilmäßig wesentlich höherer Leistungsaufwand für die Kondensatorkühlung im Vergleich zu anderen Dampfkraftanlagen erforderlich [3.43-5].

Die Expansion auf einen durch den Kondensator stark verringerten Unterdruck ist theoretisch sowohl in der Kolbenmaschine als auch in der Turbine möglich. In der Praxis bestehen hierbei allerdings wesentliche Unterschiede. In einer Turbine kommt der Dampf nicht mit geschmierten Flächen in Berührung. Dies hat den Vorteil, daß die Anfangstemperatur des Prozesses nicht durch die Verkokungsgefahr des Öls begrenzt ist, sondern nur von der Warmfestigkeit der Schaufelwerkstoffe. Weiter ist der Abdampf einer Turbine völlig ölfrei und kann keine Kondensatorkühlflächen und keine Kesselheizflächen verschmutzen. Diese Gegebenheiten bedeuten, daß bei Kolbenmaschinen eine größte Dampftemperatur von zirka 400 °C nicht überschritten werden darf, die Turbine dagegen kann bis zu 650 °C heißen Dampf verarbeiten. Für eine Kolbenmaschinen-Kondensationsanlage ist außerdem eine einwandfreie Abdampfentölung Voraussetzung für störungsfreien Betrieb. Nach unten zu ist die Turbine in der Lage, das Wärmegefälle bis zum größten im Kondensator erreichbaren Vakuum auszunutzen. Bei hoher Luftleere und dementsprechend weit durchgeführter Dampfexpansion nimmt das spezifische Dampfvolumen stark zu, was entsprechende Durchströmquerschnitte der betreffenden Bauteile bedingt. Bei Verwendung von Kolbenmaschinen ergibt dies Abmessungen der Zylinder, wie sie bei Loks wegen des im Fahrzeugbegrenzungsprofil beschränkten Raums nicht ausführbar sind. Zudem würde in den ND-Zylindern durch den ständigen, expansionsbedingten Temperaturwechsel des Dampfes die sich einstellende mittlere Zylinderwandtemperatur große Abkühlungsverluste zur Folge haben. Weiter muß der Dampf bei der Kolbenmaschine an Ein- und Austritt die Zu- und Abströmkanäle der Steuerung passieren, die infolge ihrer baulich bedingten Querschnitte weitere Druckverluste durch Drosselung verursachen. Daraus resultiert, daß in Kolbenmaschinen das mögliche Gefälle des Dampfes auch im Kondensationsbetrieb nie vollkommen genutzt werden kann, es verbleibt vielmehr ein kleiner Gegendruck. Im Gegensatz hierzu kann der Abdampf einer Turbine weitgehend ungehindert durch große Querschnitte vom Turbinenabdampfstutzen zum Kondensator strömen. Bei Kolbenmaschinen sind Enddrücke von 0,15 bis

Tabelle 9
Kondensationskolbendampflokomotiven.

Bahn	Betr.-Nr.	Bauart	Stück-zahl	Bau-jahr	Erbauer	Fabrik-Nr.	Bemerkung	Literatur
Argentinische Staatsbahn	7034	1'D1'-h2+3'3'	1	1931	Henschel	21 920		Organ 87, Nr. 18, 351 (1932)
	8000–8005	2'D1'-h2+3'3'	6	1938	Henschel	23 904 bis 23 909		Die Lokomotive 37, Nr. 6, 81–84 (1940)
Russische Staatsbahn (SZD)	5224	E-h2+2'2'	1	1933	Henschel	22 148	Umbau Reihe Eg in Egk	Z. VDI 78, Nr. 40, 1171 (1934 II)
		E-h2+2'2'		1935	Kolomna		Umbau	[2-24]
	SO 1784/ 1785	1'E-h2+2'2'	2	1936	Kolomna		Umbau Reihe SO in SOk	Organ 99, Nrn. 9/10, 126 (1944)
		1'E-h2+2'2'	ca.1200	1938 bis 1940	Kolomna		Neubau Reihe SOk	[2-24]
	20 1546 20 2475	1'E1'-h2+	2	1939	Woroschilow-grad		Umbau Reihe FD in FDk	[2-24]
Irakische Staatsbahn (IRR)		2'C-h2+2'2'	1	1939	Henschel	24 375	Umbau Reihe HG (Stephenson 1905)	Die Lokomotive 40, Nr. 2, 19–22 (1943)
Deutsche Reichsbahn (DR)	52 1850 bis 52 1986	1'E-h2+3'2'	137	1943/44	Henschel	27 178 bis 27 314	Bau von 240 Loks mit Betr.-Nr. 52 1850–52 2089 vorgesehen,	[2-11] Griebl und Wenzel, *Geschichte der Deutschen Kriegslokomotiven* (Verlag Slezak, Wien) Gottwaldt, *Deutsche Kriegslokomotiven* (Frankh-Verlag, Stuttgart)
	52 1987 bis 52 2027	1'E-h2+2'2'	41	1944 bis 1947	Henschel	27 315 bis 27 355	davon 178 Stück ausgeführt	
South African Railways (SAR)		1'E1'-h2+3'3'	1	1950	Henschel	28 388	Umbau der 1935 in SAR-Werkstätte Pretoria gebauten Lok Class 20, ausgemustert 1954	Glasers Annalen 79, Nr. 3, 59–65 (1955)
		2'D2'-h2+3'3'	90	1953	Henschel	28 730	Henschel: 1. Lok und 90 Kondenstender	Eisenbahntechn. Rundschau 7, Nr. 6, 241–249 (1958)
					North British L.		North British Locomotive: 89 Loks Class 25	
Rhodesia Railways (RR)	336	2'D1-h2+3'3'	1	1954	Henschel	27 411	Class 19, Rückbau 1958 in Auspuffmaschine nach Unfallschaden	Glasers Annalen 79, Nr. 3, 59–65 (1955)

0,1 ata, bei Turbinen bis zu 0,02 ata wirtschaftlich ausführbar. Diese guten Unterdruckwerte im Kondensator sind jedoch nur dann voll wirksam, wenn die mittlere Auslastung der Dampfmaschine etwa bei Halblast oder noch darüber liegt. Bei den im Fahrbetrieb häufig auftretenden kleinen Leistungen würde es bei Kolbenmaschinen, die in solchen Fällen nur mit mehrfacher Expansion zu realisieren wären, zu einem verlustbringenden Mitschleppen der ND-Zylinder kommen, da deren Gefälle infolge zu niedrigen Anfangsdruckes zu gering werden würde.

In einer eingehenden Untersuchung hat Lorenz [3.41-3, 7] die Frage der Unterdruckkondensation für Kolben- und Turbinenloks überprüft und festgestellt, daß nur die Turbine eine reale Verbesserungsmöglichkeit bietet. Als weitere Möglichkeit käme noch eine Lok mit HD-Kolbenmaschine und ND-Turbine in Frage, ähnlich wie sich diese Kombination bei Schiffsantrieben bewährt hat [1.3-9]. Theoretisch läßt sich in beiden Fällen eine Erweiterung des nutzbaren Gefälles in der Maschine von zirka 50% bei der günstigsten Arbeitslage bzw. Leistungsausnutzung erwarten. Von der damit erzielten Mehrleistung werden allerdings zirka 40% wiederum für die zusätzlichen Hilfsmaschinen (Kondensatorlüfter, Rauchgasventilator, Pumpen u.a.) benötigt. Für das kombinierte System Kolbenmaschine–Turbine wurden verschiedene Vorschläge [3.44.3-13] gemacht und auch eine Ausführung gebaut (Abschnitt 3.44.12). Wegen der Unterbringung auf dem Fahrzeug kommt dafür nur ein Abdampfturbinentriebtender mit Kondensator in Frage. Die Schwierigkeiten dieser Anordnung liegen im nur schmalen Leistungsbereich guten Wirkungsgrades sowie in den langen Verbindungsleitungen, beweglichen Kupplungen der Dampfrohre zwischen Lok und Triebtender und den dadurch bedingten Druckverlusten. Diese in der einen Versuchslok bestätigten Gegebenheiten ließen einen Erfolg nicht erreichen. So blieb als aussichtsreiche Verbesserung der Dampflok mit Unterdruckkondensation nur die reine Turbinenlok übrig. In neuerer Zeit wurden auch eine Anzahl größerer Kondensationsloks mit Kolbenmaschine nach Konstruktionen der Firma Henschel & Sohn gebaut, die in Tabelle 9 zusammengestellt sind. Diese u.a. mit Abdampfkondensation und geschlossenem Kreislauf gebauten Kolbenloks hatten den Zweck, durch Senkung des Speisewasserbedarfs den Fahrbereich erheblich zu erweitern, um wasserarme Gebiete durchfahren zu können. Eine wesentliche Erhöhung des Gesamtwirkungsgrades war jedoch mit diesen Loks gegenüber der Auspuffkolbenlok nicht möglich, zumal auch mit Rücksicht auf tragbare Abmessungen und Gewichte der luftgekühlten Kondensationsanlagen auf einen Unterdruck im Kondensator verzichtet worden war.

Die Abdampfkondensation kann grundsätzlich auf zwei Wegen erfolgen:

1. Misch- oder Einspritzkondensation
   Das Herunterkühlen des Dampfes wird durch Einspritzen fein verteilten Kühlwassers in den Dampfstrom erreicht, wobei sich Kondensat und Kühlwasser mischen. Für Kondensloks konnte dieses Verfahren nicht in Betracht kommen, da das Einspritzwasser den umlaufenden Wasserstrom der Anlage vergrößert, womit ein ständiger Wasserentzug entsprechend der Kühlwassermenge nötig wäre und das Einspritzwasser aufbereitet werden müßte, um keine Ablagerungen zu bekommen. Dieses Verfahren wurde in den Mischvorwärmern von Dampfloks normaler Bauart angewendet [2-74].

2. Oberflächenkondensation
   Hier sind Dampfraum und Kühlmittelraum voneinander getrennt, so daß der Wärmeübergang durch Austauschflächen erfolgen muß und der Kreislauf des Arbeitsmittels vollkommen geschlossen ausgeführt werden kann. Diese Bauart kommt auch für Loks in Betracht. Als Kühlmittel ist allerdings nur Luft vorhanden. Die Wärmeabfuhr kann unmittelbar durch einen den Kondensator umströmenden Luftstrom – luftgekühlten Oberflächenkondensator – oder mittelbar über Kühlwasser und Rückkühlanlage – wassergekühlten Oberflächenkondensator – geschehen. Beide Systeme fanden bei Turbinenloks Anwendung.

Die abzuführende Wärmemenge im Abdampf einer Kondensationsturbinenlok mit 1500 kW Maschinenleistung beträgt im Bereich größerer Auslastung und somit guter Turbinenwirkungsgrade etwa 3000 kcal/kWh, wenn der Anfangszustand des Dampfes beim Eintritt in die Maschine 15 atü und 350 °C und der Kondensatordruck 0,2 ata sind. Der Kondensator einer solchen Lok müßte somit eine Leistung von zirka 4,5 Mio. kcal/h erhalten. Diese hohe Leistung erfordert große Kondensatoren, die bei Luftkühlung auf einem besonderen Fahrzeug untergebracht werden müssen, dem Tender.

Der trockene Oberflächenkondensator wurde bei den Henschel-Kolbenkondensloks und bei den Turbinenloks von Ljungström verwendet. Aus den Abbildungen dieser Maschinen ist der erhebliche Raumbedarf ersichtlich.

Der «nasse» Oberflächenkondensator arbeitet mit einem besonderen Kühlkreislauf. Das Kondensatorkühlwasser muß dabei eine Rückkühlanlage durchlaufen, damit das Vakuum aufrechterhalten werden kann. Im Rückkühler gibt das Kondensatorkühlwasser seine Wärme an die Luft ab. Die durch den Rückkühler strömende Kühlluft erwärmt sich und nimmt zugleich Feuchtigkeit auf, wäh-

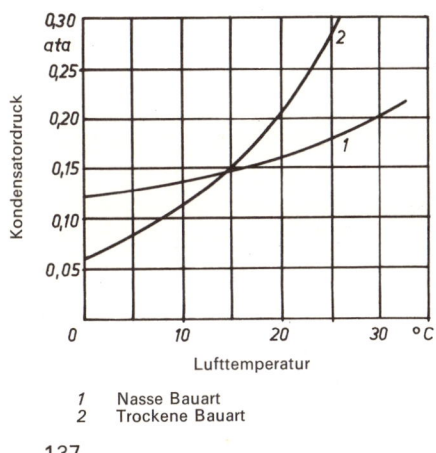

Lufttemperatur

1 Nasse Bauart
2 Trockene Bauart

137

rend sich das Kühlwasser infolge Wärmeentzug bei der Verdunstung abkühlt. Bei dieser Verdunstungskühlung geht natürlich laufend Kühlwasser verloren und muß von Zeit zu Zeit ersetzt werden. Die für Kühlung benötigte Wassermenge beträgt etwa die Hälfte der Verdampfungsleistung des Kessels. Aus diesem Grund müssen Kondensloks mit nassem Oberflächenkondensator ihren Kühlwasservorrat regelmäßig ergänzen und sind auch zum Befahren langer Strecken in wasserlosen Gegenden nicht geeignet.

In Abb. 137 ist der erreichbare Kondensatordruck in Abhängigkeit von der Umgebungslufttemperatur für beide Grundbauarten von Kondensatoren dargestellt. Man ersieht hieraus, daß der luftgekühlte Kondensator gegen höhere Lufttemperaturen empfindlicher ist, als der wassergekühlte. Wie die Erfahrung allerdings gezeigt hat, sind die wassergekühlten Oberflächenkondensatoren zwar im Raumbedarf so günstig, daß sie auf der Lok selbst untergebracht werden konnten und damit bewegliche Vakuumleitungen zum Tender entfielen, aber die Rückkühlanlagen auf dem Tender waren wegen der ständigen Wassereinwirkung sehr starker Korrosion ausgesetzt. Die größere Zahl der Kondensloks erhielt deshalb luftgekühlte Kondensatoren.

Bei einer weiter fortgeführten Entwicklung wäre sicher auch die Kondensation bei der Dampflok zu größerer Verbreitung gekommen, da sich eine Entwicklung zum geschlossenen Kreislauf in Verbindung mit relativ leichteren Kesselbauarten in den Anfängen abgezeichnet hatte. Zur Kondensatorausbildung erschienen auch einige interessante Beiträge [3.43-3, 5, 6]. Aller Voraussicht nach hätte die luftgekühlte Bauart und unter Verzicht auf das maximal mögliche Vakuum zugunsten kleinerer Abmessungen und optimaler Gesamtwirtschaftlichkeit ein wichtiges Bauteil einer fortentwickelten Dampflok gebildet.

3.44 *Ausgeführte Dampfturbinenlokomotiven*

Bald nach der Einführung der Dampfturbine in Kraftwerken und Schiffen setzten Bemühungen ein, diese Maschine auch als Lokantrieb zu verwenden. Nach einer kleinen Vorläufermaschine mit Auspuffbetrieb wurden in der Zeit von 1909 bis 1939 in Europa 13 und in Nordamerika 2 Kondensationsturbinenloks gebaut. Hierbei versuchte man, die in ortsfesten Kraftanlagen übliche und wirtschaftliche Unterdruckkondensation auf das Schienentriebfahrzeug zu übertragen, soweit dies die beschränkten Raum- und Gewichtsverhältnisse erlaubten. Trotz beachtlichen Brennstoffersparnissen konnten sich diese Maschinen unter den im Bahnbetrieb gegebenen Bedingungen nicht einführen.

Nach der oben erwähnten ersten Turbinenlok baute man in den Jahren 1930 bis 1938 in Europa noch 6 und in Nordamerika von 1945 bis 1954 5 Maschinen mit Auspuffbetrieb. Wegen ihres einfacheren Aufbaus fanden diese Loks etwas mehr Anklang bei den Bahnen, und einige von ihnen waren auch mehrere Jahre erfolgreich im täglichen Betrieb eingesetzt. Solche Loks konnten aber nur in geeigneten Diensten, d. h. mit möglichst hoher mittlerer Auslastung, nicht zu häufigen Lastwechseln und möglichst langen Strecken ohne Halt gegenüber der normalen Kolbenlok Ersparnisse im Brennstoffverbrauch erzielen.

Einige Bahnen planten nach Abschluß einer gewissen Entwicklungszeit ab 1940 für geeignete Dienste eine kleine Anzahl von Auspuffturbinenloks, in einem Fall auch Kondensationsturbinenloks, bauen zu lassen. Bei den schon damals vorgesehenen und teilweise realisierten erheblichen Steigerungen der Schnellzuggeschwindigkeiten hätte die Turbine es ermöglicht, die durch das Kolbentriebwerk gezogenen Grenzen zu überschreiten und auch die Dampftraktion in größerem Umfang im Schnellverkehr einzusetzen [3-9].

Durch die Ungunst der Zeitverhältnisse kam es jedoch nicht mehr zu einer Ausführung dieser Pläne, die in der Erkenntnis der vieljährigen Erfahrungen mit den verschiedenen Versuchsloks sicher zu brauchbaren Lösungen geführt hätten. So bleibt nur noch festzustellen, daß mit Ausnahme eines Nachbaus alle übrigen Dampfturbinenloks einzelne Versuchsfahrzeuge geblieben sind.

3.44.1 Die Lokomotive von Belluzzo

Die erste Dampfturbinenlok der Welt entstand in den Jahren 1907/08 durch Umbau aus einer kleinen dreiachsigen Rangiertenderlok Baujahr 1876. Nach der Konstruktion von Prof. Belluzzo baute die Firma Officine Meccaniche Miani-Silvestri-Grodona-Comi in Mailand (heute Fa. Officine Meccaniche «OM») diese Maschine

156

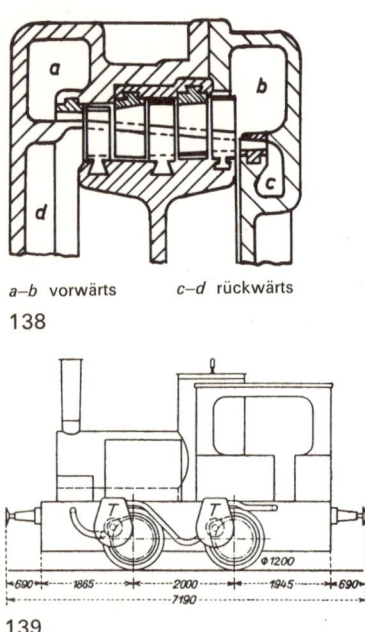

a–b vorwärts   c–d rückwärts

138

139

von Kolben- auf Turbinentriebwerk um. Der Kessel mit 30 m² Verdampfungsheizfläche und 10 atü Betriebsdruck wurde beibehalten. Das Laufwerk änderte man von 3 auf 2 Achsen um (Abb. 296).
An jedem der 4 Räder wurde eine besondere Turbine angebaut. Jede dieser Turbinen umfaßte 1 Gleichdruck- und 3 Überdruckstufen. Die Leistung wurde mit einstufigen Zahnradgetrieben ($i = 8$) auf die Räder übertragen. Die 4 Turbinen waren in Reihe geschaltet. Die Leistungsregelung geschah durch Verändern des Beaufschlagungsgrades. Um den Fahrtrichtungswechsel der Lok vornehmen zu können, waren die Turbinen für beide Drehrichtungen verwendbar. Zu diesem Zweck ordnete man in jedem Turbinengehäuse 2 Dampfkammern mit getrennten Düsengruppen an (Abb. 138). Jede Turbine besaß 2 Düsengruppen. Für Anfahrten öffnete man beide Gruppen, und bei größeren Geschwindigkeiten wurde mit einer Gruppe und Teilbeaufschlagung gefahren. Die Regelung der Dampfzufuhr erfolgte mittels Drehschiebern an jeder Turbine, wobei diese Schieber über ein gemeinsames Gestänge vom Führerstand aus betätigt wurden. Die Dampfleitungen führten von vorne rechts beginnend von einer Turbine zur anderen um den Rahmen herum nach links und waren flexibel ausgebildet. Die Laufradschaufeln bestanden aus 2 Teilen mit entgegengesetzter S-förmiger Führung. Bei Vorwärtslauf wurden sie von der einen Seite, bei Rückwärtslauf von der anderen Seite her vom Dampf durchströmt. Die größte Maschinenleistung der Lok soll 75 kW betragen haben. Bei Auspuffbetrieb belief sich der spezifische Nennlastdampfverbrauch auf 21 kg/kWh.

Im Betrieb war die Maschine durchaus brauchbar und entwickelte auch genügend große Anfahrzugkräfte. Ihr Brennstoffverbrauch soll nicht höher als der entsprechender kleiner Kolbenloks gelegen haben. Nach 12 Jahren Rangierdienst wurde sie 1921 außer Betrieb gesetzt.

3.44.2 Die Lokomotive von Reid-Ramsay und der North British Locomotive Company

Die beiden Engländer Reid und Ramsay entwarfen die erste Dampfturbinenlok mit Kondensation. In den Jahren 1909/10 erbaute die North British Locomotive Co. in Glasgow (NBL) eine solche Maschine mit der Achsanordnung ($B_0$2′) ($B_0$2′) und 132 t Gesamtgewicht. Die ganze Kessel-, Maschinen- und Kondensationsanlage war auf einem durchgehenden Brückenrahmen aufgebaut, der vorn und hinten von je einem vierachsigen Laufwerk getragen wurde (Abb. 297).
Der Heißdampfkessel entsprach der üblichen Bauart und hatte 12,3 atü Betriebsdruck bei 125 m² Verdampfungsheizfläche. Ein kleiner Turboventilator führte die Verbrennungsluft, welche zur Vorwärmung an den Kondensatorrückkühlrohren vorbeigeführt wurde, der Feuerung zu.
Als Kraftmaschine dieser Lok diente eine 750-kW-Parsons-Überdruckturbine, welche mit einem mit 3000 U./min laufenden Gleichstromgenerator direkt gekuppelt war. Der Turbinenabdampf gelangte in einen Unterdruckeinspritzkondensator, von wo aus das Kondensat mit Einspritzwasser vermischt zum Warmwasserbehälter strömte. Aus diesem Behälter saugte die Kesselspeisepumpe an. Der Wasser-Dampf-Kreislauf der Lok war somit geschlossen. In seitlichen Wasserbehältern befand sich Kondensatorkühlwasser. Hieraus saugte eine Pumpe an und drückte es über die Einspritzdüsen in den Kondensator. Vom Warmwasserbehälter entnahm eine zweite Pumpe das Warmwasser und förderte es durch den Röhrenluftkühler am hinteren Lokende und weiter in die seitlichen Wassertanks zurück. Der Röhrenluftkühler übertrug die Kondensatwärme an die Umgebungsluft, wozu er durch den Fahrtwind und einen Ventilator belüftet wurde. Die beiden Kondensatpumpen waren seitlich neben dem Hauptturbinensatz eingebaut und erhielten ihren Antrieb durch besondere Hilfsturbinen. Die Verbrennungsluft förderte der Röhrenkühlerventilator und drückte sie unter den mit Kohle gefeuerten Rost, wobei sich die Luft durch Wärmeaufnahme an den Wasserkühlrohren aufheizte. Den Ventilatorantrieb besorgte eine kleine Hilfsturbine.
Auf dem Führerstand befand sich eine kleine Schalttafel mit den Geräten der elektrischen Kraftübertragung. Mit dem Fahrschalter ließen sich entsprechend den verlang-

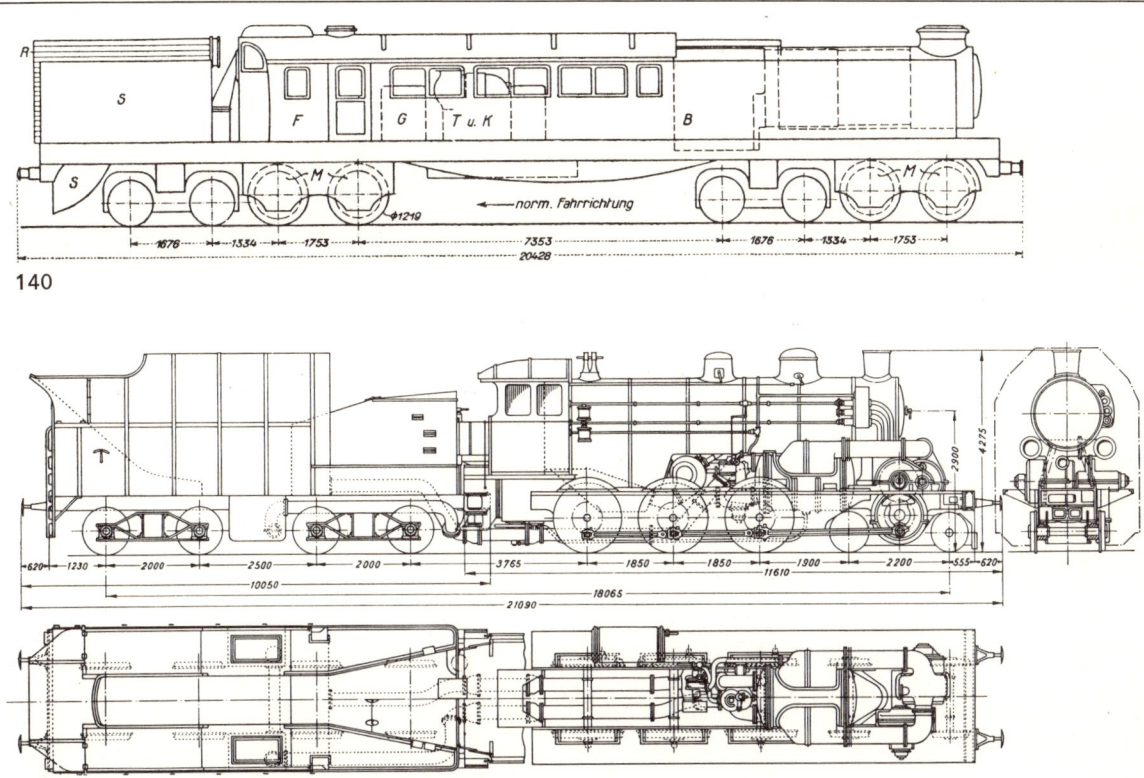

140

141

ten Zugkräften die 4 Fahrmotoren in Reihe, reihenparallel sowie parallel schalten. Die Spannung an den Motoren war zwischen 200 und 600 V regelbar.

Die interessante Lok wurde für einige Zeit bei der damaligen Caledonian & North British Railway im Schnellzugdienst eingesetzt, wo sie sich besonders durch gute Beschleunigung auszeichnete. Im Jahre 1913 gab man sie an die Erbauerfirma zurück, da man sich von einer solchen Neukonstruktion doch keine durchschlagenden Vorteile versprach.

3.44.3 Die Lokomotive Betr.-Nr. 1801 der Schweizerischen Bundesbahnen

Die Firma Escher Wyß in Zürich baut seit langem Dampfkraftmaschinen und nahm ab 1900 an der Entwicklung der Dampfturbine maßgeblichen Anteil. Die Firma befaßte sich unter Dr. Zoelly auch mit der Frage des Lokantriebs durch Dampfturbinen mit geschlossenem Wasser-Dampf-Kreislauf mit dem Ziel, den Wirkungsgrad der Energieumsetzung auf der Lok zu erhöhen.

Die SBB stimmten im Jahre 1919 dem Vorschlag von Escher Wyß zu, eine Dampfturbinenlok mit Kondensation zu bauen. Die 1'C-n2-Personenzuglok Betr.-Nr. 1578 wurde von den SBB dazu der Firma Escher Wyß zur Verfügung gestellt. Diese Lok war 1891 von der SLM

unter der Fabrik-Nr. 704 gebaut worden. Die SLM beteiligte sich auch an dem Umbau in eine Dampfturbinenlok unter Fabrik-Nr. 2796 und baute den Kessel auf Heißdampfbetrieb um. Die Hauptteile der Lok wurden beibehalten, der Rahmen erfuhr einen Umbau, und die vordere Laufachse ersetzte man durch ein Drehgestell. Im vorderen Lokteil unter der Rauchkammer kam eine Dampfturbine mit Getriebe zum Einbau, die ihre Leistung über Blindwelle und Kuppelstangen an die Triebachsen weitergab. Die Hauptdaten der Lok waren:

Dienstgewicht Lok	70,5	t
Reibungsgewicht	49,6	t
Tendergewicht	39,5	t
Achsstand Lok und Tender	18 065	mm
Achsstand Lok	7 800	mm
Triebrad-Ø	1 520	mm
Kurbelkreis-Ø	650	mm
Höchstgeschwindigkeit	75	km/h
Größte Anfahrzugkraft	12	t

Die Gewichtsangaben gelten für den Zustand nach Abschluß des Umbaus und haben sich anläßlich durchgeführter Änderungen etwas erhöht. Die Lage der Turbine unter der Rauchkammer und die ursprüngliche Anordnung des Kondensators unter dem Kessel zwischen Drehgestell und erster Kuppelachse bedingte eine Höhenlage der Kesselmitte von 2900 mm über SO. Die Hauptdaten des umgebauten Kessels waren:

Dampfdruck	14	atü
Dampftemperatur	350	°C
Rostfläche	2,3	m²
Heizflächen für		
Verdampfung (wasserberührt)	144,2	m²
Überhitzung	37,8	m²

Wegen des Kondensationsbetriebs entfiel das mit Abdampf betriebene Blasrohr, und man versuchte eine Unterwindfeuerung. Diese Lösung erschien deshalb auch interessant, da wegen des geringeren Fördervolumens der kalten Luft gegenüber den heißen Rauchgasen nur etwa halb soviel Ventilatorleistung nötig ist wie bei Saugwindfeuerung. Den Ventilator trieb eine kleine Abdampfturbine an. Im praktischen Einsatz der Lok stellte sich jedoch heraus, daß diese Lösung nicht geeignet war. Bei der Rostbeschickung mußte jedesmal vorher der Ventilator abgestellt werden, da wegen des Überdrucks im Feuerraum ein Herausschlagen der Flammen aus der Feuertür auftreten konnte. Diese Unterbrechung des Feuerzuges war jedoch wegen des Kesselbetriebs sehr unerwünscht. Der vor der Stiefelknechtplatte angebaute Unterwindventilator wurde deshalb ausgebaut und durch einen Saugzugventilator in der Rauchkammer ersetzt.

Als Antriebsmaschine diente eine sechsstufige Zoelly-Gleichdruckturbine mit 600 mm Laufrad-∅. Die Nennleistung von 750 kW wurde bei 6500 U./min entsprechend einer Fahrgeschwindigkeit von 65 km/h erreicht (Auslegungspunkt). Im Gehäuse der Hauptturbine für die Vorwärtsfahrt befand sich auch eine zweistufige kleinere Turbine für Rückwärtsfahrt auf gleicher Welle. Den Turbinenläufer schmiedete man aus einem Stück, seine Leistung gelangte über ein zweistufiges Zahnradgetriebe auf die Blindwelle mit Übersetzung 28,7. Das große Getrieberad saß rechts außerhalb der Rahmenwange auf der Blindwelle und trug einen der beiden Kurbelzapfen; auf der linken Blindwellenseite befand sich eine aufgesetzte Kurbel. Turbine und Getriebe waren in einem mit dem Lokrahmen verschraubten Stahlgußgehäuse eingebaut und mit Drucköl geschmiert. Für Zahnräder und Lager waren eine Zahnradölpumpe, ein wassergekühlter Wärmetauscher sowie eine dampfbetriebene Anfahrölpumpe vorgesehen.

Der Turbinenabdampf wurde in einem Oberflächenkondensator mit Wasserkühlung niedergeschlagen. Wie erwähnt, befand sich dieser zunächst unter dem Kessel. Wegen der für die Reinigung nötigen Verbesserung der Zugänglichkeit wurde der Kondensator durch 2 seitlich neben dem Kessel über den Laufblechen angeordnete Einheiten ersetzt. Im Betrieb erreichte man 85 bis 90 % Luftleere (Vakuum) im Kondensator. Das Kühlwasser des Kondensators wurde auf dem Tender rückgekühlt. In der Erstausführung installierte man eine einstufige Kondensat- und Speisewasserkolbenpumpe sowie für das Vakuum eine Drehschieberluftpumpe. Wegen der

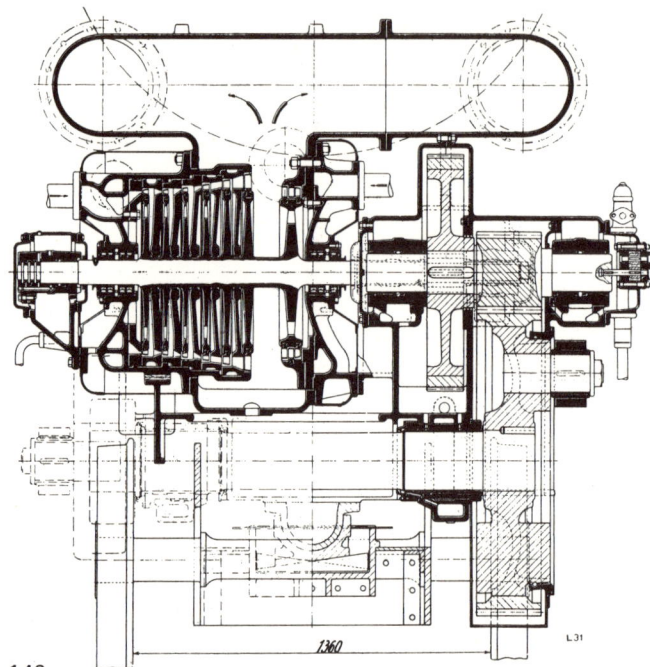

142

Abb. 21. Lokomotive von Escher Wyss. Turbine und Getriebe.

aufgetretenen Betriebsschwierigkeiten mit diesen Pumpen kam eine andere Pumpengruppe zum Einbau. Eine dreistufige Hilfsturbine mit waagrechter Welle trieb über ein Stirnradvorgelege und Kegelräder die senkrechte, zwischen dem Lokrahmen angeordnete Pumpenwelle an. Unten auf dieser Welle befand sich der Läufer der Kondensatpumpe, welche das Speisewasser der Kolbenspeisepumpe zuführte. Diese drückte das Wasser über einen Abdampfvorwärmer in den Kessel. Das oben auf der Pumpenwelle sitzende Läuferrad der Kreiselpumpe für das Kondensatorkühlwasser stand durch eine Saugleitung mit dem Tendersammelbehälter für das rückgekühlte Wasser in Verbindung. Die beiden Kondensatoreinheiten und die Warmwasserverteilrohre des Rückkühlers auf dem Tender waren in der Druckleitung dieser Pumpe angeordnet. Die Verbindungsleitungen zwischen Lok und Tender rüstete man mit längsverschiebbaren Kugelgelenkstücken aus.

Zur Rückkühlung des Kondensatorkühlwassers baute man zunächst einen einfachen Querstromregenkühler im Tender ein. Im torbogenförmigen Dach waren die Wasserverteilrohre so angeordnet, daß das warme Wasser durch Spritzbohrungen nach unten austrat. Das Wasser fiel in Tropfen aufgelöst in den Luftstrom des Fahrtwindes und wurde hierbei gekühlt. Mit dieser Anlage konnten für kleine Turbinenleistungen von 450 bis 500 kW bei Geschwindigkeiten von 60 bis 70 km/h brauchbare Luftleeren erreicht werden. Für größere Leistungen erwies sich aber ein solcher Wasserrückkühler als ungenügend. Deshalb baute man in den Tender einen

159

Berieselungskühler ein, in dem ebenfalls der Fahrtwind weitgehend ausgenutzt wurde. Die Kühlzellen mit Raschig-Ringen ordnete man in Längsrichtung an und belüftete sie durch einen Schraubenventilator. Wegen der besseren Kühlleistung tauschte man den Ventilator gegen einen Betz-Propeller aus. Nunmehr gelang es, im ganzen Leistungsbereich der Lok eine ausreichende Kondensatorleistung zu erzielen.

Das im Rückkühler verdunstete Wasser ersetzte man aus dem Tendervorratsbehälter. Ein Schwimmerventil sorgte dafür, daß im Sammelbehälter ein bestimmter Wasserstand aufrechterhalten wurde. Die Verdunstung bedeutete natürlich einen Wasserverlust, so daß die Lok etwa halb soviel Wasser verbrauchte wie eine gleich große normale Auspuffkolbenlok, allerdings nur für die Rückkühlanlage. Der Kessel wurde nur mit dem reinen Kondensat aus dem geschlossenen Kreislauf gespeist.

In der Mitte der vorgenannten Pumpengruppenwelle war noch ein Läuferrad vorhanden, das der Kühlwasserdruckleitung das Betriebswasser für die Wasserstrahlluftpumpe des Kondensators entnahm und weiterförderte. Diese einfache und betriebssichere Einrichtung ersetzte die störanfällige Drehschieberluftpumpe. Die Hilfsturbinen mit 270 bis 300 mm Laufrad-∅ arbeiteten mit 6000 bis 9000 U./min über Getriebe auf Pumpen bzw. Ventilatoren. Die Ventilatorturbine der Rückkühlanlage auf dem Tender und die Turbine der Wasserpumpengruppe waren dampfseitig in Reihe und auf den Kondensator geschaltet. Die Saugzugturbine in der Rauchkammer arbeitete im Gegendruckbetrieb auf den Speisewasservorwärmer. Der Einfachheit halber wurde auf Heißdampfbetrieb bei diesen Turbinen verzichtet.

Im praktischen Fahrbetrieb wurde mit dieser Lok die Funktionsfähigkeit dieses Antriebssystems und des geschlossenen Kreislaufs nachgewiesen, allerdings war dafür schon ein erheblicher technischer Aufwand erforderlich. Nach einiger Betriebszeit verkaufte die SBB im Jahre 1924 die Lok Nr. 1801 an die Firma Escher Wyß & Cie., wo sie verschrottet wurde.

3.44.4 Die Lokomotive von Ljungström

Der schwedische Ingenieur Frederic Ljungström ist als Erfinder der vielstufigen Radialüberdruckturbine bekannt geworden. Zu Anfang der zwanziger Jahre begann er sich auch mit der Dampfturbinenlok zu befassen. Sein Entwicklungsziel war, eine Dampflok höchster Wärmewirtschaftlichkeit trotz den gegenüber ortsfesten Dampfkraftanlagen wesentlich ungünstigeren Betriebsbedingungen zu schaffen. Bei seinen Konstruktionsarbeiten blieb er stets in Kontakt zur Schwedischen Staatsbahn. Die Ljungström-Lok besaß als wesentliche Merkmale den Antrieb durch eine vielstufige Axialüberdruckturbine,

Kondensation mit gutem Vakuum, reine Luftkühlung des Kondensators, stufenweise Speisewasservorwärmung durch Anzapfdampf aus der Turbine und die Ausnutzung der Rauchgaswärme zur Verbrennungsluftvorwärmung. Im März 1921 wurde die erste Ljungström-Turbinenlok von der Firma Ljungströms Angturbin AB in Lidingö bei Stockholm fertiggestellt, wobei am Bau auch die Firma Atlas, Stockholm, beteiligt war. Die Bauart war konsequent auf das Entwicklungsziel ausgerichtet. Abweichend von der bis dahin üblichen Praxis war der Kessel auf ein Fahrzeug mit Laufachsen aufgesetzt, während die Turbine auf das Kondensatorfahrzeug aufgebaut wurde. Der Antrieb erfolgte mittels Zahnradwendegetriebe auf Blindwelle und Kuppelstangen; die Achsanordnung war 2'3 + C1'. Die Turbinenleistung betrug 1320 kW bei 9200 U./min. Die Hauptdaten der Lok (Abb. 301) waren in der Erstausführung:

Dienstgewicht des Kesselfahrzeugs	62	t
Dienstgewicht des Kondensatorfahrzeugs	64	t
Reibungsgewicht	48	t
Triebrad-∅	1430	mm
Höchstgeschwindigkeit	110	km/h
Wasservorrat	6	m³
Kohlenvorrat	7	t
Kondensatorkühlfläche	1000	m²

Das voranlaufende Kesselfahrzeug hatte 5 außen gelagerte Achsen, davon die beiden vorderen in einem Drehgestell zusammengefaßt. Der Kessel war in normaler Bauart hergestellt und besaß ursprünglich als Besonderheit einen unten in der Rauchkammer eingebauten Röhrenvorwärmer für die Verbrennungsluft. Seine Hauptdaten waren:

Dampfdruck	18	atü
Rostfläche	2,6	m²
Heizflächen für		
Verdampfung	115	m²
Überhitzung	80	m²
Luftvorwärmung	166	m²

Die aus den Rauchrohren des Kessels mit zirka 320 °C in die Rauchkammer eintretenden Rauchgase durchströmten auf dem Weg zum Schornstein noch den Verbrennungsluftvorwärmer, der die Luft bis zu 150 °C aufheizte. Dieser zuerst eingebaute Vorwärmer enthielt 650 Messingrohre von je 30 und 33 mm ∅ und 2724 mm Länge. Die Verbrennungsluft trat vorn unterhalb der Rauchkammer in den Luftvorwärmer ein und gelangte anschließend durch ein isoliertes Rohr in den Aschkasten. Bei Vorwärtsfahrt lag der Lufteintritt im Fahrwindstrom. Damit beim Öffnen der Feuertür ein Flammenrückschlag in den Führerstand vermieden werden konnte, befanden sich an den Eintrittsöffnungen des Luftvorwärmers Verschlußklappen. In der Luftleitung zum Aschkasten war noch eine Regelklappe eingebaut. Zur Reinigung der Kesselheizflächen und der Überhitzer-

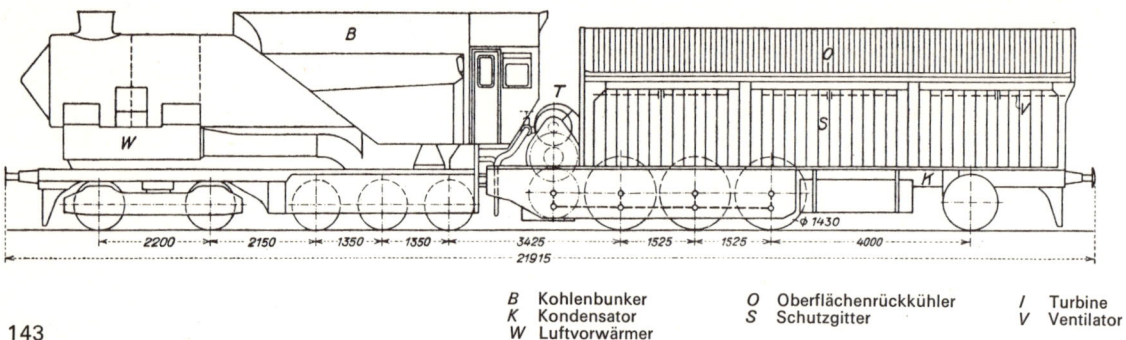

143

B Kohlenbunker
K Kondensator
W Luftvorwärmer

O Oberflächenrückkühler
S Schutzgitter

I Turbine
V Ventilator

elemente installierte man einen dampfbetriebenen Rußbläser. Der Kohlenvorrat lag in einem Sattelbunker vor dem Führerhaus auf dem Kessel. Der Saugzugventilator in der Rauchkammer erhielt seinen Antrieb durch eine 30-kW-Dampfturbine mit 2 Gleichdruckstufen, welche mit vollem Kesseldruck auf 5 atü Gegendruck arbeitete und deren Abdampf der Hauptturbine oder der 3. Vorwärmstufe der Speisewasservorwärmung zuströmte. Das etwa 55 °C warme Speisewasserkondensat saugte eine Kondensatpumpe aus dem Kondensator und führte es der Speisepumpe zu. Diese drückte das Wasser durch 3 in Reihe liegende Vorwärmer in den Kessel, wobei das Wasser in den Stufen 1,1 atü/90 °C, 1,6 atü/110 °C und 5 atü/146 °C erwärmt wurde. Die Vorwärmer erhielten Abdampf wie folgt:

Stufe 1 aus Ejektoren der Saugluftbremse, des Kondensators und Sperrdampf der Turbinenstopfbuchsen.
Stufe 2 aus Speisepumpenabdampf.
Stufe 3 aus Saugzugventilatorturbine.

Die Hauptturbine war nicht nach Ljungströms Bauart mit radialer Dampfströmung, sondern als Axialmaschine mit 2 Gleichdruck- und 14 Überdruckstufen ausgeführt. Ihre Nennleistung von 1320 kW bei 9200 U./min erreichte die Turbine bei 110 km/h Fahrgeschwindigkeit der Lok. Die flexible Verbindung für den Dampf vom Kesselfahrzeug zur Turbine auf dem Kondensatorfahrzeug bildete ein U-förmig gebogenes Stahlrohr. Zur Turbinenregelung dienten 5 Düsengruppen, die durch je ein eigenes Absperrventil mit Dampf versorgt werden konnten. Die Kraftübertragung geschah über ein zweistufiges Wende- und Übersetzungsgetriebe mit $i = 22{,}5$, so daß keine besondere Rückwärtsturbine erforderlich war. Die Turbinenwelle trug an ihren beiden Enden jeweils ein doppelschrägverzahntes Ritzel der 1. Getriebestufe. Zwischen den beiden Rädern der 1. Stufe auf der Zwischenwelle war das 2. Ritzel angeordnet, das auf das Abtriebsrad auf der Blindwelle trieb. Auch diese 2. Getriebestufe war in Doppelschrägverzahnung ausgeführt. Zur Drehrichtungsumkehr und damit für den Fahrtrichtungswechsel der Lok war in der 2. Getriebestufe ein Zwischenrad angeordnet. Um dieses zum Eingriff zu bringen, wurde die Blindwelle mit dem Abtriebsrad hydraulisch so weit gesenkt, daß sie mit dem Ritzel der 2. Stufe außer Eingriff kam. Der Kraftfluß ging in dieser Stellung (Rückwärtsfahrt) vom Ritzel der 2. Stufe über das Zwischenrad zum Großrad auf der Blindwelle. Bei Vorwärtsfahrt war die Blindwelle angehoben, und die Zahnräder der 2. Getriebestufe befanden sich in direktem Eingriff. Das Zwischenrad saß auf einer festen Welle und stand mit dem Ritzel der 2. Stufe dauernd im Eingriff. Bei Vorwärtsfahrt lief das Zwischenrad leer mit und befand sich mit Rad und Ritzel der 2. Getriebestufe gleichzeitig im Eingriff. Es war deshalb mit 2 sich unter 90° schneidenden Verzahnungen versehen. Die Umschaltung der Dreh- bzw. Fahrtrichtung im Getriebe erfolgte mit Drucköl, eine Sicherung verhinderte Schaltungen während der Fahrt.
Die Blindwelle gab die Turbinenleistung weiter über Kuppelstangen an die 3 Triebachsen. Die Getriebeturbineneinheit war in einem öldichten Gehäuse zwischen den Rahmenwangen am vorderen Ende des Kondensatorfahrzeugs untergebracht. Für die bewegten Maschinenteile hatte die Ljungström-Lok soweit möglich eine geschlossene Bauweise mit zentral versorgter Drucköschmierung, um wirtsachftlichen Ölverbrauch bei ausreichender Schmierung zu sichern und die Lager vor Staub zu schützen unter Vermeidung von Verschmutzungen der Lok.
Da der Oberflächenkondensator mit Luft gekühlt wurde, trat bei dichter Anlage fast kein Wasserverbrauch auf. Der Turbinenaustritt mündete direkt in den großen Kondensatorraum, der zur Hälfte mit Wasser gefüllt war. Der große Wasserinhalt konnte auch kurzzeitig große Dampfmengen niederschlagen sowie bei längeren Überlastungen noch ein tragbares Vakuum aufrechterhalten. Die Kondensatorkühlung besorgten 3 oben im Dach eingebaute Ventilatoren, welche die Kühlluft durch die Seitenwände ansaugten und nach oben ausbliesen. Die Luftleere im Kondensator erzeugte eine Dampfstrahlluft-

144 Zugkraft und Leistung der ersten Dampfturbinenlok von Ljungström. Leistungskennlinien
für 3 und 4 geöffnete Regelventile

pumpe (Ejektor). Die Lufteintrittsöffnungen in den Seitenwänden gestaltete man aufgrund durchgeführter Versuche für optimale Strömungsverhältnisse, um den Fahrwind gut mit ausnutzen zu können. Durch eine vom
mittleren Ventilator aus angetriebene Pumpe führte man
einer Regenvorrichtung im Kondensatorbehälter Wasser
zu, um dem Dampf eine maximale Berührungsfläche für
die Kondensation zu bieten.

Nach ihrer Fertigstellung unterzog man die Lok im
Sommer 1921 umfangreichen Messungen. Auf dem
Prüfstand ergab sich ein Gesamtwirkungsgrad bei Nennlast von 14 % bei inneren Turbinenwirkungsgraden von
70 bis 74 %. Ab 24. August 1921 übernahm die Schwedische Staatsbahn die Lok zur weiteren Erprobung in den
Zugdienst. Am 13. September 1921 machte man die
ersten Probefahrten im Bahnhof Hagalund, und am
13. Oktober 1921 fuhr sie erstmals einen Schnellzug von
370 t über die 60 km lange Strecke Hagalund–Uppsala.
Im Laufe der Betriebserprobung führte man eine Reihe
von Änderungen durch. Um einen unabhängigen Betrieb der Kondensatoranlage von der Fahrgeschwindigkeit zu ermöglichen, verließ man den ursprünglichen
Antrieb vom Hauptgetriebe aus und baute dafür eine
eigene Hilfsturbine ein. An den Rohren des Luftvorwärmers zeigten sich schon bald Korrosionserscheinungen
durch die Kesselabgase. Dies gab Veranlassung zum
Ausbau und Ersatz dieses Bauteils durch einen von
Ljungström inzwischen neu entwickelten rotierenden
Regenerativvorwärmer. Weiter kam eine neue Hauptturbine von verbesserter Konstruktion mit entsprechender Änderung der 1. Getriebestufe zum Einbau. Der Saugzugventilator wurde auch erneuert, wobei sein Abdampf
einen direkten Austritt in den Kondensator erhielt. Die
3. Speisewasservorwärmstufe entfiel ebenfalls, und die
Kondensator- und Kesselspeisepumpen faßte man zu
einer Einheit mit möglichst geringen Strömungswider-
ständen zusammen (Abb. 302).

Die bei der Firma Nydquist & Holm umgebaute und verbesserte Lok kam ab 24. August 1923 wieder in Betrieb.
Sie leistete bis Sommer 1924 die verschiedensten Dienste wie Rangier-, Güterzug- und Personenzugeinsätze.
Das hieraus gewonnene Ergebnis zeigte, daß die
Ljungström-Turbinenlok im schnellen Personenzugdienst einen durchschnittlich um 35 % niedrigeren Kohlenverbrauch gegenüber normalen Auspuffkolbenloks
erreichte. In den übrigen Diensten mit z. T. häufigen und
schweren Anfahrten war die Brennstoffersparnis geringer, da die Turbine längere Zeitanteile mit im Wirkungsgrad ungünstigeren Drehzahlen arbeiten mußte. Die
Laufeigenschaften und das Anfahrverhalten waren sehr
zufriedenstellend, ebenso der vorteilhafte Kesselbetrieb
mit Kondensat und der äußerst geringe Wasserverbrauch.
Die in diese Lok gesetzten Erwartungen konnten in

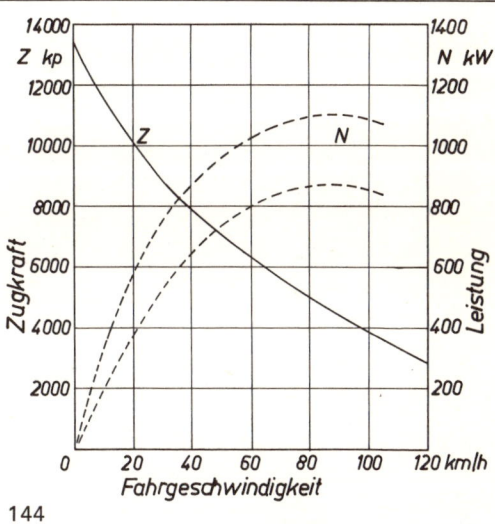

144

technischer Hinsicht nach dem Umbau als erfüllt betrachtet werden.

3.44.5 Die Lokomotive
von Ramsay und Armstrong, Whitworth & Co.

Im Jahre 1922 baute die Firma Armstrong, Whitworth &
Co. in Newcastle upon Tyne eine Dampfturbinenlok mit
Kondensation und elektrischer Kraftübertragung nach
dem Entwurf von D. M. Ramsay. Diese Lok bestand aus
2 Fahrzeugen mit je 3 Trieb- und 1 Laufachse. Das voranlaufende Fahrzeug trug den Kessel, unter dem auch
die Turbine und der Drehstromtraktionsgenerator angeordnet waren, sowie das Führerhaus. Auf dem zweiten
Fahrzeug befanden sich die Kondensationsanlage und
die Vorräte an Kohle und Wasser.

Den Dampf lieferte ein normaler Lokkessel mit 14 atü
Druck. Nach Verlassen der Turbine wurde der Abdampf
im Kondensator niedergeschlagen, der mit kombinierter
Oberflächen- und Verdampfungskühlung arbeitete. Ein
langsam rotierendes Rohrbündel tauchte in den Kühlwasservorrat ein und aus, wobei ein großer Ventilator an
der hinteren Fahrzeugstirnwand den Luftzug lieferte
(Abb. 303 und 304).

Der Achsantrieb erfolgte durch 4 Drehstromfahrmo-
toren. In jedem der beiden Einzelfahrzeuge arbeiteten 2
Fahrmotoren über Zahnradgetriebe auf eine Blindwelle
und weiter über Kuppelstangen auf die Triebräder. Für
den Erregerstrom des Hauptgenerators war ein kleiner
Gleichstromgenerator mit eigener Turbine für 110 V
Spannung vorhanden. Bei Nenndrehzahl von 3600 U./
min lieferte der Hauptgenerator 890 kW bei 60 Hz und
600 V. Die eigenbelüfteten Fahrmotoren besaßen
Schleifringanker und konnten in 2 Gruppen in Serie oder
parallel geschaltet werden. Die Dauerleistung betrug

162

145 Typenskizze der Dampfturbinenlok von Ramsay und Armstrong, Whitworth & Co.

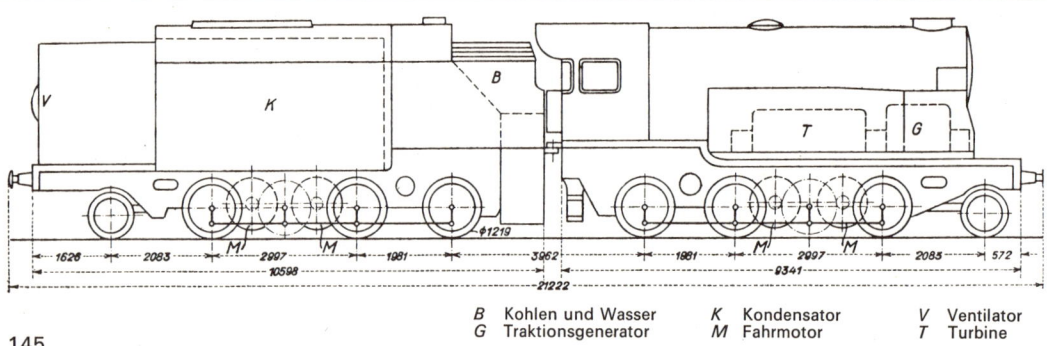

145

B	Kohlen und Wasser	K	Kondensator	V	Ventilator
G	Traktionsgenerator	M	Fahrmotor	T	Turbine

200 kW, die Stundenleistung 265 kW je Motor. Die Fahrsteuerung geschah über den Erregerstromkreis des Hauptgenerators in Verbindung mit Anfahrwiderständen, Serien-Parallel-Schaltung und 2 Generatordrehzahlstufen von 1800 bzw. 3600 U./min. Das Anfahrdrehmoment dieser Motoren betrug das Dreifache des Nennmomentes. Vor dem Anfahren wurde zunächst das Hilfsaggregat auf seine Nenndrehzahl von 3600 U./min gebracht. Der Hauptgenerator lief auf die halbe Nenndrehzahl von 1800 U./min hoch und bekam vollen Erregerstrom, gleichzeitig betrug das Antriebsdrehmoment der Dampfturbine zirka 150 % des Nennwertes. Nach Aufschalten des Stroms auf die in Serie geschalteten Motoren konnte die Anfahrt der Lok erfolgen. 2 in Serie geschaltete Drehstrommotoren haben, wenn sie mit der halben Drehzahl des speisenden Generators laufen, das doppelte Drehmoment gegenüber Parallelschaltung, wobei die Leistungsaufnahme in beiden Fällen gleich ist. Bei Fahrmotorenserienschaltung und halber Generatordrehzahl bzw. Frequenz ergibt sich deshalb vom Anfahren bis zu 25 % der Höchstgeschwindigkeit ein Drehmoment vom $2 \cdot 1{,}5 = 3$fachen Wert des Nennmoments. Oberhalb 0,25 V_{max} schaltet man die beiden Motorgruppen parallel, wobei der Traktionsgenerator weiter mit halber Drehzahl betrieben wird. Das Motormoment erreichte bis zur halben Höchstdrehzahl bzw. Höchstgeschwindigkeit den 1,5fachen Nennwert. Nach Erreichen der halben Höchstgeschwindigkeit wurde zur weiteren Beschleunigung der Lok der Hauptgenerator allmählich auf volle Drehzahl aufgeregelt. Dabei beschleunigte die Lok bis zur Höchstgeschwindigkeit mit konstantem Motordrehmoment. Die Regelung erfolgte durch das Drehen des Fahrschalterhandrades. womit sowohl die Drehzahl der Dampfturbine bzw. des Traktionsgenerators als auch die Gruppierung der Fahrmotoren und das Schalten der Widerstände in den Motorstromkreisen veranlaßt wurde.
Im Bereich der Serien- und Parallelschaltung der Motoren wurde jeweils zunächst der ganze Anfahrwiderstand eingeschaltet und mit zunehmender Geschwindigkeit allmählich vermindert, bis die halbe Maximalge-

schwindigkeit von 48 km/h erreicht war. Die weitere Beschleunigung von 48 auf 96 km/h geschah durch allmähliche Aufregelung der Turbinenaggregate von 1800 auf 3600 U./min bzw. 30 auf 60 Hz.
Eine Verminderung der Antriebsleistung bzw. Geschwindigkeit während der Fahrt geschah einfach durch schnelles Zurücknehmen des Fahrschalters in 0-Stellung. Die Fahrmotoren wurden dadurch stromlos und die Erregung des Hauptgenerators unterbrochen. Zur Wiederbeschleunigung während der Fahrt konnte der Fahrschalter entsprechend der augenblicklichen Geschwindigkeit rasch hochgedreht und dann langsam weiter betätigt werden.
Die Lok kam bei der Lancashire & Yorkshire Railway und der London, Midland & Scottish Railway zum probeweisen Einsatz. Wegen etwas knapper Kesselleistung konnte die Maschinenanlage der 132,6 t schweren Lok nicht voll ausgenutzt werden; man ermittelte am Radumfang zirka 700 kW. Der Kondensator ergab wegen Undichtheiten hohe Wasserverluste, und die Bahnen konnten sich nicht entschließen, die Lok zu übernehmen. Bereits nach 2 Jahren verschrottete man 1924 diese Turbinenlok, welche als erstes Triebfahrzeug der Welt eine elektrische Drehstromkraftübertragung erhielt. Ein Entwurf für eine verbesserte und leistungsfähigere Maschine dieser Art kam nicht mehr zur Ausführung.

3.44.6   Die Lokomotive von Reid-MacLeod und der North British Locomotive Company

Die North British Locomotive Co. (NBL) in Glasgow erbaute im Jahre 1923 eine Kondensationsdampfturbinenlok nach dem System Reid-MacLeod, die nach Fertigstellung auf der British Empire Exhibition 1924 in Wembley ausgestellt war.
Das Fahrzeug in Drehgestellbauweise trug auf dem durchgehenden Brückenrahmen die Kessel- und Kondensationsanlage. Der Rahmen stützte sich auf 2 jeweils vierachsige Laufwerke, wobei sich die Achsfolge (2'B) (B2') ergab. Auf dem hinteren Teil des Rahmens befand sich der Heißdampfkessel in normaler Bauart. Die Ver-

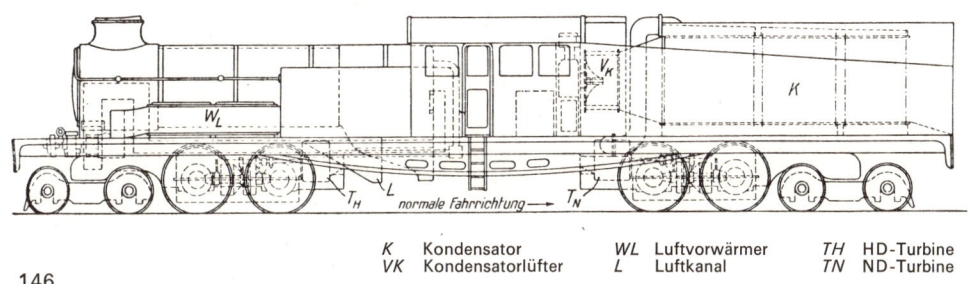

| K | Kondensator | WL | Luftvorwärmer | TH | HD-Turbine |
| VK | Kondensatorlüfter | L | Luftkanal | TN | ND-Turbine |

146

brennungsluft förderte ein Unterwindventilator durch einen rauchgasbeheizten Luftvorwärmer in den Aschkasten unter den Rost. Mittels eines besonderen Umschaltventils konnte der Heizer die Feueranfachung auf Schornsteinzug umstellen, so daß bei geöffneter Feuertür das Herausschlagen der Flamme verhindert werden konnte. Der im Kessel erzeugte Dampf gab seine Energie über eine HD-Turbine im hinteren und eine ND-Turbine im vorderen Laufwerk der Lok an die 4 Triebachsen ab. Der Achsantrieb erfolgte rein mechanisch über je ein zweistufiges Stirnrad-Kegelrad-Getriebe, wobei jeder Turbinenteil 370 kW Nutzleistung lieferte. In den beiden Turbinengehäusen war jeweils eine Rückwärtsturbine eingebaut, die 70 % der Leistung der Vorwärtsturbine abgeben konnte. Die Umsteuerung erfolgte durch ein Handrad im Führerhaus. Die Dampfzufuhr wurde an der HD-Turbine mit 2 Einlaßventilen für Vorwärtsteil und 1 Ventil für Rückwärtsteil vorgenommen. Der abströmende Dampf aus der HD-Turbine im hinteren Laufwerk gelangte durch Aufnehmerrohre zur ND-Turbine im vorderen Drehgestell und von dort zum Kondensator. Dieser befand sich vorn auf dem Brückenrahmen der Lok und wurde mit Kühlwasser besprüht. Außerdem hatte der Fahrwind bei Vorwärtsfahrt freien Zutritt zum Kondensator. Ein hinter dem Kondensator angeordneter Ventilator verstärkte die Luftströmung. Das Kühlwasser verdampfte auf den abdampfdurchströmten Ventilatorrohren, und das entstehende Dampf-Luft-Gemisch gelangte nach oben ins Freie. Der Abdampf aus den Hilfsmaschinen – Kesselspeisepumpe, Kühlwasserumwälzpumpe, Verbrennungsluftventilator und Ejektor der Saugluftbremse – diente zur Speisewasservorwärmung. Der an der Rauchkammer am hinteren Lokende angebrachte Verbrennungsluftventilator saugte die Luft durch 2 Einlaufkanäle an. Diese Luft wurde mit Wasserzerstäuberdüsen angefeuchtet und gelangte in 2 jeweils seitlich am Kessel angebrachte Führungsrohre, in welchen sich Kühlelemente für das Getriebeöl befanden. Die bei der Ölkühlung freiwerdende Wärme heizte die Verbrennungsluft etwas auf. Die Turbinenleistung gelangte jeweils über Gelenkantriebswellen auf 2 Schraubenritzel

von entgegengesetzter Steigung. Diese Ritzel standen mit je einem Schraubenrad in Verbindung, auf deren Wellen je ein Kegelrad befestigt war. Kegelräder, Hohlwellenantriebe und Schraubenfedern übertrugen die Leistung zu den Triebrädern. Um innerhalb eines Drehgestells gleichen Drehsinn der Triebräder zu bekommen, waren die Kegelradgetriebe versetzt angeordnet (Abb. 305).

Beim Bau dieser Lok fanden Teile der ersten von NBL 1909 gebauten Dampfturbinenlok nach Reid-Ramsay Verwendung. Mit 135 t Dienstgewicht war die Lok im Vergleich zu ihrer Nutzleistung von zirka 750 kW schwer. Wenn auch die Funktionsfähigkeit der Bauart nachgewiesen wurde, so ließ sich doch keine ausreichende Betriebszuverlässigkeit erreichen. Maßgebenden Anteil an den Schwierigkeiten hatten Undichtheiten an 3 beweglichen Dampfleitungen, von welchen 2 unter Druck und 1 unter Vakuum standen und die einem längeren Betrieb nicht gewachsen waren. Die an sich richtige Konzeption bezüglich des Fahrzeugaufbaus als Drehgestellok scheiterte hier u. a. an Bauteilen, für die damals keine ausreichende Standfestigkeit erreichbar war.

3.44.7 Die Lokomotive Betr.-Nr. T18 1001 der Deutschen Reichsbahn

Die Lokfabrik Friedrich Krupp in Essen erwarb von Dr. Zoelly die Lizenz für den Bau von Turbinenloks seines Systems. Nachdem mit der Lok Nr. 1801 der SBB die grundsätzliche Funktionstüchtigkeit des Zoelly-Systems nachgewiesen war, wurde auf Vorschlag von Krupp für die DR eine Schnellzuglok gebaut, die als erste deutsche Lok einen Turbinenantrieb erhielt (Fabr.-Nr. 529).
Die Gesamtanordnung entsprach der in der Schweiz erprobten Ausführung. Die Turbine wurde auch hier vorn in der Lok unterhalb der Rauchkammer eingebaut, wobei die Kraftübertragung ebenfalls mittels Zahnradgetriebe, Blindwelle sowie Trieb- und Kuppelstangen auf die Triebachsen erfolgte. Beim Bau dieser Lok arbeitete Krupp mit der Firma Escher Wyß zusammen, um die mit der ersten Zoelly-Lok gemachten Erfahrungen zu ver-

werten. Escher Wyß lieferte auch die Dampfturbine der DR-Lok. Um eine bestmögliche Wärmewirtschaft zu erzielen, wurde der geschlossene Kreislauf mit Kondensation gewählt. Die Hauptdaten der Lok in ihrer 1. Ausführung waren:

Dienstgewicht Lok	113,7	t
Reibungsgewicht	60,5	t
Anfahrzugkraft	12	t
Achsstand Lok	9900	mm
Triebrad-⌀	1650	mm
Kurbelkreis-⌀	630	mm
Höchstgeschwindigkeit	110	km/h
Dienstgewicht Tender	66	t
Wasservorrat	19,5	m³
Kohlenvorrat	6,5	t

Der Kessel wurde in normaler Bauweise ausgeführt; anstelle des Blasrohrs trat ein turbinengetriebener Saugzugventilator. Wegen der unter dem Kessel eingebauten Kondensatoren und der Turbine erhielt dieser eine Höhenlage von 3325 mm für die Kesselmitte über SO. Die wichtigsten Kesseldaten waren:

Dampfdruck	15	atü
Dampftemperatur	350	°C
Rostfläche	3,1	m²
Heizflächen für		
Verdampfung	155	m²
Überhitzung	66,0	m²
Rauchrohrlänge	4760	mm
Kondensatorkühlfläche	220	m²
Leistung zirka	9	t/h

Die relativ große Turbinenleistung von 1470 kW bedingte für das zweistufige Zahnradgetriebe damals breite Räder, die zwischen den Rahmenwangen untergebracht wurden. Dies bedingte für Vor- und Rückwärtsturbine je ein getrenntes Gehäuse, das zu beiden Seiten des Getriebes angebaut wurde. Die jeweils aus einem Schmiedestück herausgearbeiteten Turbinenläufer für Vor- und Rückwärtsfahrt und die Welle des pfeilverzahnten Doppelritzels waren durch eine konische Muffenkupplung miteinander verbunden. Die sechsstufige Vorwärtshauptturbine in Gleichdruckbauart hatte 650 mm Laufrad-⌀ und lief bei Nennleistung von 1470 kW mit 6800 U./min, was bei der gewählten Übersetzung einer Fahrgeschwindigkeit von 85 km/h entsprach. Die Rückwärtsturbine besaß 3 Gleichdruckstufen und wies auch 650 mm Laufrad-⌀ auf. Zur Verringerung der Ventilationsverluste der leer mitlaufenden Rückwärtsturbine brachte man hinter der letzten Laufschaufelreihe verschließbare Klappen an, die im Leerlauf eine Durchströmung der Turbine weitgehend verhinderten. Die Rückwärtsturbine entfernte man bei einem späteren Umbau und setzte an ihre Stelle eine sich bei 30 km/h selbsttätig abschaltende Anfahr- und Rangierturbine, um die Beschleunigung der Lok zu verbessern und damit bei Anfahrten möglichst rasch aus dem unteren Drehzahl- bzw. Geschwindig-

keitsbereich mit seinem hohen spezifischen Dampfverbrauch herauszukommen. Für den Fahrtrichtungswechsel sah man ein Wendegetriebe vor, das infolge einer Verriegelung nur im Stillstand der Lok schaltbar war. Die beiden Turbinengehäuse waren am Getriebekasten angeflanscht, der sich seinerseits in Prismenführungen auf den Hauptrahmen abstützte und auf jeder Seite durch einen kräftigen Bolzen mit diesem verbunden war. Unmittelbar hinten am Getriebegehäuse befand sich die feste Kesselstütze. Die axiale Führung der Turbinenwelle geschah mit der doppelten Schrägverzahnung.

Hinter der Rauchkammerkesselstütze lagen quer unter dem Kessel die beiden zylindrischen Oberflächenkondensatoren. Der vordere Kondensator war mit den beiden Abdampfstutzen der Turbinen durch je eine seitlich liegende Leitung mit Rechteckquerschnitt verbunden. Da die Abdampfstutzen unter sich über ein Umlaufrohr in Verbindung standen, konnte der Turbinenabdampf teils direkt und teils am Rotor der nicht arbeitenden Turbine vorbei in den vorderen Kondensator strömen. Der vordere Kondensator wurde vom kältesten Kühlwasser gekühlt. Der hier noch nicht niedergeschlagene Dampf gelangte in den hinteren Kondensator, an welchem sich auch der Absaugestutzen der Wasserstrahlluftpumpe befand.

Eine mit Frischdampf betriebene und auf den Kondensator arbeitende Hilfsturbine trieb die Pumpengruppe an. Darin waren die Kühlwasserumwälzpumpe, die zugleich auch die Wasserstrahlpumpe (Bauart Müller) mit Betriebswasser versorgte, die Kesselspeisepumpe und der Bremsluftverdichter. Die Speisepumpe war als Differentialkolbenpumpe ausgebildet; sie saugte das Kondensat aus dem Sammelbehälter an und drückte es durch Abdampfvorwärmer und Abgasvorwärmer (in der Rauchkammer) in den Kessel.

Wegen der hohen Belastung des vorderen Drehgestells ordnete man zunächst den Saugzugventilator unter dem Kessel an. Die Rauchkammer war durch eine zweiflügelige Zwischentür in einen Saug- und einen Druckraum unterteilt. Diese Bauweise bedingte umständliche Rauchgaskanäle, die die Zugänglichkeit der einzelnen Teile behinderten. Später baute man deshalb den Saugzugventilator doch in die Rauchkammer ein. Im Interesse eines Gewichtsausgleichs verlegte man gleichzeitig die vordere Rohrwand um 400 mm nach rückwärts. Die Saugzugturbine arbeitete ebenfalls mit Frischdampf auf den Kondensator. Die Lüfterturbine der Rückkühlanlage war als Gegendruckmaschine auf den Abdampfvorwärmer geschaltet. Da die Hilfsturbinen mit Heißdampf arbeiteten, war der Schmidt-Rauchröhrenüberhitzer zunächst aufgeteilt in einen größeren Teil für die Hauptturbine und einen kleineren Teil für die Hilfsturbinen. Das gesamte Speisewasser wurde in einem geschlossenen Kreislauf geführt, wobei allerdings Verluste durch die Kesselsicherheitsventile und Stopfbuchsen auftreten konnten. Zum Ausgleich dieser Verluste war im hinteren Dampfdom ein abgeschlossener Verdampfer eingebaut, der das Zusatzwasser zur Deckung der vorgenannten Leckverluste des Kreislaufs aufbereitete. So konnte der Kessel weitgehend sauber gehalten werden, was bei der damals noch nicht vorhandenen Innenaufbereitung ein bedeutender Vorteil war. Der Verdampfer war so groß ausgelegt, daß er im Winter den Heizdampf für den Zug liefern konnte, welcher nicht mehr für den Kreislauf zurückgewonnen werden kann.

Für die Rückkühlung des Kondensatorkühlwassers enthielt der Tender einen wassergekühlten Oberflächenkondensator; in diesem waren die Kühlzellen quer zur Fahrtrichtung angeordnet, die eine Füllung mit Raschig-Ringen[2]) enthielten. Ein Doppelventilator saugte die Kühlluft durch die Öffnungen der Tenderseitenwände und die Raschig-Ringschichten hindurch, um das erwärmte Kühlwasser der Kondensatoren zurückzukühlen. Die Kühlwirkung ergab sich bei der Wasserberieselung von oben und der Belüftung durch die Ventilatoren von unten mit guter Wirksamkeit. Allerdings ließ sich ein Mitreißen von Wassertröpfchen durch den Kühlluftstrom, besonders bei hoher Belastung, nicht ganz vermeiden. Eine Änderung der Wasserverteilung über die Kühlelemente durch Spritzleitungen innerhalb der Raschig-Ringe anstelle der ursprünglichen Beregnung ließ den Wasserauswurf von Kühlwasser aus dem Tender verschwinden.

Die Leistungsregelung der Vorwärtsturbine erfolgte mit 2 Ventilen, wobei die Dampfzulaufmenge zur Turbine mit 3000 oder 6000 kg/h einzustellen war. Durch gleichzeitiges Öffnen beider Regelventile ließ sich bei 9000 kg/h Dampfstrom die Nennleistung der Turbine erreichen. Die dazwischen liegenden Laststufen konnten wie bei der normalen Dampflok mit dem Regler durch Drosselung des Kesseldampfes gefahren werden.

Diese erste von Krupp erbaute Dampfturbinenlok wurde von der DR eingehend erprobt. Die 1926 durchgeführten Versuchsfahrten ergaben allerdings noch keine Verminderung des Dampf- bzw. Kohlenverbrauchs gegenüber normalen Kolbenloks. Dies hatte seine wesentliche Ursache in der großen Verlustleistung der Rückwärtsturbine, deren Vakuum überdies nicht sehr gut war. Durch die vorerwähnte Abdeckeinrichtung und eine Verbesserung des Unterdruckes konnte dieser Nachteil gemildert werden. Nach diesem ersten Umbau führte das Versuchs-

amt Grunewald auf der Strecke Potsdam—Burg mit Meßwagen und Bremslok 1928 eine umfangreiche Meßreihe durch. Dabei zeigte sich eine gute Anfahrzugkraft der Lok, allerdings nur mit voller Beaufschlagung der Turbine und dabei mit hohem spezifischem Verbrauch. Nach Überschreiten von zirka 40 km/h gelangte man in das Gebiet günstigerer spezifischer Verbrauchswerte und konnte Ersparnisse gegenüber normalen Kolbenloks feststellen. Bei 60, 80 und 100 km/h sowie im ganzen Leistungsbereich konnte ein Minderverbrauch an Kohle gegenüber den seinerzeit modernen Kolbenloks der DR Reihen 01, 02 und 18.5 von zirka 34 % ermittelt werden. Der Kondensatordruck lag bei kleineren Leistungen bei 0,1 ata und bei größeren Laststufen bei 0,2 ata. Der anteilige Dampfverbrauch der Hilfsmaschinen erwies sich jedoch als erheblich; er erreichte bei kleinen Leistungen bis 33 % und bei größeren Leistungen bis 18 % des Gesamtdampfverbrauchs. Dies drückte natürlich die Gesamtwirtschaftlichkeit wieder herab. Den absolut günstigsten Wärmeverbrauch erreichte die Krupp-Lok mit 5840 kcal/kWh bei 80 km/h und 920 kW Zughakenleistung. Vergleichsweise liegt die günstigste Verbrauchszahl von 10 000 kcal/kWh der Reihe 01 der DR bei 80 km/h und 1250 kW Leistung.

Nach Abschluß der Meßfahrten führte man noch Schnellzugprobefahrten mit 400 bis 600 t Last auf der Flachlandstrecke Berlin—Hannover—Bremen durch. Der dabei ermittelte Minderverbrauch an Kohle lag bei nur 17 % unter betrieblichen Einsatzbedingungen gegenüber Loks normaler Bauart. Im täglichen Betrieb konnte also nur mit einer Kohlenersparnis von im Mittel der Hälfte des für günstigste Betriebsverhältnisse gemessenen Wertes gerechnet werden. Die wesentlichen Gründe dafür lagen in den bei kurzen Aufenthalten durchlaufenden Hilfsmaschinen und den hohen Dampfverbrauchswerten bei Anfahrten, obwohl diese Gegebenheiten im Schnellzugdienst noch am günstigsten lagen. Eine erhebliche Verbesserung der Verbrauchswerte konnte durch Speisung der Hilfsmaschinen mit Anzapfdampf aus der Hauptturbine erreicht werden. Damit paßten sich Leistung und Verbrauch der Hilfsmaschinen automatisch den Betriebsverhältnissen der Hauptmaschine an. Bei Untersuchung der Rückwärtsturbine wurde deren Eignung für den vorgesehenen Zweck für Rangierbewegungen überprüft und festgestellt, daß wegen hohen spezifischen Verbrauchs und geringer Leistung Rückwärtsfahrten der Turbinenlok auf das äußerst Notwendige zu beschränken sind. Man entschloß sich deshalb auch zum vorerwähnten Ausbau unter Umstellung auf ein Wendegetriebe und nutzte den freigewordenen Raum für den Einbau einer Anfahr- und Beschleunigungsturbine.

Nach Abschluß der Erprobung wurde die Lok bei Firma

---

[2]) Die Raschig-Ringe sind kleine Blechhülsen, welche in bestimmter Schütthöhe in mehreren Kästen und diese wiederum in verschiedenen Ebenen übereinander angeordnet waren. Damit erzielte man eine große Oberfläche zur Abkühlung des Kühlwassers.

Krupp überholt. Anfang 1930 kam sie in den Schnellzugdienst beim Betriebswerk Hamm (Westfalen) zusammen mit 01-Loks, wo sie bis zur Außerdienststellung im Jahre 1941 beheimatet blieb. Die Maschine war jedoch noch immer nicht genügend betriebstüchtig und erforderte häufig Reparaturen. Sie befand sich deshalb bis Mitte 1935 mehrheitlich beim RAW Schwerte und bei der Firma Krupp. Die Turbine, das Hauptgetriebe und dessen Ölversorgung verursachten zahlreiche Ausfälle, darunter auch Lagerschäden. Bei der Untersuchung im Jahre 1931 erhielt die Turbine neue Schaufeln. Weiter bereiteten die Hilfsmaschinen viele Schwierigkeiten, vor allem die Saugzugturbine und deren Lager. Nach kurzer Einsatzzeit vom 14. Juli bis 30. Oktober 1935 beim Betriebswerk Hamm, die noch durch einen Aufenthalt bei Krupp (15. August bis 22. Oktober 1935) unterbrochen wurde, kam die T18 1001 bis zum 4. April 1936 nochmals zum Versuchsamt für Lokomotiven nach Berlin-Grunewald. Anschließend konnte die Lok im praktischen Betrieb für längere Zeit eingesetzt werden, da inzwischen eine gewisse Betriebsreife erreicht werden konnte.

Während des letztgenannten Werksaufenthalts bei Krupp wurden einige Änderungen vorgenommen, die die Wärmewirtschaft der Lok entscheidend verbesserten. Der hohe Dampfverbrauch der Hilfsmaschinen bei Handregelung wurde durch die erwähnte Versorgung mit Anzapfdampf aus der Hauptturbine ersetzt, was einerseits eine selbsttätige Anpassung der Hilfsmaschinenleistung an die der Hauptturbine und andererseits eine vereinfachte Bedienung der Lok zur Folge hatte. Der Anzapfdampf, entnommen nach der 1. Stufe, wurde in folgender Reihenfolge weitergeleitet:

1. Kühlerturbine im Tender für Antrieb von Lüfter und Kühlwasserpumpe.
2. Saugzugturbine in der Rauchkammer.
3. Pumpenturbine für Antrieb von Speisepumpe, Strahlwasserpumpe der Kondensatorentlüftung und Bremsluftverdichter.

Da in den Zu- und Ableitungen zur Kühlerturbine der Dampfdruck über 1 ata lag, war eine Dichtung der dafür nötigen Gelenkverbindungen zwischen Lok und Tender gegen Unterdruck nicht nötig. Die Pumpenturbine erhielt einen Drehzahlregler, der bei Bedarf zusätzlich Frischdampf aus dem Kessel freigab, um die Mindestdrehzahl nicht zu unterschreiten. Die beiden anderen Hilfsturbinen liefen ohne besondere Regelung entsprechend dem Dampfdurchsatz der Hauptturbine, womit sich eine selbsttätige Leistungsanpassung in gleicher Weise wie beim Blasrohr der klassischen Auspuffkolbenlok ergab. Bei Bedarf konnte außerdem jede Hilfsturbine auch durch Handregelung mit Frischdampf direkt ge-

speist werden. Weiter gab man bei diesem Umbau die Aufteilung des Überhitzers in einen Teil für die Hauptturbine und einen Teil für die Hilfsmaschinen auf, ebenso baute man den Zusatzwasserverdampfer aus. Die Wasserverluste durch Zugheizung u. a. konnten ohne nachteilige Folgen durch Rohwassernachspeisung ausgeglichen werden.

Auch nach diesem zweiten großen Umbau traten weiterhin oft Störungen auf, vor allem durch zahlreiche Undichtheiten von Kondensatoren und Überhitzer. Dies war eine Folge der starken Korrosionsangriffe an den vielen wasserführenden Teilen während der häufigen und z. T. langen Abstellzeiten. Grundsätzlich zeigte sich die Lok aber nun brauchbar und ergab mit ihrem geschlossenen Kreislauf bei gutem Unterdruck günstige Verbrauchszahlen. Die DR beabsichtigte deshalb, unter Verwertung der gewonnenen Erfahrungen 2 neue Turbinenschnellzugloks mit Kondensation zu beschaffen, die in Abschnitt 3.45 erwähnt sind.

Eine Besonderheit der Lok T18 1001 im Fahrbetrieb zeigte sich darin, daß infolge der großen umlaufenden Massen vor allem wegen des schweren Zahnradgetriebes und des geringen Leerlaufwiderstandes der Antriebsanlage die Maschine bei Alleinfahrt und Höchstgeschwindigkeit nicht innerhalb des Vorsignalabstandes zum Halten gebracht werden konnte. Die Lok lief im Schnellzugdienst des Betriebswerks Hamm bis 1940, wobei Monatslaufleistungen von 8000 bis 13 000 km erreicht wurden. Die gesamte Laufleistung von der Untersuchung im Jahre 1930 bis zur Außerdienststellung 1940 betrug 316 000 km.

Mit Beginn des 2. Weltkriegs wurde die Turbinenlok aus dem Dienst genommen und im Freien abgestellt. Dabei kam sie durch einen Bombenangriff schwer zu Schaden und wurde nicht wieder instand gesetzt.

3.44.8 Die Lokomotive der Argentinischen Staatsbahn

Die Herstellung und Erprobung der ersten Ljungström-Dampfturbinenlok wurde auch von der schwedischen Lokfabrik Nydquist & Holm (NOHAB) mit Interesse verfolgt. Diese Firma schloß im Februar 1923 mit der Ljungström Angturbin AB einen Lizenzvertrag für den Bau solcher Loks ab. Schon kurz danach erhielt NOHAB Aufträge für 2 Ljungström-Loks von der Argentinischen und der Schwedischen Staatsbahn. Wegen der Dringlichkeit baute man die Lok für Argentinien zuerst. Diese Maschine war für den Reise- und Güterzugdienst auf der 797 km langen Meterspurstrecke Tucuman–Santa Fe bestimmt. Mangels geeigneten Speisewassers sollte die ganze Strecke ohne Wasseraufnahme durchfahren werden. Der Aufbau dieser Lok stimmte mit dem der ersten

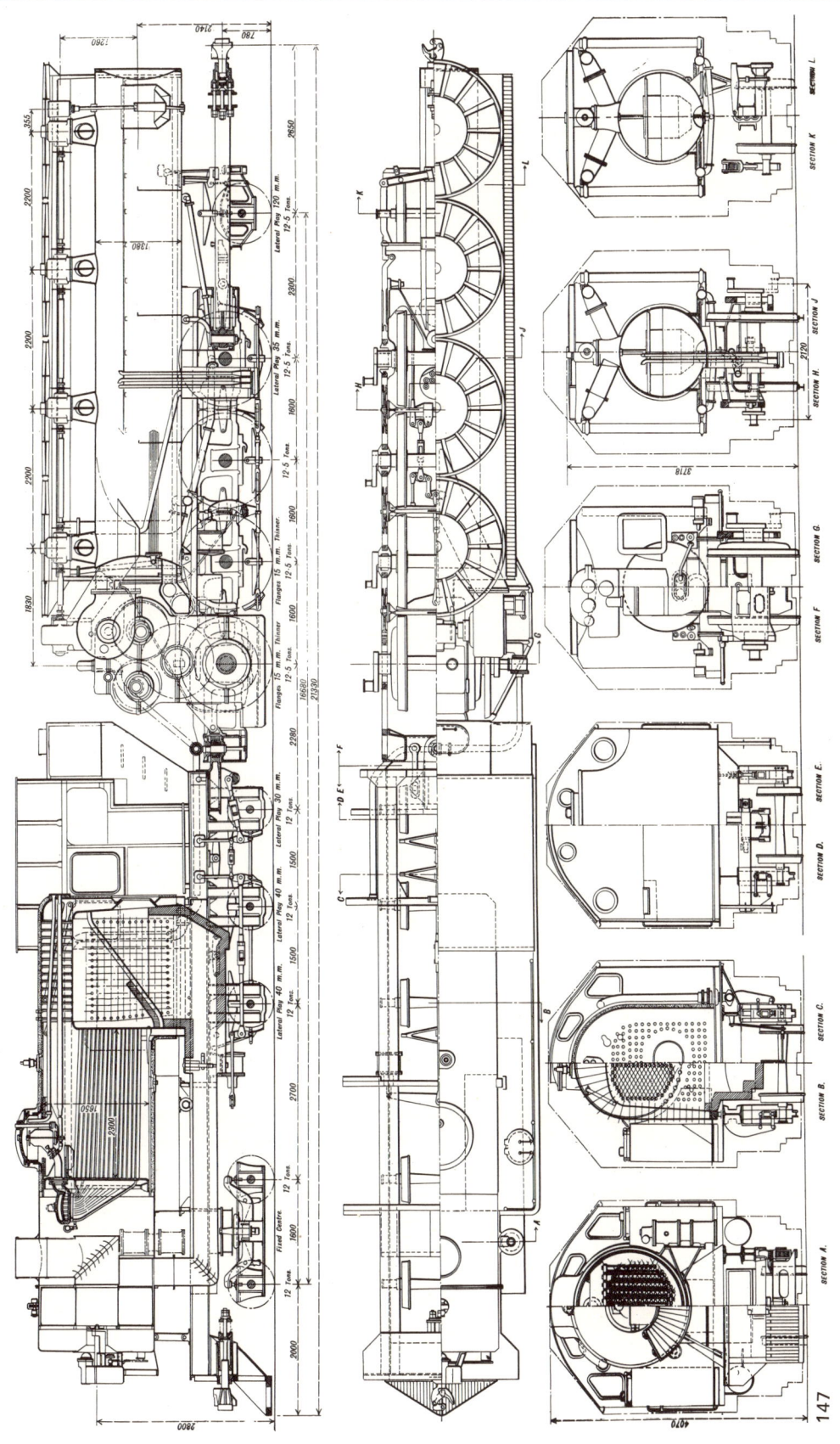

147

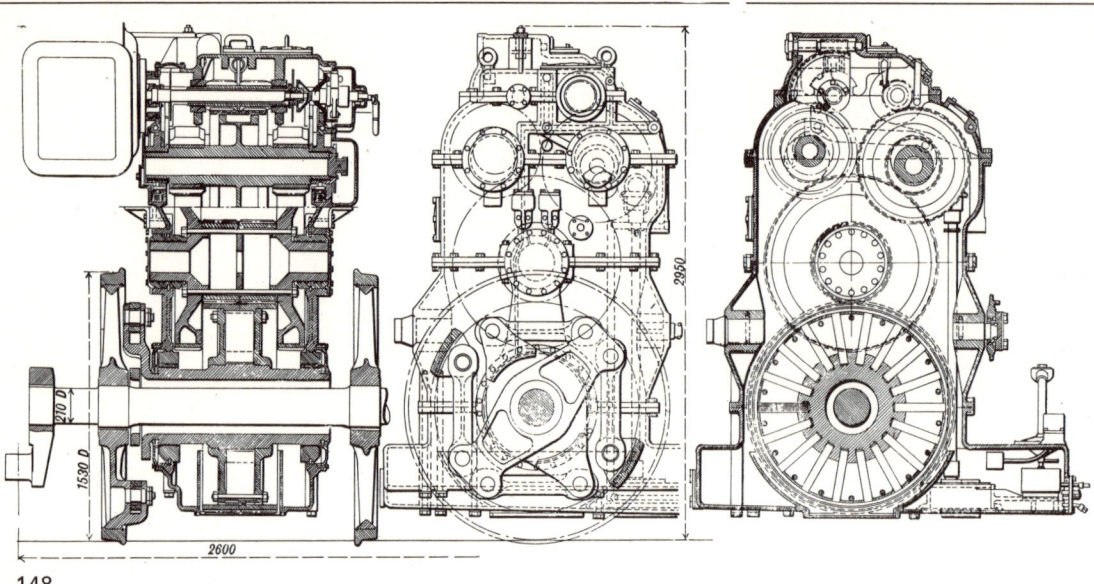

148

Ljungström-Lok überein, wobei die damit gewonnenen Erfahrungen berücksichtigt wurden. Die Hauptdaten der Argentinien-Lok waren:

Dienstgewicht des Kesselfahrzeugs	59	t
Dienstgewicht des Kondensatorfahrzeugs	63,5	t
Reibungsgewicht auf 4 Achsen	50	t
Anfahrzugkraft	15	t
Triebrad-∅	1470	mm
Dampfdruck	19,6	atü
Heizflächen für		
Verdampfung–Strahlung	11,6	m²
Verdampfung–Berührung	85,3	m²
Überhitzung	55,8	m⁹
Luftvorwärmung	778	m²
Kondensatorkühlfläche	1960	m²
Wasserinhalt des Kesselfahrzeugs	5000	kg
Wasserinhalt des Kondensatorfahrzeugs	5500	kg
Heizölvorrat	6500	kg
Dauerleistung am Radumfang	1300	kW

Der Kessel, in üblicher Bauweise, besaß Ölfeuerung. Gegenüber der ersten Ljungström-Lok stellte man die Kondensatorrohre ausschließlich senkrecht. Im Gegensatz zur früheren Belüftung mit Saugwirkung erhielt der Kondensator für die Luftkühlung eine Druckbelüftung von oben nach unten mit 4 Ventilatoren. Dies ergab eine gleichmäßigere Kühlluftverteilung im Kondensator, welcher wegen der hohen mittleren Lufttemperatur von 30 °C im Einsatzgebiet der Lok ohnehin reichlich ausgelegt werden mußte.
Der Achsantrieb wurde durch Wegfall der Blindwelle ebenfalls geändert. Über ein gefedertes Großrad wirkte das Turbinengetriebe direkt auf die Achshohlwelle der 1. Triebachse. Die Kupplung der Hohlwelle mit der Triebachse erfolgte durch einen Gelenkstangenantrieb auf einer Seite, die 4 Triebachsen waren durch Kuppelstangen

verbunden. Zum Wechsel der Dreh- bzw. Fahrtrichtung benutzte man ein Zwischenrad zwischen 2. und 3. Getriebestufe, welches mittels eines Schneckengetriebes und Verstellgestänge durch seine exzentrische Wellenlagerung in bzw. außer Eingriff gebracht werden konnte. Die Betätigung erfolgte rein mechanisch über eine Schraubenspindel im Führerstand, ähnlich wie bei der Umsteuerung einer Kolbenlok.
Vor der Rauchkammer befand sich der rotierende Ljungström-Regenerativluftvorwärmer, der die Verbrennungsluft bis zu 300 °C aufheizte.
Die Lok wurde im September 1925 fertig (Fabrik-Nr. 1731), konnte aber wegen Fehlens einer geeigneten Strecke in Schweden nicht erprobt werden. Der Kessel erreichte bei der Werksabnahme den bemerkenswert hohen Wirkungsgradscheitel von 87%. Für den Schiffstransport wurde die Lok zerlegt und in der Werkstätte Tafi Viejo der Argentinischen Staatsbahn wieder zusammengebaut. Die endgültige Abnahme der Lok wurde mit Lastprobefahrten auf der Strecke Tucuman–Santa Fe vorgenommen. Zur Überprüfung der Arbeitsweise unter allen dort vorkommenden klimatischen Verhältnissen war je eine Probefahrt im Frühjahr, Sommer, Herbst und Winter vorgesehen. Der garantierte Minderverbrauch an Brennstoff gegenüber Kolbenloks normaler Bauart bei gleichem Dienst betrug 40% im Sommer und 50% im Winter (Abb. 310).
Im Februar 1926 erfolgte die Montage der Lok. Am 13. März 1926 wurde die Strecke Tucuman–Santa Fe erstmals durchfahren; die Hinfahrt dauerte 22 h, die Rückfahrt 20¾ h. Die Abnahmefahrten verliefen zufriedenstellend. Die Lok war in der Lage, Züge mit 1200 t Last über die z.T. schwierige Strecke zu fahren. Bei den

Abnahmefahrten gab es viele Verzögerungen durch Heiß-
läufer im Zug, entgleiste Wagen und gebrochene Kupplungen, was Rückschlüsse auf den nicht gerade guten
Zustand der Bahn zuließ. Der schwerste Zug bei den
Abnahmefahrten wog ohne Lok 1780 t. Der schlechte
Streckenzustand erlaubte es allerdings nicht, die Leistung
der Lok von 1180 kW als garantierten Nennwert voll
auszufahren, da eine Geschwindigkeit von 40 km/h
nicht überschritten werden konnte.

Der große Vorteil der Ljungström-Turbinenlok bestand
darin, daß sie diese Strecke ohne Wasseraufnahme
durchfahren konnte. Auf 400 km Länge war überhaupt
kein Speisewasser verfügbar, im übrigen Streckenabschnitt nur solches von schlechter Beschaffenheit. Loks
normaler Bauart mußten deshalb hier einen Vorrat von
100 t Wasser mitführen. Die Kondensationsturbinenlok
benötigte davon nur 3–4 % für Leckverluste. Auch das
weiche, kraftvolle Anziehen der Turbinenlok fiel angenehm auf. Während der Zuckerernte stieg die Strecken-
belastung für kurze Zeit im Jahr stark an. Dabei erwies
sich die neue Turbinenlok als sehr leistungsfähig, und die
Bahn stellte fest, daß die von NOHAB garantierten Verbrauchszahlen für Wasser und Brennstoff sogar noch
unterschritten wurden. Solange die Maschine noch relativ neu und im Unterhaltungszustand gut war, verlief
der Fahrbetrieb gut. Im längeren Dauerbetrieb stellte die
komplizierte Lok jedoch zu hohe Anforderungen an das
einheimische Personal hinsichtlich der Wartung und
Instandhaltung, wodurch der Zustand der Maschine litt.
Die Störanfälligkeit nahm zu, wobei sich das gelenkige
Dampfrohr, welches die volle vom Kessel erzeugte
Dampfmenge vom Kesselfahrzeug zum Turbinenfahr-
zeug überleitete, als besonders problematisch herausstellte. Auch der Regenerativluftvorwärmer und die
Kondensatorhilfsmaschinen bildeten eine Ursache häufiger Störungen. Weiter gab es Schwierigkeiten mit dem
Wendegetriebe, insbesondere bei vielen Schaltungen im
Rangierbetrieb. Den dabei auftretenden Beanspruchun-
gen war die Turbine nicht gewachsen, was im Mai 1929
zum Bruch der Turbinenwelle führte. Auf eine Instandsetzung wurde von seiten der Bahn verzichtet und die
Turbinenlok außer Dienst gestellt.

Als Nachfolger beschaffte die Argentinische Staatsbahn
eine damals von der Firma Henschel & Sohn neu entwickelte Kolbenlok mit Kondensation. Der Dampfniederschlag erfolgte zwar unter normalem Umgebungs-
luftdruck, also ohne Vakuum, und der Brennstoffverbrauch lag etwa bei dem üblicher Loks, jedoch entsprach
die einfache und robuste Maschine besser den gegebenen Verhältnissen, und der Wasserverbrauch lag infolge
der Kondensation fast ebenso niedrig wie bei der Ljungström-Turbinenlok. Im Jahre 1938 bestellte die Bahn der
guten Bewährung wegen noch 6, etwas größere Kolben-

kondensloks bei Henschel nach, die sich ebenfalls bewährten (Tabelle 9).

Dieses Beispiel zeigt in typischer Weise, wie neben der
Bauart auch eine gute und sachgemäße Wartung einen
entscheidenden Einfluß auf Erfolg oder Mißerfolg eines
Triebfahrzeugs hat und nicht allein durch konstruktive
Maßnahmen auf längere Sicht beeinflußt werden kann.

3.44.9 Die Lokomotive von Ljungström und Beyer-Peacock

Die 3. Turbinenlok Bauart Ljungström wurde unter Lizenz der AB Angturbin von Beyer Peacock & Co. Ltd
gebaut. Diese in Normalspur nach dem britischen Profil
gebaute und im September 1926 fertiggestellte Maschine
war zur Vorführung der Ljungström-Bauart bei den Bahnen Großbritanniens vorgesehen. Die wichtigsten Daten
der kohlengefeuerten Lok waren:

Dienstgewicht des Kesselfahrzeugs	69	t
Dienstgewicht des Kondensatorfahrzeugs	73	t
Reibungsgewicht auf 3 Achsen	54	t
Anfahrzugkraft	18	t
Triebrad-Ø	1600	mm
Dampfdruck	21,1	atü
Heizflächen für		
Verdampfung	150	m²
Überhitzung	59	m²
Rostfläche	2,8	m²
Luftvorwärmerfläche	800	m²
Kondensatorkühlfläche	1220	m²
Kohlenvorrat	6	t

Die Bauart entsprach weitgehend der für Argentinien
gelieferten Liungström-Maschine. Im Gegensatz zur ersten Ljungström-Lok wurde der Kohlenvorrat hier in
einem Trichterbunker hinter dem Führerhaus untergebracht, da sich der auf der ersten schwedischen Maschine verwendete Sattelkohlenbehälter auf dem Kessel
wegen der Sichtbehinderung als unzweckmäßig erwies.
Zur Verbindung von Kessel- und Kondensatorfahrzeug
diente ein Kuppeleisen, das hinten am Kesselfahrzeug
fest und vorn am Kondensatorfahrzeug beweglich in
einem in Bronze gelagerten Kuppelzapfen befestigt war.
Unmittelbar über dieser Kupplung befand sich die flexible
Stahlrohrverbindung für die Dampfleitung vom Kessel
zur Turbine. Diese Leitung besaß auf der Seite des Kondensatorfahrzeugs ein Kugelgelenk.

Vor der Rauchkammer war auch hier ein Ljungström-
Regenerativluftvorwärmer für die Verbrennungsluft eingebaut. Dieser bestand aus einem scheibenförmigen
Körper, der eine große Zahl von Radiallamellen aus
wärmebeständigem Nickelstahlblech besaß. Die Rauchkammer war in halber Höhe durch eine waagrechte
Längswand in 2 Räume aufgeteilt. Den oberen dieser
beiden Räume durchströmten die heißen Abgase aus

dem Kessel durch die Lamellen hindurch zum Saugzugventilator, wobei sich die Lamellen erwärmten. Im unteren dieser beiden Räume kam die Frischluft von außen
durch die Lamellen herein, wobei sie die Wärme aus den
Lamellen aufnahm. Die erwärmte Luft gelangte in einem
Primärluftkanal unter den Rost und einen Sekundärluft-
kanal unter den Feuerschirm. Während der langsamen
Drehung des Lamellenkörpers im Vorwärmer gelangte der
von den Rauchgasen aufgeheizte Teil in den Luftraum
und gleichzeitig der durch Frischluft abgekühlte Teil in den
Abgasraum. Mit diesem Wechsel vollzog sich während
des Betriebs ein fortdauerndes Aufheizen und Abkühlen
des Vorwärmerrotationskörpers und damit ein Wärmeübergang von den Rauchgasen an die Verbrennungsluft, die hier bis zu 150 °C vorgewärmt wurde. Um ein
Herausschlagen der Flamme aus der Feuertür beim Öffnen zu verhindern, wurde gleichzeitig mit dem Öffnungs-
vorgang der Verbrennungsluftzutritt aus dem Vorwärmer
gesperrt. Der Kessel selbst war in üblicher Lokbauweise
ausgeführt.

Die Turbine erreichte bei 10500 U./min entsprechend
120 km/h Fahrgeschwindigkeit und vollem Unterdruck
eine Nennleistung von 1470 kW. Bei gestörter Kondensation konnte die Turbine gegen Atmosphärendruck
noch 1000 kW erreichen. Sie umfaßte 1 Gleichdruck-
und 18 Überdruckstufen in axialer Bauart. Die Kraftübertragung erfolgte auch hier durch ein Zahnradgetriebe mit einer Einrichtung für den Drehrichtungswechsel
auf die 1. Achse des Kondensatorfahrzeugs und über
Kuppelstangen (Abb. 311–314).

Nach Fertigstellung unternahm man mit der Maschine
am 4. Juli 1926 die erste Streckenprobefahrt von Gorta
nach Woodhead bei der London & North Eastern Railway, bei der bis zu 70 km/h gefahren wurde. Nach einigen Nacharbeiten kam die Lok am 20. September 1926
in das Lokomotivwerk Derby der London, Midland &
Scottish Railway (LMS). Diese Bahn war an einem Probeeinsatz interessiert und gab Gelegenheit zu Fahrten
mit ihren Planzügen. Zunächst führte man jedoch noch
Versuchsfahrten durch und unterzog die Lok anschließend einer Zerlegung und Durchsicht der wichtigsten
Bauteile im Herstellerwerk, wobei man mit dem Ergebnis
zufrieden war. Nach Vornahme einiger Änderungsarbei-
ten wurde im Frühjahr 1927 der Schnellzugdienst auf der
Strecke Derby–Manchester aufgenommen, nachdem die
Maschine schon vor der Zerlegung kurze Zeit hier vor
Reisezügen lief. In diesem Einsatz konnten 1:90-Stei-
gungen mit 50 km/h befahren und dabei die Leistung
entsprechend genutzt werden. Talwärts fuhren diese
Züge 120 km/h. Weiter befuhr die Lok die Strecke
Derby–Birmingham und am 20. Mai 1927 mit einem
Schnellzug Derby-London und zurück, wobei auch
eine 200-km-Strecke ohne Halt zu durchfahren war.

Diese Aufgaben konnten anstandslos bewältigt werden.
Wegen der damals üblichen 250-t-Schnellzüge konnte
die volle Lokleistung wegen zu geringer Last nicht erreicht werden. Deshalb fuhr man am 29. Mai 1927 einen
400-t-Zug über die Strecke Derby–Bedford und zurück.
Der aus 13 vierachsigen Wagen einschließlich des LMS-
Meßwagens bestehende Zug konnte im Plan eines
250-t-Zuges planmäßig befördert werden, obwohl die
Strecke eine 5 km lange Steigung 1:120 enthält. Die am
Zughaken ermittelte größte Zugkraft erreichte 10 t und
die größte Zughakenleistung 880 kW entsprechend einer
Turbinenleistung von zirka 1200 kW. Der Rangierdienst,
wie er beim Umstellen von Kurswagen häufig nötig war,
konnte mit der Turbinenlok schnell abgewickelt werden.
Die Turbinenlok befand sich 2 Jahre lang bis 1928 bei
der LMS-Bahn in Betrieb. Trotz guten wärmewirtschaftlichen Ergebnissen konnte man sich nicht für die Beschaffung einer solchen relativ komplizierten Maschine
entschließen, so daß das Fahrzeug an die Erbauerfirma
zurückgegeben wurde.

3.44.10 Die Lokomotive Betr.-Nr. T 18 1002
der Deutschen Reichsbahn

Aufgrund von Projektausarbeitungen der Firma J. A.
Maffei bestellte die Deutsche Reichsbahn im September
1924 ihre zweite Kondensationsdampfturbinenlok. Das
Leistungsprogramm dieser Maschine sollte dem der
Einheitsschnellzuglok 01 bzw. 02 entsprechen. Nachdem man bei Maffei zunächst einen Entwurf für eine
kombinierte Kolbenmaschinenturbinenlok bearbeitet
hatte, wobei die Kolbenmaschine den HD- und die Turbine den ND-Expansionsteil bilden sollte, kam man wegen der komplizierten Bauart davon jedoch ab und
wählte für die Ausführung einen reinen Turbinenantrieb.
Die mit der Achsfolge 2'C1' gebaute Lok (Fabrik-Nr.
5620) hatte folgende Hauptdaten:

Dienstgewicht Lok	104	t
Dienstgewicht Tender	68	t
Reibungsgewicht	60	t
Anfahrzugkraft	16	t
Triebrad-∅	1750	mm
Höchstgeschwindigkeit	120	km/h
Speisewasservorrat	4	m³
Kühlwasservorrat	20	m³
Kohlenvorrat	7	t
Kondensatoroberfläche	220	m²

Der mit seiner Längsmitte 3025 mm über SO liegende
Kessel war in üblicher Lokbauart gehalten. In der Rauchkammertüre befand sich ein mit einer Heißdampfturbine
angetriebener Saugzugventilator, dessen Nenndrehzahl
7000 U./min betrug. Die hauptsächlichen Kesseldaten:

Dampfdruck	22	atü
Rostfläche	3,5	m²

Tafel 4 Schnitte durch die Dampfturbinenlok
Betr.-Nr. T 18 1001 der Deutschen Reichsbahn

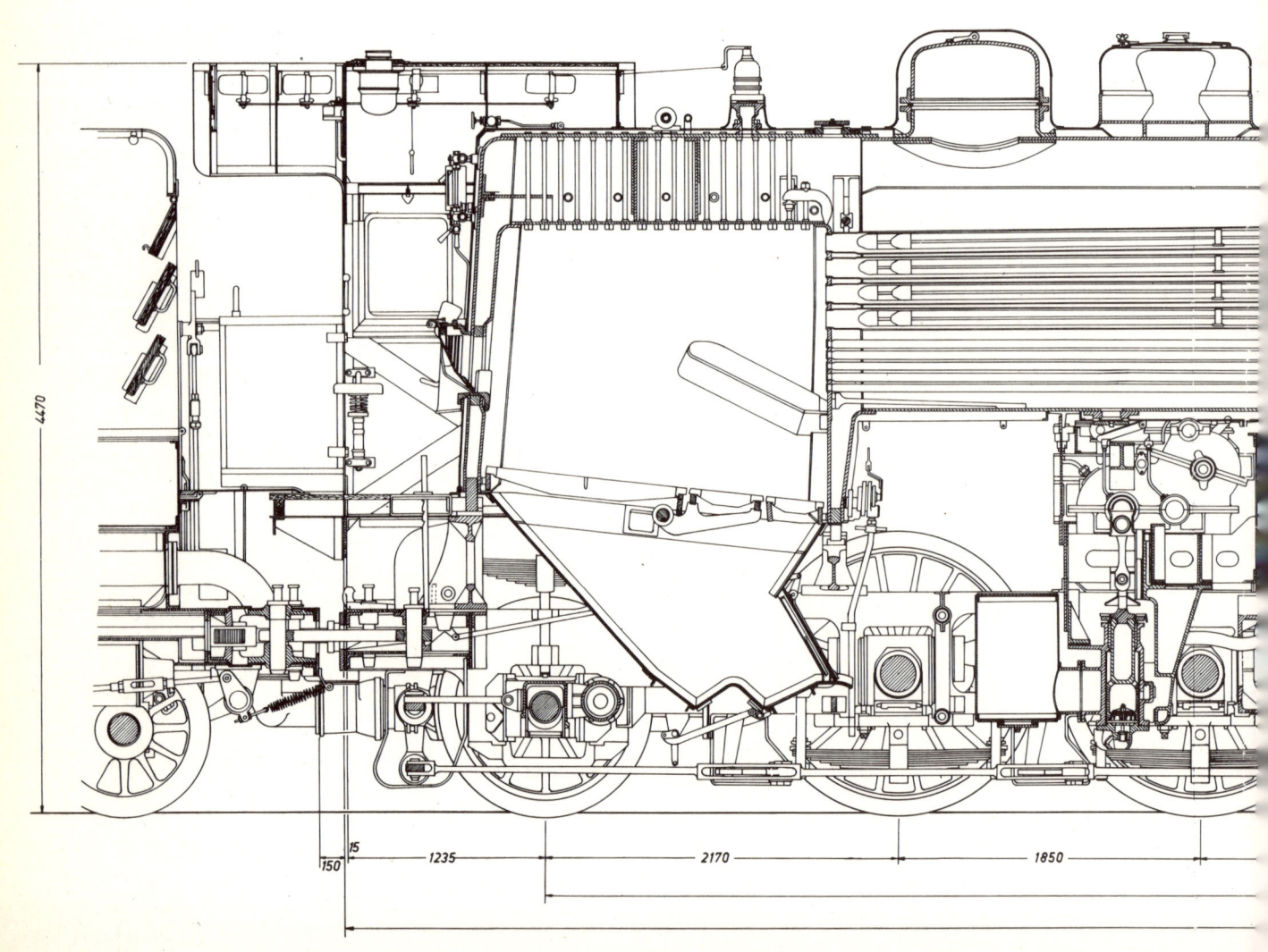

4470

15
150   1235   2170   1850

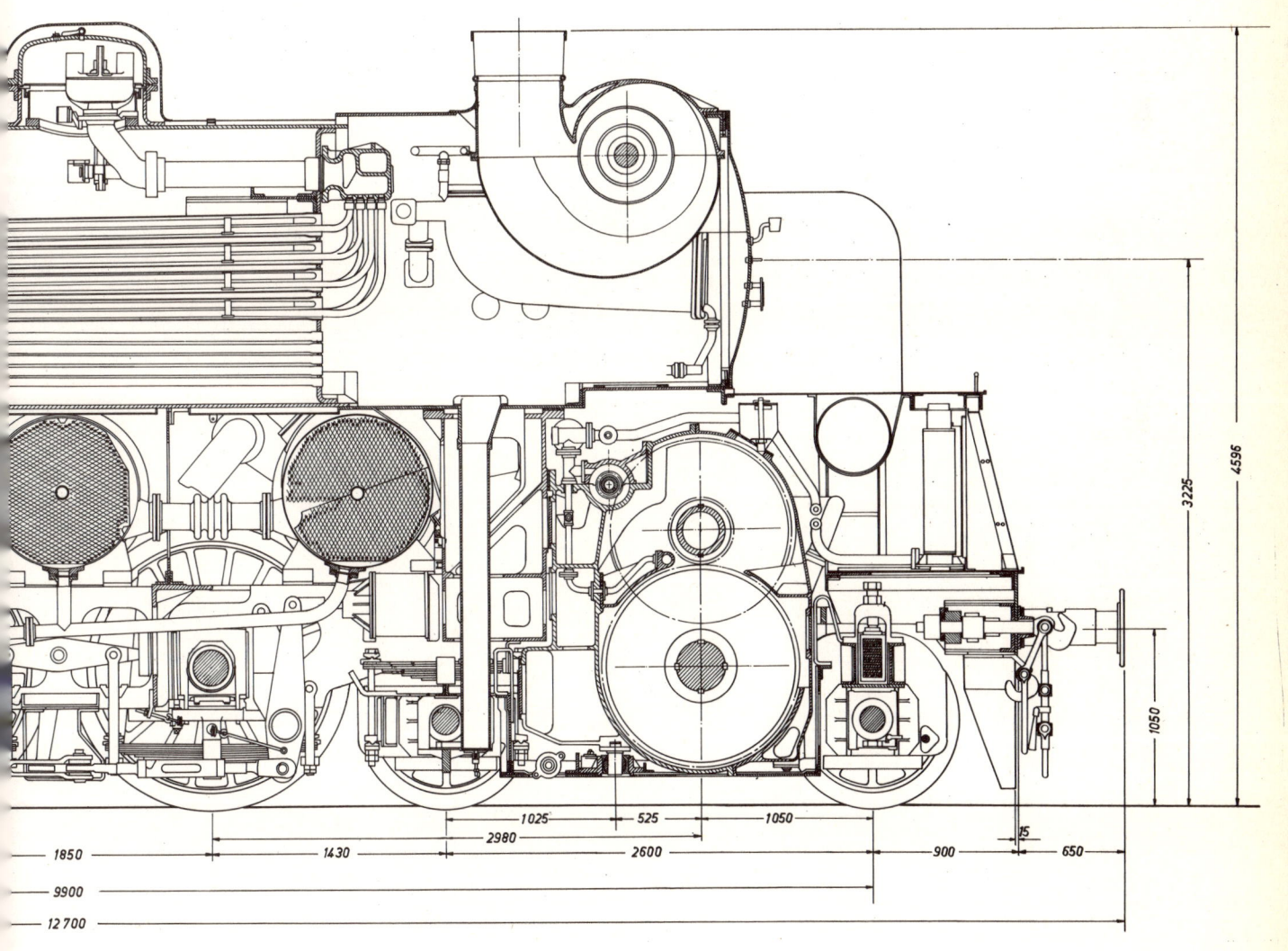

1025   525   1050

2980

1850   1430   2600   900   650

9900

12 700

4596

3225

1050

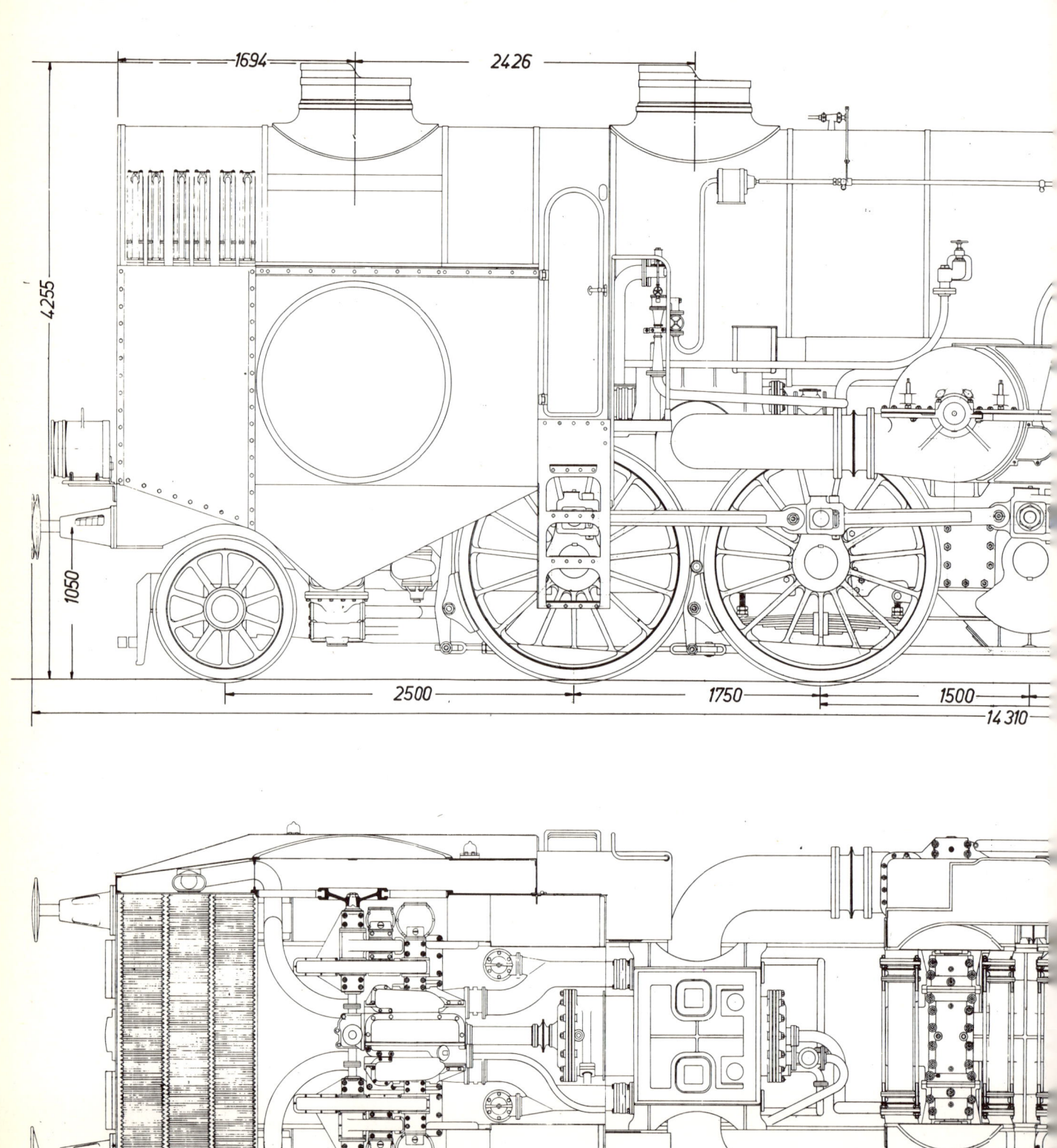

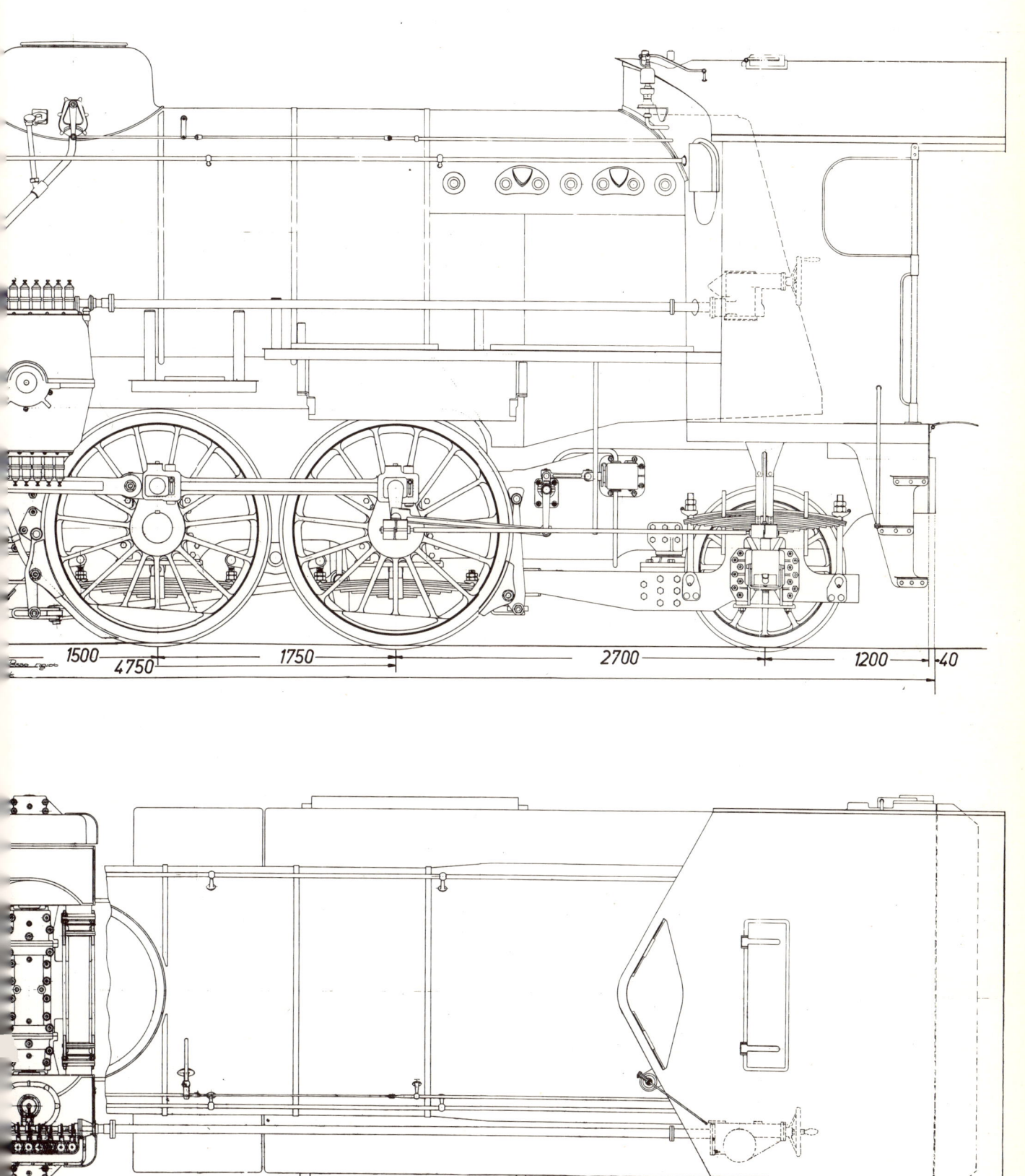

1500 4750 1750 2700 1200 40

Heizflächen für		
Verdampfung	159,7	m²
Überhitzung	51	m²
Rohrlänge	5200	mm

Die Anordnung der Maschinenanlage entsprach der in der SBB-Lok Nr. 1801 und der DR-Lok Nr. T 18 1001 realisierten Ausführung. Quer über dem vorderen Laufdrehgestell lag die Turbine, welche ihre Leistung über ein zweistufiges Zahnradgetriebe auf die Blindwelle weitergab. Von dort aus erfolgte die Übertragung der Antriebsenergie über Kuppelstangen auf die 3 Triebachsen. In einem gemeinsamen Gehäuse waren Vorwärts- und Rückwärtsturbine eingebaut. Die Vorwärtsturbine bestand aus 3 Gleich- und 5 Überdruckstufen, die Rückwärtsturbine aus 3 Gleichdruckstufen. Ein Notauspuffventil im Gehäuse verhinderte, daß bei Störungen der Kondensation Turbine und Kondensatoren unter zu hohem Druck stehen konnten. Die Leistung der Vorwärtsturbine regelte man über 4 Einlaßventile und dazugehörige Düsengruppen, wobei die Ventilbetätigung über Steuerstange und Spindel ähnlich der Steuerung einer Kolbenlok geschah.

Die 2 parallel geschalteten Kondensatoren waren zu beiden Seiten des Kessels angeordnet. Aus diesen Kondensatoren mit Wasserkühlung floß das warme Kondensat einem Zwischenbehälter zu, von dem es die mit der Kesselspeisepumpe unmittelbar gekuppelte Kondensatpumpe absaugte. Diese 2 Pumpen waren von einer gemeinsamen Wasserkammer umgeben, welche mit dem Speisewasserbehälter des Tenders in Verbindung stand. Die Kondensatpumpe förderte nur gegen 1 ata Druck, während die Speisepumpe aus der Wasserkammer ansaugte und in den Kessel drückte. Zum Absaugen der Luft aus den Kondensatoren und damit zur Aufrechterhaltung des Unterdruckes diente je ein einstufiger Dampfstrahlsauger, dessen Abdampf in den 1. Vorwärmer gelangte. Zu beiden Seiten des Kessels lagen hinter den Kondensatoren die 2 Speisevorwärmer, von denen der eine unter 1 ata Druck stand und den Abdampf der Hilfsmaschinen (Pumpen, Turbogenerator und Dampfstrahlsauger) aufnahm. In diesem 1. Vorwärmer erhöhte sich die Speisewassertemperatur von 45 bis 50 °C aus dem Kondensatbehälter bis auf 90 bis 95 °C. Anschließend gelangte das Speisewasser in den unter 3,5 atü Druck stehenden 2. Vorwärmer, der Abdampf der Rückkühlventilatorturbine des Tenders und der Saugzugturbine in Stillstand oder Leerlauf der Lok erhielt, wobei sich das Wasser weiter auf 130 °C erwärmte.

Das Kondensatorkühlwasser wurde im von 2 Ventilatoren belüfteten Tenderrückkühler wieder auf Ausgangstemperatur gebracht, wobei diese Aufgabe hier in besonders eleganter Weise gelöst wurde. In einer Reihe parallel geschalteter Kästen befanden sich jeweils zahl-

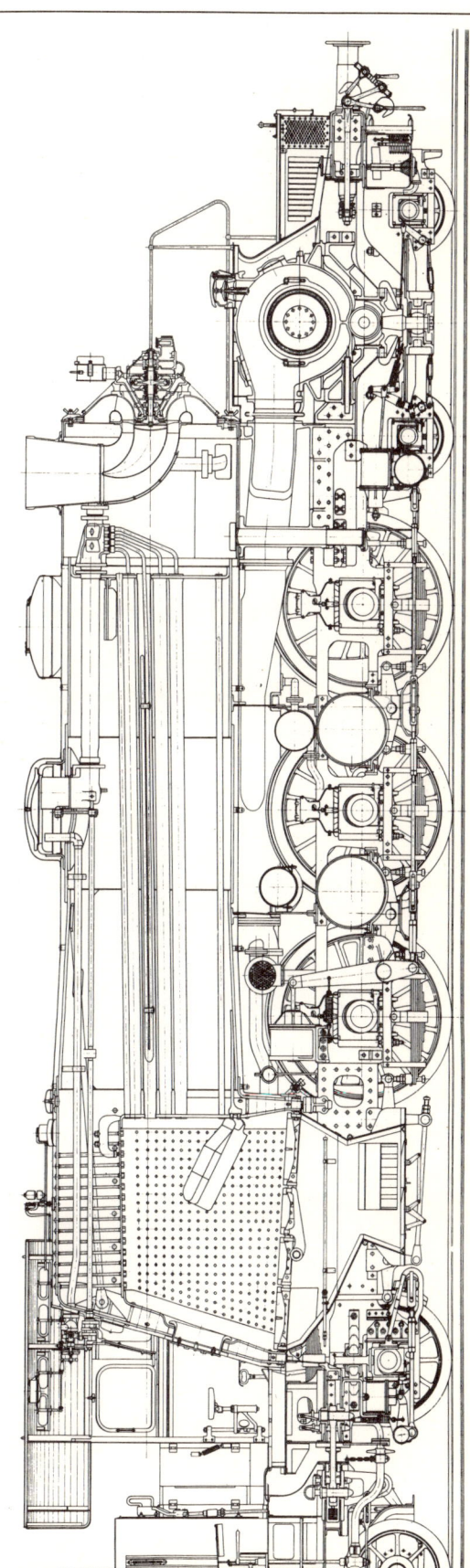

149 a

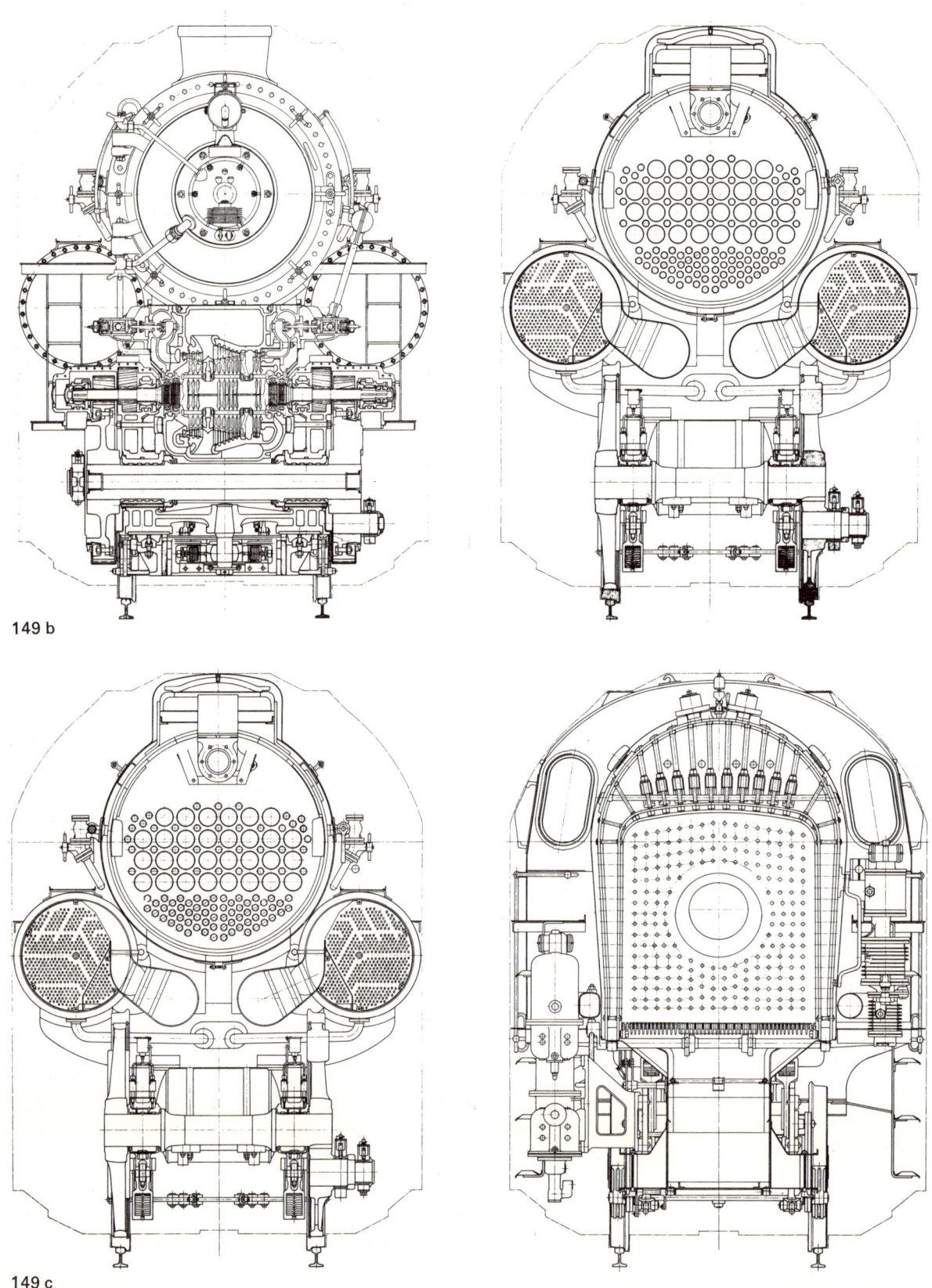

149 b

149 c

150 Längsschnitt des Kondenstenders der Lok.
Betr.-Nr. T181002 der Deutschen Reichsbahn
151 Leistung *N* und Zugkraft *Z* am Radumfang der
Lok Betr.-Nr. T181002 der Deutschen Reichsbahn
1, 2, 3, 4 Regelventile geöffnet

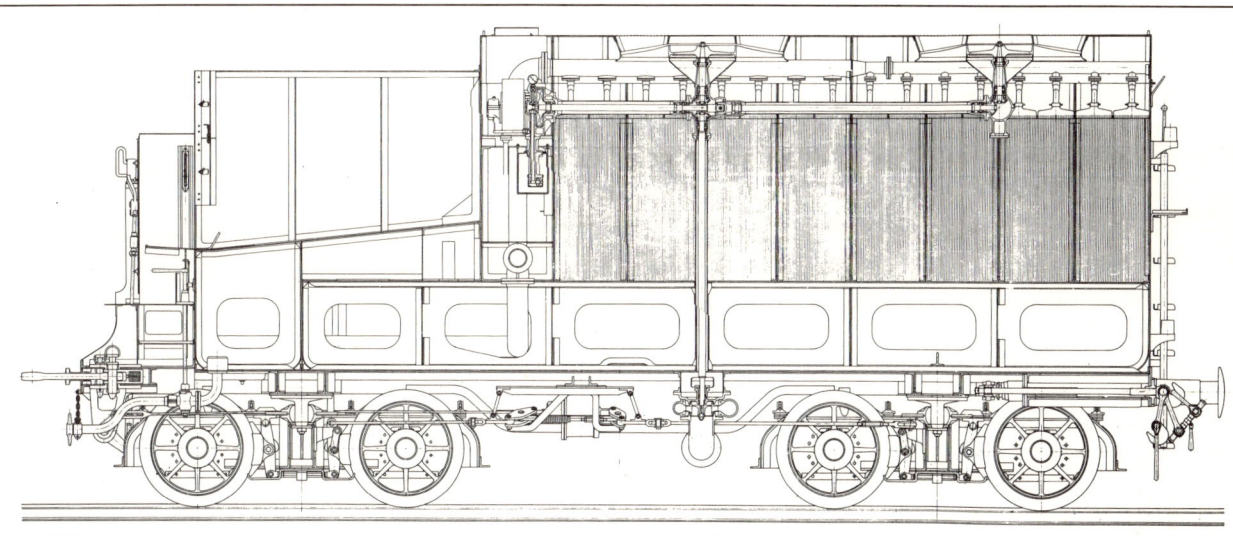

150

reiche dünne gelochte Kupferbleche senkrecht in engem Abstand nebeneinander. Das von oben eingespritzte warme Kondensatorkühlwasser rieselte an diesen Blechen fein verteilt herab. In den schmalen Zwischenräumen der Bleche strömte die von den Ventilatoren angesaugte Kühlluft von unten nach oben im Gegenstrom zum Kühlwasser. Dies ergab eine intensive Berührung zwischen Luft und Wasser und damit einen guten Wärmeübergang an die Luft, ohne daß deswegen vom Luftstrom Wasser mitgerissen wurde. Die Ventilatorturbine trieb auch die Kühlwasserumlaufpumpe an. Im Kondensator erreichte man den atmosphärischen Bedingungen entsprechend Luftleeren zwischen 80 und 90%. Bei Bedarf konnte der Abdampf der Ventilatorturbine für die Zugsheizung verwendet werden.

Die Konstruktion dieser Lok erfolgte unter Leitung der Ingenieure Ludwig und Imfeld. Es war damals geplant, bei Bewährung dieser Lok eine 2'C2'-HD-Turbinenlok mit Benson-Kessel zu bauen, wozu es dann allerdings nicht kam (Abschnitt 3.24).

Bei den ersten Fahrten mit der Lok T181002 zeigten sich vor allem mit der von der damaligen Firma Melms & Pfenninger gebauten Turbine große Schwierigkeiten. Der Wirkungsgrad war so schlecht, daß man den Eindruck bekam, als wäre im Turbinengehäuse ein «Loch». Weiter war der Turbinenabdampf bei normaler Vorwärtsfahrt so heiß, daß die Kondensationsanlage den Niederschlag nicht vollkommen durchführen konnte. Dies bedingte die im gleichen Gehäuse wie die Vorwärtsturbine angeordnete, leer mitlaufende Rückwärtsturbine, in die der Abdampf der Vorwärtsturbine hineinblies und somit starke Bremswirkung erzeugte. Da man auch mit Umbauten die Turbine nicht in brauchbarer Weise verbessern konnte, wurde sie durch eine Zoelly-Gleich-

druckturbine der Firma Escher Wyß ersetzt. Nachdem noch eine Abdeckung zwischen Vorwärts- und Rückwärtsturbine zur Verringerung der Ventilationsverluste angebracht worden war, konnte die Lok Nr. T181002 in Betrieb genommen und auf süddeutschen Strecken eingesetzt werden. Während der Fahrt fiel die Lok durch ihr lautes Heulen des Zahnradgetriebes schon von weitem auf. Leistung und Laufruhe entsprachen den Erwartungen. Wie auch bei anderen Kondensationsturbinenloks ergaben die Hilfsaggregate Anlaß zu vielen Störungen. Nachträglich baute man noch eine kleine Hilfsturbine

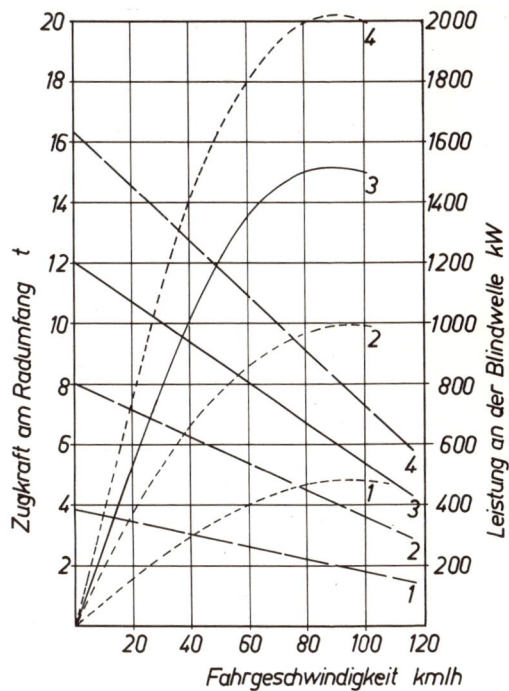

für Vorwärtsfahrten ein, die zum rascheren Beschleunigen und auch für Rangierbewegungen der Lok benutzt wurde.

Eine wesentliche Brennstoffeinsparung konnte bei dieser Lok leider nicht, wie zunächst erwartet, festgestellt werden, da der Dampfverbrauch der Turbine trotz den Umbauten zu hoch blieb. Somit blieb über längere Betriebszeit gegenüber normalen Loks nicht nur keine Ersparnis, sondern die Instandhaltungskosten überstiegen wegen der einmaligen Sonderbauart die sonst üblichen Werte. Infolge kriegsbedingter Schäden und Schwierigkeiten in der Ersatzteilbeschaffung wurde diese Lok 1943 von der DR ausgemustert. Der leistungsfähige und gut bewährte 22-atü-Kessel diente noch jahrelang in Ausbesserungswerken als Prüfanlage für Kesselsicherheitsventile, wozu man den Kessel auf den Rahmen einer DR-Kriegslok Reihe 52 aufbaute.

3.44.11 Die Lokomotive Betr.-Nr. 1474 der Schwedischen Staatsbahnen

Wie bereits früher erwähnt, erhielt die Firma Nydquist & Holm im Jahre 1923 von den Schwedischen Staatsbahnen (SJ) den Auftrag zum Bau einer normalspurigen Ljungström-Turbinenlok mit Kondensation. Wegen der vordringlicheren Herstellung der vorher genannten Ljungström-Lok für Argentinien konnte diese Maschine für die SJ erst 1927 abgeliefert werden. Die Hauptdaten der für Kohlenfeuerung vorgesehenen Lok waren:

Dienstgewicht des Kesselfahrzeugs	76,7	t
Dienstgewicht des Kondensatorfahrzeugs	77,8	t
Reibungsgewicht auf 3 Achsen	48,8	t
Anfahrzugkraft	14,5	t
Triebrad-Ø	1580	mm
Dampfdruck	20	atü
Rostfläche	2,9	m²
Heizflächen für		
Verdampfung	135	m²
Überhitzung	75	m²
Luftvorwärmerfläche	800	m²
Kondensatorkühlfläche	1345	m²
Vorwärmtemperaturen für		
Speisewasser	110	°C
Verbrennungsluft	100	°C

Die Ausführung dieser vierten Ljungström-Turbinenlok (Fabrik-Nr. 1730) entsprach den früher von NOHAB für Argentinien und von Beyer-Peacock für britische Bahnen gebauten Loks. Nach kurzem Probebetrieb übernahm die SJ diese Lok in den planmäßigen Zugdienst ab 22. Mai 1927. Bis am 18. April 1928 fuhr die Lok Nr. 1474 täglich vormittags einen Schnellzug von Stockholm nach Krylbo und nachmittags zurück, was eine tägliche Laufleistung von 320 km bei 5 h 20 min Fahrzeit ergab. Die beförderten Zuggewichte lagen bei 270 bis 330 t. Da diese Aufgabe anstandslos bewältigt werden konnte, setzte man die Lok anschließend auf der längeren Strecke Stockholm–Bollnäs ein, wobei täglich 635 km zurückzulegen waren und die Anhängelast der Reisezüge zwischen 350 und 380 t lag.

Die Nachprüfung der Anfahrzugkraft anläßlich einer Meßfahrt ergab 15,2 t, also mehr als der erwartete Wert. Der Kohlenverbrauch betrug im normalen Schnellzugdienst nur 60% des Wertes einer Vergleichslok normaler Bauart mit Kolbenmaschine und Auspuffbetrieb. Dazu ist zu sagen, daß gerade hier auch besonders günstige Voraussetzungen durch relativ gleichmäßige Last bei günstigen Fahrgeschwindigkeiten und wenigen Anfahrten vorlagen. Auch das kühle Durchschnittsklima des Landes erwies sich für den Kondensator bezüglich Leistungsbedarf und Wirksamkeit als günstig. Weiter stand bei der SJ gut geschultes Personal für Bedienung und Wartung zur Verfügung, was gerade bei einer solchen Maschine mit ausschlaggebend für den Erfolg ist (Abb. 319).

Die Lok erwies sich als einwandfrei brauchbar und stand bis 1940 bei den SJ im Streckendienst. Wegen der in Schweden schon frühzeitig begonnenen Elektrifikation und deren raschen Durchführung in großem Umfang bestand allerdings kein Interesse für den Bau weiterer derartiger Loks.

3.44.12 Die Lokomotive Betr.-Nr. T38 3255 der Deutschen Reichsbahn

Der bekannte Turbinenfachmann Dr. Zoelly untersuchte auch die Eignung einer kombinierten Kolbenmaschinen-

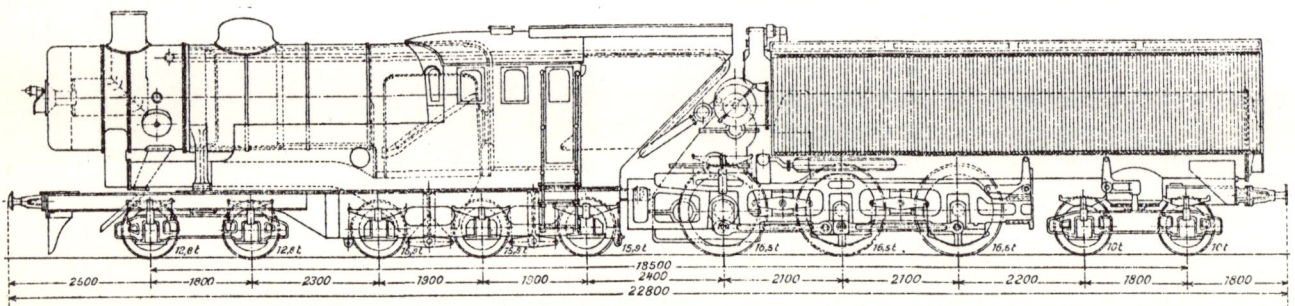

turbinenanlage für den Antrieb von Loks in Verbindung mit Kondensation. Eine derartige Anlage erschien wärmewirtschaftlich interessant, da mit Hilfe einer gegen ein Vakuum von 80 bis 85% arbeitenden Abdampfturbine, welche einer Kolbenmaschine nachgeschaltet ist, sich das adiabatische Gefälle des Dampfes für die Umsetzung in nutzbare Energie um etwa 50% vergrößern läßt. Unter Berücksichtigung des Energieverbrauchs der Hilfsmamaschinen kann bei einer solchen Maschinenanlage etwa die gleiche Brennstoffersparnis erwartet werden wie bei reinem Kondensationsturbinenantrieb im Vergleich zu einer üblichen Auspuffkolbenlok. Die Mitte der zwanziger Jahre herrschende Kohlennot und die hohen Kohlenpreise gaben seinerzeit Veranlassung, dieses kombinierte Arbeitsverfahren zu erproben. Die DR ließ eine solche Lok unter Verwendung einer vorhandenen Kolbenlok umbauen. Die Firma Henschel & Sohn besorgte die Konstruktion und Ausführung. Eine direkte Übertragung der Turbinenleistung auf die vom Kolbentriebwerk angetriebenen Räder kam deshalb nicht in Betracht, da hierbei der Fahrgeschwindigkeitsbereich, in dem die Abdampfturbine wirklich nutzbringend gearbeitet hätte, zu eng begrenzt gewesen wäre. Auch die Schwierigkeit einer Unterbringung für die Tubine ließ eine solche Lösung nicht zu. So wählte man die Bauart eines Triebtenders, auf dem Abdampfturbine und Kondensationsanlage sich zwanglos unterbringen ließen, und nutzte dabei folgende Vorteile:

1. Erhöhung des Reibungsgewichts und damit der Zugkraft im ganzen Geschwindigkeitsbereich.
2. Günstige Gestaltungsmöglichkeit der Anlage ohne Rücksicht auf die begrenzten Raum- und Gewichtsverhältnisse der Kolbenlok.
3. Vermeidung einer flexiblen Vakuumleitung zwischen Lok und Tender.
4. Möglichkeit eines nachträglichen Umbaus vorhandener Kolbenloks.

Eines der wesentlichen Probleme einer solchen Maschine war die Entölung des Abdampfes der Kolbenmaschine, um eine Verölung der Kondensatoren zu vermeiden. Nachdem dafür eine Lösung gefunden war, ging man an den Bau einer solchen Lok. In Zusammenarbeit mit Zoelly baute die Firma Henschel 1928/29 für die von der Reichsbahn zur Verfügung gestellte Personenzuglok Nr. 38 3255 (Henschel Fabr.-Nr. 18 359/1921) einen neuen Abdampfturbinentriebtender mit Kondensation. An der Lok brachte man eine Saugzugturbine mit Ventilator an und führte den Dampf von möglichen Austrittsstellen zum Kondensator. Der Tender erhielt eine vom Abdampf der Kolbenmaschine gespeiste Turbine und einen wassergekühlten Kondensator. Die

Turbine stammte von Escher Wyß und trieb über ein Getriebe 2 Achsen an, so daß die Achsfolge des Triebtenders 1'B2' war, er bekam die Henschel Fabrik-Nr. 20444. Die Hauptdaten der Lok waren:

Dienstgewicht Lok	79,5	t
Reibungsgewicht Lok	52,1	t
Dienstgewicht Tender	84,6	t
Reibungsgewicht Tender	34,8	t
Achsstand der Lok	8 350	mm
Achsstand von Lok und Tender	19 380	mm
Triebrad-Ø	1 750	mm
Triebrad-Ø Tender	1 400	mm
Höchstgeschwindigkeit	100	km/h
Zylinder-Ø	575	mm
Kolbenhub	660	mm
Wasservorrat	16	m³
Kohlenvorrat	7	t

Der Kessel erhielt einen Saugzugventilator anstelle des Blasrohrs zur Feueranfachung. Vor dem Schornstein in der Rauchkammer oben wurde wie bei den DR-Einheitsloks ein Abdampfvorwärmer eingebaut. Die Hauptdaten des Kessels waren:

Dampfdruck	12	atü
Dampftemperatur	350	°C
Rostfläche	2,62	m²
Heizflächen für		
Verdampfung	144,2	m²
Überhitzung	58,9	m²
Rohrlänge	4,7	m
Leistung	8,3	t/h

Der Abdampf aus der Kolbenmaschine gelangte durch 2 auf der Höhe der Umlaufbleche liegende Rohre zu den Ölabscheidern und weiter durch Gelenkrohre zum Tender in die dort befindliche dreistufige Gleichdruckturbine. Neben der Turbine mit deren Kraftübertragung trug der Tender die Wasser- und Kohlenvorräte sowie den Kondensator mit Hilfseinrichtungen. Ursprünglich war die Abdampfturbine mit 3 Vorwärts- und 1 Rückwärtsstufe ausgerüstet. Letztere wurde zur Verringerung der Ventilationsverluste bei Vorwärtslauf selbsttätig durch Abdeckscheiben gegenüber den Vorwärtsstufen verschlossen. Ein Druckregler sorgte dafür, daß in jedem Belastungsfall in der Verbindungsleitung zwischen Kolbenmaschine und Turbine ein kleiner Überdruck von 0,1 bis 0,4 atü erhalten blieb. Dadurch vermied man, daß durch die Gelenkverbindung zwischen den beiden Triebfahrzeugen bei kleinen Leistungen Luft in Turbine und Kondensator eindringen konnte und den Unterdruck verschlechterte. Darüber hinaus wurde der Kolbenmaschine durch diesen kleinen Gegendruck in allen Betriebsfällen der für ruhigen Loklauf nötige Kompressionsdruck gewährleistet. Die Rückwärtsturbine war durch ein Doppelsitzventil dampfdicht gegen die Vorwärtsturbine auf der Einströmseite abgeschlossen. Mit

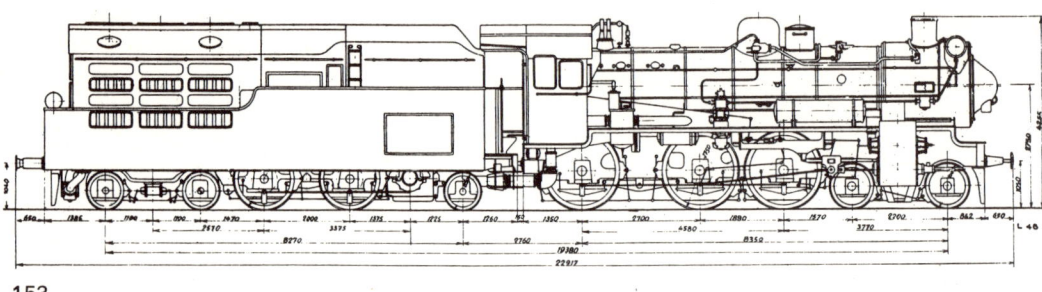

153

der Steuerspindel des Kolbentriebwerks wurde beim Umsteuern von Vorwärts- auf Rückwärtsfahrt gleichzeitig ein Umschaltventil der Turbinensteuerung umgestellt. Beim Anfahren konnte mit ganz ausgelegter Steuerung des Kolbentriebwerks gedrosselter Kesseldampf unmittelbar vor die Abdampfturbine geleitet werden. Auf den Ölabscheidern angebrachte Sicherheitsventile sorgten dafür, daß der Druck in der Verbindungsleitung zur Turbine nicht zu hoch wurde. Die Turbine gab ihre Leistung über einen in der Ritzelhohlwelle liegenden Torsionsstab auf das Zahnradgetriebe, das innerhalb des Tenderrahmens untergebracht war. Über eine Blindwelle und Kuppelstangen erhielten die 2 Tendertriebachsen ihren Antrieb. Den Kondensator bildete Henschel als künstlich belüfteten Rieselkondensator aus, dessen Vakuumraum durch Röhrenbündel mit anschließenden Dampfkammern gebildet war. Durch 2 unter Wasserabschluß stehende Doppelwände waren die Einwalzstellen der Rohre im Falle von Undichtheiten gegen Lufteintritt geschützt. Die Kühlluft saugten 3 Betz-Lüfter im Querstrom durch den Kondensator, dessen 4 Rohrbündel dabei parallel geschaltet waren. Die Kühloberflächen entsprachen in ihren Abmessungen etwa denen eines wasserdurchströmten Oberflächenkondensators, auch waren Kühlluftmenge und verdunstete Kühlwassermenge etwa gleich groß wie beim offenen Rieselkühler nach Krupp-Zoelly.

Die Turbine war unter dem Kohlenkasten des Tenders eingebaut und von der Seite her zugänglich. Hinter dem Kohlenkasten befand sich die mit Kesseldampf betriebene Hilfsturbine, welche den Antrieb von 3 Kühlluftventilatoren, der Kondensatpumpe, der Kühlwasserumlaufpumpe und der Speisewasserkolbenpumpe besorgte. (Abb. 320 und 321).

Nach Fertigstellung überführte man die Lok zum Reichsbahnausbesserungswerk Grunewald (RAW). Von dort aus führte am 11. Mai 1929 die Abnahmefahrt nach Magdeburg und zurück. Nach kurzem Erprobungsbetrieb wurde die Maschine ab 19. August 1929 dem Bahnbetriebswerk (Bw) Kassel-Bahndreieck zugeteilt, wo sie bis am 23. Juni 1945 beheimatet blieb. Zwischen 1929 und 1937 kam sie mehrfach zwecks Umbauten

und Reparaturen zur Firma Henschel. Im Sommer 1931 war die Lok Nr. T 38 3255 für 3 Monate beim Versuchsamt für Lokomotiven des RAW Grunewald eingesetzt, nachdem sie zuvor mehrmals für kurze Zeit beim Bw Kassel im Zugdienst lief und zwischendurch längere Aufenthalte im RAW Kassel hatte. Anschließend an die Untersuchungen 1931 in Grunewald befand sich die Lok wieder für 2 Monate beim Bw Kassel, um dann bis Mitte 1933 bei Henschel und im RAW Kassel zu verbleiben. Nach den dort vorgenommenen Umbauten kam die Lok T 38 3255 bis Mitte 1934 wieder zum Versuchsamt Grunewald, wo sie Meßfahrten über 4000 km zurücklegte. Bis Februar 1935 nahm man im RAW Kassel und bei Henschel weitere Arbeiten an dieser Lok vor, um sie anschließend wieder nach Grunewald zu überführen. Dort fanden über 2700 km weitere Versuchsfahrten statt. Daraufhin folgten weitere Aufenthalte beim RAW Kassel und bei der Firma Henschel. Ab 10. April 1936 kam die Lok für 1 Jahr bis am 2. April 1937 zum Bw Kassel-Bahndreieck zurück, um im Zugdienst eingesetzt zu werden. Innerhalb dieser Zeit wurde an 117 Betriebstagen eine Laufleistung von zirka 27 000 km erreicht, und 202 Tage nahm man Ausbesserungen im Bw und RAW Kassel vor, in der übrigen Zeit stand die Lok betriebsfähig kalt abgestellt.

Während des Betriebs konnte festgestellt werden, daß der Henschel-Rieselkondensator sich bewährte und auch im Dauerbetrieb das relativ gute Vakuum von 0,2 ata halten konnte. Schwierigkeiten zeigten sich jedoch mit der Rückwärtsturbine, die trotz Abdeckung der Ausströmseite hohe Ventilationsverluste brachte. Man entfernte deshalb dieses Turbinenlaufrad schon nach kurzer Betriebszeit, was die Leistung des Triebtenders erheblich verbesserte. Wegen der Umsteuerbarkeit des Kolbenteils konnte auf den Rückwärtslauf der Turbine verzichtet werden. Anläßlich der Meßfahrten konnte festgestellt werden, daß die Zughakenleistung im Bereich über 380 kW die der Vergleichslok Nr. 38 1541 überstieg und im Maximum an der infolge Kondensatspeisung etwas höher liegenden Kesselgrenze 750 kW betrug gegenüber 550 kW der normalen Lok gleicher Bauart. Im Gebiet geringer Leistung unterhalb 380 kW am Zughaken war die

Abdampfturbinenlok wegen zu geringen Gefälles vor der Turbine und des höheren Eigenwiderstandes unterlegen. Dieser in der Praxis sich stark auswirkende Nachteil gegenüber normalen Dampfloks erlaubte nicht, bei der üblichen, häufig in weiten Grenzen wechselnden Belastung Brennstofferparnisse in einer Größenordnung zu erzielen, die den technischen Mehraufwand auch nur ausgeglichen hätten. So bestand trotz grundsätzlich guter Funktion der kombinierten Anlage kein Anreiz, diese in weiteren Ausführungen nachzubauen. Der relativ kleine Leistungs- und Geschwindigkeitsbereich der Lok, in dem Leistungsvorteile bzw. Brennstofferparnisse zu erzielen waren, konnte im täglichen Zugdienst nicht ausreichend genutzt werden. So brachte dieses technisch interessante Experiment keinerlei Vorteile, so daß sich die Reichsbahn zur Einstellung dieses Versuchs entschloß. In der Zeit vom 3. April 1937 bis 21. August 1937 baute das RAW Kassel die Lok T 38 3255 wieder in eine normale Auspuffkolbenlok zurück, womit das Kapitel Abdampfturbine mit dieser einen Versuchsausführung seinen Abschluß fand.

Da die Steuerung der Abdampfturbine selbsttätig und in Abhängigkeit von der Steuerung der Kolbenmaschine erfolgte, bedurfte die Lok im Fahrbetrieb außer der Ingangsetzung der Kondensationshilfsmaschinengruppe und der Handregelung des Saugzugventilators gegenüber der Auspuffkolbenlok keiner zusätzlichen Bedienung. Auch die Kesselspeisung erfolgte wie bei der reinen Turbinenlok bei geschlossenem Kreislauf selbsttätig durch Kondensat- und Kesselspeisepumpe.

3.44.13 Die Lokomotiven Betr.-Nrn. 71–73 der Grängesberg-Oxelösunds-Eisenbahn

Die Trafikaktiebolaget Grängesberg-Oxelösunds Järnvägar (TGOJ) in Schweden betreibt die 300 km lange Erzbahnstrecke Ludvika–Oxelösunds in relativ gleichmäßiger Auslastung mit Güterzügen. Dies bot eine günstige Voraussetzung für einen Lokbetrieb mit nur wenig wechselnder Belastung auch vom Streckenwiderstand

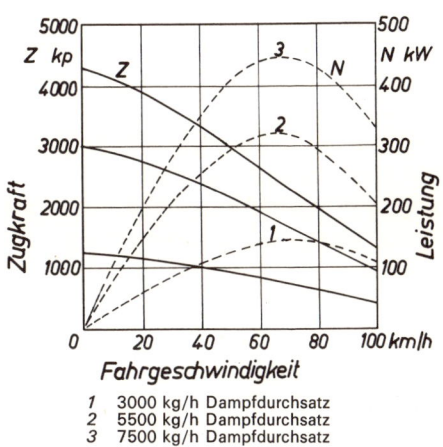

1 3000 kg/h Dampfdurchsatz
2 5500 kg/h Dampfdurchsatz
3 7500 kg/h Dampfdurchsatz

154

her. Für einen Turbinenantrieb bot diese Strecke mit ihren Betriebsverhältnissen deshalb günstige Voraussetzungen, da bei entsprechender Auslegung überwiegend im Bereich guten Wirkungsgrades gefahren werden konnte. Außerdem war bei den schweren Erzzügen eine gute Ausnutzung des Reibungsgewichts durch einen Antrieb mit gleichförmigem Drehmoment an den Antriebsachsen erwünscht. Diese Gegebenheiten führten zum Bau von 3 Dampfturbinenloks für die TGOJ. Die Kondensationsturbinenloks, welche schon vorher in verschiedenen Ausführungen gebaut und erprobt worden sind, konnten sich unter den Betriebsverhältnissen der Bahnen nicht durchsetzen, da kein wirtschaftlicher Anreiz hierfür vorhanden war. Die gute Zugkraftentwicklung und der ruhige gleichmäßige Lauf der Turbine war jedoch gegenüber der Kolbenmaschine ein sehr wohl geschätzter Vorteil und für den vorliegenden Anwendungsfall besonders geeignet. Im Interesse einer einfachen störungsfreien Betriebsführung wurde allerdings auf die Kondensation des Abdampfes und damit auf maximal mögliche Ausnutzung des Wärmegefälles verzichtet. Abgesehen von der Belluzzo-Lok waren dies die ersten Auspuffturbinenloks, die auch mit gutem Erfolg viele Jahre Dienst geleistet haben.

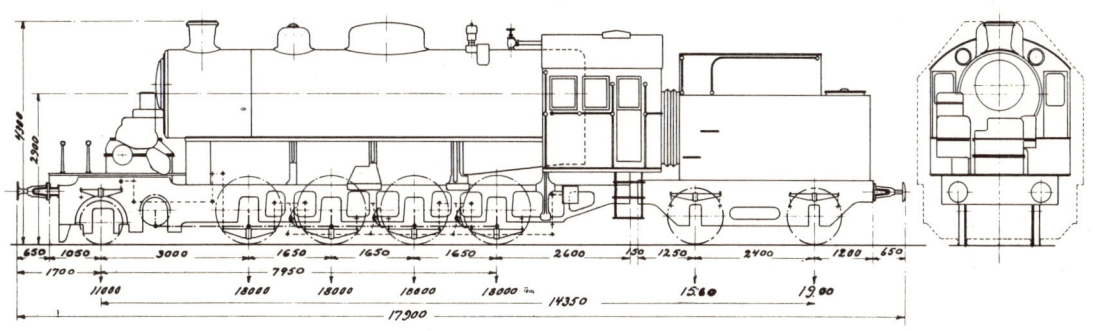

Trotz dem Verzicht auf den wärmewirtschaftlichen Vorteil der fast vollkommenen Dampfausnutzung durch die Kondensation blieb doch noch ein kleiner Vorteil bezüglich des Dampfverbrauchs gegenüber einer Kolbenmaschine in den hier meist benötigten Leistungen. Durch den Wegfall der Drosselverluste der Kolbenmaschinensteuerung konnte der Gegendruck herabgesetzt und damit die Dampfexpansion vergrößert werden. Außerdem ließ sich eine höhere Überhitzung anwenden, da auf keine Zylinderschmierung Rücksicht zu nehmen war. Die Firma Nydquist & Holm erbaute in Zusammenarbeit mit Ljungström im Jahre 1930 die Auspuffturbinenlok für die TGOJ unter der Fabrik-Nr. 1872, wobei die Bahn-Betr.-Nr. 71 lautete. Diese 1'D-Güterzuglok mit zweiachsigem Tender und Kohlenfeuerung wies folgende Hauptdaten auf:

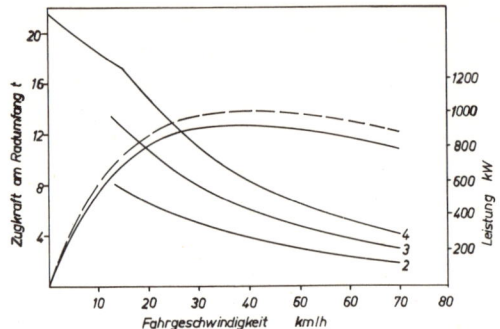

2, 3, 4 Zugkraft bei 2, 3 bzw. 4
         geöffneten Regelventilen
N   Leistung: —an Turbinenwelle,
         —an Radumfang

156

Dienstgewicht Lok	83	t
Dienstgewicht Tender	34,4	t
Reibungsgewicht der Lok	72	t
Anfahrzugkraft	18	t
Triebrad-⌀	1350	mm
Höchstgeschwindigkeit	60	km/h
Kohlenvorrat	5	t
Wasservorrat	15	m³

Der Kessel war in üblicher Ausführung gehalten und hatte folgende Abmessungen:

Dampfdruck	13	atü
Dampftemperatur	400	°C
Rostfläche	3	m²
Heizflächen für		
Verdampfung	149,2	m²
Überhitzung	100	m²

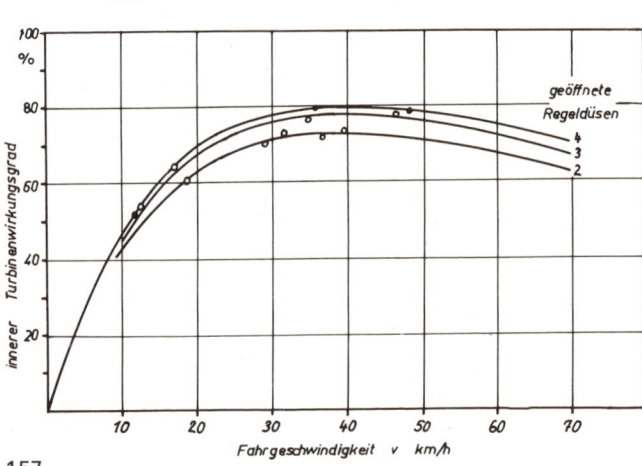

157

Die Feueranfachung geschah mit einem verstellbaren Blasrohr, dessen Ausströmquerschnitt veränderlich war. Die Gleichdruck-Überdruck-Turbine gab ihre Leistung über ein Zweistufen-Zahnradwendegetriebe an eine Blindwelle vorn in der Lok weiter, von wo aus die Achsen über Kuppelstangen angetrieben wurden. Eine Verriegelung im Getriebe ließ einen Fahrtrichtungswechsel nur bei Stillstand der Lok zu. Die Leistungsregelung der Turbine konnte mit Hilfe von 4 Düsengruppenventilen sowie einem normalen Regler im Kessel geschehen. Bei einer Geschwindigkeit von 43 km/h betrug die Leistung am Radumfang 935 kW (Abb. 318).
Bei Versuchsfahrten mit dem Meßwagen konnte für die Beförderung von 1500-t-Erzzügen eine Ersparnis von 7,26% Kohle und 14,9% Wasser im Mittel gegenüber den D-h3-Kolbenloks der TGOJ für den gleichen Dienst ermittelt werden. Die größte Anfahrzugkraft betrug 21,6 t, was bei 72 t Adhäsionsgewicht einer Reibwertausnutzung von 0,3 entspricht. Dieses gute Ergebnis zeigt deutlich die gleichmäßige Zugkraftentwicklung der Turbine.
Diese Maschine bewährte sich gut und zeigte über län-

gere Zeit eine mittlere Brennstoffersparnis von 10% im Vergleich zu den Drillingsloks. Auch die Instandhaltungskosten waren geringer als bei der Kolbenmaschine. Dies gab der TGOJ Veranlassung, im Jahre 1936 noch 2 weitere Loks gleicher Bauart mit Auspuffturbine zu beschaffen, welche ebenfalls die Firma NOHAB unter Fabrik-Nrn. 2000 und 2001 lieferte.
Bis zur Elektrifikation der Erzbahnstrecke der TGOJ im Jahre 1954 standen alle 3 Loks im schweren Erzzugdienst und fuhren auf Steigungen bis zu 10‰ Züge bis 1800 t Last. Zusammen erreichten die 3 Loks zirka 2 Mio. km Laufleistung und erwiesen sich für diesen Dienst voll geeignet.

3.44.14 Die Lokomotive von Belluzzo und Breda

Wie bereits früher berichtet, stammte die erste Dampfturbinenlok der Welt von dem italienischen Prof. Belluzzo. Er verfolgte das Ziel, leistungsfähige Streckenloks mit Kondensation zu schaffen, bei der die ganze Maschinenanlage auf die Lok selbst aufgebaut ist. Damit wollte er die beweglichen Druck- bzw. Unterdruckleitungen zwischen Lok und Tender vermeiden, welche eine häufige Störungsursache bildeten. Die zweite Belluzzo-Turbinenlok war für das Leistungsprogramm der großen 1'D1'-h4v-Schnellzuglok Reihe 746 der FS vorgesehen.

Den Bau dieser Maschine führte die Firma Ernesto Breda SA durch und stellte 1931 die bis dahin größte Dampfturbinenlok mit der Achsfolge 1'D1' fertig. Da sich die gesamte Maschinen- und Kondensanlage auf der Lok befand, konnte ein Tender normaler Bauart verwendet werden.

Der Kessel war in der normalen Bauform gehalten. Zur Feueranfachung diente eine übliche Blasrohranordnung im Doppelschornstein, der anstelle des fehlenden Auspuffdampfes die vom Saugzugventilator geförderte Luft zugeführt wurde. Damit sollten die Erosionsprobleme vermieden werden, die sich an den Rauchgasventilatoren anderer Turbinenloks gezeigt haben und die durch mitgerissene Kohlen-, Lösche- und Aschenteilchen bedingt waren.

Die Turbine mit 2 Wellen war in der Mitte der Lok angeordnet und gab ihre Leistung über Zahnradgetriebe, Blindwelle und Kuppelstangen an die 4 Achsen ab. Vor der Rauchkammer war ein wassergekühlter Röhrenkondensator für den Turbinenabdampf eingebaut. Davor an der Stirnseite der Lok befand sich die Rückkühlanlage für das Kondensatorkühlwasser. Mit Hilfe einer kleinen Dampfturbine wurden der Ventilator des Rückkühlers, die Kühlwasserumwälzpumpe und der Saugzuglüfter für die Feueranfachung betrieben. Die Warmluft aus der Rückkühlanlage strömte durch einen Schornstein nach oben ab, der vor dem normalen Kesselschornstein eingebaut war.

Nach ihrer Fertigstellung wurden mit der Maschine im Sommer 1931 Probefahrten unternommen. Eine eingehende Streckenerprobung im Zugdienst konnte nicht erfolgen, da die FS die Lok nicht dafür zuließen. So war diesem Fahrzeug keine ausreichende Möglichkeit gegeben, seine Leistungsfähigkeit und die Funktion unter Beweis zu stellen (Abb. 322).

3.44.15 Die Lokomotive Betr.-Nr. 685.410 der Italienischen Staatsbahnen

Obwohl die Italienischen Staatsbahnen für die vorererwähnte Turbinenlok von Belluzzo und Breda kein besonderes Interesse zeigten, ließen sie doch nach Vorschlag von Prof. Belluzzo die 1'C1'-Schnellzuglok Betr.-Nr. 680.110 für den Antrieb durch eine Turbine umbauen, wobei allerdings der Auspuffbetrieb beibehalten wurde. An die Stelle der Zylinder baute man eine Turbine mit Getriebe ein, deren Leistung über Blindwelle und Kuppelstangen auf die 3 Achsen übertragen wurde. Auf der

Turbinenwelle befanden sich Laufräder für Vor- und Rückwärtsfahrt; die Regelung geschah durch 4 Düsengruppenventile. Der Umbau dieser von Schwartzkopff gebauten Maschine auf Turbinenantrieb geschah 1932/33 (Abb. 323).

Schon kurz nach der Inbetriebnahme trat ein Lagerschaden an der Turbine auf, der schwere Schäden an den Schaufeln zur Folge hatte. Eine Instandsetzung unterblieb, und damit war das Schicksal auch dieser dritten Turbinenlok Italiens besiegelt, zumal seinerzeit die FS bereits die Neubeschaffung von Dampfloks aufgegeben hatten.

3.44.16 Die Lokomotive Betr.-Nr. 6202 der London, Midland & Scottish Railway

Die fünfte und letzte Dampfturbinenlok Großbritanniens entstand im Jahre 1935 in den Bahnwerkstätten Crewe der London, Midland & Scottish Railway (LMS). Der damalige leitende Maschineningenieur der LMS Sir William A. Stanier ließ nach seinen Angaben eine 2'C1'-Schnellzuglok der von ihm entworfenen Princess Class mit einem Turbinenantrieb (anstelle des sonst verwendeten 4-Zylinder-Kolbentriebwerks mit Einfachexpansion) ausrüsten. Wenn man sich bei der LMS auch seinerzeit nicht für eine Übernahme der vorher erwähnten Ljungström-Turbinenlok von Beyer-Peacock entschließen konnte, so erinnerte man sich doch an ihre guten Fahreigenschaften. Die erste Ljungström-Auspuffturbinenlok der TGOJ fand bei der LMS großes Interesse. W. A. Stanier besuchte deshalb zusammen mit dem damaligen Leiter der Turbinenabteilung bei der Firma Metropolitan Vickers Sir Henry Guy Schweden, um die Turbinenlok der TGOJ in Betrieb zu sehen. Die dort gewonnenen guten Eindrücke von dieser Lok gaben den Anstoß, auch für die LMS eine Auspuffturbinenlok zu bauen. Da im Antrieb einer Turbinenlok keine unausgeglichenen Massen vorhanden sind, konnte bei der LMS eine größte ruhende Achslast von 24 t gegenüber 22,5 t der entsprechenden Kolbenlok zugrunde gelegt werden. Im Jahre 1927 hatte die LMS mit der 2'C-h3-Schnellzuglok der Royal Scot Class eine leistungsfähige Maschine eingeführt, die sich bestens bewährte. Mit zunehmenden Anhängelasten zu Anfang der dreißiger Jahre wurde die Einführung der Pacific-Lok für den schweren Schnellzugdienst notwendig. Die als Prinzess Class bezeichnete 1. Ausführung von LMS-Pacifics sollte zunächst in 3 Probeexemplaren ausgeführt werden (Betr.-Nrn. 6200, 6201 und 6202). Die beiden ersten Loks wurden wie vorgesehen gebaut und 1933 abgeliefert, die dritte LMS-Pacific bekam einen Turbinenantrieb (Nr. 6202).

Die Turbine für diese Lok wurde bei der Firma Metropolitan-Vickers hergestellt, wobei sich Ljungström an der Konstruktion beteiligte. Die Kraftübertragung von der unter der Rauchkammer eingebauten Turbine erfolgte auch hier über ein Zahnradgetriebe auf die 1. Triebachse, welche mit den beiden Kuppelachsen durch Stangen verbunden war. Die Turbinenleistung der für schwere Schnellzüge vorgesehenen Lok betrug 1470 kW. Es war die Beförderung der 500-t-Züge auf der Westküstenstrecke (London)–Euston–Glasgow in Aussicht genommen. In eine solch leistungsfähige Maschine wollte man kein mechanisches Wendegetriebe zum Fahrtrichtungswechsel einbauen. Auf die Turbinenhauptwelle setzte man eine Rückwärtsturbine, die auf die rechte Lokseite kam, die Vorwärtsturbine war links angeordnet. Die Hauptdaten der Lok waren wie folgt:

Dienstgewicht Lok	109	t
Reibungsgewicht	70	t
Tenderdienstgewicht	54	t
Wasservorrat	18,2	m³
Kohlenvorrat	9	t
Achsstand von Lok und Tender	19 200	mm
Triebrad-∅	1 975	mm
Anfahrzugkraft	18	t
Höchstgeschwindigkeit	160	km/h

Der Kessel entsprach der klassischen Bauart und hatte in seiner 1. Ausführung folgende Abmessungen:

Dampfdruck	17,6	atü
Dampftemperatur	400	°C
Rostfläche	4,2	m²
Heizflächen für		
Verdampfung	198	m²
Überhitzung	60,6	m²
Leistung	13,5	t/h

Um die vorgegebene Achslast einzuhalten, war ein möglichst niedriges Kesselgewicht nötig. Deshalb erhielten die Kesselbleche einen Nickelzusatz von 2%. Mit einer Verbrennungskammer erzielte man eine große Strahlungsheizfläche. Zur Feueranfachung diente eine Doppelschornstein-Blasrohranlage, durch die der Turbinenabdampf in üblicher Weise ausströmte. Für die Kesselspeisung war ein Frisch- und ein Abdampfinjektor vorhanden, letzterer in Verbindung mit einem Abdampfvorwärmer.

Die Vorwärtsturbine bestand aus 1 zweikränzigen Gleichdruckrad und 16 Überdruckstufen. Zur Leistungsregelung dienten 6 Düsengruppen. Der vom Kessel kommende Dampf gelangte durch einen Einströmkasten vor die 6 Regelventile. Diese Ventile konnten vom Lokführer über eine Steuerung im Führerstand von Hand betätigt und nacheinander geöffnet werden. Im Fahrbetrieb glich die Betätigung der Steuerung der einer normalen Kolbenlok mit dem Unterschied, daß für die Turbine 6 Leistungsstufen verfügbar waren, wogegen eine Kolbenmaschine sich stufenlos in ihrer Leistung regeln läßt.

Die Leistungsübertragung von der Turbinenwelle erfolgte über einen Torsionsstab auf das Ritzel der 1. Getriebestufe. Das dreistufige Zahnradgetriebe wirkte direkt auf die 1. Triebachse. Zwischen dem Großrad der 3. Getriebestufe und der Achse befand sich eine Gelenkkupplung zum Ausgleich der Relativbewegungen zwischen Achse und Rahmen infolge des Federspiels. Die Rückwärtsturbine war über eine weitere Getriebestufe und eine im Stillstand lösbare Kupplung mit der Vor-

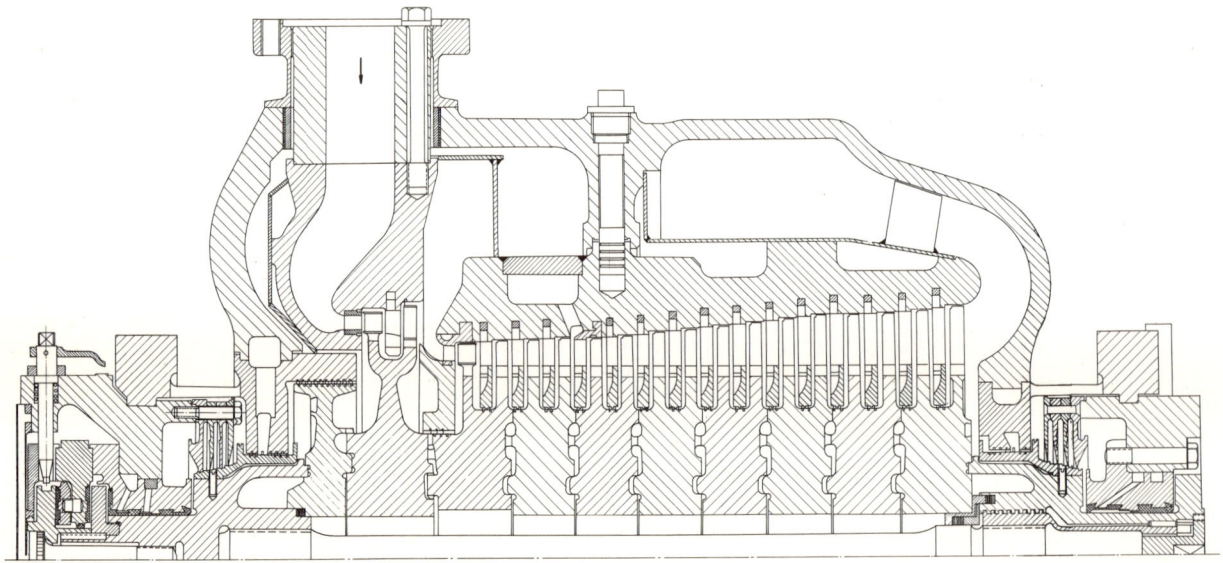

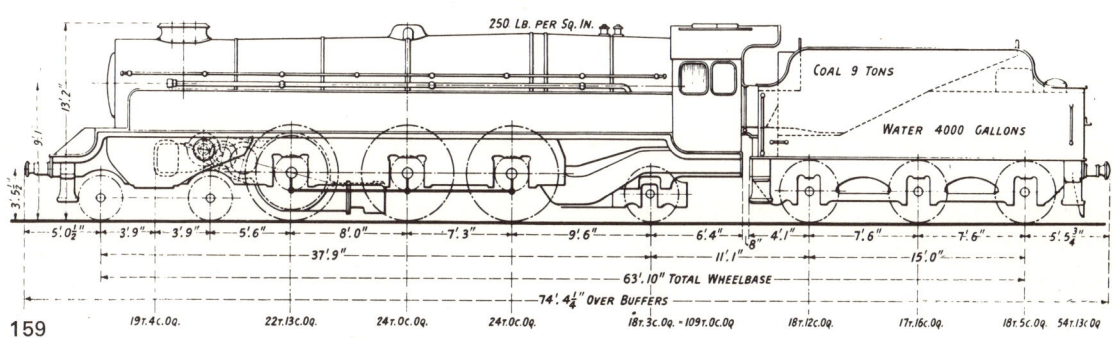

159

wärtsturbinenwelle verbunden. Bei normaler Vorwärts-fahrt konnte die Rückwärtsturbine in ausgekuppeltem Zustand stehen, so daß keine Ventilationsverluste ein-traten. Eine Verriegelung verhinderte ein Einkuppeln der Rückwärtsturbine, solange sich die Lok bewegte. Es waren 3 Regelventile für die Rückwärtsturbine vorge-sehen, wobei jeweils nur entweder die Vorwärts- oder die Rückwärtsventilgruppe zu betätigen war. Der Dampfdruck vor der Turbine konnte mit einem normalen Lokomotivregler im Kessel eingestellt werden.

Zur Schmierung des Getriebes und der Turbinenlager diente eine Zahnradölpumpe. Vorn unter der Rauch-kammer war ein Ölkühler eingebaut. Eine zweite dampf-betriebene Ölpumpe unter dem Führerhaus drückte das Öl durch den Kühler und diente auch als Anfahrpumpe, da bei den niedrigen Drehzahlen die Zahnradpumpe im Getriebe noch keinen ausreichenden Druck aufbauen konnte.

Alle Achsen der Lok liefen in Kegelrollenlagern der British Timken Ltd. Lok und Tender waren mit einer Dampfbremse ausgerüstet, für die Luftsaugebremse des Zuges diente ein besonderer Ejektor. Mit dem Führer-bremsventil konnten Lok- und Zugbremse gleichzeitig betätigt werden (Abb. 324 und 325).

Nach Durchführung der mit gutem Ergebnis abgeschlos-senen Erprobung kam die Turbinenlok Nr. 6202 ab Juni 1935 in den schweren Schnellzugdienst. Die Maschine erfüllte die Erwartungen hinsichtlich ihrer Leistungs-fähigkeit und war bis September 1939 planmäßig ein-gesetzt. Die durchschnittliche jährliche Laufleistung be-trug dabei 88 000 km, die Vergleichsloks mit Kolben-triebwerk erreichten 125 000 km. Angesichts der neuen Einzelmaschine ist dieses Ergebnis durchaus als gut zu werten. Ab Oktober 1939 stellte man die Turbinenlok Nr. 6202 zunächst außer Dienst, da die notwendige sorg-fältige Behandlung während des Betriebs nicht mehr sichergestellt werden konnte. Wegen dringenden Be-darfs wurde die Maschine jedoch 1942 wieder einge-setzt und erreichte unter erschwerten Einsatzbedingun-gen bis 1946 eine durchschnittliche Jahreslaufleistung von immerhin 46 000 km. In den Jahren 1936/37 war

die Turbinenlok Nr. 6202 auch mit 3 verschiedenen Kes-seln ausgerüstet. Bei schweren Zügen mit langen Ohne-haltfahrten erwies sich die Maschine den Kolbenloks als eindeutig überlegen unter Verwendung des gleichen Kes-sels bei beiden Typen. Die Hauptbeschäftigung der Lok Nr. 6202 war die Führung schwerer Schnellzüge auf der Strecke Euston—Liverpool und zurück, wobei an einem Tag eine Hin- und Rückfahrt mit zusammen 636 km Fahr-strecke erfolgte. Die mittlere Anhängelast betrug dabei 16 Wagen bzw. 500 t. Auch im Vergleich mit den an sich ruhig laufenden Vierlingsmaschinen der Princess Class lief die Turbinenlok ausgezeichnet. Unangenehm machte sich die geringe Leistung der kleinen Rückwärtsturbine bemerkbar. Die in Euston-Station in London ankommen-den Expreßzüge wurden üblicherweise von der Zuglok rückwärts zum Abstellbahnhof Camden Bank gedrückt. Die Turbinenlok Nr. 6202 war auch nach Verstärkung der Rückwärtsturbine dazu leider nicht in der Lage, so daß für die von ihr beförderten Züge jeweils eine besondere Rangierlok gestellt werden mußte.

Einmal trat während der Fahrt ein Totalschaden der Tur-bine infolge Wellenbruchs ein, der eine längere kost-spielige Instandsetzung nötig machte. Auch wurde die Lok nicht nur von einer kleinen Gruppe von besonders gut ausgebildetem Lokpersonal gefahren, sondern im normalen Dienst mit 40 verschiedenen Mannschaften. Aus diesem Grunde fuhr häufig ein Spezialmonteur mit, was sich auf die störungsfreie Laufleistung günstig aus-wirkte. Nach der Verstaatlichung der LMS am 1. Januar 1948 gab man diese kostspielige Maßnahme auf, was dann auch einen Anstieg der Störungen und Schäden mit sich brachte.

Als besonders vorteilhaft wirkte sich die gleichmäßige Feueranfachung des stetigen Turbinenauspuffs auf die Haltbarkeit der Feuerbüchse aus, da ein stoßartiges Auf-reißen der Feuerschicht an dünnen Stellen und der darauf folgende plötzliche Kaltlufteintritt unterblieb. Bei den 3 vorerwähnten Kesseln waren Überhitzerheizflächen von 60,6, 53,6 und 77,4 m² eingebaut gewesen, wobei der zuletzt eingebaute Überhitzer mit der größten Heizfläche die besten Dampfverbrauchszahlen für die Lok brachte.

Bis 1946 ergaben sich 15 längere Ausfallzeiten der Lok infolge technischer Störungen. Davon gingen 6 Instandsetzungen zu Lasten der Rückwärtsturbine, 4 Undichtheiten des Hauptölkreislaufs, und 2 Ausfälle der Hauptturbine kamen hinzu. Ein Schaden trat an der Gelenkkupplung zwischen Getriebe und Triebachse auf, 2 weitere Aufenthalte in der Bahnwerkstätte Crewe gingen zu Lasten allgemeiner Instandsetzungen und Untersuchungen, ohne daß die Turbinenanlage dazu Anlaß gab.

Zusammenfassend kann hier festgestellt werden, daß die Ergebnisse mit dieser Auspuffturbinenlok trotz den z.T. ungünstigen Zeitverhältnissen und der Tatsache, daß es ein Einzelgänger war, durchaus positiv waren. Wegen der hohen Kosten einer 1952 notwendig gewordenen Überholung der Turbinenanlage wurde von den British Railways beschlossen, diesen Versuch zu beenden und Lok 6202 auf normalen Kolbenantrieb umzubauen. Nach dem Umbau kam die Lok im Jahre 1952 nur noch kurze Zeit zum Einsatz, da sie bei dem schweren Zusammenstoß dreier Züge am 8. Oktober 1952 im Bahnhof Harrow vollkommen zerstört wurde.

3.44.17 Die Lokomotive Betr.-Nr. 232-Q-1 der Französischen Staatsbahn

Der Lokbau Frankreichs lieferte von jeher interessante und bedeutende Beiträge zur Weiterentwicklung. Wie in vorausgegangenen Abschnitten erwähnt, befaßte man sich auch auf dem Dampfloksektor mit unkonventionellen Ideen beim Bau von HD- und Dampfmotorloks. Daneben wurde auch ein Versuch mit einer Dampfturbinenlok unternommen. Zu diesem Zweck wurde eine Schnellzuglok entworfen mit einem Stephenson-Kessel für maximal möglichen Druck und Einzelachsantrieb mittels Dampfturbinen.

Die Firma Schneider & Cie. in Creusot lieferte 1940 eine 2'C$_0$2'-Dampfturbinenlok an die SNCF ab, welche die Betr.-Nr. 232-Q-1 erhielt. Die Hauptdaten waren:

Dienstgewicht Lok	122	t
Reibungsgewicht	58,5	t
Dienstgewicht Tender	62,7	t
Höchstgeschwindigkeit	140	km/h
Triebrad-Ø	1510	mm
Anfahrzugkräfte		
vorwärts	11,5	t
rückwärts	7,5	t

Der Kessel mit einer langen Verbrennungskammer und einer Doppelschornstein-Blasrohranlage hatte folgende Abmessungen:

Dampfdruck	25	atü
Dampftemperatur	400	°C
Rostfläche	4,9	m²

Heizflächen für Verdampfung	212,55	m²
Überhitzung	89,65	m²

Die Maschine arbeitete im Auspuffbetrieb und war mit Stromlinienverkleidung für den schnellen Reisezugdienst vorgesehen. Jede der 3 Triebachsen erhielt ihren Antrieb von einer besonderen Dampfturbine über ein zweistufiges Zahnradgetriebe mit $i = 21,115$. Die Turbinen besaßen je 1 Vorwärtsteil mit einem zweikränzigen Gleichdruckrad und 6 Überdruckstufen. Der Rückwärtsteil bestand aus 2 Gleichdruckstufen. Die Turbinendrehzahl erreichte bei 140 km/h Fahrgeschwindigkeit 10000 U./min. Die Leistungsregelung der Turbinen erfolgte über je 3 Regelventile, außerdem konnte jede Turbine für sich zu- bzw. abgeschaltet werden. Die 3 Triebachsen erhielten die Turbinenleistung über Getriebe, Hohlwelle und Westinghouse-Federtopfantrieb übertragen. Die Achsen liefen in Timken-Kegelrollenlagern und waren in einem Außenrahmen gehalten. Vorn und hinten befand sich unter der Lok je ein zweiachsiges Laufdrehgestell. Turbinen und Getriebe wurden durch Drucköl mit Hilfe zweier dampfgetriebener Pumpen versorgt (Abb. 326–328).

Leistungsmessungen auf dem SNCF-Lokprüfstand in Vitry ergaben eine Maximalleistung von 2200 kW am Triebradumfang. In Betrieb konnten Schnellzüge bis zu 800 t Last angefahren und befördert werden. Der erste Versuchsbetrieb wurde auf der Strecke Paris–Laroche unternommen. Ab November 1941 kam die Lok zum Depot Dijon-Perrigny, von wo aus sie im Personen- und Eilgüterzugdienst nach Chalon Verwendung fand. Wegen der Zeitumstände bestand wenig Gelegenheit zu eingehenden Versuchsfahrten, und jede verfügbare Lok wurde dringend für den Betrieb benötigt. Am 30. April 1942 mußte die Maschine wegen eines Turbinenschadens an der 1. Triebachse außer Betrieb gesetzt werden und konnte infolge Mangels an Ersatzteilen nicht wieder instand gesetzt werden. Sie wurde deshalb zunächst abgestellt und nach einem schweren Bombenschaden im September 1944 ausgemustert.

Im Fahrbetrieb stellte man erhebliche Ventilationsverluste der leer mitlaufenden Rückwärtsturbinen fest, weshalb sich dann auch kein Minderverbrauch an Brennstoff gegenüber einer Kolbenlok ergab. Bei Ausschaltung dieser Verluste hätten sich auch im Auspuffbetrieb mit wenig haltenden bzw. anfahrenden Zügen im Zusammenwirken mit dem hohen Kesseldruck durchaus Ersparnisse an Kohle erreichen lassen.

3.44.18 Die Lokomotive Betr.-Nr. SO 19 1245 der Russischen Staatsbahn

Rußland gehört zu den wenigen Ländern, in welchen Kolbendampfloks mit Kondensation in größerem Umfang eingesetzt waren. Bedingt durch einige längere wasserlose Strecken im Süden des Landes war diese Lokbauart seinerzeit Voraussetzung, daß überhaupt eine Bahnstrecke gebaut und betrieben werden konnte. Die erste russische Kondenslok stellte die unter der Fabrik-Nr. 22 148 von Henschel gebaute E-h2-Güterzuglok dar, welche die Betr.-Nr. Eg 5224 trug. Zwei Jahre später begann die Russische Staatsbahn in eigenen Werkstätten mit dem Umbau von 1'E-h2-Güterzugloks auf Kondensation, von welchen das Werk Kolomna im März 1936 die beiden ersten Maschinen ablieferte. Im Rahmen dieser Umbauaktion wurde vom Lokomotivwerk Woronesch die Lok Betr.-Nr. 19 1245 auf Turbinenantrieb umgestellt. Diese nach den Angaben von Trofimoff konstruierte Turbinenlok sollte eine Erprobungsmöglichkeit für eine Maschine mit größtmöglicher Dampfdehnung und ein von Massenkräften weitgehend freies Triebwerk bieten. Im Betrieb zeigten sich an der Turbine große Spaltverluste, so daß sich die erhofften Vorteile wegen dieses und anderer Mängel nicht sogleich einstellten. Offenbar gelang es nicht, eine funktionsfähige Turbinenlok zu schaffen, da das Experiment schon nach kurzer Zeit wieder abgebrochen wurde und die Lok wieder eine Kolbenmaschine eingebaut bekam. Weitere Informationen waren leider nicht zu bekommen.

3.44.19 Die Lokomotiven Betr.-Nrn. 1 und 2 der Union Pacific Railroad

Die beiden ersten Dampfturbinenloks auf dem amerikanischen Kontinent wurden 1937/38 von der Firma General Electric Co. (GE) für die Union Pacific Railroad (UP) hergestellt. Entwurf und Bau dieser Loks geschah in zweijähriger Arbeit gemeinsam mit der UP. Diese Maschinen sollten die schweren Pullmanzüge mit 12 und mehr Wagen zwischen Chicago und der Pazifikküste ohne Lokwechsel befördern können, wobei auch auf Schiebeloks in den Gebirgsabschnitten verzichtet werden sollte. Neben langen 22‰-Rampen und Gipfelhöhen der Strecke von 2400 m lagen die Lufttemperaturen zwischen −25 °C und +40 °C. Man verfolgte das Konstruktionsziel, unter Verwendung bewährter Bauteile und Prinzipien aus dem Kraftwerks- und Elektrolokbau eine Maschine zu schaffen, die die Nachteile der klassischen Dampflok vermeiden und wesentlich bessere Wirkungsgrade in der Energieumsetzung erreichen sollte. Es kamen 2 gleiche Loks zur Ausführung, die zusammen in Doppeltraktion mit Fernsteuerung der zweiten Maschine verwendbar waren. Die Achsanordnung jeder der beiden Loks war 2'C₀C₀2'. Als Dampferzeuger wählte man einen selbsttätig geregelten HD-Kessel, dessen Dampf nach Energieabgabe in der Turbine kondensiert und dem Kreislauf von neuem zugeführt wurde. Die Leistungsübertragung zu den Triebachsen geschah elek-

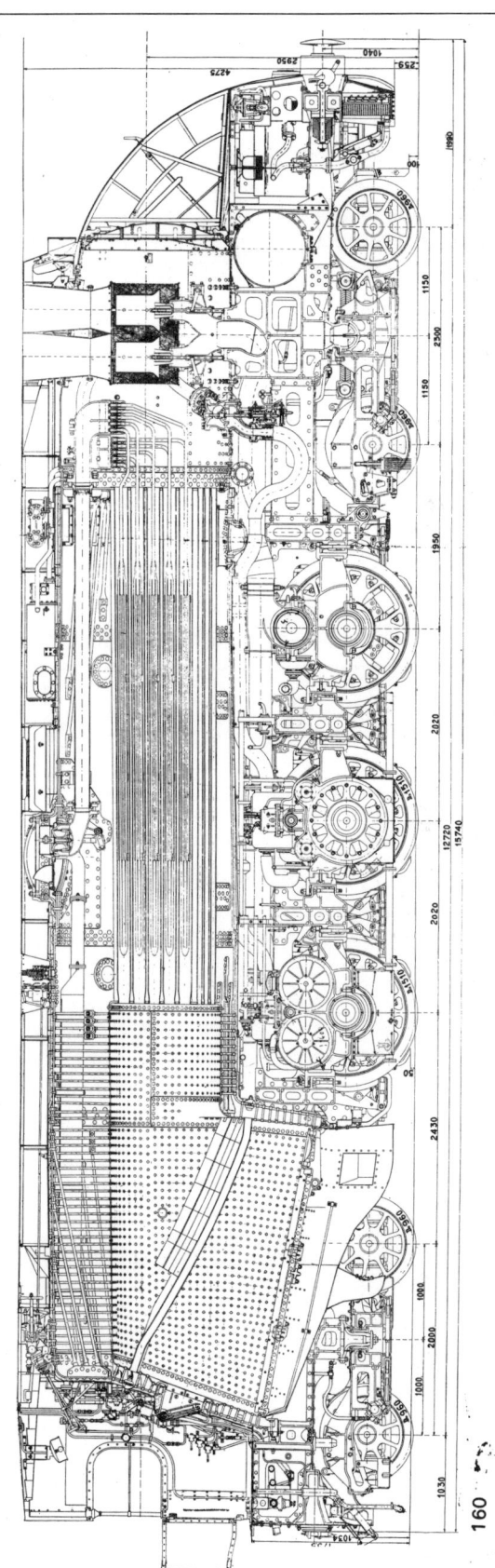

161 Längsschnitte der Dampfturbinenloks der
Union Pacific Railroad
162 Kessel der Dampfturbinenloks der Union
Pacific Railroad

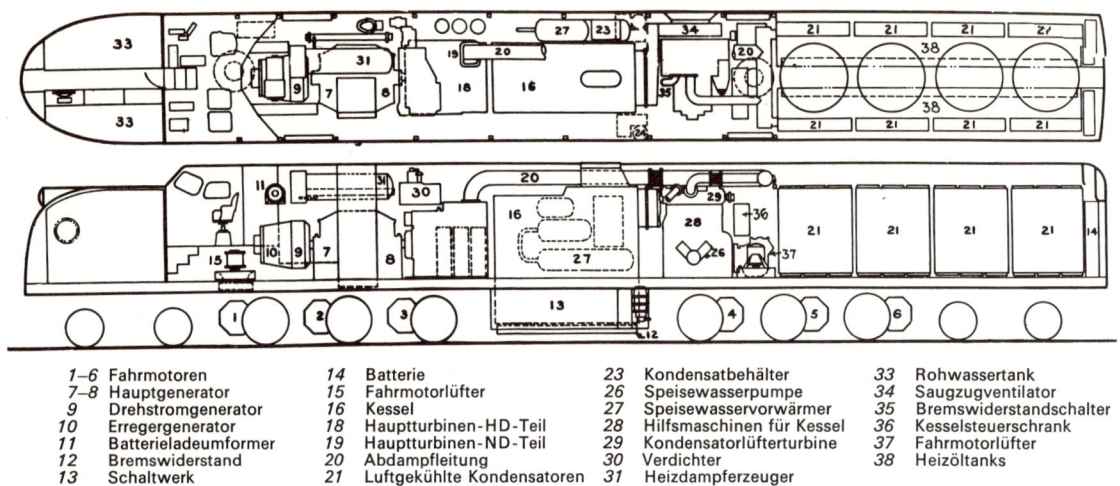

1–6	Fahrmotoren	14	Batterie	23	Kondensatbehälter
7–8	Hauptgenerator	15	Fahrmotorlüfter	26	Speisewasserpumpe
9	Drehstromgenerator	16	Kessel	27	Speisewasservorwärmer
10	Erregergenerator	18	Hauptturbinen-HD-Teil	28	Hilfsmaschinen für Kessel
11	Batterieladeumformer	19	Hauptturbinen-ND-Teil	29	Kondensatorlüfterturbine
12	Bremswiderstand	20	Abdampfleitung	30	Verdichter
13	Schaltwerk	21	Luftgekühlte Kondensatoren	31	Heizdampferzeuger

33	Rohwassertank
34	Saugzugventilator
35	Bremswiderstandschalter
36	Kesselsteuerschrank
37	Fahrmotorlüfter
38	Heizöltanks

161

trisch; die Turbinenleistung betrug 1850 kW. Der durchgehende Brückenrahmen trug die Kessel- und Kondensationsanlage sowie den Turbogeneratorsatz und die Hilfseinrichtungen. Die ganze Lok war stromlinienförmig verkleidet und hatte einen vorn liegenden Führerstand, so daß ihr Äußeres von dem einer konventionellen Dampflok völlig verschieden war. Die Hauptdaten waren:

Dienstgewicht Lok	249	t
Reibungsgewicht	160	t
Triebrad-∅	1116	mm

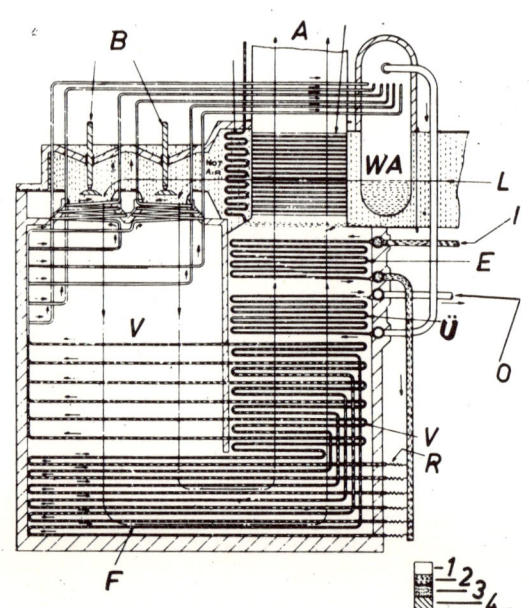

B	Brenner	I	Wassereintritt	1	Dampf
V	Verdampferrohre	WA	Wasserabscheider	2	Wasser
R	Ausgleichsdrosseln	E	Vorwärmer	3	Luft
L	Lufteintritt	F	Bodenrohre	4	Öl
A	Abgasaustritt	O	Dampfaustritt	5	Isolation

162

Höchstgeschwindigkeit	176	km/h
Wasservorrat	18,1	m³
Heizölvorrat	13,6	m³

Den Dampferzeuger bildete ein von der Firma Babcock & Wilcox hergestellter Zwangdurchlaufkessel mit einer Leistung von 20,4 t/h bei 105,5 atü Betriebsdruck und 495 °C Dampfaustrittstemperatur. Es handelte sich dabei um einen Zweizugkessel mit obenliegenden Ölbrennern. Das Speisewasser gelangte durch den im Abgasschacht eingebauten Vorwärmer zu den Verdampferrohrwänden, welche aus 6 parallel geschalteten Registern bestanden. Von dort aus führte der Dampfweg über Brennerkühlrohrschlangen in die Wasserabscheidertrommel. Aus dem Dampfraum oben in der Trommel führte eine Leitung zum Überhitzer und weiter zum HD-Teil der Hauptturbine. Das heiße Wasser im unteren Teil der Wasserabscheidertrommel gelangte über ein Röhrenbündel in die Luftzuführung, wo es zur Vorwärmung der Verbrennungsluft diente, in den zweistufigen Speisewasservorwärmer und anschließend in einen Rieselkühler, von wo es in den oberen Kondensattank zurückfloß. Als Besonderheit sei erwähnt, daß die Widerstände der elektrischen Bremse als wasserdurchflossene Rohre ausgebildet waren. Die Bremsenergie ging als Wärme z. T. an das Wasser über, welches im Kondensator wieder abgekühlt wurde.

Die Hilfsmaschinen für den Kesselbetrieb faßte man zu einem Block zusammen, der seinen Antrieb von einer kleinen Dampfturbine erhielt. Dieses Aggregat bestand aus einer 10-Zylinder-V-Kolbenspeisepumpe, einer Brennstoffpumpe, dem Ventilator für die Verbrennungsluft, der Schmierölpumpe und dem Batterieladegenerator. Mit Hilfe der Batterie und des Ladegenerators erfolgte auch das Hochfahren des kalten Kessels. Ein kleiner Wärmetauscher, mit Kesseldampf beheizt, erzeugte in offenem Kreislauf 1,8 t/h ND-Dampf mit 16,2 atü zur Versorgung der Brennstoffvorwärmung, der Brennstoffzerstäubung und der Zugsheizung.

Im Werksprobebetrieb wurde der Kessel während 950 Betriebsstunden betrieben mit zahlreichen Lastwechseln im Verhältnis bis 1:10. Zur Inbetriebsetzung des Hauptkessels sah man einen kleinen propanbeheizten Hilfskessel mit 5,27 atü vor für den Fall, daß kein Fremddampf verfügbar ist. Zur Versorgung der dampfbetriebenen Hilfsmaschinen diente noch ein Wärmetauscher, der auch Heizdampf für den Zug liefern konnte.

Der Aufbau der Hauptturbine mit ihren 2 Wellen und dem zugehörigen Getriebe entsprach der Bauart von Schiffsturbinen. Die beiden je fünfstufigen Turbinenläufer gaben bei 12500 U./min ihre Leistung über je 1 Ritzel auf ein gemeinsames Großrad mit einer Zehnfachübersetzung ins Langsame ab. Das Getriebegroßrad trieb über eine Kupplung den Traktionsgenerator. Auf je 1 Turbinenwelle war der HD- und ND-Teil des Läufers angeordnet. Hergestellt wurden die Dampfturbinen bei den Lynn-Turbinenwerken der GE.

Der eigenbelüftete Hauptgenerator trug an seinem freien Wellenende die Erregermaschine, welche auch für die Fahrmotorfelderregung im Bremsbetrieb Verwendung fand. Weiter war mit dem Hauptgenerator ein Drehstromhilfsgenerator gekuppelt, der die nicht mit Dampf betriebenen Hilfsmaschinen, die Fahrmotorlüfter und die Zugsklimaanlage versorgte.

Die luftgekühlte Kondensationsanlage im hinteren Teil der Lok bestand aus je 4 in den Seitenwänden eingebauten Rohrregistern; 4 im Dach eingebaute Ventilatoren saugten durch diese Kühlrohrregister die Außenluft an und bliesen diese Luft nach Erwärmung im Kondensator nach oben durch das Lokdach ab. Den Antrieb der Ventilatoren besorgte eine regelbare Turbine mit Maximaldrehzahl 12000 U./min. Das Kondenswasser aus dem von oben in die Kühlrohrelemente eintretenden Abdampf wurde von einer Kondensatpumpe aus den unteren Sammelräumen abgesaugt und dem über dem Kessel eingebauten Speisewassertank zugeführt. Die Kondensatorentlüftung geschah mit einem Dampfejektor.

Die beiden Loks kamen am 3. April 1939 aus dem Werk Erie, Pa., der GE zur Ablieferung und bei der UP in den

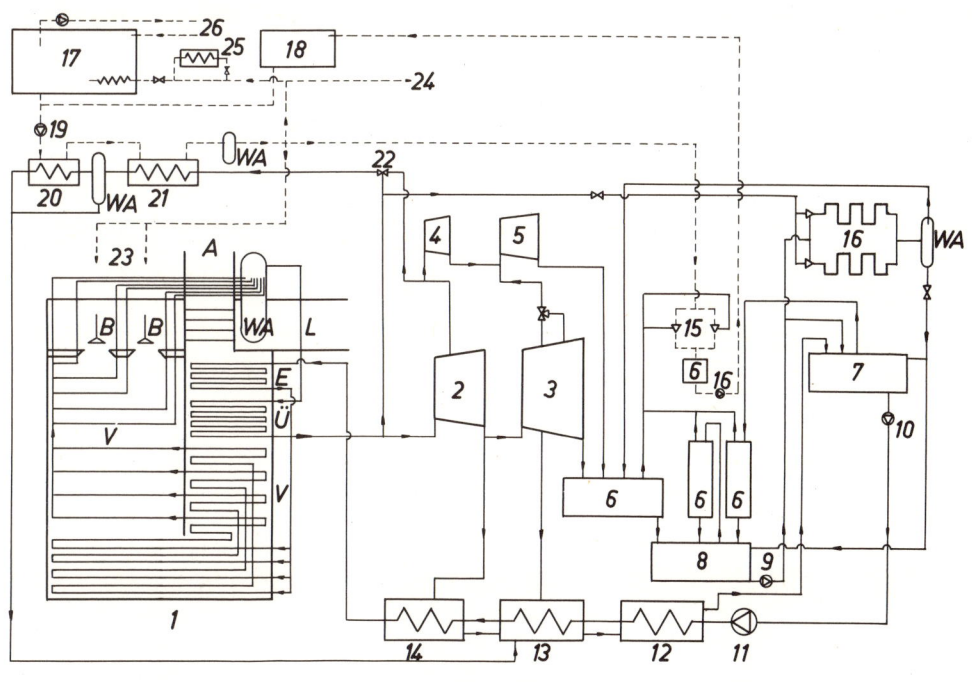

1	Kessel	*5*	Kondensatorlüfterturbine	*17*	Wassertank
E	Vorwärmer	*6*	Kondensator	*18*	Ausgleichstank
V	Verdampferrohre	*7*	Kondensatorhochtank	*19*	Speisepumpe
Ü	Überhitzerrohre	*8*	Kondensatortieftank	*20*	Verdampfervorwärmer
L	Lufteintritt	*9*	Kondensatpumpe	*21*	Verdampfer
LU	Luftvorwärmer	*10*	Kondensathilfspumpe	*22*	Verdampfersteuerventil
A	Abgasaustritt	*11*	Kesselspeisepumpe	*23*	Dampf für Vorwärmung und
B	Brenner	*12*	Rieselkühler		Zerstäubung des Brennstoffs
WA	Wasserabscheider	*13*	ND-Vorwärmer	*24*	Zugsheizdampf
2	HD-Hauptturbine	*14*	HD-Vorwärmer	*25*	Führerstandsheizung
3	ND-Hauptturbine	*15*	Luftsaugepumpe	*26*	Kühlwasserkreislauf für
4	Kesselhilfsturbine	*16*	Bremswiderstände		Getriebekühlung
					der Kondensatorlüfter

Probeeinsatz. Bei den ersten Fahrten zeigte sich allerdings, daß anstelle des erwarteten Dampfverbrauchs von 5,8 kg/kWh sich ein Wert von 8,7 kg/kWh bei Nennleistung einstellte. Somit ließ sich bei der zunächst eingestellten Kesselleistung von 17,25 t/h nicht die volle Traktionsleistung ausfahren. Nach Erhöhung der Kesselleistung auf 20,4 t/h konnte das vorgesehene Leistungsprogramm der Lok erfüllt und die Maschinenleistung von 1850 kW erreicht werden. Aus den vorgenannten Leistungs- und Verbrauchszahlen ergibt sich, daß bei Nennleistung 16 % der Kesselleistung (3,1 t/h) für die Versorgung der Hilfseinrichtungen benötigt werden. Das Hochfahren der kalten Kesselanlage bis zum Erreichen des vollen Druckes und damit die Einsatzbereitschaft der Lok ließ sich in minimal 16 min durchführen.

Die beiden Loks wurden bei der UP im Reisezugdienst eingesetzt und erregten damals weltweites Aufsehen wegen ihres für eine Dampflok völlig ungewohnten Erscheinungsbildes. Durch die Kondensationsanlage und den Wegfall der bei Kohle nötigen Feuerreinigung war es mit diesen Maschinen möglich, die Strecke Chicago–Omaha–Salt Lake City–Los Angeles ohne Wasseraufnahme unterwegs und ohne Lokwechsel zu durchfahren. Auf einer Rundreise durch die USA führte man die beiden Maschinen auch in Washington dem damaligen Präsidenten Roosevelt vor. Nach zwischenzeitlichen weiteren Probefahrten bei der Northern Pacific Railroad und der New York Central kamen die beiden Loks im Jahre 1942 in das Herstellerwerk Erie, Pa., der GE zwecks Überprüfung und Auswertung der Betriebserfahrungen zurück.

Bedingt durch die inzwischen eingetretenen Zeitumstände mußten jedoch bald die Arbeiten an diesem Projekt eingestellt werden, und die Loks wurden von GE schließlich verschrottet.

3.44.20 Die Lokomotive Betr.-Nr. 6200 der Pennsylvania Railroad

Anläßlich einer Untersuchung der technischen Möglichkeiten zum Bau von Schnellzugloks gelangte im Jahre 1937 auch die Dampfturbine in den Kreis der Betrachtungen bei der Pennsylvania Railroad (PRR). In Zusammenarbeit mit der Firma Westinghouse unterzog man diese Sache einer eingehenderen Studie und kam zum Ergebnis, daß mit einer Turbine bei mechanischer Leistungsübertragung sich eine Lok größerer Leistung realisieren ließ als bei einer Kolbendampfmaschine. Die PRR entschloß sich zum Bau einer Probelok. Zunächst dachte man an den Umbau einer vorhandenen Lok. Da aber die Kosten hierfür fast denen eines Neubaus gleichkamen und zudem die Gestaltungsmöglichkeiten von vornherein begrenzt waren, gab man bei den Firmen Baldwin und Westinghouse eine neue Schnellzuglok hoher Leistung mit Turbinenantrieb in Auftrag. Die Bauart dieser Maschine entsprach soweit möglich der einer Kolbendampflok, so daß als wesentlicher Unterschied nur der Antrieb blieb. Man strebte eine möglichst einfache Bauweise an, um die Betriebssicherheit nicht unnötig zu beeinträchtigen. Als Dampferzeuger wählte man einen Stephenson-Kessel; auf Kondensation wurde verzichtet. Die Vorräte für lange Strecken trug ein riesiger Tender mit 2 vierachsigen Drehgestellen, die Achsfolge der Lok Klasse S-2 war 3'D3'. Als Hauptdaten können genannt werden:

Dienstgewicht Lok	263,1	t
Reibungsgewicht	118,2	t
Dienstgewicht Tender	203,8	t
Wasservorrat	68,1	m³
Kohlenvorrat	34,1	t
Triebrad-∅	1727	mm
Anfahrzugkraft	32	t
Höchstgeschwindigkeit	160	km/h

Der Kessel war mit einem Belpaire-Stehkessel und einer 3038 mm langen Verbrennungskammer ausgerüstet; im hinteren Schuß betrug der lichte ∅ 2600 mm. Die Feuerung erfolgte mit Kohle und einem Standardstoker. Die wichtigsten Kesselabmessungen waren:

Dampfdruck	21,8	atü
Dampftemperatur	400	°C
Rostfläche	11,09	m²
Heizflächen für		
Verdampfung (wasserberührt)	463,7	m²
Überhitzung	190,4	m²
Leistung	43	t/h

Der Dampfzustand am Turbineneintritt war 20 atü und 400 °C. Die Antriebsanlage umfaßte nach der Turbine ein zweistufiges Zahnradgetriebe, das die Leistung über Gelenkkupplungen auf die 2 mittleren Triebachsen weiterleitete. Die Zahnräder der 1. Getriebestufe waren schräg, die der 2. gerade verzahnt. Das Getriebegehäuse mit den Achsantrieben stützte sich innerhalb des Rahmens über der 2. und 3. Triebachse ab. Auf der rechten Getriebeseite war die Vorwärtsturbine angebaut, deren Läufer aus 2 Gleich- und 5 Überdruckstufen bestand. Bei der Höchstgeschwindigkeit von 160 km/h erreichte die Turbinendrehzahl 9000 U./min. Die Verbindung des Turbinenläufers mit dem Getriebe erfolgte mit einem Torsionsstab, der durch das hohlgebohrte Ritzel hindurchgeführt war. Turbinen- und Getriebegehäuse bildeten einen geschlossenen Block, der im Rahmen in 3 Punkten abgestützt war. Zur Verbindung der 4 Triebachsen dienten Kuppelstangen, deren Lager wie auch die der Achsen in Timken-Kegelrollenlagern liefen (Abb. 333 und 334).

Die Dampfzuleitung zur Turbine bildeten 4 Rohre mit je 76 mm Innen-∅, von denen jedes zu einer Düsengruppe führte. Jede Düsengruppe umfaßte 20 % des Umfangs

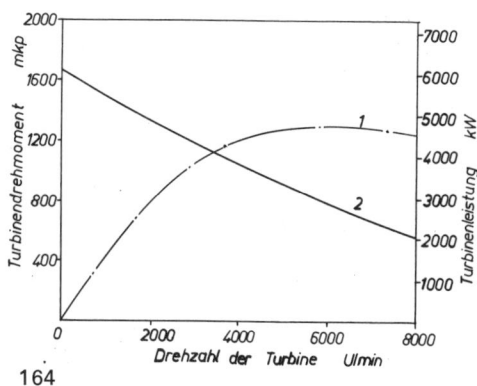

164

der 1. Turbinenstufe. Am Anfang von jedem der 4 Zuleitungsrohre war in der Rauchkammer ein Regelventil angebaut, mit welchen der Dampfzulauf vom Kessel zur Turbine gesteuert wurde. Diese Ventile ließen sich der Reihe nach öffnen, bis in vollständig offener Stellung die volle Kesseldampfmenge zur Maschine strömen konnte. Für die Rückwärtsfahrt befand sich links am Getriebegehäuse eine besondere kleine Turbine, die ein eigenes Regelventil mit Dampfzuleitung besaß. Mit 2 Gleichdruckstufen ausgerüstet, trieb die Rückwärtsturbine noch auf 1 weitere Übersetzungsstufe im Getriebe. Das Großrad dieses Rückwärtsturbinenvorgeleges trieb über eine öldruckbetätigte Schaltkupplung auf das Ritzel der Vorwärtsturbine, jedoch in umgekehrter Drehrichtung. Bei Vorwärtsfahrt war die Rückwärtsturbine mechanisch vom Antrieb getrennt und stand still, so daß hier keine Ventilationsverluste auftraten. Die größte Rückwärtsgeschwindigkeit konnte mit zirka 35 km/h bei einer Turbinendrehzahl von 8300 U./min erreicht werden, wobei die Leistung zirka 1100 kW betrug. Dabei ließ sich immerhin noch eine Anfahrzugkraft von 29 t entsprechend einer Reibwertausnutzung von 0,25 erzielen, so daß die Lok auch für Rangierfahrten voll brauchbar war. Eine Sicherung gewährleistete, daß die Rückwärtsturbine nur bei Stillstand der Lok eingeschaltet werden konnte. Die Betätigung der Dampfregelventile geschah durch Druckluft. Beim Überschreiten der zuläßigen maximalen Turbinendrehzahlen (176 km/h vorwärts bzw. 40 km/h rückwärts) und beim Ausbleiben des Öldruckes für die Getriebe- und Turbinenschmierung schlossen sich alle Dampfregelventile selbsttätig.

Zur Bedienung der Antriebsmaschine durch den Lokführer war nur ein Fahrhebel vorhanden, mit dessen verschiedenen Stellungen sowohl Leistung und Geschwindigkeit als auch die Fahrtrichtung über die Westinghouse-Druckluftsteuerung eingestellt wurden.

Diese gewaltige Dampfturbinenlok Nr. 6200 wurde im September 1944 fertiggestellt und auf dem Lokomotivprüfstand in den Bahnwerkstätten Altoona der PRR auf

Funktion und Leistung überprüft. Die vorausberechneten Daten konnten ohne weiteres erreicht werden, so ergab sich eine Maximalleistung von 5340 kW am Radumfang bei 105 km/h. Dies entsprach einem spezifischen Dampfverbrauch von 9 kg/kWh und einer Kesselleistung von 51,2 t/h. Die Lok Nr. 6200 kam sogleich im hochwertigen Schnellzugdienst der PRR zum Einsatz, wobei sie auch den «Broadway Limited» als berühmtesten Pennsy-Schnellzug zu fahren hatte. Von Oktober 1944 bis März 1946 betrug die Laufleistung zirka 80 000 km. Der Fahrbetrieb erfolgte sowohl auf der langen Flachlandstrecke Crestline (Ohio)–Chicago (Illinois) als auch auf der Gebirgsstrecke zwischen Altoona–Harrisburg (Pennsylvania). Auch schwere Güterzüge wurden probeweise gefahren.

Im Frühjahr 1946 kam die Lok Nr. 6200 in die PRR-Werkstätten Juniata zur Untersuchung. Die Antriebsanlage zeigte dabei einen guten Zustand. Nach Abschluß der Überholung und Durchführung einiger kleiner Änderungen kam die Maschine wieder in den schweren Schnellzugdienst. Die gestellten Aufgaben konnte die sehr leistungsfähige Turbinenlok stets erledigen und entsprach allen Anforderungen. Im Laufe der Zeit zeigten sich häufiger Stehbolzen- und andere Kesselschäden. Als Ursache stellte man fest, daß dies durch große Schwankungen im Kesseldruck bis herab zu 14 atü anläßlich schwerer Anfahrten verursacht war, welche innerhalb kurzer Zeit eintraten und der Kesseldruck bald darauf wieder auf 21 atü anstieg. Die Veranlassung dafür war in der Fahrweise der amerikanischen Lokführer zu suchen, die nach der bei Kolbenloks üblichen Praxis gleich zu Beginn der Anfahrt die Dampfzufuhr zur Maschine voll öffneten. Bei den normalen Loks war dieses Verfahren in Nordamerika möglich, da die Zylinderabmessungen meist etwas knapp gehalten und die Kessel sehr leistungsfähig waren, auch stieg die Dampfaufnahme einer Kolbenmaschine vom Stillstand aus mit zunehmender Drehzahl langsam an (Abb. 136). Im Gegensatz hierzu «schluckte» die Turbine schon im Stand und im Bereich niedriger Drehzahlen die volle vom Kessel kommende Dampfmenge und setzte die Energie zunächst mit sehr schlechtem Wirkungsgrad in mechanische Arbeit um (Abb. 135), bis die Lok mit der Geschwindigkeit höher kam. Dies hatte zu Beginn der Anfahrt einen übermäßigen Dampfverbrauch zur Folge, dem der Kessel in so kurzer Zeit nicht nachkommen konnte. Bei etwas sorgfältigerer Fahrweise mit gedrosselter Anfahrt hätte sich dieses Problem sicher entschärfen lassen. Die Zeit der Dampftraktion war damals in den USA aber schon ihrem Ende nahe, und so schenkte man diesen Dingen kaum mehr Beachtung.

Nach nur fünfjähriger Betriebszeit wurde Lok Nr. 6200 im Jahre 1949 außer Dienst gestellt und 1952 verschrottet, da an einer Weiterentwicklung der Dampflok das Interesse verschwunden war.

3.44.21 Die Lokomotiven Betr-Nrn. 500–502 der Chesapeake & Ohio Railroad

Die Chesapeake & Ohio Railroad (C&O) besitzt im Bereich ihres Streckennetzes zahlreiche Kohlengruben und führt viele Kohlentransporte auf ihren Linien durch. Diese Bahn war sehr an der Weiterentwicklung der Dampflok mit Kohlenfeuerung interessiert und ließ deshalb 3 Dampfturbinenloks bauen. Diese Maschinen sollten die Beförderung hochwertiger Schnellzüge zwischen Washington, D.C., und Cincinnati, Ohio, übernehmen. Diese Strecke mit z.T. starken Steigungen sollte ohne Lokwechsel durchlaufen werden, wobei man auf den ebenen Abschnitten hohe Geschwindigkeiten erreichen wollte. Im Jahre 1945 bestellte die C&O bei den Firmen Baldwin und Westinghouse 3 gleiche Turbinenloks, deren Leistung elektrisch auf die Achsen übertragen wurde. Die Hauptdaten waren:

Dienstgewicht Lok	372	t
Reibungsgewicht	230	t
Dienstgewicht Tender	168	t
Wasservorrat	96	m³
Kohlenvorrat	26,6	t
Triebrad-∅	1016	mm
Anfahrzugkraft	44,5	t
Dauerzugkraft bei 64 km/h	21,7	t
Höchstgeschwindigkeit	160	km/h
Achsfolge	(2'C$_0$1) (2'C$_0$1B$_0$') + 3'3'	

Der Kessel Stephensonscher Bauart wurde mit einem Standard-HT-Stoker gefeuert. In einem vor dem Führerstand vorn auf der Lok aufgebauten Bunker befand sich der Kohlenvorrat. Die Feuerbüchse war mit 1 Verbrennungskammer und 3 Wasserkammern ausgerüstet. Da sich unter dem Rost keine Achsen befanden, konnte der Aschkasten geräumig ausgebildet werden. Die Feueranfachung geschah mit Hilfe eines vom Turbinenabdampf durchströmten normalen Blasrohrs. Als Hauptdaten für den Kessel sind zu nennen:

Dampfdruck	21,8	atü
Dampftemperatur	400	°C
Rostfläche	10,44	m²
Heizflächen für		
Verdampfung	409,3	m²
Überhitzung	164,4	m²
Leistung	38,5	t/h

Der vom Kessel gelieferte Dampf strömte zu der aus 1 Gleichdruck- und 4 Überdruckstufen bestehenden Auspufturbine. Der Eintrittsdruck lag bei Nennlast bei 20,4 atü, der Austrittsdruck bei 1,07 atü. Die Nennleistung von 4400 kW erreichte die Turbine mit 6000 U./min. Die Leistungsregelung konnte mit 7 durch Ventile gesteuerten Düsengruppen erfolgen, welche auch bei voller Öffnung eine Teilbeaufschlagung der 1. Stufe ergaben. Die 2. Stufe (1. Überdruckstufe) erhielt dann volle Beaufschlagung. Die einsitzigen Regelventile erhielten ihre Betätigung durch eine Nockenstange, welche von einem Fliehkraftregler indirekt über einen hydraulischen Servomotor angesteuert waren. Der Fliehkraftregler erhielt seinen Antrieb vom Getriebe aus. Die Turbine wurde entsprechend der Leistungsanforderung im Bereich zwischen 3000 und 6000 U./min drehzahlgeregelt.

Anstelle des normalen Dampfreglers im Kessel war hier an der Turbine ein Hauptdampfventil angeordnet, mit dem ein Schnellschlußventil für den Notfall kombiniert war und das vom Führerstand aus betätigt werden konnte.

Die Leistung der Turbine gelangte über ein Verzweigungsgetriebe auf 4 Traktionsgeneratoren, die zu je 2 Stück hintereinander auf einer Welle liefen. Wegen der Einfachschrägverzahnung des Getriebes befand sich auf jeder Getriebegroßradwelle sowie der Turbinenwelle ein Segmentdrucklager für die Aufnahme der Schubkräfte axial. Turbine und Getriebe liefen in Weißmetallgleitlagern. Eine von der Turbine aus angetriebene Zahnradölpumpe übernahm die Druckschmierung der Lager und Zahnräder. Für die Inbetriebsetzung des Aggregates diente ein von einer kleinen Dampfturbine angetriebenes Anfahrölpumpenaggregat, das sich nach Hochlauf der Hauptturbine selbsttätig abstellte. Die Ölkühlung erfolgte in einem Wärmetauscher mit Kesselspeisewasser. Der ganze auf einem Hilfsrahmen aufgebaute Hauptmaschinensatz war im hinteren Teil der Lok nach dem Kessel eingebaut. Fahrzeugteil und Kessel baute die Firma Baldwin, Turbinenaggregat und elektrische Ausrüstung stammten von Westinghouse.

Als Traktionsgeneratoren fanden achtpolige Gleichstrommaschinen mit 2 Wicklungen je Hauptpol und Wendepolen Verwendung. Ein Regelwiderstand zwischen Feld und Anker und das in 11 Stufen einstellbare fremderregte Feld wurden vom Fahrschalter aus gesteuert. Jeder der 4 Generatoren speiste 2 parallel geschaltete Fahrmotoren. Die 2 auf den Hauptgeneratoren aufgebauten Hilfsgeneratoren erhielten ihren Antrieb über Keilriemen von den freien Wellenenden der 2 Hauptgeneratorwellen. Ein turbinengetriebener Generatorlüfter führte die Luft in der Weise zu, daß Bürstenstaub aus der Maschine herausgeblasen wurde. Mit einer eigenen Leitung erhielten die Kollektoren unmittelbar Kühlluft. Um für die elektrischen Maschinen saubere Kühlluft zu erhalten, erfolgte deren Ansaugung vor dem Schornstein. Die Ventilatoren waren außerdem mit Fliehkraftabscheidern zur Absonderung von Staub und Asche ausgerüstet. Jeder der beiden Westinghouse-Traktionsgeneratoren, Typen 473-AR und 473-AL, hatte eine Dauerleistung von 1000 kW bei 1000 U./min, 1760 A und 568 V. Die

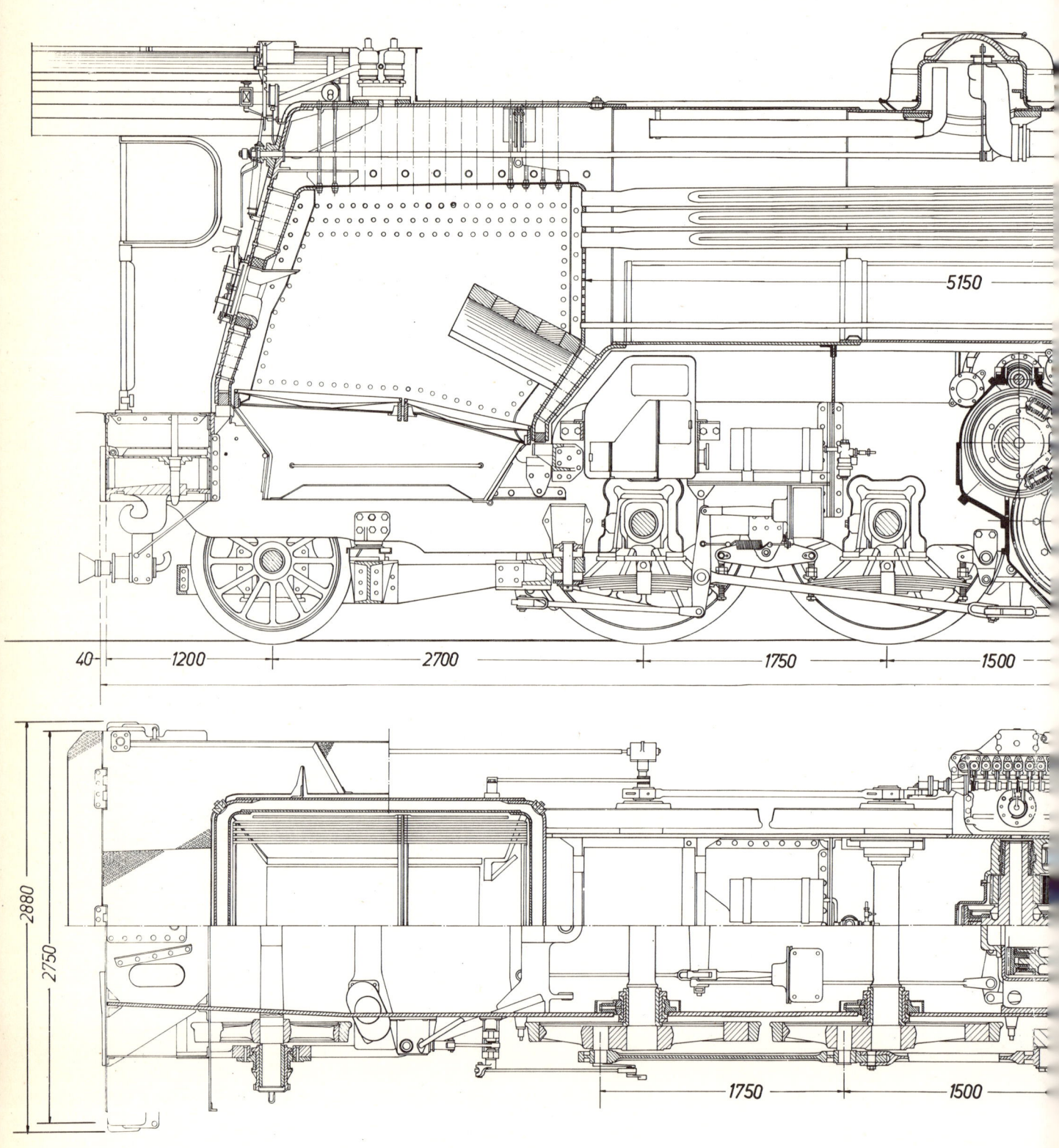

5150

40 | 1200 | 2700 | 1750 | 1500

2880

2750

1750 | 1500

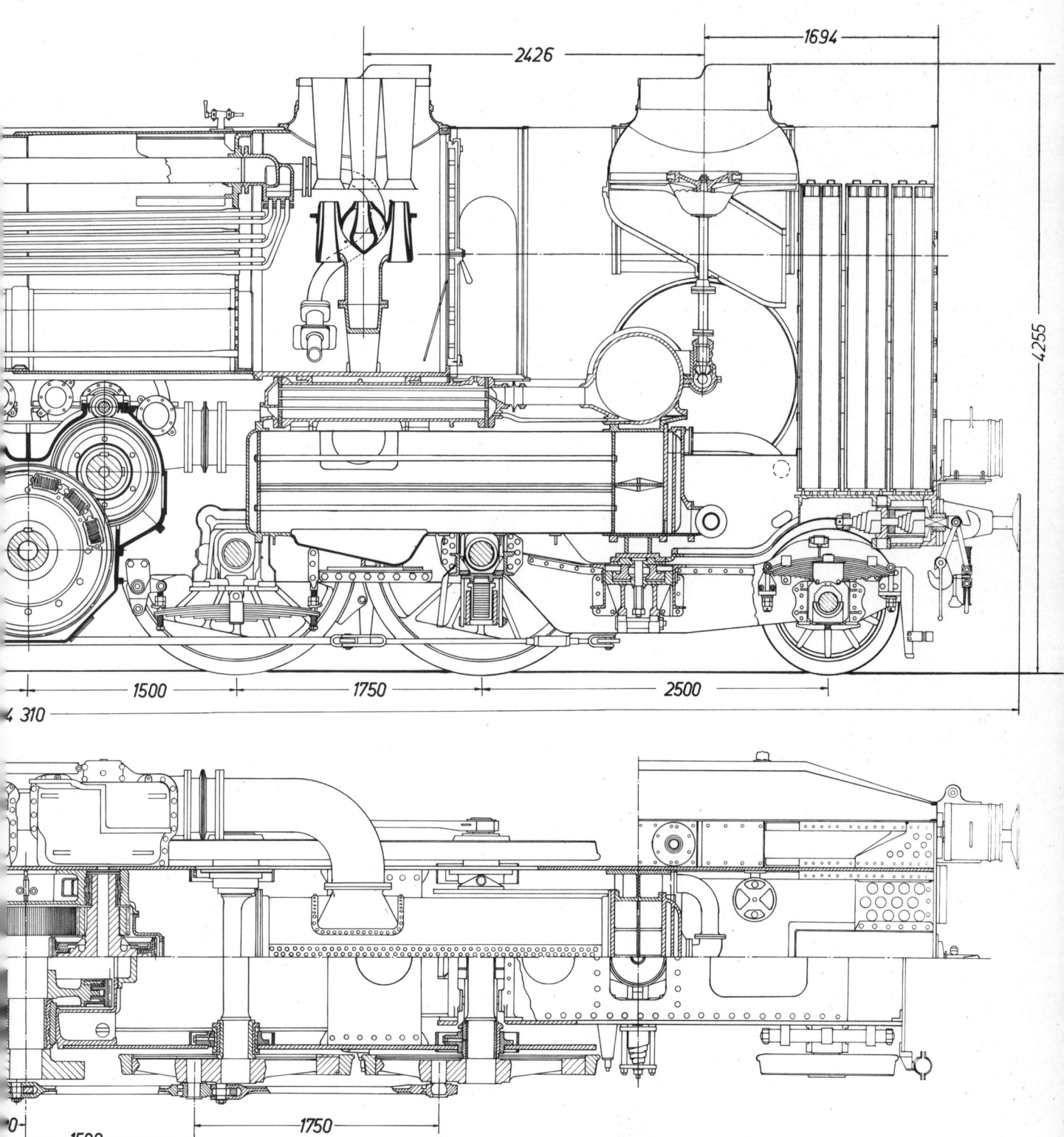

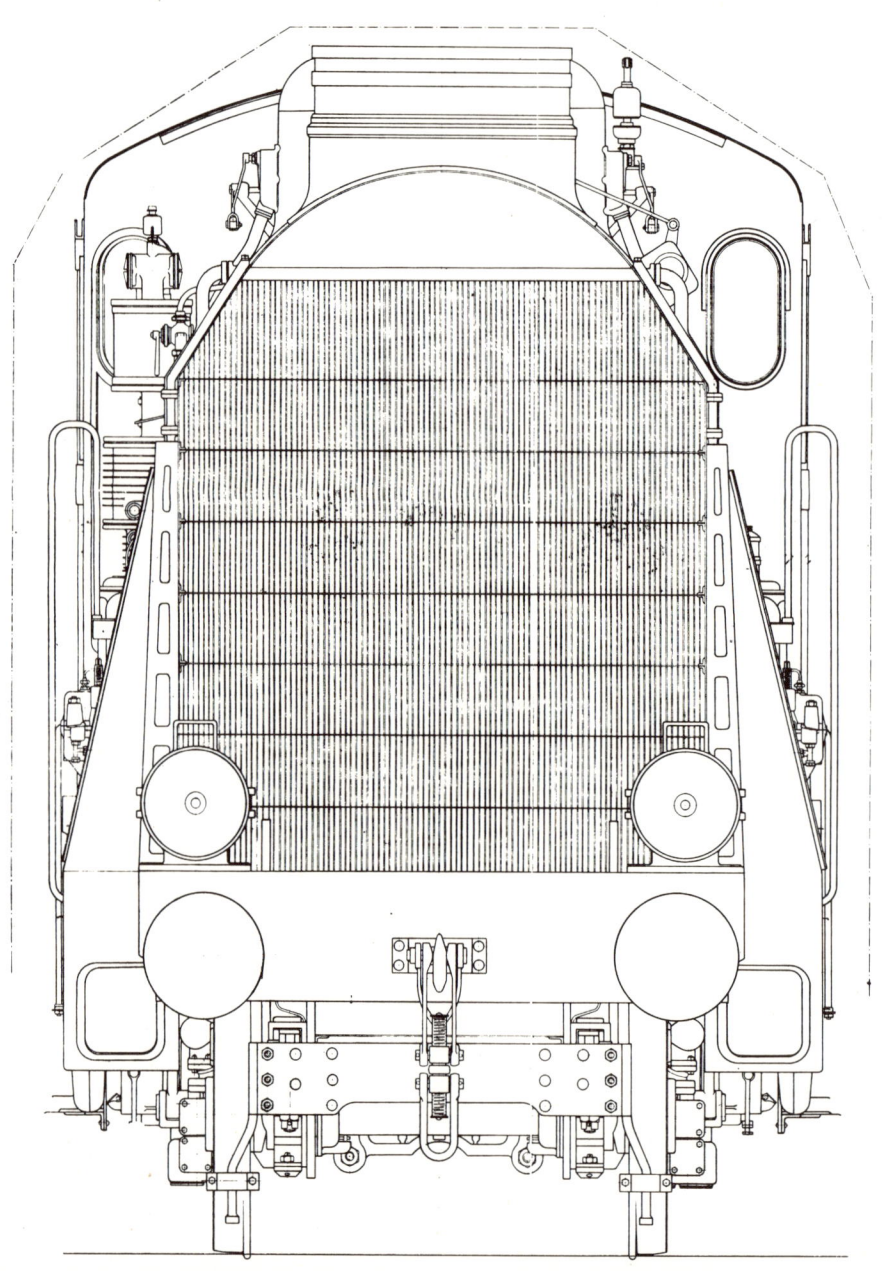

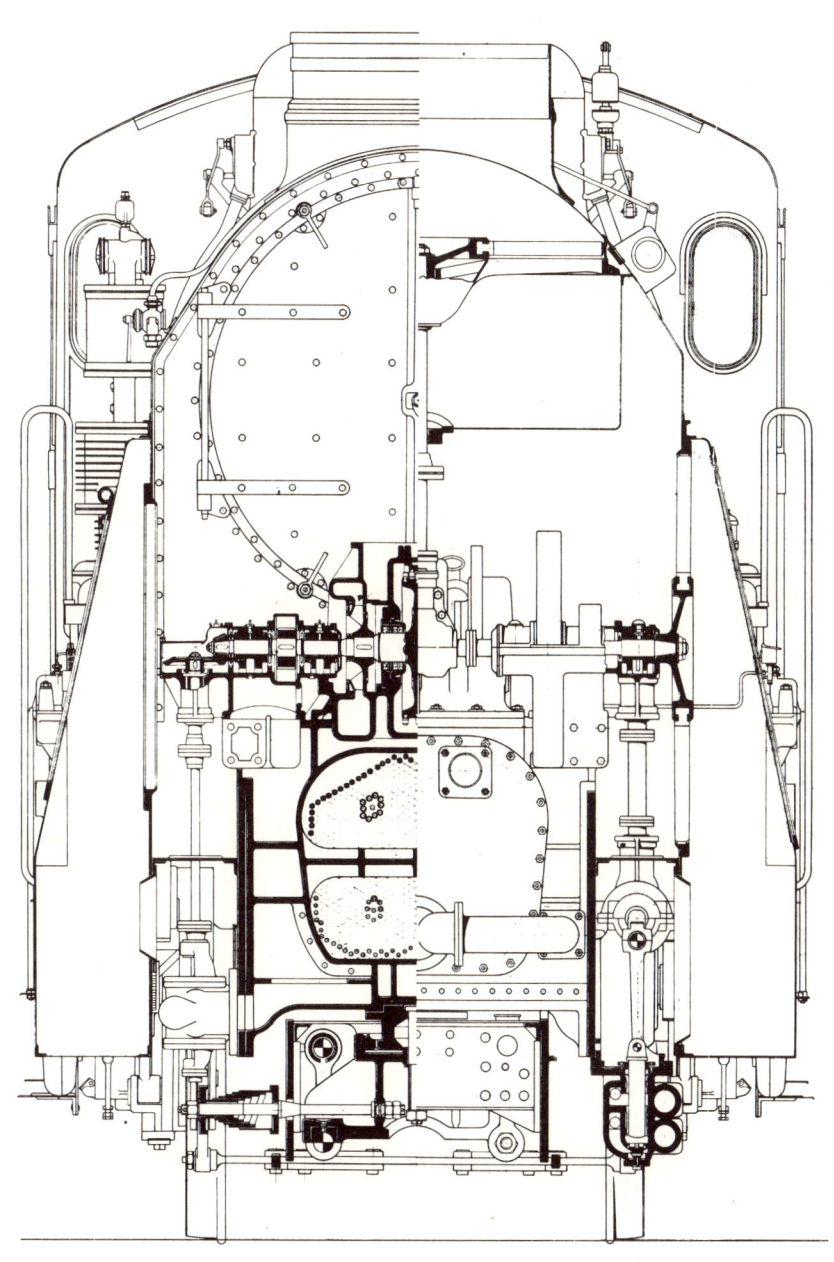

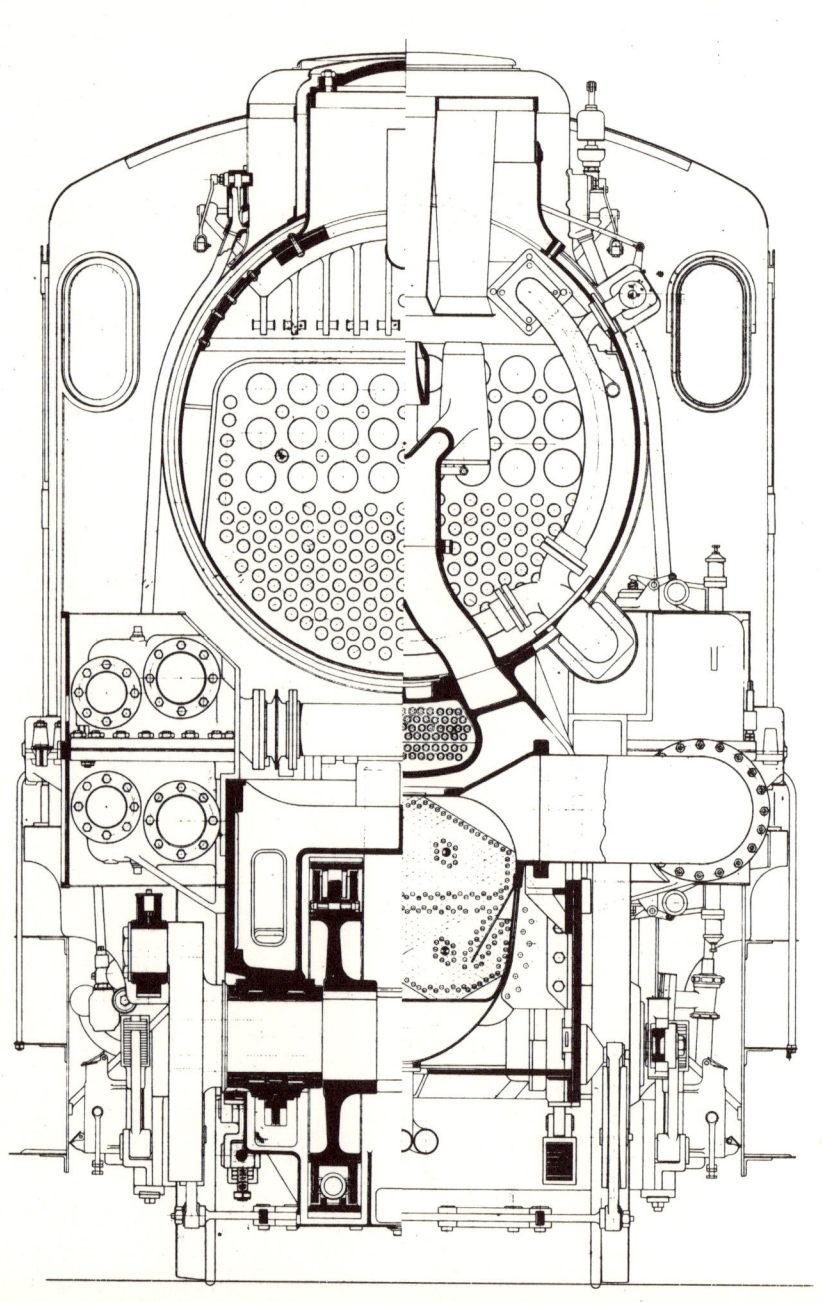

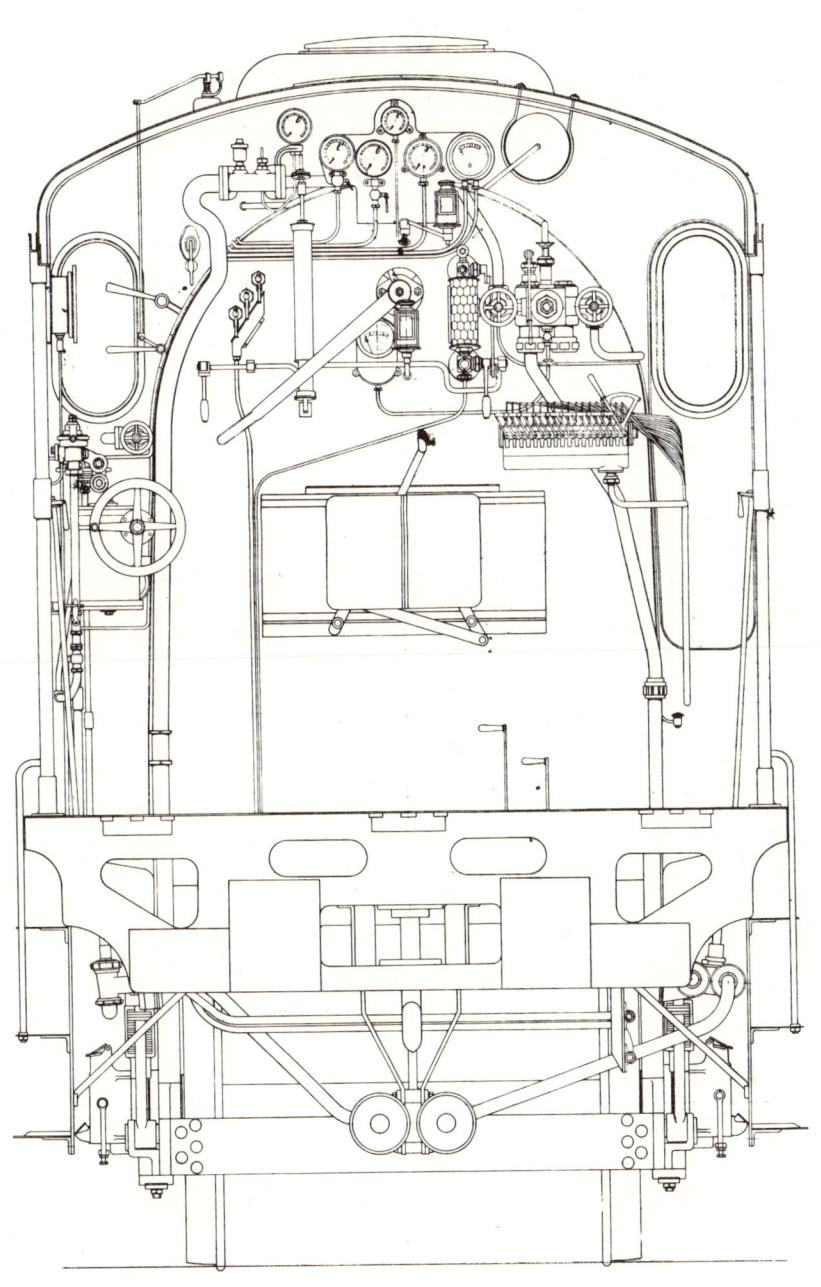

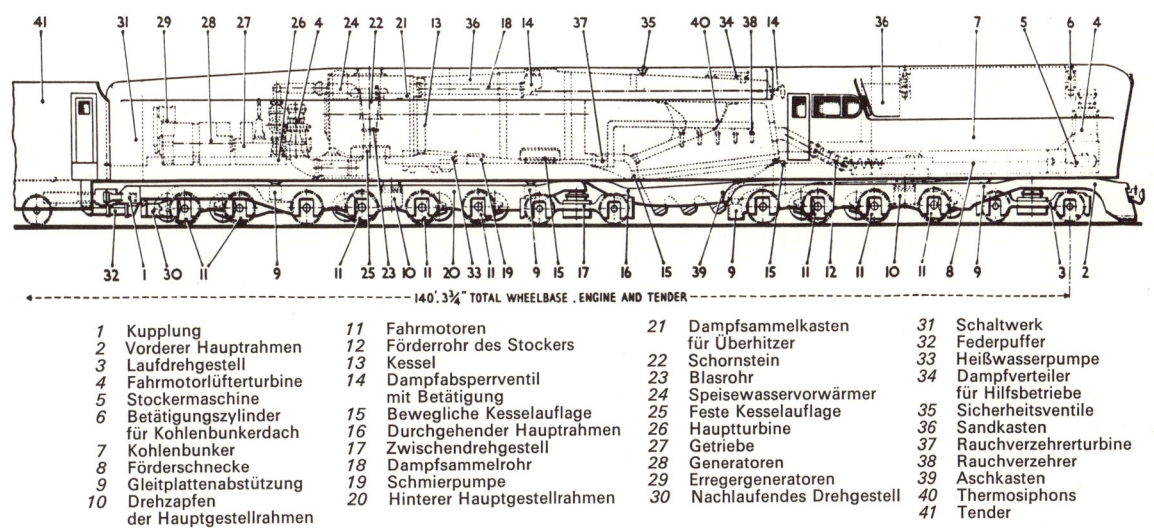

165

1	Kupplung	11	Fahrmotoren	21	Dampfsammelkasten für Überhitzer	31	Schaltwerk
2	Vorderer Hauptrahmen	12	Förderrohr des Stockers	22	Schornstein	32	Federpuffer
3	Laufdrehgestell	13	Kessel	23	Blasrohr	33	Heißwasserpumpe
4	Fahrmotorlüfterturbine	14	Dampfabsperrventil mit Betätigung	24	Speisewasservorwärmer	34	Dampfverteiler für Hilfsbetriebe
5	Stockermaschine	15	Bewegliche Kesselauflage	25	Feste Kesselauflage	35	Sicherheitsventile
6	Betätigungszylinder für Kohlenbunkerdach	16	Durchgehender Hauptrahmen	26	Hauptturbine	36	Sandkasten
7	Kohlenbunker	17	Zwischendrehgestell	27	Getriebe	37	Rauchverzehrturbine
8	Förderschnecke	18	Dampfsammelrohr	28	Generatoren	38	Rauchverzehrer
9	Gleitplattenabstützung	19	Schmierpumpe	29	Erregergeneratoren	39	Aschkasten
10	Drehzapfen der Hauptgestellrahmen	20	Hinterer Hauptgestellrahmen	30	Nachlaufendes Drehgestell	40	Thermosiphons
						41	Tender

8 Fahrmotoren Typ 370 F leisteten je 456 kW bei 720 U./min, 880 A und 568 V, sie waren als sechspolige Tatzlagermaschinen ausgeführt. Die Belüftung der Fahrmotoren übernahmen 2 mit Dampfturbinen getriebene Ventilatoren, die senkrecht in den Lokrahmen eingebaut waren. Ein Lüfter befand sich vorn in der Lok vor dem Kohlenbunker und versorgte die 3 Fahrmotoren des vorderen Laufwerks. Der zweite Lüfter für die 5 anderen Motoren stand im Turbinenraum hinter dem Kessel. Er war vom Turbinenaggregat durch eine Wand getrennt, um ein Ansaugen der Generatorabluft zu vermeiden. Das Gerätegerüst der elektrischen Steuerung befand sich ebenfalls durch eine Wand getrennt von den übrigen Maschinen hinten im Turbinenraum.

Die Leistungsregelung geschah sowohl über die Turbinen- bzw. Generatordrehzahl als auch über die Generatorfelderregung. Für den Fall des Durchgehens von Triebachsen waren zur Meldung Warnsummer eingebaut, die von einem Differenzrelais zwischen je 2 parallel geschalteten Fahrmotoren ausgelöst wurden. Ging eine Triebachse durch, so erhöhte sich die EMK des zugehörigen Fahrmotors und erregte das Summerrelais. Eine selbsttätige Veränderung der Stromzufuhr trat jedoch nicht ein, der Lokführer konnte von Hand die Leistung verringern. Die einzelnen Fahrmotorenstromkreise besaßen Überstromsicherungen. Bei Ansprechen einer dieser Sicherungen schloß das elektromagnetisch betätigte Schnellschußventil die Dampfzufuhr zur Turbine ab. Um wieder Leistung aufschalten zu können, mußte zuvor der Fahrschalter in Stufe 0 zurückgestellt sein (Abb. 335 und 336).

Die erste dieser Loks kam im August 1947 zur Ablieferung an die C & O, die beiden anderen Anfang 1948. Gleichzeitig wurden auch neue komfortable Wagenzüge in Betrieb genommen. Jedoch war inzwischen der Reiseverkehr auf der Schiene in der für die neuen Züge vorgesehenen Relation so stark zurückgegangen, daß es zu dem ursprünglich beabsichtigten Einsatz nicht mehr kam. Die 3 Loks Nrn. 500, 501 und 502 kamen deshalb auf anderen C&O-Strecken vor Schnellzügen zum Einsatz. Wegen der umfangreichen Ausrüstung dieser Maschinen fuhr ständig ein dritter Mann mit, der die Funktion überwachte und notfalls kleinere Störungen gleich beheben konnte.

Die Betriebssicherheit ließ trotzdem zu wünschen übrig, besonders an der elektrischen Ausrüstung zeigten sich im Laufe des Fahrbetriebs viele Störungen, die z. T. durch Verschmutzungen bedingt waren. Sowohl Instandhaltungskosten als auch der Brennstoffverbrauch erwiesen sich als höher als bei normalen Dampfloks der C&O, so daß 1951 die 3 Maschinen außer Dienst gestellt wurden. Die Bahn verkaufte sie zur Verschrottung an Baldwin zurück. Beim Werkstattpersonal hieß es in bezug auf diese Loks, daß die Fehlersuche durchschnittlich 3 Tage in Anspruch nahm, während die Behebung meist in 3 min erledigt war im Gegensatz zu den üblichen Dampfloks, deren Fehler in 3 min erkannt und wo die Behebung dann 3 Tage erforderte.

3.44.22 Die Lokomotive Betr.-Nr. 2300 der Norfolk & Western Railway

Die Norfolk & Western Railway (N&W) gehört ebenfalls zu den großen Kohlenbahnen der USA und hielt am längsten von allen größeren Bahngesellschaften dieses Landes an der Dampftraktion fest. Für diese Bahn wurde die wohl letzte Versuchsdampflok unkonventioneller Art in Amerika gebaut, eine Turbinenlok mit HD-Kessel und

elektrischer Kraftübertragung. Die Lok war für den
schweren Güterzugdienst auf Gebirgsstrecken vorgesehen. Wegen ihrer enormen äußeren Abmessungen erhielt
sie inoffiziell den Namen eines legendären Riesen, nämlich «Jawn Henry».

Ende 1947 begannen die 3 Firmen Westinghouse,
Baldwin und Babcock & Wilcox angesichts der in Nordamerika damals voll im Gange befindlichen Traktionsumstellung mit einer Untersuchung, welche Entwicklungsmöglichkeiten für die Dampflok mit Kohlenfeuerung noch vorhanden sind. Im Frühjahr 1948 trat diese
Gruppe an die N&W heran und erörterte die Möglichkeiten für einen praktischen Versuch. Man erzielte Eini-
gung über den Bau und die Erprobung einer kohlengefeuerten dampfturboelektrischen Lok, deren Einsatz die
N&W übernehmen sollte. Das wichtigste im Bahnbetrieb noch nicht erprobte Hauptbauteil der geplanten
Maschine war der HD-Wasserrohrkessel. Es wurde beschlossen, daß die Firma Babcock & Wilcox (B&W) zunächst Entwicklung, Bau und Werkserprobung des Kessels vornimmt, womit Anfang 1949 begonnen wurde.
Am 29. März 1950 wurde der Kessel im Entwicklungs-
werk Alliance, Ohio, der Firma B&W erstmals angeheizt.
Die Versuche dauerten bis Mitte 1951 und führten zu
einer Reihe von Verbesserungen, so daß nun zum Bau
der geplanten Lok ein betriebsreifer Dampferzeuger zur
Verfügung stand.

Der Bau der Lok erfolgte bei Baldwin-Lima-Hamilton,
die Turbine und die elektrische Ausrüstung kamen von
Westinghouse. Der neu entwickelte HD-Wasserrohrkessel stammte von B&W. Der grundsätzliche Aufbau
der Lok war dem der 3 C&O-Maschinen Nr. 500–502
ähnlich. Auf einem durchgehenden Brückenrahmen waren vorn Kohlenbunker, in der Mitte der Kessel und hinten das Turbinengeneratoraggregat angeordnet. Das
Laufwerk bestand aus 4 dreiachsigen Drehgestellen,
deren sämtliche Achsen angetrieben waren. Der durchgehende Brückenrahmen stützte sich auf 2 Hilfsrahmen,
die mit ihren Enden jeweils auf 1 Drehgestell auflagen.
Vor dem Kessel befand sich der Führerstand und ein
Raum mit der elektrischen Steuerung, für Fahrmotorlüfter und die Widerstandsbremse der beiden vorderen
Drehgestelle. Diese Einrichtungen für die hinteren Drehgestelle befanden sich am hinteren Lokende zusammen
mit der Generatorregelung. Unter den schrägen Wänden
des trichterförmigen Kohlenbunkers waren dampfgetriebene Luftverdichter, Stokermaschine, Hauptluftbe-
hälter und Batterien eingebaut (Abb. 337–339). Die
Hauptdaten der Lok waren:

Dienstgewicht Lok	370	t
Reibungsgewicht	370	t
Dienstgewicht Tender	162	t
Wasservorrat im Tender	83,3	m³

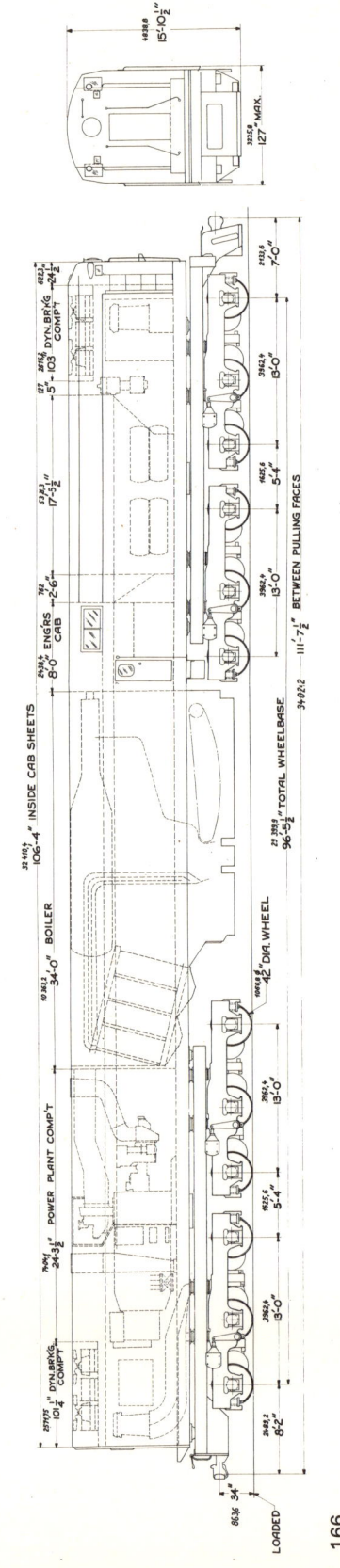

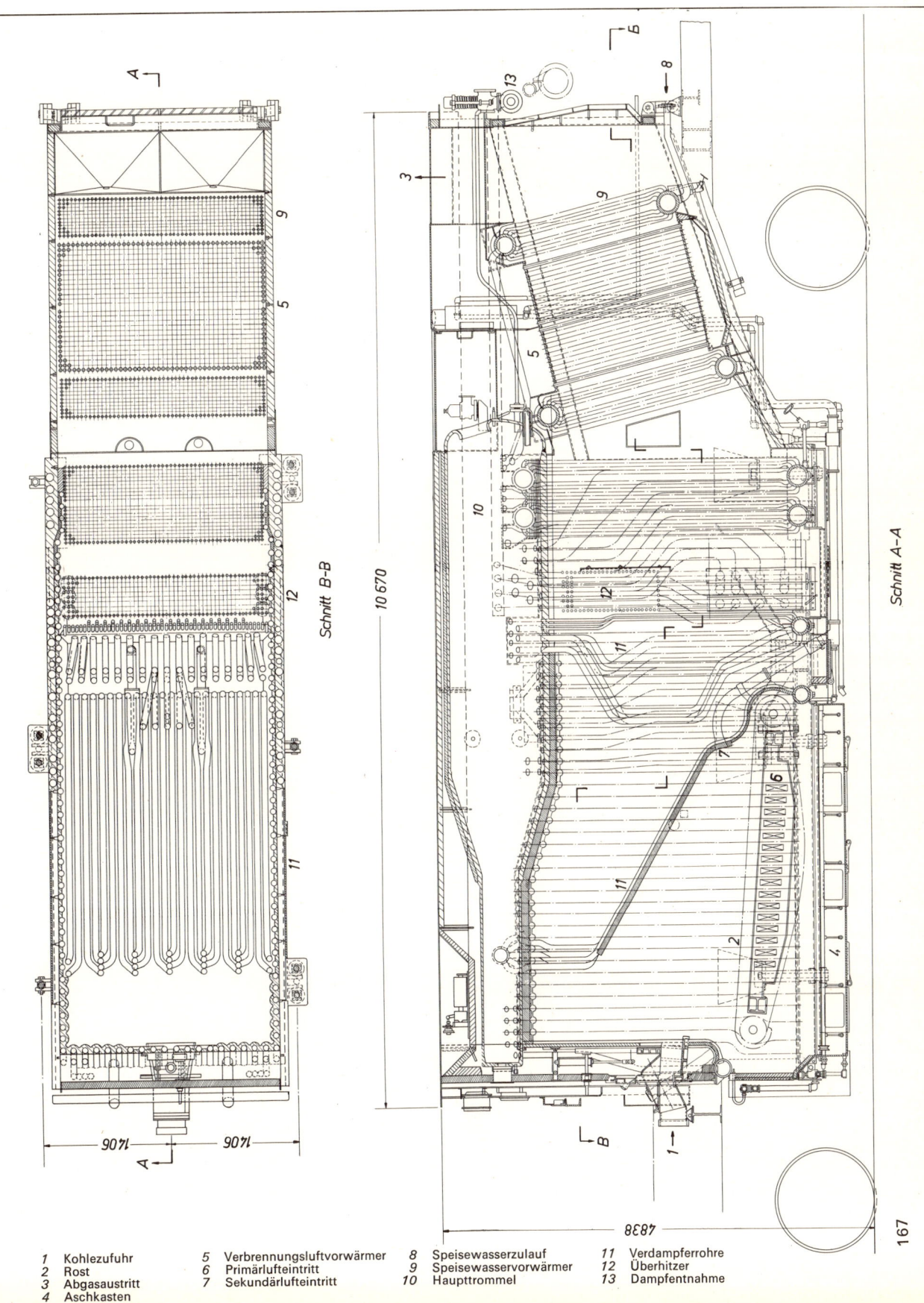

Schnitt B-B

Schnitt A-A

10 670

9071   9071

8838

1	Kohlezufuhr	5	Verbrennungsluftvorwärmer	8	Speisewasserzulauf	11	Verdampferrohre
2	Rost	6	Primärlufteintritt	9	Speisewasservorwärmer	12	Überhitzer
3	Abgasaustritt	7	Sekundärlufteintritt	10	Haupttrommel	13	Dampfentnahme
4	Aschkasten						

196 **Tabelle 10**
Ausgeführte Dampfturbinenlokomotiven.

	Allgemeines					Fahrzeugdaten					
Lfd. Nr.	Hersteller	Jahr	Bahn	Zahl	Betr.-Nr.	Spur mm	Achsfolge	Dienstgewichte t			Rei- bung
								Lok	Ten- der	zus.	
1	Officine Meccaniche Miani-Silvestri-Grodona-Comi	1907		1		1435	B_0	26	–	26	26
2	North British Locomotive Co.	1909		1		1435	$(2'B_0)(2'B_0)$	132	–	132	89
3	Schweiz. Lokomotiv- und Maschinenfabrik	1921	SBB	1	1801	1435	$2'C+2'2'$	70,5	39,5	109	49,
4	Nydquist & Holm	1921		1		1435	$2'3+C1'$	62	64	126	48
5	Armstrong, Whitworth & Co.	1922		1		1435	$1'C+C1'$	68,3	64,3	132,6	110,
6	North British Locomotive Co.	1923		1		1435	$(2'B)(2'B)$				
7	Fried. Krupp	1924	DR	1	T 18 1001	1435	$2'C1'+2'2'$	113,7	66	179,7	60,
8	Nydquist & Holm	1925	Argentin. Staatsbahn	1		1000	$2'3'+D1'$	59	63,5	122,5	50
9	Beyer-Peacock	1926	LMS	1		1435	$2'3'+C2'$	69	73	142	54
10	J. A. Maffei	1926	DR	1	T 18 1002	1435	$2'C1'+2'2'$	104	68	172	60
11	Nydquist & Holm	1927	SJ	1	1474	1435	$2'3'+C2'$	76,7	77,8	154,5	48,
12	Henschel & Sohn	1928	DR	1	T 38 3255	1435	$2'C+1'B2'$	79,5	84,6	161,1	86,
13	Nydquist & Holm	1930/ 1936	TGOJ	3	71, 72, 73	1435	$1'D+2$	83	34,4	117,5	72
14	Ernesto Breda	1931		1		1435	$1'D1'+2'2'$				
15	Officine Meccaniche Miani-Silvestri-Grodona-Comi	1932	FS	1	685.410	1435	$1'C1'+2'2'$	72	50	122	47
16	LMS-Werk Crewe	1935	LMS	1	6202	1435	$2'C1'+3$	109	54	164	70
17	Schneider & Cie.	1938	SNCF	1	232-Q-1	1435	$2'C_02'+2'2'$	122	62,7	184,7	58,
18	SZD-Werk Woronesch	1939	SZD	1	SO 19 1245	1524	$1'E+2'2'$				
19	General Electric	1938	UP	2	1, 2	1435	$2'C_0C_02'$	249	–	249	160
20	Baldwin	1944	PRR	1	6200	1435	$3'D3'+4'4'$	263	204	467	118,
21	Baldwin	1947	C & O	3	500, 501, 502	1435	$(2'C_01)(2'C_01B_0')$ $+3'3'$	372	168	540	230
22	Baldwin-Lima-Hamilton	1954	N & W	1	2300	1435	$C_0C_0C_0C_0+3'3'$	370	162	532	370

Kohlenvorrat auf der Lok	20 t
Anfahrzugkraft	76,4 t
Dauerzugkraft bei 14,4 km/h	63,3 t
Höchstgeschwindigkeit	96 km/h
Triebrad-Ø	1066 mm

Der sechsachsige Tender enthielt den Wasservorrat und eine Permutit-Wasseraufbereitungsanlage. Die Achsfolge dieser riesigen Maschine war $C_0'C_0'C_0'C_0' + 3'3'$ bei einem Gesamtdienstgewicht von 532 t.
Der Kessel mit 42 atü Betriebsdruck arbeitete bei natürlichem Wasserumlauf. Die Feuerung erfolgte auf einem Wanderrost, der in Längsrichtung eingebaut war und sich mit 3 cm/sec bewegte. Die Kohle förderte eine BK-Stokermaschine vom Bunker zum Rost. Der B&W-Wasserrohrkessel hatte eine in Längsrichtung angeordnete liegende Obertrommel, in die zwecks Entnahme von möglichst trockenem Dampf Zyklonwasserabscheider eingesetzt wurden. Wände und Feuerbrücke des Feuerraums bildeten Wasserrohre in senkrechter oder geneigter Richtung. Auch die Berührungsheizflächen im Rauchgasstrom bestanden ausschließlich aus Rohren. Diese Rohre erstreckten sich zwischen der Obertrommel und einem unten befindlichen System von Sammelrohren,

						Kesseldaten								Maschinendaten
Längen m Lok	Tender	zus.	V_{max} km/h	Triebrad ⌀ mm	n U./min	Bauart	Druck atü	Temp. °C	Heizflächen Rost m²	V m²	Ü m²	Leistung t/h	Spez. Heizflächenbelastung kg/m² h	Bauart
7,19	–	7,19		1200		Stephenson	10	180		30	–			Gleichdruck, umsteuerbar
20,4	–	20,4		1219		Stephenson	12,3			125				Überdruck
1,6	9,5	21,1	75	1520	261	Stephenson	14	350	2,3	144,2	37,8			Gleichdruck
9,7	12,2	21,9	110	1430	408	Stephenson	18		2,6	115	80			Gleich- und Überdruck
9,9	11,3	21,22	96	1219	419	Stephenson	14	340	2,64	116	28			Überdruck
20,4	–	20,4	96	1219	419	Stephenson	12							
2,7	10,7	23,4	110	1650	354	Stephenson	15	350	3,1	155	66	9	57	Gleichdruck
0,4	10,9	21,3	65	1470	234	Stephenson	19,6		2,55	96,9	55,8			Gleich- und Überdruck
0,6	11,9	22,7	120	1600	398	Stephenson	21,1		2,8	150	59			Gleich- und Überdruck
3,6	10,5	24,1	120	1750	363	Stephenson	22		3,5	159	51	9	57	Gleich- und Überdruck Gleichdruck
1,3	11,5	22,8	90	1580	303	Stephenson	20		2,9	135	75			Gleich- und Überdruck
1,3	11,6	22,9	100	1750 1400	303 378	Stephenson	12	350	2,62	144,2	58,9	8,3	57	Kolbenmaschine Gleichdruck
2,3	5,6	17,9	60	1350	235	Stephenson	13	400	3	149	100			Gleich- und Überdruck
4,3				1650		Stephenson			3,5					
		20,57	110	1850	316	Stephenson	12	350	3,5	191	48,5	10	52	Gleichdruck
5	7,6	22,6	160	1975	430	Stephenson	17,6	400	4,2	198	60,6	13,5	68	Gleich- und Überdruck
5,7	9,5	25,2	140	1510	492	Stephenson	25	400	4,9	212	89			Gleich- und Überdruck
						Stephenson								
27,6	–	27,6	176	1116	836	Zwang-durchlauf	105	495			20,4			Gleich- und Überdruck
		37,4	160	1727	492	Stephenson	21,8	400	11,1	463	190	43	93	Gleich- und Überdruck
32,2	14,7	46,9	160	1016	836	Stephenson	21,8	400	10,44	409	164	38,5	94	Gleich- und Überdruck
34	15	49	96	1066	478	Wasserrohr	42	480	6,83	412	142	23	56	Gleich- und Überdruck

welches wiederum durch äußere Fallrohre mit der Obertrommel verbunden war. Der Kessel besaß abgasbeheizte Speisewasser- und Luftvorwärmer. Die Rauchgaswärme konnte somit bis auf 175 °C ausgenutzt werden. Die Vorwärmung des Speisewassers geschah auf 120 °C, die der Luft auf 170 °C. Die von einem Ventilator geförderte Verbrennungsluft wurde mit einem kleinen Überdruck zunächst durch den zweiteiligen Luftvorwärmer und anschließend durch den Hohlraum zwischen den Feuerraumseitenwandrohren unter den Wanderrost gedrückt. Damit war eine selbsttätige fortlaufende Rost-

reinigung sichergestellt. An einigen Stellen der durch Wasserrohre gebildeten Feuerraumdoppelwand sowie durch 2 Düsen am unteren Ende der Feuerbrücke konnte Sekundärluft in den Feuerraum gelangen. Der Kessel arbeitete mit einer pneumatischen Steuerung, die aus dem Bremssystem der Lok mit Druckluft versorgt wurde und die selbsttätig die Dampferzeugung entsprechend der verlangten Lokleistung regelte. Diese Steueranlage stammte von der Firma Bailey Meter Co. Asche und Rostdurchfall wurden während des Betriebs alle 5 min durch jeweils 5 sec lang wirkende Dampfstrahlen gleichmäßig

Maschinendaten				Kraftübertragung	Bemerkung	
Lei-stung kW	Dreh-zahl U./min	Ge-triebe-über-set-zung	Hersteller			Lfd. Nr.
75	2400		O. M. Miani-Silvestri-Grodona	Zahnräder, Einzelachsantrieb	Auspuff Umbau aus C-Tenderlok	1
750	3000		C. A. Parsons	elektrisch mit Gleichstrom	Kondensation	2
750	6500	28,7	Escher Wyß & Cie.	Zahnräder, Blindwelle, Stangen	Kondensation Umbau aus 1'C-Lok	3
1320	9200	22	Ljungström Angturbin	Zahnräder, Blindwelle, Stangen	Kondensation, Luftvorwärmer	4
960	3600		Oerlikon	elektrisch mit Drehstrom Blindwelle und Stangen	Kondensation, Triebtender	5
740	8000			Zahnräder	Kondensation, Luftvorwärmer	6
1470	6800		Escher Wyß & Cie.	Zahnräder, Blindwelle, Stangen	Kondensation	7
1620	10000	32,4	Ljungström Angturbin	Zahnräder, Blindwelle, Stangen	Kondensation, Luftvorwärmer	8
1470	10500	26,25	Ljungström Angturbin	Zahnräder, Blindwelle, Stangen	Kondensation, Luftvorwärmer	9
1470	8800		Melms & Pfenninger Escher Wyß & Cie.	Zahnräder, Blindwelle, Stangen	Kondensation Turbine ausgetauscht	10
1470	10000	32,25	Ljungström Angturbin	Zahnräder, Blindwelle, Stangen	Kondensation, Luftvorwärmer	11
860 440	300 8000	– 24,4	Henschel Escher Wyß & Cie.	direkter Antrieb Zahnräder, Blindwelle, Stangen	Kolbenmaschine mit nachgeschalteter Abdampfturbine, Kondensation im Tender	12
960	12000	50,4	Ljungström Angturbin	Zahnräder, Blindwelle, Stangen	Auspuff	13
				Zahnräder, Blindwelle, Stangen	Kondensation	14
900	7000		O. M. Miani-Silvestri-Grodona	Zahnräder, Blindwelle, Stangen	Auspuff Umbau aus 1'C1'-Lok 685.110	15
1900	15000	34,4	Metropolitan-Vickers	Zahnräder, Stangen	Auspuff	16
3×740	10400	21,115		Zahnräder, Westinghouse-Federtopf	Auspuff	17
				Zahnräder, Stangen	Kondensation, Umbau	18
1850	12500	10	General Electric	elektrisch mit Gleichstrom	Kondensation	19
5100	9000		Westinghouse	Zahnräder, Stangen	Auspuff	20
4400	6000		Westinghouse	elektrisch mit Gleichstrom	Auspuff	21
3460	8000	8,88	Westinghouse	elektrisch mit Gleichstrom	Auspuff	22

im Aschkasten verteilt. Bei der Nennlast von 23 t/h be-trug der Kesselwirkungsgrad 77%, als Maximum bei $^4/_5$ Last erreichte man 83%.

Der Dampf aus dem Kessel gelangte mit 42 atü und 480 °C zu der fünfstufigen Überdruckturbine, die bei 8000 U./min 3460 kW leistete. Nach Abzug von 150 kW Hilfsbetriebeleistung bekamen die 2 Traktionsgenerato-ren 3300 kW zugeführt. Über ein Getriebe trieb die Tur-bine die Generatoren mit 900 U./min an. Am Getriebe war eine eigene Ölpumpe angebaut. Die 2 Generatoren befanden sich auf einer gemeinsamen Welle und hatten

Eigenlüftung. Am Ende der Generatorwelle war ein Dreh-stromgenerator zur Versorgung der Fahrmotorlüfter an-gebaut. Die 2 Erregermaschinen und der Batterielade-generator erhielten ihren Antrieb ebenfalls vom Haupt-generator aus über Keilriemen.

Die Lokomotive Nr. 2300 kam im Mai 1954 vom Her-stellerwerk Baldwin-Lima-Hamilton zur N&W-Bahn. Nach Vorführung auf Ausstellungen kam sie ab 1.6.1954 im regulären Zugdienst auf der Strecke Roanoke, Va.-Bluefield West Va. zum Probeeinsatz. Um die Leistungs-fähigkeit im Vergleich mit den N&W-Mallet-Lokomo-

tiven festzustellen, wurden vom 19.7.1954 bis 2.10.1954 Meßwagenversuchsfahrten durchgeführt. Zum Vergleich dienten auf Bergstrecken die Klasse Y6b 2-8-8-2-Verbundlokomotive und auf den flacheren Linien die Klasse A 2-6-6-4-Einfachexpansionsmaschine. Die Versuche zeigten, daß die 4500 PS Dampfturbinenlokomotive trotz etwas geringerer Leistung die gleichen und z.T. bis 25% höhere Zuglasten befördern konnte wie die Mallets, wobei geringfügig längere Fahrzeiten und bis zu 30% weniger Brennstoff benötigt wurde. Wie erwartet, zeigten sich an dieser Prototyplokomotive anhand von Ausfällen konstruktive Schwachstellen am Speisewassersystem infolge ungenügender Pumpenleistung, Verlegung des Stokerkanals, flexible Verbindungen zur Kaltwasserpumpe, Fahrmotorlüfterschalter und Hauptturbinenregelung. Nach Behebung dieser Schwierigkeiten waren die Reparaturen im üblichen Rahmen. An wichtigen Bauartverbesserungen wurden ausgeführt:

1. Im Kessel zeigte sich stellenweise übermäßig starke Erosionswirkung durch Flugasche, die Wasserrohre zu rasch abzehrte. Bei einer neuen Kesselkonstruktion läßt sich dieses Problem nicht immer im voraus vollständig beseitigen, wobei hier bei der intensiven Verbrennung in einem Hochleistungskessel kleinen Bauvolumens besonders schwierige Verhältnisse vorlagen. Nach Erneuerung der betr. Rohre und Einbau von Schutzwänden war diese Schwierigkeit behoben.
2. Der ursprünglich eingebaute Wanderrost arbeitete nicht zufriedenstellend und wurde deshalb durch einen festen Stoker-Rost Detroit Type GC ersetzt, der sich sehr bewährte.
3. Der mangels Erfahrungen mit schnellaufenden Kreiselpumpen für hohe Drücke aufgetretene starke Leistungsabfall der Speisepumpe bei nur geringer Abnutzung wurde durch einen Umbau ausgeschaltet. Das Kesselspeisesystem wurde neu konstruiert und erhielt eine neue Kaltwasserpumpe, eine Boosterpumpe und eine neue Hauptspeisepumpe. Letztere war eine turbinengetriebene dreistufige Schiffskessel-Speisepumpe, womit der Leistungsabfall über längere Betriebszeit in zulässigem Rahmen zu halten war.
4. Der Hauptgenerator 1 erlitt durch 2 Kurzschlüsse so schwere Schäden, daß beidemal eine Neuwicklung nötig war. Als Abhilfe wurde das Erdschluß-Schutzsystem neu konstruiert.

Der Wasserenthärter auf dem Tender wurde nach je 1600 km Fahrstrecke gereinigt und nach je 12800 km regeneriert. Der Wasserrohrkessel mit seiner Baileymeter-Regelung hat die Erwartungen übertroffen. Er war leicht zu feuern, erzeugte genügend Dampf auch für Spitzenlast, war unempfindlich gegen Lastwechsel und konnte mit sauberem Schornsteinabgas betrieben werden. Dies war eine Folge der sorgfältigen Prüfstandsvorerprobung dieses neukonstruierten Dampferzeugers.

Bis 1.3.1955 fuhr die Lokomotive Nr. 2300 zirka 45000 km im Güterzugdienst hauptsächlich auf vorgenannter Strecke. Im weiteren Einsatz ergaben sich dann öfters Störungen an der elektrischen Ausrüstung, welche wohl den Bedingungen des Dauerbetriebes auf einer solchen Lokomotive nicht ganz gewachsen war. Deshalb kam die Maschine später zum Schiebedienst an den Blue Ridge Mountains, von wo aus sie im Schadenfall schnell zu den nahegelegenen Bahnwerkstätten Roanoke gebracht werden konnte. Die Laufleistung vom 1.6.1954 bis 23.2.1956 betrug zirka 72000 km entsprechend einem Monatsdurchschnitt von 3400 km. Mit Rücksicht auf die Versuchsfahrten, die kurzen Strecken- und Schiebedienstfahrten und die infolge neuartiger Bauweise erhöhte Störanfälligkeit ist dies durchaus positiv zu bewerten.

Die Norfolk & Western Bahn plante den Bau weiterer derartiger Lokomotiven unter Verwertung der gewonnenen Erfahrungen, was angesichts der entwicklungsfähigen Konzeption durchaus zum Erfolg hätte führen können. Es fand sich jedoch in den 50er Jahren in den USA keine Bahn mehr, die sich an einem Weiterbau beteiligt hätte. In der 2. Hälfte der 1950er Jahre wandte sich die N&W nach dem Amtsantritt eines anderen Managements von der Dampftraktion als letzte der großen Bahnen in den USA ab und begann die Traktionsumstellung, welche trotz eines damals modernen und wirtschaftlichen Dampflokomotivparkes von außergewöhnlicher Leistungsfähigkeit überraschend schnell vollzogen wurde.

Die von dieser Kohlenbahn wenige Jahre vorher mit großen Hoffnungen in Betrieb gesetzte Dampfturbinenlokomotive Nr. 2300 zog man zum 31. Dezember 1957 aus dem Dienst zurück und ließ sie verschrotten. Damit fand nach 50 Jahren auch der 1907 begonnene Bau von Dampfturbinenlokomotiven seinen Abschluß.

3.45 *Nicht ausgeführte Dampfturbinenlokomotiven*

Außer den vorher erwähnten Turbinenloks sind noch zahlreiche Vorschläge und Entwürfe derartiger Maschinen von der Industrie, den Bahnen und Konstrukteuren ausgearbeitet worden, die jedoch zum größten Teil unveröffentlicht und auch nicht mehr vorhanden sind. Soweit solche Unterlagen veröffentlicht wurden oder zugänglich waren, sind sie hier ergänzend mit aufgenommen, um die Darstellung abzurunden.

Aus dem Jahre 1920 stammt der Entwurf einer Auspuff-

168 Entwurf einer Auspuffturbinen tenderlok von Prof. Belluzzo aus dem Jahre 1920
169 Entwurf einer Kondensationsturbinenlok von Henschel für die Deutsche Reichsbahn aus dem Jahre 1924

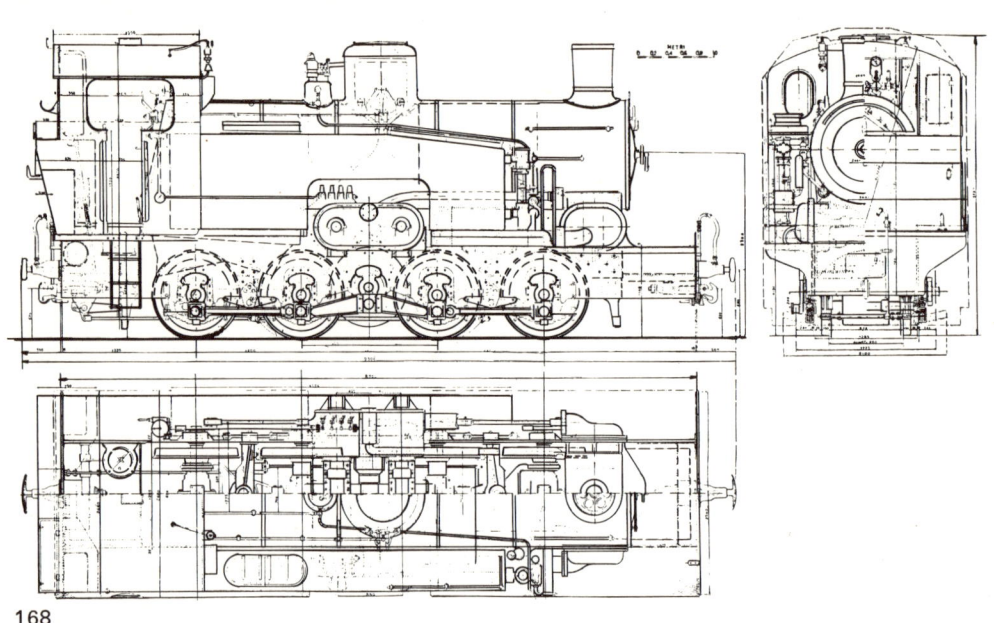

168

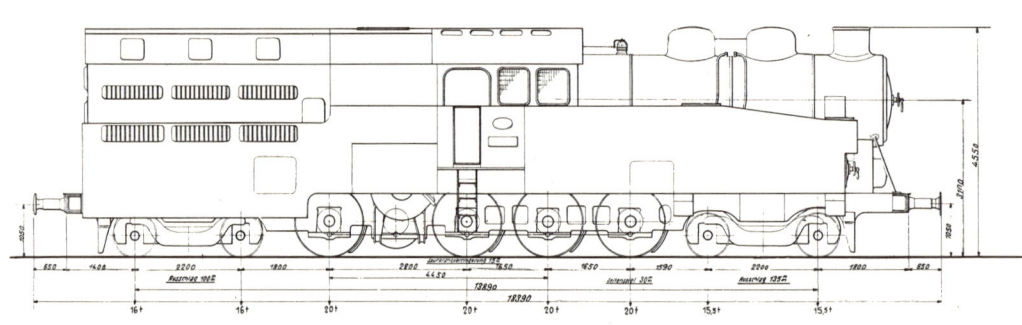

169

turbinenlok von Prof. Belluzzo. Auf eine Ausschreibung der italienischen Eisenbahngesellschaft Calabre-Lucane für Schmalspurlok entstand dieses Projekt einer vierfach gekuppelten Tenderlok für 950-mm-Spur. Diese kleine Maschine sollte bei 44 t Dienstgewicht und 12 atü Kesseldruck eine Turbinenleistung von 300 kW entwikkeln. Die Antriebsanlage als Besonderheit dieser Lok sieht je 2 Turbinen für Vor- und Rückwärtsfahrt vor, die ihre Leistung über Zahnradgetriebe und Kuppelstangen an die Achsen leitet. Die Turbinengetriebeeinheit ist in einem Block zusammen unter dem Kessel in Lokmitte eingebaut, ähnlich wie bei der von Breda später gebauten großen 1'D1'-Lok (Abschnitt 3.44.14).

Abb.169 zeigt einen Entwurf, der aufgrund eines 1924 erteilten Auftrags der DR von Henschel ausgearbeitet wurde. Es handelte sich hierbei um eine Tenderlok für schweren Schnellzugdienst in bergigem Gelände. Die gesamte Kessel-, Turbinen- und Kondensationsanlage befand sich auf dem durchgehenden Hauptrahmen. In der Lokmitte zwischen Kessel und Kondensator war die Zoelly-Gleichdruckturbine mit Vor- und Rückwärtsteil untergebracht [2-59; 3.1-3].

Die Energieübertragung geschah über Zahnräder, Blindwelle und Kuppelstangen auf die Triebräder. Zum Niederschlag des Turbinenabdampfes war ein wassergekühlter Oberflächenkondensator vorgesehen, dessen Kühlwasser durch direkte Einwirkung eines Luftstroms seine Wärme abgab. Für die Kondensatorentlüftung war eine Wasserstrahlpumpe vorhanden, zum Antrieb der Hilfsmaschinen 2 kleine Dampfturbinen. Zur Kesselspeisung kam das Kondensat, welches mit Abdampf und 2 zu beiden Seiten des Langkessels angeordneten Rauchgasvorwärmern aufgeheizt wurde. Für den Ausgleich von Wasserverlusten und die Erzeugung des Zugheizdampfes sollte im hinteren Dom auf dem Langkessel ein besonderer Hilfsverdampfer eingebaut werden. Infolge der damals sehr schlechten allgemeinen Wirtschaftslage zog die DR den Auftrag für diese Lok wieder zurück, so daß es nicht zum Bau kam.

Abb.170 stellt einen Entwurf von 1926 aus England für eine kleine Kondensationsturbinenlok dar. Bemerkenswert ist hier der Achsantrieb der rein mechanischen Übertragung über Gelenkwellen und Achsschneckengetriebe. In Abb.171 ist eine größere Kondensationsturbinenlok zu sehen, deren Entwurf aus Großbritannien stammt. Die elektrische Kraftübertragung wurde gewählt, um die Probleme des Fahrtrichtungswechsels und der Leistungsübertragung besser als bei mechanischer Transmission zu beherrschen. Darüber hinaus ist wegen der fehlenden Bindung der Turbinen- an die Triebraddrehzahl ein Betrieb der Turbine in ihrem Bereich guten Wirkungsrades zwanglos realisierbar.

Die Firma Fried. Krupp erstellte einige Entwürfe für Tur-

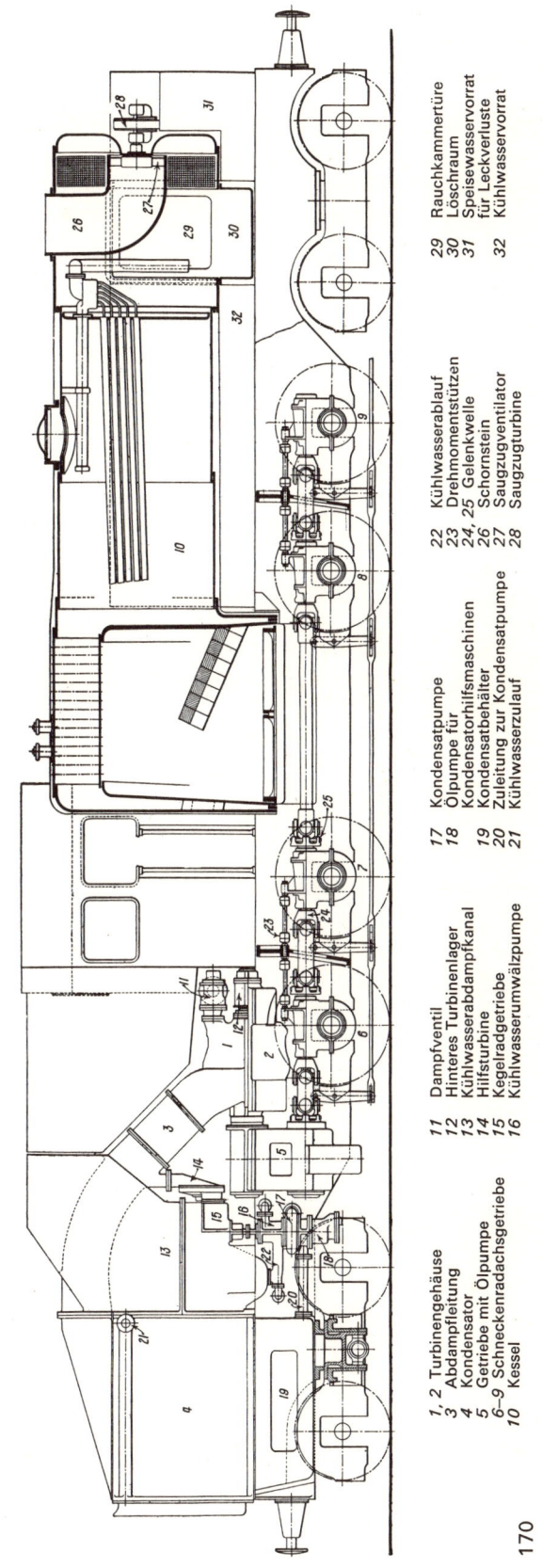

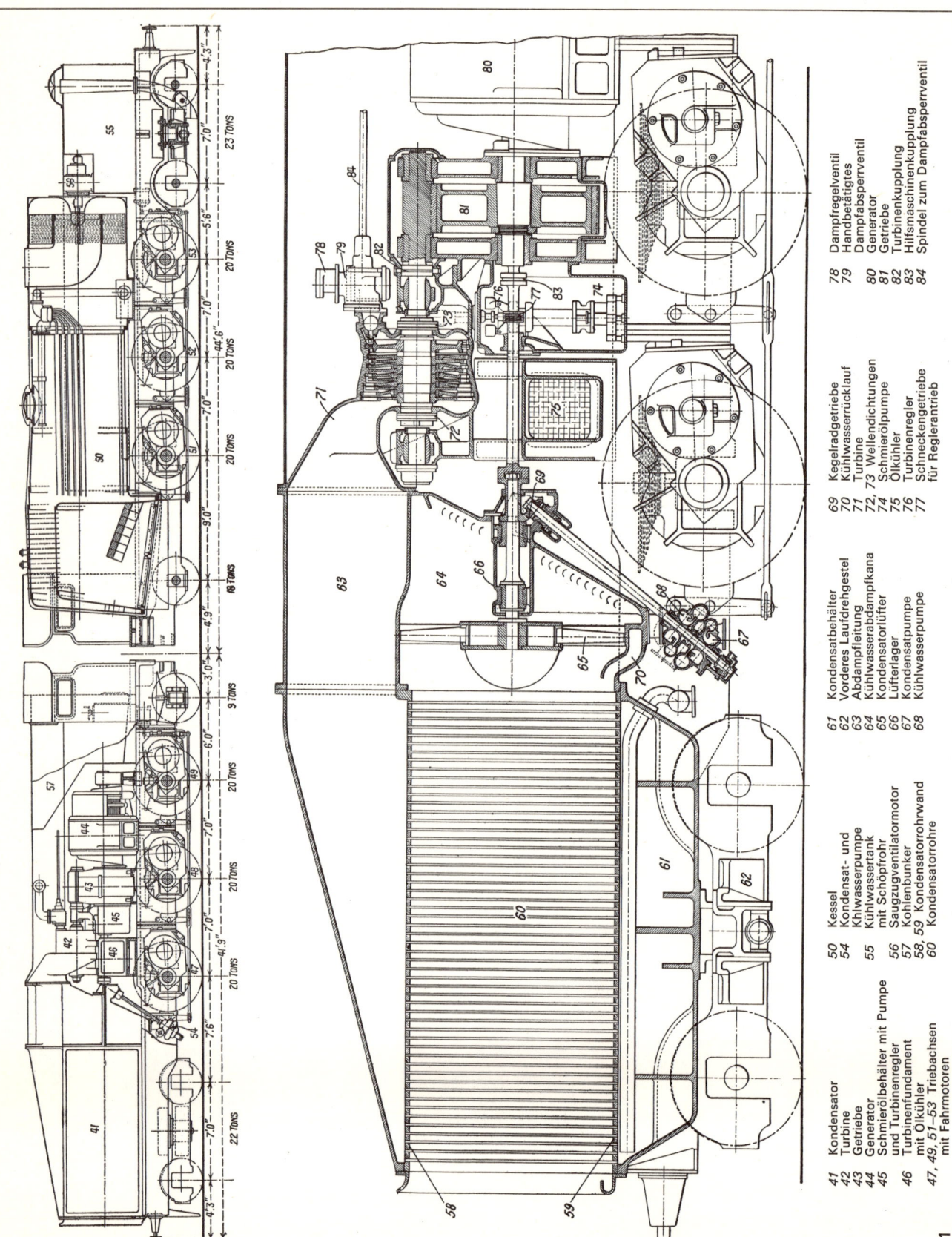

78 Dampfregelventil
79 Handbetätigtes
   Dampfabsperrventil
80 Generator
81 Getriebe
82 Turbinenkupplung
83 Hilfsmaschinenkupplung
84 Spindel zum Dampfabsperrventil

69 Kegelradgetriebe
70 Kühlwasserrücklauf
71 Turbine
72, 73 Wellendichtungen
74 Kühlwasserabdampfkana
75 Kondensatorlüfter
76 Schmierölpumpe
77 Ölkühler
   Turbinenregler
   Schneckengetriebe
   für Reglerantrieb

61 Kondensatbehälter
62 Vorderes Laufdrehgestell
63 Abdampfleitung
64 Kühlwasserabdampfkana
65 Kondensatorlüfter
66 Lüfterlager
67 Kondensatpumpe
68 Kühlwasserpumpe

50 Kessel
54 Kondensat- und
55 Kühlwasserpumpe
   Kühlwassertank
   mit Schöpfrohr
56 Saugzugventilatormotor
   und Turbinenregler
57 Kohlenbunker
58, 59 Kondensatorrohrwand
60 Kondensatorrohre

41 Kondensator
42 Turbine
43 Getriebe
44 Generator
45 Schmierölbehälter mit Pumpe
   und Turbinenregler
46 Turbinenfundament
   mit Ölkühler
47, 49, 51–53 Triebachsen
   mit Fahrmotoren

172 Entwurf einer Kondensationsturbinenlok von
Krupp aus dem Jahre 1924
173 Entwurf einer Kondensationsturbinenlok mit
HD-Kessel von Krupp aus dem Jahre 1924
174 Entwurf einer Auspuffturbinenlok von Henschel
aus dem Jahre 1932

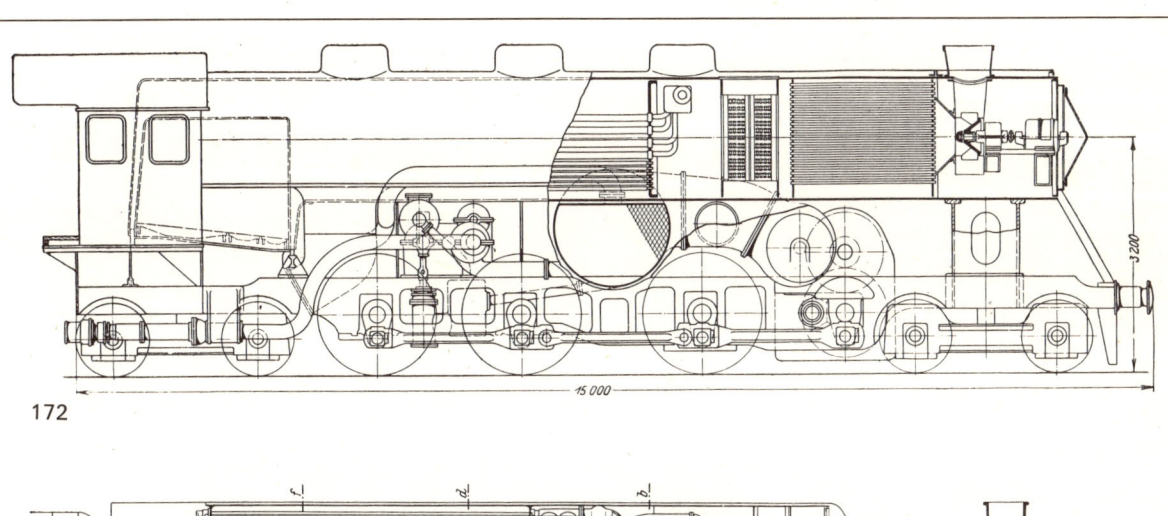

172

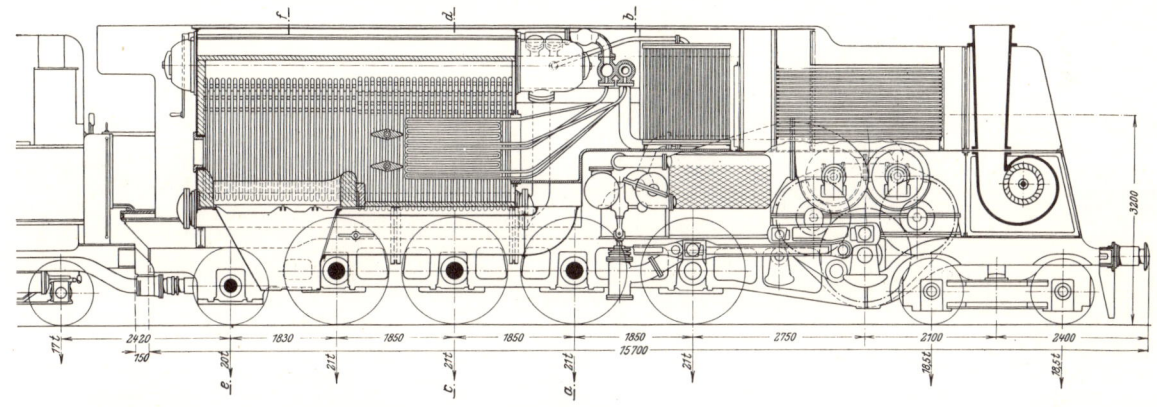

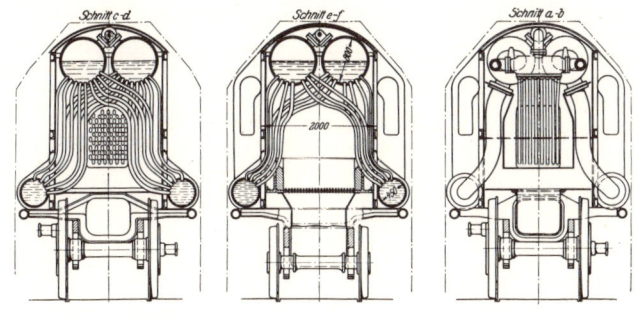

173

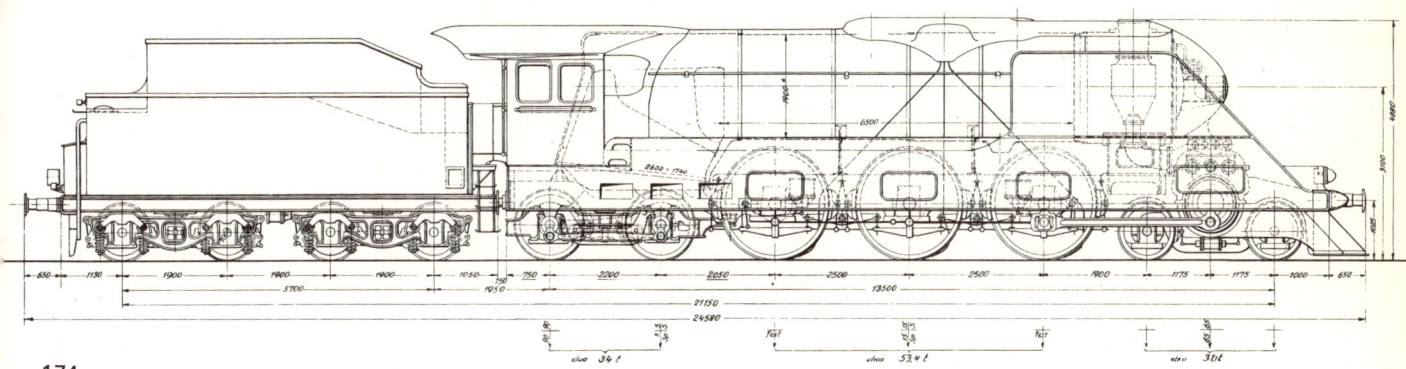

174

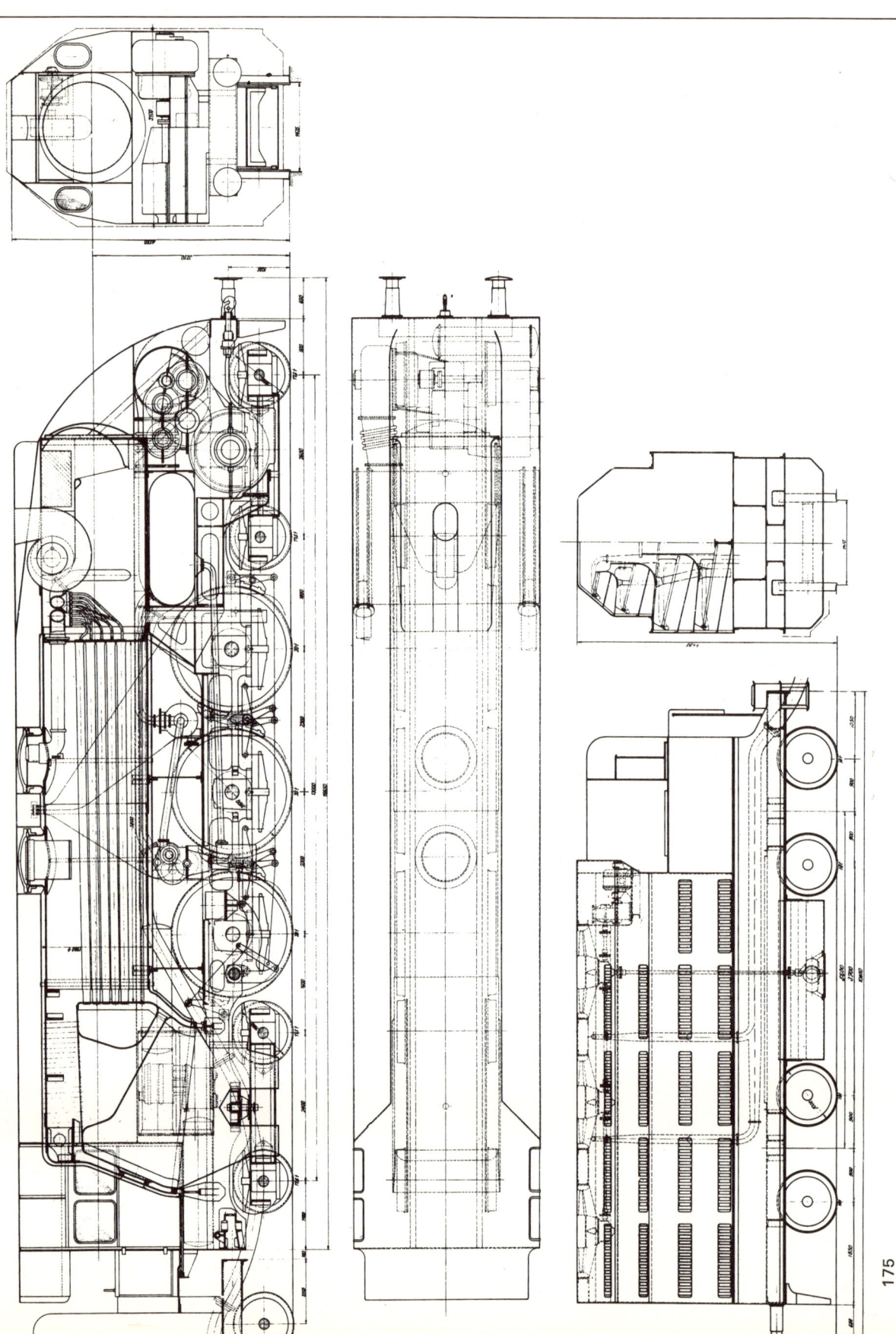

176 Entwurf einer Kondensationsturbinenlok mit Kohlenstaubfeuerung für die Deutsche Reichsbahn aus dem Jahre 1934
177 Entwurf einer Kondensationsturbinenlok von Krupp aus dem Jahre 1935

178 Entwurf einer Kondensationsturbinenlok mit La-Mont-Kessel von Krupp aus dem Jahre 1935
179 Entwurf einer Kondensationsturbinenlok von Krupp für 200 km/h aus dem Jahre 1935
180 Entwurf einer Auspuffturbinenlok von Krupp aus dem Jahre 1935

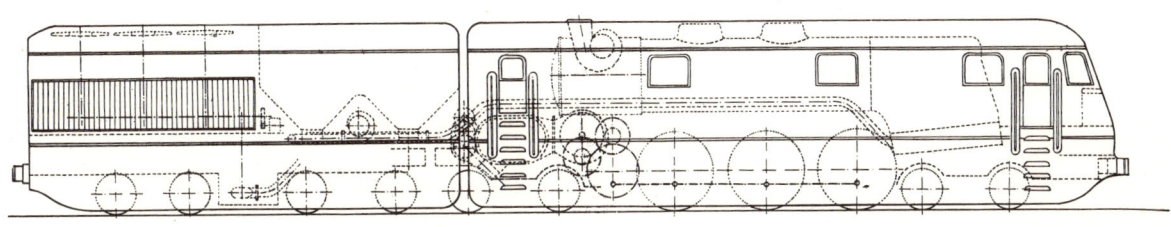

176

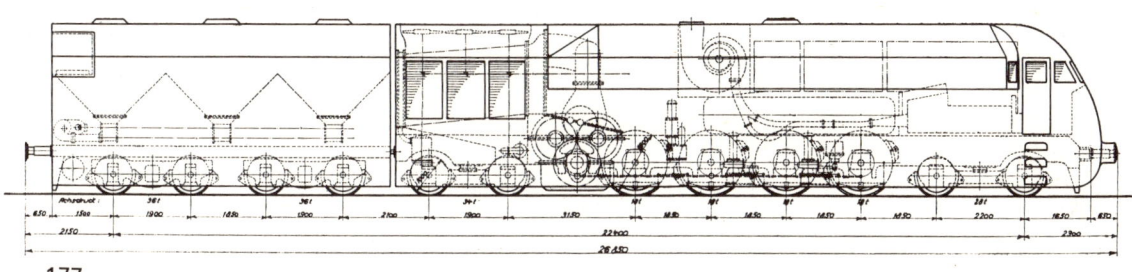

177

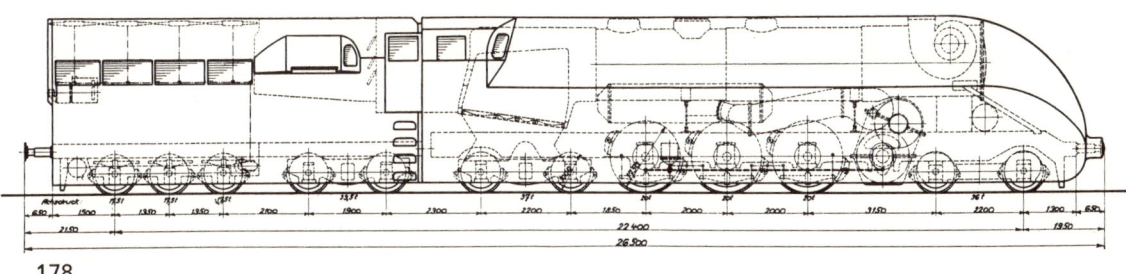

178

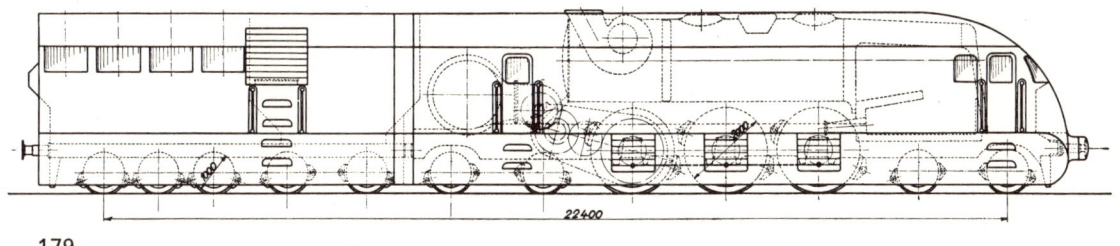

179

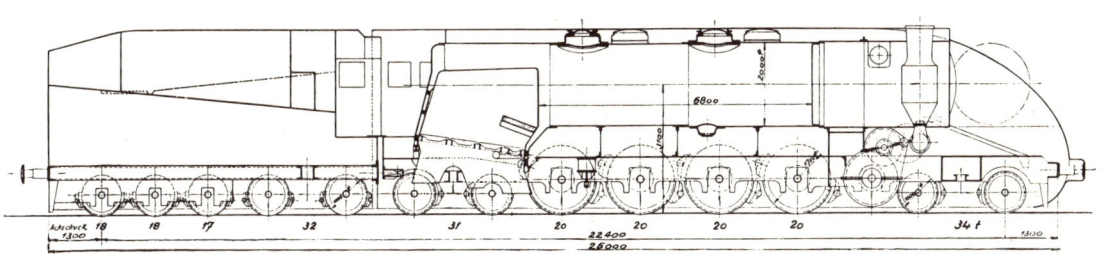

180

binenloks sowohl mit Stephenson- als auch mit HD-Kesseln für die Erweiterung des nutzbaren Wärmegefälles sowohl nach oben als auch nach unten, wie Abb. 172 und 173 erkennen lassen.

Im Rahmen der in Abschnitt 3.33 erwähnten Entwürfe für Schnellfahrloks der DR wurden von der Industrie auch zwei Projekte mit Turbinenantrieb vorgelegt. Die Firma Henschel brachte dafür u. a. eine 2'C2'-Lok in Vorschlag. Von Interesse ist dabei das Einplanen einer umsteuerbaren Zusatzantriebsmaschine (Booster) im hinteren Drehgestell zum Anfahren und für Verschiebebewegungen anstelle einer Rückwärtsturbine bzw. eines umschaltbaren Getriebes. Der Booster vermag bei 25 atü Kesseldruck etwa 9 t Anfahrzugkraft aufzubringen, womit die Lok mit einem 250-t-Zug in der Steigung von $16^0/_{00}$ noch anfahren kann. Der Arbeitsbereich des Boosters war bis zu 35 km/h Geschwindigkeit vorgesehen (Abb. 174).

Der in Abb. 175 gezeigte Entwurf der Firma Krupp hat den gleichen Kessel der Regelbauart für 25 atü Betriebsdruck wie die Reichsbahnreihe 04. Die mechanische Kraftübertragung von der Turbine über Zahnräder, Blindwelle und Kuppelstangen war hier mit 3 im Stillstand durch Klauenkupplungen schaltbaren verschiedenen Übersetzungsstufen vorgesehen. Eine der Getriebe-

stufen war für Vorwärtsfahrt bis zu 160 km/h Höchstgeschwindigkeit ausgelegt, die beiden anderen erlaubten jeweils Vor- und Rückwärtsfahrt mit größeren Zugkräften bis zu maximal 60 km/h, womit vor allem Rangierbewegungen ausgeführt werden sollten.

Ein für die DR aufgestellter Entwurf einer kohlenstaubgefeuerten Kondensationsturbinenlok für den Schnellverkehr zeigt Abb. 176. Gerade hierfür erschien die Turbine wegen des Wegfalls der hin- und hergehenden Massen besonders geeignet (Abschnitt 3.31).

Weitere Krupp-Projekte zeigen die Abb. 177–180. Diese im Jahre 1935 veröffentlichten Konstruktionen [3.42-8] wurden unter Berücksichtigung der Erfahrungen mit der mehrfach umgebauten und für eine Erstausführung relativ zufriedenstellend laufenden DR-Lok Nr. T 18 1001 erstellt. Die drei Entwürfe mit Regelkessel entstanden aufgrund der seinerzeitigen guten Bewährung des 22-atü-Kessels der DR-Turbinenlok Nr. T 18 1002 von Maffei. Die Dampftemperatur setzte man auf 450 °C für die Projekte herauf. Zu dieser Zeit waren die in Abschnitt 3.23 erwähnten «Mitteldruck»-Loks der DR mit 25 atü Betriebsdruck, von welchen Krupp die 2 Lok der Reihe 04 gebaut hatte, mit guten Kohlenverbrauchswerten in Betrieb, ohne daß von den später eingetretenen Kessel-

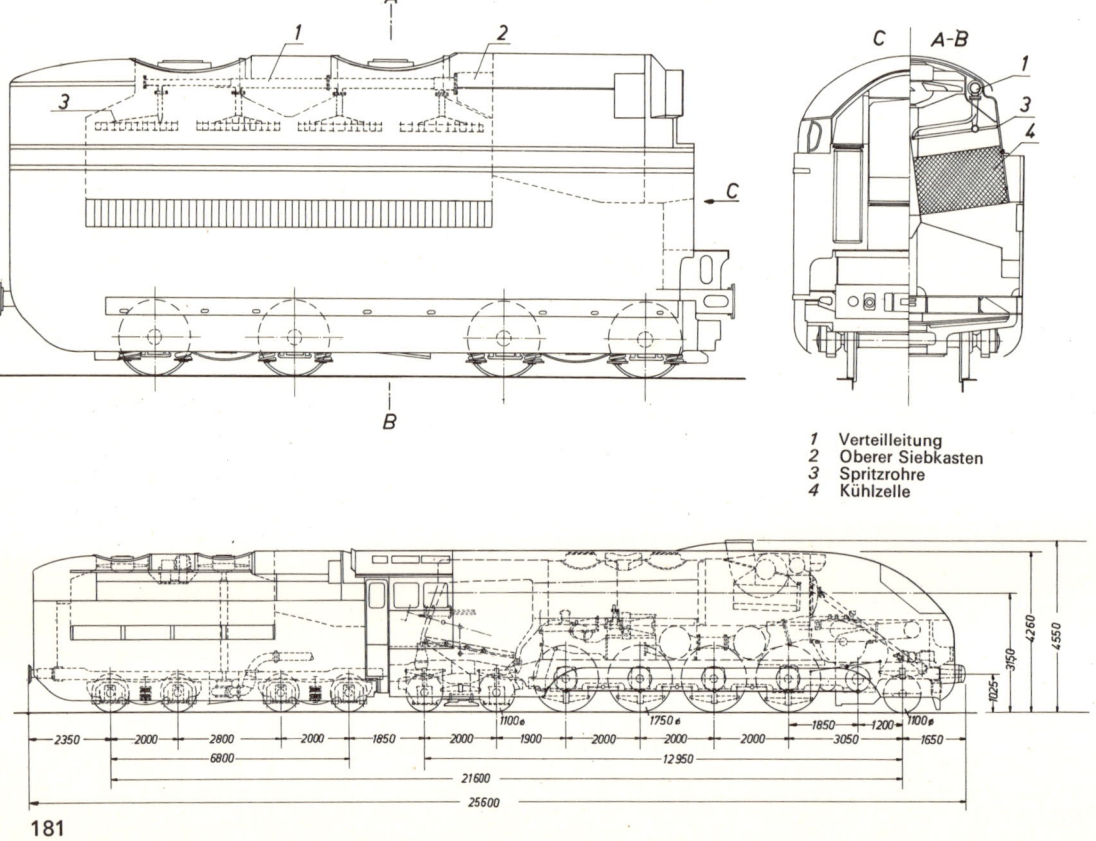

1 Verteilleitung
2 Oberer Siebkasten
3 Spritzrohre
4 Kühlzelle

181

schäden schon etwas bekannt war. Für die Lok mit La-Mont-Kessel in Abb. 178 errechnete man einen spezifischen Wärmeverbrauch von 4350 kcal/kWh bei Nennleistung von 2500 kW und optimaler Drehzahl, ein Wert, der an die damals in Kraftwerken erreichbaren Zahlen herankam. Bei der Schnellfahrlok nach Abb. 179 sind die Vorteile des Turbinenantriebs bezüglich hoher Leistung und Laufdynamik besonders zur Geltung gekommen, da man hoffte, mit 2 m Triebrad-$\varnothing$ 200 km/h fahren zu können. Der bei so hohen Geschwindigkeiten zweckmäßig vorn liegende Führerstand ließ sich durch das Einplanen einer Kohlenstaubfeuerung vorsehen. Dabei drehte man den Regelkessel in seiner Anordnung um und rückte die Maschinenanlage an das hintere Lokende, ähnlich wie bei der DR-Lok 05003 im Ursprungszustand [2-11, 72].

Für das Lokprojekt mit Auspuffturbine nach Abb. 180 veranschlagte man eine mittlere Brennstofersparnis von 10% gegenüber einer vergleichbaren Kolbenlok. Diese Zahl erreichten übrigens die 3 Auspuffturbinenloks der TGOJ-Bahn in Schweden (Abschnitt 3.44.13) im Durchschnitt, wobei allerdings der dort zu leistende Erzzugverkehr sehr günstige Voraussetzungen mit fast stets gleichbleibender Leistung bot. Zur Vermeidung der er-

heblichen Verluste einer leer mitdrehenden Rangierturbine plante man diese ausrückbar ein.

Aufgrund der von der Firma Krupp geleisteten Pionierarbeiten mit der ersten deutschen Turbinenlok Nr. T181001 sowie der vorher genannten Projektstudien dieser Firma entschloß sich die DR, für den in den dreißiger Jahren zunehmenden Fernschnellzudienst 2 große Kondensationsturbinenloks bauen zu lassen. Die 1938 der Firma Krupp in Auftrag gegebenen beiden Loks (Krupp Auftrags-Nr. 450786) waren dazu bestimmt, schwere Fernschnellzüge (FD) über weite Strecken im Fahrplan der damaligen Fernschnelltriebwagen (FDt) zu befördern, da das Platzangebot in den Triebwagen in verschiedenen Fällen nicht mehr ausreichte. Zur Erfüllung dieses Programms mit Fahrgeschwindigkeiten bis zu 160 km/h war eine Turbinenleistung von dauernd 1850 kW sowie maximal von 2300 kW erforderlich. Abb. 181 zeigt diese Lok. Die Achsanordnung 1'D2' ergab sich aus der Überlegung, daß sie von der Haupt- und Rangierturbine gemeinsam aufgebrachte hohe Anfahrzugkraft 4 gekuppelte Achsen zu je 18 t Belastung erforderte, womit auch gleichzeitig eine gute Beschleunigungsfähigkeit erzielt werden konnte. Zur Ausbildung eines leistungsfähigen Kessels erwies sich nach ameri-

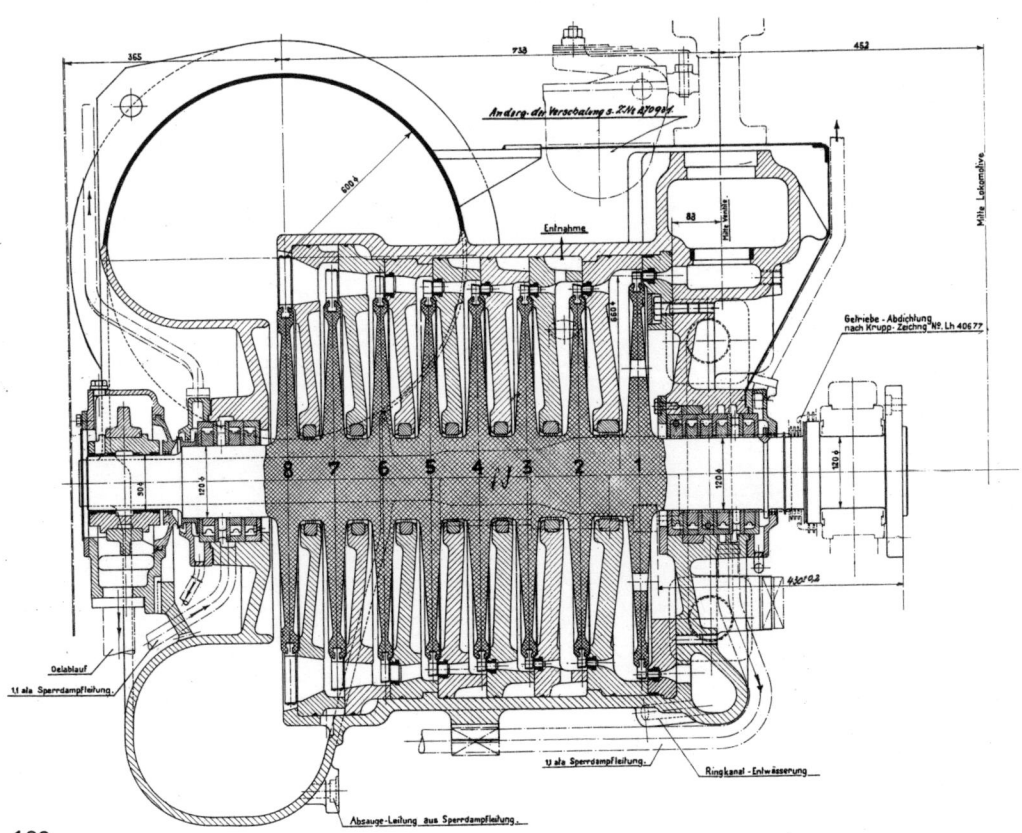

183 Schnitt durch die Rangier- und Anfahrturbine
der Lok nach Abb. 181
184 Schaltplan der Lokomotive nach Bild 181
(einschl. Erläuterungstext)

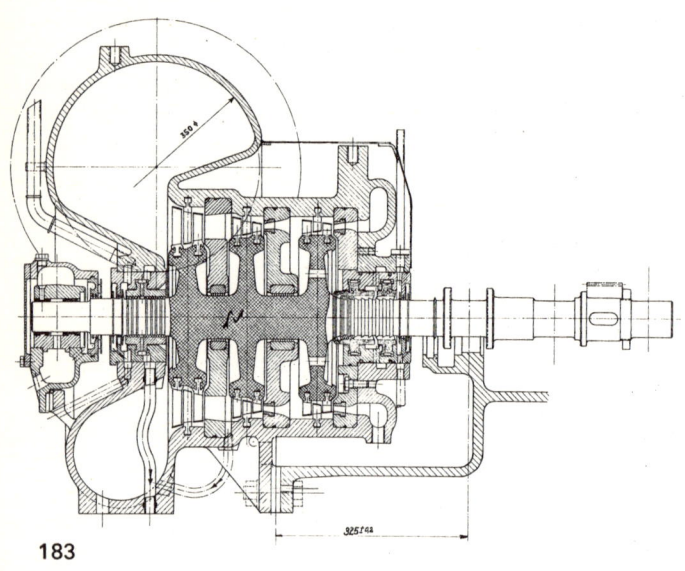

183

kanischen Erfahrungen ein hinteres Drehgestell als sehr
vorteilhaft [2-31]. Die vordere Laufachse bildete mit der
1. Kuppelachse ein Krauß-Helmholtz-Gestell, das sowohl in der Geraden als auch im Gleisbogen eine gute
Führung der Lok gewährleistet. Die Dampferzeugung
sollte ein normaler Stephenson-Kessel mit 4,5 m Rohrlänge bei 22 atü und 450 °C Dampfzustand und einer
Leistung von 10 t/h übernehmen. Die geräumige Rauchkammer enthielt neben dem zur Feueranfachung erforderlichen turbinengetriebenen Ventilator einen Rauch-
gasspeisewasservorwärmer zur weiteren Verbesserung
des Kesselwirkungsgrades. Für den Achsantrieb war eine
achtstufige Gleichdruckdampfturbine der Firma Escher
Wyß konstruiert worden, die ihre Leistung über ein zweistufiges Zahnradgetriebe, eine Blindwelle und Kuppelstangen auf die Räder übertragen sollte (Abb. 182). Für
Anfahrten mit schweren Zügen und zur Unterstützung
der Hauptturbine sowie für Rangierfahrten bis 45 km/h

1		4.20	Kesselsicherheitsventil
2	Lt 211	4.60	Absperrventil am Dom
3	Lt 148	4.02	Absperrventil am Entnahmestutzen
4	LON 2383	3.43	Ventilregler
5	Lt 194 197	91.05 91.08	Düsenventile
6	Lt 210	4.602	Zusatzventil für die Hilfsturbinen
7	Lt 200	96.77	Druckminderventil für die Hilfsturbinen
8	Lt 202	91.15	Rückschlagventil in der Entnahmeleitung
9	Lt 202	91.15	Rückschlag- und Drosselventil
10	Lt 148	4.02	Absperrventile am Entnahmestutzen
11	Lt 201	94.13	Saugzugregler
12	Lt 206	95.20	Nebenschlußventil
13	Lt 214	94.10	Überströmventile an der Saugzugturbine
14	Lt 202	91.15	Absperrventil zur Hilfsölpumpe
15	Lt 212	92.42	Steuerventil zur Hilfsölpumpe
16	Lt 213	92.41	Druckminderventil zur Hilfsölpumpe
17	Lt 203	92.43	Rückschlagventil hinter der Hilfsölpumpe
18	Lt	26.04	Sicherheitsventil
19	Lt 218	26.04	Umschaltventil
20	Lt 215	26.942	Sicherheitsventil
21			Wasserabscheider
22	Lt 209	4.24	Dampfpfeifenventil
23	Lt 208	95.43	Überströmventil
24	Lt 205	95.20	Sicherheitsventil
25	Lt		Rückschlagventil
26			Drosselscheibe

Heiß- u. Sattdampf
--- Vakuum
Sperrdampf
Steuerdampf
Speisewasser
Kühlwasser
Kondensat
Luft-Wasser

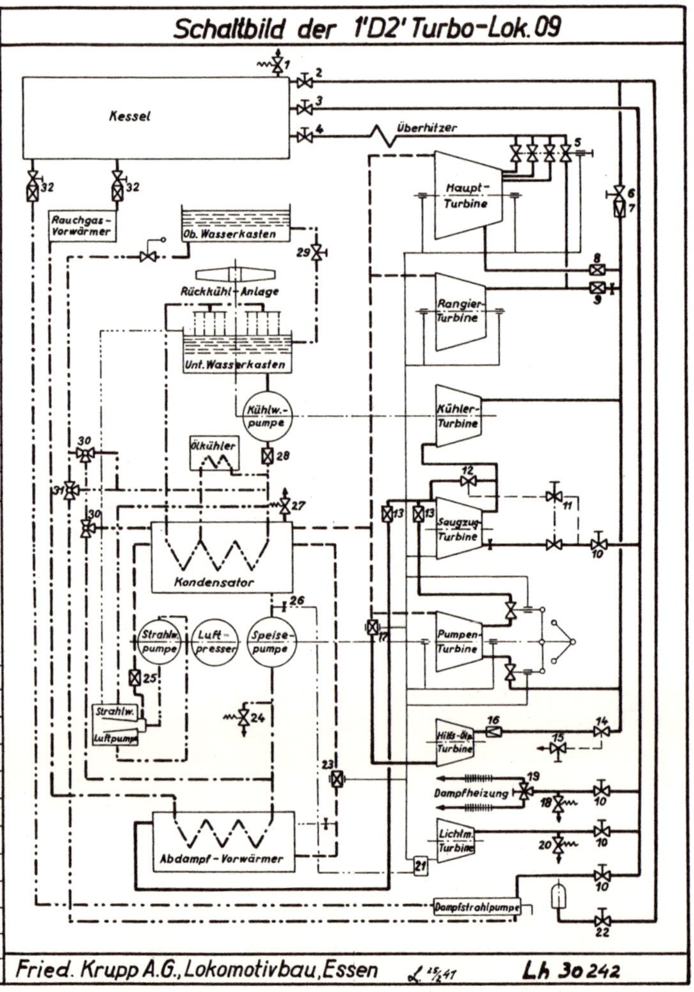

Schaltbild der 1'D2' Turbo-Lok.09

Kessel

Überhitzer

Haupt-Turbine

Rauchgas-Vorwärmer

Ob. Wasserkasten

Rückkühl-Anlage

Unt. Wasserkasten

Kühlw.-pumpe

Ölkühler

Rangier-Turbine

Kühler-Turbine

Kondensator

Saugzug-Turbine

Strahl-pumpe

Luft-presser

Speise-pumpe

Pumpen-Turbine

Strahlw.-Luftpumpe

Hilfs-Öl-Turbine

Dampfheizung

Lichtm.-Turbine

Abdampf-Vorwärmer

Dampfstrahlpumpe

Fried. Krupp A.G., Lokomotivbau, Essen ∠ 15/4 41 **Lh 30 242**

209   **185** Betätigungseinrichtung für die Dampfventile
                                              der Haupt- und Anfahrturbine der Dampfturbinenlok
                                              T181001 der Deutschen Reichsbahn

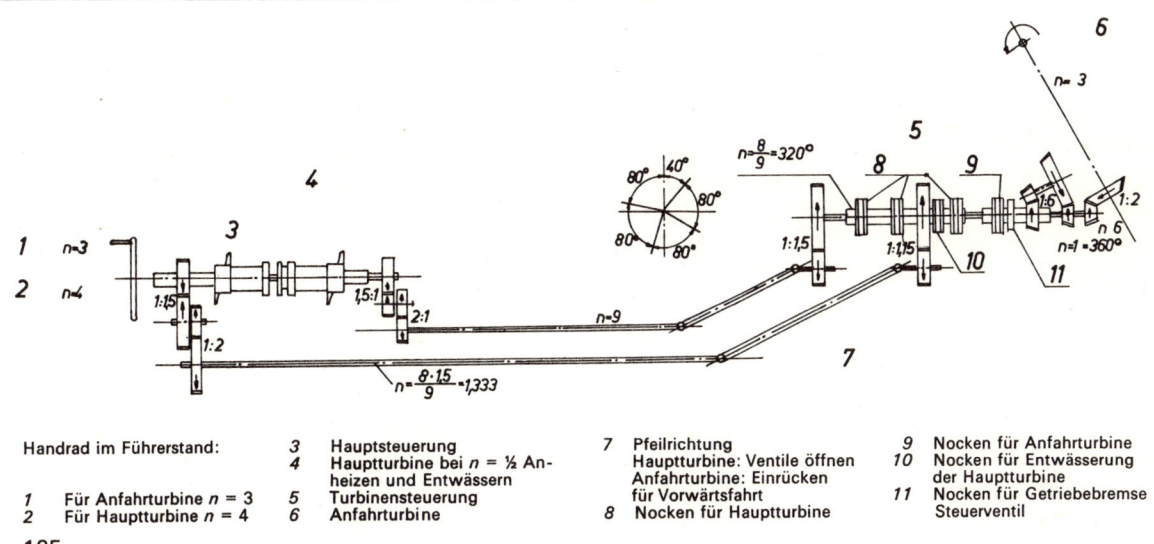

Handrad im Führerstand:		3	Hauptsteuerung	7	Pfeilrichtung	9	Nocken für Anfahrturbine
		4	Hauptturbine bei n = ½ An-		Hauptturbine: Ventile öffnen	10	Nocken für Entwässerung
			heizen und Entwässern		Anfahrturbine: Einrücken		der Hauptturbine
1	Für Anfahrturbine n = 3	5	Turbinensteuerung		für Vorwärtsfahrt	11	Nocken für Getriebebremse
2	Für Hauptturbine n = 4	6	Anfahrturbine	8	Nocken für Hauptturbine		Steuerventil

185

sah man eine zweite kleinere Turbine vor, die über ein ausrückbares Wendegetriebe mit der Hauptgetriebewelle verbunden werden konnte. Bei 10 000 U./min gab diese zweite Turbine 660 kW ab.
Die Leistungsregelung sollte mit 4 Regelventilen vor der Hauptturbine geschehen, eine feinere Abstufung konnte mit dem üblichen Regler im Kessel durchgeführt werden. Die Betätigung der Ventile und der Schalteinrichtungen der Rangierturbine erfolgte mittels Kurvenscheiben und Steuerwelle vom Führerstand aus.
Die Hilfsturbinen erhielten Anzapfdampf nach der 1. Hauptturbinenstufe, von wo aus zuerst die Kühlerturbine, dann die Saugzugventilatorturbine und anschließend die Pumpenturbine ihren Dampf erhielten. Der nicht zum Betrieb der Pumpengruppe erforderliche Anteil des Abdampfes sollte in einem Speisewasservorwärmer niedergeschlagen werden, während der Betriebsdampf der Pumpenturbine nach Arbeitsleistung dem Kondensator zugeführt werden sollte. Diese Anordnung des Hilfsmaschinendampfstroms ergibt bei allen Leistungseinstellungen der Lok selbsttätig eine richtige Anpassung der Hilfseinrichtungen an den jeweiligen Bedarf. Der wärmetechnische Aufbau entsprach somit dem bewährten Endzustand der Lok T181001 (Abb.184 und 185).
Der vierachsige Drehgestelltender sollte neben 24 m³ Wasser und 7 t Kohle auch die Verdunstungskühlanlage für das Kondensatorkühlwasser, die Kühlwasserumwälzpumpe und die Schraubenlüfter mit der dazugehörigen Antriebsturbine aufnehmen. Anstelle der Raschig-Ringe wie bei der Lok T181001 sollten hier Rieselpakete aus Streckmetall eingebaut werden (Abb.181).
Mit diesen Vorräten war ein Durchfahren der Strecke Berlin–Köln mit nur einmaliger Kühlwassernachfüllung möglich. Wegen der hohen Fahrgeschwindigkeiten soll-

ten Lok und Tender Stromlinienverkleidung erhalten, als Betr.-Nrn. waren T09001 und 002 vorgesehen. Im Jahre 1941 mußten wegen des Krieges die bereits begonnenen Bauvorbereitungen an diesen Loks eingestellt werden. Diese Loks wären zweifellos ein besonders interessantes und aussichtsreiches Beispiel aus der Reihe der Umgestaltungsbestrebungen der Dampftraktion geworden, wären sie zum Einsatz gekommen. Ob allerdings der Kuppelstangenantrieb bei 1750 mm Triebrad-∅ auf die Dauer die hohen Geschwindigkeiten vertragen hätte, ist zumindest offen.
Im Zusammenhang mit seinen sehr bemerkenswerten Studien zur Weiterentwicklung der Dampflok veröffentlichte Prof. Friedrich Neesen der TH Danzing auch zwei Projekte für Turbinenantrieb. Sowohl die in Abb.187 gezeigte Maschine mit elektrischer als auch mit hydraulischer Übertragung (Abb.188) lassen erkennen, daß hier unter Aufgabe klassischer Bauteile eine völlig neugestaltete zukunftsorientierte Dampflok entstehen sollte. Die wesentlichen Merkmale sind der automatisch geregelte Hochleistungskessel Bauart Velox (Abschnitt 3.22.7), der geschlossene Dampf-Wasser-Kreislauf mit Kondensation und die Einmannbedienung. Das Laufwerk entsprach der damals bei schnellen Loks noch üblichen Starr-Rahmenbauweise.
Dr. O. Martin hat 1941 zwei Entwürfe für Turbinenloks veröffentlicht [3.45-13]. Für diese in Abb.189 und 190 gezeigten Lokprojekte war eine Kraftanlage nach Abb. 191 geplant. Neuartig an diesem Vorschlag war die Verwendung von einem nicht näher genannten Arbeitsmittel anstelle von Wasser. Der Kessel sollte eine Salzschmelze enthalten, welche mit der Feuerung auf etwa 400 bis 450 °C gehalten wird. Zwischen die Rauchrohre des Kessels sollten Verdampferrohre eingebaut sein, in

denen das Arbeitsmittel unter Wärmeaufnahme aus dem Salzbad verdampft. Die Arbeitsweise war wie folgt vorgesehen:

Das verdampfte Triebmittel sammelt sich in der Trommel, gelangt von dort aus zur Turbine, wo es sich unter Arbeitsabgabe entspannt, und strömt dann weiter in den Kondensator. Nach Niederschlag gelangt es in den Kondensatbehälter, von wo es eine Speisepumpe ansaugt und über einen Verteiler in die Verdampferrohre drückt. Damit kann der Kreislauf von neuem beginnen. Der Kessel mit Saugzugventilator entsprach in seinem Grundaufbau der üblichen Bauart. Als Vorzüge für die Verwendung eines anderen Arbeitsmittels anstelle von Wasser wird die Unabhängigkeit von den physikalischen Eigenschaften des Wasserdampfes angegeben. Damit könnte die Siedetemperatur höher liegen, um das nutzbare Temperaturgefälle und damit den thermischen Wirkungsgrad der Kraftanlage zu erhöhen. Die angegebenen Werte von 18 % Gesamtwirkungsgrad der Energieumsetzung, bezogen auf die Turbinenwelle (bei Nennleistung) entsprechend einem spezifischen Wärmeverbrauch von 4750 kcal/kWh, lassen allerdings keinen wesentlichen Vorteil gegenüber einer HD-Turbinenlok mit Kondensation bei Verwendung von Wasser als Arbeitsmittel erkennen. Dagegen besteht der Nachteil von zwei geschlossenen Systemen mit besonderen Füllungen, die möglichst verlustlos erhalten bleiben sollen. Dies erfordert höheren Raum- und Gewichtsaufwand für das Gesamtfahrzeug.

Abb. 192 stellt einen Entwurf von Friedrich W. Eckhardt (früher in Firma BMAG, vorm. L. Schwartzkopff) vor für eine Auspufflok mit klassischem Kessel und 2 Turbinen [2-67; 3.45-10]. Bemerkenswert an dieser Schnellfahrlok ist der Wegfall des Stangenantriebs bei mechanischer Kraftübertragung und die Leistungsaufteilung an 2 kleine Turbinen, von denen jede über Zahnradgetriebe 2 Achsen antreibt. Für eine gute Bogenläufigkeit war das Schwartzkopff-Eckhardt-Lenkgestell vorgesehen [2-63, 78, 79].

Die Firma Henschel & Sohn arbeitete 1950 das Projekt einer Dampfturbinenschnellzuglok mit elektrischer Kraftübertragung aus. Die auf 2 Drehgestellen laufende Maschine war für 160 km/h Höchstgeschwindigkeit ausgelegt. Die Nennleistung der Turbine bei Auspuffbetrieb sollte 1470 kW betragen. Als Dampferzeuger diente ein normaler Lokkessel mit 20 atü und 450 °C. Mit 10 t Kohlenvorrat sollte ein Schnellzug auf der Strecke Hamburg–München bei zweimaligem Wasserfassen unterwegs während planmäßiger Aufenthalte befördert werden.

Bei Henschel befaßte man sich auch mit dem Projekt einer Turbinenlok mit hydraulischer Kraftübertragung für 140 km/h und Auspuffbetrieb, deren Turbine 2350

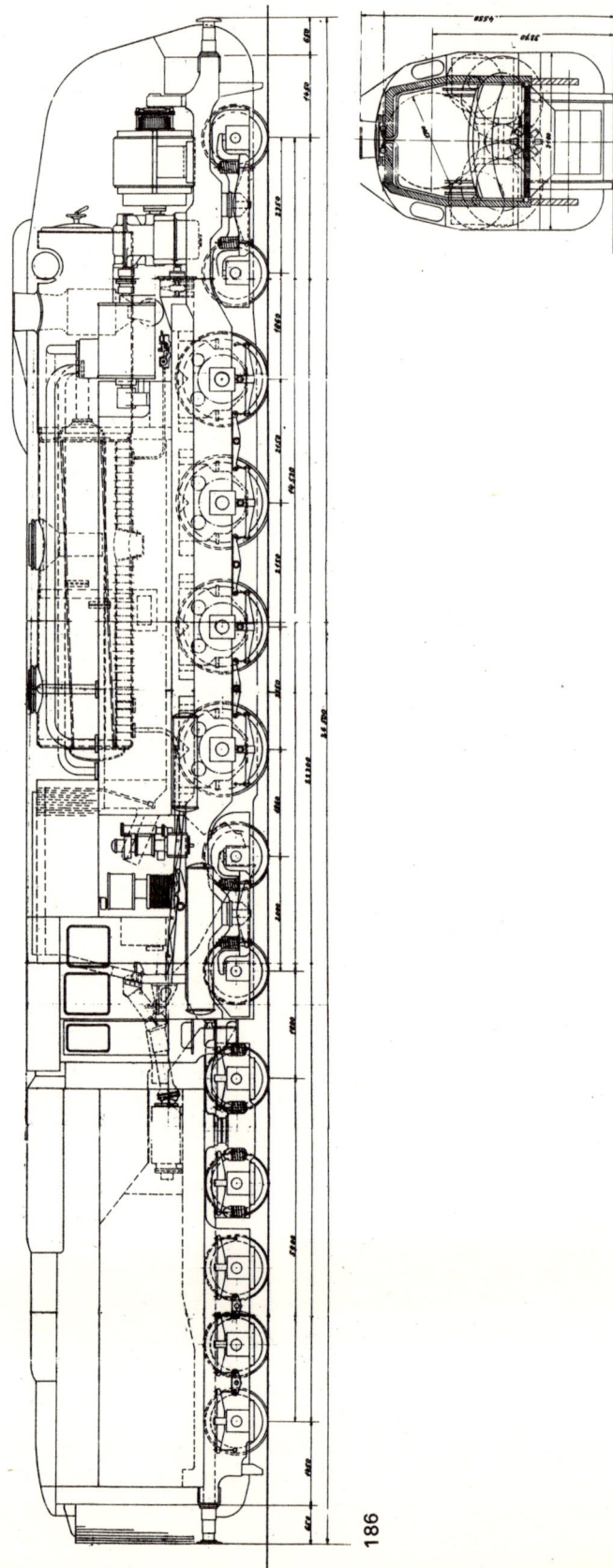

187 Entwurf einer Kondensationsturbinenlok mit
Velox-HD-Kessel und elektrischer Kraftübertragung
der TH Danzig
188 Entwurf einer Kondensationsturbinenlok mit
Velox-HD-Kessel und hydraulischer Kraftübertragung
der TH Danzig (Prof. Neesen) aus dem Jahre 1941

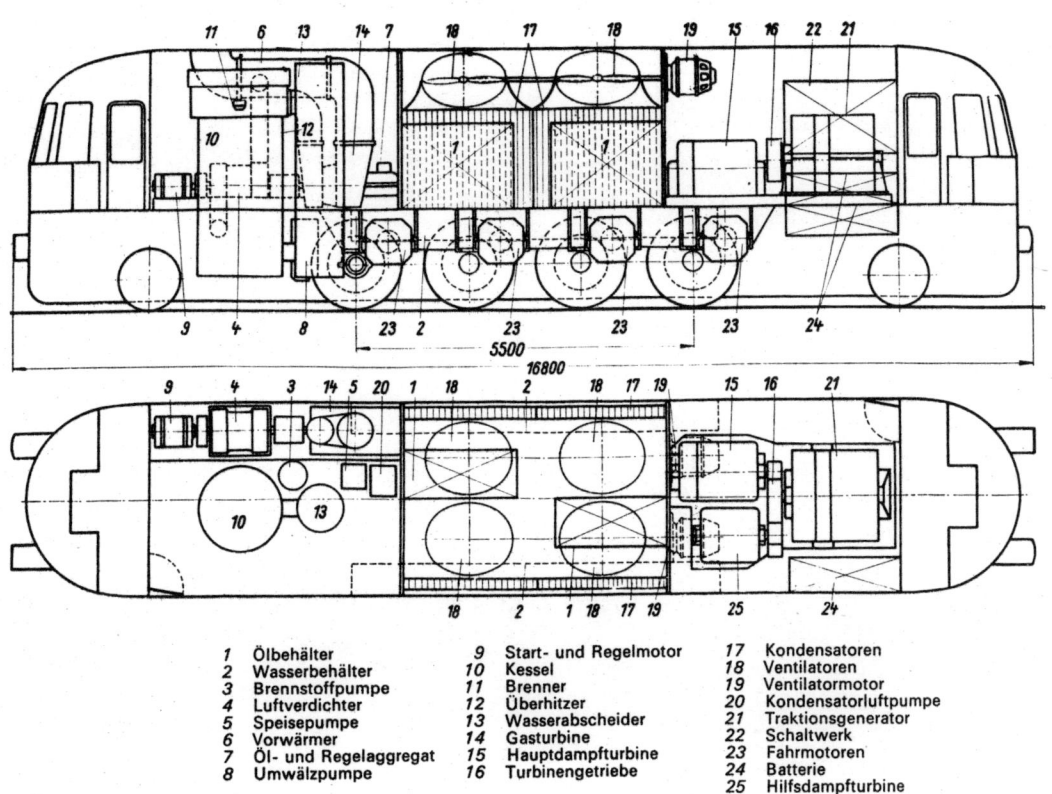

1	Ölbehälter	9	Start- und Regelmotor	17 Kondensatoren
2	Wasserbehälter	10	Kessel	18 Ventilatoren
3	Brennstoffpumpe	11	Brenner	19 Ventilatormotor
4	Luftverdichter	12	Überhitzer	20 Kondensatorluftpumpe
5	Speisepumpe	13	Wasserabscheider	21 Traktionsgenerator
6	Vorwärmer	14	Gasturbine	22 Schaltwerk
7	Öl- und Regelaggregat	15	Hauptdampfturbine	23 Fahrmotoren
8	Umwälzpumpe	16	Turbinengetriebe	24 Batterie
				25 Hilfsdampfturbine

187

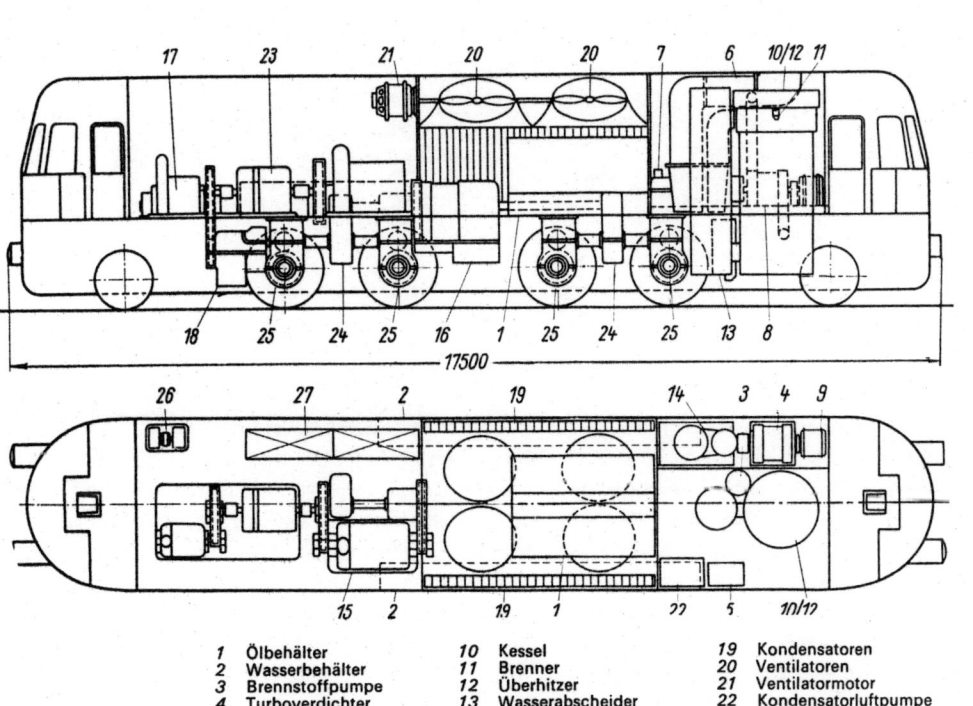

1	Ölbehälter	10	Kessel	19 Kondensatoren
2	Wasserbehälter	11	Brenner	20 Ventilatoren
3	Brennstoffpumpe	12	Überhitzer	21 Ventilatormotor
4	Turboverdichter	13	Wasserabscheider	22 Kondensatorluftpumpe
5	Speisepumpe	14	Gasturbine	23 Generator
6	Vorwärmer	15	Hauptdampfturbine	24 Wendegetriebe
7	Öl- und Regelaggregat	16	Hydraulikgetriebe	25 Kegelradachsgetriebe
8	Umwälzpumpe	17	Hilfsdampfturbine	26 Bremsluftverdichter
9	Start- und Regelmotor	18	Hilfshydraulikgetriebe	27 Batterie

188

189 Entwurf einer Kondensationsturbinenlok mit
elektrischer Kraftübertragung von Martin aus dem
Jahre 1941
190 Entwurf einer Kondensationsturbinenlok mit
elektrischer Kraftübertragung von Martin aus dem
Jahre 1941

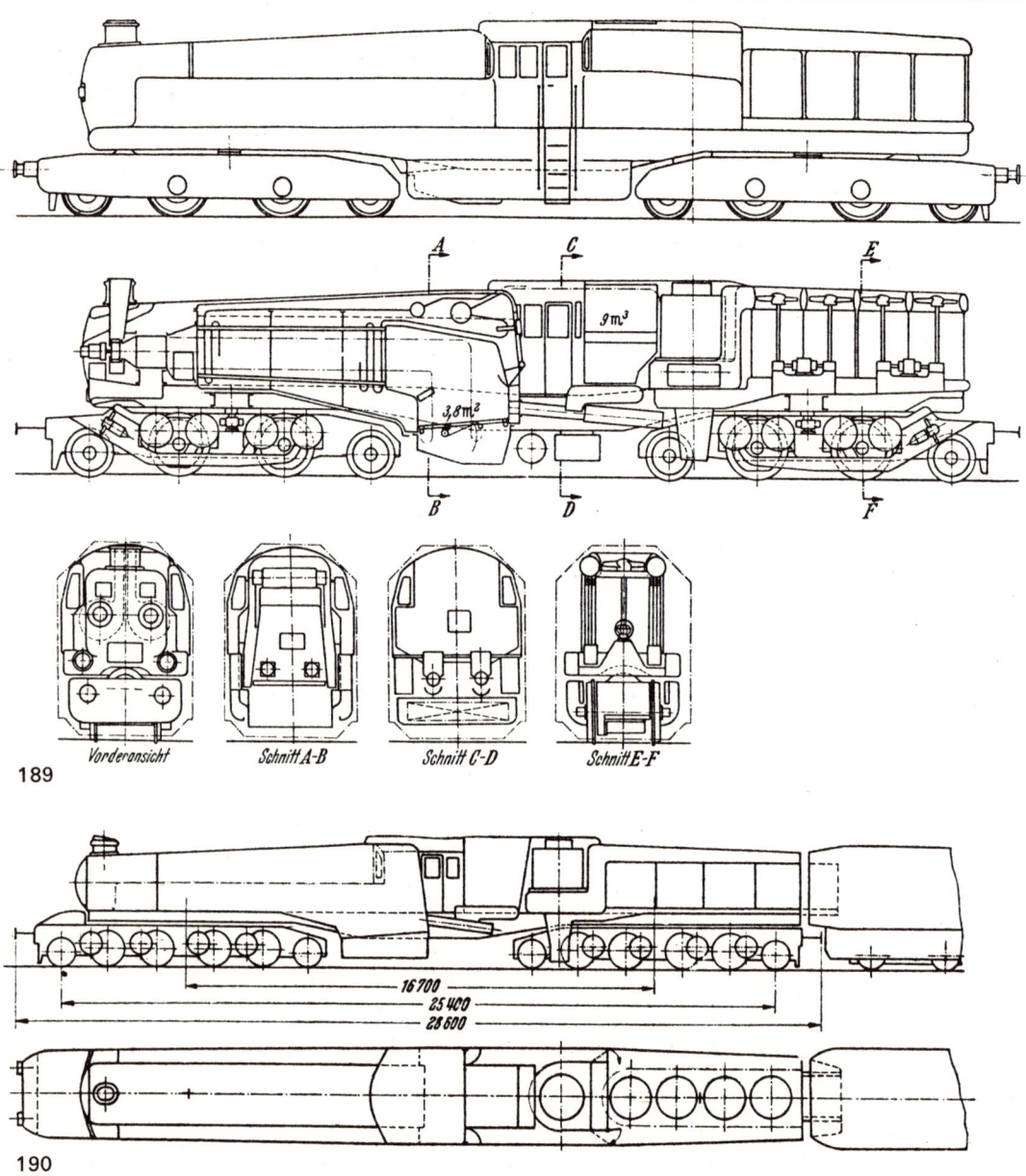

189

190

kW abgeben sollte. Die Übertragung plante man mit Wandler-Kupplung-Kupplung, sie sollte die Leistung auf 4 Triebachsen weitergeben. Die Entwicklungsabteilung der Firma Henschel unter Leitung von Dr.-Ing. Richard Roosen erarbeitete in den Jahren 1954–1956 das Kennlinienfeld dieses Lokprojekts in Zusammenarbeit mit Prof. Röder, von dem die Turbinenkonstruktion stammte. Diese Untersuchung dürfte hier erstmalig für einen Lokentwurf durchgeführt worden sein, während zuvor die Kennlinienfelder aus Ergebnissen von Meßfahrten mit ausgeführten Loks aufgestellt wurden. Diese Maschine sollte eine Anfahrzugkraft von 20 t entwickeln und als Drehgestellfahrzeug auf 4 Achsen laufen. Der

Punkt besten Gesamtwirkungsgrades lag nach der rechnerischen Untersuchung bei 12,5%, was im Vergleich zu 9% bei der Schnellzuglok Reihe 01 der DR keine allzu große Verbesserung bedeutet hätte. Demgegenüber wäre aber die Turbinenlok erheblich aufwendiger in Bauart und Preis im Falle eines Baus geworden, vom Entwicklungsrisiko abgesehen. Angesichts dieser Ergebnisse und der sich auch in Deutschland abzeichnenden Traktionsumstellung wurde dieses Projekt abgeschlossen und gleichzeitig eine lange Entwicklungsarbeit der Firma Henschel auf dem Dampfloksektor beendet.
Einige bemerkenswerte Entwürfe für Auspuffdampfturbinenloks wurden auch von den damaligen Siemens-

191 Schema der Kraftanlage für die Lokentwürfe nach Abb. 190 und 191
192 Entwurf einer Auspuffturbinenlok von Eckhardt aus dem Jahre 1944
193 Entwurf einer Auspuffturbinenlok mit elektrischer Kraftübertragung von Siemens-Schuckert aus dem Jahre 1942

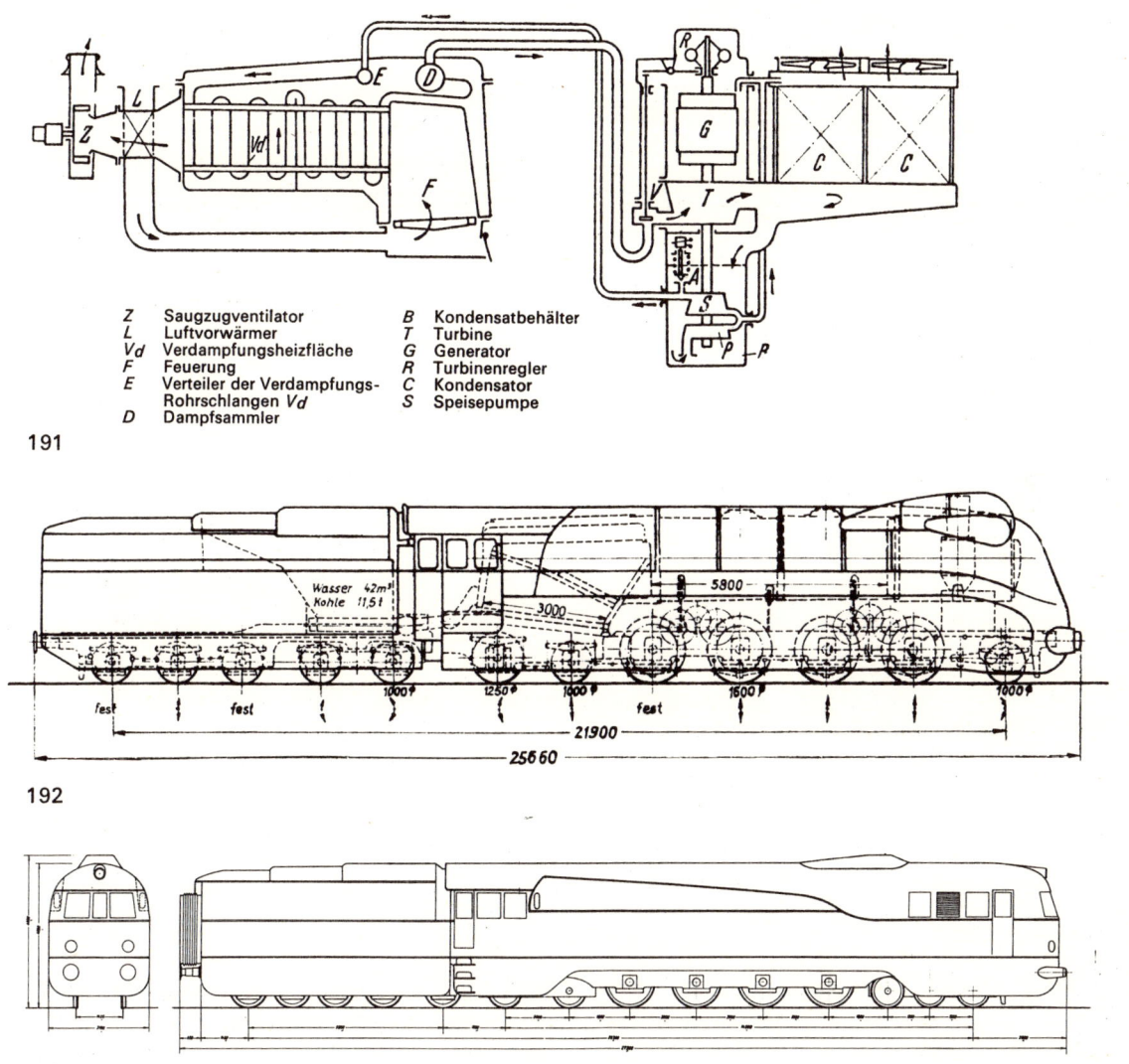

Z Saugzugventilator
L Luftvorwärmer
Vd Verdampfungsheizfläche
F Feuerung
E Verteiler der Verdampfungs-Rohrschlangen Vd
D Dampfsammler
B Kondensatbehälter
T Turbine
G Generator
R Turbinenregler
C Kondensator
S Speisepumpe

191

192

193

Schuckert-Werken ausgearbeitet. Aus dem Jahre 1939 stammt der Vorschlag einer 2′ Do2′-Stromlinienschnellzugmaschine mit Benson-HD-Kessel und mechanisch beschicktem Rost. 1942 entstand die Skizze einer 3′ Do2′-Schnellzuglok mit 3700 kW Turbinenleistung, die ebenfalls Verkleidung sowie einen vorderen Führerstand hatte. Nach 1945 wurden von SSW noch einige Dampfturbinenloks mit HD-Kesseln und Kondensation vorgeschlagen, welche wie die vorhergehenden mit elektrischer Kraftübertragung versehen sein sollten. Alle diese Vorschläge liefen darauf hinaus, die Bauart eines Dampfkraftwerkes auf die Verhältnisse der Lokomotive zu übertragen, wobei in bezug auf verfügbaren Bauraum und Gewicht wesentlich ungünstigere Verhältnisse vorlagen (Abb. 194 und 195).
In Abb. 196 ist ein Entwurf der Firma Krauß-Maffei für eine Auspuffturbinenlok gezeigt, die als 1′ D1′-Maschine

für 120 km/h alle Hauptbahndienste übernehmen sollte. Die Anordnung ist mit normalem Kessel und mechanischer Übertragung (wie mehrfach ausgeführt) über Getriebe, Blindwelle und Kuppelstangen an den Forderungen nach robusten und im täglichen Einsatz betriebstüchtigen Maschinen orientiert unter Verzicht auf maximale Wirkungsgrade. Als Alternative zu den damals neu entworfenen Typenreihen deutscher Kolbendampfloks ist dieser Entwurf bemerkenswert.
Die Turbinenfabrik Brückner, Kanis & Co. (früher Dresden) hat in ihrem nach 1945 in Nürnberg unter dem neuen Namen «Hamburger Turbinenfabrik» (HTF) aufgebauten Werk (heute von der AEG übernommen) zusammen mit der Firma Henschel einen Turbinenantrieb entwickelt und konstruiert, der in die Kondensationslok Reihe 52 der Deutschen Reichsbahn eingebaut werden sollte.

214

194 Entwürfe für Kondensationsturbinenloks mit elektrischer Kraftübertragung von Siemens-Schuckert aus dem Jahre 1946

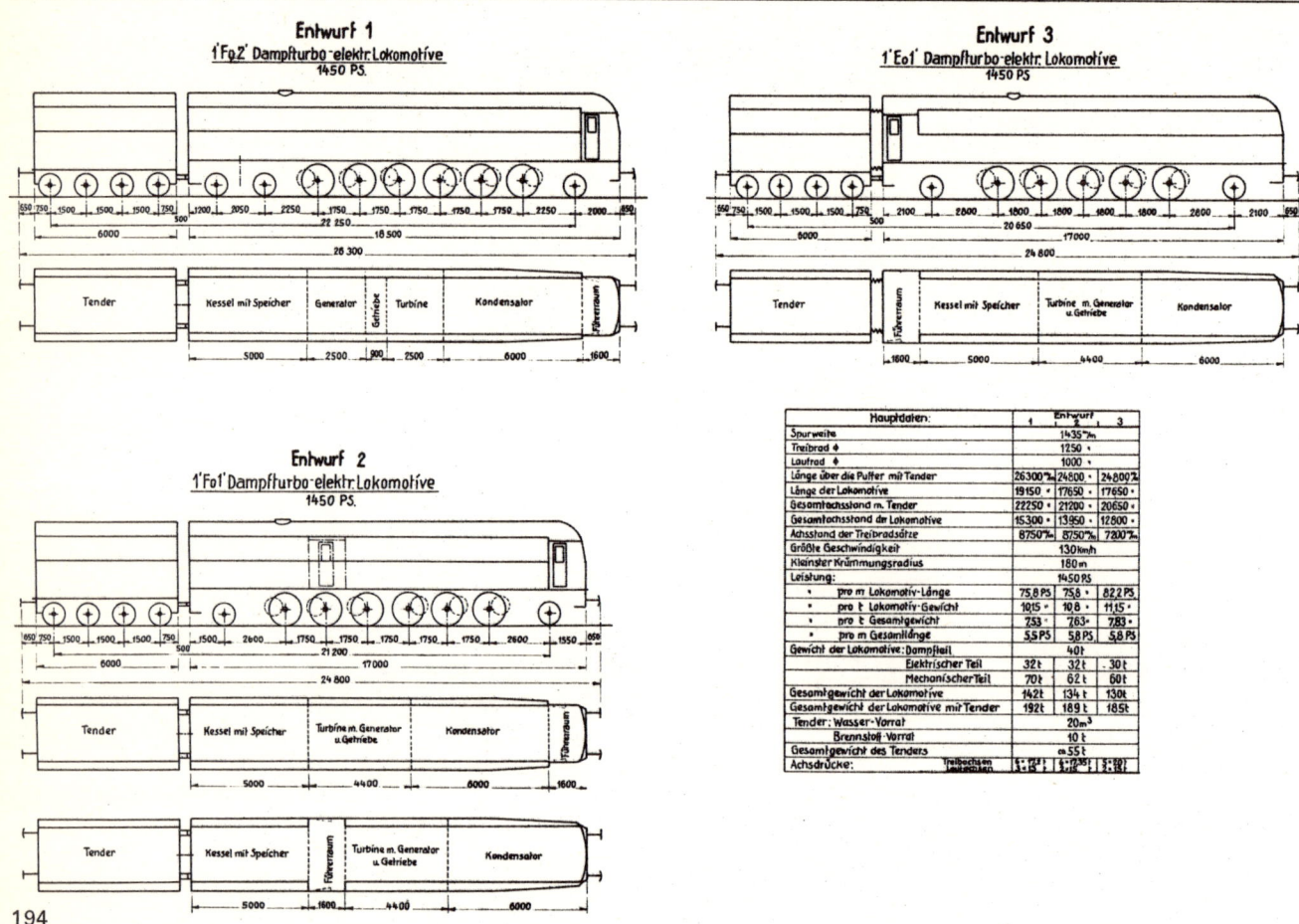

194

Hauptdaten:	Entwurf 1	2	3
Spurweite	1435 mm		
Treibrad ⌀	1250 »		
Laufrad ⌀	1000 »		
Länge über die Puffer mit Tender	26300 mm	24800 »	24800 mm
Länge der Lokomotive	19150	17650	17650
Gesamtachsstand m. Tender	22250	21200	20650 »
Gesamtachsstand der Lokomotive	15300	13950	12800 »
Achsstand der Treibradsätze	8750 mm	8750 »	7200 »
Größte Geschwindigkeit	130 km/h		
Kleinster Krümmungsradius	180 m		
Leistung:	1450 PS		
» pro m Lokomotiv-Länge	75,8 PS	75,8 »	82,2 PS
» pro t Lokomotiv-Gewicht	10,15	10,8 »	11,15 »
» pro t Gesamtgewicht	7,55	7,63 »	7,83 »
» pro m Gesamtlänge	5,5 PS	5,8 PS	5,8 PS
Gewicht der Lokomotive: Dampfteil	40 t		
Elektrischer Teil	32 t	32 t	30 t
Mechanischer Teil	70 t	62 t	60 t
Gesamtgewicht der Lokomotive	142 t	134 t	130 t
Gesamtgewicht der Lokomotive mit Tender	192 t	189 t	185 t
Tender: Wasser-Vorrat	20 m³		
Brennstoff-Vorrat	10 t		
Gesamtgewicht des Tenders	ca 55 t		
Achsdrücke: Treibachsen / Laufachsen			

Im Zusammenhang mit der Planung einer Breitspur-Transkontinentalbahn in Europa mit 3-m-Spur in den Jahren 1924–1945 wurden u. a. auch einige Entwürfe von Dampfturbinenloks aufgestellt [3.1-20].

Zum Abschluß dieses Kapitels sei noch das interessante Projekt eines Schnelltriebwagens mit Dampfturbinenantrieb erwähnt. Die guten Ergebnisse mit den Triebwagenschnellverbindungen der DR ab 1933 und das Bestreben, der Kohle ihre Absatzmöglichkeiten zu erhalten, gaben Veranlassung zur Untersuchung der Frage, ob dafür auch Dampfantriebe verwendbar sind. Im Jahre 1934 führte das Rheinisch-Westfälische Kohlensyndikat ein Preisausschreiben zur Konstruktion eines Dampfschnelltriebwagenzuges durch, der mit festen Brennstoffen zu betreiben sein mußte. Es war ein dreiteiliger Hauptbahntriebwagen mit 180 Sitzplätzen, Post- und Gepäckabteil sowie 130 km/h Höchstgeschwindigkeit vorgeschrieben. Die Kessel- und Maschinenanlage war für vollautomatischen Betrieb durch den Triebwagenführer von dessen Führerstand aus vorzusehen, wobei eine Mindestfahrzeit von 6 h ohne Vorratsergänzung möglich sein sollte. Neben anderen Firmen, die die ge-

stellte Aufgabe unter Verwendung von Kolbendampfmaschinen zu lösen versuchten, hat die Maschinenfabrik Augsburg-Nürnberg AG (MAN) einen technisch sehr interessanten Turbinentriebzug vorgeschlagen. Dieser Entwurf erhielt den 2. Preis dieses Wettbewerbs.

Zunächst dachte man auch bei MAN an die Verwendung einer schnellaufenden Kolbendampfmaschine, entschied sich aber dann für Turbinenantrieb. Die gestellte Aufgabe war nur mit einer Anlage mit geschlossenem Dampf-Wasser-Kreislauf zu lösen, wegen der beengten Raumverhältnisse ließ sich jedoch eine Unterdruckkondensation nicht realisieren. Aus dem anspruchsvollen Betriebsprogramm ergab sich eine Antriebsleistung von 1300 kW für einen solchen Zug. Bemerkenswert sind die Gründe für die Wahl der Dampfturbine in diesem besonderen Fall. Im hier vorliegenden Leistungsbereich ist nämlich die Kolbenmaschine der Turbine in der Wärmeausnutzung überlegen, weiter ist die Umsteuerung der Kolbenmaschine einfach. Auch die nur bei atmosphärischem Druck mögliche Kondensation ließ die Möglichkeiten der Turbine nur begrenzt zur Geltung kommen. Der Abdampf war hier in einem weiten Lastbereich beim Aus-

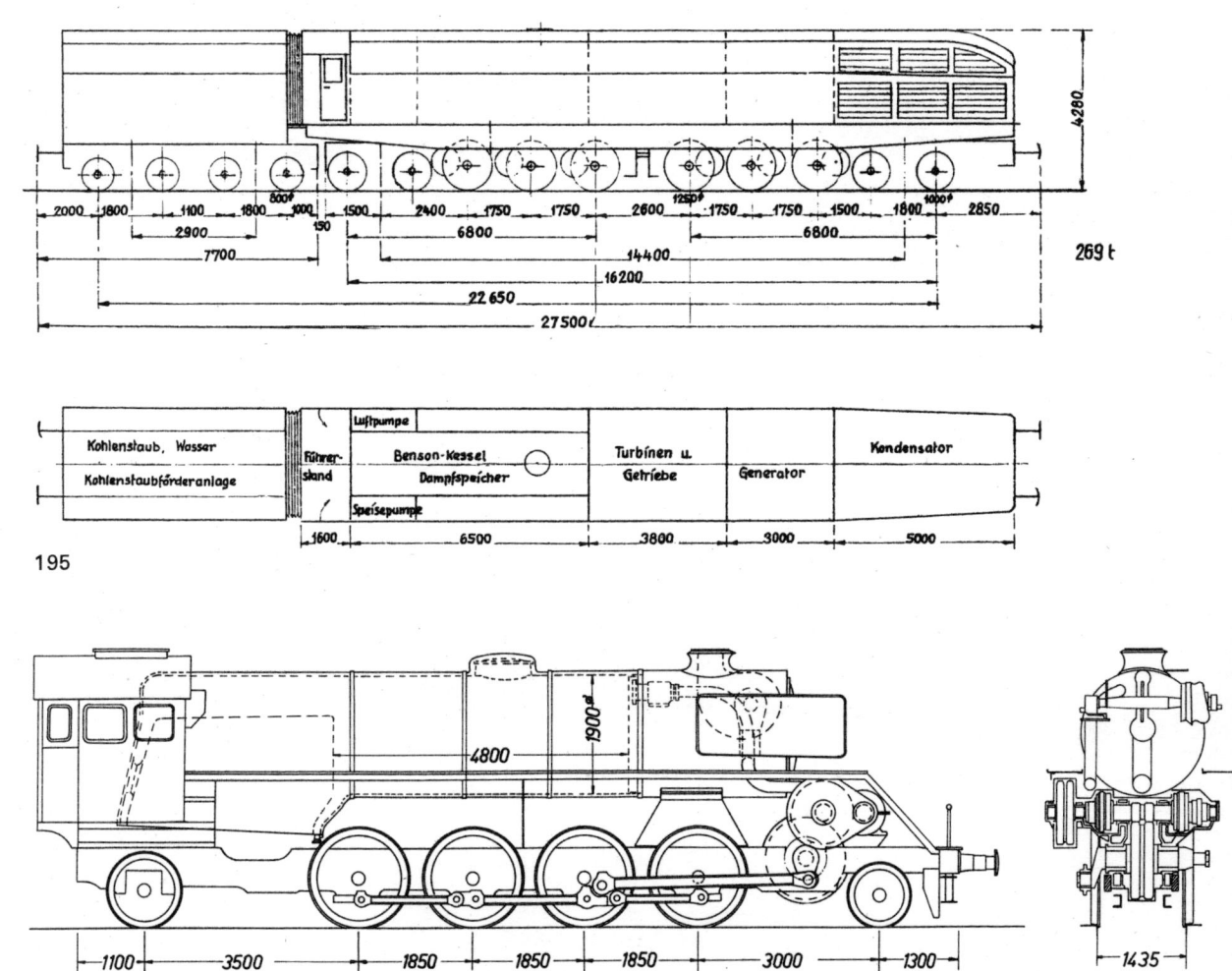

195

196

tritt aus der Maschine noch leicht überhitzt. Wegen der Kondensation ist aber auf ölfreien Abdampf größter Wert zu legen, um ein Verölen des Kondensators unbedingt zu vermeiden. In diesem Punkt ist die Turbine mit ihrem ölfreien Abdampf ohne Probleme, im Gegensatz zur Kolbenmaschine, welche eine Schmierung für die innere Steuerung und die Zylinder benötigt. Die Entölung überhitzten Dampfes ist problematisch, da Öl sich erst aus feuchtem Dampf ausscheiden läßt. Eine geeignete Entölungsanlage war wegen Gewichts- und Raumbedarf sowie wegen der unzureichenden Wirksamkeit nicht erwünscht. Bei Kolbenmaschinen mußte deshalb eine Kondensatorverölung und eine Kesselverschmutzung befürchtet werden, zumal mit einer intensiven Ausnutzung der Kraftanlage zu rechnen war. Bei der hohen mittleren Auslastung der Anlage hätte dies neben evtl. Betriebsstörungen eine häufige Reinigung von Kondensatoren und Kessel sowie der Leitungen erfordert,

was infolge der dadurch bedingten Ausfallzeiten die Zahl der Reservezüge und damit die Wirtschaftlichkeit ungünstig beeinflußt hätte. Hinzu kommt weiter die geringere Zahl an der Abnutzung beteiligter Teile einer Turbine gegenüber der Kolbenmaschine sowie ihr minimaler Schmierölverbrauch. Das Ergebnis der eingehend vorgenommenen Untersuchung war, daß der Dampfturbinenantrieb wegen der zu erwartenden kleineren Unterhaltskosten der Antriebsanlage, der besseren Ausnutzungsmöglichkeit der Wagen im Fahrbetrieb und der damit nötigen kleineren Zahl von Reservewagen eine größere Gesamtwirtschaftlichkeit gegenüber dem Kolbenmaschinenantrieb erwarten ließ. Die Gesamtanordnung sah vor, daß sich die Fahrgasträume in den beiden Endwagen, die Kraftanlage sowie Post- und Gepäckraum sich im Mittelwagen befinden. Wegen des nur geringen verfügbaren Einbauraums und der hohen geforderten Leistung wurde ein Zwangumlauf-Wasserrohr-

197 Entwurf eines Kondensationsturbinenschnell-
triebwagens mit Wasserrohrkessel der Firma MAN
aus dem Jahre 1934
198 Einrohrdampferzeuger für den Schnelltrieb-
wagenentwurf nach Abb. 197

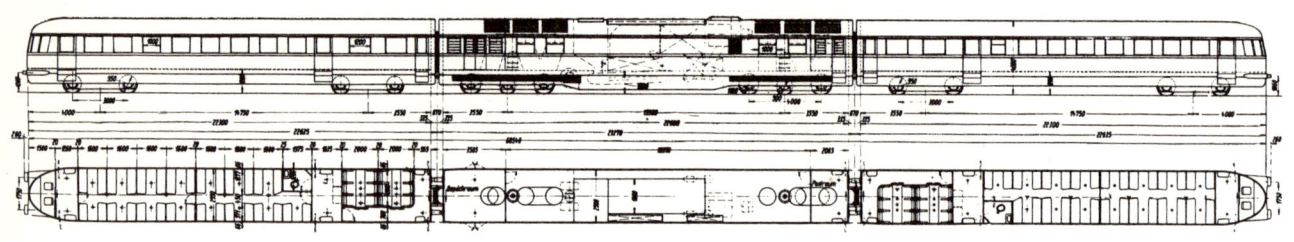

197

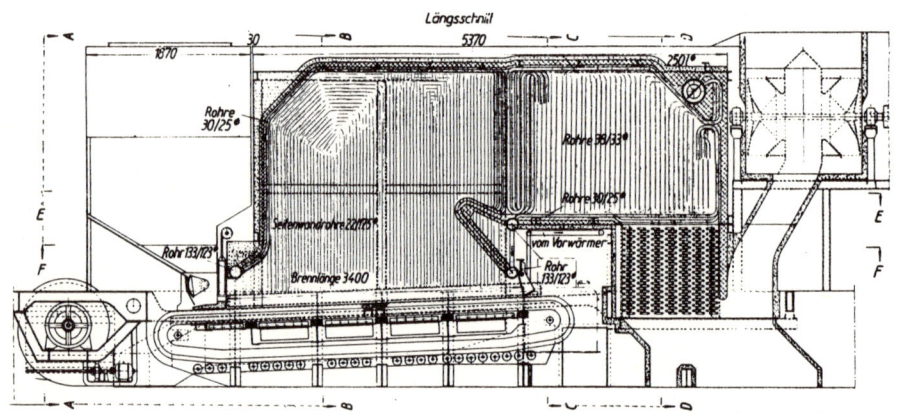

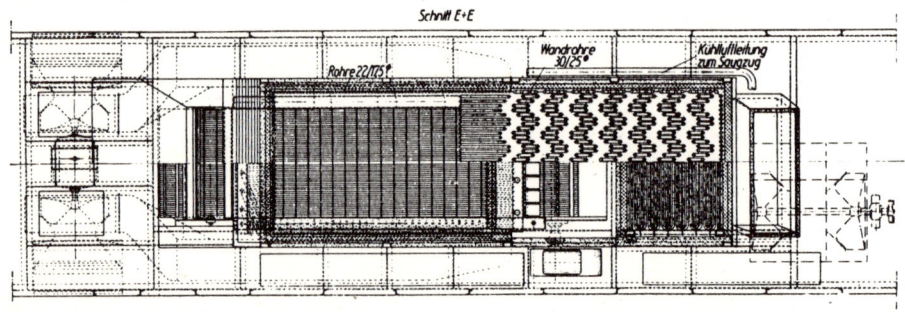

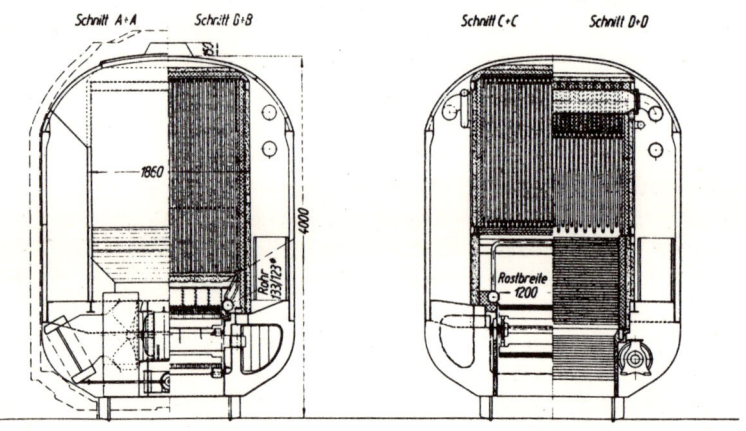

198

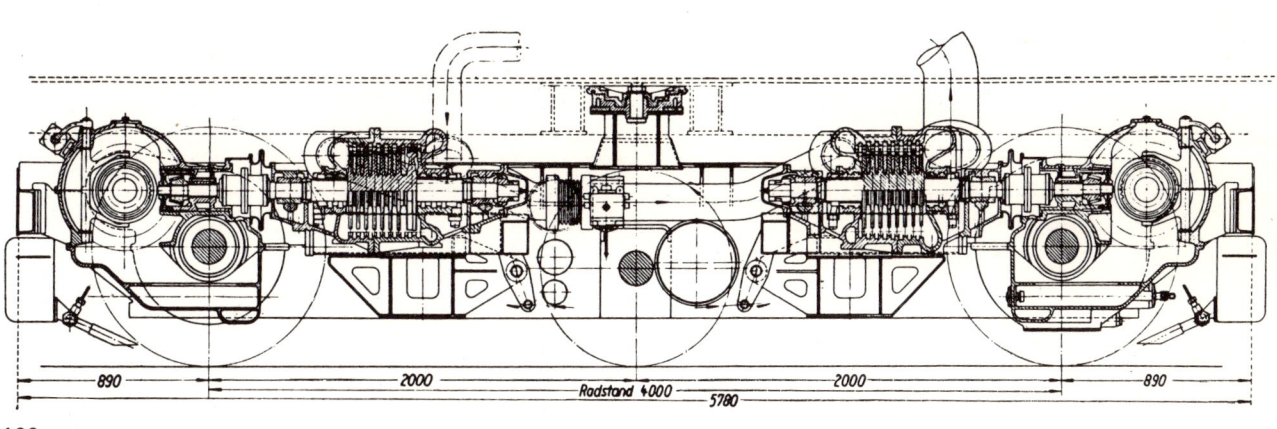

199

kessel eingeplant. Das Speisewasser gelangt dabei an einem Ende des Kessels durch eine von 2 elektrisch angetriebenen Speisepumpen in das Einrohrsystem, worin es erwärmt, verdampft und überhitzt wird. Die größte Kesselleistung war mit 14 t/h veranschlagt bei 12,5 atü und 425 °C. Die Kohle verbrennt auf einem Unterwindzonenwanderrost von 1,2 m Breite und 3,4 m Länge, somit 4,08 m² Rostfläche. Diese Daten lassen erkennen, daß die Dampferzeugung der einer größeren Lok entspricht! Die Verbrennungsluft (Unterwind) wird von 2 Ventilatoren mit je 28 kW Leistung gefördert, durch abdampfbeheizte Luftvorwärmer gedrückt und schließlich den vier Zonen des Rostes durch getrennte Kanäle zugeführt. Die Kohle befindet sich in einem Vorratstrichter, der durch einen Drehschieber gegen den Rost abgeriegelt ist und womit die Brennstoffaufgabe geregelt wird. Die Bekohlung des Maschinenwagens erfolgt durch eine verschließbare Dachöffnung direkt in den Vorratstrichter. Ein Saugzugventilator führt die Verbrennungsgase nach oben ab.

Die Antriebsmaschinen teilte man in 2 gleiche Turbinensätze je Drehgestell. Die Maschinendrehgestelle sind dreiachsig, davon ist die Mittelachse nicht angetrieben. Die eine Triebachse eines Triebdrehgestells wird vom HD-Teil, die andere vom ND-Teil der Turbine angetrieben. Da die 2 Teile einer Turbine mechanisch unabhängig voneinander sind, ergibt sich ein Einzelachsantrieb. Die HD-Turbine besteht aus je 1 zweikränzigen Vorschalt- und 7 Gleichdruckstufen, die ND-Turbine hat 8 Gleichdruckstufen. Mit einer größten Turbinendrehzahl von 7700 U./min wird die Antriebsleistung über ein Kegelstirnradgetriebe und einen Federtopfantrieb auf die Achsen übertragen. Außer dem Wendeteil für den Fahrtrichtungswechsel enthält das Getriebe noch 2 während der Fahrt schaltbare Übersetzungsstufen, um die Forderung nach der hohen Anfahrbeschleunigung im unteren Geschwindigkeitsbereich zu erfüllen. Die Getriebe-

schaltung ist mittels druckluftbetätigten Lamellenkupplungen vorgesehen.

Die im Dach des Maschinenwagens untergebrachten Kondensatoren haben eine Kühlfläche von 3120 m² und werden von 6 Ventilatoren mit Luft gekühlt. Die Energie für die elektrisch betriebenen Hilfsmaschinen liefert ein Turbinenaggregat mit einem 185-kW-Gleichstromgenerator. Entsprechend der vom Triebwagenführer eingestellten Leistungsstufe wird die Maschinenanlage automatisch geregelt.

Dieser Entwurf stellt eine der bemerkenswertesten Arbeiten aus dem Entwicklungszeitraum der Dampftriebfahrzeuge überhaupt dar, wobei man diesen Maschinenwagen eines Triebzuges in entsprechender Abwandlung auch als Dampflok neuer Konzeption betrachten kann.

3.46   *Ergebnisse
       mit den Dampfturbinenlokomotiven*

Die Dampfturbine wurde 50 Jahre lang als Antrieb für Loks in verschiedenen Ausführungen mit Kondensations- und Auspuffbetrieb sowie mechanischer und elektrischer Kraftübertragung versuchsweise ausgeführt und im Fahrbetrieb eingesetzt. In dem Bestreben, die thermischen Vorteile des größeren Gefälles zu nutzen, entstanden Kondensationsturbinenloks, die letzten beiden auch mit HD-Kessel. Ein Teil dieser Loks kam nach mehrmaligen Umbauten und Verbesserungsarbeiten in den fahrplanmäßigen Dienst. Man mußte aber schon bald feststellen, daß die für günstige Arbeitslagen der Maschinenanlagen errechneten Brennstoffersparnisse im praktischen Betrieb nur zu einem geringen Teil erreichbar waren, die Durchschnittswerte blieben wesentlich darunter. Wie schon in Abschnitt 3.42 erwähnt, ist eine Turbine gegen Drehzahl- und Laständerungen empfindlicher im Verbrauch als eine Kolbenmaschine. Hier machte sich der für Loks typische Wechsellastbetrieb mit großen

Tabelle 11
Nicht ausgeführte Dampfturbinenlokomotiven.

Lfd. Nr.	Allgemeines			Fahrzeug		Gewichte t			
	Entwurf	Jahr	Bahn	Spur mm	Achsfolge	Lok	Tender	zus.	Rei-bung
1	Prof. Belluzzo	1920	Calabre-Lucane	950	D	44	–	44	44
2	Henschel	1924	DR	1435	2'D2'	143	–	143	80
3		1925	–	1435	2'D2'		–		
4		1925	–	1435	$2'C_01'+1'C_02'$		–		
5	Krupp	1924	–	1435	2'C2'+2'2'				
6	Krupp	1924	–	1435	2'D1'+2'2'				84
7	Krupp	1928	–	1435	2'D1'+2'2'				
8		1929		1435	$2'C_02'+3$	123			
9	North British Locomotive Co.	1930		1435					
10	Maffei	1930	DR	1435	2'C2'+2'2'				60
11	Ljungström	1930	NYC	1435	2'D1'+3'3'				
12	Henschel	1932	DR	1435	2'Cb+2'2'	118,5	73,6	192,1	53,4
13	Krupp	1932	DR	1435	2'C2'+2'2'	130			60
14		1934	DR	1435	2'C1'+2'2'				60
15	Krupp	1935		1435	2'C2'+2'3	133	86	219	60
16	Krupp	1935		1435	2'D2'+2'2'	134	72	206	72
17	Krupp	1935		1435	2'C2'+2'3	134	86	220	60
18	Krupp	1935		1435	2'D2'+2'3	145	85	230	80
19	MAN	1935	Rhein.-Westf. Kohlensyndikat	1435	2'2'+(A1A) (A1A)+2'2'				
20	Krupp	1939	DR T09001/2	1435	1'D2'+2'2'	123	72	195	72
21	Siemens-Schuckert	1939		1435	$2'D_02'+2'3$				
22	Prof. Neesen	1941		1435	$1'D_01'$	105	–	105	74,5
23	Prof. Neesen	1941		1435	$1'D_01'$	108	–	108	73
24	Martin	1941		1435	$(2'B_02')(2'B_02')$	150	–	150	
25	Martin	1941		1435	$(1'D_01')(1'D_01')$	230	–	230	
26	Siemens-Schuckert	1942		1435	$3'D_02'+2'3$				
27	Eckhardt	1944		1435	1'B-B2'+2'3			210	80
28	Pennsylvania Railroad	1944	PRR	1435	3'D3'+4'4'	260	187	447	118
29	Siemens-Schuckert	1946		1435	$1'F_02'+2'2'$	142	50	192	
30	Siemens-Schuckert	1946		1435	$1'F_02'+2'2'$	134	55	189	
31	Siemens-Schuckert	1946		1435	$1'E_01'+2'2'$	130	55	185	
32	Siemens-Schuckert	1947		1435	$2'C_0C_02'+2'2'$				
33	Baldwin	1948	PRR	1435	$2'D_02'D_0+3'3'$				
34	Henschel	1950	DR	1435					
35	Krauß-Maffei	1950	DR	1435	1'D1'+2'2'				78
36	Henschel	1950	DR	1435	1'E+2'2'				
37	Henschel	1954		1435					

Längen m Lok	Tender	zus.	V_{max} km/h	Triebrad-⌀ mm	n U./min	Kessel Bauart	Druck atü	Temp. °C	Rost m²	V m²	Ü m²	Leistung t/h	Spezifische Heizflächenbelastung kg/m² h
9,3	–	9,3		1100		Stephenson	14		1,6	63,5	24		
8,4	–	18,4	100	1400	379	Stephenson	15		3	143	56,8		
	–					Stephenson							
	–					Stephenson							
						Stephenson	20						
						Wasserrohr	60						
						Wasserrohr	60					10	
							52,7	400				13,6	
						Wasserrohr	50	375				13,5	
						Benson	225						
						Stephenson	16	360				29,5	
6	8,5	24,5	160	2000	424	Stephenson	25		4,5	245	128	14	57
5,65	11	26,65	160	2000	424	Stephenson	25		4,05	189,6	88		
			160			Stephenson							
		26,5	175	1750	530	Stephenson	22	450		190		11,5	60
		26,85	140			La Mont	40	525		105			
			200	2000	530	Stephenson	22	450		190			
		26	140			Stephenson	23	450		270			
			130	1100	627	Wasserrohr	12,5		4,08	69	29	14	200
		25,6	175	1750	530	Stephenson	22	450	3,9	166	109	10	60
				1600		Benson			5,5				
6,8	–	16,8	160			Velox	45						
			170			Velox	45						
									3,8				
		25,6	180	1600	596	Stephenson			5,7	263		19,7	75
22	16,6	38,6		1840		Stephenson			9,4				
9,15	7,15	26,3	130	1250	552								
7,6	7,15	24,8	130	1250	552								
7,6	7,15	24,8	130	1250	552								
9,8	7,7	27,5		1250									
			160			Stephenson	20						
			120	1600	398	Stephenson	16		3,5	200	76		
3,7			80	1400	303	Stephenson	16	400	3,9	177,6	63,7	10	57
			140										

Maschine			Kraftübertragung	Bemerkung	Literatur	
Bauart	Lei-stung kW	Dreh-zahl U./min				Lfd. Nr.
	300		Zahnräder, Blindwelle, Kuppelstangen	Auspuff	[3.42-9]	1
Gleichdruck	1470		Getriebe, Blindwelle, Kuppelstangen	Kondensation	[3.1-3]	2
			Getriebe, Gelenkwellen, Achsgetriebe	Kondensation	[3.45-4]	3
	3000		elektrisch	Kondensation	[3.45-4]	4
Gleichdruck			Getriebe, Blindwelle, Kuppelstangen	Kondensation	[3.41-7]	5
Gleichdruck			Getriebe, Blindwelle, Kuppelstangen	Kondensation	[3.41-7]	6
Gleichdruck			Getriebe, Blindwelle, Kuppelstangen	Kondensation	[1.1-13]	7
		12000	Zahnräder, Hohlwellen, Einzelachsantrieb	Auspuff		8
	1550	8000	Getriebe, Hohlwellen, Federn	Auspuff	[3-7]	9
			Getriebe, Blindwelle, Kuppelstangen	Kondensation, Kohlenstaubfeuerung	[3.41-10]	10
	2940		Getriebe, Kuppelstangen	Auspuff	[3.44.13-9]	11
Gleichdruck	2100	10000	Getriebe, Blindwelle, Kuppelstangen	Auspuff	[3.34-17]	12
Gleichdruck	1900		Getriebe, Blindwelle, Kuppelstangen	Kondensation	[3.34-17]	13
	2200		Getriebe, Blindwelle, Kuppelstangen	Kondensation, Kohlenstaubfeuerung	[3-9]	14
Gleichdruck	2200		Getriebe, Blindwelle, Kuppelstangen	Kondensation	[3.42-8]	15
Gleichdruck	2500		Getriebe, Blindwelle, Kuppelstangen	Kondensation, Kohlenstaubfeuerung	[3.42-8]	16
Gleichdruck	2200		Getriebe, Blindwelle, Kuppelstangen	Kondensation, Kohlenstaubfeuerung	[3.42-8]	17
Gleichdruck	2060		Getriebe, Blindwelle, Kuppelstangen	Auspuff	[3.42-8]	18
Gleichdruck	1300	7700	Zahnräder, Achsschneckengetriebe	Kondensation, Triebzug	[3.45-6, 7]	19
Gleichdruck	1850	6600	Zahnräder, Blindwelle, Kuppelstangen	Kondensation		20
			elektrisch	Auspuff		21
			elektrisch	Kondensation	[3-19]	22
			hydrodynamisch	Kondensation	[3-19]	23
	1700		elektrisch	Kondensation, Salzdampf	[3.45-13]	24
	2500		elektrisch	Kondensation, Salzdampf	[3.45-13]	25
	3680		elektrisch	Auspuff		26
	2×1470		Zahnräder	Auspuff	[3.45-10]	27
			Zahnräder, Kuppelstangen	Auspuff		28
	1070		elektrisch	Kondensation		29
	1070		elektrisch	Kondensation		30
	1070		elektrisch	Kondensation		31
			elektrisch	Kondensation, Kohlenstaubfeuerung		32
			elektrisch	Auspuff	[3.44.20-5]	33
	1470	11000	elektrisch	Auspuff		34
	1450	10000	Zahnräder, Blindwelle, Kuppelstangen	Auspuff		35
			Zahnräder, Blindwelle, Kuppelstangen	Kondensation, Umbau Reihe 52		36
	236		hydrodynamisch	Auspuff		37

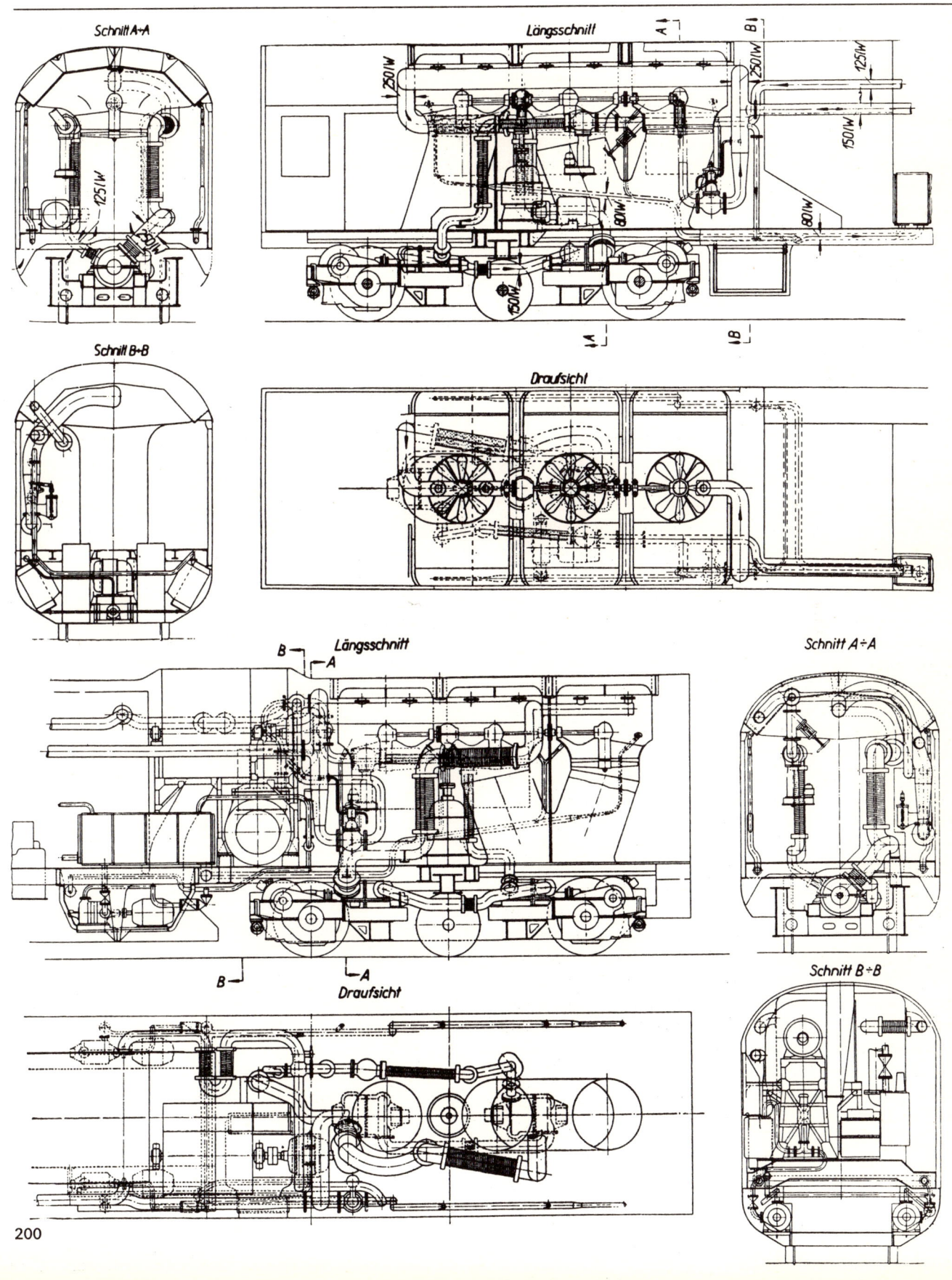

Schnitt A÷A

Längsschnitt

Schnitt B÷B

Draufsicht

Längsschnitt

Schnitt A÷A

Draufsicht

Schnitt B÷B

Leerlaufanteilen sowie die Anfahrten mit voller Last zuungunsten der Turbine bemerkbar. Hinzu kam, daß die für die Kondensationsanlage erforderliche Hilfsmaschinenleistung erheblich zu Buche schlug und das Ergebnis noch ungünstiger werden ließ. Unter Berücksichtigung der höheren Aufwendungen für die Instandhaltung gegenüber der klassischen Kolbendampflok ergaben die tatsächlich erzielten Durchschnittsersparnisse an Brennstoff keinen Anreiz zu einer Einführung der Kondensationsturbinenlok.

Nach einem gewissen Abschluß der technischen Entwicklung um 1935 war man in der Lage, betriebsbrauchbare Kondensationsturbinenloks zu bauen. Gegenüber der normalen Dampflok erschien eine Verwendung vor allem in Diensten interessant, die aus technischen Gründen mit der Auspuffkolbenmaschine nicht mehr beherrscht werden konnten. Dies war der Langstreckendienst mit hohen und höchsten Geschwindigkeiten bei nicht zu häufigen Anfahrten. Damit hätte der Dampflok auch der Schnellverkehr erschlossen werden können. Wie die dargestellten Entwürfe zeigen, war man in Deutschland sehr an dieser Entwicklung beteiligt, und die DR hatte die Absicht, die Kondensationsturbinenlok Bauart Krupp im Schnellverkehr mit schweren Zügen einzusetzen. Dazu kam es dann allerdings wegen der Zeitverhältnisse um 1940 nicht mehr.

Ab 1930 gewann auch die Auspuffturbinenlok ein gewisses Interesse bei den Bahnen, da sie im Aufbau wesentlich einfacher gegenüber der Kondensationsmaschine war. Allerdings gab man damit auch den thermischen Vorsprung der Kondensation preis. Ein erfolgreicher Einsatz war bei der Auspuffturbinenlok jedoch an geeignete Betriebsverhältnisse gebunden, bei denen eine möglichst hohe mittlere Auslastung mit nicht zu großen und häufigen Lastwechseln gefahren werden konnte. Bei solchen Verhältnissen konnte sogar der Kohlenverbrauch entsprechender Kolbenloks um einige Prozente unterschritten werden, da die Turbine überwiegend im Bereich ihres Maximalwirkungsgrades laufen konnte. Daneben versuchte man, mit der Auspuffturbine in das Grenzleistungsgebiet der Dampftraktion überhaupt vorzustoßen, wie die amerikanischen Ausführungen zeigen. Auch für Schnellfahrloks wurde die Auspuffturbine mit mechanischer Kraftübertragung wegen der günstigen Laufdynamik geplant. Zu einem Einsatz auf breiterer Basis kam es auch hier nicht, obwohl diese Bauart gewisse Aufgaben in Reise- und Güterverkehr hätte vorteilhaft übernehmen können.

Ein wesentlicher Nachteil der Turbine bei der mechanischen Kraftübertragung ist die fehlende Umsteuerungsmöglichkeit für beide Drehrichtungen. Die zunächst versuchten Lösungen mit besonderen Rückwärtsturbinen zeigten deutlich, daß ein Mitlauf ohne Dampf für diese Turbinen infolge der Ventilationsverluste bei Vorwärtsfahrt die thermischen Gewinne durch das größere Gefälle der Kondensation praktisch aufzehrt. Auch die verwendeten Abdeckscheiben konnten diesen Sachverhalt nicht wesentlich verbessern. Man hat deshalb bei den später gebauten Maschinen und auch bei Umbauten der früher hergestellten entweder ein Wendegetriebe oder eine auskuppelbare Rückwärtsturbine eingebaut. Damit konnte man dann die Wirkungsgrade wesentlich verbessern. Allerdings waren diese Getriebe seinerzeit für Betrieb und Werkstatt keine Freude, und wegen der Störanfälligkeit waren manche Turbinenloks für Rangierbewegungen kaum zu gebrauchen. In der Praxis muß aber auch eine Streckenlok in gewissem Umfang Rangieraufgaben erledigen, neben den Fahrten von und zum Zug sind vor allem das Beistellen und Absetzen von Kurswagen an den von der Lok zu befördernden Zügen zu nennen.

Abschließend bleibt hier festzustellen, daß auch der Turbine im Lokbau der Erfolg gegenüber der einfachen unverwüstlichen Stephenson-Bauform versagt blieb. Die Turbinenlok hätte in einigen geeigneten Anwendungen eine vorteilhafte Ergänzung der Dampftraktion bilden können, aber auch hier sind die Arbeiten wegen ungünstiger Zeitverhältnisse und dann auch wegen Aufgabe der Dampftraktion überhaupt nicht mehr zur Vollendung gekommen.

4 Zusammenfassung

Die klassische Stephenson-Dampflok erreichte um 1920 den Abschluß in ihrer thermodynamischen Entwicklung. Parallel zu den damals einsetzenden Bemühungen, die Dampfkraftanlagen in Industrie, Kraftwerken und Schiffen durch die Erweiterung von Druck- und Temperaturgefälle in ihrem Gesamtwirkungsgrad zu verbessern, versuchte man auch im Dampflokbau Fortschritte in dieser Richtung zu erzielen.

Zunächst entstand die Kondensationsturbinenlok mit dem Ziel, die untere Druck- und Temperaturgrenze des Arbeitsprozesses auf niedrigstmögliche Werte zu bringen und damit einen möglichst hohen thermischen Wirkungsgrad zu erreichen. Als weitere Bauform wurde die HD-Dampflok geschaffen, mit der man das thermische Gefälle nach oben erweitern konnte. Diese Versuchsloks lehnten sich in ihrem Aufbau noch an die klassische Grundform an, soweit dies technisch möglich war. Man wollte damit nicht das Risiko der Neuentwicklungen noch dadurch vermehren, daß man gleichzeitig mehrere im Lokbau unerprobte Hauptteile verwendete.

Die kompliziertere Bauart und größere Störanfälligkeit dieser durchweg als Einzelausführung gebauten Versuchsloks erzielten infolge des überwiegenden Teillastbetriebs im großen Durchschnitt nur etwa die Hälfte und weniger Brennstoffersparnisse in der Praxis gegenüber den für die jeweils günstigste Arbeitslage der Maschinen- und Kesselanlage ermittelten Werten. Dies führte auch dazu, diese Entwicklungen nicht weiterzuführen.

Zu Beginn der Arbeiten um 1920 herrschte in Europa eine allgemeine wirtschaftliche Depression und Kohlenmangel. So erschien jeder thermodynamische Fortschritt auch im Lokbau erstrebenswert. Die Erfahrungen im Einsatz dieser Erstausführungen zeigten jedoch, daß der wirtschaftliche Gewinn aus der Brennstoffersparnis durch die höheren Anschaffungs- und Instandhaltungskosten völlig aufgezehrt wurde. Hinzu kam die gegenüber der klassischen Dampflok ungünstigere Betriebszuverläßigkeit. So betrug z. B. im Jahre 1928 bei der DR der Anteil der Kohle an den Gesamtkosten des Lokbetriebs 23%. Dieser Wert kann als repräsentativ auch für andere große Bahnen angesehen werden und zeigt, daß Einsparungen bei diesem Kostenfaktor schon recht erheblich sein müssen, um ins Gewicht zu fallen. Demgegenüber wurden für Fahrpersonal 27% und für die Instandhaltung sowie die Kapitalkosten jeweils 20% der Gesamtkosten aufgewendet [2-90].

Es zeigte sich auch, daß die technische Perfektion des Dampfkraftprozesses gewisse Voraussetzungen erfordert, um zu einem vollen Erfolg zu führen. Die Lok mit ihren im Vergleich zu Kraftanlagen bescheidenen Grenzen von Gewicht, Bauvolumen, relativ geringen Leistungen und ungünstiger Belastungshäufigkeit im ganzen Leistungsbereich ließ infolge der Bau- und Betriebsverhältnisse nur mäßige mittlere Gewinne im Brennstoffverbrauch erzielen. Dieser grundsätzliche Unterschied zu ortsfesten und teilweise auch Schiffsdampfkraftanlagen ist für diese Betrachtung von entscheidender Bedeutung. Hinzu kommt, daß die ganze Kraftanlage auf einem Erschütterungen ausgesetzten Fahrzeug aufgebaut ist und nicht unter ständiger fachkundiger Aufsicht wie andere Anlagen betrieben werden kann.

Die weitere Entwicklung führte zu einfacher gebauten Maschinen, mit denen man andere Antriebsmaschinen erproben wollte. Es entstanden Auspuffloks mit Turbinen und schnellaufenden Kolbenmaschinen. Im Zeichen des nach 1930 einsetzenden Schnellverkehrs sollten damals die durch das normale schwere Triebwerk gezogenen Drehzahl- und damit Geschwindigkeitsgrenzen erweitert werden. Von einigen frühen Vorläufern, sogar mit dampfelektrischem Antrieb abgesehen, führte dieser Weg vom Gruppenantrieb mit Blindwelle und Kuppelstangen zum Einzelachsantrieb über elastische Zwischenglieder zwischen Maschine und Triebachse. Dabei wurden ermutigende Anfangserfolge mit den wenigen Versuchsloks erreicht, bis infolge der ungünstigen Zeitverhältnisse um 1940 und danach die Arbeiten zum Erliegen kamen.

Es konnten 64 Loks ermittelt werden, die als Versuchsausführungen abweichend von der klassischen Grundform gebaut wurden, um die Weiterentwicklungsmöglichkeiten der Dampftraktion auch auf unkonventionellen Wegen zu erproben. Den größten Anteil daran hatte die Dampfturbinenlok mit 27 Ausführungen. Die übrigen Maschinen teilten sich in 21 HD-Loks mit Kolbenmaschinen und 16 Dampfmotorloks mit ND-Kesseln. Einige Überschneidungen ergaben sich dadurch, daß von den Turbinenloks 3 Stück mit HD-Kesseln ausgerüstet waren, ferner hatten 8 HD-Loks Dampfmotorantriebe. Somit ergab sich anderseits auch eine Gesamtzahl von 24 HD- und 24 Dampfmotorloks. Entwicklung und Bau dieser Maschinen wurden ausschließlich in Europa und Nordamerika betrieben.

Aus der Entwicklungslinie ist deutlich erkennbar, daß zunächst die thermodynamischen Überlegungen zur Verbesserung des Prozeßwirkungsgrades dominierend waren. Demgegenüber traten die praktischen Gesichtspunkte der einfachen betriebssicheren und wartungsgünstigen Bauweise zurück, ebenso die Verbesserung des Fahrzeugteils und dessen Laufdynamik.

Ab etwa 1930 traten diese für den Bahnbetrieb sehr wesentlichen Punkte mehr in den Vordergrund, nachdem die mit viel Aufwand und sinnreichen Konstruktionen gebauten Loks möglichst hohen Wärmewirkungsgrades sich unter den praktischen Betriebsanforderungen nicht durchsetzen konnten. Es war eine langsame Annäherung an die fahrzeugtechnische vollkommene Drehgestellbauweise anstatt des starren Rahmens feststellbar. In einer Reihe von Projekten und realisiert in den Loks von Bulleid ist der Übergang auch für die Dampflok zum Drehgestellfahrzeug in seinen Anfängen erkennbar. Dabei ist es interessant festzustellen, daß bereits Heilmann bei seinen dampfelektrischen Maschinen, welche den Anfang dieser Weiterentwicklungsbemühungen der klassischen Dampflok verkörpern, das gleiche Ziel vor Augen hatte. Heilmann löste diese Aufgabe mit den Mitteln seiner Zeit in vorbildlicher Weise. Seine drei Maschinen stellen tatsächlich die ersten Vorläufer des modernen Lokbaus dar. In der damaligen Zeit lag für den Dampflokbau weder eine zwingende Notwendigkeit zur Verbesserung der Fahrzeugkonstruktion vor, noch bestand ein Wettbewerb mit anderen Traktionsmitteln. Deshalb wurde auch die große Ingenieurleistung Heilmanns seinerzeit nicht überall voll erkannt, ja im Dampflokbau jahrzehntelang übergangen. Der hier gezeigte Weg wurde in richtiger Erkenntnis der Vorteile der reinen Drehgestellbauweise von den Konstrukteuren moderner elektrischer und thermischer Loks genutzt und hat sich heute bei Streckenloks voll durchgesetzt. Erst Jahrzehnte später griffen auch die Dampflokbauer diese Gedanken wieder auf, aber schon zu spät, wie wir heute wissen. Die letzten der ausgeführten Versuchsdampfloks waren z. T. auch schon nach modernen fahrzeugtechnischen Gesichtspunkten gestaltet.

So ist es bemerkenswert, daß diese Entwicklungslinie der Dampflok zu vom klassischen Vorbild Stephensons abweichenden Bauformen durch die erste Heilmann-Drehgestellok im Jahre 1893 begann und mit der letzten Bulleid-Drehgestellmaschine 1957 ihr Ende fand.

So sehr im Eisenbahnbetrieb gute Wirkungsgrade der Antriebsanlage auch erwünscht sind, vor allem anderen ist eine möglichst hohe Betriebssicherheit und wartungsgünstige Bauweise Voraussetzung jeder erfolgreichen Lokbauart. Gerade diese Eigenschaften verkörperte die klassische Dampflok besonders in der Zwillingsausführung in geradezu sprichwörtlicher Weise. Zur Aufrechterhaltung eines geordneten fahrplanmäßigen Betriebs mit seinen zahlreichen Abhängigkeiten auf großen Bahnnetzen kann hier kein unnötiges Risiko eingegangen werden. Diese große Stärke der Dampflok wurde ihrer Weiterentwicklung zum Verhängnis. Die großen Bahnen in den führenden Industrieländern hatten lange Zeit Zurückhaltung gegenüber anderen Lokbauarten geübt, und zwar sowohl gegen unkonventionelle Dampfloks als auch gegen andere Traktionsmittel. Während andere Traktionsmittel in der Zeit des vorherrschenden Dampfbetriebs auf einer gewissen Breite und in einiger Stückzahl erprobt und zur Betriebsreife gebracht werden konnten, kam es bei Versuchsdampfloks nur jeweils zum Bau von einzelnen Prototypen. Im Schatten der erfolgreichen und auch große Anforderungen erfüllenden klassischen Dampflok und wegen der widrigen Zeitumstände konnten solche Arbeiten nicht mit dem für eine evtl. Baureife nötigen Aufwand und auf der Basis kleiner Serien zu einem Ergebnis gebracht werden, so daß zur Zeit der Ablösung der klassischen Lok die Dampftraktion keine modernen und erprobten Alternativen anbieten konnte. Von wesentlichem Einfluß war dabei die zeitweise sehr ungünstige allgemeine Wirtschaftslage sowie vor allem der 2. Weltkrieg und seine Folgen, wodurch interessante Ansätze im Keim erstickt wurden. Der entscheidende Durchbruch zu besserer Gestaltung der Dampflok gelang deshalb nicht mehr. Die Zeitumstände nach 1945 ließen eine Wiederaufnahme der Entwicklungsarbeiten nur in sehr bescheidenem Rahmen zu, und der Dampflokpark der Bahnen mußte zunächst in der alten Form wieder aufgebaut werden. Die nach 1950 einsetzende Erneuerung des Lokbestandes der Bahnen wurde mit Hilfe der inzwischen genügend erprobten neuen Traktionsmittel vollzogen. Ein erst noch durch weitere Entwicklung und Erprobung zu schaffendes neuzeitliches Dampftriebfahrzeug erschien nicht mehr so erstrebenswert, daß man das Risiko weiterer kostspieliger und zeitraubender Arbeiten in dieser Richtung auf sich genommen hätte.

In der Einleitung wurde die Frage gestellt, weshalb die Dampflok keinen Eingang in die Neuzeit der Eisenbahn mehr finden konnte. Dazu kann heute rückschauend gesagt werden:

In Entwürfen und Ausführungen wurden fortschrittliche Wege für den Dampflokbau gesucht und auch Teilerfolge erzielt. Schon um 1930 erkannte man, daß die klassische Lok von Stephenson sich trotz großer Leistungsfähigkeit ihrer technischen und betrieblichen Nachteile halber auf die Dauer gegenüber dem Wettbewerb neuer Traktionsmittel nicht behaupten kann, was auch in verschiedenen Veröffentlichungen zum Ausdruck kam [3–9–11, 13, 14, 17–21, 33]. Trotz erfolgversprechenden Ansätzen kam es nicht mehr dazu, rechtzeitig eine betriebsreife moderne Bauform für die Dampflok zu finden, die als Alternative brauchbar gewesen wäre.

Nichtsdestoweniger ist abschließend die Frage von Interesse, wie sich die weitere Gestaltung der Dampflok wohl vollzogen haben könnte. Als Entwicklungsziele wären die wesentlichen Eigenschaften moderner elektrischer und thermischer Loks ebenfalls soweit als möglich zu realisieren wie:

1. Betriebssicherheit
2. Hohe Leistung bei niedrigem Gewicht
3. Drehgestellbauweise
4. Rasche Betriebsbereitschaft
5. Wartungsgünstige Gesamtanordnung
6. Hohe Laufleistung zwischen den Wartungsintervallen
7. Rasche Vorratsergänzung und große Reichweite
8. Einmannbedienung

Aus diesen Forderungen ergibt sich die Vermeidung schwerer und voluminöser Vorräte sowie deren häufige Ergänzung. Der Arbeitsprozeß der Antriebsanlage müßte hohe Wirkungsgrade bei rascher Regelmöglichkeit und weitgehender Automatisierung und Fernsteuerbarkeit ermöglichen. Daraus sowie wegen der hohen Laufleistung ergäbe sich der Übergang auf einen geschlossenen Dampf-Wasser-Kreislauf mit Kondensation in Verbindung mit einem ölgefeuerten, schnell betriebsbereiten Wasserrohrkessel. Der Antrieb müßte frei von Massenkräften, die Leistung bei hohen Drehzahlen und möglichst gleichmäßigem Drehmoment auf Räder relativ kleinen Durchmessers übertragen werden können. Wegen ihrer besseren Regel- und Umsteuerbarkeit käme hierfür die Kolbenmaschine in Form des schnellaufenden Dampfmotors mit Getriebeübersetzung auf die Achsen in Frage. Der Turbinenantrieb wäre wohl eher in Verbindung mit einer elektrischen Leistungsübertragung für Hochleistungsloks denkbar, um die Nachteile des mechanischen Achsantriebs für die in ihrem Wirkungsgrad drehzahlempfindliche Turbine und deren Leistungsaufteilung auf 2 Drehgestelle zu vermeiden.

Es erscheint möglich, in solchen Dampfloks bei

B'B'-Ausführung 2500 kW und bei C'C'-Ausführung 4000 kW

Maschinenleistung zu installieren. Als Ausführungsform kämen die in Abb. 120 und 187 gezeigten Entwürfe solchen Vorstellungen nahe, wobei letztgenannter Entwurf in die Drehgestellbauart abzuwandeln wäre. Auch ein Vorschlag nach Abb. 127 liegt in dieser Richtung.

Die Dampfkraft wird auch nach der vollständigen Ablösung der Dampflok für die Eisenbahntraktion eine sehr wesentliche Bedeutung behalten. In den Ländern, die nicht wie die Schweiz oder Skandinavien ihre Elektroenergie zum größten Teil aus Wasserkräften gewinnen können, bildet das Dampfkraftwerk die Versorgungsgrundlage der elektrischen Traktion. Die Dampfkraft dient somit indirekt weiterhin den Eisenbahnen als Antrieb. Das elektrische Triebfahrzeug hat sich gerade im Schienenverkehr als das in vielen Beziehungen bestgeeignete Traktionsmittel erwiesen, weshalb zahlreiche Bahnen ihre Streckennetze allmählich dafür ausrüsten. Die zentrale Energieerzeugung in großen Kraftwerken mit optimaler Ausbildung des Wärmekraftprozesses in Verbindung mit ihrer Verteilung auf elektrischem Wege in die einzelnen Triebfahrzeuge hat bei den Eisenbahnen in mehrfacher Hinsicht neue Maßstäbe gesetzt und ist heute nicht mehr wegzudenken.

Tabelle 12
Übersicht der Hauptbaugruppen ausgeführter Dampflokomotiven.

Am Schluß dieser Übersicht soll noch ein Wort der Anerkennung und Bewunderung stehen, und zwar für alle Menschen, die sich seit Richard Trevithick um die Dampflok bemüht und mit ihr gearbeitet haben. Ihr oft schwerer und harter Dienst hat mit die Voraussetzungen unseres heutigen modernen Eisenbahnverkehrs geschaffen, wobei die Dampflok mehr als 100 Jahre das Herz der Eisenbahn war. Mögen diese Zeilen zur Erinnerung beitragen, wie man sich um die Weiterentwicklung der Dampflok **auch** auf unkonventionellen Wegen bemüht hat, wenn auch letzten Endes diesen oft mit viel Idealismus begonnenen und durchgeführten Arbeiten der Erfolg versagt blieb.

Dampferzeuger mit Feuerung	Dampfkraftmaschine mit Übertragung	Fahrzeuggesamtaufbau mit Laufwerk
Feuerrohrkessel (Niederdruck $p > 25$ atü) Flammrohrkessel, Feuerbuchskessel (Stephenson), Wellrohrkessel (Lentz, Strong), Franco-Crosti-Kessel	*Kolbenmaschine-Langsamläufer* ($n < 400$ U./min) Direkter Achsantrieb über Kurbeltriebwerk oder Zwischenwelle, Wechselstrom-, Gleichstrom-, Gegenkolbenmaschine Einstufige Expansion mit 1, 2, 3, 4 Zylindern	Lok mit bzw. ohne besonderen Tender *Einrahmenlokomotive* (eine oder mehrere Triebachsgruppen) Starrer Hauptrahmen: Barren, Blech, Stahlguß, darin fest bzw. verschiebbar gelagerte Lauf-, Kuppel- und Triebachsen
Wasserrohrkessel (Niederdruck $p < 25$ atü) Stroomann	Zweistufige Expansion mit 2, 3, 4, 6 Zylindern Dreistufige Expansion mit 4 Zylindern Tandem, Vauclin, De Glehn, Sondermann Steuerungen:	Lenk- und Drehgestelle für Einzelachsen bzw. Achsgruppen nach Adams, Bissel, Lotter, Klien, Lindner, Luttermöller, Liechty, Kando, Klose, Krauß-Helmholtz,
Wasserrohrkessel (Hochdruck $p < 25$ atü) La Mont, Löffler, Schmidt-Hartmann, Velox, Doble, Sentinel-Woolnough, SLM	außen: Gabel, Stephenson, Allan, Gooch, Joy, Baker, Marschall, Gölsdorf, Klose, Redington Heusinger/Walschaerts, Hackworth, Klug, Meier-Mattern, Öldruck	Hagans, Schwartzkopff-Eckardt, Beuginot, Baldwin, Nowotny, Köchy Anhebbare Hilfstriebachsen, angetriebene Tender
Kombinierte Wasser-Feuerrohr-Kessel Brotan, Emerson, McCellon, Baldwin	innen: Flachschieber: Trick Kolbenschieber: Nicolai, Müller, Trofimoff	Booster für Lauf- und Tenderachsen Achslastumsteller
Kesselfeuerungen Feste Brennstoffe: Kohle, Torf, Holz, Abfälle Planrost: Hand- bzw. mechanisch beschickt	Ventile: Caprotti, Cossart, Lentz, Dabeg, ME Franklin *Kolbenmaschine-Schnelläufer* ($n > 400$ U./min)	*Gelenklokomotive* (mit mehreren Triebachsgruppen) Zweirahmenlokomotiven: Mallett
Schüttelvorrichtung: Hand- bzw. mechanisch betätigt Wanderrost Staubfeuerungen	Mechanischer Achsantrieb Blindwelle und Kuppelstangen, mit bzw. ohne Getriebe Kettenantriebe	Drehgestellbrückenlokomotiven: Garatt, Golwe, Fairlie, Shay, Heisler, Climax, Meyer, Baldwin
Flüssige Brennstoffe als Haupt- und Zusatzbrennstoff Gasförmige Brennstoffe Speisewasservorwärmer: Oberflächenbauarten: Knorr	Gelenkwellenantrieb mit Getriebe: Shay, Heisler, Climax, Sentinel, Clayton, Clark, Kerr-Stuart Einzelachsantrieb mit bzw. ohne Getriebe: Sentinel, Pawelka, Buchli	*Zahnradlokomotiven* (Riggenbach, Abt, Locher, Strub) Reiner Zahnradantrieb Gemischter Antrieb: Zahnrad und Reibung
Mischbauarten: Dabeg, Heinl, Henschel Rauchgasbauarten: Franco Luftvorwärmer	Elektrische Kraftübertragung: Heilmann *Turbine* (Gleich- und Überdruckbauart)	*Einschienenlokomotive* Dampftriebwagen
Dampfspeicher Niederdruck Hochdruck	Mechanische Kraftübertragung: Gruppen- und Einzelachsantrieb Elektrische Kraftübertragung: Gleich- und Drehstrom	
	Mit Kolbenmaschine kombiniert als Abdampfturbine	
	Kondensation (luft- und wassergekühlt) Ohne Unterdruck Mit Unterdruck	

Verzeichnis der Abkürzungen

1. Technische Begriffe

HD	Hochdruck
kW	Kilowatt
kWi	Kilowatt indiziert
MD	Mitteldruck
ND	Niederdruck
N	Leistung (kW)
N_i	indizierte Leistung (kW)
n	Drehzahl (U./min)
i	Übersetzung
ind.	indiziert
SO	Schienenoberkante
V-	v-förmige Zylinderanordnung
Hg	Höchstgeschwindigkeit

2. Herstellerfirmen

ALCO	American Locomotive Co.
Batignolles	Batignolles-Châtillon
BBC	AG Brown, Boveri & Cie.
BLH	Baldwin-Lima-Hamilton Corp.
BLW	Borsig Lokomotivwerke GmbH
BMAG	Berliner Maschinenbau AG, vorm. Louis Schwartzkopff
B&W	Babcock & Wilcox
CEM	Compagnie Electro-Mécanique
DABEG	Dampfapparate-Baugesellschaft, Wien
EKM	Volkseigene Betriebe Kessel- und Turbinenbau
GE	General Electric
GHH	Gutehoffnungshütte
LHW	Linke-Hofmann-Werke AG
LOWA	Lok- und Waggon-Versuchskonstruktionsbüro Wildau (Berlin)
MAN	Maschinenfabrik Augsburg-Nürnberg
NBL	North British Locomotive Co.
NOHAB	Nydquist & Holm
OM	Officine Meccaniche Miani-Silvestri-Grodona-Comi
RAW	Reichsbahnausbesserungswerk
SHG	Schmidtsche Heißdampf GmbH
SKF	Aktiebolaget Svenska Kullagerfabriken
SLM	Schweizerische Lokomotiv- und Maschinenfabrik, Winterthur
SSW	Siemens-Schuckert-Werke
WLF	Wiener Lokomotivfabrik AG
WUMAG	Waggon- und Maschinenbau Aktiengesellschaft, Görlitz

3. Bahnen

B&O	Baltimore & Ohio
BR	British Railways
CIE	Coras Iompair Eireann
CP	Canadian Pacific
C&O	Chesapeake & Ohio
D&H	Delaware & Hudson
DR	Deutsche Reichsbahn
ER	Egyptian Railways
FS	Ferrovie dello Stato
LBE	Lübeck-Büchener Eisenbahn
LMS	London, Midland & Scottish Railway
LNER	London & North Eastern Railway
MR	Midland Railway
NYC	New York Central
N&W	Norfolk & Western
PLM	Compagnie de Chemins de Fer de Paris à Lyon et à la Méditerranée
PRR	Pennsylvania Railroad
SAR	South African Railways
SBB	Schweizerische Bundesbahnen
SJ	Statens Järnvägar
SNCF	Société Nationale des Chemins de Fer
SR	Southern Railway
SZD	Sovjetskije Zeleznyje Dorogi (Russische Staatsbahn)
TGOJ	Trafikaktiebolaget Grängesberg-Oxelösunds Järnvägar
UP	Union Pacific Railroad
VMEV	Verein Mitteleuropäischer Eisenbahnverwaltungen

4. Sonstiges

ASME	American Society of Mechanical Engineers
Inst. of Loco Eng.	The Institution of Locomotive Engineers
Inst. of Mech. Eng.	The Institution of Mechanical Engineers
TH	Technische Hochschule
TV	Technische Vereinbarungen über den Bau und den Betrieb der Hauptbahnen und Nebenbahnen
VDI	Verein Deutscher Ingenieure

Verwendete Maßeinheiten

m	Meter
m^2	Quadratmeter
m^3	Kubikmeter
mm	Millimeter
kg	Kilogramm
kp	Kilopond, neu 9,80665 N (Newton)
t	Tonne
kcal	Kilokalorie
kW	Kilowatt
°C	Grad Celsius
min	Minute
sec	Sekunde
h	Stunde
km	Kilometer
ata	Absoluter Druck in kp/cm^2, neu bar
atü	Überdruck über Umgebungsluftdruck in kp/cm^2

201 James Watt (1736–1819)
202 Charles Algernon Parsons (1854–1931)
203 Richard Trevithick (1771–1833)
204 George Stephenson (1781–1848)

201

202

203

204

205   Dampfturbine des Heron von Alexandrien, die erste Wärmekraftmaschine (60 v.Chr.)
206   Atmosphärische Dampfmaschine für Wasserpumpenantrieb von Newcomen (1712)
207   ND-Balancierdampfmaschine von J. Watt (1788)

205

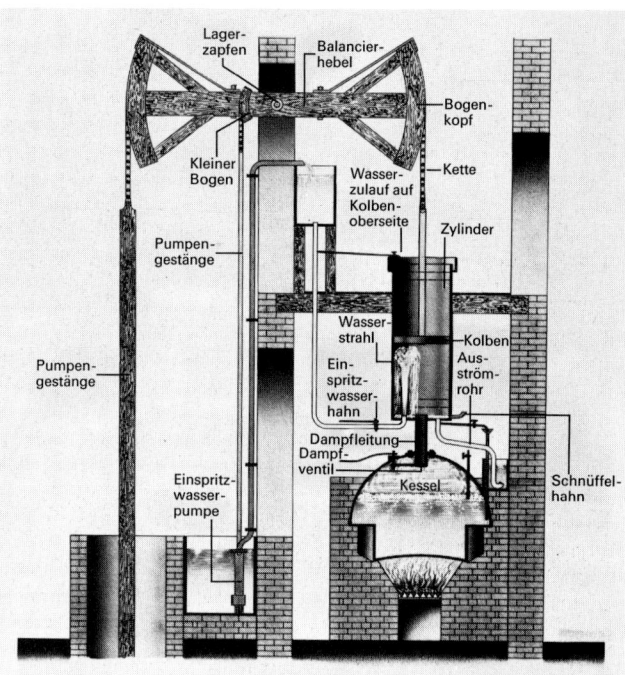

206

207

208 Balancierdampfmaschine von Borsig (1859), Leistung 25 kW
209 Kraftwerk Hamburg-Bille mit 5 stehenden Dreifachexpansionsmaschinen von MAN (1899), Leistung je Maschine 2000 kW

210 Liegende Tandem-Zwillingsdampfmaschine von MAN (1910), Leistung 3700 kW
211 Dampfmotor von Mannesmann-Meer (1958), Leistung 235 kW bei 750 U./min

209

211

208

210

212 Erste Überdruckdampfturbine mit Generator
von C. A. Parsons (1884)
213 Erste Gleichdruckdampfturbine von H. Zoelly
(1903), Leistung 400 kW

214 Doppelflutiger ND-Läufer einer 660-MW-
Dampfturbine
215 2 moderne 540-MW-Dampfturbinen für das
Kernkraftwerk Pickering, Kanada

213

215

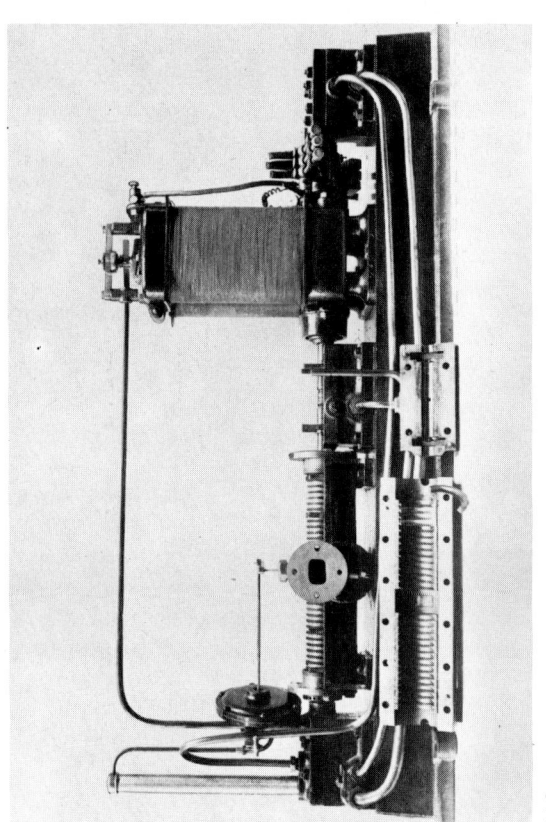

212

214

216 Haystack-Dampfkessel (1850)
217 Benson-Kessel im Bau
218 Blick in einen Benson-Kessel

216

217

218

219 Das erste Dampfturbinenschiff «Turbinia» (1894) neben dem Turbinenschnelldampfer «Maure-tania» (50 000 kW Antriebsleistung 1907)
220 Die erste Schiffsdampfturbine von Parsons für die «Turbinia» (1894)

221 Moderne Schiffsdampfturbinenanlage (1969) Leistung 23 500 kW. Blick auf Hauptgetriebe (rechts) und Turbinen (unten und links)
222 Moderne Schiffsdampfturbinenanlage (1969). Steueranlage mit Energieflußschema (vgl. Abb. 221)

220

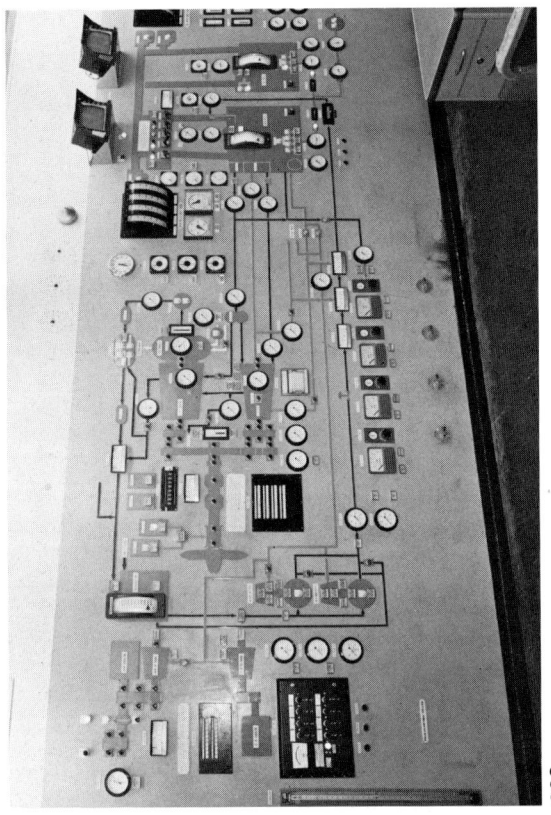

222

219

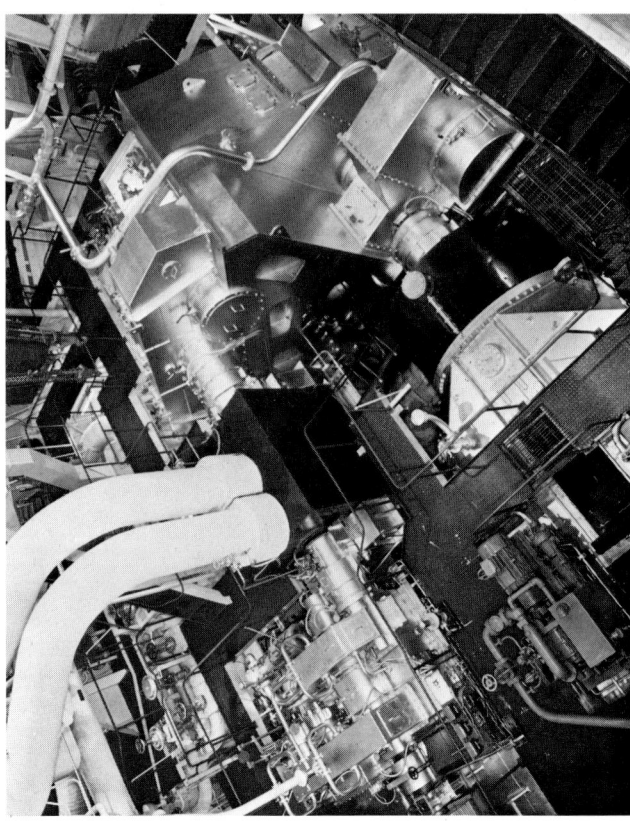

221

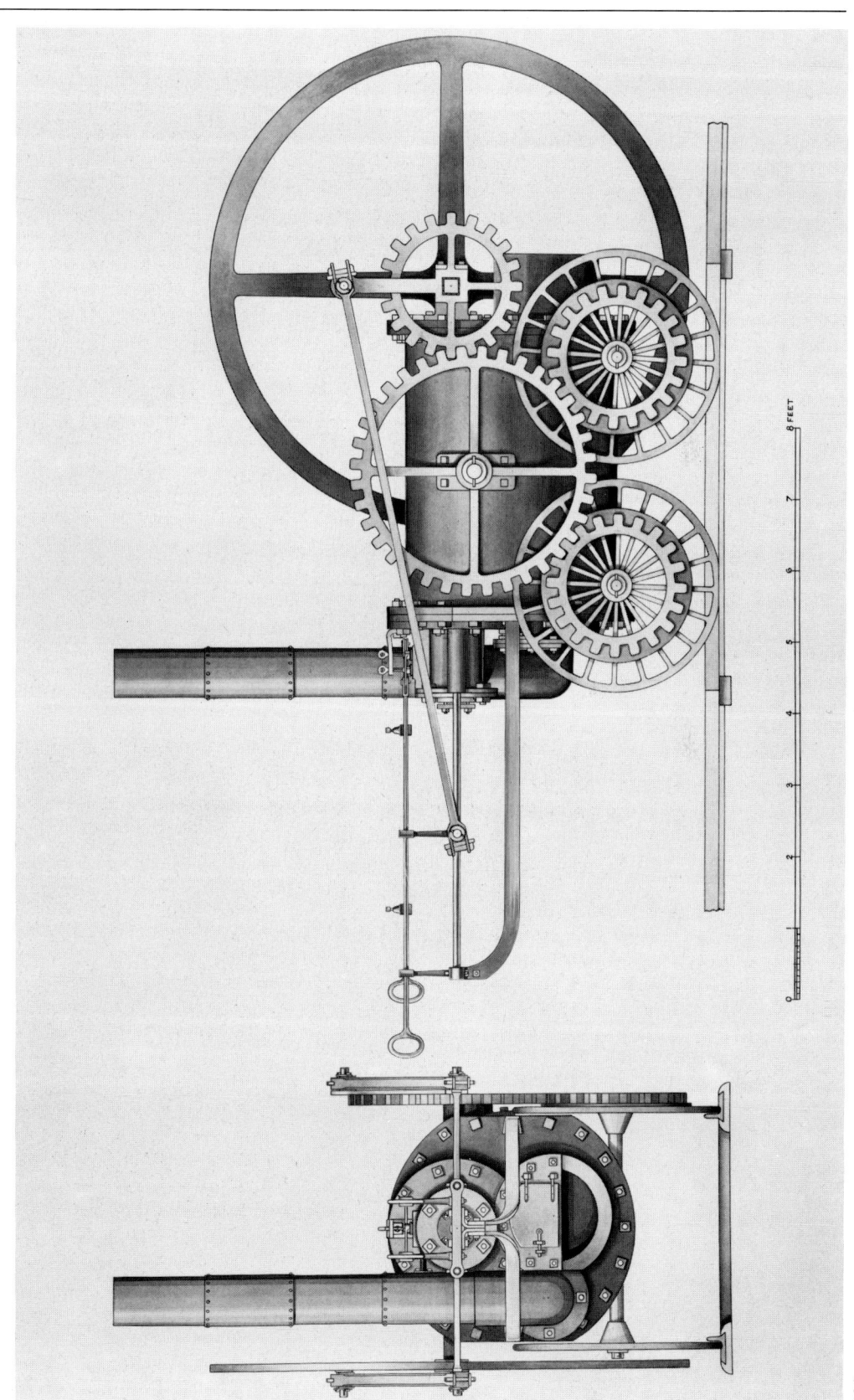

224

225

226 2′ C2′-h4v-Schnellzuglok Reihe 232-U der Französischen Staatsbahn (1949)
227 2′ D2′-h2-Universallok Klasse 25 NC der South African Railways (1952)

228 2′ D-D2′-h4-Mallett-Lok Klasse 4000 der Union Pacific Railroad, die größte Dampflok «Big Boy» (1941)

226

227

228

238

229 2′ D-h2-Rangierlok mit selbsttätiger Kesselbedienung der Norfolk & Western Railway
230 Güterzuglok mit Franco-Crosti-Kessel (Rauchgasvorwärmer) der British Railways Class 92 (1957)
231 Sentinel-Rangierlok Betr.-Nr. 7161 der
London, Midland & Scottish Railway

229

230

231

232 HD-Lok Nr. H 17206 der Deutschen Reichsbahn nach der Fertigstellung im Ursprungszustand
233 HD-Lok Betr.-Nr. 6399 «Fury» der London, Midland & Scottish Railway

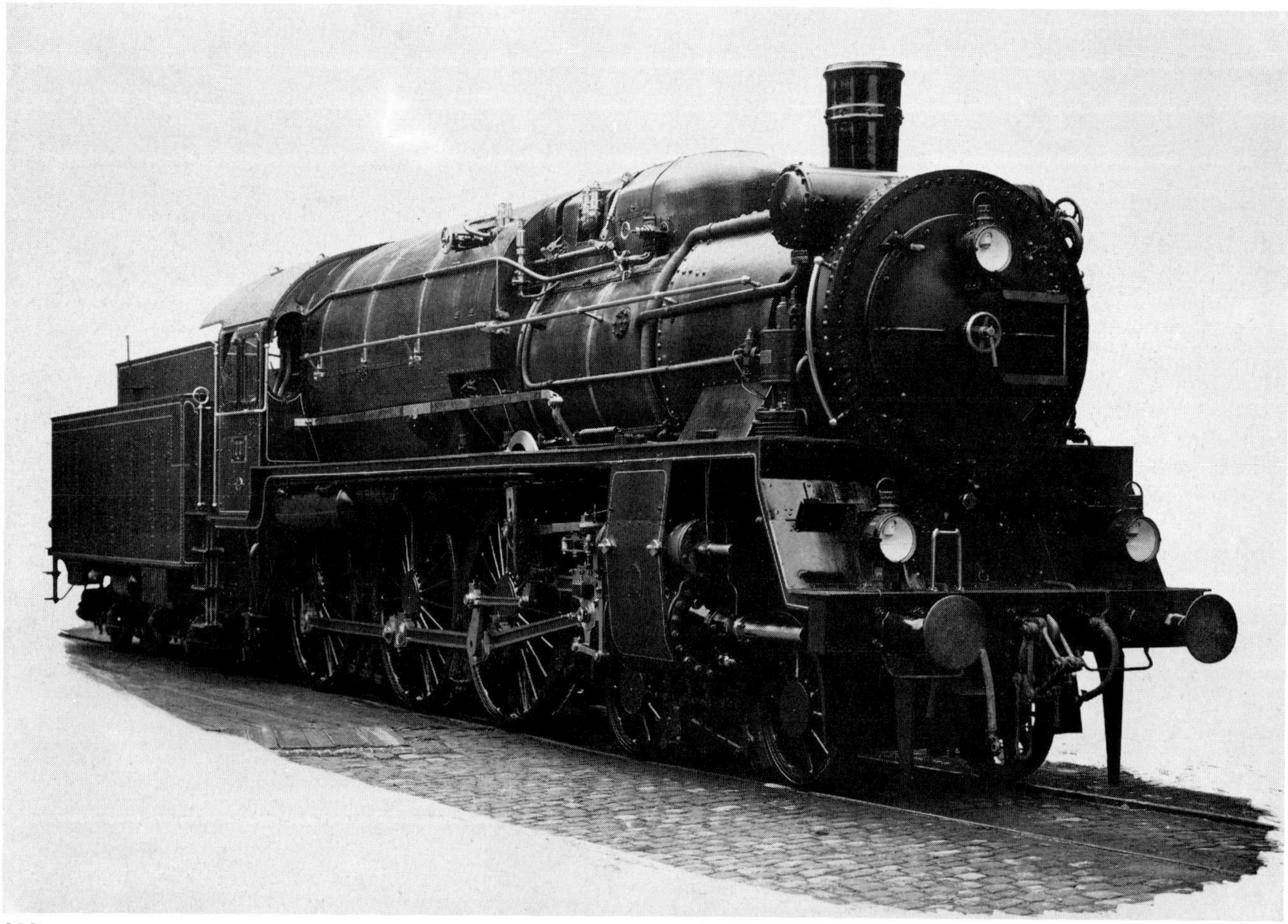

232

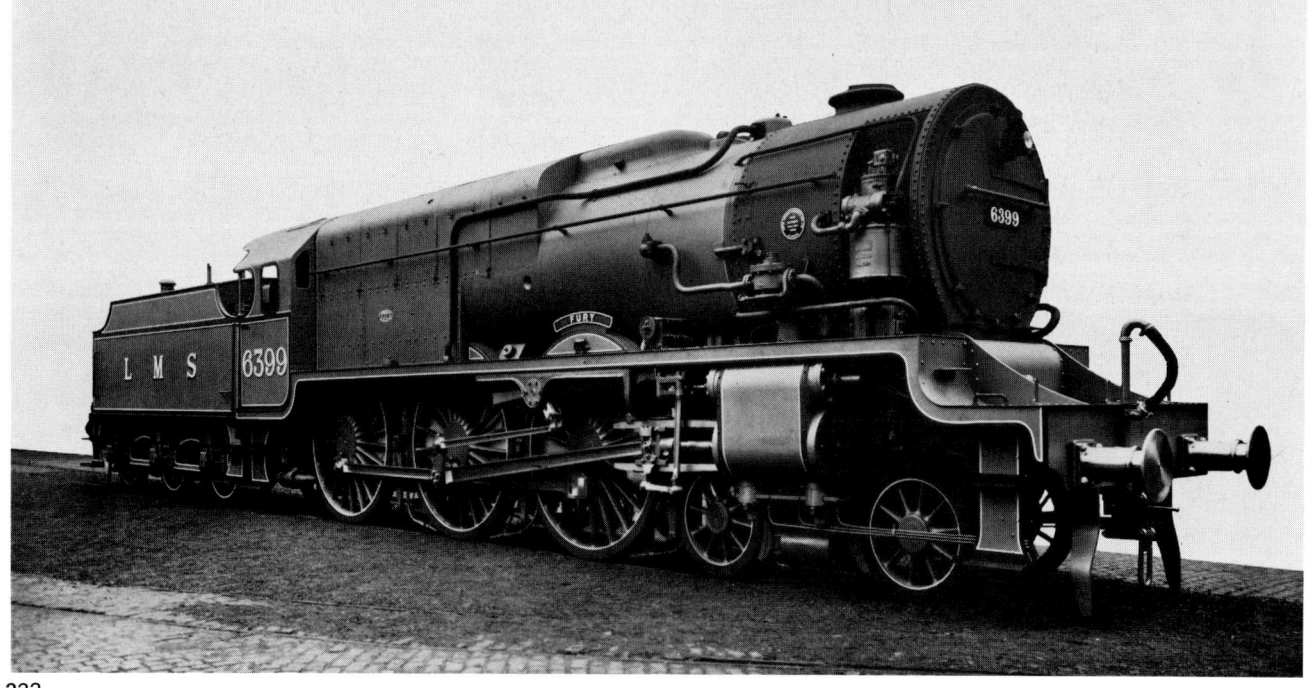

233

234 HD-Lok Betr.-Nr. 241-B-1 der PLM-Bahn
235 HD-Kessel der HD-Lok Betr.-Nr. 241-B-1 für die PLM-Bahn

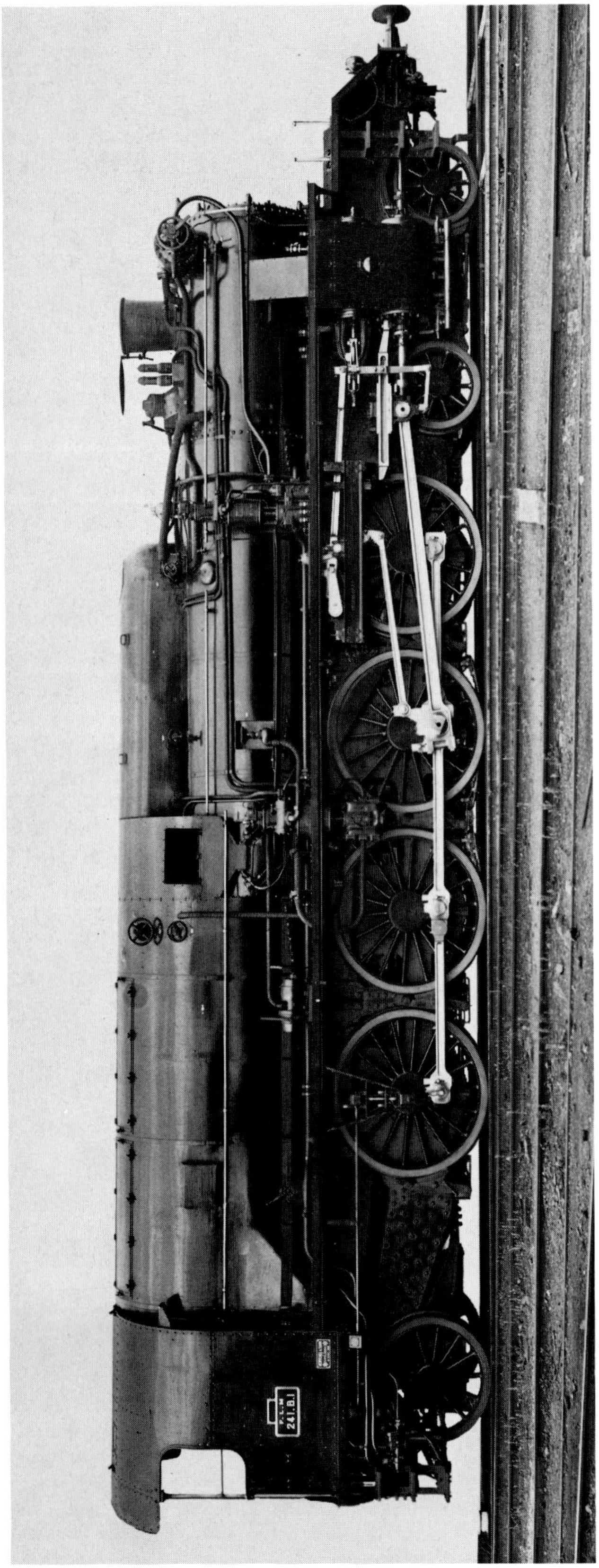

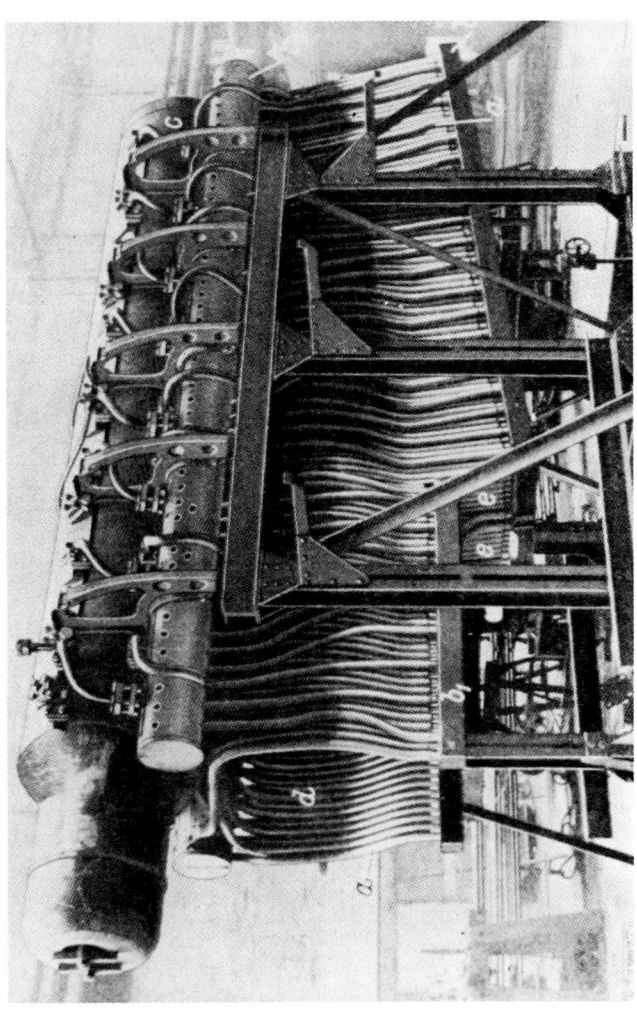

234

235

- a Steig- und Verdampferrohre
- b_1 Untere Sammelbehälter
- b_2 Obere Sammelbehälter
- c Hochdrucktrommel
- d Verbrennungskammer
- e Wasserrohre zwischen Feuerbüchse und Verbrennungskammer

236 HD-Lok Betr.-Nr. 8000 der Canadian Pacific
Railway, von rechts
237 HD-Lok Betr.-Nr. 8000 der Canadian Pacific
Railway, von links

236

237

238 Schmidt-HD-Kessel für die Lok Betr.-Nr. 8000
der Canadian Pacific Railway
239 Führerstand der Lok Betr.-Nr. 8000 der
Canadian Pacific Railway

238

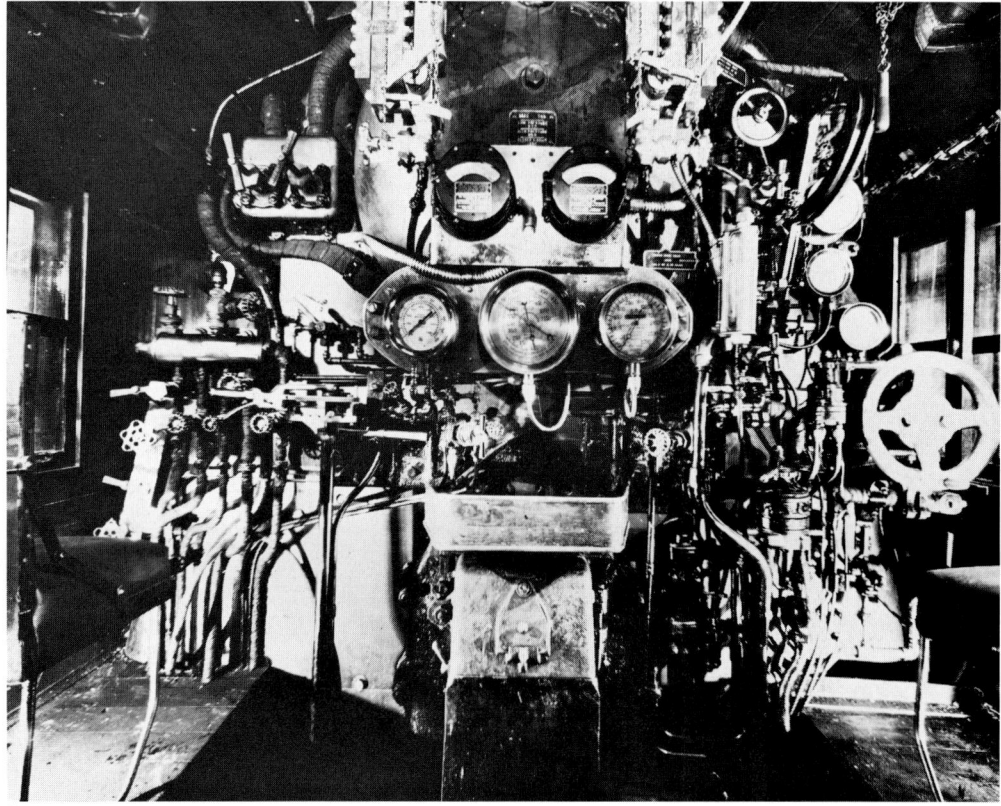

239

240 HD-Lok Betr.-Nr. 800 der New York Central Railroad
241 HD-Lok der Schweizerischen Lokomotiv- und Maschinenfabrik, Winterthur

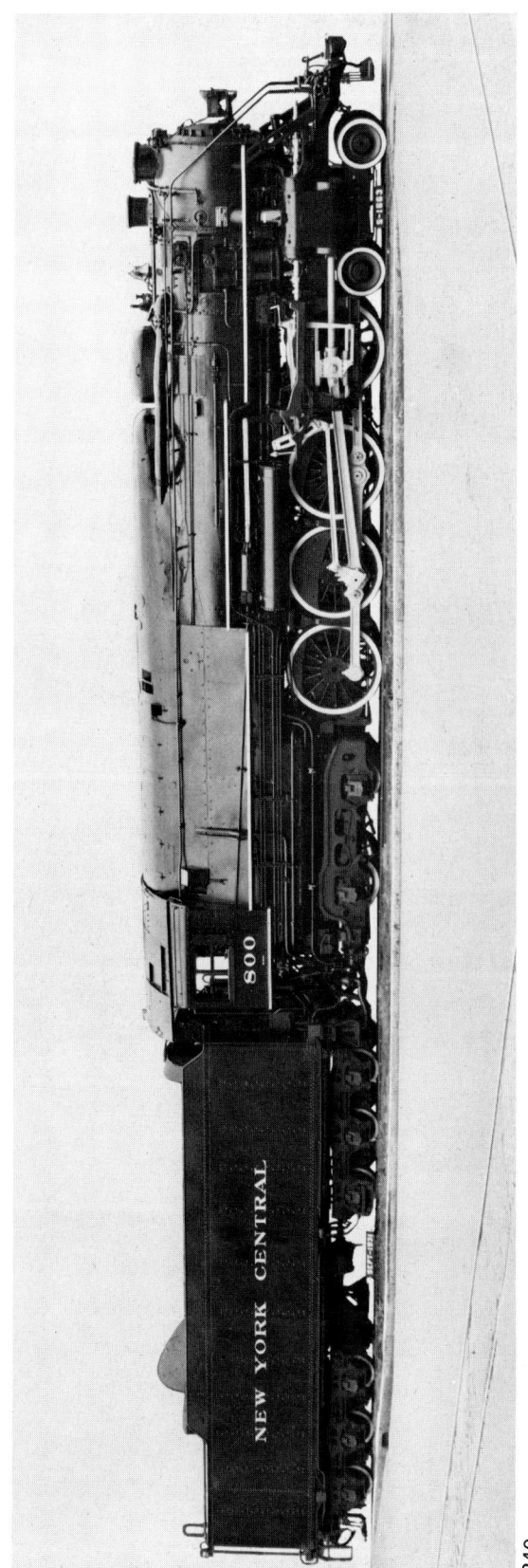

240

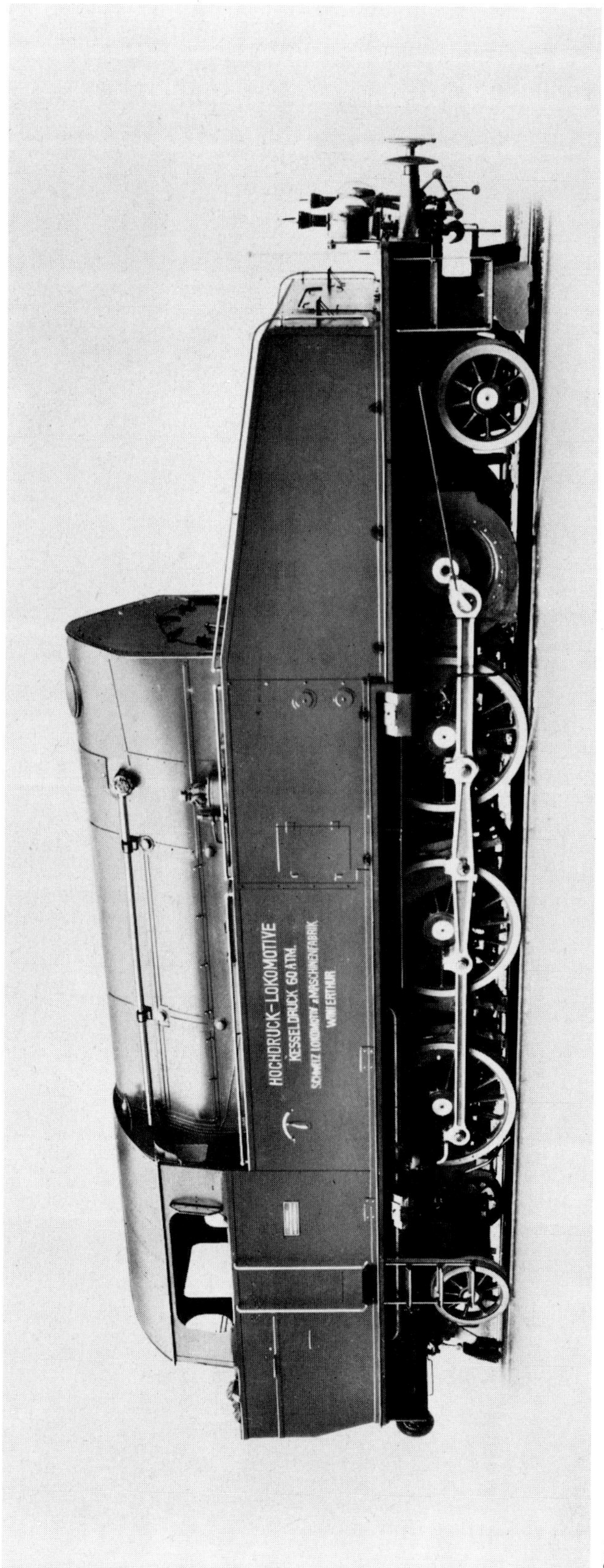

241

242 HD-Lok Betr.-Nr. 232-P-1 der Französischen
Staatsbahn (SNCF)
243 HD-Lok Betr.-Nr. 232-P-1 der SNCF mit
abgenommener Verkleidung, rechts
244 HD-Lok Betr.-Nr. 232-P-1 der SNCF mit
abgenommener Verkleidung, links

242

243

244

245 Führerstand der HD-Lok Betr.-Nr. 232-P-1 der SNCF
246 Übergang HD-ND-Teil des Kessels nach Abb. 36
247 HD-Teil des Kessels nach Abb. 36

245

246

247

248

249

250

251 HD-Lok Betr.-Nr. 10 000 der London & North Eastern Railway
252 Kessel der HD-Lok Betr.-Nr. 10 000 der LNER ohne Bekleidung
253 Innenansicht des Kessels mit Blick nach vorn für die HD-Lok Betr.-Nr. 10 000 der LNER

251

252

253

254 HD-Lok Betr.-Nr. 10000 der LNER. Kessel auf den Rahmen aufgebaut vor dem Aufbringen der äußeren Verkleidung
255 HD-Lok Betr.-Nr. 10000 der LNER. Kessel fertig zur Dampfprobe

256 HD-Lok Betr.-Nr. 10000 der LNER, Führerstand
257 HD-Lok Betr.-Nr. H 021001 für die Deutsche Reichsbahn

255

254

257

256

258

259

260

261

262, 263 HD-Lok Betr.-Nr. 7192 der London, Midland & Scottish Railway

262

263

264 Lok Betr.-Nr. 230-E-93 der PLM-Bahn mit
Velox-Dampferzeuger
265 HD-Lok Betr.-Nr. B5-01 der Russischen
Staatsbahn
266 HD-Lok Betr.-Nr. H 45024 der Deutschen
Reichsbahn

264

265

266

267 HD-Lok Betr.-Nr. 1400 der Delaware &
Hudson Railroad
268 HD-Lok Betr.-Nr. 1401 der Delaware & Hudson
Railroad

269 HD-Lok Betr.-Nr. 1402 der Delaware &
Hudson Railroad
270 HD-Lok Betr.-Nr. 1403 der Delaware &
Hudson Railroad

267

268

269

270

271 a

271 b

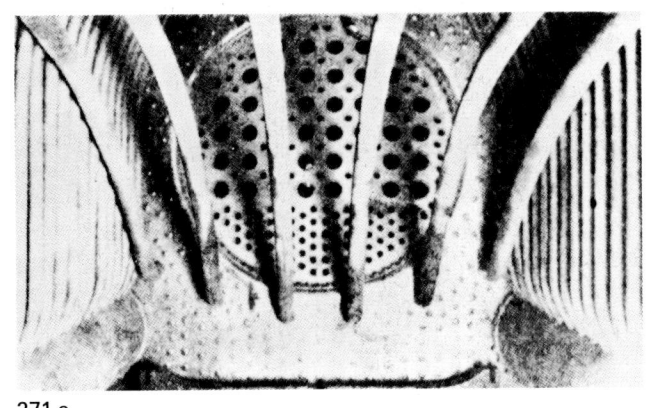

271 c

271 d

272 HD-Dampfmotorlok der Kolumbischen
Staatsbahn
273 Kessel der HD-Dampfmotorlok von Sentinel
für die Kolumbische Staatsbahn

272 b

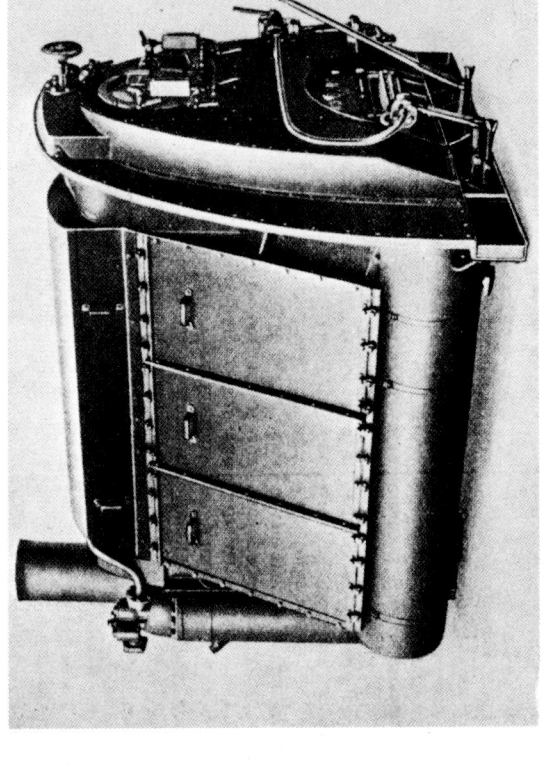

273 b

272 a

273 a

274 Die erste Dampflok mit Rollenachslagern, oben im Ursprungszustand als Vorführmaschine bei den Bahnen der USA, unten nach der Übernahme durch die Northern Pacific, Baujahr 1930

275 Timken-Leichtbau-Rollenlagertriebwerk mit versetzten Kuppelstangen zur Triebzapfenentlastung an der 2′ C2′-h2-Stromlinienschnellzuglok Betr.-Nr. 5344 (Commodore Vanderbilt) der New York Central. Diese 1931 von ALCO gebaute Maschine wurde 1935 mit Achsrollenlagern und neuem Triebwerk ausgerüstet

274 a

274 b

277 Erste Einrahmenlok mit unterteiltem Triebwerk Betr.-Nr. 5600 (George H. Emerson) der Baltimore & Ohio (1937)
278 Rollenlager-Duplex-Leichtbautriebwerk an einer 2′ B-B2′-h4-Einrahmenschnellzuglok der Pennsylvania Railroad (1945)

277

278

279 2′ D2′-h2-Schnellzuglok Klasse J der Norfolk
& Western Railway. Ausführung mit einschienigem
Mehrflächenkreuzkopf, vgl. dazu auch Abb. 276 (1941)

280 2′ B1′-h2-Schnellzuglok Klasse A der Chicago,
Milwaukee, St. Paul & Pacific Railroad (1935)
281 Drehgestellok Bauart Shay mit Gelenkwellen-
antrieb im Hafen Vancouver

279

280

281

259

282 Erste Heilmann-Lok «Fusée» von 1893
283 Lok Betr.-Nr. 8001 der französischen Westbahn
Bauart Heilmann
284 Lok Betr.-Nr. 8000 der französischen Westbahn
vor einer Probefahrt auf dem Bahnhof Paris-
St-Lazare

282

283

284

285 Lok Betr.-Nr. 2299 der Midland Railway, Bauart Paget
286 Lok Betr.-Nr. 278 der Ägyptischen Staatsbahn auf dem Bahnhof Kairo

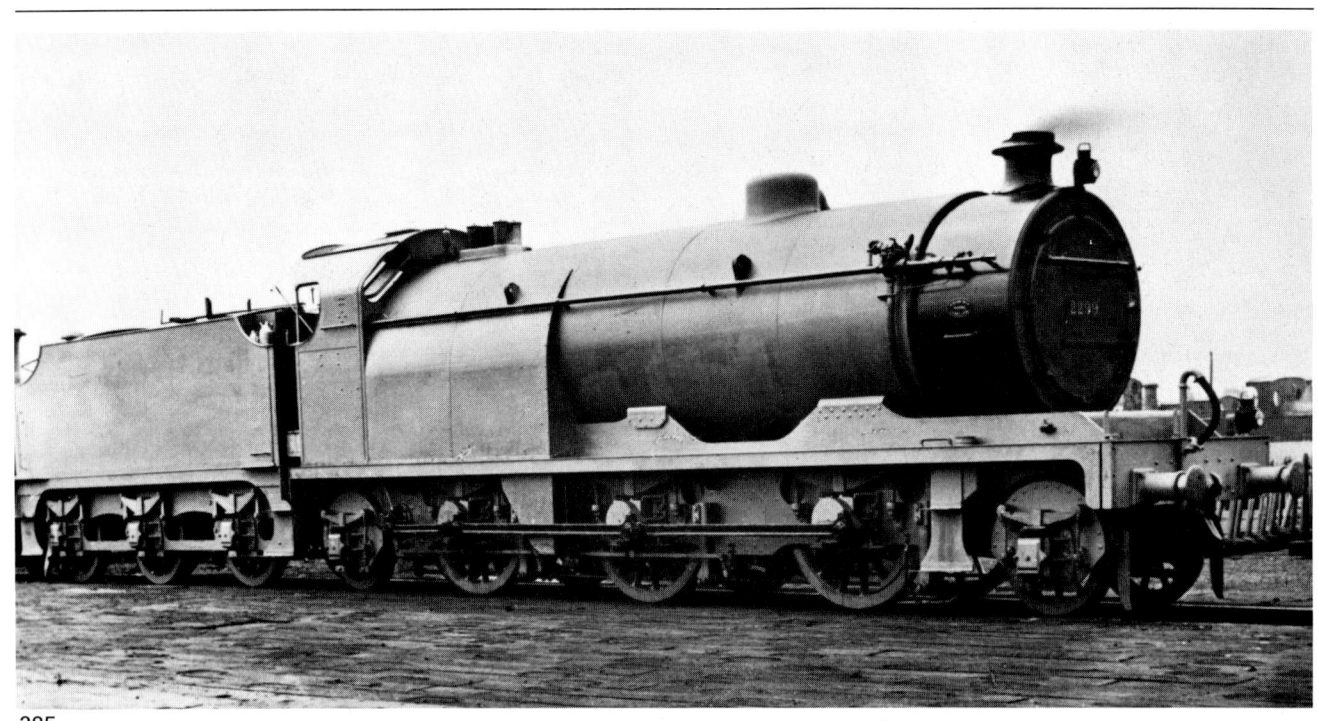

285

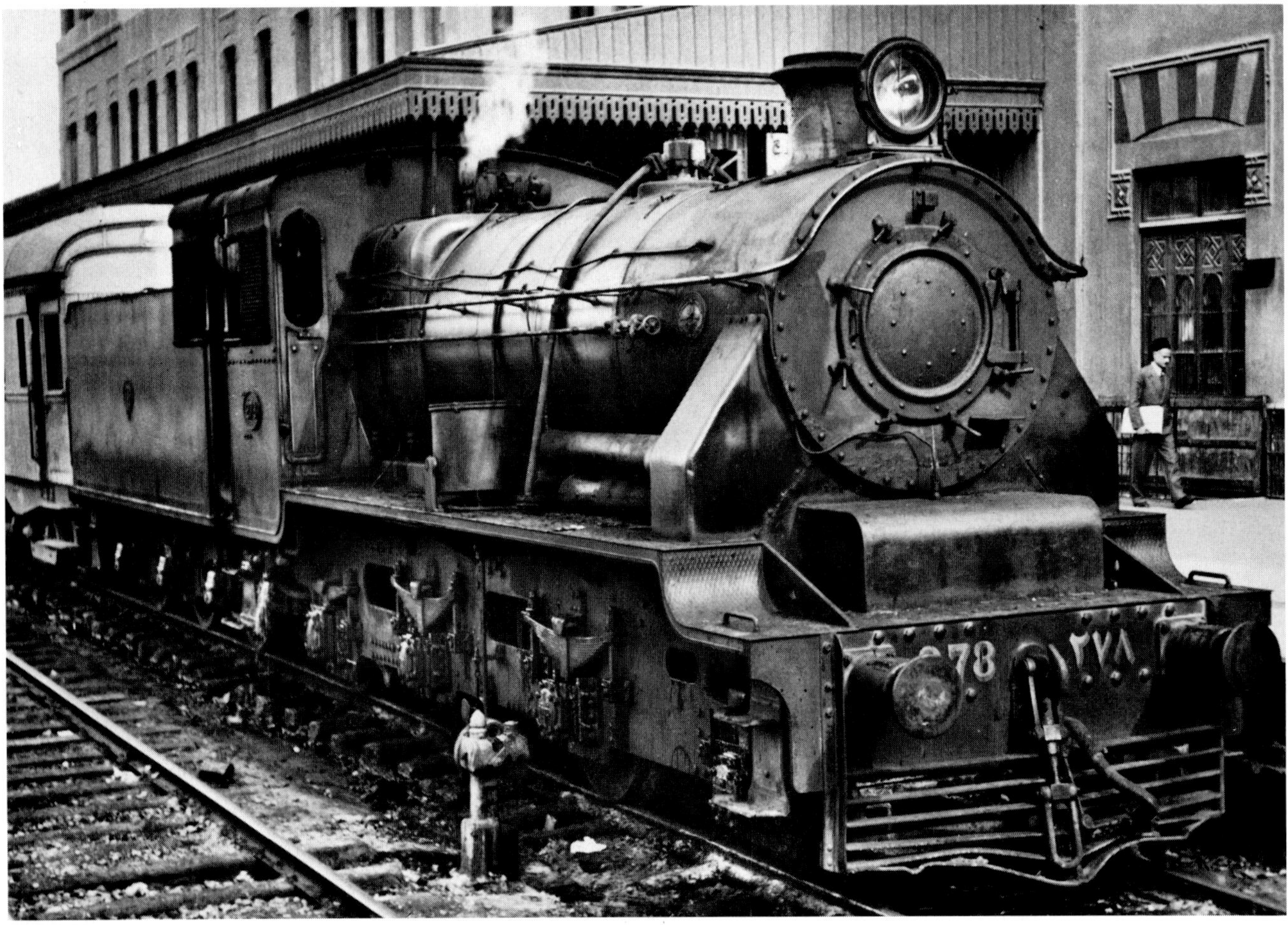

286

287, 288 Dampfmotorlok Betr.-Nr. 71 der Lübeck-Büchener Eisenbahn im Bau (1940)
289 Dampfmotorschnellzuglok Betr.-Nr. 19 1001 der Deutschen Reichsbahn (1941)

287

288

289

290 Dampfmotorlok Betr.-Nr. 221-TQ-1 der
Französischen Staatsbahn, wie sie 1946 geliefert
wurde
291 Lok Betr.-Nr. 36001 der British Railways
292 Lok Betr.-Nr. 36001 der British Railways

290

291

292

293 Lok Betr.-Nr. CC1 der Irischen Staatsbahn
294 Lok Betr.-Nr. CC1 der Irischen Staatsbahn
auf Probefahrt
295 Entwurf einer Dampfmotorschnellzuglok mit
Einzelachsantrieb der Baltimore & Ohio aus dem
Jahre 1937

293

294

295

296 Die erste Dampfturbinenlok von Belluzzo aus dem Jahre 1907/1908
297 Dampfturbinenlok von Reid-Ramsay aus dem Jahre 1909

296

297

298 Dampfturbinenlok Betr.-Nr. 1801 der SBB
im Ursprungszustand
299 Dampfturbinenlok Betr.-Nr. 1801 der SBB
nach dem Umbau, rechte Seite
300 Dampfturbinenlok Betr.-Nr. 1801 der SBB
nach dem Umbau, linke Seite

298

299

300

301 Erste Dampfturbinenlok von Ljungström aus dem Jahre 1921 im Ursprungszustand
302 Erste Dampfturbinenlok von Ljungström nach dem Umbau mit rotierendem Luftvorwärmer im Jahre 1923

301

302

303 Dampfturbinenlok von Ramsay und Armstrong, Whitworth & Co. aus dem Jahre 1922
304 Dampfturbinenlok von Ramsay und Armstrong, Whitworth & Co.

303

304

305 Dampfturbinenlok von Reid-MacLeod und der North British Locomotive Co. aus dem Jahre 1923
306 Triebdrehgestell mit HD-Turbine der Lok von Reid-MacLeod
307 Führerstand Kesselseite der Lok von Reid-MacLeod

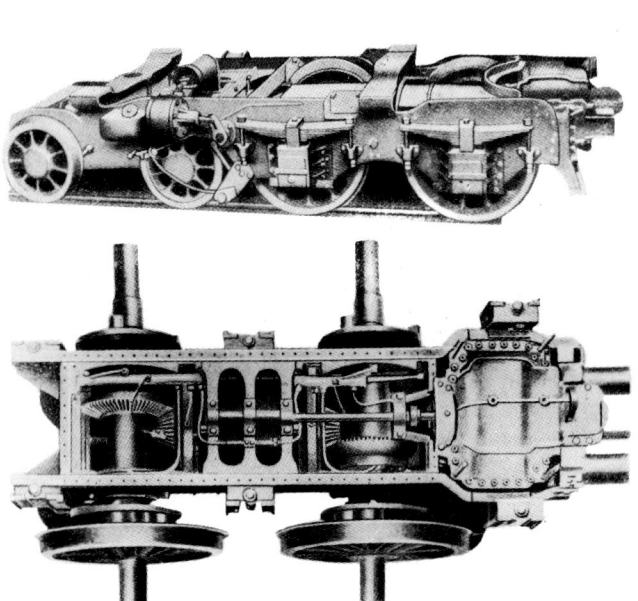

305

307

306

308 Dampfturbinenlok Betr.-Nr. T 18 1001
der Deutschen Reichsbahn aus dem Jahre 1924,
Bauzustand bei Lieferung
309 Dampfturbinenlok Betr.-Nr. T 18 1001 der
Deutschen Reichsbahn, Bauzustand nach Umbauten
1930

308

309

310 Dampfturbinenlok der Argentinischen Staatsbahn von Ljungström aus dem Jahre 1925
311 Dampfturbinenlok von Ljungström und
Beyer-Peacock
312 Dampfturbinenlok von Ljungström und
Beyer-Peacock

310

311

312

313 Dampfturbinenlok von Ljungström und Beyer-Peacock vor der Abfahrt mit einem Schnellzug
314 Dampfturbinenlok vom Ljungström und Beyer-Peacock bei der Abfahrt mit einem Schnellzug

313

314

315, 316 Dampfturbinenlok Betr.-Nr. T 18 1002 der Deutschen Reichsbahn
317 Dampfturbinenlok Betr.-Nr. T 18 1002 der Deutschen Reichsbahn vor einem Schnellzug in Ingolstadt Hbf.

315

316

317

318

319 Dampfturbinenlok Betr.-Nr. 1474 der
Schwedischen Staatsbahnen

320 Lok Betr.-Nr. T 38 3255 der Deutschen
Reichsbahn mit Abdampfkondensationsturbine im
Tender, versehen mit Meßausrüstung im Versuchsamt
für Loks in Berlin-Grunewald
321 Lok Betr.-Nr. T 38 3255 der Deutschen
Reichsbahn nach dem Umbau

319

320

321

275

322 Dampfturbinenlok von Belluzzo und Breda
aus dem Jahre 1931
323 Dampfturbinenlok Betr.-Nr. 685 410 der FS

322

323

324

325

326 Dampfturbinenlok Betr.-Nr. 232-Q-1 der Französischen Staatsbahn mit abgenommener Verkleidung

327 Dampfturbine mit Getriebe der Lok Betr.-Nr. 232-Q-1 der Französischen Staatsbahn
328 Triebradsatz mit Westinghouse-Federtopfantrieb und Timken-Rollenachslager der Lok Betr.-Nr. 232-Q-1 der Französischen Staatsbahn

328

327

326

329 Dampfturbinenloks Betr.-Nrn. 1 und 2 der
Union Pacific Railroad aus dem Jahre 1939 vor einem
Schnellzug
330 Seitenansicht der Dampfturbinenlok Betr.-Nr. 1
der Union Pacific Railroad

329

330

332 Dampfturbinenlok Betr.-Nr. 6200 der
Pennsylvania Railroad
333 Dampfturbinenlok der Pennsylvania Railroad
334 Dampfturbinenlok Betr.-Nr. 6200 der
Pennsylvania Railroad auf dem Prüfstand in den
Bahnwerkstätten Altoona

332

333

334

335 Dampfturbinenlok Betr.-Nr. 500 der Chesapeake & Ohio Railroad
336 Dampfturbinenlok Betr.-Nr. 500 der Chesapeake & Ohio Railroad vor einem Schnellzug

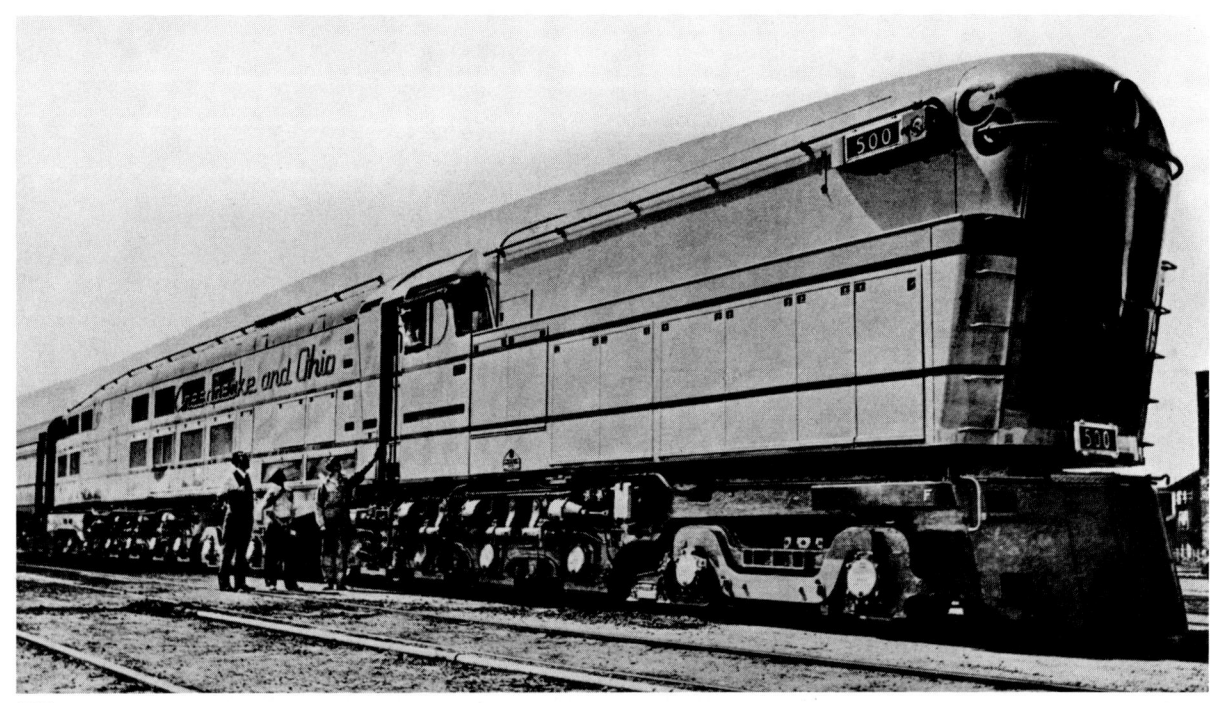

335

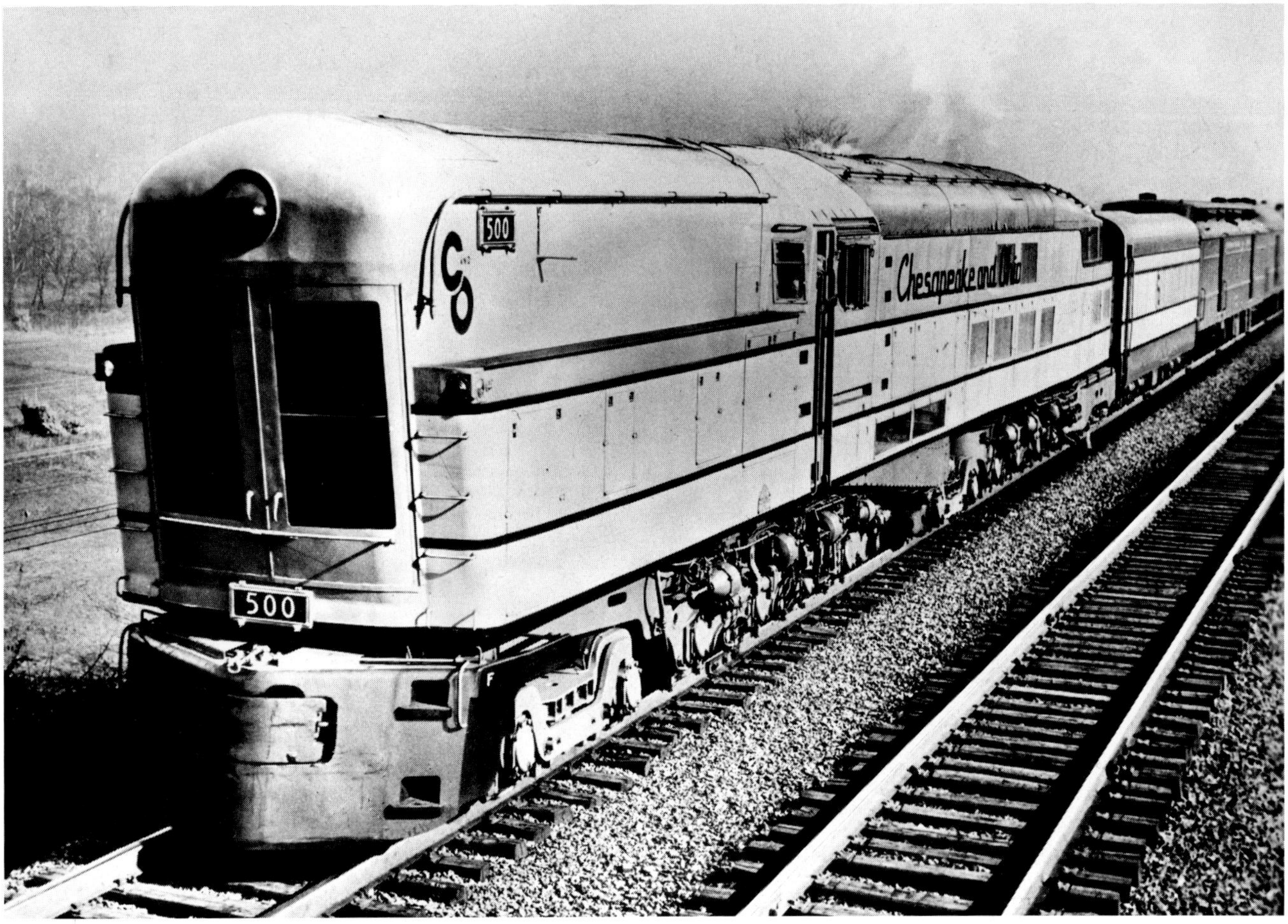

336

337 Dampfturbinenlok Betr.-Nr. 2300 der Norfolk
& Western Railway
338 Führerplatz auf der Dampfturbinenlok der
Norfolk & Western Railway
339 Heizerplatz auf der Dampfturbinenlok der
Norfolk & Western Railway

337

338

339

340 Entwurf einer Auspuffturbinenlok mit
elektrischer Kraftübertragung von Baldwin-Westing-
house aus dem Jahre 1948
341 Moderner Dampfmotor, Bauart Spilling,
200 kW bei 1000 U./min

340

341

5 Literaturverzeichnis

In folgender Zusammenstellung sind aus der internationalen Fachliteratur Veröffentlichungen über die hier behandelten Themen angegeben. Die Gliederung wurde entsprechend der in den Textabschnitten vorgenommen. Die Überschriften der zitierten Arbeiten sind ungekürzt.

Die Literaturangaben sind wie folgt aufgebaut:
Autor(en), Artikel- oder Werktitel (kursiv), Zeitschriftentitel, Band oder Jahrgang (kursiv), Nummer oder Heft (Nr., H.), Seitenangaben, Jahreszahl (in Klammern).

Abkürzungen der häufigsten Zeitschriftentitel:

Bahn-Ing. Der Bahn-Ingenieur, Berlin
BWK   Brennstoff, Wärme, Kraft, Düsseldorf und Berlin
DET   Deutsche Eisenbahntechnik, Berlin
ETR   Eisenbahntechnische Rundschau, Darmstadt
ETZ   Elektrotechnische Zeitschrift
Gl.Ann.   Glasers Annalen, Berlin
Monatsschrift
          Monatsschrift der Internationalen Eisenbahn-Kongreß-Vereinigung, Brüssel
Organ   Organ für die Fortschritte des Eisenbahnwesens, Berlin
Verkehrst.W.
          Verkehrstechnische Woche, Berlin
Waggon und Lok
          Der Waggon- und Lokomotivbau, Düsseldorf
Z.VMEV   Zeitschrift des Vereins Mitteleuropäischer Eisenbahnverwaltungen, Berlin
Z.VDI   Zeitschrift des Vereins Deutscher Ingenieure, Berlin

STZ   Schweizerische Technische Zeitschrift, Zürich
SBZ   Schweizerische Bauzeitung, Zürich
TR   Technische Rundschau, Bern

Loco   The Locomotive, London
Ry Eng.   The Railway Engineer, London
Ry Gaz.   The Railway Gazette, London
Ry Age   Railway Age, New York
Ry Mech.Eng.
          Railway Mechanical Engineer, New York
Ry Loco   Railway Locomotives and Cars, New York

Riv.tec. Rivista Tecnica delle Ferrovie Italiane, Firenze
Revue   Revue Générale des Chemins de Fer, Paris

1
Dampftechnik – Allgemein

1 Matschoß, *Die Geschichte der Dampfmaschine* (VDI Verlag, Berlin 1901).
2 Matschoß, *Die Entwicklung der Dampfmaschine* (VDI Verlag, Berlin 1908).
3 Haßler, *Die ersten Dampfmaschinen in Schlesien*, Z.VDI *79*, Nr. 22, 705–706 (1935 I).
4 Haßler, *Die erste deutsche Dampfmaschine in dauernder gewerblicher Benutzung*, Z.VDI *79*, Nr. 34, 1039–1040 (1935 II).
5 Wolff, *James Watt – Zum 200. Geburtstage des Erfinders der Dampfmaschine*, Bahn-Ing. *53*, Nr. 3, 47–50 (1936).
6 Wilhelm Schmidt, Z.VDI *68*, Nr. 11, 249–250 (1924 I).
7 *Eine alte Hochdruckdampfanlage*, Z.VDI *74*, Nr. 36, 1250 (1930 II).
8 Schultes, *60 Jahre Entwicklung im Dampfkesselbau*, Die Wärme *60*, Nr. 1, 12–19 (1937).

9 Herre, *Die Dampfkessel* (Alfred Körner Verlag, Stuttgart 1906).

10 Klemm, Roosen und Treue, *200 Jahre industrielle Revolution* (VDI Verlag, Düsseldorf 1969).

11 Gutermuth, *Die Dampfmaschine* (Verlag Julius Springer, Berlin 1928).

12 Hartmann, *Aus der Entwicklungsgeschichte des Hochdruckdampfes*, Die Wärme *61*, Nr. 1, 19–26 (1938).

13 Münzinger, *Dampfkraft – Berechnung und Bau von Wasserrohrkesseln und ihre Stellung in der Energieversorgung* (Verlag Julius Springer, Berlin 1933).

14 Puschmann, *Dampfkraftmaschinen* (Fachbuchverlag, Leipzig 1954).

15 Löffler, *Das Zeitalter des Hochdruckdampfes*, Z.VDI *72*, Nr. 39, 1353–1360; Nr. 42, 1503–1509; Nr. 45, 1638 bis 1644 (1928 II).

16 Jakob und Fritz, *Die Verdampfungswärme des Wassers und das spezifische Volumen von Sattdampf*, Z.VDI *73*, Nr. 19, 626–636 (1929 I).

17 Zerkowitz, *Thermischer und thermodynamischer Wirkungsgrad von Dampfkraftmaschinen*, Z.VDI *73*, Nr. 40, 1429–1433 (1929 II).

18 *Von der II. Weltkraftkonferenz Berlin 1930*, Z.VDI *74*, Nr. 29, 993–1040; Nr. 30, 1061–1065 (1930 II).

19 Salingre, *Maschinenteile für Hochdruckheißdampf*, Z.VDI *74*, Nr. 36, 1237–1242 (1930 II).

20 Heilmann, *Die neuere Entwicklung der Heißdampf-Lokomobile*, Z.VDI *74*, Nr. 3, 65–71 (1930 I).

21 Marguerre, *Hochgespannter und hochüberhitzter Dampf in Kraftanlagen*, Z.VDI *74*, Nr. 24, 789–798 (1930 I).

22 Münziger, *Gegenwartsaufgaben im Kraftwerksbau*, Z.VDI *75*, Nr. 17, 505–517 (1931 I).

23 Berner, *Wasserumlauf und Dampfkesselkonstruktion*, Z.VDI *77*, Nr. 9, 223–230 (1933 I).

24 Goerke, *Bestrebungen im heutigen Dampfkraftwerkbau*, Z.VDI *82*, Nr. 14, 389–396 (1938 I).

25 Münzinger, *Entwicklungsrichtungen im Bau von Kraftmaschinen für Verkehrsmittel und ortsfeste Anlagen*, Z.VDI *82*, Nr. 21, 641–642; Nr. 34, 969–978 (1938 I).

26 Schmidt, *Gemeinschaftsarbeit in der Wasserdampfforschung*, Z.VDI *82*, Nr. 2, 49–51 (1938 I).

27 Münzinger, *Amerikanischer und englischer Kraftwerksbau*, Z.VDI *92*, Nr. 1, 2–14 (1950).

28 Erytkropel, *Neue Wasserdampftafel bis 700 °C*, Z.VDI *94*, Nr. 31, 1001–1004 (1952).

29 Heinrich, *Die Hochdruckdampf-Erzeugung in Deutschland*, Z.VDI *91*, Nr. 21, 533–540 (1949).

30 Schäff, *Entwicklungen und Erfahrungen beim Bau von Dampfkraftwerken*, Z.VDI *98*, H. 1, 1–8; Nr. 2, 47–55 (1956).

31 Schöne, *Der gegenwärtige Stand der Dampftechnik in Deutschland*, Z.VDI *80*, Nr. 34, 1016–1026 (1936 II).

32 Klingenberg, *Bau großer Elektrizitätswerke* (Verlag Julius Springer, Berlin 1926).

33 Musil, *Die Gesamtplanung von Dampfkraftwerken* (Verlag Julius Springer, Berlin 1948).

34 Schröder, *Große Dampfkraftwerke, Planung, Ausführung und Bau* (Verlag Julius Springer, Berlin 1959).

35 Schäff, *Stand der Entwicklung von Steinkohlenkraftwerken*, BWK *18*, Nr. 11, 529–542 (1966).

36 Dickinson and Titley, *Richard Trevithik, the Engineer and the Man* (Verlag Cambridge University Press, London 1934).

37 Rolt, *Thomas Newcomen, a prehistory of the Steam Engine* (1963).

38 Dickinson and Jenkins, *James Watt and the Steam Engine* (1927).

39 Buchmann, *Entwicklungsgeschichte der Dampfkraft*, technica *18*, Nr. 9, 735–752 (1969).

1.1
Hochdruckdampferzeuger – Allgemein

1 Jochmann, *Die Entwicklung des Hochdruckdampfes in Deutschland* (VDI Verlag GmbH, Düsseldorf 1958).

2 *Hochdruckdampf*, Die Wärme *60*, Nr. 24, 270 (1937).

3 Matschoß, *Ernst Alban – Ein Pionier der Hochdruckdampftechnik*, Z.VDI *85*, Nr. 6, 143–144 (1941).

4 Piepenbrink, *250 Jahre Hochdruck-Dampferzeuger*, Z.VDI *90*, Nr. 7, 201–204 (1948).

5 Hartmann, *Hochdruckdampf bis zu 60 at in der Kraft- und Wärmewirtschaft*, Organ *76*, Nr. 21, 252 (1921).

6 *Hochdruckdampf*, Organ *79*, Nr. 3, 51–52 (1924).

7 Quack und Kaißling, *Der Schmidt-Hartmann-Kessel im Betrieb*, Z.VDI *83*, Nr. 2, 45–52 (1939).

8 Gleichmann, *Das Benson-Verfahren zur Erzeugung höchstgespannten Dampfes*, Z.VDI *72*, Nr. 30, 1037 bis 1046 (1928 II).

9 *Bensonkessel – Geschichtliche Entwicklung*, Bahn-Ing. *60*, Nr. 16, 180–188 (1943).

10 Josse, *Untersuchungen am Bensonkessel*, Z.VDI *73*, Nr. 51, 1815–1819 (1929 II).

11 Stodola, *Der Sulzer-Einrohr-Dampferzeuger*, Z.VDI *77*, Nr. 46, 1225–1232 (1933 II).

12 Stehr, *Der Sulzer-Einrohr-Zwangdurchlaufkessel*, Die Wärme *62*, Nr. 1, 4–10 (1939).

13 Müller, *Die Entwicklung des engrohrigen Wasserrohrkessels seit dem Kriege und seine Ausbildung zum Höchstdruckkessel*, Gl.Ann. *103*, Nr. 1229, H. 5, 53–57; Nr. 1230, H. 6, 75–81; Nr. 1231, H. 7, 87–92; Nr. 1232, H. 8, 99–106 (1928 II).

14 Josse, *Untersuchungen am Löfflerkessel*, Z.DVI *78*, Nr. 25, 771–776 (1934 I).

15 Herpen, *Dampferzeuger mit Zwangumlauf und mit zwangsläufiger Wasserverteilung*, Z.VDI *75*, Nr. 20, 617 bis 622 (1931 I).

16 Vorkauf, *La-Mont-Kessel-Weiterentwicklung und Betriebserfahrungen*, Die Wärme *58*, Nr. 9, 138–141 (1935).

17 Arend und Höcker, *Bewährung von La-Mont-Kesseln*, Die Wärme *61*, Nr. 26, 479–487 (1938).

18 Vorkauf, *Heutiger Stand des La-Mont-Kesselbaues*, Z.DVI *84*, Nr. 39, 725–732 (1940).

19 Oestreich, *Erfahrungen mit La-Mont-Kesseln im Ausland*, Z.VDI *92*, Nr. 3, 63–68 (1950).

20 Noack, *Druckfeuerung von Dampfkesseln in Verbindung mit Gasturbinen*, Z.VDI *76*, Nr. 42, 1033–1039 (1932 II).

21 Ruegg, *Untersuchungen über Veloxkesselanlagen*, Z.VDI *77*, Nr. 45, 1219–1220 (1933 II).

22 Stodola, *Leistungs- und Regelversuche an einem Velox-Dampferzeuger*, Z.VDI *79*, Nr. 14, 429–436 (1935 I).

23 Pio-Ulsky, *Velox-Dampferzeuger und ihre Bedeutung für Kraftanlagen*, Die Wärme *58*, Nr. 16, 249–251 (1935).

24 Klingelfuß, *Der heutige Stand der Entwicklung des Velox-Dampferzeugers*, Die Wärme *60*, Nr. 51, 831–841 (1937).

25 Noack, *Heutiger Stand des Veloxkessels*, Z.VDI *85*, Nrn. 51/52, 967–975 (1941).

26 Sauer, *Entwicklung des Höchstdruck-Durchlaufkessels Bauart Ramsin*, Die Wärme *61*, Nr. 3, 66–67, 70–71 (1938).

27 Schultes, *Hochdruckdampftagung,* Die Wärme *62,* Nr.1, 13–18 (1939).

28 Schulz, *Dampfkesselschäden durch Werkstoffüberhitzung,* Z.VDI *85,* Nr.8. 177–184 (1941).

29 Schultes, *Kleindampfkessel für Kraftfahrzeuge,* Z.VDI *79,* Nr.15, 470–471 (1935 I).

30 Hartmann, *Entwicklungsarbeiten an einem trommellosen Hochdruckkessel für ortsbewegliche Anlagen,* Z.VDI *84,* Nr.12, 197–200 (1940).

31 Roosen, *Hochdruck-Kleinkessel mit Zwangdurchlauf für ortsfeste Anlagen,* Z.VDI *85,* Nr.7, 168–171 (1941).

32 Oestreich, *Entwicklung und Verbreitung des Zwanglaufkessels,* BWK *8,* Nr.11, 534–536 (1956).

33 *Der Doble-Fahrzeugkessel und sein Verhalten im Betrieb,* Bahn-Ing. *53,* Nr.13, 231–233 (1936).

34 Hartmann, *Hochdruckdampf* (VDI Verlag, Berlin 1925).

35 Kraus, *Hochaufgeladener Dampferzeuger mit Naturumlauf,* BWK *24,* Nr.12, 439–445 (1972).

1.2
Kolbendampfmaschinen – Allgemein

1 Stumpf, *Die Gleichstrom-Dampfmaschine* (Verlag R. Oldenbourg, München und Berlin 1911).

2 Kluitmann, *Die Kolbendampfmaschine als neuzeitliche Kraftmaschine,* Z.VDI *71,* Nr.46, 1601–1608 (1927 II).

3 Luchsinger, *Druckö/steuerung für Dampfmaschinen,* Z.VDI *73,* Nr.43, 1559–1560 (1929 II).

4 Kluitmann, *Neuere Konstruktionen von Schiffskolbenmaschinen,* Z.VDI *75,* Nr.25, 771–777 (1931 I).

5 Kinkeldei, *Neuere Entwicklung im Bau von Kolbendampfmaschinen,* Die Wärme *57,* Nr.9, 140–144 (1934).

6 Clar und Strauß, *100-at-Kolbendampfmaschinen-Anlage von 2×6000 PS Leistung (2×4400 kW),* Z.VDI *79,* Nr.16, 487–493 (1935 I).

7 Schweickhart, *Schnellaufende Gleichstrom-Zwillingsdampfmaschine,* Z.VDI *79,* Nr.19, 588–590 (1935 I).

8 Wagner, *Schnellaufende Dampfmaschinen für Industriekraftwerke,* Die Wärme *59,* Nr.9, 134–137 (1936).

9 Nyffenegger, *100-at-Kolbendampfmaschine «SLM Winterthur» der Schweiz. Lokomotiv- und Maschinenfabrik,* SBZ *109,* Nr.11, 123–126 (1937 I).

10 Nyffenegger, *Die 100-at-Kolbendampfmaschine der Schweizerischen Lokomotiv- und Maschinenfabrik Winterthur,* Die Wärme *60,* Nr.23, 347–349 (1937).

11 Kinkeldei, *Die neuzeitliche Kolbendampfmaschine,* Die Wärme *60,* Nr.42, 681–689 (1937).

12 Kinkeldei, *Die Entwicklung der ortsfesten Kolbendampfmaschine im letzten Jahrzehnt,* Z.VDI *81,* Nr.27, 811 bis 815 (1937 II).

13 Clar, *Schnellaufende Dampfmaschinen,* Z.VDI *84,* Nr.41, 765–771 (1940).

14 Nyffenegger, *Über die weitere Entwicklung der Gegendruck-Kolben-Dampfmaschine der Schweizerischen Lokomotiv- und Maschinenfabrik Winterthur* SBZ *125,* Nr.15, 176–180 (1945 I).

15 Rembold, *Schnellaufende Kolbendampfmaschinen,* Z.VDI *92,* Nr.16, 401–403 (1950).

16 Fritsch, *Schnellaufende Kolbendampfmaschinen zum Kraftwagenantrieb,* Die Wärme *58,* Nr.36, 585–589; Nr.37, 601–607; Nr.38, 618–622 (1936).

17 Nyffenegger, *Hochdruck-Kolbendampfmaschine für Heizkraftbetriebe,* SBZ *71,* Nr.48, 715–718 (1953).

1.3
Dampfturbinen – Allgemein

1 R.H. Parsons, *The Development of the Parsons Steam Turbine* (Verlag Constable and Company Ltd., London 1936).

2 R.H. Parsons, *The Steam Turbine and other inventions of Sir Charles A. Parsons, O.M.* (Verlag Longmans, Green & Co., London, New York, Toronto 1948).

3 Kraft, *Charles Algernon Parsons,* Z.VDI *75,* Nr.14, 409 bis 411 (1931 I).

4 *Escher Wyß 1805–1955,* hg.v. Escher Wyß AG, Zürich 1955.

5 Stodola, *Dampf- und Gasturbinen* (Verlag Julius Springer, Berlin 1924).

6 Röder, *Die Abdichtungsaufgabe im Dampfturbinenbau,* Archiv für Wärmewirtschaft *18,* Nr.5, 147–150 (1937).

7 Röder, *Das Hochdruckproblem im Dampfturbinenbau,* Die Wärme *61,* Nr.1, 27–29 (1938).

8 *Der schädliche Einfluß des Wassergehaltes im Arbeitsdampf der Turbinen,* Die Wärme *61,* Nrn.52/53, 972–973 (1938).

9 Kedenburg, *Abdampfturbinen mit Kondensationsanlagen und Vulkangetrieben* (Verlag Der Betriebsökonom GmbH, Verden [Aller] 1953).

10 Kraft, *Die neuzeitliche Dampfturbine* (Verlag Technik, Berlin 1954).

11 Zietemann, *Berechnung und Konstruktion der Dampfturbinen* (Springer Verlag, Berlin, Göttingen, Heidelberg 1955).

12 Kirillow, *Regelung von Dampf- und Gasturbinen* (Verlag Technik, Berlin 1958).

13 Traupel, *Thermische Turbomaschinen* (Springer Verlag, Berlin, Göttingen, Heidelberg 1958–1960).

14 *25 Jahre AEG Dampfturbinen* (VDI Verlag, Berlin 1928).

15 Ludewig, *Die Großturbinenfamilie der AEG,* AEG-Mitteilungen *55,* Nr.2, 65–81 (1965).

16 *30 Jahre MAN Dampfturbinen,* hg.v. der Maschinenfabrik Augsburg-Nürnberg AG, 1934.

1.4
Dampfantrieb im Verkehrswesen – Allgemein

1 Münzinger, *Leichte Dampfantriebe an Land, zur See und in der Luft* (Verlag Julius Springer, Berlin 1937).

2 Walton, *Doble Steam Cars, Buses, Lorries and Railcars* (Verlag Light Steam Power-Kirk Michael, Isle of Man 1956).

3 Wagner, *Dampfturbinenanlage für schnelle Zollwachtschiffe,* Z.VDI *74,* Nr.47, 1597–1602 (1930 II).

4 Imfeld und Roosen, *Neue Dampffahrzeuge,* Z.VDI *78,* Nr.3, 65–74 (1934 I).

5 Kahlert, *Dampfantrieb von Kraftfahrzeugen,* Die Wärme *58,* Nr.34, 543–547 (1935).

6 Schultes, *Feste Brennstoffe zum Betrieb von Fahrzeugen,* Die Wärme *59,* Nr.8, 139–142 (1936).

7 Mölbert, *Die Verwendungsmöglichkeit von hochgespanntem Dampf im Triebwagenbetrieb,* Organ *89,* Nr.8, 139–147 (1934).

8 Mölbert, *Der Dampfantrieb im Triebwagenbau,* Gl.Ann. *64,* Nr.11, 126–130; Nr.12, 131–135 (1940).

9 *Steam Railcars for Egypt,* Ry Gaz. *93,* Nr.10, 259–264 (1950 II).

10 Hartmann, *Hochdruckdampf in der Binnenschiffahrt,* Gl.Ann. *73,* Nr.7, 117–119 (1949).

11 *Dampfantrieb in Flugzeugen,* Z.VDI *78,* Nr.50, 1456 (1934 II)
12 Davison, *History of Steam Road Vehicles,* published by Science Museum, 1953, 1959, 1970.

2
Entwicklung der Dampflokomotive – Allgemein

1 Marshall, *A History of Railway Locomotives Down to the End of the Year 1831* (The Locomotive Publishing Company Ltd., London 1953).
2 Ahrons, *The British Steam Railway Locomotive from 1825 to 1925* (Verlag Jan Allan Ltd., London 1963, Nachdruck).
3 Nock, *The British Steam Railway Locomotive from 1925 to 1965* (Verlag Jan Allan Ltd., London 1966).
4 Moser, *Der Dampfbetrieb der Schweizerischen Eisenbahnen* (Verlag Birkhäuser, Basel 1923, 1937, 1947, 1967).
5 Helmholtz und Staby, *Die Entwicklung der Lokomotive im Gebiet des Vereins Mitteleuropäischer Eisenbahnverwaltungen 1835–1920* (Verlag R. Oldenbourg, München 1920, 1937).
6 *Hundert Jahre Deutsche Eisenbahnen* (Verkehrswissenschaftliche Lehrmittelges., Leipzig 1935, 1938).
7 *Ein Jahrhundert Schweizer Bahnen* (Verlag Huber & Co., Frauenfeld).
8 Mayer, *Eßlinger Lokomotiven, Wagen und Bergbahnen seit 1846* (VDI Verlag, Berlin 1924).
9 Messerschmidt, *Von Lok zu Lok* (Frankhsche Verlagshandlung, Stuttgart 1969).
10 Maedel, *Deutschlands Dampflokomotiven – Gestern und heute* (Verlag Technik, Berlin 1957, 1963, 1964).
11 Stockklausner und Weinstötter, *25 Jahre Deutsche Einheitslokomotive* (Miba-Verlag, Nürnberg 1950).
12 Lehner, *Die Entwicklung des österreichischen Lokomotivbaues in den letzten vier Jahrzehnten,* Organ *96,* Nr.7, 97–105 (1941).
13 Stockklausner, *Österreichs Lokomotiven und Triebwagen in Wort und Bild* (Verlag Ployer & Co., Wien 1954).
14 Slezak, *Die Lokomotiven der Republik Österreich* (Verlag Josef Otto Slezak, Wien 1970).
15 Messerschmidt, *Geschichte der italienischen Dampflokomotiven* (Orell Füßli Verlag, Zürich 1968).
16 Waldorp, *Onze Nederlandse Stoomlocomotieven in Woord an Beeld* (Verlag De Technische Uitgeverij H. Stam N.V., Culemborg [Harlem] 1946, 1965).
17 Renevy, *Die Entwicklung der Lokomotive in Frankreich im letzten Jahrzehnt,* Organ *85,* Nrn.6/7, 165–176 (1930).
18 Schneider, *Die Weiterentwicklung der französischen Dampflokomotive in den letzten Jahren,* Organ *97,* Nr.24, 402–404 (1942).
19 Vilain, *Un Siècle (1840–1938) de Matériel et Traction sur le Réseau d'Orléans* (Verlag A. Gozelan, Paris 1962).
20 Vilain, *L'évolution du matériel moteur et roulant de la Compagnie du Midi, des origines (1855) à la fusion P.O.–Midi (1934) et à la S.N.C.F. (1938)* (Verlag La Vie du Rail).
21 Vilain, *L'évolution du matériel moteur et roulant des chemins de fer de l'Etat, des origines (1877) au rachat de la Compagnie de l'Ouest (1909) et à la S.N.C.F. (1938)* (Verlag Vincent, Fréal et Cie, Paris).
22 Durrant, *The Steam Locomotives of Eastern Europe* (Verlag David & Charles, Newton Abbot 1966).
23 Rakow, *Die Lokomotiven der Eisenbahnen der Sowjet-Union* (Staatlicher Transport- und Eisenbahnverlag, Moskau 1955, 1966).
24 Fleming and Price, *Russian Steam Locomotives* (Verlag John Marshbank Ltd., London 1960).
25 Griebl, *CSD-Dampflokomotiven* (Verlag Josef Otto Slezak, Wien 1969).
26 Kinert, *Early American Steam Locomotives* (Verlag Bonanza Books, New York 1962).
27 *Locomotive Dictionary* (Verlag The Railroad Gazette, New York 1906). *Locomotive Cyclopedia of American Practice* (Simmons Boardman Publishing Corp., New York).
28 Lucas, *100 Years of Steam Locomotives* (Simmons Boardman Publishing Corp., New York).
29 Swengel, *The Evolution of the Steam Locomotive* (Midwest Rail Publications, Inc., Davenport, Io. 1967).
30 Westing, *The Locomotives that Baldwin built* (Superior Publishing Co., Seattle, Wash. 1966).
31 Cook, *Super Power Steam Locomotives (LIMA)* (Golden West Books, San Marino, Cal. 1966).
32 Wolff, *Dampflokomotiven der New-York-Central-Bahn für hohe Geschwindigkeiten* (Georg Siemens Verlag, Berlin 1950).
33 Palmer und Stewart, *Cavalcade of New Zealand Locomotives* (Verlag A.H. and A.W. Reed, Wellington, Auckland, Sydney 1965).
34 *A Century Plus of Locomotives – New South Wales Railways 1855–1965,* hg.v. der Australian Railway Historical Society, Sydney 1965.
35 Nakao und Akai, *Steam Loco in Japan* (Kilgei Publishing Co., 1963, 1966).
36 Nishio und Kuroiwa, *The Spell of Steam – Japanese Locomotives* (Publisher Koyusha Co. Ltd., Tokyo 1970).
37 Jahn, *Die Dampflokomotive in entwicklungsgeschichtlicher Darstellung* (Verlag Julius Springer, Berlin 1924).
38 Stockklausner, *Eisenbahn – modern* (Verlag Ployer, Wien 1957).
39 Ransome-Wallis, *The Concise Encyclopedia of World Railway Locomotives* (Verlag Hawthorn Books, Inc., New York 1959).
40 Lomonossoff, *Der hundertjährige Werdegang der Lokomotive,* Organ *81,* Nr.17, 347–354; Nr.18, 365–371 (1926).
41 Chapelon, *La Locomotive a Vapeur* (Verlag Librairie J.B. Bailliere et Fils, Paris 1952).
42 Allen, *Locomotive Practice and Performance in the Twentieth Century* (Verlag W. Heffer & Sons Ltd., Cambridge 1950).
43 Wiener, *Articulated Locomotives* (Verlag Constable & Co. Ltd., London 1930, Nachdruck Kalmbach Publishing Co., Milwaukee, Wisc. 1970).
44 Durrant, *The Garratt Locomotive* (Verlag David & Charles, Newton Abbot 1969).
45 Abbott, *The Fairlie Locomotive* (Verlag David & Charles, Newton Abbot 1970).
46 Vilain, *Les Locomotives Articulées du Système Mallet dans le Monde* (Verlag Vincent, Fréal et Cie, Paris 1969).
47 *Experimental Locomotive Norfolk & Western Railway,* Loco *53,* Nr. 661, 133–135 (1947).
48 Devernay, *La Locomotive Actuelle* (Verlag DUNOD, Paris 1942).
49 Sean Day'Lewis, *Bulleid Last Giant of Steam* (Verlag George Allen & Unwin Ltd., London 1964, 1968).

50 Allen, *British Pacific Locomotives* (Verlag Jan Allan Ltd., London 1963).

51 Nordmann, *Die Dampflokomotive in ihren Hauptentwicklungslinien* (Akademie-Verlag, Berlin 1947).

52 Nordmann, *100 Jahre Lokomotivtheorie*, Organ *90*, Nr. 24, 500–503 (1935).

53 Achterberg, *50 Jahre neuere Lokomotivliteratur*, Eisenbahntechnik *4*, Nr. 4, 86–88 (1950).

54 Heusinger, *Handbuch für spezielle Eisenbahntechnik* (Verlag Wilhelm Engelmann, Leipzig 1874).

55 *Das Eisenbahn-Maschinenwesen der Gegenwart – Erster Abschnitt. Die Eisenbahn-Fahrzeuge. Erster Teil: Die Lokomotiven* (C.W. Kreidels Verlag, Wiesbaden, Berlin 1896, 1903, 1920).

56 Leitzmann und Borries, *Theoretisches Lehrbuch des Lokomotivbaues* (Verlag Julius Springer, Berlin 1911).

57 Garbe, *Die Dampflokomotiven der Gegenwart 1907 und 1920; Die zeitgemäße Heißdampflokomotive 1924* (Verlag Julius Springer, Berlin).

58 Bauer und Stürzer, *Berechnung und Konstruktion von Dampflokomotiven* (C.W. Kreidels Verlag, Berlin 1912, 1924).

59 *125 Jahre Henschel*, hg. 1935 von Henschel & Sohn AG, Kassel.

60 Igel, *Handbuch des Dampflokomotivbaues* (Verlag Krayn, Berlin 1923).

61 Nordmann, *Theorie der Dampflokomotive auf versuchsmäßiger Grundlage*, Organ *85*, Nr. 10, 225–270 (1930).

62 Phillipson, *Steam Locomotive Design* (The Locomotive Publishing Co. Ltd., London 1936).

63 *Henschel Lokomotivtaschenbuch* (1924, 1935, 1952, 1960).

64 *Taschenbuch für den Lokomotivingenieur*, hg. v. Fried. Krupp AG, Essen 1939, 1944.

65 Johnson, *The Steam Locomotive* (Simmons Boardman Publishing Corp., New York 1942, 1945).

66 Kiefer, *A Practical Evaluation of Railroad Motive Power* (Simmons Boardman Publishing Corp., New York 1948).

67 Eckhardt, *Das Entwerfen von Dampflokomotiven* (Georg Siemens Verlag, Berlin 1948).

68 Eckhardt, *Konstruktion und Berechnung der Dampflokomotive* (Verlag Technik, Berlin 1952).

69 Meinecke und Röhrs, *Die Dampflokomotive* (Verlag Julius Springer, Berlin 1948).

70 Wendler, *Die Dampflokomotiven der Deutschen Reichsbahn* (Verlag Technik, Berlin 1952, 1955, 1960).

71 Janusch, Panski und Pwaloa, *Konstruktion und Berechnung von Lokomotiven* (Fachbuchverlag, Leipzig 1954).

72 Pierson, *Kohlenstaublokomotiven* (Frankhsche Verlagshandlung, Stuttgart 1967).

73 Metzeltin, *Die Entwicklung der Franco-Lokomotive*, Gl. Ann. *72*, Nr. 2, 49–52 (1948).

74 Wolff, *Die Speisewasservorwärmung bei Dampflokomotiven*, Gl. Ann. *71*, Nr. 6, 114–120 (1947).

75 Bergmann, *Die Energieträger für den Eisenbahnbetrieb*, Z.VDI *81*, Nr. 16, 445–450 (1937 I).

76 Metzeltin, *Grenzen des Dampflokomotivbaues*, Z.VDI *74*, Nr. 34, 1179–1182 (1930 II).

77 Born, *Fortschritte des Eisenbahn-Maschinenwesens*, Z.VDI *91*, Nr. 13, 301–312 (1949).

78 Niederstraßer, *Leitfaden für den Dampflokomotivdienst* (Verkehrswissenschaftliche Lehrmittelges. Leipzig 1935, 1938, 1941, und Frankfurt a. M. 1951, 1954).

79 *Die Dampflokomotive* (Verlag Transpress, Berlin 1965).

80 Slezak, *Der Giesl-Ejektor* (Verlag Josef Otto Slezak, Wien 1967).

81 *Bauliche Verbesserungsmöglichkeiten an Lokomotiven*, Die Wärme *60*, Nr. 16, 254–255 (1937).

82 Wagner, *Neue Dampflokomotiven der Deutschen Reichsbahn*, Verkehrst.W. *29*, Nr. 23, 313–319; Nr. 24, 327–332; Nr. 25, 343–348 (1935).

83 Lübsen, *Verfehlte Lokomotivbauarten*, Die Lokomotive *28*, Nr. 1, 6–11; Nr. 4, 81 (1931).

84 Nordmann, *Wirtschaftliche Thermodynamik der Dampflokomotive*, Die Lokomotive *36*, Nr. 1, 29–34 (1939).

85 Metzeltin, *Die Entwicklung des Dampflokomotivbaues*, Z.VDI *76*, Nr. 13, 323–325 (1932 I).

86 Warren, *A Century of Locomotive Building by Robert Stephenson & Co. 1823–1923* (Verlag Andrew Reid & Co. Ltd., Newcastle upon Tyne, Nachdruck durch David & Charles, Newton Abbot, Devon 1970).

87 *Sentinel-Cammel Patent Light Railway Vehicles*, hg. v. Sentinel Waggon Works Ltd., 1932.

88 Phillipson, *The Steam Locomotive in Traffic* (The Locomotive Publishing, London 1949).

89 Thomas and Taber, *Climax-An unusual Locomotive* (Verlag Railroadians of America 1960).

90 Student, *Kosten des Lokomotivdienstes der Jahre 1913, 1926 bis 1929*, Die Reichsbahn *6*, Nr. 25, 732–737 (1930).

91 Fuchs, *Die Entwicklung der Dampflokomotiven bei der Deutschen Reichsbahn*, Die Reichsbahn *6*, Nr. 25, 729 bis 731 (1930).

92 Koch, *The Shay Locomotive* (Verlag World Press, Denver, Col. 1971).

93 Clegg und Corley, *Canadian National Steam Power* (Verlag Trains & Trolleys, Montreal 1969).

94 Lavallee, *Delorimier & Angus (Canadian Pacific)* (Verlag Trains & Trolleys, Montreal 1960, 1962, 1963).

95 Zurnamer, *The Locomotives of the South African Railways* (Dreyer Printers & Publishers, Bloemfontein 1970).

96 Hefti, *Zahnradbahnen der Welt* (Birkhäuser Verlag, Basel und Stuttgart 1971).

97 Düring, *Schnellzug-Dampflokomotiven der deutschen Länderbahnen 1907–1922* (Frankhsche Verlagshandlung, Stuttgart 1972).

98 Bell, *Locomotives* (Verlag Virtue & Co. Ltd., London 1950).

99 Bruce, *The Steam Locomotive in America – Its Development in the Twentieth Century* (Verlag W.W. Norton & Co. Inc. New York 1952).

3

Dampflokomotiven der Versuchsbauarten – Allgemein

1 Kaemmerer, *Neuerungen auf dem Gebiete des Lokomotivbaues*, Dinglers Polytechn. J. *103*, Nr. 5, 43–44 (1922).

2 Wagner, *Wege zur wärmetechnischen Verbesserung der Lokomotive* (Eisenbahnwesen VDI Verlag GmbH, Berlin 1925), S. 5–11.

3 *Versuche mit neuen Dampflokomotiven*, Z.VDI *71*, Nr. 41, 1442–1443 (1927 II).

4 *Der amerikanische Lokomotivbau zur Frage der Hochdrucklokomotive*, Organ *82*, Nr. 13, 248–249 (1927).

5 *The Locomotive of tomorrow*, Ry Mech. Eng. *100*, Nr. 11, 658–664 (1926).

6 Schlöß, *Die Grenzen der Wärmeausnutzung bei Dampflokomotiven*, Die Lokomotive *22*, Nr. 9, 162–165 (1925).

290

7   *Eisenbahntechnische Fragen auf der Weltkraftteilkonferenz in Tokio 1929,* Die Lokomotive *27,* Nr. 8, 145–146 (1930).

8   Nordmann, *Ergebnisse neuer Versuche mit Dampflokomotiven,* Z.VDI *78,* Nr. 24, 729–734 (1934 I).

9   Nordmann, *Ist die Dampflokomotive veraltet?* Gl.Ann. *115,* Nr. 1370, H. 2, 9–16; Nr. 1371, H. 3, 17–24 (1934 II).

10 Lübsen, *Die Verbesserung der Wirtschaftlichkeit der Dampflokomotive durch konstruktive Maßnahmen zur Senkung des Brennstoffverbrauchs* (Verlag Julius Springer, Berlin 1935).

11 Neesen und Löhr, *Entwicklungsmöglichkeiten der Dampflokomotive,* Organ *90,* Nr. 23, 463–471 (1935).

12 Ewald, *Gesichtspunkte für die Entwicklung von Schnellbahn-Dampflokomotiven,* Henschel-Hefte *1936,* Nr. 11, 61–68.

13 Flemming, *Schnellverkehr mit Dampfzügen,* Z.VMEV *76,* Nr. 44, 871–881 (1936).

14 *Bauliche Verbesserungsmöglichkeiten an Lokomotiven,* Die Wärme *60,* Nr. 16, 254–255 (1937).

15 *Ergebnisse von Versuchslokomotiven,* Organ *93,* Nr. 18, 346–347 (1938).

16 *Entwicklungsmerkmale im Dampflokomotivbau,* Z.VDI *82,* Nr. 1, 17–23 (1938 I).

17 Chan, *Possibilités Nouvelles Offertes par la Vapeur,* La Traction Nouvelle *1939,* Nr. 1, 2–9.

18 *Neuere französische Lokomotiven,* Gl.Ann. *63,* Nr. 11, 163–166 (1939).

19 Neesen, *Die Hochleistungslokomotive,* Die Lokomotive *38,* Nr. 7, 99–110 (1941).

20 Neesen, *Die Lokomotive im Bilde des zükünftigen Eisenbahnverkehrs,* Die Lokomotive *38,* Nr. 12, 187–192 (1941).

21 Neesen, *Ein neues Wettrennen der Lokomotiven,* Organ *97,* Nr. 7, 101–109 (1942).

22 Lubimoff, *Über leistungsfähige Lokomotiven und ihre Wirkungsgrade,* Organ *97,* Nr. 24, 387–394 (1942).

23 Neesen, *Vom Wirkungsgrad der Lokomotiven,* Die Lokomotive *40,* Nr. 1, 1–6 (1943).

24 Tritton, *Locomotive Limitations,* The Journal of the Institution of Locomotive Engineers *36,* Nr. 191, 283 bis 323 (1946).

25 Bulleid, *Steam Locomotive – Problems and Possibilities,* The Railway Digest, Summer, S. 10–13 (1947).

26 Mölbert, *Gegenwartsprobleme der Eisenbahnmaschinentechnik,* Studienkonferenz-Schriften der wissenschaftlichen Tagungen der Deutschen Reichsbahn mit Professoren der Hochschulen, Band 1: Rothenburger Tagung 1947, S. 71–78 (Erich Schmidt Verlag, Berlin, Bielefeld, Detmold 1948).

27 *Are Locomotive Designer Conservative?* Ry. Gaz. *88,* Nr. 22, 620–621 (1948 I).

28 Willans, *The Paget Locomotive and After,* Ry. Gaz. *88,* Nr. 22, 626 (1948 I).

29 *Where to Direct Locomotive Research,* Ry Age *128,* Nr. 5, 36–37 (1950 I).

30 Koeßler, *Sollen – Können – Müssen. Gedanken zur Lage der Schienenfahrzeugtechnik,* Studienkonferenz-Schriften (wie unter 26), Band 4: Konstanzer Tagung 1951, S. 91–110.

31 Smith, *A Truly Modern Steam Engine?* Modern Railroads *7,* Nr. 6, 98 (1952).

32 Dugas, *Vergleich der verschiedenen Energiequellen hinsichtlich deren Anwendung für Schienenzug,* in: *Schienenfahrzeugbau* (Verlag Technik, Berlin 1953), S. 9–30.

33 Messerschmidt, *Was kann man noch von der Dampflokomotive erwarten?* Verkehr und Technik *6,* Nr. 4, 107 bis 108 (1953).

34 Ostermayer, *Die Entwicklung der Lokomotive aus der Sicht der Wärmekraftprozesse.* Vortrag vor der 1. Mitgliederversammlung der Deutschen Gesellschaft für Eisenbahngeschichte am 19. April 1968 in Nürnberg.

35 Landsberg, *Wärmewirtschaft im Eisenbahnwesen* (Verlag von Theodor Steinkopff, Dresden und Leipzig 1929).

36 Hartmann, *Entwicklungsmöglichkeiten der Dampflokomotive, gemessen am Fortschritt der Dampftechnik der letzten 30 Jahre,* Energie *6,* Nr. 2, 53–54 (1954).

3.1
Übersichten der Versuchsdampflokomotiven

1   Przygode, *Rückblick auf die eisenbahntechnische Tagung mit Ausstellungen in Seddin und in der Technischen Hochschule Charlottenburg,* Gl.Ann. *95,* Nr. 1139, H. 11, 283–300 (1924 II).

2   Wetzler, *Die Eisenbahnfahrzeuge auf der Deutschen Verkehrsausstellung München 1925,* Organ *81,* Nr. 5, 71–108 (1926).

3   *Neuere Lokomotiven von Henschel & Sohn in Cassel,* Die Lokomotive *23,* Nr. 1, 1–9; Nr. 3, 41–45 (1926).

4   Wagner, *Über die Erweiterung des nutzbaren Druckgefälles bei Dampflokomotiven,* Gl.Ann., Sonderheft zum 50jährigen Bestehen am 1.7.1927, S. 29–56.

5   Wagner, *Die neuere Fortentwicklung der Dampflokomotive,* Z. Österr. Ing. Arch.-Vereins *79,* Nrn. 29/30, 273 bis 277; Nrn. 31/32, 292–297 (1927).

6   Fuchs, *Kohlensparende Lokomotiven,* Die Reichsbahn *3,* Nr. 39, 678–683 (1927).

7   Przygode, *Energiewirtschaftliche Fortschritte im Eisenbahnbetrieb,* Verkehrst.W. *24,* Nr. 17, 255–256 (1930).

8   *Lokomotiven neuerer Bauarten; im besonderen Turbinenlokomotiven und Lokomotiven mit Verbrennungsmotoren,* Monatsschrift *1,* Nr. 1, 1–25, 505–552; Nr. 4, 1421–1430; Nr. 5, 2539–2592; Nr. 6, 2795–2803 (1930).

9   Wagner und Witte, *Die konstruktive Durchbildung der Reichsbahnlokomotiven,* Organ *85,* Nrn. 6/7, 94–110 (1930).

10 Alcock, *Some Observations on Old World Transportation Problems,* Ry Age *100,* Nr. 9, 358–362 (1936).

11 *Neue Dampflokomotiv-Bauarten,* SBZ *108,* Nr. 11, 122; Nr. 12, 134 (1936 II).

12 *Neueste Vervollkommnungen an Dampflokomotiven normaler Gattungen und Versuche mit neuen Lokomotivgattungen,* Monatsschrift *8,* Nr. 2, 619–770; Nr. 3, 983 bis 1147; Nr. 4, 1329–1383; Nr. 6, 1977–1984 (1937).

13 *Recent Developments in French Steam Locomotives,* Loco *43,* Nr. 540, 238–242 (1937).

14 Mauck, *Entwicklungsmerkmale im Dampflokomotivbau,* Z.VDI *82,* Nr. 1, 17–22 (1938 I).

15 Deveaux, *Nouveaux Engins de Traction à Vapeur,* La Nature *1939,* Nr. 3048, 260–264.

16 Nyffenegger, *Schweizerische Dampflokomotiven mit erhöhtem Druck- bzw. Wärmegefälle,* in: *Ein Jahrhundert Schweizer Bahnen,* Bd. III (Verlag Huber & Co., Frauenfeld), S. 43–50.

17 *Sonderlokomotiven,* in: *25 Jahre Deutsche Einheitslokomotive* (MIBA-Verlag, Nürnberg 1950).

18 *Experimental Steam Locomotives,* in: *Russian Locomotive Types* (Verlag W. Norman, West Town, Bristol 1960), S. 81.

19 Carter, *Unusual Locomotives* (Verlag Frederick Muller Ltd., London 1960).

20 Witte, *Eine Drei-Meter-Breitspur-Transkontinentalbahn,* LOK Magazin *1970,* Nr. 43, 296–311.

21 Chan und Leaute, *Recherche Actuelles de la SNCF en Matière de Types Nouveaux ainsi que de Modifications ou Perfectionnements d'Engins de Types Classiques,* Revue *61,* Nrn. 3/4, 149–156 (1942).

3.2
Hochdruckdampflokomotiven

3.21
Allgemeines

1 Buchli, *Kohlenersparnis bei der Einführung von Hochdruckdampflokomotiven,* SBZ *85,* Nr. 19, 240–243 (1925 I).

2 Rehfuß, *Further Possibilities of the Locomotive Boiler,* Ry Mech. Eng. *100,* Nr. 4, 213–214 (1926).

3 Bewer, *The Economic Advantages of High Steam Pressures in Locomotives,* Loco *33,* Nr. 24, 395–397 (1927).

4 Najork und Wichtendahl, *Wirtschaftliche Betrachtungen über Dampflokomotiven mit erhöhtem Wärmegefälle,* Z.VDI *74,* Nr. 48, 1645–1649 (1930 II).

5 Schweter, *Die Dampfmaschine für Hochdrucklokomotiven,* Waggon und Lok *13,* Nr. 14, 209–211 (1930).

6 Schmitt, *Elektrischer Bahnbetrieb und Höchstdrucklokomotive – ein wirtschaftlicher Ausblick,* AEG-Mitteilungen 26, Nr. 11, 684–687 (1930).

7 *The Velox Steam Generator,* Loco *43,* Nr. 541, 276–278 (1937).

8 Hartmann, *Über die Aussichten der Hochdruckdampf-Lokomotive,* Z.VDI *96,* Nr. 22, 759–761 (1954 I).
Weiter siehe [2-3, 41, 63].

3.22
Übersichten

1 *Hochdruck-Dampflokomotiven in England,* Verkehrst. W. *24,* Nr. 16, 243 (1930).

2 Gresley, *Hochdruck-Lokomotiven,* Monatsschrift *2,* Nr. 10, 891–923 (1931).

3 Gresley, *High Pressure Locomotives,* Engineering *131,* 153–158 (1931 I).

4 Gresley, *High Pressure Locomotives,* The Engineer *151,* 138–141, 164–167 (1931 I).

5 Magnee, *Les Locomotives à haute pression,* Revue Universelle de mines *1931,* Nr. 5, 139.

6 Witte, *Lokomotiven höheren Dampfdruckes in den Vereinigten Staaten,* Organ *89,* Nr. 13, 256–260 (1934).
Siehe auch [2-39].

3.23.1
Die Lokomotive Betr.-Nr. H 17 206 der Deutschen Reichsbahn

1 *Die erste Hochdrucklokomotive der Welt für 60 atü Betriebsdruck,* Z.VDI *69,* Nr. 41, 1306 (1925 I).

2 Wagner, *Die Schmidt-Hochdrucklokomotive-Entwicklung und Bauart,* Z.VDI *72,* Nr. 43, 1521–1532 (1928 II).

3 Nordmann, *Die Schmidt-Hochdrucklokomotive – Die bisherigen Versuchsergebnisse,* Z.VDI *72,* Nr. 52, 1915 bis 1924 (1928 II).

4 Hartmann, *Rohrwandmessungen an einer Hochdrucklokomotive, Bauart Schmidt,* Die Wärme *60,* Nr. 12, 187 bis 191 (1937).

5 *High Pressure Three-Cylinder Compound Express Locomotive,* Engineering *122,* Nr. 3161, 198–200 (1926 II).

6 *The Schmidt Double Pressure Locomotive,* Ry Gaz. *48,* Nr. 25, 848–849 (1928 I).

7 *The Schmidt-Henschel High Pressure Locomotive,* The Engineer *145,* 81–82 (1928 I).

8 Düring, *Die S10-Familie,* LOK Magazin *1964,* Nr. 9, 18–36.
Siehe auch [2-6, 97; 3.1-2].

3.23.2
Die Lokomotive Betr.-Nr. 6399 der London, Midland & Scottish Railway

1 *'Royal Scot' Super High Pressure Compound Locomotive,* Loco *36,* Nr. 49, 4–5 (1930).

2 *The New 'Royal Scot' High Pressure Locomotive, LMSR,* Ry Gaz. *52,* Nr. 1, 18–20 (1930 I).

3 *2C-h3v-Hochdruck-Versuchslokomotive der London, Midland & Scottish Railway,* Organ *85,* Nr. 11, 288 (1930).

4 *Experimental High Pressure Locomotive,* Ry Eng. *51,* Nr. 601, 58–60 (1930).
Siehe auch [2-3; 3.22-1].

3.23.3
Die Lokomotive Betr.-Nr. 241-B-1 der Paris-Lyon-Mittelmeer-Bahn

1 Parmantier, *Locomotive à Haute Pression,* Revue *51,* Nr. 1, 10–47 (1932).

2 Dannecker, *Neuere französische Lokomotiven,* Organ *87,* Nr. 24, 465–471 (1932).

3 *60-at-Hochdrucklokomotive der Paris-Lyon-Mittelmeer-Bahn nach dem Schmidtschen Hochdruckverfahren,* Z.VDI *76,* Nr. 23, 561–562 (1932 I).

4 *New Ultra High Pressure Compound Express Locomotive Paris-Lyon-Mediterraneum,* Ry Gaz. *53,* Nr. 18, 567 bis 568 (1930 II).

5 *High Pressure Locomotive, Paris Lyon & Mediterraneum Railway,* Loco *36,* Nr. 460, 399–401 (1930).

6 Chan, *Note sur une Avaire de Chaudière à Haute Pression,* Revue *53,* Nr. 2, 103–113 (1934 II).

7 *Die Hochdrucklokomotive Bauart Schmidt der P.L.M. und ihre Betriebsergebnisse,* Die Lokomotive *31,* Nr. 11, 206–211 (1934).

3.23.4
Die Lokomotive Betr.-Nr. 8000 der Canadian Pacific Railway

1 *Canadian Pacific High Pressure Locomotive,* Ry Mech. Eng. *104,* Nr. 2, 111–112 (1930).

2 *Experimental Multiple Pressure and New Freight Locomotives, Canadian Pacific Railway,* Loco *36,* Nr. 456, 260–261 (1930).

3 *Die neueste Schmidt-Hochdrucklokomotive,* Z.VDI *75,* Nr. 36, 1140–1141 (1931 II).

4 *C.P.R. Three Cylinder Multi Pressure Engine,* The Engineer *151,* 580 (1931 I).

5 *2-10-4 Type Multi-Pressure Locomotive, Canadian Pacific Railway,* Engineering *131,* 780 (1931 I).

6   Multi-Pressure Three Cylinder Compound Locomotive, Canadian Pacific Railway, Loco 37, Nr. 467, 219–220 (1931).

7   Experimental 2-10-4 High Pressure Compound Locomotive, Canadian Pacific Railway, Ry Gaz. 53, Nr. 19, 706 (1931 I).

8   Amerikanische Hochdrucklokomotive, Dinglers Polytechn. J. 112, Nr. 10, 174 (1931).

9   Development of the Multi Pressure Locomotive, Canadian Pacific Railway, Ry Age 57, 328 (1932 II).

10 1E2-h3v-Hochdrucklokomotive der Canadian Pacific Railway, Organ 87, Nr. 8, 166–167 (1932).

11 Holcroft, C.P.R. Multi-Pressure Locomotive No. 8000, Ry Mech. Eng. 107, Nr. 5, 169 (1933).

12 Canadian Pacific's First 1300 Lb.-Locomotive Shows Large Fuel Saving on heavy Trial Run, Power 74, Nr. 5, 180 (1931).

13 Experimental 2-10-4 High Pressure Compound Locomotive, Canadian Pacific Railway, Ry Eng. 52, Nr. 617, 215 (1931).

3.23.5
Die Lokomotive Betr.-Nr. 800
der New York Central Railroad

1   Poultney, Recent American Locomotive Practice, Ry Eng. 55, Nr. 9, 271–276 (1934).

2   Eine Hochdrucklokomotive für 60 at, Gl. Ann. 116, Nr. 1386, H. 6, 50 (1935 II).

3   Staufer, Steam Power of the New York Central System Volume I, 1915–1955, 155–156.

4   Witte, Wasserstand für Hochdruck-Lokomotiven, Organ 89, Nr. 13, 261 (1934).

3.23.6
Die Lokomotive der Schweizerischen
Lokomotiv- und Maschinenfabrik, Winterthur

1   Buchli, Hochdrucklokomotive Winterthur für 60 at Kesseldruck, SBZ 91, Nr. 22, 265–269; Nr. 23, 280–285 (1928).

2   Nyffenegger, Die 60-at-Hochdrucklokomotive Winterthur, SBZ 97, Nr. 24, 297–298 (1931).

3   Brown, Stationäre Versuche mit dem Hochdruck-Lokomotivkessel und der dazugehörigen Dampfmaschine Bauart Winterthur, Festschrift Prof. Dr. A. Stodola zum 70. Geburtstag (Verlag Orell Füßli, Zürich und Leipzig 1929), S. 44–56.

4   Hochdruck-Dampflokomotive 60 Atm., STZ 3, Nr. 11, 128–129 (1928).

5   Hochdrucklokomotive 60 at der Schweizerischen Lokomotiv- und Maschinenfabrik, Winterthur, STZ 4, Nrn. 25/26, 377–386 (1929).

6   Schweizerische Hochdrucklokomotive, Z. VDI 72, Nr. 11, 385 (1928 I).

7   Die Schweizerische Hochdrucklokomotive Z. VDI 72, Nr. 28, 994–995 (1928 II).

8   Brown, Die Hochdrucklokomotive für 60 at, Bauart Winterthur, Z. VDI 73, Nr. 5, 151–156; Nr. 29, 1037; Nr. 39, 1400; Nr. 47, 1680 (1929 I).

9   SLM-Hochdruck-Dampfmotor für Lokomotiven, Z. VDI 74, Nr. 29, 1008–1009 (1930 II).

10 Buchli, Hochdrucklokomotive der Schweiz. Lokomotiv- und Maschinenfabrik, Winterthur, Organ 65, Nr. 15, 281 bis 289. (1928).

11 Versuchsergebnisse der Hochdrucklokomotive der Lokomotivfabrik Winterthur, Organ 87, Nr. 8, 166 (1932).

12 Hochdruck-Dampflokomotive «Winterthur» 60 atm, Die Lokomotive 25, Nr. 5, 77–81 (1928); 26, Nr. 4, 65 (1929).

13 The Winterthur High-Pressure Steam Locomotive, Loco 34, Nr. 428, 103–106 (1928).

14 High pressure passenger locomotive, Engineering 126, 51–53 (1928 II).

3.23.7
Die Lokomotive Betr.-Nr. 232-P-1
der Französischen Staatsbahn

1   4-6-2 Water Tube Boiler Locomotive with 18 Cylinders, Northern Railway of France, Loco 43, Nr. 540, 242 (1937).

2   Schneider, 2C2 Hochdruck-Lokomotive mit Einzelachsantrieb der SNCF, Die Lokomotive 41, Nr. 7, 127–128 (1944).

3   Nyffenegger, Einzelachs-Hochdruck-Lokomotive für die Französische Staatsbahn, SBZ 128, Nr. 1–6, Nr. 2, 19–23 (1946 II).

4   Chan, Locomotive à Haute Pression à Moteurs Individuels, Type 232-P de la SNCF, Revue 62, Nr. 5, 101–109 (1943).

3.23.8
Die Lokomotive Betr.-Nr. 10 000
der London & North Eastern Railway

1   Gresley, 4-6-2-2 Four Cylinder Compound Locomotive L&N. E. Railway, Engineering 128, 842, 850 (1929 II).

2   Experimental 4-6-4 High Pressure Compound Locomotive L. N. E. R., Ry Gaz. 51, Nr. 24, 944; Nr. 25, 973–976 (1929 II).

3   High Pressure Compound 'Baltic' Type Locomotive, Loco 36, Nr. 449, 1–3 (1930).

4   2' C2-h4v-Hochdrucklokomotive der London and North Eastern Railway, Organ 85, Nrn. 6/7, 186–188 (1930).

5   Neue englische Hochdruck-Dampflokomotive, Z. VDI 74, Nr. 3, 94 (1930 I).

6   Hochdrucklokomotive mit Wasserrohrkessel, London & North Eastern Railway, Monatsschrift 1, Nr. 9, 3260 bis 3264 (1930).

7   High Pressure Locomotives, Ry Gaz. 54, Nr. 5, 153–158 (1931 I).

8   Allen, No. 10 000, in: British Pacific Locomotives (Verlag Jan Allan Ltd., London 1963), S. 37–41.

9   Locomotive No. 10 000, The Engineer 145, Nr. 3981, 149 (1930 II).

10 High Pressure Locomotives, Ry Eng. 52, Nr. 613, 49–59 (1931).
    Siehe auch [2-3, 39; 3.22-1].

3.23.9
Die Lokomotive Betr.-Nr. H 02 1001
der Deutschen Reichsbahn

1   Neuere Bestrebungen im Dampflokomotivbau, in: 75 Jahre Schwartzkopff, hg. am 3. Oktober 1927 von der Berliner Maschinenbau AG, vorm. L. Schwartzkopff.

2   Witte und Wagner, Die 2' C1-Hochdruck-(120 at)Lokomotive der Deutschen Reichsbahn, Z. VDI 74, Nr. 31, 1073–1078; Nr. 33, 1141–1143 (1930 II).

293

3 *Die Schwartzkopff-Löffler-Hochdrucklokomotive der Deutschen Reichsbahn*, Organ *85*, Nrn. 6/7, 109–110 (1930).

4 Fuchs, *Eine neue Hochdrucklokomotive der Deutschen Reichsbahn*, Die Reichsbahn *6*, Nr. 2, 47–53 (1930 I)

5 Doeppner, *Die Schwartzkopff-Löffler-Höchstdruck-lokomotive*, Die Lokomotive *27*, Nr. 9, 157–168; Nr. 10, 179–186 (1930).

6 *Die Hochdrucklokomotive für 100 at Dampfdruck der Deutschen Reichsbahn, Bauart Schwartzkopff-Löffler*, Waggon und Lok *13*, Nr. 5, 71–72 (1930).

7 *Neue Hochdrucklokomotive der Reichsbahn*, Verkehrst. W. *24*, Nr. 20, 291 (1930).

8 *Steigerung des Kesseldruckes auf 120 at bei der Höchst-drucklokomotive, Bauart Schwartzkopff-Löffler*, in: *100 Jahre Deutsche Eisenbahnen – 83 Jahre Schwartzkopff*, hg. 1935 von der Berliner Maschinenbau AG, vorm. L. Schwartzkopff.

9 Witte und Wagner, *Die 2'C1-Hochdruck-(120 at)Lokomotive der Deutschen Reichsbahn*, Monatsschrift *2*, Nr. 3, 233–252 (1931).

10 *Ultra High Pressure Steam Locomotive Schwartzkopff-Löffler System*, Loco *36*, Nr. 449, 24–26, 40 (1930).

11 *German Federal Railway Super Pressure Locomotive*, The Engineer *144*, 371–374 (1930 I).

12 *Locomotive à haute pression, système Schwartzkopff-Löffler*, Revue *47*, Nr. 5, 550–558 (1928 II).

13 *Locomotive Schwartzkopff-Löffler des Chemins de Fer du Reich*, Revue *49*, Nr. 5, 486–488 (1930 I).

14 *Das besondere Bild*, LOK Magazin *1969*, Nr. 37, 296–297.

15 *Ultra High Pressure Locomotive German Railways*, Ry Eng. *51*, Nr. 603, 142–147 (1930).

16 *Locomotive à chaudière Löffler, des Etablissements Schwartzkopff*, Le Génie Civil *96*, Nr. 25, 593–597 (1930).
Siehe auch [2-39].

3.23.10
Die Lokomotive Betr.-Nr. I DM 22
der Lübeck-Büchener Eisenbahn

1 Mauck, *Neue Formen des Dampfantriebes*, Die Reichsbahn *11*, Nr. 15, 460–462 (1935).

2 Bombe, *Lokomotiven und Triebwagen der Lübeck-Büchener Eisenbahngesellschaft*, Hamburger Blätter für alle Freunde der Eisenbahn *12*, Nrn. 3/4/5, 27–45 (1965).

3.23.11
Die Lokomotive Betr.-Nr. 7192
der London, Midland & Scottish Railway

1 Hoole, *Sentinel Locomotives*, Railway World *19*, Nr. 8, 235–240 (1958).

2 Rowledge, *A Little-Known L.M.S. Locomotive*, The Railway Magazine *117*, Nr. 8, 422–423 (1971).
Siehe auch [3.1-10].

3.23.12
Die Lokomotive Betr.-Nr. 230-B-93
der Paris-Lyon-Mittelmeer-Bahn

1 *Velox-Lokomotive*, Brown-Boveri-Mitteilungen *23*, Nrn. 1/2, 65–66 (1936).

2 *Velox-Lokomotive*, Brown-Boveri-Mitteilungen *26*, Nrn. 1/2, 43; Nrn. 4/5, 115 (1939).

3 *Eine Dampflokomotive mit Velox-Kessel in Frankreich*, Die Wärme *62*, Nr. 10, 387 (1939).

4 v. Kirchbach, *Französische Lokomotive mit Velox-Kessel*, Organ *94*, Nr. 19, 381–382 (1939).

5 Kinkeldei, *Dampflokomotive mit Veloxkessel*, Die Lokomotive *36*, Nr. 4, 105 (1939).

6 *Lokomotive mit Veloxkessel*, Gl.Ann. *63*, Nr. 15, 213 (1939 I).

7 *Possibilities of Velox Boiler for Locomotives*, Ry Gaz. *69*, Nr. 22, 895–910 (1938 II).

8 *French Locomotive with Velox Boiler*, Ry Gaz. *70*, Nr. 13, 544–546 (1939 I).

9 Born, *Dampflokomotive mit Veloxkessel*, Z.VDI *84*, Nr. 2, 40 (1940).

10 *Neue Dampflokomotive in Frankreich*, Bahn-Ing. *57*, Nr. 45, 565–566 (1940).

11 Kinkeldei, *Die Velox-Dampflokomotive als Vorläuferin der Gasturbinenlokomotive*, Die Lokomotivtechnik *77*, Nr. 9, 137–140 (1953).

12 Chan, *Locomotive à Chaudière Velox de la SNCF*, Revue *58*, Nr. 6, 417–433 (1939).

13 *La Locomotive 230, à Chaudière Velox*, Le Genie Civil *115*, Nr. 2, 25–30 (1939 II).

3.23.13
Die Lokomotive Betr.-Nr. V5-01
der Russischen Staatsbahn

Siehe dazu [2-23, 24; 3.32-3].

3.23.14
Die Lokomotive Betr.-Nr. H 45 024
der Deutschen Reichsbahn

1 Töpelmann und Döppner, *Neuentwickelte Fahrzeuge der VVB LOWA*, Die Technik *6*, Nr. 7, 313–317 (1951).

2 *La-Mont-Lokomotive auf der Leipziger Messe 1951*, Gl.Ann. *75*, Nr. 6, 133 (1951).
Siehe auch unter [2-38, 72].

3.23.15
Die Lokomotive Betr.-Nr. 1400
der Delaware & Hudson Railroad

1 *Delaware & Hudson Christens New Locomotive*, Ry Age *77*, 1071–1072 (1924 II).

2 *D&H High Pressure Locomotive*, Ry Age *78*, 353–356 (1925 I).

3 *High Pressure Compound 2-8-0 Type Locomotive*, Engineering *119*, 381–382 (1925 I).

4 *High Pressure Consolidation Freight Locomotive, Delaware & Hudson Company, USA*, Loco *31*, Nr. 393, 144–145 (1925).

5 Poultney, *Two Remarkable Locomotives*, The Engineer *140*, 370–371 (1925 II).

6 Hansmann, *Eine amerikanische Hochdrucklokomotive für 24,5 Atm Dampfdruck*, Verkehrstechnik *1925*, Nr. 30, 579–581.

7 *Hochdrucklokomotive der Delaware- und Hudson-Bahn*, Z.VDI *69*, Nr. 42, 1334–1335; Nr. 44, 1393 (1925 II).

8 *1D-h2v-Hochdrucklokomotive der Delaware- und Hudson-Bahn*, Organ *80*, Nr. 17, 327–328 (1925).

9 *Eine Vereinigung von Lokomotivkesseln mit stationärem Wasserrohrkessel,* Gl.Ann. *98,* Nr.1166, H.2, 30–31 (1926 I).
10 *Die 1D-Hochdruck-Verbundlokomotiven der Delaware & Hudson Eisenbahn,* Die Lokomotive *24,* Nr.9, 159 bis 160 (1927).
11 *Hochdruckdampf bei amerikanischen Lokomotiven,* Waggon und Lok *13,* Nr.21, 331 (1930).
12 *Amerikanische Hochdrucklokomotive,* Z.VDI *71,* Nr.35, 1237–1238 (1927 II).
13 Morgan, *Loree's Locomotives,* Trains *1952,* Nr.7, 20–25.
14 Shaugnessy, *Delaware & Hudson* (Verlag Howell North Books, Berkeley, Cal. 1967).
Siehe auch [2-39].

3.23.16
Die Lokomotive Betr.-Nr.1401
der Delaware & Hudson Railroad

1 *The 'John B. Jervis' – A High Pressure Locomotive,* Ry Mech. Eng. *101,* Nr.4, 207–211 (1927).
2 *The D&H Receives a Second High Pressure Locomotive,* Ry Age *82,* 893–895 (1927 I).
3 Poultney, *New High-Pressure Steam Locomotive for the Delaware & Hudson Railroad,* Loco *34,* Nr.428, 106 bis 109 (1928).
4 *Amerikanische Lokomotiven mit hohem Dampfdruck,* STZ *3,* Nr.31, 389 (1928).
5 *Die zweite 1D-h2v-Hochdrucklokomotive der Delaware- und Hudson-Bahn,* Organ *82,* Nr.13, 249 (1927).
6 *Motive Power, Passenger, Freight and Work Equipment 1926–1936, Delaware and Hudson,* hg.v. der Delaware & Hudson Railroad, 1936.
Siehe auch [2-39; 3.23.15-10–14].

3.23.17

Die Lokomotive Betr.-Nr.1402
der Delaware & Hudson Railroad

1 *Third High Pressure Locomotive on Delaware & Hudson,* Ry Age *89,* 143–147 (1930 II).
2 *High-Pressure Locomotive, Delaware & Hudson Railroad,* Loco *36,* Nr.458, 326–328 (1930).
3 *A New Two Cylinder High Pressure Compound Locomotive,* Ry Gaz. *53,* Nr.8, 249–250 (1930 II).
4 *High Pressure Compound Locomotive for the Delaware & Hudson Railroad,* Engineering *130,* 737–738, 798 (1930 II).
5 *Hochdrucklokomotive der Delaware & Hudson-Bahn,* Waggon und Lok *14,* Nr.7, 108 (1931).
6 *Amerikanische Mitteldrucklokomotiven,* Die Lokomotive *28,* Nr.3, 41–42 (1931).
7 *Die dritte 1D-h2v-Hochdrucklokomotive der Delaware & Hudson Railroad,* Organ *87,* Nr.20, 426 (1931).
8 *Eine neue Hochdrucklokomotive der Delaware- und Hudson-Eisenbahn,* Verkehrst.W. *24,* Nr.50, 724 (1930).
9 *The «James Archibald» High Pressure Locomotive,* Ry Eng. *52,* Nr.612, 20–26 (1931).
10 *Les Locomotives à haute pression du Delaware & Hudson Railway,* Technique Moderne (Paris) *23,* Nr.7, 225–227 (1931).
Siehe auch [2-39; 3.23.15-13, 14; 3.23.16-6].

3.23.18
Die Lokomotive Betr.-Nr.1403
der Delaware & Hudson Railroad

1 *Delaware & Hudson Develops Fourth High Pressure Locomotive,* Ry Age *94,* 854–857 (1933 I).
2 *High Pressure Triple Expansion Locomotive,* Ry Gaz. *58,* Nr.23, 774–775 (1933 I).
3 *Neue amerikanische Hochdrucklokomotive,* Z.VDI *77,* Nr.19, 510–511 (1933 I).
4 *2-D-Vierzylinder-Dreifach-Verbund-Güterzuglokomotive der Delaware- und Hudson-Bahn,* Die Lokomotive *31,* Nr.3, 41–43 (1934).
5 Lübsen, *Neue Mitteldrucklokomotive der Delaware & Hudson Railroad,* Organ *88,* Nr.19, 383 (1933).
6 *2-D-Hochdruck-Vierzylinder-Dreifachverbundlokomotive der Delaware & Hudson,* Organ *89,* Nr.4, 80–81 (1934).
7 Poultney, *Delaware & Hudson High-Pressure Triple Expansion Locomotive,* Ry Eng. *54 (1933),* Nr.644, 283, 302–303.
8 *4-8-0 Four Cylinder Triple Expansion Locomotive,* Loco *39,* Nr.492, 227–229 (1933).
9 *Locomotive à haute pression du Delaware & Hudson Railroad,* Revue *53,* Nr.2, 211–214 (1934).
Siehe auch [2-39; 3.23.15-13, 14; 3.23.16-6].

3.23.19
Die Lokomotiven der Kolumbischen Staatsbahn

1 *Six-engined 'Sentinel' Steam Locomotives for Columbia,* Loco *40,* Nr.503, 198–202 (1934).
2 *A Multi Engined Locomotive,* The Engineer *157,* 599 bis 603 (1934 I).
3 *Eine Dampflokomotive mit Einzelachsantrieb,* Monatsschrift *6,* Nr.5, 607–622 (1935).
4 *Nouvelles Locomotives Sentinel pour l'Amérique du Sud,* Revue *53,* Nr.6, 456–460 (1934).
Siehe auch [2-39].

3.24
Nicht ausgeführte Hochdruckdampflokomotiven

1 Wiesinger, *Die Entwicklung der Hochleistungslokomotive Bauart Wiesinger,* Gl.Ann. *100,* Nr.1193, H.5, 69–78 (1927 I).
2 *High Efficiency Locomotive 'Wiesinger System',* Loco *35,* Nr.445, 299–300 (1929).
3 *Hochdrucklokomotive Bauart Wiesinger,* Z.VDI *74,* Nr.3, 90–91 (1930 I).
4 *Projets de Locomotive à Vapeur 60 kg/cm², Système Wiesinger,* Le Génie Civil *1929,* Nr.2431, 266.
5 Imfeld, *Die Turbine auf der Lokomotive,* in: *Festschrift für Prof. Dr. A. Stodola zum 70. Geburtstag* (Verlag Orell Füßli, Zürich und Leipzig 1929).
6 *Proposed Design for High Pressure Condensing Locomotive,* Ry Gaz. *59,* Nr.18, 694 (1933 I).
7 *Bugatti Super-Pressure Locomotive for the PLM,* Ry Gaz. *62,* Nr.20, 973 (1935 I).
8 *Increasing the Power of Steam Locomotives,* Ry Gaz. *64,* Nr.19, 903–904 (1936 I).
9 *A New High-Pressure Boiler Design,* Ry Gaz. *89,* Nr.2, 33 (1948 II).

3.3
Dampfmotorlokomotiven

3.31
*Lokomotivantrieb durch die Kolbendampfmaschine –
Allgemeines*

1 Schöning, *Das Schlingerproblem an Eisenbahnfahrzeugen*, Organ *97*, Nrn. 15/16, 209–239; Nrn. 17/18, 245 bis 268 (1942); *98*, Nrn. 13/14, 204–210 (1943). – Gl.Ann. *66*, Nr. 23, 257–265; Nr. 24, 269–278 (1942); *67*, Nr. 1, 1–9; Nr. 2, 13–18 (1943).

2 Schöning, *Über Zuckschwingungen an Dampflokomotiven*, Gl.Ann. *65*, Nr. 17, 233–241 (1941).

3 Nordmann, *Die Reibung zwischen Rad und Schiene bei der Lokomotive*, Gl.Ann. *65*, Nr. 23, 289–298; Nr. 24, 309–315 (1941).

4 Plett, *Massenkräfte und deren Ausgleich im Triebwerk von Lokomotiven*, Die Lokomotivtechnik *88*, Nr. 4, 82 bis 86 (1964).

5 *The Metallurgy of a High Speed Locomotive*, Ry Gaz. *68*, Nr. 7, 303–311; Nr. 8, 366–370 (1938 I).

6 *The Forged Locomotive Rods*, The Iron Age (4. Februar 1937).

7 Buckwalter und Horger, *Modern Locomotive and Axle Testing Equipment*, ASME Transactions *59*, April, 225 bis 238 (1937); Z.VDI *82*, Nr. 30, 891–892 (1938 II).

8 Meinecke, *Massenausgleich und gekapselte Steuerung*, Z.VDI *76*, Nr. 9, 202 (1932 I).

9 Buckwalter und Horger, *Locomotive Slipping Tests*, Ry Mech. Eng., Nrn. 3/4 (1939).

10 *Rail Damage and the Relation of Locomotive Thereto*, Ry Age *104*, Nr. 15, 653–657 (1938 I).

11 *Relation of Locomotive Design to Rail Maintenance*, Ry Age *106*, Nr. 12, 513–520 (1939 I).

12 Krauß, *Oberbau und Lokomotiven*, Verkehrst. W. *31*, Nr. 34, 416–420 (1937).

13 *Triebstangen aus Duralumin*, Organ *90*, Nr. 2, 39 (1935).

14 Templin, *Spannungsverteilung in Aluminium-Kuppelstangen*, Monatsschrift *7*, Nr. 1, 112–121 (1936).

15 Lehr, *Dynamische Dehnungsmessungen an einer Lokomotiv-Pleuelstange*, Z.VDI *82*, Nr. 19, 541–545 (1938 I).

16 Johansen, *Cinematographic Studies of the Motion of Railway Vehicle Wheels*, Engineering *166*, Nr. 4321, 500 bis 503 (1948 II).

17 Weirich und Wißmann, *Genaue Ermittlung der Massendrücke in Lokomotiv-Steuerungsgetrieben*, Gl.Ann. *77*, Nr. 2, 25–35 (1953).

18 Prussak, *Dynamische Kennlinien für Dampflokomotiven*, DET *6*, Nr. 8, 385–395 (1958).

19 Linder, *Die Beanspruchung der Triebstangenlager der Dampflokbaureihe 50 (der Deutschen Reichsbahn)*, Der Eisenbahningenieur *5*, Nr. 4, 87–90 (1954).

20 Neesen, *Theorie und Praxis*, Gl.Ann. *66*, Nr. 10, 108–111 (1942).

21 Witte, *Einzelachsantrieb bei Dampflokomotiven*, Gl.Ann. *121*, Nr. 1441, H. 1, 9–15 (1937 II).

22 Roosen, *Der Einzelachsantrieb bei Dampflokomotiven*, Z.VDI *87*, Nrn. 7/8, 89–102 (1943).

23 Pawelka, *Die Ungleichförmigkeit der Übertragung bei Gelenkkupplungen für Einzelachsantrieb*, Gl.Ann. *63*, Nr. 23, 297–300 (1939).

24 *Individual Axle Drive for High Speed Locomotives*, Ry Gaz. *66*, 655 (1937 I).

25 Günther, *Dampflokomotiven für hohe Fahrgeschwindigkeiten*, Gl.Ann. *121*, Nr. 1447, H. 7, 105–109 (1937 II).

26 Liechty, *Die Lokomotive für große Fahrgeschwindigkeiten und ihre Vorgeschichte* (Verlag A. Francke AG, Bern 1939).

27 *TIMKEN Roller Bearing Locomotive*, Ry Mech. Eng. *104*, Nr. 6 (1930).

28 *Roller-Bearing Rods in Passenger Service Over a Year*, Ry Mech. Eng. *109*, Nr. 12 (1935).

29 Bode, *Die Rollenachslager der Deutschen Reichsbahn*, Verkehrst. W. *32*, Nr. 40, 489–498 (1938).

30 Illmann und Obst, *Wälzlager in Eisenbahnwagen und Dampflokomotiven* (Verlag Wilhelm Ernst & Sohn, Berlin 1957).

31 Meinecke, *Zur Geschichte der Gleichstrom-Dampflokomotive*, Organ *88*, Nr. 12, 235–238 (1933).

32 Meinecke, *Die Gleichstrom-Dampflokomotive*, Gl.Ann. *71*, Nr. 1, 1–4 (1947).

33 Pierson, *Gleichstrom-Dampflokomotiven der K.P.E.V.*, LOK Magazin *1970*, Nr. 43, 288–295.

34 Johnson, *The Four Cylinder Duplex Locomotive as Built for the Pennsylvania Railroad*, Vortrag am 17. Mai 1945 vor dem New York Railroad Club, hg. als Sonderdruck der Baldwin Locomotive Works.

35 Roosen und Barske, *Neuartiger Einzelachsantrieb für schnellaufende Dampflokomotiven*, Henschel-Hefte, Nr. 15, 27–34 (1938).

36 Lentz, *Entwicklung der Dampfmaschine zum schnelllaufenden Dampfmotor*, Deutsche Technik *8*, Nr. 6, 230–232 (1940).

37 *Der Dampfmotor Bauart Lentz*, Die Wärme *63*, Nr. 37, 322 (1940).

38 Möbus, *Der neue Lentz-Einheits-Dampfmotor*, Verkehrstechnik *21*, Nr. 8, 123 (1940).

39 Marschall, *Zur Frage des Achsantriebes von Dampflokomotiven*, Gl.Ann. *74*, Nr. 7, 122–125 (1950).

40 Closterhalfen, *Zur Dynamik der Dampflokomotiven*, Hanomag-Nachrichten *11*, Nrn. 124/125, 13–48 (1924); *12*, Nrn. 143/144, 167–168 (1925).

41 Severin, *Entwicklung der Dreizylinder-Lokomotiven*, Hanomag-Nachrichten *11*, Nr. 127, 73–92 (1924).

42 Schneider, *Erwärmung der Triebstangenlager von Schnellzuglok*, Organ *89*, Nr. 8, 155–157 (1934).

43 Witte, *Verwendung von Rollenlagern an Lokomotiven und Tendern bei den amerikanischen Bahnen*, Organ *89*, Nr. 8, 157–158 (1934).

3.32
Übersichten

1 Lübsen, *Dampflokomotiven mit Einzelachsantrieb*, Organ *95*, Nr. 10, 162 (1940).

2 *Dampflokomotiven mit Einzelachsantrieb*, Neue Zürcher Zeitung vom 17. Dezember 1941.

3 Kinkeldei, *Der Einzelachsantrieb von Dampflokomotiven*, Die Lokomotive *39*, Nr. 8, 125–128 (1942).

4 Kästner, *Rückblick auf die Entwicklung der Dampfmotorlokomotive*, LOK Magazin *1965*, Nr. 11, 8–19.

5 *Henschel und die Schnellfahrlokomotive*, hg. 1965 von Rheinstahl Henschel AG, Kassel.
Siehe auch [2-39; 3.31-22].

296

3.33
Ausgeführte Dampfmotorlokomotiven

3.33.1
Die Lokomotive von Heilmann

1 *Versuche mit J.J. Heilmann's elektrischer Locomotive,* Organ *31,* Nr.1, 41–42 (1894).
2 *Die elektrische Versuchs-Locomotive der französischen Nordbahn,* Organ *31,* Nr.4, 142–143 (1894).
3 *Versuchsergebnisse der elektrischen Locomotive von Heilmann,* Organ *31,* Nr.6, 239–240 (1894).
4 Freytag, *Elektrische Lokomotiven,* Dinglers Polytechn. J. *75,* Nr.12, 276–280 (1894 I).
4 Brünig, *Heilmanns elektrische Lokomotive,* Z.VDI *38,* Nr.30, 897–902 (1894 II).
6 *Elektrische Lokomotive System Heilmann,* ETZ *18,* Nr. 14, 205; Nr.21, 293 (1894).
7 Du Riche-Preller, *100 ton Electrical Locomotive, Heilmann's System,* Engineering *55,* 772–774, 794–799, 806–807, 834–836 (1893 I).
8 Leseur, *La Locomotive Electrique, Système J.J. Heilmann,* Le Génie Civil *24,* Nr.16, 254–255 (1894 I).
9 *Die Heilmannsche Lokomotive,* Z.VDI *40,* Nr.15, 418 (1896 I).
10 *Die elektrische Lokomotive von Heilmann,* Gl.Ann. *40,* Nr.476, 155–157 (1897 I).
11 Hutt, *Aus der Geschichte des Einzelachsantriebes,* BBC-Nachrichten *21,* Nrn.1/2, 44–45 (1934).
Siehe auch [2-39].

3.33.2
Die Lokomotiven Betr.-Nrn.8000 und 8001 der französischen Westbahn

1 *Neue elektrische Lokomotive System Heilmann,* ETZ *18,* Nr.15, 223 (1897).
2 *Trials of the Heilmann Electric Locomotive,* The Engineer *84,* 505 (1897 II).
3 Waskowsky, *Die neueren Heilmann-Lokomotiven,* ETZ *22,* Nr.4, 64–67 (1898).
4 *Travelling Power Stations,* Loco *41,* Nr.510, 59–61 (1935).
5 *Die erste Gasturbinenlokomotive,* Brown-Boveri-Mitteilungen *29,* Nr.5, 116 (1942).
6 Spielmann, *Jean Jaques Heilmann und die dampf-elektrische Lokomotive,* LOK Magazin *1966,* Nr.18, 15–22.
Siehe auch [2-39].

3.33.3
Die Lokomotive Betr.-Nr.2299 der Midland Railway

1 *The 'Paget' Locomotive,* The Railway Magazine *92,* Nr.561, 38–39 (1946).
2 Casserly, *The Historic Locomotive Poketbook* (Verlag B.T. Batsford Ltd., London 1960), S.202–203.
3 Born, *Eine frühe Lokomotive mit Einzelachsantrieb,* Die Lokomotive *37,* Nr.12, 177 (1940).
4 Clayton, *The 'Paget' Locomotive,* Ry Gaz. *83,* 444 bis 451 (1945 II).
5 Leech, *Midland Railway 8 cyl. 2-6-2 No.2299,* Journal of the Stephenson Locomotive Society, Nr.4, 50–53 (1945). – Ry Gaz. *83,* 451–453 (1945 II).
Siehe auch [2-2, 39].

3.33.4
Die Lokomotiven Betr.-Nrn.276–279 der Ägyptischen Staatsbahn

1 *Sentinel Geared Steam Locomotives, Egyptian State Railways,* Loco *44,* Nr.548, 103–105 (1938).
2 *New Sentinel Locomotives for the Egyptian State Railways,* Ry Gaz. *68,* Nr.9, 419–422 (1938 I).
3 *Eine englische Dampflokomotive mit Einzelachsantrieb,* SBZ *112,* Nr.9, 107 (1938 II).
4 *Dampflokomotiven mit Einzelachsantrieb,* Die Lokomotive *37,* Nr.3, 34 (1940).
5 Lübsen, *Dampflokomotiven mit Einzelachsantrieb,* Organ *95,* Nr.10, 162 (1940).
Siehe auch [2-39].

3.33.5
Die Lokomotive Betr.-Nr.71 der Lübeck-Büchener Eisenbahn

1 *Die Lokomotive Nr.77 1001 der Deutschen Reichsbahn,* Gl.Ann. *71,* Nr.11, 218 (1947).
2 Bombe, *Lokomotiven und Triebwagen der LBE,* Hamburger Blätter *12,* Nrn.3/4/5, 42 (1965).
3 Kästner, *Seltene Fotos im LOK Magazin,* LOK Magazin *1971,* Nr.47, 638–639.

3.33.6
Die Lokomotive Betr.-Nr.19 1001 der Deutschen Reichsbahn

1 *25000. Henschel-Lokomotive,* Die Lokomotive *38,* Nr.7, 114 (1941).
2 *Lokomotive mit Einzelachsantrieb,* Z.VDI *85,* Nr.30, 661 (1941).
3 *Übergabe der Henschel-Lokomotive Fabrik-Nr.25000,* Organ *96,* Nr.18, 291–292 (1941).
4 *Übergabefeier der Lokomotive Fabrik-Nr.25000,* Bahn-Ing. *58,* Nr.28, 339 (1941).
5 Pawelka, *Die Ungleichförmigkeit der Übertragung bei Gelenkkupplungen,* Gl.Ann. *63,* Nr.23, 297–300 (1939).
6 *Die Henschel-Einzelachsantriebs-Lokomotive,* Henschel-Lokomotiv-Taschenbuch, Ausgabe 1952, S.249, 391.
7 Roosen, *Schnellzugslokomotive mit Einzelachsantrieb Betr.-Nr.19 1001 der Deutschen Reichsbahn,* TR *49,* 1957, Nr.8, 5–7.
8 Kübler, *Die Dampf-Schnellzuglokomotive Nr.19 1001 mit Einzelachsantrieb,* moderne eisenbahn *3,* Nr.17, 16–17 (1965).
9 Troche, *Die Stromlinien-Schnellzug-Lokomotive mit Einzelachsantrieb Betriebsnummer 19 1001 der Deutschen Reichsbahn,* Jahrbuch für Eisenbahngeschichte, Bd.5, S.5–32 (1972) (Herausgeber Deutsche Gesellschaft für Eisenbahngeschichte e.V., Karlsruhe).
Siehe auch [2-10, 11, 39, 68].

3.33.7
Die Lokomotive Betr.-Nr.221-TQ-1 der Französischen Staatsbahn

Siehe dazu [2-39; 3-17, 18].

3.33.8
Die Lokomotiven Betr.-Nrn. 36 001–36 004
der British Railways

1 *Steam Locomotives Problems and Possibilities,* The Railway Digest, Summer, S. 11–13 (1947).
2 Bulleid, *Locomotives, Presidential Address,* Proceedings of the Institution of Mechanical Engineers, Vol. 156, S. 1 (1947).
3 *Converted Brighton Atlantic Locomotive,* Ry Gaz. *90,* Nr. 3, 73 (1949 I).
4 Robinson, *A Revolutionary Locomotive,* The Railway Digest, Spring, S. 14–15 (1949).
5 *Some Work on British Railways in 1949,* The Engineer *189,* Nr. 4902, 26–29 (1950 I).
6 *Locomotive and Rolling Stock Developments in Great Britain,* Mechanical Engineering *72,* Nr. 6, 455–461 (1950).
7 *CC-Schnellzug-Tenderlokomotive der Britischen Eisenbahnen,* Gl.Ann. *74,* Nr. 8, 155 (1950).
8 Casserly, *The Historic Locomotive Pocket Book* (Verlag B. T. Batsford Ltd., London 1960), S. 250–251.
9 Sean Day-Lewis, *Bulleid – Last Giant of Steam* (Verlag George Allen & Unwin Ltd., London 1964, 1968), S. 214–230.
Siehe auch [2-39].

3.33.9
Die Lokomotive Betr.-Nr. CC1
der Irischen Staatsbahn

1 *Turf Burning Experimental Locomotive,* Ry Gaz. *107,* Nr. 21, 586, 611 (1958 I).
2 *La Première Locomotive à Tourbe,* Vie du Rail *1957,* Nr. 617, 10.
3 *Quelques Nouvelles des Chemins de Fer de l'Irlande,* Revue de l'Association des Amis des Chemin de Fer, (1959) Sept./Okt., Nr. 218, S. 152.
4 Sean Day-Lewis, *Bulleid – The Last Giant of Steam* (Verlag George Allen & Unwin Ltd., London 1964, 1968), S. 272–278.
5 Boocock, *Irish Railway Album* (Verlag Jan Allan Ltd., London 1968).
6 J. W. P. Rowledge, *The Turf Burner,* hg. v. der Irish Railway Record Society, 1971.
Siehe auch [2-39].

3.34
Nicht ausgeführte Dampfmotorlokomotiven

1 Wittfeld, *Lokomotiven mit veränderlicher Übersetzung,* Gl.Ann. *92,* Nr. 1093, H. 1, 2–5 (1923 I). – Organ *78,* Nr. 9, 189 (1923).
2 *Projets de Locomotives à Vapeur pour Services rapides,* Revue *53,* 552–556 (1934).
3 Grime, *The Development of the Geared Steam Locomotive,* Ra Gaz. *52,* Nr. 6, 190–191 (1930 I). – Z.VDI *74,* Nr. 9, 286 (1930 I).
4 *A 16 Cylinder Locomotive,* Ry Gaz. *67,* Nr. 15, 606–607 (1937 II).
5 *Sixteen Cylinder 4-8-4 Locomotive, Baltimore & Ohio Railroad,* Loco *43,* Nr. 542, 311–312 (1937).
6 *Neue 16-Zylinder-Lokomotive mit gleichbleibendem Drehmoment,* Entwurf der Baltimore- und Ohio-Eisenbahngesellschaft, Monatsschrift *8,* Nr. 11, 2642–2644 (1937).

7 *B&O to Build 16-Cylinder Locomotive,* Ry Age *103,* Nr. 13, 428 (1937 II).
8 Witte, *Dampflokomotive mit Einzelachsantrieb der Baltimore & Ohio Bahn,* Verkehrst. W. *32,* Nr. 9, 100 (1938).
9 *La Locomotive à 16 Cylinders du Baltimore and Ohio,* Les Chemins de Fer et les Tramways, Nr. 1 (1938).
10 Lübsen, *Dampflokomotiven mit Einzelachsantrieb,* Organ *95,* Nr. 10, 162; Nr. 14, 236 (1940).
11 *Einzelachsantrieb für Dampflokomotiven,* Das Eisenbahnwerk *21,* Nr. 11, 49–52 (1942).
12 Eckhardt, *Einheitslokomotiven mit Dampfmotor für Normalspur,* Gl.Ann. *73,* Nr. 2, 31–35 (1949).
13 Eckhardt, *Einheitslokomotiven mit Dampfmotorantrieb für größere Leistungen,* DET *3,* Nr. 1, 29–37 (1955).
14 Sagle und Staufer, *B&O Power – Steam, Diesel and Electric Power of the Baltimore and Ohio Railroad 1829–1964* (The Standard Printing and Publishing C. of Carrollton, Ohio 1964).
15 Buchli, *Anregungen zu neuzeitlichen Dampflokomotiven,* SBZ *108,* Nr. 11, 113–117 (1936 II).
16 Günther, *Beuth-Aufgabe 1942,* Organ 98, Nrn. 13/14, 210–214 (1943).
17 Hofbauer, *Lokomotiven in der Schublade – Die Vorentwürfe für Schnellfahrlokomotiven der DR,* LOK Magazin *1971,* Nr. 46, 529–542.
18 Ewald, *Zum Thema «Schubladenentwürfe»,* LOK Magazin *1973,* Nr. 58, 19–23.
Siehe auch [3.31-22].

3.4
Dampfturbinenlokomotiven

3.41
Allgemeines

1 Martens, *Dampfturbinen als Lokomotivantrieb,* Dinglers Polytechn. J. *86,* Nr. 29, 455–456 (1905).
2 Langen, *Dampfturbinenlokomotiven,* Dinglers Polytechn. J. *88,* Nr. 36, 575 (1907).
3 Lorenz, *Dampflokomotiven mit Kondensation,* Gl.Ann. *92,* Nr. 1097, H. 5, 69–79 (1923 I); *94,* Nr. 1119, H. 3, 25–31 (1924 I).
4 Lösel, *Die Hochdruckturbine und ihre Bedeutung für den Lokomotivbau,* Dinglers Polytechn. J. *105,* Nr. 19, 192 bis 193 (1924).
5 Post, *Zur Frage der Turbolokomotive,* Z.VDI *68,* Nr. 13, 302–304 (1924 I).
6 Wagner, *Die Turbolokomotive, ihre Wirtschaftlichkeit, Bauart und Entwicklung,* Organ *79,* Nr. 1, 1–8; Nr. 2, 25–34 (1924).
7 Lorenz, *Dampfturbinenlokomotiven mit Kondensation,* Die Eisenbahntechnische Tagung und ihre Ausstellungen 1924 (VDI Verlag GmbH, Berlin 1925).
8 *Turbinenlokomotiven,* Die Lokomotive *25,* Nr. 1, 5–11 (1928).
9 Nyffenegger, *Schwingungen im Triebwerk von Turbolokomotiven,* Festschrift für Prof. Dr. A. Stodola zum 70. Geburtstag (Orell Füßli Verlag, Zürich und Leipzig 1929).
10 Imfeld, *Die Turbine auf der Lokomotive,* Festschrift für Prof. Dr. A. Stodola zum 70. Geburtstag (Orell Füßli Verlag, Zürich und Leipzig 1929).
11 Lysholm, *Piston Engine and Steam Turbine as Prime Movers for Locomotives.*

12 Newton, *Torque Characteristics of Steam Turbines,* Westinghouse Engineer *8,* Nr. 4, 119–121 (1948).

13 *Beachtenswerte Erwägungen für den Entwurf kohlegefeuerter Dampfturbinenlokomotiven,* Gl.Ann. *72,* Nr. 12, 191 (1948).

14 Kreuter, *Das Verhalten von Dampfturbinen axialer Bauart bei starken Drehzahländerungen,* BWK *8,* Nr. 1, 16–22 (1956).

3.42
Übersichten

1 Ruegger, *Die Dampfturbine als Lokomotivantrieb,* SBZ *82,* Nr. 23, 299–303 (1923 II).

2 Ruegger, *Weitere Aussichten für die Verwendung der Dampfturbine als Lokomotivantrieb,* SBZ *87,* Nr. 2, 20 bis 24; Nr. 3, 34–37; Nr. 7, 94 (1926 I).

3 *Locomotives of 1924,* The Engineer *139,* 9–10 (1925 I).

4 *The Turbine Condenser Locomotive,* The Beyer-Peacock Quarterly Review *1,* Nrn. 1–4 (1927).

5 *Ljungström Turbine Locomotives,* Ry Age *85,* 315 (1928 II).

6 Page, *Steam Turbine Locomotives,* Committee Report for the 20th Annual Meeting International Railway Fuel Association, Chicago 1928.

7 Lübsen, *Turbinenlokomotiven Bauart Ljungström,* Die Lokomotive *29,* Nr. 5, 79–82 (1932).

8 Burmeister, *Die Entwicklung der Turbinenlokomotive in Deutschland,* Gl.Ann. *117,* Nr. 1400, H. 8, 75–82 (1935 II); Monatsschrift *7,* Nr. 4, 453–464 (1936).

9 Belluzzo, *La Turbina a Vapore Applicata alla Trazione,* L'Elettrotecnica *18,* Nr. 18, 421–429 (1931).

10 Dolengo-Kozerovsky, *The Development of Turbo-Locomotives,* Mechanical Engineering *51,* Nr. 2, 133–141 (1929 I).

11 Robinet, *Les Locomotives à Turbine à Vapeur,* Revue 67, Nr. 1, 1–22 (1948).

12 *Steam Turbine Locomotives,* Ry Gaz. *95,* Nr. 8, 201 (1951 II).

13 Messerschmidt, *Dampfturbinenlokomotiven – Ein Rückblick auf Konstruktionen des In- und Auslandes,* Die Lokomotivtechnik *79,* Nr. 12, 202–207 (1955).

14 Messerschmidt, *Vergessene italienische Dampfturbinenlokomotiven,* Eisenbahn *19,* Nr. 2, 31–32 (1966).

15 Stoffels, *Fünfzig Jahre Dampfturbinenlokomotiven,* Jahrbuch für Eisenbahngeschichte, Bd. 1, S. 7–65 (1968) (Herausgeber Deutsche Gesellschaft für Eisenbahngeschichte e.V., Karlsruhe 1968).

16 Sachs, *Dampf-Turboelektrische Triebfahrzeuge,* in: *Elektrische Triebfahrzeuge,* Bd. II (Verlag Huber & Co., Frauenfeld 1953), S. 651–653.

17 Ostendorf, *Dampfturbinenlokomotiven* (Frankhsche Verlagshandlung, Stuttgart 1971).
Siehe auch [2-3, 15, 39; 3-19].

3.43
Abdampfkondensation auf Fahrzeugen

1 *Dampflokomotiven mit Kondensation,* Organ *78,* Nr. 6, 122–124 (1923).

2 Pfaff, *Kolbendampfmaschinen-Lokomotive mit Kondensation,* Z.VDI *68,* Nr. 38, 997 (1924 II).

3 Roosen, *Abdampfkondensation durch Luftkühlung,* Forschung des Ingenieurwesens *8,* Nr. 2 (1937); Z.VDI *81,* Nr. 51, 1477–1478 (1937 II).

4 Naumann, *Zur Kondensationsfrage bei Schnellfahrlokomotiven,* Gl.Ann. *66,* Nr. 8, 179–183 (1942).

5 Kalisch, *Der Energieverbrauch für die Dampfkondensation auf schnellfahrenden Lokomotiven,* Organ *99,* Nrn. 9/10, 121–126 (1944).

6 Kalisch, *Kondensation und Lokomotivgestaltung,* Gl. Ann. *72,* Nr. 8, 119–124 (1948).

7 Roosen, *Zur Frage des Dampflokomotivbetriebes für die Trans-Sahara-Bahn «Mediterranee-Niger»,* Organ *97,* Nr. 11, 157–161 (1942).

8 Lorenz, *Dampflokomotiven mit Kondensation,* Kruppsche Monatshefte *4,* Nr. 1, 8–24 (1923).
Siehe auch [3.41-3, 6, 7].

3.44
Ausgeführte Dampfturbinenlokomotiven

3.44.1
Die Lokomotive von Belluzzo

1 *Die erste Dampfturbinen-Lokomotive,* Die Lokomotive *7,* Nr. 7, 168 (1910).

2 *Turbinenlokomotive,* Z.VDI *54,* Nr. 41, 1750–1751 (1910 II).

3 *Dampfturbinentriebwerke für Lokomotiven,* SBZ *56,* Nr. 13, 174–175 (1910 II).

4 *Dampfturbinentriebwerke für Lokomotiven,* Z.VDI *55,* Nr. 12, 474 (1911 II).

5 *Die erste Lokomotive mit Dampfturbinenantrieb,* Z.VDI *65,* Nr. 50, 1294 (1921 II).

6 *Lokomotive mit Dampfturbine,* Organ *77,* Nr. 7, 108 (1922).

7 *A Turbine Shunting Locomotive,* Engineering *112,* Nr. 2909, 477 (1921 II).

8 *An Early Steam Turbine Locomotive,* Engineering *112,* Nr. 2917, 728, 730 (1921 II).
Siehe auch [2-39].

3.44.2
Die Lokomotive von Reid-Ramsay
und der North British Locomotive Company

1 *A Turbo-Electric Locomotive,* Engineering *88,* 613 (1909 I).

2 *Reid-Ramsay-Turbinenlokomotive,* Z.VDI *53,* Nr. 47, 1944–1945 (1909 II).

3 *The Reid-Ramsay Electro-Turbo Locomotive,* Engineering *90,* 54 (1910) II.

4 *Steam Turbine Electric Locomotive,* The Engineer *110,* 44 (1910 II).

5 *A New Steam Turbine Electric Locomotive,* Ry Gaz. *13,* Nr. 3, 72–74, 78 (1910 II).

6 *Die Reid-Ramsay-Turbinenlokomotive mit elektrischer Kraftübertragung,* Z.VDI *54,* Nr. 31, 1298 (1910 II).

7 *Locomotive Turbo Electrique de la North British Locomotive Comp.,* Revue *34,* Nr. 3, 314–317 (1911 I).

8 *Bau einer turbo-elektrischen Lokomotive,* SBZ *55,* Nr. 7, 96 (1910 I).
Siehe auch [2-39; 3.42-1].

3.44.3
Die Lokomotive Betr.-Nr. 1801
der Schweizerischen Bundesbahnen

1 *Eine Schweizer Lokomotive mit Dampfturbinenantrieb,* Die Lokomotive *18,* Nr. 9, 139 (1921).

2   *2C.T-Lokomotive mit Dampfturbine,* Organ *76,* Nr. 24, 301–302 (1921).

3   *Eine Lokomotive mit Dampfturbinenantrieb,* Z.VDI *65,* Nr. 12, 288; Nr. 36, 947 (1921 I).

4   *Dampfturbinen-Lokomotive mit Kondensation,* Z.VDI *65,* Nr. 50, 1293–1294 (1921 II).

5   *Zoelly-Dampfturbinen-Lokomotive mit Kondensation,* Gl.Ann. *89,* Nr. 1064, H. 8, 88–89 (1921 II).

6   *Dampfturbinen-Lokomotive mit Kondensation,* Die Lokomotive *20,* Nr. 5, 73–74 (1923).

7   *Die Turbolokomotive, System Zoelly,* SBZ *84,* Nr. 13, 151–152 (1924 II).

8   *Zoelly Turbine Locomotive, Swiss Federal Railways,* The Engineer *138,* 530 (1924 II).

9   Zoelly, *The Zoelly-Turbine-Driven Locomotive,* Mechanical Engineering *46,* Nr. 11, 653–660 (1924).

10 *Les Essais de la Locomotive à Turbine Zoelly, de la Société Escher Wyss et Cie,* Le Génie Civil *85,* Nr. 19, 433 (1924 II).

11 *Steam Turbine Locomotive, Swiss Federal Railways,* Loco *31,* Nr. 389, 6–7 (1925).

12 *Die Turbinenlokomotive der Schweizerischen Bundesbahnen,* Z.VDI *69,* Nr. 16, 514–516 (1925 I).

13 Nyffenegger, *Die Zoelly-Dampfturbinen-Lokomotive,* Escher-Wyß-Mitteilungen *1,* Nr. 2, 51–58; Nr. 3, 95–100; Nr. 5, 163–168 (1928).
Siehe auch [2-4, 7, 39; 3.41-7; 3.42-1, 4].

3.44.4
Die Lokomotive von Ljungström

1   Ljungström, *Ljungströms Turbinlokomotiv,* Teknisk Tidskrift *52,* Nr. 21, 331–333; Nr. 22, 348–351; Nr. 23, 363–367; Nr. 25, 396–400 (1922).

2   Meinecke, *Die Turbolokomotive von Ljungström,* Z.VDI *66,* Nrn. 46/47, 1060–1066 (1922 II).

3   *Lokomotive mit Turbinenantrieb,* Organ *77,* Nr. 18, 276 (1922).

4   *Lokomotive mit Antrieb durch Turbine nach Ljungström,* Organ *78,* Nr. 1, 11–13 (1923).

5   *Betriebserfahrungen mit der Turbolokomotive, Bauart Ljungström,* Organ *79,* Nr. 16, 364–365 (1924).

6   *The Ljungström Turbine-Driven Locomotive,* Engineering *114,* S. 65–70, 131–133, 163–168, 198–203 (1922 II).

7   *The Ljungström Turbine-Driven Locomotive,* Ry Age *73,* 561–566 (1922 II).

8   *Locomotive à Turbine, Système Ljungström.* Le Génie Civil *81,* Nr. 20, 429–437 (1922 I).

9   *La Locomotive à Turbine, Système Ljungström, des Chemins de Fer de l'Etat Suédois,* Le Génie Civil *83,* Nr. 1, 13 (1923 I).

10 *Les Essais en Service de la Locomotive à Turbine à Vapeur, Système Ljungström,* Le Génie Civil *85,* Nr. 3, 74 (1924 I).

11 *Die Kondensationslokomotive mit Turbinenantrieb, System Ljungström,* Z.VDI *68,* Nr. 38, 1004 (1924 II).

12 *Versuche mit Ljungströms Turbinenlokomotive,* Z.VDI *69,* Nr. 23, 795–796 (1925 I).

13 *Development of the Ljungström Locomotive,* The Engineer *147,* 372, 398–400 (1929 I).
Siehe auch [2-39; 3.42-1].

3.44.5
Die Lokomotive von Ramsay
und Armstrong, Whitworth & Co.

1   *Turbo-elektrische Lokomotive,* Bulletin Oerlikon *1922,* Nr. 4, 16.

2   *Lokomotive mit turbinen-elektrischem Antrieb,* Z.VDI *66,* Nr. 14, 351 (1922 I).

3   *A New Condensing Turbine Electric Locomotive,* Ry Eng. *43,* Nr. 5, 194, 200 (1922).

4   *Ramsay Condensing Turbo Electric Locomotive,* Loco *28,* Nr. 356, 92–93 (1922).

5   *The Ramsay Condensing Turbine Electric Locomotive,* The Engineer *133,* 327–328 (1922 I).

6   *Lokomotive mit turbinenelektrischem Antrieb,* Organ *77,* Nr. 14, 215 (1922).

7   *Elektrische Condensator-Turbinen-Lokomotive, Bauart Ramsay,* Gl.Ann. *90,* Nr. 1079, H. 11, 212 (1922 I).

8   *A New Condensing Turbine Electric Locomotive, which is shortly to be tested in Main line service,* Ry Gaz. *36,* Nr. 13, 557–558, 564 (1922 I).

9   *Turbo Electric Locomotives,* Ry Gaz. *39,* Nr. 12, 355 (1923 II).

10 *The Ramsay Electro-Turbo-Locomotive,* Ry Gaz. *39,* Nr. 12, 362–366 (1923 II).

11 *Turbo-elektrische Lokomotive,* Organ *78,* Nr. 3, 61 (1923).

12 *La Locomotive Turbo-Electrique à Condenseur, Système Ramsay,* La Technique Moderne *1924,* Nr. 2.

13 *A Turbine Locomotive for British Railways,* Ry Eng. *46,* Nr. 18, 5 (1925).

14 Jones und Hale, *Turbo-Electric Condensing Locomotive,* Ry Age *78,* 177–180 (1925 I).

15 *Neue turbo-elektrische Lokomotive,* Z.VDI *69,* Nr. 14, 447–448 (1925 I).
Siehe auch [2-39; 3.41-6; 3.42-1, 2; 4].

3.44.6
Die Lokomotive von Reid-MacLeod
und der North British Locomotive Company

1   *Geared Turbine Condensing Locomotive, 'Reid MacLeod System',* Ry Gaz. *40,* Nr. 15, 536–537 (1924 I).

2   *British Empire Exhibition: Railway Material VII,* Engineering *118,* Nr. 3066, 475–479 (1924 II).

3   *Geared Turbine Condensing Locomotive,* Ry Age *77,* 107 (1924 II).

4   *Empire Exhibition, Wembley,* Loco 30, Nr. 381, 137–140 (1924).

5   *Neue englische Turbolokomotive,* Z.VDI *68,* Nr. 40, 1058 (1924 II).

6   *The Reid-MacLeod Steam Turbine Locomotive,* The Engineer *143,* Nr. 3708, 118–120 (1927 I).

7   Theobald, *Einzelheiten der Reid-MacLeod-Turbinenlokomotive,* Verkehrstechnik *9,* Nr. 29, 491 (1928).

8   Dannecker, *Die Lokomotiven und Triebwagen auf der Britischen Reichsausstellung in Wembley,* Organ *79,* Nr. 18, 389–392 (1924).

9   Wernekke, *Eine englische Turbinenlokomotive,* Verkehrstechnik *6,* Nr. 23, 361 (1925).
Siehe auch [2-39; 3-2, 3].

300

3.44.7
Die Lokomotive Betr.-Nr. T18 1001
der Deutschen Reichsbahn

1 Hartwig, *Die erste deutsche Turbinenlokomotive*, Kruppsche Monatshefte *5*, S. 26–32 (1924).
2 *Die erste deutsche Turbinenlokomotive*, Gl.Ann. *106*, Nr.1267, H.7, 90–91 (1930 I).
3 Nordmann, *Die Versuche mit der Turbinenlokomotive von Krupp-Zoelly*, Z.VDI *74*, Nr.6, 173–176 (1930 I).
4 *Die erste deutsche Turbinenlokomotive (Bauart Krupp)*, Die Lokomotive *27*, Nr.6, 107–108 (1930).
5 *A German Turbine Locomotive*, Loco *30*, Nr.387, 332 bis 333 (1924).
6 *A new Turbo-Locomotive for the German State Railways*, Ry Eng. *46*, 27–29 (1925).
7 *Die erste deutsche Turbinenlokomotive*, Waggon und Lok *13*, Nr.5, 70–71 (1930).
8 *Les Résultats d'Essai de la Locomotive à Turbine Krupp-Zoelly de Chemins de Fer Allemands*, Le Génie Civil *98*, Nr.21, 531–532 (1931).
9 Deutsche Reichsbahn Gesellschaft, *Betriebsbuch für die Dampfturbinenlokomotive Betr.-Nr. T18 1001* (Nachdruck im Verlag Gustav Röhr, Krefeld–Bockum 1968).
10 *Die Turbinenlokomotive, Bauart Zoelly*, Die Lokomotive *28*, Nr.5, 92–96 (1931).
Siehe auch [2-39; 3.41-7; 3.42-2].
11 Beschreibung und Anleitung zur Bedienung der 2 C 1-Schnellzuglokomotive T18 1001 mit Turbinenantrieb der Deutschen Reichsbahn. Herausgegeben 1929 vom Reichsbahn-Zentralamt Berlin. Nachdruck 1975 im Verlag Gustav Röhr, Krefeld.

3.44.8
Die Lokomotive der Argentinischen Staatsbahn

1 *Ljungström-Turbinenlokomotive für Argentinien*, Organ *78*, Nr.7, 151 (1923).
2 *Ljungström Turbine Locomotive for the Argentine*, Engineering *115*, 594–595 (1923 I).
3 *Neue Ljungström-Turbinenlokomotive für Argentinien*, Z.VDI *67*, Nr.23, 575 (1923 I)
4 *Versuchsfahrten mit neueren Ljungström-Turbinenlokomotiven*, Z.VDI *72*, Nr.38, 1349 (1928 II).
5 *Betriebsergebnisse der argentinischen Ljungström-Turbinenlokomotive*, Organ *83*, Nr.19, 425–426 (1928).
Siehe auch [2-39; 3.42-4; 3.44.5-13].

3.44.9
Die Lokomotive von Ljungström und Beyer-Peacock

1 *Turbine Locomotive for British Railways*, Ry Gaz. *41*, Nr.24, 768–769 (1924 II)
2 *A Turbine Locomotive for British Railways*, Ry Eng. *46*, Nr.18, 5 (1925).
3 *Ljungström Turbinenlokomotive für England*, Organ *80*, Nr.14, 295 (1925).
4 *Ljungström Turbine Condensing Locomotive*, Loco *32*, Nr.411, 342–344 (1926).
5 *A New Ljungström Turbo-Condensing Locomotive*, Ry Eng. *47*, Nr.12, 428–429, 436 (1926).
6 *British Ljungström Turbo-Condensing Locomotive*, Ry Gaz. *46*, Nr.21, 679–681 (1927 I).
7 *British Ljungström Turbo-Condensing Locomotive*, Ry Eng. *48*, Nr.7, 261–262 (1927).

8 *2000-H.P. Ljungström Turbine Locomotive*, Engineering *124*, Nr.3231, 771–774; Nr.3232, 801–804 (1927 II).
9 *Englische Turbinenlokomotive, Bauart Ljungström*, Z.VDI *71*, Nr.24, 870 (1927 I).
10 *Ljungström-Dampfturbinenlokomotive*, STZ *3*, Nr.31, 389 (1928).
11 *Neuere 2000-PS-Turbinenlokomotive, Bauart Ljungström*, SBZ *21*, Nr.5, 63 (1928 I).
12 *Versuchsfahrten der englischen Ljungström-Lokomotive*, Organ *83*, Nr.7, 143 (1928).
13 *Eine 2000-PS-Ljungström-Turbinenlokomotive für die englischen Bahnen*, Gl.Ann. *102*, Nr.1223, 173–174 (1928 I).
Weiter siehe [2-39; 3.42-2, 4; 3.44.5-13].

3.44.10
Die Lokomotive Betr.-Nr. T18 1002
der Deutschen Reichsbahn

1 Imfeld, *Die Turbinenlokomotive der Firma J.A. Maffei*, Z.VDI *70*, Nr.47, 1565–1572 (1926 II).
2 *New Turbine Locomotive, Bavarian Section-German State Railways*, Loco *32*, Nr.409, 279–281 (1926).
3 *Turbo Condensing Locomotive for the German Railways*, Ry Gaz. *46*, Nr.4, 295–299 (1927 I).
4 Melms, *Turbine Locomotive for the German Railways*, Ry Age *82*, Nr.4, 195–199 (1927 I).
5 *Maffei Turbine Locomotive for the German State Railways*, Mechanical Engineering *49*, Nr.4, 370 (1927).
6 Melms, *Turbine Locomotive for the German State Railways*, Ry Mech. Eng. *101*, Nr.2, 78–84 (1927 I).
7 Bidault des Chaumes, *Locomotive à Turbine à Vapeur, Type Pacific des Etablissements Maffei, de Munich*, Le Génie Civil *90*, Nr.5, 113–118 (1927 I).
8 *Zugförderung mit Turbinenlokomotiven*, Die Reichsbahn *5*, Nr.16, 332–333 (1929).
9 *Turbinenlokomotiven III*, Die Lokomotive *27*, Nr.12, 217–218 (1930).
Siehe auch [2-39; 3.1-2; 3.41-10; 3.42-4].
10 Beschreibung und Anleitung zur Bedienung der 2 C 1-Schnellzuglokomotive T18 1002 mit Turbinenantrieb der Deutschen Reichsbahn. Herausgegeben 1929 vom Reichsbahn-Zentralamt Berlin. Nachdruck 1975 im Verlag Gustav Röhr, Krefeld.

3.44.11
Die Lokomotive Betr.-Nr. 1474
der Schwedischen Staatsbahnen

Siehe dazu [2-39; 3.44.4-13].

3.44.12
Die Lokomotive Betr.-Nr. T38 3255
der Deutschen Reichsbahn

1 Wagner, *Abdampftriebtender bei Kolbenlokomotiven*, Organ *79*, Nr.7, 141–144 (1924).
2 *Locomotive with Turbine Tender, German Federal Railways*, Loco *34*, Nr.433, 252–253 (1928).
3 Nyffenegger, *Die Zoelly-Dampfturbinen-Lokomotive – VII. Die Kolbenlokomotive mit Abdampfturbinentriebtender*, Escher-Wyß-Mitteilungen *2*, März–April, 46 bis 50 (1929).

4 Roosen, *Abdampfturbinentriebtender,* Henschel-Hefte *1930,* 11–12.
Siehe auch [2-39; 3.1-3, 4, 8; 3.42-8].

3.44.13
Die Lokomotiven Betr.-Nrn. 71–73
der Grängesberg-Oxelösunds-Eisenbahn

1 *1D-Auspuff-Turbinenlokomotive, Bauart Ljungström* Organ *85,* Nrn. 6/7, 132 (1930).
2 *Turbinenlokomotive ohne Kondensation,* Z.VDI *76,* Nr. 51, 1255 (1932 II).
3 *Turbine Locomotive Operates Non-Condensing,* Ry Age *93,* Nr. 18, 598–600 (1932 II).
4 *Non-Condensing Turbine Locomotive, Grängesberg Railway Sweden,* Loco *39,* Nr. 490, 173–174 (1933).
5 *A New Condensing Turbine Locomotive,* Ry Gaz. *58,* Nr. 5, 141 (1933 I).
6 Hansen, *Auspuffturbinenlokomotiven,* Feuerungstechnik *25,* Nr. 5, 158–159 (1937).
7 *Auspuff-Turbolokomotiven, Bauart Ljungström,* Organ *92,* Nr. 13, 246–247 (1937).
8 Schneider, *Turbinenlokomotiven mit Auspuffbetrieb,* Die Lokomotive *40,* Nr. 12, 219–220 (1943).
9 Lysholm, *Ljungströms Mottryckslokomotiv,* Teknisk Tidskrift *63,* Nr. 1, 1–8 (1933).
Siehe auch [2-39].

3.44.14
Die Lokomotive von Belluzzo und Breda

1 *Italienische Turbolokomotiven,* Organ *87,* Nr. 6, 132; Nr, 9, 184 (1932).
Siehe auch [2-15, 39; 3.42-9, 14].

3.44.15
Die Lokomotive Betr.-Nr. 685 410
der Italienischen Staatsbahnen

1 Messerschmidt, *Marginalien für Italienfahrer,* LOK Magazin *1973,* Nr. 58, 34–41.
Siehe auch [2-15; 3.42-14].

3.44.16
Die Lokomotive Betr.-Nr. 6202
der London, Midland & Scottish Railway

1 *A New Non Condensing Turbine Locomotive,* Ry Gaz. *58,* Nr. 5, 141–142 (1933 I).
2 *Turbine Locomotives in Britain,* Loco *41,* Nr. 517, 277 bis 278 (1935).
3 *The L.M.S. Turbine Locomotive,* The Engineer *160,* Nr. 4147, 12, 14–16 (1935 II).
4 *Turbine-Driven Express Passenger Locomotive, London, Midland & Scottish Railway,* Engineering *140,* 10–12 (1935 II).
5 *4-6-2 Turbine Express Locomotive,* LMSR, Loco *41,* Nr. 515, 202–204 (1935).
6 *The LMS Turbine Locomotive,* Ry Gaz. *63,* Nr. 5, 197 bis 198 (1935 II).
7 *New Turbine-Driven 4-6-2 Express Locomotive, L.M.S.R.,* Ry Gaz. *62,* Nr. 26, 1240, 1251–1260 (1935 I).

8 *Die neueren Lokomotiven der London, Midland und Schottischen Bahn,* Die Lokomotive *33,* Nr. 3, 41–51 (1936).
9 *Neue Schnellzuglokomotive mit Turbinenantrieb, Bauart 2-3-1 der London, Midland & Scottish Railway,* Monatsschrift *7,* Nr. 3, 347–362 (1936).
10 Dannecker, *Neuere englische Dampflokomotiven,* Organ *91,* Nr. 3, 53–61 (1936).
11 *Turbine Locomotive Experiences,* The Engineer *169,* 366–368 (1940 I).
12 Bond, *Ten Years Experience with the L.M.S. 4-6-2 Non Condensing Turbine Locomotive,* The Institution of Locomotive Engineers Paper No. 458, *36,* Nr. 191, 182 bis 265 (1946).
13 *Erfahrungen mit der Auspuff-Turbinen-Lokomotive der ehemaligen London, Midland und Schottischen Bahn,* Gl.Ann. *83,* Nr. 11, 376 (1959).
14 Allen, *The Turbomotive,* in: *British Pacific Locomotives* (Verlag Jan Allan Ltd., London 1962), S. 127–131.
15 *La Locomotives à Turbine du London, Midland and Scottish Railway,* Le Génie Civil *107,* Nr. 9, 193–196 (1935 II).
Siehe auch [2-3, 39].

3.44.17
Die Lokomotive Betr.-Nr. 232-Q-1
der Französischen Staatsbahn

1 Chan, *Locomotive Schneider à Turbines Type 232-Q-1 de la SNCF,* Revue *60,* Nr. 1, 3–11 (1941).
2 *Eine französische Turbinenlokomotive mit Einzelachsantrieb,* Gl.Ann. *66,* Nr. 14, 159–160 (1942).
3 *Dampfturbinenlokomotive mit Einzelachsantrieb,* Z.VDI *82,* Nrn. 1/2, 29–30 (1942).
4 *Devernay, Locomotives Speciales,* in: *La Locomotive Actuelle* (Verlag Dunod, Paris 1942).
Siehe auch [2-39].

3.44.18
Die Lokomotive Betr.-Nr. S 01 91 245
der Russischen Staatsbahn

Siehe dazu [2-23, 24].

3.44.19
Die Lokomotiven Betr.-Nrn. 1 und 2
der Union Pacific Railroad

1 Bailey, Smith und Dickey, *Steamotive – A Complete Steam-Generating Unit, Its Development and Tests,* Mechanical Engineering *58,* Nr. 12, 771–780 (1936).
2 *Steamotive Unit for Turbo-Electric U.P. Locomotive,* Ry Age *102,* Nr. 12, 468–472 (1937 I).
3 *Der Steamotive-Kessel,* Archiv für Wärmewirtschaft *18,* Nr. 6, 158 (1937).
4 *Steamotive, ein selbsttätiger Dampferzeuger mit geringem Platzbedarf,* Die Wärme *60,* Nr. 4, 61 (1937).
5 *Ortsbeweglicher Dampfkessel mit selbsttätiger Regelung,* Die Wärme *60,* Nr. 10, 172 (1937).
6 *Turboelektrische Lokomotiven für die Union Pacific,* Die Wärme *61,* Nr. 11, 202 (1938).
7 *Union Pacific's Steam-Electric Locomotive,* Ry Age *105,* Nr. 26, 916–919 (1938 II).

8   Reutter, *«Dampfmotivenanlage» für turboelektrischen Antrieb einer Lokomotive,* Organ *93,* Nr.4, 74–77 (1938).

9   *Dampferzeuger für die turboelektrischen Lokomotiven der Union Pacific Bahn,* Organ *93,* Nr.12, 239 (1938).

10 *Turboelektrische Lokomotive für 5000 PS,* SBZ *11,* Nr.6, 70–71 (1938 I).

11 Bearce, *The Steam-Electric Locomotive for the Union Pacific Railroad,* General Electric Review *42,* Nr.1, 87–91 (1939).

12 Kuhn, *Turboelektrische Lokomotiven in Amerika,* Die Lokomotive *36,* Nr.1, 20 (1939).

13 v. Kirchbach, *Turboelektrische Kondensationslokomotive von 5000 PS in den Vereinigten Staaten,* Organ *94,* Nr.19, 382–383 (1939).

14 *Union Pacific 5000 HP Steam-Electric Locomotive,* Loco *45,* Nr.564, 231–232 (1939).

15 *Casey Jones Ride a Turbine,* Power *83,* Nr.2, 77 (1939).

16 Bearce, *New American 5000 HP Turbo-Electric Condensing Locomotive,* Ry Gaz. *70,* Nr.1, 11–16 (1939 I).

17 Woodward und Cain, *Design of the Union Pacific Steam-Electric Locomotive,* Mechanical Engineering *61,* Nr.10, 709–714; Nr.11, 817–821 (1939).

18 *Elektrische Turbinenlokomotive,* Z.VDI *83,* Nr.42, 1140 (1939 II).

19 Marschall, *Die dampf-elektrische Lokomotive der Union Pacific B.,* Gl.Ann. *64,* Nr.3, 19–21 (1940 I).

20 Kratville und Ranks, *Motive Power of the Union Pacific* (Omaha 1958).
Siehe auch [2-39; 3.42-16].

3.44.20
Die Lokomotive Betr.-Nr.6200
der Pennsylvania Railroad

1   *Wy a Geared-Turbine Steam Locomotive,* Westinghouse Engineer *5,* März, 34–40 (1945).

2   Putz und Allen, *The Turbine Locomotive Proves Itself,* Westinghouse Engineer *6,* Nr.3, 89 (1946).

3   *Betriebsergebnisse mit der Dampfturbinenlokomotive der Pennsylvania-Bahn,* Gl.Ann. *74,* Nr.30, 194 (1946).

4   *USA-Lokomotiven 1941–46,* Gl.Ann. *71,* Nr.10, 198 (1947).

5   Staufer, *S2 Class 6-8-6 Turbine,* in: *Pennsy Power* (The Standard Printing & Publishing Co., Carrollton, Ohio 1962).

6   Haas, *Die letzten Dampflokomotiven der Pennsylvania Railroad,* LOK Magazin *1971,* Nr.49, 732–747.

7   *American Geared Steam Turbine Locomotive,* The Engineer *180,* 466–469 (1945 II).
Siehe auch [2-39; 3.41-12].

3.44.21
Die Lokomotiven Betr.-Nrn.500–502
der Chesapeake & Ohio Railroad

1   Kerr, *Wy a Turbine-Electric Steam Locomotive – Power Plants for the C&O Locomotives,* Westinghouse Engineer *7,* Nr.5, 130–135 (1947).

2   Putz und Baston, *C&O Steam Turbine Electric Locomotive,* Ry Age *123,* Nr.12, 48 (1947 II).

3   *C&O Turbine-Electric Locomotive,* Loco *54,* Nr.672, 123–124 (1948).

4   *Turbine-Electric Locomotives for the Chesapeake & Ohio Railway,* Ry Gaz. *88,* Nr.10, 277–280 (1948 I).

5   *The Chesapeake & Ohio Railway Turbo-Electric Locomotives,* Ry Gaz. *88,* Nr.18, 516–517 (1948 I).

6   Wolff, *Die turboelektrischen Lokomotiven der Chesapeake- und Ohio-Bahn,* Gl.Ann. *72,* Nr.3, 39–42; Nr.8, 127 (1948).

7   Shuster, Huddleston und Staufer, *Steam Turbine Class M1 in C&O Power S.299–303,* published by Alvin Staufer, 1965.
Siehe auch [2-39; 3.1-19].

3.44.22
Die Lokomotive Betr.-Nr.2300
der Norfolk & Western Railway

1   *Norfolk & Western Steam Turbine Electric Locomotive,* Ry Gaz. *97,* Nr.21, 571 (1952 II).

2   *Turbine Locomotive Shipped to N&W,* Ry Age *136,* Nr.22, 9 (1954 I).

3   *Meet 'Jawn Henry',* Ry Age *137,* Nr.4, 30–31 (1954 II).

4   *N&W gets steam turbine locomotive,* Modern Railroads *9,* Nr.7, 49–51 (1954).

5   *N&W Receives Experimental Locomotive,* Ry Loco *128,* Nr.7, 12, 14 (1954).

6   *'Jawn Henry' – The new steam-turbine-electric unit now being tested on the N&W may be the answer to the threat of oil fuel,* Ry Loco *128,* Nr.8, 41–43 (1954).

7   *An American Steam-Turbine Locomotive,* Engineering *178,* Nr.4618, 153 (1954 II).

8   *N&W Tests Turbine Locomotive,* Ry Loco *129,* Nr.1, 56–60 (1955).

9   *Promising Results in N&W Turbine Locomotive Tests,* Ry Age *138,* Nr.3, 19–22 (1955 I).

10 *Norfolk and Western Coal-Fired Steam-Turbine Electric Locomotive,* Ry Mech. Eng. 77, *1955,* Nr.7, 588–595.

11 *Amerikanische Dampfturbinen-Lokomotive mit elektrischer Leistungsübertragung,* BWK *7,* Nr.9, 425 (1955); *8,* Nr.5, 240 (1956).

12 Jawn Henry, *Die Dampflokomotive mit elektrischer Übertragung,* TR *47,* Nr.10, 10 (1955).

13 *Dampfturbinen-elektrische Lokomotive,* Gl.Ann. *79,* Nr.9, 287 (1955).

14 *Coal-Burning Steam-Turbine-Electric Locomotive,* Ry Gaz. *105,* Nr.25, 734 (1956 II).

15 *Dampfturbinen-Lokomotive mit elektrischer Leistungsübertragung der Norfolk & Western Eisenbahngesellschaft,* Gl.Ann. *80,* Nr.10, 340–341 (1956).

16 *Coal Fires Go Out – 'Jawn Henry' Dies,* Ry Age *144,* Nr.5, 23 (1958 I)

17 *End of a Steam-Turbine Locomotive,* Ry Gaz. *108,* Nr.11, 299 (1958 I)

18 *Coal Burning Steam-Turbine-Electric Locomotive,* Loco *60,* Nr.743, 116–117 (1954)

19 Rosenberg und Archer, *Norfolk & Western Steam (The Last 25 Years)* (Copyright 1973 by Quadrant Press, Inc., New York).

20 *Coal-Burning Steam Turbine Electric Locomotive 2300 Norfolk & Western Railroad,* Report of Committee on Locomotives 1953, 54, 55, 56, 57, 58, Herausgegeben von der Association of American Railroads, Operations and Maintenance Department Mechanical Division, Chikago.
Siehe auch [2-39].

3.45
Nicht ausgeführte Dampfturbinenlokomotiven

1 *Lokomotiven mit Dampfturbinen*, Dinglers Polytechn. J. *98,* Nr. 20, 317–320 (1917).

2 *Antrieb von Lokomotiven mit Abdampfturbinen,* Organ *75,* Nr. 18, 186 (1920).

3 *Neuere Turbinenlokomotiven,* Z.VDI *70,* Nr. 5, 178 (1926 I).

4 Jones, *The Development of the Turbo-Condensing Locomotive,* Ry Eng. 47, *1926,* Nr. 7, 223–238; Nr. 8, 285–289; Nr. 9, 321–325.

5 Burmeister, *German Turbine Locomotive Practice,* Ry Gaz. *65,* Nr. 11, 416–418 (1936 II).

6 Englert, *Kohlegefeuerte Dampftriebwagen,* Mitteilungen der Forschungsanstalten des GHH-Konzerns *4,* Nr. 8, 197–211 (1936).

7 Nordmann, *Kohlegefeuerte Dampftriebwagen,* Monatsschrift *7,* Nr. 9, 1083–1091 (1936) und Z.VDI *80,* Nr. 19, 567–571 (1936 I).

8 *Turbine Locomotive Design Proposed,* Ry Age *103,* Nr. 20, 677–679 (1937 II).

9 Reidinger, *An Exhaust Turbine Locomotive,* Ry Gaz. *68,* Nr. 25, 1199–1200 (1938 I).

10 Eckhardt, *Steigerung der Lokomotivleistung,* Die Lokomotive *41,* Nr. 5, 85–87 (1944).

11 Polock, *Der doppelte Dampfkreislaufprozeß als spezieller Fall der Wärmekraftprozesse mit Kreislauf des Arbeitsmittels,* Gl.Ann. *78,* Nr. 4, 90–94 (1954).

12 *A-Locomotives for Russia,* Ry Age *147,* Nr. 25, 32 (1959 II).

13 Martin, *Schnellzuglokomotiven für hohe Geschwindigkeiten,* Organ *96,* Nr. 24, 386–394 (1941).

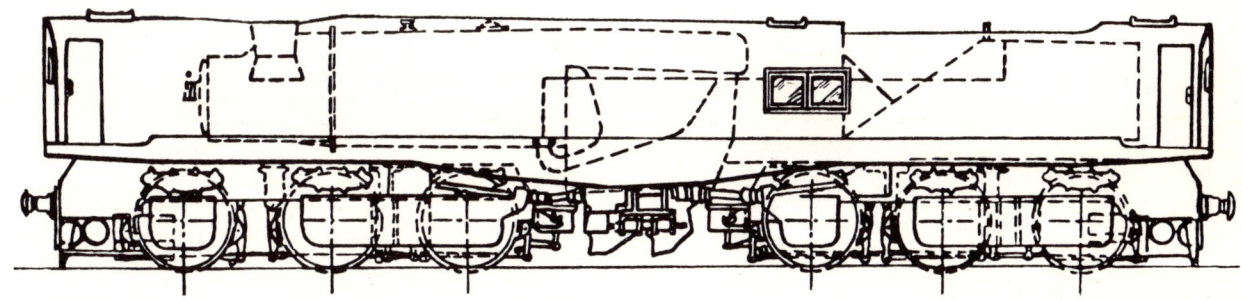

Berichtigungen zur 1. Auflage

Seite	Spalte	Absatz	Zeile	Berichtigung
96	rechts	1	3	unzulässig statt unzuverlässig
101	rechts	Bild 83		waagerechte Achse Mitte 100 statt 1000
148	rechts	2	7	Abb. 70 statt 63
148	rechts	4		G sekundlich durchströmendes Dampfgewicht kg/sec statt kp/sec
149	rechts		20	Falschanströmung statt Falschausströmung
149	rechts		29	als dies bei kleineren Drehzahlen
154	rechts	3	5	Anfangszustand
160	rechts	2	8	wirtschaftlichen
162	rechts	1	3	des Turbinenaggregates
164	links	2	5	3225 statt 3325
214	links	1	3	1942–1945 statt 1924–1945
226	links	Tabelle 12		Niederdruck p<25 atü Hochdruck p>25 atü
269	Bild 308 und 309			Bildnummern vertauschen
274	Bild 320			Text ergänzen mit «nach Umbau»
274	Bild 321			Text ergänzen mit «im Ursprungszustand» statt nach dem Umbau

Ergänzungen zur 1. Auflage

Seite **Ergänzung**

19/20 Tafel 1 zum Kennfeld rechts
Linien gleichen Brennstoff-(Kohle-)Verbrauchs
B' in kg/min sind auch Linien gleicher Kesselanstrengung
B_{km} in kg/min; 1 Schaufel entspricht ca. 7 kg Kohle
7% = Linie gleichen Gesamtwirkungsgrades
— · — = Betriebsbereich besten Gesamtwirkungsgrades
— · · — = Zugwiderstandslinien für einige Wagenzuggewichte G_w und Steigerungswiederstände, wobei die Widerstandswerte in kg/t den Steigungen in Promille entsprechen

126 Tabelle 7 Lfd.Nr. 2 in Spalte Hersteller einfügen Cail & Cie.

153 Tabelle 9 in Spalte Betr.-Nr. bei SAR nachtragen in Zeile 1'E1': 2485 und bei 2'D2': 3451

171 Tafel 4 Legende ergänzen «letzter Konstruktionsstand»

196 Tabelle 10 in Betr.-Nr. Spalte Lfd.Nr. 8: 1531

285 bei Elektrotechnische Zeitschrift, Berlin eintragen

Nachtrag zum Literaturverzeichnis

1.2.18 Schröter: Untersuchungen einer Heissdampfmaschinenanlage System Schmidt Z VDI 39 (1895), Nr. 1, S. 5–15

2.100 Rogers: Französische Dampflokomotiven des 20. Jahrhunderts, Franckh Verlag, Stuttgart 1974

2.101 Giesl-Gieslingen: Lokomotiv-Athleten, Verlag J.O. Slezak, Wien 1976

2.102 Düring: Die deutschen Schnellzug-Dampflokomotiven der Einheitsbauart, Franckh Verlag, Stuttgart 1979

2.103 Durrant: Garratt-Lokomotiven der Welt, Birkhäuser Verlag, Basel 1984

2.104 Giesl-Gieslingen: Anatomie der Dampflokomotive, International, Verlag J.O. Slezak, Wien 1986

2.105 Xiaobiao u.a.: Die Lokomotiven der Chinesischen Eisenbahnen, Birkhäuser Verlag, Basel 1987

2.106 Rakow: Russische und sowjetische Dampflokotiven, Transpress Verlag, Berlin 1988

3.23.1.9 Eine neue Höchstdruck-Lokomotive, Verkehrsst.W. 21(1927), Nr. 8, S. 95

3.23.4.14 Hass: Grundzüge der Entwicklung der Dampflokomotiven in Nordamerika, LOK MAGAZIN 17(1978), Nr. 93 S. 481–489

3.23.8.11 Rebuilt Engine No. 10'000, Loco 43(1937), No. 544, S. 372–373

3.23.10.3 Witte u. Stamm: Das Zadow Getriebe, Z VDI 77(1933 I)Nr. 19 S. 499–502

3.23.10.4 Windberg: Nur eine Kleinlok – Dampflokmotor-Kleinlok der LBE verschrottet, LOK MAGAZIN 22 (1983), Nr. 120, S. 200–203

3.23.14.3 Weisbrod: Das Ende der H 45 024, LOK MAGAZIN 29 (1990), Nr. 162, S. 219–220

3.23.15.15 Hass: Grundzüge der Entwicklung der Dampflokomotiven in Nordamerika, LOK MAGAZIN 17 (1978), Nr. 90, S. 226–231

3.2.2.7 Gairns: Britische Lokomotiven im Jahre 1929, Monatsschrift 1 (1930), Nr. 11, S. 3397–3409

3.33.1.12 Versuche mit der Lokomotive von Heilmann, ETZ 15 (1894), Nr. 9, S.128

3.33.1.13 Sikora: Die elektrische Lokomotive System Heilmann, moderne eisenbahn 1 (1963), Nr. 1, S. 21

3.33.8.10 Townroe: More Light on the Leader Class, Railway World (Shepperton)32 (1971), Nr. 377, S. 436–438

3.42.18 Doerr: Les Locomotives a Vapeur a Turbine, La Vie du Rail (Paris) (1974), Nr. 1447, S. 8–9

3.44.1.9 Versuche an einer kleinen Dampfturbine mit veränderlicher Umlaufzahl und Umsteuerbarkeit, Dinglers Polytechn. Journal (Berlin) 89 (1908), Nr. 11, S. 175

3.44.21.8 Nouvelle Lokomotive a Vapeur a Turbine et Transmission Electrique du Chesapeake and Ohio Railroad, Revue 66 (1947), Nr. 11, S. 394–395

3.44.22.21 Eine neue amerikanische Superlativ-Lokomotive, Die Bundesbahn (Darmstadt) 28 (1954), Nr. 22, S. 1088–1089

3.44.22.22 Kästner: Vergessene Riesen: Lokomotive 2300 der Norfolk and Western Railway, LOK MAGAZIN 18 (1979), Nr. 96, S. 211–212

Bildquellennachweis

American Locomotive Co. 240
Babcock & Wilcox 1, 2, 19, 162, 167
Baltimore & Ohio 277, 295
Bawcutt 286
Berliner Maschinenbau AG 41, 109, 110
Bellingrodt-Eisenbahnbildarchiv 308, 309, 320
Borsig 3, 15, 103–107, 208, 218
Breda 322, Tafeln 5, 6, 7
British Railways 29, 30, 88, 99, 230, 231, 233, 251,
    262, 263, 311–314, Tafeln 2, 3
Brown, Boveri & Cie. 283
Canadian Pacific 31, 236–239
Chesapeake & Ohio 165, 335
Chicago, Milwaukee, St. Paul & Pacific 280
Dauentry 285
Delaware & Hudson 267–270
Deutsche Eisenbahntechnik 129, 130
Eckhardt 126
Elektrotechnische Zeitschrift 87
Elettrotecnica 168
Engineer 51, 52, 147, 148, 272, 273, 301
Escher Wyß 141, 153, 182, 183, 213, 298
Glasers Annalen 53–56, 58, 101, 117, 118, 123–125,
    128, 176–180
Henschel 44, 94, 111, 169, 174, 232, 235, 289, 321,
    Tafel 1
Kästner 281, 287, 288
Kawasaki 221, 222
Kronawitter 315–317
Krupp 175, 184, Tafel 4
La Traction Nouvelle 97, 98
Locomotive Cyclopedia 1930 48, 271
Lokomotive 116, 119, 120, 187, 188, 192
Lübeck-Büchener Eisenbahn 258–261
Maffei 149, 150
Mannesmann-Meer 211
Maschinenfabrik Augsburg-Nürnberg 197–200, 209,
    210, 217

Messerschmidt 323
Norfolk & Western 166, 224, 225, 229, 279
Nydquist & Holm 155, 310, 318
Officine Meccaniche 296
Organ für die Fortschritte des Eisenbahnwesens 23–25,
    46, 121, 122, 152, 296, 189–191
Parsons 202, 205, 212, 214, 215, 219, 220
Pennsylvania Railroad 333, 334, 340
Railway Age 295
Railway Engineer 170, 171
Railway Gazette 49, 63, 89–91, 102, 159, 303–305,
    307, 324, 325
Real Photographs 291, 292
Revue Générale des Chemins de Fer 160
Schrader 92
Schwedische Staatsbahnen 302, 319
Schweizerische Bauzeitung 33–37, 67–69, 112–114,
    139, 140, 143, 145, 146, 297
Science Museum London 8, 201, 203, 204, 206, 207,
    216, 223
Siemens-Schuckart-Werke 186, 193–195
SLM Winterthur 32, 39, 40, 241–250, 299, 300
SNCF 47, 226, 234, 264, 284, 290, 326
South African Railways 227
Spillingwerk Hamburg 341
Technische Rundschau Bern 96
Timken Roller Bearing 274–276, 278, 332, 336
Union Pacific 161, 228, 329–331, Umschlag
Verkehrstechnik 306
Verkehr und Technik 127
Wärme 64
Verfasserarchiv 257, 265, 266, 285, 293, 294, 327, 328,
    337–339
Verfasserzeichnung 4–7, 10–14, 16–18, 20, 26, 38, 50,
    59–62, 70–83, 86, 93, 95, 100, 108, 131–138, 144,
    151, 154, 156–158, 163, 164, 167, 181, 185, 196
Yarrow & Co. 252, 256
Zeitschrift des Vereins Deutscher Ingenieure ZVDI: 9, 21,
    22, 27, 28, 42, 43, 45, 57, 62, 65, 66, 84, 85, 115,
    172, 173, 282

Während der Ausarbeitung des vorliegenden Werkes war das heute gültige Internationale Einheitensystem noch nicht eingeführt. Der Entwicklungszeitraum der Dampflokomotive war lange vorher schon abgeschlossen, so daß auch alle genannten Literaturquellen auf dem bisherigen Einheitensystem aufgebaut sind. Es ist deshalb auch hier noch dieses Einheitensystem beibehalten worden.